制药设备与车间设计

第3版

（供制药工程、生物制药专业使用）

主　编　郭永学

主　审　周丽莉

副主编　张　珩　王绍宇

编　者　（以姓氏笔画为序）

万永青（内蒙古农业大学）

马立新（核工业第四研究设计院）

王立红（贵州中医药大学）

王绍宇（核工业第四研究设计院）

礼　彤（沈阳药科大学）

刘二虎（石家庄沃广科技有限公司）

杨忠连（安徽理工大学）

吴宏宇（沈阳药科大学）

张　珩（武汉工程大学）

张秀兰（武汉工程大学）

郭永学（沈阳药科大学）

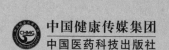

中国健康传媒集团

中国医药科技出版社

内 容 提 要

本教材为"全国高等医药院校药学类专业第五轮规划教材"之一，全书共分为两篇，制药设备和车间设计，内容主要包括反应器基本理论、制药反应设备、过滤与离心设备、制药工程项目设计简介、物料衡算等。本教材为书网融合教材，即纸质教材有机融合电子教材，教学配套资源（PPT、微课、视频、图片等）、数字化教学服务（在线教学、在线作业等）。

本教材主要供全国高等医药院校制药工程、生物制药专业师生使用，也可作为从事相关专业人员的学习参考资料。

图书在版编目（CIP）数据

制药设备与车间设计/郭永学主编. —3 版. —北京：中国医药科技出版社，2019.12（2025.1重印）

全国高等医药院校药学类专业第五轮规划教材

ISBN 978 – 7 – 5214 – 1510 – 0

Ⅰ.①制…　Ⅱ.①郭…　Ⅲ.①化工制药机械 – 医学院校 – 教材　②制药厂 – 车间 – 设计 – 医学院校 – 教材　Ⅳ.①TQ460.5

中国版本图书馆 CIP 数据核字（2019）第 294916 号

美术编辑　陈君杞
版式设计　友全图文

出版　**中国健康传媒集团** | 中国医药科技出版社
地址　北京市海淀区文慧园北路甲 22 号
邮编　100082
电话　发行：010 – 62227427　邮购：010 – 62236938
网址　www. cmstp. com
规格　889 × 1194 mm $\frac{1}{16}$
印张　33 $\frac{1}{2}$
插页　8
字数　789 千字
初版　1994 年 1 月第 1 版
版次　2019 年 12 月第 3 版
印次　2025 年 1 月第 4 次印刷
印刷　大厂回族自治县彩虹印刷有限公司
经销　全国各地新华书店
书号　ISBN 978 – 7 – 5214 – 1510 – 0
定价　**89.00 元**
版权所有　盗版必究
举报电话：010 – 62228771
本社图书如存在印装质量问题请与本社联系调换

获取新书信息、投稿、为图书纠错，请扫码联系我们。

数字化教材编委会

出版说明

"全国高等医药院校药学类规划教材"，于20世纪90年代启动建设，是在教育部、国家药品监督管理局的领导和指导下，由中国医药科技出版社组织中国药科大学、沈阳药科大学、北京大学药学院、复旦大学药学院、四川大学华西药学院、广东药科大学等20余所院校和医疗单位的领导和权威专家成立教材常务委员会共同规划而成。

本套教材坚持"紧密结合药学类专业培养目标以及行业对人才的需求，借鉴国内外药学教育、教学的经验和成果"的编写思路，近30年来历经四轮编写修订，逐渐完善，形成了一套行业特色鲜明、课程门类齐全、学科系统优化、内容衔接合理的高质量精品教材，深受广大师生的欢迎，其中多数教材入选普通高等教育"十一五""十二五"国家级规划教材，为药学本科教育和药学人才培养做出了积极贡献。

为进一步提升教材质量，紧跟学科发展，建设符合教育部相关教学标准和要求，以及可更好地服务于院校教学的教材，我们在广泛调研和充分论证的基础上，于2019年5月对第三轮和第四轮规划教材的品种进行整合修订，启动"全国高等医药院校药学类专业第五轮规划教材"的编写工作，本套教材共56门，主要供全国高等院校药学类、中药学类专业教学使用。

全国高等医药院校药学类专业第五轮规划教材，是在深入贯彻落实教育部高等教育教学改革精神，依据高等药学教育培养目标及满足新时期医药行业高素质技术型、复合型、创新型人才需求，紧密结合《中国药典》《药品生产质量管理规范》（GMP）、《药品经营质量管理规范》（GSP）等新版国家药品标准、法律法规和《国家执业药师资格考试大纲》进行编写，体现医药行业最新要求，更好地服务于各院校药学教学与人才培养的需要。

本套教材定位清晰、特色鲜明，主要体现在以下方面。

1. 契合人才需求，体现行业要求　契合新时期药学人才需求的变化，以培养创新型、应用型人才并重为目标，适应医药行业要求，及时体现新版《中国药典》及新版GMP、新版GSP等国家标准、法规和规范以及新版《国家执业药师资格考试大纲》等行业最新要求。

2. 充实完善内容，打造教材精品　专家们在上一轮教材基础上进一步优化、精炼和充实内容，坚持"三基、五性、三特定"，注重整套教材的系统科学性、学科的衔接性，精炼教材内容，突出重点，强调理论与实际需求相结合，进一步提升教材质量。

3. 创新编写形式，便于学生学习　本轮教材设有"学习目标""知识拓展""重点小结""复习题"等模块，以增强教材的可读性及学生学习的主动性，提升学习效率。

4. 配套增值服务，丰富教学资源　本套教材为书网融合教材，即纸质教材有机融合数字教材，配套教学资源、题库系统、数字化教学服务，使教学资源更加多样化、立体化，满足信息化教学的需求。通过"一书一码"的强关联，为读者提供免费增值服务。按教材封底的提示激活教材后，读者可通过PC、手机阅读电子教材和配套课程资源（PPT、微课、视频、图片等），并可在线进行同步练习，实时反馈答案和解析。同时，读者也可以直接扫描书中二维码，阅读与教材内容关联的课程资源（"扫码学一学"，轻松学习PPT课件；"扫码看一看"，即可浏览微课、视频等教学资源；"扫码练一练"，随时做题检测学习效果），从而丰富学习体验，使学习更便捷。

编写出版本套高质量的全国本科药学类专业规划教材，得到了药学专家的精心指导，以及全国各有关院校领导和编者的大力支持，在此一并表示衷心感谢。希望本套教材的出版，能受到广大师生的欢迎，为促进我国药学类专业教育教学改革和人才培养做出积极贡献。希望广大师生在教学中积极使用本套教材，并提出宝贵意见，以便修订完善，共同打造精品教材。

中国医药科技出版社

2019年9月

前　言

　　《制药设备与车间设计》是普通高等教育"十一五"国家级规划教材之一。本教材系根据教育部制药工程（本科）专业课程基本要求和中国工程教育认证通用标准对设计类课程内容的要求编写。

　　1994年，蒋作良教授主编的第一版《药厂反应设备及车间工艺设计》出版，取得良好的教学效果，受到使用院校的高度好评。为反映医药科技进步和制药装备水平的发展成果，2011年，周丽莉教授重新组织编写了本教材，并更名为《制药设备与车间设计》。2019年，在保持教材原貌、优化知识体系、增加行业新成果、发挥案例教学新举措的思想指导下，重新修订本教材。本次修订删除了有关精馏、萃取全部内容和干燥工艺计算内容，有需要者可参考化工原理教材；增加了生物制药发酵设备、制剂设备和制药粉体设备内容，增加了制剂车间设计案例和生物制药设计案例，以适应不同高校的药学工程类专业的教学需求。本教材为书网融合教材，即纸质教材有机融合电子教材、教学配套资源（PPT、微课、视频、图片等）、数字化教学服务（在线教学、在线作业等）。

　　本教材编者均为有一定工程实践经验的一线教师和多年从事医药设计的高级工程师。编写过程中参考了国内外的相关教材和专著，收集了典型的应用实例。本教材除了用于教学外，对从事制药工程设计的工程技术人员也有一定的参考价值。

　　本教材编写分工如下：第一、二、三、四、十二章由郭永学编写；第三章（部分内容）、第十四章由杨忠连编写；第五章由礼彤编写；第六章由王立红编写；第七章由刘二虎和吴宏宇编写；第八章由万永青编写；第九、十、十一、十三、十六章由张珩、张秀兰编写；第十五、十七章由王绍宇、马立新编写，张珩编写了部分内容。

　　本教材在编写过程中得到了各参编单位的大力支持，得到了原教材编写成员的大力协助，沈阳药科大学制药工程研究室研究生协助完成了数字化教材的整理工作，在此一并深表感谢！

　　由于编者水平有限，书中难免存在疏漏之处，诚盼读者批评指正，以利教材不断完善。

编　者
2019年9月

目 录

第一篇　制药设备

第二篇　车间设计

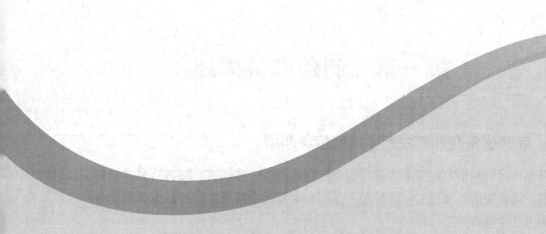

第一篇

制药设备

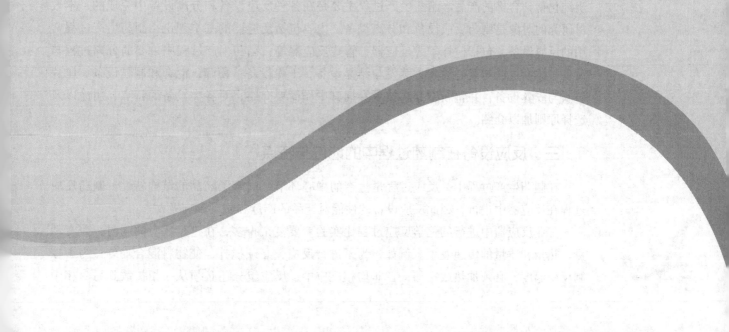

扫码"学一学"

扫码"看一看"

第一章 制药设备概述

一、制药设备在制药生产中的地位与作用

制药生产过程包括原料药生产和制剂生产两部分。一般而言，原料药属于制药工业的初级产品，药物制剂是制药工业的终端产品。在本教材中制药生产过程主要指原料药生产过程，侧重化学制药生产过程。

制药生产过程是按照一定的生产工艺，通过各种制药设备进行一系列化学（或生物）反应以及物理处理过程把原料制成合格药品的过程。从原料到产品的每一步骤均需要在各种设备中完成，制药设备的先进性、自动化进程，标志着制药企业的装备水平，影响着药品的质量。由此可见制药设备是制药生产的关键因素之一，因此只有根据生产工艺要求和制药设备的结构特点，科学选配制药设备，才能保证药品生产高质、高效、安全地进行。制药设备在制药生产中的主要作用如下。

（1）提供生产药品进行各种化学（或生物）反应的环境和完成反应过程的必要条件。

（2）提供生产药品进行各单元操作过程（动量、热量、质量传递）的环境和完成单元操作过程的必要条件。

（3）保证最终成品——药品的质量。

（4）保证高效、安全完成药品生产过程，满足环境保护要求。

二、制药设备研究的对象与内容

药物生产过程是由一系列化学反应与物理处理过程有机组合而成的。以生产布洛芬为例：以异丁苯为原料，要经过酰化、缩合、水解、酸化、氧化反应才能制得布洛芬，而每一步反应后面都跟着过滤、蒸发、蒸馏、干燥等物理处理过程（主要是分离过程）。这里，化学反应过程是生产的中心环节，反应进行的好坏对产品的收率和质量有着决定性的影响。分离过程是为化学反应服务的，目的是使反应生成的中间体或产品得以分离出来，并进一步纯化得到合格的产品。制药生产过程主要是在各种反应设备和分离设备中完成的，本教材研究的对象是制药反应设备和分离设备。内容包括反应器的基本理论；制药生产过程常用的反应设备，包括搅拌釜式反应器、管式反应器等；制药生产过程中重要的分离过程与设备，包括过滤与离心设备，蒸发与结晶设备，干燥设备，粉筛，混合和制粒设备，压片包衣与胶囊设备，并将新型分离技术穿插其中作简要介绍；对各类设备的特点、用途以及选择原则加以介绍。

三、反应设备在制药过程中的地位与特点

在制药生产过程中，反应过程是生产的中心环节，决定了药品的结构特性，制药反应过程在反应器中进行，因此反应设备的性能对药品的产量和质量影响极大。

工业反应器中进行的化学反应过程比实验室要复杂得多，在进行反应的同时，兼有动量、热量和质量的传递发生。例如，为了进行反应，必须搅拌，使物料混合均匀；为了控制反应温度，必须加热或冷却；在非均相反应中，反应组分还必须从一相扩散到另一相中

才能进行反应。这里，传递过程与化学反应同时进行。

可见，工业生产中进行的化学反应过程，不仅与反应本身的特性有关，而且与反应设备的特性有关。不同的反应器型式，不同的操作方式，物料的流动状况不同，传热与传质的情况也不同。工业反应过程就是具有一定反应特性的物料在具有一定传递特性的设备中进行化学反应的过程。这里，化学反应是主体，而反应设备则是实现这种变化的环境。设备的结构、型式、尺寸以及操作方式等在物料的流动、混合、传热和传质等方面为化学反应提供了一定的条件。反应在不同的条件下进行，反应的结果也不相同。为了使实验室的反应有效地放大到工业规模，必须将反应与设备两方面结合起来，对化学过程进行工程上的分析，才能进行工业反应器的选型、设计与放大，才能获得良好的技术经济效果。

第二章 反应器基本理论

第一节 概 述

一、工业反应过程的特点

制药生产过程是按照一定生产工艺，大规模地对原料进行一系列化学反应和分离纯化等操作得到符合药品标准的合格产品的过程。各种化学反应都是在工业反应器中进行的，因此工业反应器对产品的收率和质量有着决定性的影响。

实验室工艺研究提供化学反应最基础的数据，如反应温度、压力、配料比、反应时间等。然而，当实验室的反应放大到工业规模时，工业反应器中的化学反应过程要比实验室中的复杂得多，在进行反应的同时，兼有动量、热量和质量的传递发生，传递过程对反应过程的影响变得十分突出。例如，在实验室的烧瓶里进行反应，反应物料的温度、浓度很容易达到均匀一致，反应温度易于控制，全部物料的反应时间也都是相同的。而在工业规模的反应器中，要做到反应物料的温度、浓度均匀一致就不那么容易，除了与反应器的型式、搅拌器的搅拌效果有关外，还有热量的传递问题。由于放热量（或吸热量）与反应器的容积成正比，而传热量与反应器的表面积成正比，当反应器的直径放大 10 倍后，放热量增大 1000 倍，而传热量只能增大 100 倍，于是传热就成为主要矛盾。如果采用连续操作，物料粒子在反应器内的停留时间有长有短，停留时间短的粒子还来不及反应就离开了反应器；停留时间长的粒子则可能进一步反应生成副产物。因此当实验室的反应放大到工业规模时，尽管是同一反应，相同反应条件，其结果可能差别很大。例如某一级反应，在实验室的烧瓶内可以达到 86.5% 的转化率。而在完全相同的温度、压力和反应时间条件下，在连续操作的搅拌釜中只能达到 67% 的转化率；当使用两个串联搅拌釜时可以达到 75%；如果采用管式反应器，则其转化率接近 86.5%。

可见，工业生产中进行的化学反应过程，不仅与反应本身的特性（相态、反应级数、热效应等）有关，而且与反应设备的特性（反应器型式、结构、操作方式等）有关。所谓反应设备的特性，实质上就是反映了传递过程的特性，不同的反应器型式（如搅拌釜、鼓泡塔、管式反应器等），不同的操作方式（如间歇操作、连续操作、半连续操作等），物料的流动状况不同，传热与传质的情况也不同。工业反应过程就是具有一定反应特性的物料在具有一定传递特性的设备中进行化学反应的过程。这里，化学反应是主体，而设备则是实现这种变化的环境。设备的结构、型式、尺寸以及操作方式等在物料的流动、混合、传热和传质等方面为化学反应提供了一定的条件。反应在不同的条件下进行，将有不同的表现，其结果也不相同。

综上所述，工业反应器中的影响因素是错综复杂的，为了使实验室的反应有效地放大到工业规模，必须将反应与设备两方面结合起来，对化学过程进行工程上的分析。在此基础上进行工业反应器的设计、放大与选型，以期在制药生产中获得良好的技术经济效果。

二、反应器的放大方法

工业反应过程的研究经历了一个逐步由经验向理论的发展过程。在1930年建立了单元作业，其目的是将化学反应进行分类，探求各类反应的机制及与设备之间的相互关系。但由于人们对工业反应过程的复杂性的认识不足，一开始就把反应机制作为重点，把反应设备只放在从属的地位，忽视了传热和扩散等现象对化学反应的影响，因而，一直未能建立起工程学的体系。所以长期以来，反应器的设计主要是依靠经验。以后，Damkohler和Hougen等首先提出了应用动力学和反应器设计的概念，认为工程学的目的应是合理设计反应器，确定最佳操作方法。他们将化学反应速度方程式与传递过程诸因素结合起来，定量地描述了传递现象对化学反应的影响，从而开辟了数学模拟法研究反应过程的正确途径。特别是在第二次世界大战后，由于化学动力学和化工单元操作在理论与实验方面取得了较大的进展，使从理论上系统地解决反应器的设计与放大问题有了实际的可能，因此数学模拟法得到了迅速的发展。根据目前制药工业的情况，反应器的放大大致有下列几种方法。

（一）经验放大法

经验放大法的依据是空时得率相等的原则，即假定单位时间内，单位体积反应器所生产的产品量（或处理的原料量）是相同的。因此，根据给定的生产任务，通过物料衡算，求出为完成规定的生产任务所需处理的原料量后，取用空时得率的经验数据，即可求得放大后的反应器所需的容积。

采用经验法的前提是：新设计的反应器必须能够保持与提供经验数据的装置完全相同的操作系统。实际上，由于生产规模的改变要做到完全相同是很难的。所以这种方法不精确，放大倍数都是比较小的，而且只能应用在反应器的型式、结构及操作条件等相近似的情况下。如果希望通过改变操作条件或反应器的结构来改进反应器的设计，或进一步寻求反应器的最优化设计与操作方案，经验法是无能为力的。

虽然经验法有上述缺点，但由于制药生产中化学反应复杂，原料与中间体多种多样，化学动力学方面的数据常常又不够充分。在缺乏基础数据的情况下，要从理论上精确地计算反应器也不可能，这时利用经验法却能简便地估算出所需要的反应器容积。所以经验放大法在目前制药工业中仍在应用。

（二）相似放大法

生产设备以模型设备的某些参数按比例放大，即按相似准数相等的原则进行放大的方法称为相似放大法。例如，按设备几何尺寸成比例放大称为几何相似放大；按 Re 准数相等的原则进行放大称为流体力学相似放大等。但是在工业反应器中，化学反应与流体流动、传热及传质过程交织在一起，要同时保持几何相似、流体力学相似、传热相似、传质相似和反应相似是不可能的，因此相似放大法只有在某些特殊情况下才有可能应用。例如，纯粹是扩散控制的过程，即反应速度足够快，总的速度完全取决于物质的扩散速度时，就不必考虑反应的相似问题，只需像对待物理过程一样，保持流体力学传热或传质的相似就可以了。在一般情况下，既要考虑反应的速度，又要考虑传递过程的速度，采用局部相似的放大方法不能解决问题。所以相似放大法主要用于反应器中的搅拌器与传热装置等的放大。

（三）数学模拟放大法

数学模拟放大法的基础是数学模型。所谓数学模型就是描述工业反应器中各参数之间关系的数学表达式。

由于工业反应过程的影响因素错综复杂，要用数学形式来完整地、定量地描述过程的全部真实情况是不现实的，因此首先要对过程进行合理的简化，提出物理模型，用它来模拟实际的反应过程。再对物理模型进行数学描述，即得数学模型。然后在计算机上就各参数的变化对过程的影响进行研究，这时只需将输入的数据改变一下就可以了。而如果在实验室内进行这样的研究，那就要消耗大量的人力、物力和时间。

利用数学模型来预计大设备的行为，实现工程放大，这种方法称为数学模拟放大法。由于它是以过程参数间的定量关系为基础的，所以避免了相似方法中的盲目性与矛盾方面，而且能够较好地进行高倍数放大，缩短放大周期。

用数学模拟法进行工程放大，能否精确地预计大设备的行为，决定于数学模型的可靠性。因为，简化后的模型会与实际过程有不同程度的出入，所以要将模型计算的结果与中间试验或生产设备的数据进行比较，再对模型进行修正。对一些规律性认识得比较充分、数学模型已经成熟的反应器，就可以大幅度地提高放大倍数，以至于省去中间试验，而根据实验室小试数据直接进行工程放大。

三、反应器的分类

工业反应过程与反应特性和设备特性有关。反应器可以按照反应的特性分类，也可以按照设备的特性分类。按照反应的特性分类，也就是按照反应物系的相态进行分类。因为物系的相态不同，其反应的动力学规律也不相同。例如，对气液相反应，气相中的反应组分必须穿过相界面，才能在液相中进行反应；对气固相反应，气相反应组分必须扩散到固体催化剂的表面，反应主要在微孔的内表面上进行。它们各有一套基本的反应动力学规律，所以按照物系的相态分类，实质上就是按照最基本的动力学特性进行分类。

设备的特性是指反应器的型式、操作方式及温度调节方式等，它们决定了反应物系的流动、混合及传热、传质等条件。所以按照设备特性分类，实质上也就是按照传递过程的特性进行分类。

图 2-1 中列出了反应器的分类情况，其中所列的各种型式反应器示于图 2-2 中，它们在制药工业中的应用情况示于表 2-1 中。

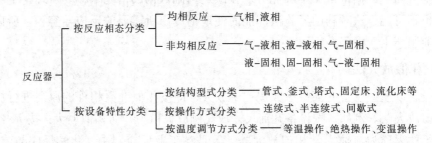

图 2-1　反应器的分类

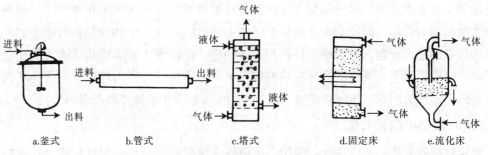

图 2-2　各种结构型式的反应器示意图

表2-1 各种型式反应器在制药工业中应用的举例

型式	适用的反应	反应举例	相态	生产药品
釜式	液相、气-液相、液-液相、液-固相、气-液-固相	乌洛托品在氯苯中与对硝基溴代苯乙酮生成业甲基四铵盐 水杨酸乙酰化	液-固相 液相	氯霉素 乙酰水杨酸
管式	气相、液相	醋酸高温裂解生成乙烯酮 5-甲基异噁唑-3-碳酰胺 Hofmann 降解制3-氨基-5-甲基异噁唑	气相 液相	吡唑酮类药 磺胺甲噁唑
填料塔	气-液相	水吸收氯磺化反应的 HCl 与 SO_2	气-液相	磺胺
板式塔	气-液相	尿素与甲胺加热甲基化制二甲脲	气-液相	咖啡因
鼓泡塔	气-液相	糠醛用氯气氯化制糠醛酸 甲苯氯化制氯苄	气-液相	磺胺嘧啶 苯巴比妥
搅拌鼓泡釜	气-液相、气-液-固（催化剂）相	α-甲基吡啶氯化制 α-氯甲基吡啶	气-液-固（催化剂）相	氯苯那敏
固定床	气-固相	癸酸与醋酸在 MgO 催化下缩合生成壬甲酮	气-固相	鱼腥草素
流化床	气-固相	硝基苯气相催化氢化制苯胺 甲基吡啶空气氧化制异蒳酸	气-固相	磺胺类药 异蒳肼

第二节 理想反应器

一、基本的反应器型式

反应器的型式多种多样，但从结构与操作上来分析，不外乎包括间歇操作搅拌釜、连续操作管式反应器和搅拌釜等基本型式。这几种反应器内物料的流动状况具有典型性，深入研究其中的物料流况对化学反应的影响，将有助于对其他反应器的理解。

（一）间歇操作搅拌釜

由于药品生产相对于化工生产过程规模小，品种多，原料与工艺条件多种多样，而间歇操作的搅拌釜装置简单，操作方便灵活，适应性强，因此在制药工业中获得广泛的应用。这种反应器的特点是物料一次投入，反应完毕后一起放出，全部物料参加反应的时间是相同的；在良好的搅拌下，釜内各点的温度、浓度可以达到均匀一致；釜内反应物浓度（c_A）随时间（τ）而变化，所以反应速度也随时间而变化，如图2-3所示。

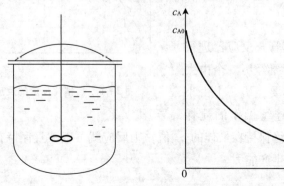

图2-3 间歇反应釜及其浓度变化

（二）连续操作管式反应器

这种反应器的特点是从反应器的一端加入反应物（c_{A0}），从另一端引出产物；反应物沿流动方向前进，反应时间是管长（L）的函数；反应物浓度（c_A）、反应速度沿流动方向逐渐降低，在出口处达到最低值，如图 2-4 所示。在操作达到稳定状态时，沿管长上任一点的反应物浓度、温度、压力等参数都不随时间而改变，因而反应速度也不随时间而改变。

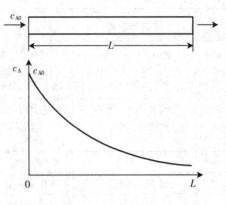

图 2-4　管式反应器及其浓度变化

（三）连续操作搅拌釜

其构造与间歇操作的搅拌釜相同。这种反应器的特点是釜内装有强烈搅拌器，使物料剧烈翻动，反应器内各点的温度、浓度均匀一致；物料随进随出，连续流动，出口物料中的反应物浓度与釜内反应物浓度相同；在稳定流动时，釜内反应物温度、浓度都不随时间而变化，因而反应速度也保持恒定不变，如图 2-5 所示。

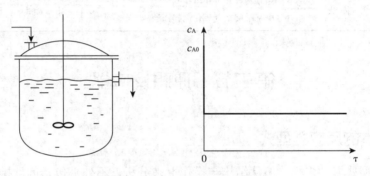

图 2-5　连续反应釜及其浓度变化

在连续操作的搅拌釜内反应物的浓度与出口物料的浓度相等，因而釜内反应物的浓度很低，反应速度很慢，这是它的缺点。要达到同样的转化率，连续操作搅拌釜需要的反应时间较其他型式反应器长，因而需要的反应器容积较大。

连续操作的搅拌釜内，反应物的温度、浓度及反应速度保持恒定不变，这是它的优点，对于自催化反应特别有利。因为自催化反应利用反应产物作催化剂，反应速度（$-r_A$）与反应物浓度的关系如图 2-6 所示。当反应物为某个 c_A 值时，反应速度最大。

利用间歇操作的搅拌釜或管式反应器进行这种反应时，由于反应物浓度要经历一个由大变小的过程；所以反应速度都要经历一个由小到大再到小的过程。如采用连续操作的搅拌

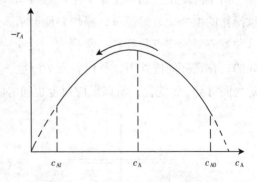

图 2-6　自催化反应的反应速度

釜，可以使釜内反应物浓度始终保持在最佳的 c_A 值，则反应就可以一直保持在最大的速度下进行，大大提高了反应器的生产能力。

二、连续操作反应器的流动特性——返混

若连续操作反应器的容积为 V_R，物料的体积流量为 v，则 $V_R/v = \bar{\tau}$ 就代表物料流过反应器所需要的时间，称为平均停留时间。

在间歇反应器中，物料一次投入，反应完毕后一起放出，全部物料粒子都经历相同的反应时间，即在反应器中的停留时间都相同；而在连续反应器中，同时进入反应器的物料粒子，有的很快就从出口流出，有的则经过很长时间才从出口流出，停留时间有长有短，形成一定的分布。其平均停留时间为 $\bar{\tau} = V_R/v$。

(一) 停留时间分布与返混

对于连续反应器，由于物料停留时间不同而形成的分布称为停留时间分布（residence time distribution，RTD）。

停留时间分布有两种：一种是对反应器内的物料而言的，称为器内年龄分布，简称年龄分布；另一种是对反应器出口的物料而言的，称为出口年龄分布，也称寿命分布。

1. 年龄分布 从进入反应器的瞬间开始算年龄，到所考虑的瞬间为止，反应器内的物料粒子，有的已经停留了1秒（年龄1秒），有的已经停留了10秒（年龄10秒）等。这些不同年龄的物料粒子混在一起，形成一定的分布，称为年龄分布。而不同年龄的物料粒子混在一起的现象称为返混。所以，返混是时间概念上的混合，是反应器内不同停留时间的物料之间的混合，它与停留时间分布联系在一起，有返混就必然存在停留时间分布；反之，如没有停留时间分布，则不存在返混。如在间歇反应釜内，强烈的搅拌作用使釜内各处物料均匀混合，但由于物料是一次加入，反应完毕一起放出，全部粒子在釜内的停留时间相同，所以不存在返混现象。在连续管式反应器中，虽然在层流流动时粒子之间互不干扰，但因管中心的粒子流速最大，停留时间最短；靠近管壁的粒子流速小，停留时间长，速度不均，造成了停留时间分布，引起管式反应器的返混。所以，返混是连续操作反应器中特有的现象。它与一般所谓物料在空间上的均匀混合具有不同的概念。

2. 寿命分布 从进入反应器的瞬间开始算年龄，到所考虑的瞬间为止，在反应器出口的物料中，有的粒子在器内已经停留了5秒，有的已经停留了8秒等。因为这些粒子已经离开反应器了，它们的年龄也就是寿命。在出口物料中，不同寿命的粒子混在一起，形成一定的分布，称为寿命分布。

年龄分布与寿命分布之间存在着一定的关系，已知其中一种分布，即可求出另一种分布。由于反应器内的物料容积大，取样难以代表整个反应器的情况，所以，一般都是实验测定寿命分布。关于停留时间分布的测定方法及定量表示，将在本章第五节中讨论。

(二) 返混产生的原因

产生返混的原因很多，归纳起来大致有下列几种。

1. 涡流与扰动 管式反应器进出口的涡流与扰动，引起物料粒子间的轴向混合，造成返混。

2. 速度分布 管式反应器中沿径向各点的流速不同，引起返混。

3. 沟流与壁流 填充床中由于沟流或壁流等造成物料粒子以不同的流速通过反应器，引起返混。

4. 倒流 连续搅拌釜中由于搅拌作用引起物料倒流，造成返混。

5. 短路与死角 连续反应器中由于短路与死角使物料粒子在反应器内的停留时间不同，

造成返混。

（三）返混对化学反应的影响

由于返混，物料粒子的停留时间长短不一，停留时间短的粒子还未反应完全就离开了反应器，而停留时间长的粒子可能进一步反应生成副产物。总的来说，返混会使产品的收率、质量降低。

此外，返混还使反应物的浓度降低。以间歇反应釜与连续反应釜作比较，若二者进行同一反应，且转化率相同，则因前者不存在返混，反应物的浓度随时间而变化，从开始的c_{A0}降为反应结束时的c_A；而后者由于返混程度很大，反应物一加入釜内，就立即与釜内物料混合，浓度降为c_A，反应始终在最低的浓度c_A下进行，所以反应速度小，需要反应器容积大。可见，连续操作本身并不意味着强化生产。

在某些情况下返混可能是有利的。如前述对自催化反应，采用连续搅拌釜，可以使釜内反应物浓度保持在最低浓度下反应，需要的反应器容积将最小。

三、理想反应器

流体流动情况对化学反应的影响，归根结底还是在于它们的返混程度不同。所以，根据返混程度的大小，可以将流动情况分为3种类型。

1. 平推流 这是不存在返混的一种理想流动型式，其特点是流体通过细长管道时，在与流动方向垂直的截面上，各粒子的流速完全相同，就像活塞平推过去一样，故称为平推流，也称为活塞流。流体粒子在流动方向（轴向）上没有混合与扩散，所以，同时进入反应器的粒子将同时离开反应器，即物料粒子的停留时间都是相同的。细长型的管式反应器，当Re数很大时，流动情况近似平推流。

2. 全混流 这是返混程度最大的一种理想流动型式，其特点是物料一进入反应器就立即均匀分散在整个反应器内，且在出口同时可检测到新加入的物料粒子。反应器内物料的温度、浓度完全均匀一致，且分别与出口物料的温度、浓度相同。物料粒子在反应器内的停留时间有长有短，分布得最分散。连续搅拌釜内的物料流动情况近似于这种型式。

3. 中间流 返混程度介于平推流和全混流之间，即具有部分返混的流动形态，也称为非理想流动。

流动情况为平推流的反应器称为平推流（或活塞流）反应器（plug flow reactor，PFR）；流动情况为全混流的反应器称为全混流反应器（continuous strred-tank reactor，CSTR）。这两种反应器与间歇反应器，它们的返混程度或是零，或是最大，都属于理想反应器。实际生产中，连续操作的反应器内都存在不同程度的返混，物料的流动情况为中间流，称为非理想式反应器。

第三节　理想反应器的容积计算

一、反应速度及其表达式

均相反应的速度，以单位时间、单位体积反应物料中的某一组分摩尔数的变化来表示，即

$$(\pm r_A) = \pm \frac{1}{V} \cdot \frac{\mathrm{d}n_A}{\mathrm{d}\tau} \tag{2-1}$$

式中，r_A为均相反应的速度，当 A 为生成物时，取"＋"号，表示生成速度，当 A 为

反应物时，取"－"号，表示消耗速度；τ 为反应时间；n_A 为 A 组分的摩尔数。

反应速度也可以用转化率来表示。转化率是反应物转化掉的量占原始量的分率。设反应开始时组分 A 的摩尔数为 n_{A0}，经过 τ 时间后，组分 A 的摩尔数为 n_A，则组分 A 的转化率 x_A 为

$$x_A = \frac{n_{A0} - n_A}{n_{A0}} \tag{2-2}$$

式（2-2）可写成 $n_A = n_{A0}(1 - x_A)$，微分得 $dn_A = -n_{A0}dx_A$，代入式（2-1）中，所以反应速度可用转化率表示为

$$(-r_A) = -\frac{1}{V} \cdot \frac{dn_A}{d\tau} = \frac{1}{V} \cdot \frac{n_{A0}dx_A}{d\tau} \tag{2-3}$$

化学反应的速度与反应物的浓度及温度有关。如反应 A→R，若反应速度为 $(-r_A) = kc_A$，则称为一级反应，即反应速度与反应物浓度的一次方成正比，k 称为反应速度常数。

反应速度常数随温度而改变，其关系可用阿累尼乌斯（Arrhenius）经验式来表示，即

$$k = A_0 e^{-E/RT} \tag{2-4}$$

式中，A_0 为频率因子，其单位与 k 的单位相同；E 为活化能，J/mol；R 为气体常数，8.314kJ/($kmol \cdot k$)；T 为热力学温度，K。

k 的单位与反应级数有关。对一级反应，k 的单位是 s^{-1}；对二级反应，k 的单位是 $kmol^{-1} \cdot m^3 \cdot s^{-1}$；对零级反应，$k$ 的单位是 $kmol \cdot m^{-3} \cdot s^{-1}$。

因为反应中各组分的摩尔数变化不一定相同，所以反应速度用不同的组分表示时，数值也不相同。如在反应 $aA + bB \to sS$ 中，组分 A、B 的消耗速度与组分 S 的生成速度各不相同，但若将它们分别除以化学计量式中该组分的系数，则有下列比例关系

$$\frac{(-r_A)}{a} = \frac{(-r_B)}{b} = \frac{r_S}{s} \tag{2-5}$$

二、间歇釜式反应器

间歇釜式反应器如图 2-3 所示。所用物料按一定配比一次加入釜内，开始搅拌，使物料的温度、浓度保持均匀。通常这种反应器都配有夹套或蛇管，以控制反应在指定的温度范围内进行。经过一定时间，反应达到所要求的转化率后，将物料排出反应器，即完成一个生产周期。这种反应器主要用于液相反应，也用于液固相反应，或者用于液体与连续鼓入的气泡之间的气液相反应。由于药品和精细化工产品的生产反应条件复杂，原料品种多种多样，而间歇釜式反应器操作灵活、适应性强，所以广泛应用于制药和精细化工生产上。此外，某些要求清洁的产品，如食品、发酵工业等都采用间歇釜式反应器，以便于洗涤、消毒等操作。

（一）等温操作的反应时间

在间歇釜式反应器中，由于强烈的搅拌作用，釜内各点的温度、浓度均相同，故可对整个反应器进行物料衡算；又因为间歇操作是不稳定过程，反应器内的温度、浓度都随时间改变，所以物料衡算要取微元时间为基准，即

微元时间内反应掉组分 A 的摩尔数 = 微元时间内组分 A 减少的摩尔数

于是得　　　　　　　　　　　$(-r_A)Vd\tau = -dn_A$

因为　　　　　　　　　　　　$dn_A = -n_{A0}dx_A$

所以　　　　　　　　　　　　$(-r_A)Vd\tau = n_{A0}dx_A$

即　　　　　　　　　　　　　$d\tau = \frac{n_{A0}dx_A}{(-r_A)V}$

所以
$$\tau = n_{A0}\int_0^{x_A} \frac{dx_A}{(-r_A)V} \tag{2-6}$$

式（2-6）即为间歇釜反应器的基础设计式。对于液相反应，反应前后物料体积变化不大，可视为等容过程，则基础设计式为

$$\tau = \frac{n_{A0}}{V}\int_0^{x_A} \frac{dx_A}{(-r_A)} = c_{A0}\int_0^{x_A} \frac{dx_A}{(-r_A)} \tag{2-7}$$

由于等容过程存在 $c_A = c_{A0}(1-x_A)$、$dc_A = -c_{A0}dx_A$ 的关系，代入式（2-7）并相应改变积分的上下限，便得

$$\tau = -\int_{c_{A0}}^{c_A} \frac{dc_A}{(-r_A)} \tag{2-8}$$

若反应物的原始浓度以及反应速度与转化率或浓度的关系已知，则利用式（2-7）或式（2-8），即可求得达到一定转化率所需要的反应时间。

对一级反应　　　　　　　$(-r_A) = kc_A = kc_{A0}(1-x_A)$

所以
$$\tau = c_{A0}\int_0^{x_A} \frac{dx_A}{kc_{A0}(1-x_A)} = \frac{1}{k}\ln\frac{1}{1-x_A} \tag{2-9}$$

对二级反应　　　　　　　$(-r_A) = kc_A^2 = kc_{A0}^2(1-x_A)$

所以
$$\tau = c_{A0}\int_0^{x_A} \frac{dx_A}{kc_{A0}^2(1-x_A)^2} = \frac{1}{k}\cdot\frac{x_A}{c_{A0}(1-x_A)} \tag{2-10}$$

对零级反应　　　　　　　$(-r_A) = k$，则 $\tau = \dfrac{c_{A0}x_A}{k}$

从式（2-7）可以看出，只要 c_{A0} 相同，达到一定转化率所需要的反应时间，只取决于反应速度，而与处理量无关。即不论处理量多少，对同一反应，达到同样转化率，工业生产与实验室中的反应时间是相同的。所以，利用小试数据进行间歇釜的放大设计时，只要保证放大后的反应速度与小试时相同，就可以实现高倍数放大。由此可见，间歇釜的放大关键在于保证放大后的搅拌与传热效果。

当反应速度与转化率或浓度的关系已知时，式（2-7）和式（2-8）也可以用图解积分方法来计算，如图 2-7 所示。

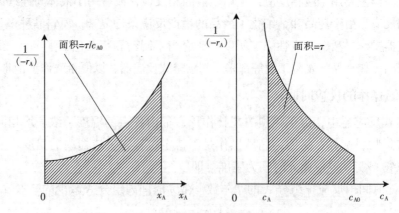

图 2-7　间歇釜反应时间的图解表示

（二）反应器容积

在间歇操作时，将原料加入反应器中，待反应进行到规定的转化率后，再将产品放出，

这样就完成了一批操作。设反应时间为 τ，加料、出料及清洗等辅助时间为 τ'，则每批操作所需要的时间为 $\tau + \tau'$，如果生产上要求平均单位时间处理的物料量为 v，则每批操作需要处理的物料量为 $V_R = v(\tau + \tau')$，这也就是反应器的装料容积，也称为有效容积。式中，反应时间 τ 可由式（2-7）或式（2 8）求得，辅助时间 τ' 由生产实践的经验来确定，而 v 可按生产规定的产量来计算。例如，在反应 A + B→R 中，若规定 R 的产量为 W kmol/h，因为反应掉 A 的摩尔数应当与生成 R 的摩尔数相同，所以有 $v c_{A0} x_A = W$，即 $v = W/c_{A0} x_A$。

反应器的有效容积也可视为由两部分组成：$v\tau$ 是完成反应所必须的容积，简称反应容积；$v\tau'$ 是完成加料、出料、清洗等辅助操作所必须的容积，简称辅助容积。如果 τ 很小，而 τ' 相对来说较大，则反应器大部分时间不是在进行化学反应，而是为加料、出料、清洗等辅助操作所占据。因此，间歇釜用于快速反应是不合适的。在制药生产中，液相反应的反应时间一般比较长（τ 为 τ' 的几倍乃至几十倍）。这也是间歇反应釜在制药生产中获得广泛应用的原因之一。

实际生产中，由于搅拌、发生泡沫等原因，物料不能装满，所以间歇釜的容积要较有效容积大。有效容积与总容积的比值称为装料系数，以 φ 表示，即 $\varphi = V_R/V_T$，它表示反应器内的物料占反应器总容积的分率。式中，V_T 为反应器的总容积，简称反应器容积。

装料系数的大小根据经验来选定，对不产生泡沫、不沸腾的液体，φ 值可取 $0.7 \sim 0.85$；对同时沸腾和产生泡沫的液体，φ 取 $0.4 \sim 0.6$。

例 2-1 苯醌（A）与环戊二烯（B）合成 5,8-桥亚甲基-5,8,9,10-四氢-α-萘醌（R），反应速度式为 $(-r_A) = k c_A c_B$，反应温度为 25℃，$k = 9.92 \times 10^{-3} \, \text{m}^3 \cdot \text{s} \cdot \text{kmol}^{-1}$，原始浓度 $c_{A0} = 0.08 \, \text{kmol/m}^3$，$c_{B0} = 0.1 \, \text{kmol/m}^3$，反应在良好搅拌的间歇釜中进行，容积变化可忽略，计算转化率达到 95%（以 A 计算）需要的反应时间。如每小时生产 0.05 kmol R，每批操作的辅助时间为 1 小时，装料系数取 0.8，求反应器的有效容积与总容积。

解：反应方程式为

（A）　　（B）　　　　　　　　　（R）

根据间歇反应釜的基础设计式（2-7），

$$\tau = c_{A0} \int_0^{x_A} \frac{dx_A}{(-r_A)}$$

式中　　　　$(-r_A) = k c_A c_B = k c_{A0}(1 - x_A)(c_{B0} - x_A c_{A0})$

所以　　　　$\tau = c_{A0} \int_0^{x_A} \frac{dx_A}{k c_{A0}(1 - x_A)(c_{B0} - x_A c_{A0})}$

$$= \frac{1}{k} \int_0^{x_A} \frac{dx_A}{(1 - x_A)(c_{B0} - x_A c_{A0})}$$

积分得

$$\tau = \dfrac{\ln\left[\left(\dfrac{\dfrac{c_{B0}}{c_{A0}} - x_A}{1 - x_A}\right)\left(\dfrac{c_{A0}}{c_{B0}}\right)\right]}{k(c_{B0} - c_{A0})}$$

$$= \dfrac{\ln\left[\left(\dfrac{\dfrac{0.1}{0.08} - 0.95}{1 - 0.95}\right)\left(\dfrac{0.08}{0.1}\right)\right]}{9.92 \times 10^3(0.1 - 0.08)}$$

$$= 7.91 \times 10^3 \text{ 秒或 } 2.20 \text{ 小时}$$

由反应方程式可见，反应掉 A 的摩尔数与生成 R 的摩尔数相等，所以，每小时处理的物料量为

$$v = \dfrac{W}{c_{A0}x_A} = \dfrac{0.05}{0.08 \times 0.95} = 0.658 \text{m}^3/\text{h}$$

每批操作需要的时间为 $\tau + \tau' = 2.2 + 1 = 3.2$ 小时

所以反应器的有效容积为 $V_R = v(\tau + \tau') = 0.658 \times 3.2 = 2.106 \text{m}^3$

其中，反应容积为 1.448m^3；辅助容积为 0.658m^3。

反应器的总容积为

$$V_T = \dfrac{V_R}{\varphi} = \dfrac{2.106}{0.8} = 2.632 \text{m}^3$$

三、连续管式反应器

连续操作的管式反应器可用于气相反应或液相反应。细长型的管式反应器，当流动的 Re 数很大时，近似平推流反应器。其特点是在与流动方向成垂直的截面上，各点的流速相同，就像活塞平推过去一样，故也称为活塞流反应器（PFR）。同时进入这种反应器的物料粒子，将同时离开反应器，它们在反应器内的停留时间都相同，所以没有返混。在同一截面上，各点的温度、浓度、反应速度都相同；在不同的截面上，温度、浓度等参数沿流动方向而改变。

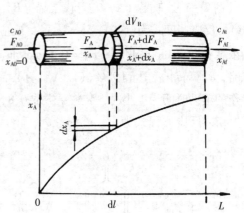

图 2-8 平推流反应器的物料衡算

（一）基础设计式

在管式反应器中，由于物料浓度、反应速度等沿管长而变化，所以必须取微元体积作物料衡算（图 2-8）；又由于在定常流动中各参数值都不随时间变化，故时间间隔可任意选取，即以分、秒或小时为基准都可以。于是在单位时间内

$$\dfrac{\text{进入微元体积}}{\text{组分 A 摩尔数}} - \dfrac{\text{离开微元体积}}{\text{组分 A 摩尔数}} = \dfrac{\text{微元体积内}}{\text{反应掉组分 A 摩尔数}}$$

即　　　　　　　　　　$F_{A0} - (F_A + dF_A) = (-r_A)dV_R$ 　　kmol/s

因为　　　　　　　　　　$F_A = F_{A0}(1 - x_A)$

所以　　　　　　　　　　$dF_A = -F_{A0}dx_A$

代入上式得　　　　　　　$F_{A0}dx_A = (-r_A)dV_R$

当 $\qquad V_R = 0$，$x_A = 0$；$V_R = V_R$，$x_A = x_{Af}$

积分 $\qquad \displaystyle\int_0^{V_R} \frac{\mathrm{d}V_R}{F_{A0}} = \int_0^{x_{Af}} \frac{\mathrm{d}x_A}{(-r_A)}$

在稳定操作时，$F_{A0} = $ 常数，上式成为

$$\frac{V_R}{F_{A0}} = \int_0^{x_{Af}} \frac{\mathrm{d}x_A}{(-r_A)} \qquad\qquad (2-11)$$

若进料的体积流量为 v，进料浓度为 c_{A0}，则 $F_{A0} = vc_{A0}$，于是式（2-11）可写成

$$\tau = \frac{V_R}{v} = c_{A0} \int_0^{x_{Af}} \frac{\mathrm{d}x_A}{(-r_A)} \qquad\qquad (2-12)$$

式（2-11）、式（2-12）即为平推流反应器的基础设计式。

应当指出，式（2-12）中的 τ 称为空间时间。只有在等容过程中，它才等于平均停留时间。

$$\tau = V_R/v = \frac{\text{反应器的有效容积}}{\text{进料体积流量}} = \frac{\text{反应器的有效容积}}{\text{反应器中物料体积流量}} = \bar{\tau}$$

（二）反应器容积

在等容过程中，v 为常数，式（2-12）中的 τ 即为物料在反应器中的平均停留时间。而在平推流反应器中，全部物料粒子的停留时间都相同，所以 τ 也就是每个粒子的停留时间，即反应时间。因为 $x_A = 1 - c_A/c_{A0}$，$\mathrm{d}x_A = -\mathrm{d}x_A/c_{A0}$，所以式（2-12）也可写成

$$\tau = \frac{V_R}{v} = -\int_{c_{A0}}^{c_{Af}} \frac{\mathrm{d}c_A}{(-r_A)} \qquad\qquad (2-13)$$

式（2-12）和式（2-13）也可用图解表示，如图 2-9 所示。

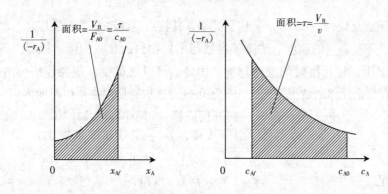

图 2-9 平推流反应器停留时间的图解表示

比较式（2-12）和式（2-7），可知在等容过程中，对在相同的反应条件下（即 k 相同）的同一反应，达到同样的转化率（即 $x_A = x_{Af}$），理想管式反应器中需要的停留时间与间歇釜中需要的反应时间是相同的。所以，可以用间歇反应器中的试验数据进行管式反应器的设计与放大。

理想管式反应器与间歇式反应器是两种不同结构的反应器，它们的物料流动情况也有根本的区别。在理想管式反应器中，物料流动是一个不混合的连续稳定流动过程；而在间歇釜式反应器中则是一个混合均匀的间歇不稳定过程。然而它们的基础设计却具有相同的形式。这是因为物料在这两种反应器中都没有返混，全部物料粒子具有相同的停留时间。从反应开始到结束，物料经历同样的浓度变化过程。只是在间歇反应釜中物料浓度随时间

变化，而在连续管式反应器中物料浓度随位置（管长）而变化。

例 2 - 2　在平推流反应器中进行反应，合成 5,8 - 桥亚甲基 - 5,8,9,10 - 四氢 - α - 萘醌，反应条件及产量等与例 2 - 1 相同，求所需的反应器容积。

解：由式（2 - 12），得

$$\tau = \frac{V_R}{v} = c_{A0} \int_0^{0.95} \frac{dx_A}{kc_{A0}(1 - x_A)(c_{B0} - x_A c_{A0})}$$

$$= \frac{1}{k} \int_0^{0.95} \frac{dx_A}{(1 - x_A)(c_{B0} - x_A c_{A0})}$$

积分得

$$\tau = \frac{\ln\left[\left(\dfrac{\dfrac{c_{B0}}{c_{A0}} - x_A}{1 - x_A}\right)\left(\dfrac{c_{A0}}{c_{B0}}\right)\right]}{k(c_{B0} - c_{A0})}$$

$$= \frac{\ln\left[\left(\dfrac{\dfrac{0.1}{0.08} - 0.95}{1 - 0.95}\right)\left(\dfrac{0.08}{0.1}\right)\right]}{9.92 \times 10^{-3}(0.1 - 0.08)} = 7.91 \times 10^3 \text{ 秒或 } 2.20 \text{ 小时}$$

所以

$$V_R = v\tau = \frac{0.05}{0.08 \times 0.95} \times 2.2 = 1.448 \text{m}^3$$

这与间歇釜式反应器的反应容积相同。

由例 2 - 2 可见，就反应本身而言，间歇釜式反应器与理想管式反应器需要的容积相同，但因间歇反应釜中存在辅助时间与装料系数，所以它需要的总容积较管式反应器大。

四、连续釜式反应器

连续搅拌釜式反应器（CSTR）又称全混釜。其特点是物料一进入反应器，就立即与器内物料均匀混合，而且器内的温度、浓度等参数与出口物料的参数相同，故器内各点的反应速度相同，且等于出口转化率时的反应速度。因此，可以对整个反应器作组分 A 的物料衡算（图 2 - 10）。在稳定操作的情况下，时间间隔可任意选取，所以在单位时间内

$$\frac{\text{进入反应器}}{\text{组分 A 摩尔数}} - \frac{\text{离开反应器}}{\text{组分 A 摩尔数}} = \frac{\text{反应器内反应掉}}{\text{组分 A 摩尔数}}$$

即

$$F_{A0} - F_{Af} = (-r_A)V_R \quad \text{kmol} \cdot \text{s}^{-1}$$

对等容过程

$$vc_{A0} - vc_{Af} = (-r_A)V$$

因为

$$c_{Af} = c_A$$

所以

$$vc_{A0} - vc_A = (-r_A)V$$

于是

$$\tau = \frac{V_R}{v} = \frac{c_{A0} - c_A}{(-r_A)} \tag{2 - 14}$$

或

$$\tau = \frac{V_R}{v} = \frac{c_{A0} x_A}{(-r_A)} \tag{2 - 15}$$

式（2 - 14）、式（2 - 15）中的 τ 即为物料在反应器内的平均停留时间（定容过程）。如用图解表示，则如图 2 - 11 所示。由图可知，与平推流或间歇反应器不同，对同一反应，在相同反应条件下，达到同样的转化率，全混流反应器需要的容积要大得多，所增加数值与曲线上方的面积成正比。

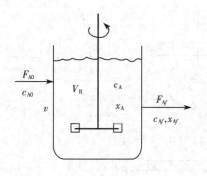

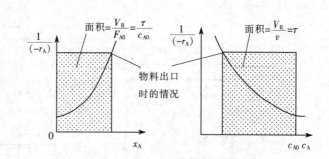

图 2-10　全混釜的物料衡算　　　　图 2-11　全混流反应器停留时间的图解表示

用式（2-14）或式（2-15），即可计算达到规定转化率或浓度时所需要的反应器容积或停留时间。例如，对一级反应 $(-r_A) = kc_A = kc_{A0}(1 - x_A)$

代入式（2-15）得

$$\tau = \frac{V_R}{v} = \frac{x_A}{k(1 - x_A)} \tag{2-9a}$$

对二级反应

$$(-r_A) = kc_A^2 = kc_{A0}^2(1 - x_A)$$

所以

$$\tau = \frac{V_R}{v} = \frac{x_A}{kc_{A0}(1 - x_A)^2} \tag{2-10a}$$

对零级反应 $(-r_A) = k$，则 $\tau = \dfrac{c_{A0}x_A}{k}$

例 2-3　在全混流反应器中进行反应，合成 5,8-桥亚甲基-5,8,9,10-四氢-α-萘醌，反应条件和产量与例 2-1 相同，求所需的反应器容积。

解：由式（2-15），得

$$\tau = \frac{V_R}{v} = \frac{c_{A0}x_A}{(-r_A)} = \frac{c_{A0}x_A}{kc_{A0}(1 - x_A)(c_{B0} - x_A c_{A0})}$$

$$= \frac{0.08 \times 0.95}{9.92 \times 10^3 \times 0.08 \times (1 - 0.95) \times (0.1 - 0.95 \times 0.08)}$$

$$= 79805 \text{ 秒或 } 22.17 \text{ 小时}$$

所以

$$V_R = v\tau = 22.17 \times 0.658 = 14.61 \text{m}^3$$

将例 2-3 的结果与例 2-1 和例 2-2 比较，可以知道，同一反应、达到同样的转化率与产量，连续反应器需要的容积较管式反应器或间歇反应釜大得多。这是因为连续反应釜中的返混程度很大，物料一进入反应器就立即与器内物料均匀混合，反应物的浓度立即降到出口处的浓度，反应始终在最低浓度（出口浓度）下进行。所以反应速度小，达到同样转化率需要的时间长，因而需要的反应容积大。为了克服这个缺点，可以采用多釜串联的办法。例如，将 1 个容积为 V_R 的全混釜以 N 个容积为 V_R/N 的全混釜来代替，如两者的起始与最终的温度、浓度条件都相同，则单釜时全部反应过程都在最终浓度 c_{Af} 下进行，反应很慢；在两釜串联时，第一釜在 c_{A1} 下进行，仅第二釜在 c_{Af} 下进行，整个反应的速度提高了；在三釜串联时，前两釜都在高于 c_{Af} 的浓度下进行，仅第三釜在 c_{Af} 下进行，反应速度较两釜时为高（图 2-12）。可见串联的釜数越多，反应时的浓度提高越多，反应速度越快，需要的反应时间或反应器容积就越小。

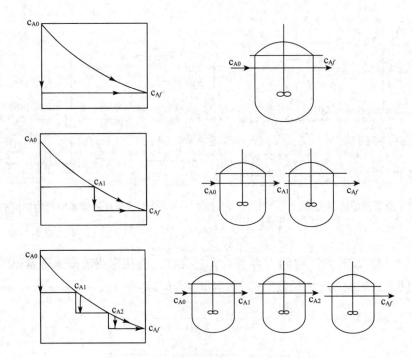

图 2 - 12 　多釜串联操作的浓度变化情况

五、多釜串联反应器

将几个全混釜串联起来操作就是多釜串联反应器，图 2 - 13 中所示为 N 个全混釜串联操作的情况。

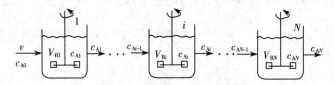

图 2 - 13 　多釜串联反应器

令 V_{R1}、V_{R2}……V_{RN} 为各釜的有效容积；c_{A1}、c_{A2}……c_{AN} 为各釜的反应组分 A 的浓度。在稳定流动情况下，对串联反应器中的任一 i 釜作反应组分 A 的物料衡算，则有

$$\begin{pmatrix}\text{单位时间内进入} \\ i \text{ 釜 A 的摩尔数}\end{pmatrix} - \begin{pmatrix}\text{单位时间内离开} \\ i \text{ 釜 A 的摩尔数}\end{pmatrix} = \begin{pmatrix}\text{单位时间内在 } i \text{ 釜中} \\ \text{反应掉 A 的摩尔数}\end{pmatrix}$$

对液相反应，体积流量为常数，则有

$$vc_{Ai-1} - vc_{Ai} = (-r_{Ai})V_{Ri}$$

所以

$$\tau_i = \frac{V_{Ri}}{v} = \frac{c_{Ai-1} - c_{Ai}}{(-r_{Ai})} \tag{2-16}$$

或

$$\tau_i = \frac{V_{Ri}}{v} = \frac{c_{A0}(x_{Ai} - x_{Ai-1})}{(-r_{Ai})} \tag{2-17}$$

式（2 - 16）和式（2 - 17）即为多釜串联反应器的基础设计式。式中，下标 i 指釜数，其他符号同前述。

在多釜串联反应器中，前一釜的出料即为后一釜的进料，因此可以利用基础设计式结合反应速度方程式进行逐釜计算，直到达到规定的转化率为止。例如，对等温等容一级反应，将（$-r_{Ai}$）$= kc_{Ai}$ 代入式（2 - 16）得

18

$$\tau_i = \frac{V_{Ri}}{v} = \frac{c_{Ai-1} - c_{Ai}}{kc_{Ai}}$$

于是

$$kc_{Ai}\tau_i = c_{Ai-1} - c_{Ai}$$

所以

$$c_{Ai} = \frac{c_{Ai-1}}{1 + k\tau_i} \tag{2-18}$$

由式（2-18）可见，已知 i 釜的进料浓度与物料在 i 釜中的停留时间，即可确定 i 釜的出料浓度。所以利用该式即可求出各釜中反应组分 A 的浓度，即

第一釜　　　　　$c_{A1} = \dfrac{c_{A0}}{1 + k\tau_1}$ 　或　 $\dfrac{c_{A1}}{c_{A0}} = \dfrac{1}{1 + k\tau_1}$

第二釜　　　　　$c_{A2} = \dfrac{c_{A1}}{1 + k\tau_2}$ 　或　 $\dfrac{c_{A2}}{c_{A1}} = \dfrac{1}{1 + k\tau_2}$

…　　　　　　　　　　　　…

第 N 釜　　　　$c_{AN} = \dfrac{c_{AN-1}}{1 + k\tau_N}$ 　或　 $\dfrac{c_{AN}}{c_{AN-1}} = \dfrac{1}{1 + k\tau_N}$

将上列各式相乘得

$$\frac{c_{A1}}{c_{A0}} \cdot \frac{c_{A2}}{c_{A1}} \cdot \frac{c_{A3}}{c_{A2}} \cdots\cdots \frac{c_{AN}}{c_{AN-1}} = \frac{1}{1 + k\tau_1} \cdot \frac{1}{1 + k\tau_2} \cdot \frac{1}{1 + k\tau_3} \cdots \frac{1}{1 + k\tau_N}$$

即

$$\frac{c_{AN}}{c_{A0}} = \prod_{i=1}^{N} \frac{1}{1 + k\tau_i} \tag{2-19}$$

因为

$$x_{AN} = \frac{c_{A0} - c_{AN}}{c_{A0}} = 1 - \frac{c_{AN}}{c_{A0}}$$

所以

$$x_{AN} = 1 - \prod_{i=1}^{N} \frac{1}{1 + k\tau_i} \tag{2-20}$$

当各釜的容积相等，即 $V_{R1} = V_{R2} = V_{Ri} = V_{RN}$ 时，又因 v 为常数，所以 $\tau_1 = \tau_2 = \tau_i = \tau_N = \tau$，于是式（2-19）和式（2-20）即可写成

$$c_{AN} = \frac{c_{A0}}{(1 + k\tau)^N} \tag{2-21}$$

$$x_{AN} = 1 - \frac{1}{(1 + k\tau)^N} \tag{2-22}$$

知道釜数 N 及各釜中的停留时间 τ（或 V_{Ri} 和 v），即可求得系统所能达到的最终浓度 c_{AN} 及最终转化率 x_{AN}；反之，如已知 c_{AN} 或 x_{AN}，也可直接求出各釜的有效容积 V_{Ri}。

例 2-4　在两釜串联反应器中，用苯醌与环戊二烯反应，生产 5,8-桥亚甲基-5,8,9,10-四氢-α-萘醌，第一釜中苯醌的转化率为 80%，其他条件与产量均同例 2-1，求两釜需要的容积。

解　将例 2-1 中的已知数据代入式（2-17）中得

$$\tau_1 = \frac{V_{R1}}{v} = \frac{c_{A0}x_{A1}}{(-r_{A1})}$$

$$= \frac{0.08 \times 0.8}{9.92 \times 10^{-3} \times 0.08(1 - 0.8)(0.1 - 0.8 \times 0.08)}$$

$$= 11200 \text{ 秒} = 3.113 \text{ 小时}$$

所以　　　　　　　$V_{R1} = v\tau_1 = 0.658 \times 3.113 = 2.05\text{m}^3$

$$\tau_2 = \frac{V_{R2}}{v} = \frac{c_{A0}(x_{A2} - x_{A1})}{(-r_{A2})}$$

$$= \frac{0.08 \times (0.95 - 0.8)}{9.92 \times 10^{-3} \times 0.08 \times (1 - 0.95)(0.1 - 0.95 \times 0.08)}$$

$$= 12600 \text{ 秒} = 3.5 \text{ 小时}$$

$$V_{R2} = v\tau_2 = 0.658 \times 3.5 = 2.30\text{m}^3$$

总有效容积 $\qquad V_R = V_{R1} + V_{R2} = 2.05 + 2.30 = 4.35\text{m}^3$

与例 2-3 比较，可见两釜串联后反应器的容积可以减小很多。

第四节 反应器型式与操作方式的选择

选用反应器型式及操作方式的依据是：用同样数量的原料能生产出最多的产品，而且反应器的容积要小。为此，对不同类型的反应有不同的要求，下面分别加以讨论。

一、简单反应

简单反应是指需要一个反应方程式和一个反应速度方程式来描述的那些反应。因为没有副反应存在，转化率越高，产物得量越高，所以选用的反应器型式及操作方式应是达到规定转化率所需要的反应器容积最小。下面就前述的几种反应器进行比较。

（一）间歇反应器与平推流反应器

前已述及，就反应本身而言，间歇反应器与平推流反应器需要的容积相同。但因为间歇反应器中存在辅助时间与装料系数，所以它需要的总容积较平推流反应器为大。因此，对于反应时间很短，辅助时间较长的反应来说，选用管式反应器较为合适。

（二）间歇反应器与全混流反应器

前已述及，间歇反应器的反应容积与平推流反应器的容积是相同的。因此，间歇反应器与全混流反应器的比较，实际上也就是平推流反应器与全混流反应器的比较，这将在下面说明。这里着重讨论考虑辅助时间时，间歇反应器与全混流反应器的比较。

以一级反应为例，由式（2-9）与式（2-9a）可见，间歇反应器与全混流反应器需要的容积之比为

$$\frac{V_b}{V_a} = \left(\frac{1}{k}\ln\frac{1}{1-x_A} + \tau' \right) \bigg/ \frac{x_A}{k(1-x_A)}$$

式中，V_b、V_a 分别为间歇式与全混流反应器所需要的容积。

要使全混流反应器需要的容积小于间歇反应器，即

$$\frac{x_A}{k(1-x_A)} < \frac{1}{k}\ln\frac{1}{1-x_A} + \tau'$$

则辅助时间必须满足下列条件

$$\tau' > \frac{1}{k}\left(\frac{x_A}{1-x_A} - \ln\frac{1}{1-x_A} \right) \qquad (2-23)$$

例 2-5 某一级反应，其速度常数 k 为 1.0min^{-1}，欲使转化率达到90%，试按以下条件比较采用间歇反应釜与连续反应釜所需容积的大小（两者单位时间的产量相同）：（1）忽略辅助时间；（2）每批操作的辅助时间为5分钟；（3）每批操作的辅助时间为10分钟。

解：

（1）当 $\tau' = 0$ 时，$\dfrac{V_b}{V_a} = \ln\dfrac{1}{1-x_A} \bigg/ \dfrac{x_A}{(1-x_A)} = \dfrac{\ln 10}{9} = 0.256$

（2）当 $\tau' = 5$ 分钟时， $\dfrac{V_b}{V_a} = \dfrac{2.3+5}{9} = 0.811$

（3）当 $\tau' = 10$ 分钟时， $\dfrac{V_b}{V_a} = \dfrac{2.3+10}{9} = 1.367$

可以证明，当 τ' 等于 6.7 分钟时，两种反应器需要的容积相等。

例 2-6   在例 2-5 中，若速度常数为 $10\mathrm{min}^{-1}$，按同样条件重复计算，比较两种反应器需要容积的大小。

解

（1）$\tau' = 0$ 时 $\dfrac{V_b}{V_a} = \dfrac{\ln 10}{0.9} = 0.256$

（2）$\tau' = 5$ 分钟时 $\dfrac{V_b}{V_a} = 5.81$

（3）$\tau' = 10$ 分钟时 $\dfrac{V_b}{V_a} = 11.36$

可以证明，当 τ' 等于 0.67 分钟时，两种反应器需要的容积相等。

由例 2-5 与例 2-6 可见，当辅助时间的长短超过某一值后，间歇反应釜需要的容积将大于连续反应釜；对于速度很快的反应，辅助时间即使很短，间歇反应釜需要的容积也会大于连续反应釜。所以对于反应速度较快，辅助时间相对较长的反应，不适宜采用间歇操作。

（三）全混流反应器与平推流反应器

为了比较这两种反应器的性能，引入容积效率的概念，即平推流反应器需要的容积与全混流反应器需要的容积之比称为全混流反应器的容积效率。显然，它也等于这两种反应器内需要的停留时间之比。因为停留时间与反应级数有关，所以容积效率也随反应级数而不同。由式（2-9）与式（2-9a）、式（2-10）与式（2-10a）等分别可得：

零级反应 $\eta_0 = 1$

一级反应 $\eta_1 = \dfrac{1-x_A}{x_A}\ln\dfrac{1}{1-x_A}$

二级反应 $\eta_2 = 1 - x_A$

式中，η 为容积效率，下标的数字代表反应的级数。

可见，全混流反应器的容积效率与反应级数及转化率有关。将其作成图，如图 2-14 所示。由图可知：

（1）零级反应，容积效率为 1，且与转化率无关。即不论转化率高低如何，全混流反应器需要的容积与平推流反应器相同。

（2）转化率一定，反应级数越高，容积效率越小，即全混流反应器需要的容积比平推流反应器大得越多。

（3）除零级反应外，各级反应的容积效率都小于 1，且随转化率的提高而减小，即转化率越高，全混流反应器需要的容积较平推流反应器大得越多。

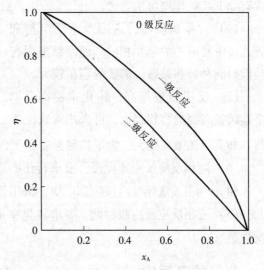

图 2-14 全混釜的容积效率

（四）多釜串联反应器与平推流反应器

若令平推流反应器需要的容积与多釜串联反应器需要的容积之比，称为多釜串联反应器的容积效率。对一级反应，N 个等容积的串联釜，由式（2-22）可求得在每一釜中的停留时间为

$$\tau_i = \frac{\left(\dfrac{1}{1-x_{AN}}\right)^{1/N} - 1}{k}$$

所以在整个反应器中的停留时间为 $\tau = N \cdot \tau_i = \dfrac{N\left[\left(\dfrac{1}{1-x_{AN}}\right)^{1/N} - 1\right]}{k}$

因此多釜串联反应器的容积效率为 $\eta = \dfrac{\dfrac{1}{k}\ln\dfrac{1}{1-x_A}}{\dfrac{N\left[\left(\dfrac{1}{1-x_A}\right)^{1/N} - 1\right]}{k}}$

$$= \frac{\ln\dfrac{1}{1-x_A}}{N\left[\left(\dfrac{1}{1-x_A}\right)^{1/N} - 1\right]} \tag{2-24}$$

由式（2-24）可见，多釜串联反应器的容积效率与串联的釜数及最终达到的转化率有关。

将式（2-24）作成图，如图 2-15 所示。由图可见：$N=1$，即单个连续釜的 η 最小；$N=\infty$，即当釜数为无限多时，$\eta=1$，多釜串联的总容积就等于理想管式反应器的容积；当釜数少时，增加釜数，η 增大很显著，当釜数较多时，再增加釜数，效果越来越小。所以，实际生产中串联的釜数一般不超过 4 个。

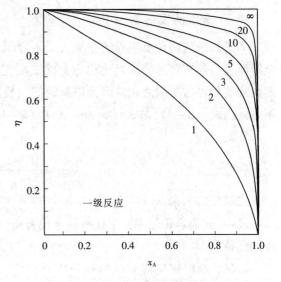

图 2-15　等容积多釜串联的容积效率

综上所述，对简单反应，选择反应器型式有如下几条原则可供参考。

（1）对零级反应，选用单个反应釜和管式反应器需要的容积相同，而间歇釜因有辅助时间和装料系数，需要的容积较大。

（2）反应级数越高，转化率越高，单个连续釜需要的容积越大，可采用管式反应器。如反应热效应很大，为了控制温度方便，可采用间歇釜或多釜串联反应器。

（3）液相反应反应速度慢，要求转化率高，采用间歇反应釜。

（4）气相或液相反应反应速度快，采用管式反应器。

（5）液相反应反应级数低，要求转化率不高；或自催化反应，可采用单个连续操作的搅拌釜。

二、复杂反应

复杂反应要用几个动力学方程式来描述，反应的产物也有几种，有些是目的产物，有些是副产物。选择反应器型式与操作方式的依据，首先是目的产物的收率要高，也就是反

应的选择性要好，即选择率要高。

选择率是指生成的目的产物（主产物）量与副产物量之比，也等于主副反应的速度之比。选择率越高，主产物得量越高。

（一）平行反应

设 A 的分解反应为一平行反应，它可沿两个方向同时进行，即可生成目的产物 R，又可生成副产物 S，即

$$A \begin{cases} \xrightarrow{k_1} R（目的产物）\quad 主反应 \\ \xrightarrow{k_2} S（副产物）\quad 副反应 \end{cases}$$

若反应速度方程式为 $r_R = k_1 c_A^{a_1}$, $r_S = k_2 c_A^{a_2}$

则选择率 $\dfrac{r_R}{r_S} = \dfrac{k_1}{k_2} c_A^{a_1 - a_2}$

在一定的反应温度下，k_1 和 k_2 都是常数。要使 R 的收率高，即 r_R/r_S 大，就要使 $c_A^{a_1-a_2}$ 大。当 $a_1 > a_2$（即主反应的级数较高）时，则 c_A 大，R 的收率高；反之，当 $a_1 < a_2$ 时，则 c_A 小，R 的收率高。

要使 c_A 保持较高，可采用下列方法：①采用间歇釜或管式反应器；②采用较低的单程转化率；③用浓度较高的原料。

要使 c_A 保持较低，可采用下列方法：①采用全混釜，并使转化率高些；②用部分反应后的物料循环，以降低进料中反应物的浓度；③加入惰性稀释剂。

当 $a_1 = a_2$ 时，$r_R/r_S = k_1/k_2 =$ 常数，与浓度无关，所以反应器型式不影响 R 的收率。此时，只能靠改变反应温度或催化剂来提高 R 的收率。

由以上分析可知道，提高反应物的浓度，有利于级数高的反应；降低反应物的浓度，有利于级数低的反应；这一浓度效应概念对选择反应器的型式具有指导意义。

对其他类型的平行反应，也可按上述相似的方法分析，例如下列反应：

$$A+B \begin{cases} \xrightarrow{k_1} R（目的产物）\\ \xrightarrow{k_2} S（副产物）\end{cases}$$

若反应速度 $r_R = k_1 c_A^{a_1} c_B^{b_1}$, $r_S = k_2 c_A^{a_2} c_B^{b_2}$

则选择率 $r_R/r_S = \dfrac{k_1}{k_2} c_A^{a_1-a_2} c_B^{b_1-b_2}$

欲使 R 的收率高，则 r_R/r_S 的比值大，可按表 2-2 采取适宜的操作方式。

表 2-2　复杂反应操作方式的选择

反应级数的大小	对浓度的要求	适宜的操作方式
$a_1 > a_2$, $b_1 > b_2$	c_A、c_B 均高	A、B 同时加入间歇釜、管式反应器或多釜串联反应器
$a_1 > a_2$, $b_1 < b_2$	c_A 高，c_B 低	先加入 A，然后将 B 分成多股，分别加入各串联釜，或沿反应管长度的各处加入 B 的连续式操作，以及逐渐加入 B 的半连续式釜式操作
$a_1 < a_2$, $b_1 > b_2$	c_A 低，c_B 高	同上，但将 A、B 对换
$a_1 < a_2$, $b_1 < b_2$	c_A、c_B 均低	单釜连续操作，或将 A 及 B 慢慢滴入间歇釜中，或使用稀释剂使 c_A、c_B 均降低

（二）串联反应

例如
$$A \xrightarrow{k_1} R \xrightarrow{k_2} S$$

若反应速度为
$$r_R = k_1 c_A - k_2 c_R, \quad r_S = k_2 c_R$$

则选择率
$$\frac{r_R}{r_S} = \frac{k_1 c_A - k_2 c_R}{k_2 c_R}$$

当 R 是目的物时，要使 R 的收率高，即 r_R/r_S 大，就要设法使 c_A 大、c_R 小。可采用间歇釜、管式反应器或多釜串联反应器。

当 S 是目的物时，要使 S 的收率高，即 r_R/r_S 小，就要设法使 c_A 小、c_R 大，可采用单个连续釜。

当 R 是目的物时，$k_2 >> k_1$ 时，应采用较低的单程转化率操作，分离出 R 后再将反应物返回反应器。$k_1 >> k_2$ 时，可采用较高的转化率，以减轻分离 R 的负担。

（三）串联－平行反应

例如
$$A + B \xrightarrow{k_1} R$$
$$R + B \xrightarrow{k_2} S$$
$$S + B \xrightarrow{k_3} T$$

对 A 来说是串联反应，即
$$A \underset{B}{\xrightarrow{k_1}} R \underset{B}{\xrightarrow{k_2}} S \underset{B}{\xrightarrow{k_3}} T$$

对 B 来说是平行反应，即

$$B \begin{cases} \longrightarrow R \\ \longrightarrow S \\ \longrightarrow T \end{cases}$$

制药工业中，苯氯化制多氯化苯、甲苯或乙苯硝化制硝基甲苯或硝基乙苯等都是平行反应的例子。

以
$$\begin{aligned} A + B &\xrightarrow{k_1} R \\ R + B &\xrightarrow{k_2} S \end{aligned}$$
为例，若 R 为目的产物，则应控制 B 的加入速度（滴加），掌握好反应时间，使 R 的收率最高。

上述各种操作方式的比较见图 2-16。

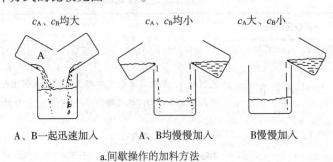

$c_A、c_B$ 均大　　　　$c_A、c_B$ 均小　　　　c_A 大、c_B 小

A、B 一起迅速加入　　　A、B 均慢慢加入　　　B 慢慢加入

a.间歇操作的加料方法

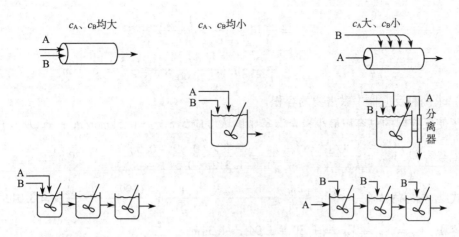

b.连续操作的加料方法

图 2-16　各种操作方式的比较

三、全混釜与管式反应器的配合使用

当反应速度随反应物浓度的变化出现最大值时，最好先用全混釜使反应在反应速度最大的浓度下进行，然后再用管式反应器使反应达到最终转化率，这样可使反应器需要的容积最小。例如，自催化反应 $A + R \rightarrow R + R$ 中，产物 R 起着催化作用，因此反应速度开始随反应物浓度 c_A 下降而增大，达到最大值后，随 c_A 的下降而减小。这样，就可以先用一个全混釜使反应在最适宜的 c_A 下进行，再串联一个管式反应器，将 c_A 降低到最终转化率的要求。

例 2-7　自催化反应 $A + R \rightarrow R + R$ 的反应速度为 $(-r_A) = kc_Ac_R$，$k = 1.152 \mathrm{m}^3/$ $(\mathrm{kmol \cdot h})$，进料流量为 $1\mathrm{m}^3/\mathrm{h}$，进料中反应物的浓度 $c_{A0} = 0.99\ \mathrm{kmol/m}^3$，$c_{R0} = 0.01\mathrm{kmol/m}^3$，要求 A 的最终浓度降为 $0.01\mathrm{kmol/m}^3$，求：（1）反应速度最大时的浓度 c_{Amax}；（2）采用单个全混釜需要的容积；（3）采用管式反应器需要的容积；采用全混釜与管式反应器串联需要的容积。

解：（1）求 c_{Amax}

因为 $(-r_A) = kc_Ac_R = kc_A[c_{R0} + (c_{A0} - c_A)]$，而反应速度最大的条件是 $\dfrac{\mathrm{d}(-r_A)}{\mathrm{d}c_A} = 0$，由此得

$$c_{Amax} = (c_{A0} + c_{R0})/2 = \frac{0.99 + 0.01}{2} = 0.5\mathrm{kmol/m}^3$$

（2）求单个全混釜的容积

由式（2-14）得 $V_R = \dfrac{v(c_{A0} - c_A)}{kc_A(c_{R0} + c_{A0} - c_A)} = \dfrac{1 \times (0.99 - 0.01)}{1.512 \times 0.01(1 - 0.01)} = 65.5\mathrm{m}^3$

（3）求管式反应器容积

由式（2-13）得

$$V_R = -v\int_{c_{A0}}^{c_{Af}} \frac{\mathrm{d}c_A}{(-r_A)} = -\frac{1}{k}\int_{c_{A0}}^{c_{Af}} \frac{\mathrm{d}c_A}{c_A(1 - c_A)}$$

因从 c_{A0} 到 c_{Amax} 与从 c_{Amax} 到 c_{Af} 是对称的，所以

$$V_R = -\frac{2}{k}\int_{c_{A0}}^{c_{Amax}} \frac{\mathrm{d}c_A}{c_A(1 - c_A)}$$

$$= \frac{2}{k} \ln \frac{c_{A0}}{1 - c_{A0}} \cdot \frac{1 - c_{Amax}}{c_{Amax}}$$

$$= \frac{2}{1.512} \ln \frac{0.99}{1 - 0.99} \cdot \frac{1 - 0.5}{0.5} = 6.08 m^3$$

（4）求两种反应器串联需要的容积

为了使反应器的总容积最小，全混釜中的浓度应为 $c_{Amax} = 0.5 kmol/m^3$，所以

全混釜容积，$V_{R1} = \frac{v(c_{A0} - c_{Amax})}{kc_{Amax}(1 - c_{Amax})} = \frac{1 \times (0.99 - 0.5)}{1.512 \times 0.5(1 - 0.5)} = 1.30 m^3$

管式反应器容积，$V_{R2} = \frac{1}{k} \ln \frac{c_{A0}}{1 - c_{A0}} \cdot \frac{1 - c_{Amax}}{c_{Amax}} = \frac{1}{1.512} \ln \frac{0.99}{1 - 0.99} \cdot \frac{1 - 0.5}{0.5} = 3.04 m^3$

总容积，$V_R = V_{R1} + V_{R2} = 1.30 + 3.04 = 4.34 m^3$

例2-7的图解如图2-17所示。由图2-17可见，全混釜反应器（CSTR）加平推流反应器（PFR）的面积小于只用PFR（曲线下）的面积。

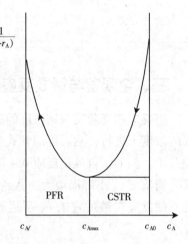

图2-17　例2-17图解

此外，例如平行反应，A→R、A→S、A→T，设S为目的产物，R与T为副产物，反应级数为（1）<（2）<（3），即反应速度对浓度 c_A 的依赖性由小到大。显然，按浓度效应概念，对反应（1）与（2），应使 c_A 大，采用管式反应器合适，对反应（2）与（3），应使 c_A 小，采用全混釜合适。因为 c_A 有着不同级数的影响，在反应初期，对生成副产物T有利；在反应后期，对生成副产物R有利。因此，先用全混釜，使 c_A 小，反应在不利于生成T的条件下进行；再用管式反应器，使 c_A 相对较大，反应在不利于生成R的条件下进行。即将全混釜与管式反应器串联使用，可以取得最好的效果。

第五节　停留时间分布及其测定

前面几节的讨论仅限于理想反应器。实际反应器中或多或少地存在一定程度的返混，其返混程度介于平推流与全混流之间。返混程度的大小用停留时间分布来描述，反应器的结构型式和大小都可导致不同的停留时间分布，研究和测定反应器中停留时间分布可以了解反应器内的流动情况，分析设备的结构型式与操作条件是否合适，以便制定改进措施，所以，停留时间分布已成为连续式反应器设计与放大中必须考虑的因素之一。

一、停留时间分布的数学描述

（一）分布密度函数与分布函数

物料颗粒的停留时间是一个随机变量，所以停留时间分布是一种概率分布。下面就根据概率分布的概念来分析连续操作反应器内物料的流动情况（假定稳定流动状态，不发生化学反应，也没有温度变化）。

如果在某瞬间（记为 $\tau = 0$）极快地向入口物流中加入100个红色粒子，同时在系统出口处记下不同时间间隔内流出的红色粒子数，如表2-3所示。由表2-3可知，从加入红

色粒子时算起，第 5~6 分钟间，出口流中红色粒子的数目为 18，因此，100 个红色粒子中有 18% 在系统中的停留时间介于 5~6 分钟之间。如果假定红色粒子和主流体之间除了颜色的差别以外，其余所有性质都完全相同，那么就可以认为主流体在系统中的停留时间，也就是 18% 介于 5~6 分钟之间。

可以这样说，如果在某瞬间同时进入反应器 N 份物料，在设备出口处测得停留时间为 $\tau \sim (\tau + \Delta\tau)$ 的物料有 ΔN 份，则停留时间为 $\tau \sim (\tau + \Delta\tau)$ 的物料占进料的分率为

$$\frac{\Delta N}{N} = \frac{停留时间为 \tau \sim (\tau + \Delta\tau) 的物料量}{\tau = 0 时瞬间进入反应器的物料量}$$

表 2-3 用分率表示的停留时间分布

停留时间范围 (min) $\tau \sim (\tau + \Delta\tau)$	0~2	2~3	3~4	4~5	5~6	6~7	7~8	8~9	9~10	10~11	11~12	12~14
出口流中的 红色粒子数	0	2	6	12	18	22	17	12	6	4	1	0
分率 $\Delta N/N$	0	0.02	0.06	0.12	0.18	0.22	0.17	0.12	0.06	0.04	0.01	0

表 2-4 中列出了上述反应器中测得的具有不同停留时间分布的物料 ΔN 在进料 N 中所占的分率的情况。由表 2-4 可以看出，具有不同停留时间的物料在进料中所占的分率各不相同，此分率变化的情况称为物料在该反应器中的停留时间分布。

表 2-3 也可以用图表示，如图 2-18 所示。图 2-18 中，若以停留时间 τ 为横坐标，$\frac{\Delta N}{N} \cdot \frac{1}{\Delta\tau}$ 为纵坐标，则每一个长方形的面积为 $\frac{\Delta N}{N}$，即表示停留时间为 $\tau \sim (\tau + \Delta\tau)$ 的物料在进料中所占的分率。

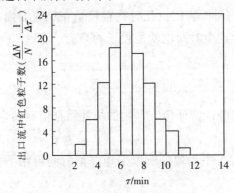

图 2-18 停留时间分布的直方图

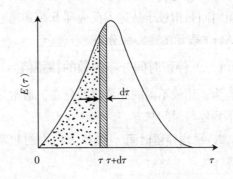

图 2-19 停留时间分布密度函数

上面以红色粒子作示踪剂，通过观察出口流中的红色粒子数，得到的是离散型的停留时间分布。假如改用红色流体作示踪剂，连续检测出口流体的浓度，这样就可以将观测的时间间隔缩小到非常小，得到的将是一条连续的停留时间分布曲线，如图 2-19 所示。图中曲线下的微小面积 $E(\tau)d\tau$ 表示停留时间在 $\tau \sim (\tau + d\tau)$ 之间的物料占 $\tau = 0$ 时进料的分率，$E(\tau)$ 称为停留时间分布密度函数，其单位是 s^{-1} 或 min^{-1}。

显然，$E(\tau)$ 曲线下的全部面积代表所有不同停留时间的物料占进料分率的总和，应恒等于 1，即

$$\int_0^\infty E(\tau)\mathrm{d}\tau = 1 \tag{2-25}$$

若停留时间从 $0 \to \tau$ 范围内的物料占进料中的分率以 $F(\tau)$ 表示，则

$$F(\tau) = \int_0^\tau E(\tau)\mathrm{d}\tau \tag{2-26}$$

$F(\tau)$ 称为停留时间分布函数。它的定义是针对出口物料中，已在反应器内停留时间小于 τ 的物料在进料中所占的分率。当 $\tau = 0$，$F(\tau) = 0$；当 $\tau = \infty$，$F(\tau) = 1$；$F(\tau)$ 随 τ 而增大，其值在 $0 \to 1$ 之间变化。故以 τ 为横坐标，$F(\tau)$ 为纵坐标，可得图 2-20b 的曲线。

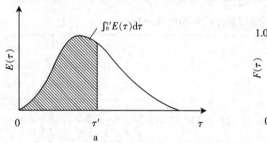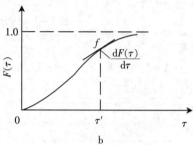

图 2-20　与间的关系图

图 2-20 表示了 $E(\tau)$ 与 $F(\tau)$ 之间的关系。在图 2-20a 中，$E(\tau)$ 曲线下阴影部分的面积是停留时间从 $0 \sim \tau'$ 的物料占进料的分率，等于图 2-20b 中 $F(\tau)$ 曲线上 $\tau = \tau'$ 时（f 点）的 $F(\tau)$ 值；$F(\tau)$ 曲线上点 f 的斜率即为 $\tau = \tau'$ 时的 $E(\tau)$ 值。所以 $F(\tau)$ 可由 $E(\tau)$ 积分得到，而 $E(\tau)$ 则可由 $F(\tau)$ 微分而得，即

$$E(\tau) = \frac{\mathrm{d}F(\tau)}{\mathrm{d}\tau} \tag{2-27}$$

上面讨论 $E(\tau)$、$F(\tau)$ 函数时都是针对出口物料而言的，此时物料粒子在反应器内的停留时间是指粒子从进入反应器开始到离开为止，这个时间也就是粒子的寿命，所以 $E(\tau)$ 和 $F(\tau)$ 表示的是寿命分布。

（二）停留时间分布函数的特征值

为了比较不同的停留时间分布，通常是比较其统计特征值。常用的统计特征值有两个，即平均停留时间与方差。

1. 平均停留时间　概率分布中的数学期望代表平均值，所以平均停留时间可用下式计算

$$\bar{\tau} = \frac{\int_0^\infty \tau E(\tau)\mathrm{d}\tau}{\int_0^\infty E(\tau)\mathrm{d}\tau} = \int_0^\infty \tau E(\tau)\mathrm{d}\tau \tag{2-28}$$

如果是实验测得的数据，$E(\tau)$ 不是连续函数，可用下式计算 $\bar{\tau}$，即

$$\bar{\tau} = \frac{\sum \tau_i E_i(\tau_i)\Delta\tau_i}{\sum E_i(\tau_i)\Delta\tau_i} \tag{2-29}$$

在等时间间隔取样时，则有

$$\bar{\tau} = \frac{\sum \tau_i E_i(\tau)}{\sum E_i(\tau_i)} \tag{2-30}$$

用数学期望求得的 $\bar{\tau}$，与用 V_R/v 表示的 $\bar{\tau}$ 比较，其结果更能代表实际情况。这将在停留时间分布的应用中进行讨论。

2. 方差　概率分布中，离差平方的平均值称为方差，它表示随机变量取值的分散程度。所以停留时间分布函数的方差为

$$\sigma_{\tau}^2 = \frac{\int_0^{\infty}(\tau-\bar{\tau})^2 E(\tau)\mathrm{d}\tau}{\int_0^{\infty}E(\tau)\mathrm{d}\tau} = \int_0^{\infty}(\tau-\bar{\tau})^2 E(\tau)\mathrm{d}\tau = \int_0^{\infty}\tau^2 E(\tau)\mathrm{d}\tau - \bar{\tau}^2 \quad (2-31)$$

如果用实验数据求方差，可用下式

$$\sigma_{\tau}^2 = \sum \tau_i^2 E_i(\tau_i)\Delta\tau_i - \bar{\tau}^2 \quad (2-32)$$

当等时间间隔取样时，则有

$$\sigma_{\tau}^2 = \frac{\sum \tau_i^2 E_i(\tau_i)}{\sum E_i(\tau_i)} - \bar{\tau}^2 \quad (2-33)$$

方差表示停留时间分布曲线的分散程度。方差越大，停留时间分布越分散，返混程度越大。图 2-21 表示不同方差的 $E(\tau)$ 曲线。曲线 A 的方差大，曲线扁平，分布较分散；曲线 B 的方差较小，峰形较窄，分布较集中；曲线 C 的方差为零，曲线为一条垂直于横轴的直线，物料粒子的停留时间都相同，不存在返混。

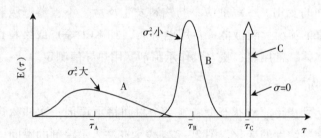

图 2-21　不同方差的停留时间分布密度曲线

（三）以无因次时间表示的停留时间分布

为了方便起见，常采用无因次停留时间 θ 表示停留时间分布，$\theta = \tau/\bar{\tau}$。此时有下列 3 种关系。

（1）平均停留时间 $\bar{\theta}$

$$\bar{\theta} = \frac{\bar{\tau}}{\bar{\tau}} = 1.0$$

（2）分布密度函数 $E(\theta)$ 与分布函数 $F(\theta)$　因为停留时间在 $\tau \sim (\tau+\mathrm{d}\tau)$ 区间内的粒子，其无因次停留时间必在 $\theta \sim (\theta+\mathrm{d}\theta)$ 区间内，所以有

$$E(\theta)\mathrm{d}\theta = E(\tau)\mathrm{d}\tau$$

于是可得

$$E(\theta) = \bar{\tau}E(\tau)$$

$$F(\theta) = F(\tau)$$

且

$$\int_0^{\infty}E(\theta)\mathrm{d}\theta = 1$$

（3）方差 σ^2

因为

$$\sigma^2 = \int_0^\infty (\theta - 1)^2 E(\theta) d\theta$$

$$= \int_0^\infty \theta^2 E(\theta) d\theta - 2\int_0^\infty \theta E(\theta) d\theta + \int_0^\infty E(\theta) d\theta$$

$$= \int_0^\infty (\frac{\tau}{\overline{\tau}})^2 \overline{\tau} E(\tau) \cdot \frac{1}{\overline{\tau}} d\tau - 2 + 1$$

$$= \frac{1}{\overline{\tau}^2} \int_0^\infty \tau^2 E(\tau) d\tau - 1$$

所以
$$\overline{\tau}^2 \sigma^2 = \int_0^\infty \tau^2 E(\tau) d\tau - \overline{\tau}^2 = \sigma_\tau^2$$

即
$$\sigma^2 = \frac{\sigma_\tau^2}{\overline{\tau}^2} \qquad\qquad (2-34)$$

以后将会证明，平推流的 $\sigma^2 = 0$（没有返混），全混流的 $\sigma^2 = 1$（返混最大），中间流 $0 < \sigma^2 < 1$（返混介于两种理想流型之间）。所以，用 σ^2 评价停留时间分布的离散度要比 σ_τ^2 明确，它可以定量地描述流动情况偏离理想流动的程度。

二、停留时间分布的测定

测定停留时间分布常用刺激 - 响应技术，即在反应器入口处加入示踪剂，在出口处测定示踪剂浓度随时间的变化。示踪剂应不与物料发生反应，不被器壁吸收，容易检测，且其加入不能影响原来的流况。对液体，常用电解质（如 KCl 等）或染料作示踪剂，用电导值或比色测定；对气体，常用氩、氦、氢作示踪剂，用热导值测定。

（一）脉冲法测定 $E(\tau)$

当设备内物料达到稳定流动状态后，在某个瞬间将示踪剂一次注入进料中，同时开始检测出口物料中示踪剂浓度的变化。图 2 - 22a 表示在注入示踪剂的瞬间（$\tau = 0$），进料中的示踪剂浓度由 0 突变为 c_0，随即又突降到 0；图 2 - 22b 表示出口物料中示踪剂浓度随时间的变化。由图 2 - 22 可见，由进口处脉冲注入的示踪剂，在出口处则扩展成一个很宽的分布，它反映了示踪剂在设备内的停留时间分布。

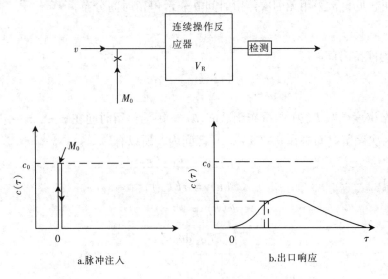

a.脉冲注入　　　　　　　　b.出口响应

图 2 - 22　脉冲法测定 $E(\tau)$

因为在示踪剂注入后的 $\tau \sim (\tau + \mathrm{d}\tau)$ 时间间隔内，流出的示踪剂量占示踪剂总量 M_0 的分率为 $\left(\dfrac{\mathrm{d}N}{N}\right)_{示踪剂} = \dfrac{vc(\tau)\mathrm{d}\tau}{M_0}$，若在注入示踪剂的同时，流入反应器的物料量为 N，在注入 M_0 后的 $\tau \sim (\tau + \mathrm{d}\tau)$ 时间间隔内，流出的物料量为 $\mathrm{d}N$，则在 $\tau \sim (\tau + \mathrm{d}\tau)$ 时间内，流出的物料占进料的分率为 $\left(\dfrac{\mathrm{d}N}{N}\right)_{物料} = E(\tau)\mathrm{d}\tau$。

因为瞬间注入的示踪剂很少，其加入不会影响原来的流况，所以示踪剂的停留时间分布就是物料的停留时间分布，即 $\left(\dfrac{\mathrm{d}N}{N}\right)_{示踪剂} = \left(\dfrac{\mathrm{d}N}{N}\right)_{物料}$，所以

$$\frac{vc(\tau)\mathrm{d}\tau}{M_0} = E(\tau)\mathrm{d}\tau$$

即
$$E(\tau) = \frac{v}{M_0}c(\tau) \qquad (2-35)$$

式中，v 为物料的体积流量，m^3/s；M_0 为注入的示踪剂总量，g；$c(\tau)$ 为出口物料中的示踪剂浓度，g/m^3；$E(\tau)$ 为停留时间分布的密度函数，s^{-1}。

由式（2-35）可见，只要将脉冲法测得的 $c(\tau)$ 乘以 v/M_0，即得 $E(\tau)$。

（二）阶跃法测定 $F(\tau)$

使物料（不含示踪剂，称为流体 I）以流量 v 流过反应器，自某瞬间（$\tau = 0$）起，突然将其切换为含示踪剂浓度为 c_0 的物料（称为流体 II），并保持流量不变，同时开始测定出口处示踪剂浓度随时间的变化，其结果如图 2-23 所示。图 2-23 中，纵坐标为示踪剂的对比浓度 c/c_0，横坐标为时间 τ。图 2-23a 表示阶跃输入时 c/c_0 与 τ 的关系，因为示踪剂在 $\tau = 0$ 时突然连续加入，所以 c/c_0 由 0 突跃为 1，此后维持 1；图 2-23b 则为出口的 c/c_0 与 τ 的曲线，在 $\tau = 0$ 时，c/c_0 为 0，其后随 τ 的增加，$c \to c_0$，$c/c_0 \to 1$ 形成一条 S 形曲线。

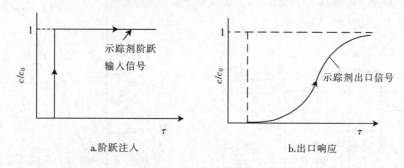

图 2-23　阶跃法测定 $F(\tau)$

设在切换后的 τ 时，出口流体中寿命小于 τ 的物料（即流体 II）所占的分率为 $F(\tau)$，则寿命大于 τ 的物料（即流体 I）所占的分率为 $1 - F(\tau)$，于是有

$$流体 II \times F(\tau) + 流体 I \times [1 - F(\tau)] - 出口流体$$

因为示踪剂的停留时间分布与物料相同，所以对示踪剂有

$$vc_0F(\tau) + v \times 0 \times [1 - F(\tau)] = vc(\tau)$$

即
$$c_0F(\tau) = c(\tau)$$

所以
$$F(\tau) = c(\tau)/c_0 \qquad (2-36)$$

因此，只要将阶跃法测得的 $c(\tau)$ 除以 c_0，即得 $F(\tau)$。

例 2-8　某反应器的容积为 12L，物料以每分钟 0.8L 的流量流过反应器，在进口处用

脉冲法瞬时注入 80g 示踪剂，在出口处测得示踪剂的浓度变化如表 2-4 所示。

表 2-4　例 2-8 的 $c(\tau)$

τ (min)	0	5	10	15	20	25	30	35
$c(\tau)$ (g/L)	0	3	5	5	4	2	1	0

求各时刻的 $E(\tau)$ 和 $F(\tau)$，作出曲线并计算 τ、σ_τ^2、σ^2 值。

解：（1）求 $E(\tau)$

因为 $v/M_0 = 0.8/80 = 0.01$，所以 $E(\tau) = 0.01 c(\tau)$，于是得 $E(\tau)$ 如表 2-5 所示。

表 2-5　例 2-8 的 $E(\tau)$

τ (min)	0	5	10	15	20	25	30	35
$E(\tau)$ (min^{-1})	0	0.03	0.05	0.05	0.04	0.02	0.01	0

得 $E(\tau)$ 曲线如图 2-24。

（2）求 $F(\tau)$

由图 2-24，用近似积分的方法可求出 $F(\tau)$，如表 2-6 所示。

表 2-6　例 2-8 的 $F(\tau)$

τ (min)	0	5	10	15	20	25	30	35
$F(\tau)$	0	0.075	0.0275	0.525	0.750	0.900	0.975	1.000

得 $F(\tau)$ 曲线如图 2-25。

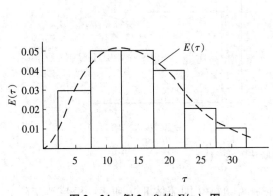

图 2-24　例 2-8 的 $E(\tau)$ 图

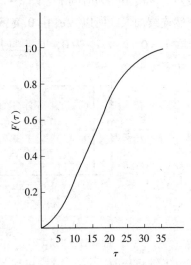

图 2-25　例 2-8 的 $F(\tau)$ 图

（3）计算 τ、σ_τ^2 及 σ^2

由 $E(\tau) - \tau$ 数据可计算得表 2-7。

表 2-7　例 2-8 的计算表

τ	0	5	10	15	20	25	30	35	Σ
$E(\tau)$	0	0.03	0.05	0.05	0.04	0.02	0.01	0	0.2
$\tau E(\tau)$	0	0.15	0.5	0.75	0.8	0.5	0.3	0	3
$\tau^2 E(\tau)$	0	0.75	5	11.25	16	12.5	9	0	54.5

由式（2-30）
$$\bar{\tau} = \frac{\sum \tau_i E_i(\tau_i)}{\sum E_i(\tau_i)} = \frac{3}{0.2} = 15$$

与 $\bar{\tau} = \dfrac{V_R}{v} = \dfrac{12}{0.8} = 15$ 一致。

由式（2-33）
$$\sigma_\tau^2 = \frac{\sum \tau_i^2 E_i(\tau_i)}{\sum E_i(\tau_i)} - \bar{\tau}^2 = \frac{54.5}{0.2} - 15^2 = 47.5$$

由式（2-34）
$$\sigma^2 = \sigma_\tau^2 / \bar{\tau}^2 = 47.5/15^2 = 0.221$$

若以无因次时间为坐标，用 $\theta = \tau / \bar{\tau} = \tau/15$、$E(\theta) = \tau E(\tau) = 15 E(\tau)$，由 $E(\tau) - \tau$ 的数据可计算得 $E(\theta) - \theta$ 如表 2-8 所示。

表 2-8　例 2-8 的 $E(\theta)$

θ	0	0.333	0.666	1	1.333	1.666	2	2.333
$E(\theta)$	0	0.45	0.75	0.75	0.6	0.3	0.15	0

$E(\theta)$ 曲线如图 2-26，其方差即 $\sigma^2 = 0.211$。

例 2-9　某反应器的容积为 $2\mathrm{m}^3$，物料以 $0.01\mathrm{m}^3/\mathrm{s}$ 的流量流过反应器，用阶跃法加入示踪剂的速度为 $0.02\mathrm{kg/s}$，在出口处测得示踪剂的浓度变化如表 2-9 中所示，求 $F(\tau)$、$E(\tau)$ 及其曲线。

解：由题知阶跃注入的示踪剂浓度为
$$c_0 = \frac{0.02\mathrm{kg/s}}{0.01\mathrm{m}^3/\mathrm{s}} = 2\mathrm{kg/m}^3$$

于是可由 $c(\tau)/c_0$ 求出 $F(\tau)$，再由曲线的斜率 $\mathrm{d}F(\tau)/\mathrm{d}\tau$ 求出 $E(\tau)$，其结果示于表 2-9 及图 2-27 和图 2-28 中。

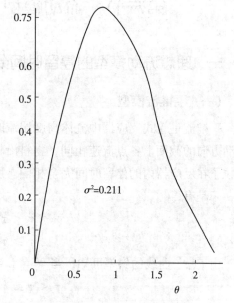

图 2-26　例 2-8 的 $E(\tau)$

表 2-9　例 2-9 的 $E(\tau)$ 与 $F(\tau)$

$\tau(\mathrm{s})$	$c(\tau)\,(\mathrm{kg/m})$	$F(\tau)$	$E(\tau) \times 10^2 (\mathrm{s}^{-1})$	$\tau(\mathrm{s})$	$c(\tau)\,(\mathrm{kg/m})$	$F(\tau)$	$E(\tau) \times 10^2 (\mathrm{s}^{-1})$
0	0	0	0	160	0.950	0.475	0.323
10	0.010	0.005	0.091	180	1.080	0.540	0.302
20	0.036	0.018	0.164	200	1.190	0.595	0.270
40	0.126	0.063	0.268	250	1.426	0.713	0.205
60	0.248	0.124	0.329	300	1.604	0.802	0.148
80	0.384	0.192	0.358	400	1.820	0.910	0.072
100	0.530	0.265	0.368	500	1.920	0.960	0.033
120	0.680	0.340	0.360	600	1.970	0.985	0.013
140	0.820	0.410	0.345	700	1.996	0.993	0.006

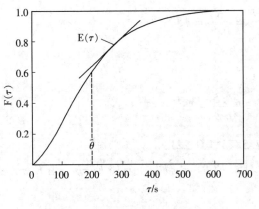

图 2 – 27　例 2 – 9 的 $F(\tau)$ 曲线　　　　图 2 – 28　例 2 – 9 的 $E(\tau)$ 曲线

第六节　流动模型与停留时间分布的应用

一、理想流动模型的停留时间分布

（一）平推流模型

平推流是管式反应器中流体高度湍流时的一种合理的简化模型。其特点是：在垂直于流动方向的截面上各点流速相同，物料沿轴向经过一定距离所需要的时间完全一样，即物料粒子在反应器内的停留时间完全相同。所以全部物料粒子的停留时间都等于平均停留时间，于是有

$$\tau < \bar{\tau}, F(\tau) = 0 \qquad\qquad (2-37)$$
$$\tau \geqslant \bar{\tau}, F(\tau) = 1$$

由 $F(\tau)$ 曲线的斜率可知，当

$$\tau < \bar{\tau} \text{ 或 } \tau > \bar{\tau}, E(\tau) = 0 \qquad\qquad (2-38)$$
$$\tau = \bar{\tau}, E(\tau) = \infty$$

此时 $E(\tau)$ 曲线在 τ 时是不连续的，如图 2 – 29 所示，具有一个无限窄又无限高的峰形，它所包围的面积为 1.0。根据方差的定义，应为 $\sigma_\tau^2 = 0$，$\sigma^2 = 0$。

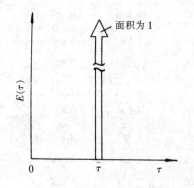
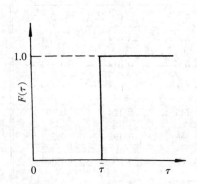

图 2 – 29　平推流模型的 $E(\tau)$ 与 $F(\tau)$ 曲线

当物料在管中高度湍流时，截面上的速度分布趋于平坦，仅在沿管壁极薄的一层流体内

有速度梯度，而那部分流体在物料总量中占的比例极小，影响可以忽略不计。此时可用平推流模型来讨论物料在反应器内的反应时间及转化率等。此外，对于长径比较大的固定床、流化床或鼓泡塔，在气相流速较高时，气相的流动情况也可用平推流模型来处理。

（二）全混流模型

全混流模型是连续操作搅拌釜的一种合理的简化模型。其特点是物料一进入反应器，就立即与器内物料均匀混合，且出口浓度与器内物料的浓度相同。其停留时间分布可通过物料衡算从理论上导出。

设反应器的容积为 V_R，物料的体积流量为 v，稳定流动时，从某瞬间开始，将进料切换为含示踪剂（浓度为 c_0）的物料，在切换后的某 $\mathrm{d}\tau$ 时间内，对全混釜作物料衡算，应为

进入的示踪剂量 - 离开的示踪剂量 = 积累的示踪剂量

即
$$vc_0\mathrm{d}\tau - vc(\tau)\mathrm{d}\tau = V_R\mathrm{d}c(\tau)$$

由此得
$$[c_0 - c(\tau)]\mathrm{d}\tau = \bar{\tau}\mathrm{d}c(\tau)$$

即
$$\frac{\mathrm{d}[c_0 - c(\tau)]}{c_0 - c(\tau)} = -\frac{\mathrm{d}\tau}{\bar{\tau}}$$

积分
$$\int_0^{c(\tau)}\frac{\mathrm{d}[c_0 - c(\tau)]}{c_0 - c(\tau)} = -\int_0^{\tau}\frac{\mathrm{d}\tau}{\bar{\tau}}$$

得
$$\ln\frac{c_0 - c(\tau)}{c_0} = -\frac{\tau}{\bar{\tau}}$$

即
$$1 - \frac{c(\tau)}{c_0} = \mathrm{e}^{-\tau/\bar{\tau}}$$

所以
$$F(\tau) = c(\tau)/c_0 = 1 - \mathrm{e}^{-\tau/\bar{\tau}} \tag{2-39}$$

$$E(\tau) = \frac{\mathrm{d}F(\tau)}{\mathrm{d}\tau} = \frac{1}{\bar{\tau}}\mathrm{e}^{-\tau/\bar{\tau}} \tag{2-40}$$

$$F(\theta) = F(\tau) = 1 - \mathrm{e}^{-\theta} \tag{2-41}$$

$$E(\theta) = \bar{\tau}E(\tau) = \mathrm{e}^{-\theta} \tag{2-42}$$

其曲线形状如图 2-30 所示。

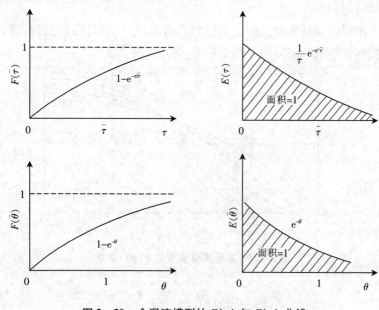

图 2-30　全混流模型的 $E(\tau)$ 与 $F(\tau)$ 曲线

由式（2-39）可知，当 $\tau = \bar{\tau}$ 时，$F(\tau) = 1 - e^{-1} = 0.6321$。可见在反应器出口，停留时间小于 $\bar{\tau}$ 的物料占 63.21%，即有 63.21% 的物料未到平均停留时间就离开了反应器。这就从本质上阐明了在同样的操作条件下，连续操作搅拌釜生产能力小于管式反应器的原因。

当 $\tau = 0.1\bar{\tau}$ 时，$F(\tau) = 1 - e^{-0.1} = 0.0952$；当 $\tau = 0.2\bar{\tau}$ 时，$F(\tau) = 1 - e^{-2} = 0.8647$，$1 - F(\tau) = 0.1353$。可见在反应器出口，停留时间小于 0.1τ 的物料占 9.52%；大于 0.2τ 的物料占 13.53%。如 $F(\tau) = 1$，则 $e^{-\tau/\bar{\tau}} = 0$，即 $\tau = \infty$。可见只有当 $\tau \to \infty$ 时，才 $F(\tau) = c(\tau)/c_0 = 1$，即 $c(\tau) = c_0$。这说明用阶跃法测定全混釜的停留时间分布时，只有当时间为无限长时，出口才全部是第二种流体，器内第一种流体永远不会被取代尽，只是越来越少。可见全混釜中的停留时间分布是相当宽的。由式（2-42）可见，其方差为

$$\sigma^2 = \int_0^\infty \theta^2 E(\theta) \mathrm{d}\theta - 1 = \int_0^\infty \theta^2 e^{-\theta} \mathrm{d}\theta - 1 = 2 - 1 = 1 \tag{2-43}$$

二、描述非理想流动的模型

实际反应器中的流动情况总是偏离理想流动的，为了定量估计这种偏离所造成的影响，通常是先假设一种非理想流动的模型，用它来描述实际反应器中的流动情况，通过模型参数的值来拟合偏离理想流动的具体程度。

（一）多釜串联模型

用几个等容积全混釜的串联来模拟实际反应器中的流动情况，即假设实际反应器中的返混程度与 N 个等容积全混釜串联时的返混程度相同，N 是虚拟釜数，不一定是整数，它就是多釜串联模型的模型参数，此外，多釜串联模型还假定 N 个虚拟釜的总容积等于实际反应器的容积，所以每一个虚拟釜中的停留时间为实际反应器中停留时间的 $1/N$。

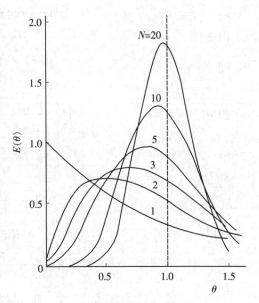

图 2-31　多釜串联模型的 $E(\theta)$ 曲线

假定每一个串联的釜都是理想的，且釜间没有返混，可以通过物料衡算，从理论上推导得多釜串联模型的停留时间分布（图 2-31、图 2-32）为

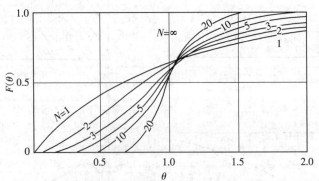

图 2-32　多釜串联模型的 $F(\theta)$ 曲线

$$E(\theta) = \frac{N}{(N-1)!}(N\theta)^{N-1} e^{-N\theta} \tag{2-44}$$

其方差为

$$\sigma^2 = \int_0^\infty (\theta - 1)^2 \cdot E(\theta) \mathrm{d}\theta = \int_0^\infty \theta^2 E(\theta) \mathrm{d}\theta - 1$$

$$= \int_0^\infty \left[\frac{\theta^2 N^N \theta^{N-1}}{(N-1)!} \mathrm{e}^{-N\theta} \cdot \mathrm{d}\theta - 1 \right]$$

$$= \frac{1}{N}$$

可见，当 $N = 1$，$\sigma^2 = 1$ 即为全混流模型；当 $N = \infty$，$\sigma^2 = 0$，即为平推流模型。

当实际反应器中的流动情况偏离平推流或全混流不大时，可实验测出其停留时间分布，求出方差，取其倒数即为虚拟釜数。于是即可按多釜串联反应器的公式计算转化率等。

例 2 - 10　在例 2 - 8 的反应器中进行液相分解反应，动力学方程式为 $(-r_A) = kc_A$，$k = 0.307\mathrm{min}^{-1}$。当 $\bar{\tau} = 15$ 分钟时，试求出口转化率为多少？

解：用多釜串联模型计算，虚拟釜数 $N = 1/\sigma^2 = 1/0.211 = 4.74$，代入式（2 - 22）得

$$x_{AN} = 1 - \frac{1}{(1 + k\tau)^N} = 1 - \frac{1}{(1 + 0.307 \times 15/4.74)^{4.74}} = 1 - 0.04 = 0.96$$

即实际反应器的出口转化率为 96%。

（二）轴向扩散模型

用平推流叠加一个轴向扩散来模拟实际反应器中的流动情况，即假设实际反应器的返混程度与平推流叠加一个轴向扩散后的返混程度相同。这种模型特别适合于处理流动情况接近于平推流，不存在死角、短路和循环流的管式、塔式和固定床反应器。

1. 扩散模型的模型参数　轴向扩散速度可用类似分子扩散中的费克定律表示，即

$$N_A = -E_z \frac{\mathrm{d}c_A}{\mathrm{d}L} \tag{2-45}$$

式中，N_A 为物质 A 的扩散速度；$\mathrm{d}c_A/\mathrm{d}L$ 为轴向浓度梯度；E_z 为轴向扩散系数。

负号表示扩散方向与主流方向相反。显然，E_z 越大，返混程度越大。但是返混大小还与主流的流速 u 及管长 L 有关，所以将无因次数群 uL/E_z 称为 Pe 准数，即 $Pe = uL/E_z$，它是扩散模型的模型参数。

Pe 准数的大小反映了流动情况接近于平推流的程度，其倒数 $1/Pe = E_z/uL$，则反映了流动情况接近全混流的程度，当 $1/Pe = 0$，为平推流；$1/Pe = \infty$，为全混流。

2. 扩散模型的停留时间分布　当返混较小（$1/Pe < 1.01$）时，可从理论上导得扩散模型的停留时间分布为

$$E(\theta) = \frac{1}{2\sqrt{\pi(1/Pe)}} \exp\left[-\frac{(Pe)(1-\theta)^2}{4} \right] \tag{2-46}$$

其曲线形状对称，呈正态分布，此时

$$\sigma^2 = 2/Pe \tag{2-47}$$

当 $1/Pe > 0.01$ 时，由于 $E(\theta)$ 曲线不对称，其方差为

$$\sigma^2 = \frac{2}{Pe} - 2\left(\frac{1}{Pe}\right)^2 (1 - \mathrm{e}^{-Pe}) \tag{2-48}$$

当返混较小，$N > 50$ 时，多釜串联模型的 $E(\theta)$ 曲线呈正态分布，式（2 - 44）可近似为

$$E(\theta) = \sqrt{\frac{N}{2\pi}} \exp[-N(1-\theta)^2/2] \tag{2-49}$$

若以 $N = Pe/2$ 代入式（2－49）中，即得轴向扩散模型的 $E(\theta)$ 式（2－46）。

所以在偏离平推流较小时，即 $1/Pe < 0.01$ 或 $N > 50$ 时，两种模型具有相同的结果，其模型参数间的关系为

$$N = Pe/2 = uL/2E_z \qquad (2-50)$$

因此，图 2－33、图 2－34 中的 5 条曲线也分别代表 $N = 39$、156、625、2500 及 10^4 时的 $E(\theta)$ 曲线。

此外，因为物料在反应器内的流速与管长都是知道的，通过实验测得 $E(\theta)$，计算出方差后，还可利用式（2－47）即 $\sigma^2 = 2/Pe = 2E_z/uL$，求出流动体系中的轴向扩散系数 E_z 值。

3. 扩散模型的物料衡算式 为了用扩散模型计算实际反应器中的转化率等，还需要建立扩散模型的物料衡算式。

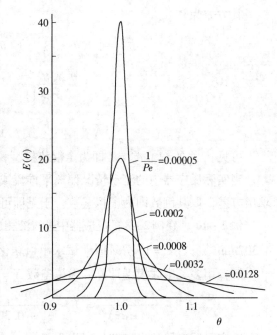

图 2－33　扩散模型的 $E(\theta)$ 曲线

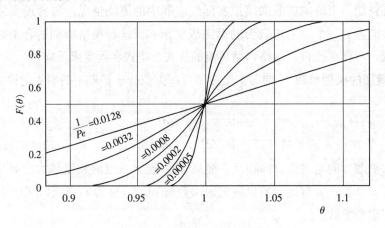

图 2－34　扩散模型的 $F(\theta)$ 曲线

如图 2－35 所示，设物料以恒定的流速 u 流经一长度为 L、横截面为 S 的管式反应器。物料在流动过程中有轴向扩散，其扩散系数为 E_z。在稳定流动时，取微元长度 $\mathrm{d}l$ 的反应器，对组分 A 作物料衡算。

因为，随主流进入微元的 A 量 $= uSc_{A1}$

随主流离开微元的 A 量 $= uSc_{A2}$

随轴向扩散进入微元的 A 量 $= E_zS(\mathrm{d}c_A/\mathrm{d}l)_2$

随轴向扩散离开微元的量 $= E_zS(\mathrm{d}c_A/\mathrm{d}l)_1$

微元中反应掉的 A 量 $= (-r_A)S\mathrm{d}l$

进入微元的 A 量减离开微元的 A 量，应等于微元中反应掉的 A 量，所以有

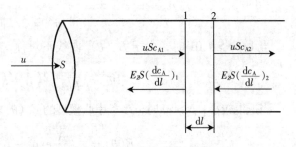

图 2－35　扩散模型的物料衡算图

$$uSc_{A1} + E_z S\left(\frac{dc_A}{dl}\right)_2 = uSc_{A2} + E_z S\left(\frac{dc_A}{dl}\right)_1 + (-r_A)Sdl$$

于是

$$u(c_{A2} - c_{A1}) - E_z\left[\left(\frac{dc_A}{dl}\right)_2 - \left(\frac{dc_A}{dl}\right)_1\right] + (-r_A)dl = 0$$

即

$$u\frac{dc_A}{dl} - E_z\frac{d\left(\frac{dc_A}{dl}\right)}{dl} + (-r_A) = 0$$

所以

$$u\frac{dc_A}{dl} - E_z\frac{d^2c_A}{dl^2} + (-r_A) = 0 \tag{2-51}$$

式（2-51）中的 $E_z d^2 c_A / dl^2$ 项，即为物料 A 由于轴向扩散而导致的传递量。

若以无因次参数 $\dfrac{c_{A0}}{c_A} = 1 - x_A$，$Z = \dfrac{l}{L} = \dfrac{l}{u\,\overline{\tau}}$ 代入，对 n 级反应得

$$\frac{1}{Pe}\cdot\frac{d^2 x_A}{dz^2} - \frac{dx_A}{dz} + k\,\overline{\tau}c_{A0}^{n-1}(1-x_A)^n = 0$$

对一级反应，得

$$\frac{c_A}{c_{A0}} = 1 - x_A = \frac{4a\exp(Pe/2)}{(1+a)^2\exp(a\cdot Pe/2) - (1-a)^2\exp(-a\cdot Pe/2)}$$

式中，$a = \sqrt{1 + 4k\,\overline{\tau}(1/Pe)}$。

可见，已知 k、$\overline{\tau}$ 与 Pe 值，即可求得 x_A。

例 2-11　在例 2-8 的反应器中进行液相分解反应，动力学方程式为 $(-r_A) = kc_A$，$k = 0.307\text{min}^{-1}$，当 $\overline{\tau} = 15$ 分钟时，用扩散模型计算出口转化率，并与用平推流模型的计算结果比较。

解：由例 2-8 已知方差为 0.211，因为 $1/Pe$ 大于 0.01，所以按式（2-48）计算，即

$$\sigma^2 = \frac{2}{Pe} - 2\left(\frac{1}{Pe}\right)^2(1 - e^{-Pe}) = 0.211$$

用试差法可求得 $Pe = 8.33$。

因为　$k\overline{\tau} = 0.307 \times 15 = 4.6$

所以　$a = \sqrt{1 + 4k\overline{\tau}/Pe} = \sqrt{1 + 4 \times 4.6/8.33} = 1.79$

所以　$x_A = 1 - \dfrac{4a\exp(Pe/2)}{(1+a)^2\exp(a\cdot Pe/2) - (1-a)^2\exp(-a\cdot Pe/2)}$

$$= 1 - \frac{4 \times 1.79 e^{8.33/2}}{(1+1.79)^2 e^{1.79 \times 8.33/2} - (1-1.79)^2 e^{-1.79 \times 8.33/2}}$$

$$= 0.9657$$

若用平推流模型计算，则由式（2-9）可知

$$x_A = 1 - e^{-k\overline{\tau}} = 1 - e^{-4.6} = 0.99$$

可见，因轴向扩散造成返混，使转化率降低。

（三）组合模型的概念

对于偏离理想流动较大的反应器，上述两种模型还不能满意地表达实际的流动情况，因此又提出了组合模型。它是将反应器的流动情况设想为由平推流、全混流、死区、短路、循环流等部分组成，有时还加上时间滞后等因素，因此组合模型很多。

图 2-36 表示了几种组合模型。图 2-36a 表示在平推流或全混流的同时有死区存

在。若反应器体积为 V_R，死区体积为 V_d，则流体实际流过的体积为 $(V_R - V_d)$，因此它与无死区时的差别只是平均停留时间由 V_R/v 缩短为 $(V_R - V_d)/v$。图 2 – 36b 表示两个 PFR 并联，若用示踪剂实验，将出现两个峰形，分别在 $\tau_1 = V_{R1}/v_1$ 处与 $\tau_2 = V_{R2}/v_2$ 处。图 2 – 36c 表示有循环流的管式反应器，其 $E(\tau)$ 曲线为几个递减的峰形，峰形之间的时间间隔为 $[1/(1 + R)]\bar{\tau}$，R 为循环比。图 2 – 36d 表示有短路的搅拌釜。图 2 – 36e 表示有短路的管式反应器。图 2 – 36f 和图 2 – 36g 是模拟实际搅拌釜的停留时间分布，除了考虑到平推流、全混流、死区外，在图 2 – 36f 中还考虑了短路；在图 2 – 36g 中则考虑了循环流。图 2 – 36 中 $\bar{\tau} = V_R/v$，$\bar{\tau}_{obs}$ 为观察值，指由实验测得的平均停留时间。

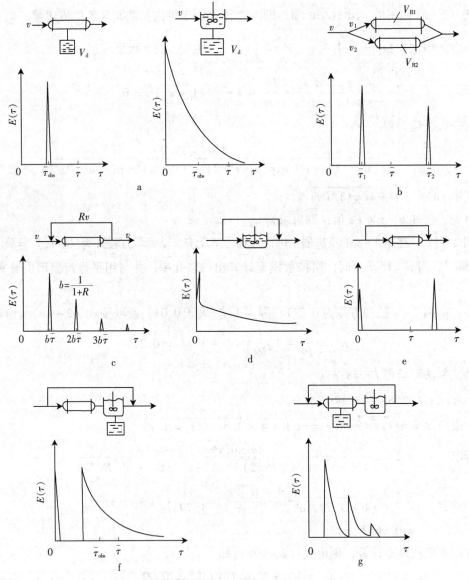

图 2 – 36　组合模型例

三、停留时间分布的应用

（一）确定模型参数 N 或 Pe 值

用多釜串联模型或轴向扩散模型模拟实际反应器中的流动情况，关键是要确定模型参数 N 或 Pe 的值。因为模型参数与停留时间分布的方差有直接的关联，即 $N = 1/\sigma^2$ 或 $Pe =$

$2/\sigma^2$，于是可以通过实验测定实际反应器的停留时间分布，计算出方差，来求出模型参数的值；进而计算实际反应器的转化率等（例 2 – 12、例 2 – 13）。

（二）定性分析流动情况

可以利用停留时间分布曲线的图形对流动情况进行判断，指出流动存在的问题并找出原因。例如，希望得到平推流，已知 $\bar{\tau} = V_R/v$，而实际测得的图形可能有如图 2 – 37 所示的几种情况，其存在的问题与原因如图 2 – 37 中所说明，晚出峰的情况仅可解释为测量不准确，或示踪剂被吸附在固体表面。

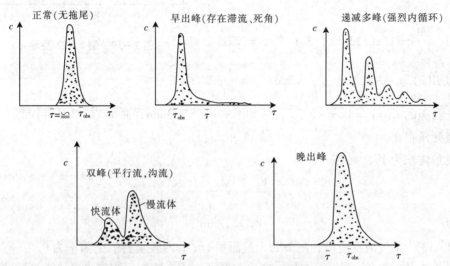

图 2 – 37 平推流可能出现的停留时间分布曲线

又如，希望得到全混流，则可能出现图 2 – 38 中所示的几种情况：正常——图形呈指数递减，平均值在正常位置；滞后——说明存在平推流与全混流的串联，可能是连接到反应器的入口管线太长；多峰形——说明存在内循环；早出峰——说明存在滞流区，平均值位置偏前；晚出峰——说明测量有错误；早出尖峰——可能是出口与入口间短路。

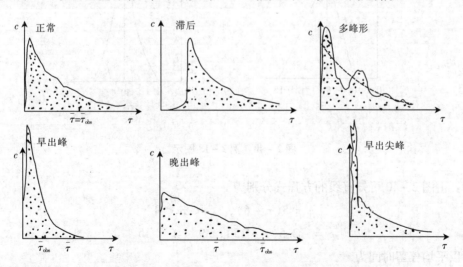

图 2 – 38 全混流可能出现的停留时间分布曲线

（三）定量分析流动情况

实际反应器中可能存在短路或死角，使实际的平均停留时间不等于 V_R/v，因此可以利用停留时间分布来定量估计死角及短路程度。

例 2 - 12 某反应器 $V_R = 1m^3$，流量 $v = 1m^3/min$，脉冲注入 M_0（g）示踪剂，测得出口示踪剂浓度随时间的变化为 $c(\tau) = 30e^{-\tau/40}$，如图 2 - 39 所示。试判断流动情况。

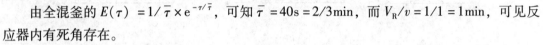

图 2 - 39 例 2 - 12 图示

解：

因为

$$M_0 = v\int_0^\infty c(\tau)d\tau$$

所以

$$\frac{M_0}{v} = \int_0^\infty c(\tau)d\tau = \int_0^\infty 30e^{-\tau/40}d\tau = 1200$$

所以 $E(\tau) = \frac{v}{M_0}c(\tau) = \frac{1}{1200} \times 30e^{-\tau/\bar\tau} = \frac{1}{40}e^{-\tau/40}$

由全混釜的 $E(\tau) = 1/\bar\tau \times e^{-\tau/\bar\tau}$，可知 $\bar\tau = 40s = 2/3min$，而 $V_R/v = 1/1 = 1min$，可见反应器内有死角存在。

令死角体积为 V_d，则有

$$\frac{V_R - V_d}{v} = \frac{2}{3}$$

所以

$$V_d = 1/3m^3$$

例 2 - 13 某气液反应塔，高 20m，截面积 $1m^2$。内装填料的空隙率为 0.5。气、液流量分别为 $0.5m^3/s$ 和 $0.1m^3/s$。在气、液入口脉冲注入示踪剂，测得出口流中的示踪剂浓度变化如图 2 - 40，试分析流动情况。

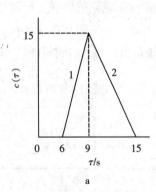
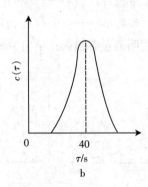

图 2 - 40 例 2 - 13 图示

解：由图 2 - 40 可知直线的方程式分别为

$$c = 5(\tau - 6), \quad 6 < \tau < 9$$
$$c = -2.5(\tau - 15), \quad 9 < \tau < 15$$

所以平均停留时间为

$$\bar\tau = \frac{\int_6^9 \tau[5(\tau - 6)]d\tau + \int_9^{15} \tau[-2.5(\tau - 15)]d\tau}{\frac{15 \times 3}{2} + \frac{15 \times 6}{2}} = \frac{180 + 495}{67.5} = 10s$$

塔内流动气体所占容积为

$$V_{\text{气}} = v_{\text{气}}\bar{\tau} = 0.5 \times 10 = 5\text{m}^3$$

再由图 2-40b 中所示，曲线对称，液体的平均停留时间 $\bar{\tau} = 40\text{s}$，所以塔内流动液体所占的体积为

$$V_{\text{液}} = v_{\text{液}}\bar{\tau} = 0.1 \times 40 = 4\text{m}^3$$

因为填料空隙率为 0.5，流体占的总体积为 $20 \times 1 \times 0.5 = 10\text{m}^3$，所以静止流体所占体积即死区为 $V_d = 10 - 5 - 4 = 1\text{m}^3$。

主 要 符 号 表

符 号	意 义	法定单位
A_0	频率因子	
c	浓度	kmol/m^3 或 mol/L
c_0	阶跃输入的示踪剂浓度	g/L 或 g/m^3
$c(\tau)$	出口物料中的示踪剂浓度	g/L 或 g/m^3
E	活化能	J/mol
$E(\tau)$	物料停留时间分布的密度函数	s^{-1}
$E(\theta)$	以无因次时间表示的物料停留时间分布的密度函数	
E_Z	轴向扩散系数	m^2/s
F	摩尔流量	kmol/s 或 mol/s
$F(\tau)$	物料停留时间的分布函数	
$F(\theta)$	以无因次时间表示的物料停留时间的分布函数	
k	反应速度常数	
l	管长	m
L	管总长	m
M_0	脉冲注入示踪剂的总量	g
N	串联的釜数、多釜串联模型的虚拟釜数、进入反应器的物料份数	
	轴向扩散速度	$\text{kmol/(m}^2 \cdot \text{s}^1)$
n	摩尔数	kmol 或 mol
Pe	彼克列准数	
R	气体常数	$8.314\text{kJ/(kmol} \cdot \text{K)}$
	循环比	
r	反应速度	$\text{kmol/(m}^3 \cdot \text{s}^1)$
Re	雷诺准数	
S	管截面积	m^2
T	反应温度	K
u	物料的线速度	m/s^1
V	反应流体体积	m^3
V_b	间歇式反应器需要的容积	m^3
V_c	全混流反应器需要的容积	m^3

符　号	意　义	法定单位
V_d	死区体积	m^3
V_R	反应器的有效容积	m^3
V_T	反应器的（总）容积	m^3
v	体积流量	m^3/s
	单位时间的物料处理量	m^3/h
x	转化率	
Z	无因次长度	
η	容积效率	
τ	反应时间	h
	停留时间	s 或 min
$\overline{\tau}$	平均停留时间	s 或 min
τ'	辅助时间	h
φ	装料系数	
θ	无因次时间	
σ^2	以 θ 表示的方差	
σ_τ^2	以 τ 表示的方差	
下标		
A、B、R、S	不同组分	
0	初始态	
f	终了态	
i	序列代号	
N	釜数	
max	最大值	
obs	观察值	

思考题

1. 试证明：在间歇釜中进行一级反应，转化率达 99.9% 所需要的反应时间是转化率为 50% 时的 10 倍。

2. 在间歇釜中以硫酸作催化剂使己二酸与己二醇以等摩尔比在 70℃ 下进行缩聚反应，动力学方程式为 $(-r_A) = kc_{A^2}$，$k = 1.97L/(kmol \cdot min)$，$c_{A0} = 0.004kmol/L$。求己二酸的转化率为 0.5、0.6、0.8 及 0.9 时所需的反应时间分别为多少？若每天处理己二酸 2400kg，转化率为 80%，每批操作的辅助时间为 1 小时，装料系数为 0.75，求反应器的容积为多少？（答：126.9，190.4，507.6，1142.1；2157L）

3. 用醋酸和丁醇生产醋酸丁酯，反应式为 $CH_3COOH + C_4H_9OH \Longleftrightarrow CH_3COOC_4H_9 + H_2O$。已知其动力学方程式为 $(-r_A) = kc_A^2$，式中 c_A 为醋酸的浓度（kmol/L），$k = 17.4L/(kmol \cdot min)$；反应物料配比为 $CH_3COOH : C_4H_9OH = 1 : 4.97$（摩尔比），反应前后物料的密度为 0.75kg/L，醋酸、丁醇及醋酸丁酯的分子量分别为 60、74 和 116。要求每天生产 2400kg 醋酸丁酯，醋酸的转化率为 50%，每批操作的辅助时间为 0.5 小时，装料系数为 0.7，求间歇操作反应器的装料容积和总容积。（答：1029，1470L）

4. 在平推流反应器中进行等温液相反应 $A + B \rightarrow R$，动力学方程式为 $(-r_A) = kc_A c_B$，

$k = 1.97 \times 10^3 \text{L}/(\text{kmol} \cdot \text{min})$，$c_A = c_B = 4\text{mol/L}$，如反应物的体积流量为 171L/h。求：（1）要使转化率为 80%，反应器的容积为多少？（2）其他条件不变，要使转化率为 90%，容积为多少？（3）如 $c_A = c_B = 8\text{mol/L}$，转化率仍为 80%，容积为多少？（答：1.45m^3；3.26m^3；0.723m^3）

5. 用全混釜进行均相液相反应 $2A + B \rightarrow R$ 动力学方程式为 $(-r_A) = kc_A^2 c_B$，$k = 2.5 \times 10^{-3} \text{L}^2/(\text{mol}^2 \cdot \text{min})$，$c_{A0} = 2.0\text{mol/L}$，$c_{B0} = 3.0\text{mol/L}$，原料的体积流量为 28L/h，求为使转化率达到 60% 所需的反应器容积。（答：145.8L）

6. 在等温操作的间歇釜中进行一级液相反应，13 分钟后反应物转化掉 70%。今若将此反应移到平推流或全混流反应器中进行，为达到同样的转化率，所需的停留时间各是多少？（答：13 分钟，25.2 分钟）

7. 醋酐的水解，当水大量过量时为一级反应，$40℃$ 时，$k = 0.38\text{min}^{-1}$，如进料浓度为 2mol/L，进料量为 50L/min，用 3 个等温等容串联釜，要求转化率为 99%。求：反应器的容积为多大？（答：1437L）

8. 已知用硫酸作催化剂时，过氧化氢异丙苯的分解反应符合一级反应的规律，且当硫酸浓度为 0.03mol/L、反应温度为 $86℃$ 时，其反应速度常数 k 为 $8.0 \times 10^{-2}\text{s}^{-1}$，若原料中过氧化氢异丙苯的浓度是 3.2kmol/m^3，要求每小时处理 3m^3 的过氧化氢异丙苯，分解率为 99.8%。求：（1）采用间歇釜需要的反应容积；（2）采用平推流反应器需要的容积；（3）采用全混釜需要的容积；（4）采用 2 个等容积全混釜串联需要的容积；（5）采用 4 个等容积全混釜串联需要的容积。（答：0.0647m^3；0.0647m^3；5.2m^3；0.445m^3；0.156m^3）

9. 醋酐稀水溶液在 $25℃$ 时连续进行水解，其动力学方程为 $(-r_A) = 0.158c_A \text{mol}/(\text{cm} \cdot \text{min})$，醋酐浓度为 $1.5 \times 10^{-4}\text{mol/cm}^3$，进料流量为 $500\text{cm}^3/\text{min}$。现有 2 个 2.5L 和 1 个 5L 的搅拌反应釜可供利用，问：（1）用 1 个 5L 或 2 个 2.5L 的搅拌釜串联操作，何者转化率高？（2）若用 2 个 2.5L 釜并联操作，能否提高转化率？（3）若用 1 个 5L 的管式反应器，转化率为多少？（答：串联高；不能；0.794）

10. 液相反应 $A \rightarrow R$，测得反应速度与浓度的关系如下：

c_A（mol/L）	0.1	0.2	0.4	0.6	0.8	1.0	1.2	1.4	1.6
$-r_A$[mol/（L·min）]	0.6265	1	2	2.5	1.5	1.25	0.8	0.7	0.6

已知 $c_A = 2\text{mol/L}$，反应在全混釜中进行，流量为 1000L/min。当转化率分别为 0.5、0.6、0.7 时，求所需反应器的容积为多少？（答：800L，800L，560L）

11. 在 4 个串联的全混釜中进行醋酐水解（一级）反应，各釜的温度如下表：

釜号	1	2	3	4
T/K	283	288	298	313
K/min^{-1}	0.0567	0.0806	0.158	0.380

各釜的容积均为 800L，进料醋酐浓度 $c_{A0} = 4.5\text{mol/L}$，进料量为 100L/min。求：（1）各釜的出口浓度为多少？（2）如各釜都保持反应温度为 288K，要求达到上述相同的最终转化率，需用 800L 反应器几个？（答：3.096mol/L，1.882mol/L，0.831mol/L，0.206mol/L；6.2 个）

12. 液相反应 $A + B \rightleftharpoons R + S$，$120℃$ 时，$k = 8\text{L}/(\text{mol} \cdot \text{min})$，$k' = 1.7\text{L}/(\text{mol} \cdot \text{min})$。若反

应在全混釜中进行，其中物料容量为 100L，2 股物料流同时等流量导入反应器，其中 1 股为 $c_A = 3mol/L$，另 1 股为 $c_B = 2mol/L$。求当 $X_B = 0.8$ 时，每股物料流的流量应为多少？（答：2.0L/min）

13. 试证明：两釜串联进行一级反应时，两釜容积相等，则所需总容积最小。（提示：使 $dV_R/dc_{A1} = 0$）。

14. 已知物料的停留时间分布函数 $tE(\tau) = 0.01e^{-0.01\tau}s^{-1}$。求：（1）停留时间小于 100s 的物料占进料的分率；（2）停留时间大于 100s 的物料占进料的分率；（3）平均停留时间是多少秒？（答：0.632；0.368；100s）

15. 某反应器的容积为 10L，物料以每分钟 0.8L 的流量流过反应器，在进口处用脉冲法瞬时注入 100g 示踪剂，在出口处测得示踪剂的浓度变化如下表所示，求 $E(\tau)$。

τ（min）	0	5	10	15	20	25	30	35
$c(\tau)$（g/L）	0	3	5	5	4	2	1	0

16. 某一级反应 A→R，动力学方程式为 $(-r_A) = kc_A$，$k = 0.2min^{-1}$。现有一非理想反应器，$V_R = 10L$，$v = 1L/min$，用脉冲法测定停留时间分布后求得 $\sigma\tau^2 = 20min^2$。若 $c_{A0} = 1mol/L$，用多釜串联模型计算 A 的出口浓度为多少？（答：0.186mol/L）

17. 某一级反应，反应温度 150℃，活化能为 83.7kJ/mol，在 PFR 中反应需容积 V_P，如改用 CSTR，在同样温度下反应，达到同样的转化率，需容积 V_C。如转化率为 0.6 与 0.9，要使 $V_C = V_P$，问 CSTR 中应取的反应温度为多少？（答：159℃，175.7℃）

18. 用容积相同的 PFR 与 CSTR 串联组成反应器组，进行一级反应，若工艺操作条件相同，证明 PFR 在前、CSTR 在后，与 CSTR 在前、PFR 在后，两种组合所得结果相同。

第三章　制药反应设备

扫码"学一学"

扫码"看一看"

第一节　搅拌釜中的流动与混合

通常化学反应需要将两种或两种以上的液体混合，有时还需要加入固体或通入气体，反应过程中往往需要加热或冷却。搅拌可以加速物料之间的混合，提高传热与传质速率，促进反应的进行，减少副产物的产生等。典型的搅拌釜式反应器如图 3 - 1 所示。它由罐体、封头、搅拌器、减速机及传热装置等组成。根据工艺上的要求，封头上还设有接管口、温度计口、人孔、手孔、视镜等部件。

在搅拌过程中，旋转的搅拌桨叶对液体施加压力，使其发生运动，随着桨叶的形状、叶轮的尺寸、安装位置以及转速等的不同，使液体产生不同的运动情况，从而达到不同的混合效果。

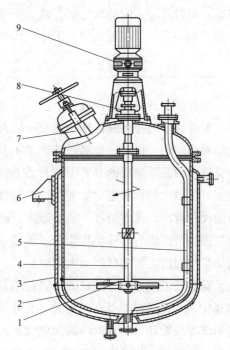

图 3 - 1　搅拌釜式反应器结构图

1. 搅拌器；2. 罐体；3. 夹套；4. 搅拌轴；
5. 压出管；6. 支座；7. 人孔；8. 轴封；9. 传动装置

一、混合效果的度量

1. 均匀度　若将 A、B 两种液体，各取体积 V_A 与 V_B 置于一容器中，则容器内 A、B 的平均浓度（体积%）分别为

$$c_{A0} = \frac{V_A}{V_A + V_B}, c_{B0} = \frac{V_B}{V_A + V_B}$$

经一定时间的搅拌后，在容器中各处取样分析，若混合已经均匀，则混合液中各处的 A、B 浓度均分别为 c_{A0} 与 c_{B0}；若混合尚未均匀，则各处的浓度 c_A 或大于 c_{A0}，或小于 c_{A0}；c_B 亦然。c_A（或 c_B）与 c_{A0}（或 c_{B0}）相差越大，表示混合越不均匀。令

$$I = c_A / c_{A0} （当 c_A < c_{A0} 时）或 I = c_B/c_{B0} = \frac{1 - c_A}{1 - c_{A0}} （当 c_A > c_{A0} 时）$$

I 称为均匀度。显然，当混合均匀时，$I = 1$；不均匀时，$I < 1$。偏离 1 越远，反映了混合越不均匀。所以，均匀度可以表示混合状态偏离均匀状态的程度。

若同时在混合液中各处取 m 个样品，分别测出 c_A 值，求得 I 值，可用来度量全部液体的混合效果，即混合液的平均均匀度应为：

$$\bar{I} = \sum_{i=1}^{m} I_i / m$$

2. 宏观均匀与微观均匀　初看起来似乎均匀度已能反映物料的混合程度，但进一步分析可以发现，单凭均匀度还不足以说明物料的实际混合程度。

图 3－2 表示 A、B 两种液体通过搅拌达到的两种混合状态。在这两种状态中，液体 A 都已成微团均布于液体 B 中，但微团的尺寸相差很大。现取样分析这两种状态的均匀度，当取样体积远大于微团体积时，每个样品都包含为数众多的微团，则两种状态分析的结果将相同，平均均匀度 I 都接近于 1；但当取样体积小到与图 3－2 中的 b 状态的微团尺寸相近时，则 b 状态的 I 将小于 1，而

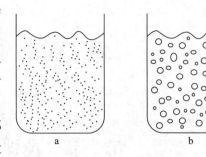

图 3－2　均匀混和的尺度

a 状态的 I 仍可接近于 1。可见，同一个混合状态，其均匀度是随取样尺寸而变的。对图 3－2 中所示的两种状态，就设备尺寸来说，两者都是均匀的，称为宏观均匀，从微观尺寸上来说，两者具有不同的均匀度；从分子尺度上来说，两者都是不均匀的。只有当微团消失，才能达到分子尺度上的均匀，即微观均匀。

二、混合的机制

搅拌器旋转时使釜内液体产生一定途径的循环流动，称为总体流动。在总体流动过程中，混合液中的一种液体被分散成一定尺寸的液团，并被带到釜内的各处，造成设备尺度上的宏观均匀。但是，单靠总体流动不足以将液团破碎到很小的程度，尺寸很小的液团是由总流中的湍动造成的（并非搅拌器直接打击的结果）。总流中高速旋转的旋涡与液体微团之间产生很大的相对运动和剪切力，使微团破碎得更加细小。总流中湍动程度越高，则漩涡的尺寸越小，强度越高，数量越多，破碎作用越大，能达到更小尺寸上的均匀混合。但是微团的最终消失，还要依靠分子扩散。单靠机械搅拌，不可能达到微观均匀，只能使达到微观均匀所需要的时间大大缩短。

对不互溶液体，分散相的液滴在运动过程中不断的碰撞，从而使部分液滴聚并成较大的液滴，大液滴被带至高剪切区（桨叶附近）又重新破碎。这样在搅拌釜内同时发生着液滴的破碎与聚并，使釜内液滴形成大小不等的某种分布。如果在混合液中加入少量保护胶或表面活性剂，使液滴在碰撞时难以聚并，则经一定时间搅拌后，液滴尺寸将趋于一致。

三、提高混合效果的措施

1. 消除打旋现象　搅拌叶轮出口的液体因具有切向分速度而作圆周运动，严重时能使全部液体随搅拌轴旋转。此时液体在离心力的作用下涌向釜壁，使周边部分的液面沿壁上升，而中心部分的液面下降，形成一个大旋涡，如图 3－3 所示。叶轮的旋转梯度越大，液面下凹的深度也越大，这种现象称为打旋。打旋时各层液

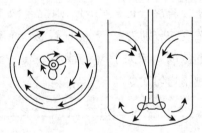

图 3－3　"打旋"现象

体之间无速度梯度，不能提供分散所需要的剪切力，几乎没有轴向混合作用。当液面凹度达到一定深度后，桨叶的中心部分将暴露于空气中，将空气吸入，从而降低了被搅拌物料的表观密度，使施于物料的搅拌功率急剧减小，从而降低了混合效果。此外，由于打旋而造成的功率波动，会引起异常的作用力，加剧搅拌器的振动，甚至使其无法继续操作。

消除打旋现象的措施有两种。

（1）加设挡板　沿釜的内壁面垂直安装条形钢板（图 3－4），可以有效地阻止釜内圆

周运动，自由表面的下凹现象基本消失，搅拌功率可成倍增加。当挡板数 n 与挡板宽 W 的乘积除以釜内径 D 约等于 0.4 时（即大致为 4 块宽度为 0.1D 的挡板），可获得很好的挡板效果，称为全挡板条件，此时即使再增加附件，搅拌器的功率也不再增大了。

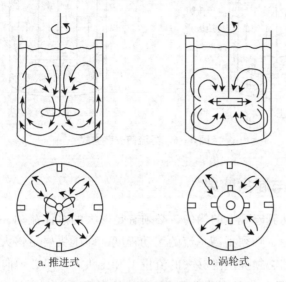

a. 推进式　　　　　　　b. 涡轮式

图 3-4　装有挡板的流动情况

（2）偏心安装　将搅拌器偏心或偏心且倾斜的安装，借以破坏循环回路的对称性，可以有效地阻止圆周运动，增加湍动，消除液面凹陷现象。对较大的釜，也可将搅拌偏心水平的安装在釜的下部，如图 3-5 所示。

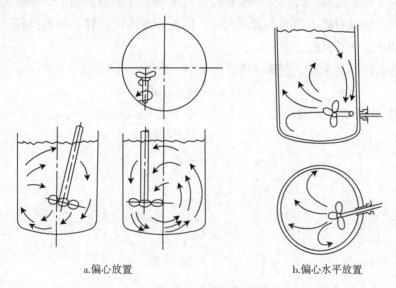

a. 偏心放置　　　　　　　b. 偏心水平放置

图 3-5　破坏循环回路对称性

2. 加设导流筒　若搅拌器周围无固体约束，液体可沿各个方向回流到搅拌器的入口，故不同的流体微团行程长短不一。釜中设置导流筒，可以严格地控制流动方向，使釜内所有物料均通过导流筒内的强烈混合区，既提高了混合效果，又有助于消除短路与死区。图 3-6 表示导流筒的安装方式，对螺旋桨搅拌器，导流筒是套在叶轮外面的；对涡轮式搅拌器，导流筒应置于叶轮上方。通常，导流筒需将釜截面分成面积相等的两部分，即导流筒的直径约为釜直径的 70%。

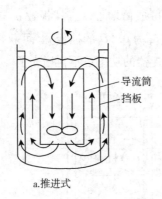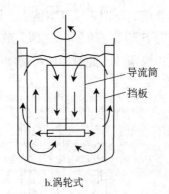

a.推进式   b.涡轮式

图 3 - 6　导流筒安装方式

四、搅拌功率与混合效果

综上所述，为了达到宏观上的均匀，必须有足够大的总体流动，即流量要足够大；为了达到小尺寸上的均匀，必须提高总流的湍动程度，即压头要足够大。可见，为了达到一定的混合效果，搅拌器必须提供足够大的流量 V 和压头 H，即必须向搅拌器提供足够的功率 P（$P = \rho g V H$）。实际上，安装搅拌器的目的就是为了通过搅拌器将能量输入到被搅拌的液体中去，不消耗足够的搅拌功率，就达不到所需要的混合效果。所以，搅拌釜内单位体积液体的功率消耗也就成为判断搅拌过程进行的好坏的重要依据。

但是，在向搅拌器提供足够功率的同时，还存在一个能量合理利用的问题。如果搅拌的目的只是为了达到宏观混合，则希望有较大的 V 和较小的 H；如果目的是为了快速地分散成微小液团，则应有较小的 V 和较大的 H。因此，在消耗同样功率的条件下，对不同的搅拌目的，功率应作不同的分配。

因为搅拌器的流量取决于面积与速度的乘积，即

$$V \propto d^2 \cdot nd \propto nd^3$$

而搅拌器在湍流区的功率

$$P \propto n^3 d^5$$

再由

$$P = \rho g V H$$

可知

$$H \propto \frac{P}{V}$$

所以

$$H \propto \frac{n^3 d^5}{nd^3} \propto n^2 d^2$$

$$V/H \propto d/n \tag{3-1}$$

在搅拌功率一定的情况下，$n^3 d^5$ 为一定值，则

$$n \propto d^{-5/3}$$

或

$$d \propto n^{-3/5}$$

将上述关系分别代入式（3-1）中，得

$$VH \propto d^{8/3} \tag{3-2}$$

$$VH \propto n^{-8/5} \tag{3-3}$$

式（3-2）和式（3-3）表明：在等功率条件下，采用大直径、低转速的搅拌器，更多的功率消耗于总体流动，有利于宏观混合；采用小直径、高转速的搅拌器，则更多的功率消耗于湍流，有利于小尺度上的混合。因此，为达到功率消耗少，而混合效果好，必须根据混合的要求，正确地选择搅拌器的直径与转速，否则将白白浪费功率。对层流状态操作的搅拌器，虽然式（3-2）和式（3-3）的定量关系不成立，但上述规律仍定性的适用。

五、混合时间

在制药生产中有许多操作要涉及物料的搅动与混合，此时，有关达到混合均匀所需时间的知识往往是很重要的。通常将混合时间定义为在分子尺度上达到均匀所需的时间。但由于这种尺度上的测量技术难以实现，所以研究工作者只能靠观察所能及的程度来测出达到均匀所需要的最终混合时间。

根据研究，混合时间大致等于釜内物料循环时间的4倍，即

$$t_{m} \approx 4V_{R} \tag{3-4}$$

式中，t_{m} 为混合时间，s 或 h；V_{R} 为装料体积，m^{3}；V 为搅拌器的流量（泵送能力），$m^{3} \cdot s$ 或 $m^{3} \cdot h$。

搅拌器的流量与其直径的3次方和转速的1次方成正比，即

$$V = K_{v} n d^{3} \tag{3-5}$$

在湍流区，对一定几何形状的桨叶，其 K_{v} 值为一常数，见表3-1。

表3-1　几种搅拌器的 C、K 及 K_{V} 值

搅拌器型式	C	K	K_{V}
六叶直叶圆盘涡轮	71.0	6.1	1.3
六叶弯叶圆盘涡轮	70.0	4.8	
四叶直叶圆盘涡轮	70.0	4.5	0.6
六叶直叶涡轮	70.0	3	1.3
三叶推进式			
螺距 $=d$	43.5	1.0	
螺距 $=2d$	42.0	0.32	0.4~0.5
六叶斜叶涡轮	70.0	1.5	0.8
三叶片式	40.0		
螺带式	$340H_{1}/d$		
双叶桨式	36.5	1.7	
搪瓷锚式	245		

在高黏度液体的混合与搅动中，混合时间主要决定于搅拌器的转速。图3-7所示为螺带式搅拌器的混合时间与转速的关系，试验采用黏度为 $0.1 \sim 0.4Pa \cdot s$ 的液体，在试验范围内黏度无明显影响。霍金敦（Hoogendoorn）等对几种不同型式的搅拌器作了试验，认为螺带式搅拌器对于既要求混合良好又要求传热良好的设备来说，是最理想的搅拌装置；而锚式搅拌器用于高黏度液体的混合效果不好，其主要作用只是刮薄附着在釜内壁上的物料

层，以提高传热速率。

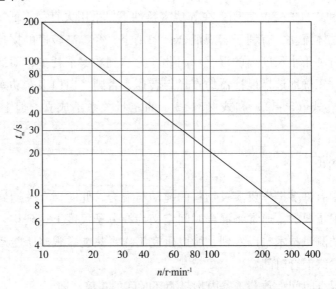

图 3 – 7　螺旋搅拌器的混合时间与转速的关系

第二节　搅拌器的选型与放大

随着对液体搅拌过程不断深入地研究发现，除极个别的情况外，一般在化工及制药等生产过程中的液体搅拌操作都可以用下述的几种搅拌器来完成。关键问题在于了解有关的工艺过程对于搅拌器的液体流型、循环量及压头大小等方面的要求，从而确定叶轮尺寸和转速大小的合理配合，没有必要另外设计式样新奇的搅拌器。通常，液体的混合、固体在液体中的悬浮或溶解以及液 – 液萃取等操作过程，要求体积流量大甚于湍动程度高；而气液相反应要求湍动程度高甚于体积流量大。

一、搅拌器的型式

（一）高转速搅拌器

1. 螺旋桨式搅拌器　又称推进式搅拌器，实质上是一个无泵壳的轴流泵，转速较高，叶端圆周速度一般为5～15m/s，适用于黏度小于2Pa·s液体的搅拌。螺旋桨旋转时使液体作轴向和切向运动。切向分速度使釜内液体作圆周运动，会将颗粒抛向壁面，起到与分散相反的作用，需安装挡板予以抑制。轴向分速度使液体沿轴向下流动，到达釜底后再沿壁折回，返入旋桨入口，形成图3–8所示的总体循环流动。这种总体流动的湍动程度不高，但循环量大，因此适用于以宏观混合为目的的搅拌过程，尤其适用于要求容器上下均匀的场合，如药剂溶解、制备固体悬浮液等情况。

据文献报道，三叶片式反应器在流体力学性能方面较推进式稍差一些，但制造却要简便很多，在一般情况下可用来代替推进式搅拌器。推进式与三叶片式搅拌器的构造如图3–9所示。

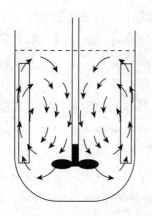

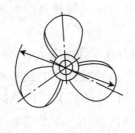

a.推进式　　　　b.三叶片式

图3-8　推进式搅拌器的总体循环流动　　图3-9　推进式与三叶片式搅拌器

2. 涡轮式搅拌器　又称透平式叶轮，实质上是一个无泵壳的离心泵，叶轮直径一般为釜径的 0.3~0.5 倍。转速较高，叶端圆周速度一般为 3~8m/s，适用于黏度小于 50Pa·s 液体的搅拌。在涡轮式搅拌器中，液体作切向和径向的运动，并以很高的绝对速度由出口冲出。出口液体的径向分速度使液体流向壁面，然后分成上、下两路回路流入搅拌器，形成总体循环流动，如图 3-10 所示。出口液体的切向分速度，使釜内液体作圆周运动，同样须安装挡板来抑制。

图 3-11 中示出了涡轮的几种常见型式。与推进式相比，涡轮式搅拌器所造成的总体流动回路较曲折，出口的绝对速度大，桨叶外缘附近造成激烈的旋涡运动和很大的剪切力，可将液体微团破碎得很细。因此，涡轮搅拌器更适用于要求小尺度均匀的搅拌过程。

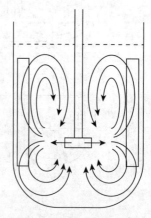

图3-10　涡轮式搅拌器的
总体循环流动

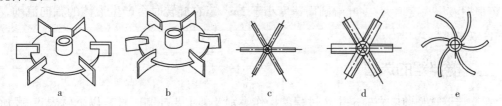

图3-11　涡轮式搅拌器

a. 直叶圆盘涡轮；b. 弯叶圆盘涡轮；c. 直叶涡轮；d. 折叶涡轮；e. 弯叶涡轮

（二）大叶片低转速搅拌器

推进式和涡轮式搅拌器都具有直径小、转速高等特点，对黏度不大的液体很有效。但对黏度大的液体，搅拌器提供的机械能会因巨大的黏性阻力而被很快地消耗掉。不仅湍动程度随出口距离急剧下降，而且总体流动的范围也大为缩小。例如，对与水相近的低黏度液体，涡轮式搅拌器的所及范围，在轴向上、下可达釜径的 4 倍；但当液体黏度为 50Pa·s 时，其所及范围将缩小为釜径的一半。此时，釜内距搅拌器较远的液体流速缓慢，甚至接近静止。因此对于高黏度液体应采用低转速、大叶片的搅拌器。

1. 桨式搅拌器　桨式搅拌器的桨叶尺寸大，转速低，其旋转直径为釜径的 0.5~0.8 倍，桨叶宽度为其直径的 1/6~1/4，叶端圆周速度为 1.5~3m/s。垂直于轴安装的桨叶

（平桨）使液体沿径向及切向运动，可用于简单的液体混合、固液悬浮和溶解等；斜叶桨式搅拌器所造成的轴向流动范围也不大，故当釜内液位较高时，应在同一轴上安装几个桨式搅拌器，或与螺旋桨配合使用。桨式搅拌器的径向搅动范围大，故可用于较高黏度液体的搅拌。

2. 框式和锚式搅拌器 当液体黏度更大时，可按照釜底的形状，把桨式搅拌器做成框式或锚式，如图 3 - 12 所示。这种搅拌器的旋转直径与釜内径接近相等，间隙很小，转速很低，叶端圆周速度为 0.5 ~ 1.5m/s。其所产生的剪切作用很小，但搅动范围很大，不会产生死区，适用于高黏度液体的搅拌。在某些生产过程（如结晶）中，可用来防止釜壁固体颗粒沉积现象。这种搅拌器基本上不产生轴向流动，故难以保证轴向的混合均匀。

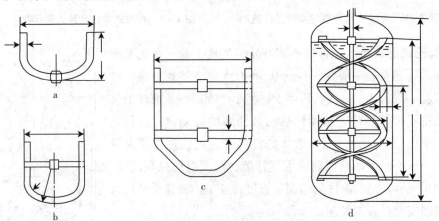

图 3 - 12 大叶片低转速搅拌器

a. 锚式；b、c. 框式；d. 螺带式

3. 螺带式搅拌器 当搅拌黏度大于 100Pa·s 的流体时，应采用螺带式搅拌器，如图 3 - 12d 所示，其旋转直径为 0.9 ~ 0.98 倍釜径，$b/D = 0.1$，$t/d = 0.5$、1、1.5，$H_1/d = 1 ~ 3$（可根据液层高度增大），叶端圆周速度小于 2m/s。在旋转时会产生液体的轴向流动，所以混合效果较框式和锚式为好。

二、搅拌器的选型

在搅拌器选型前应先确定生产过程的操作类别及其主要控制因素，以下就表 3 - 2 所列的各项操作类别逐项加以说明。

1. 低黏度均相液体的混合 如果混合时间没有严格要求，一般的搅拌器皆可采用。推进式的循环速率大且消耗动力小，最适用；桨式的转速低，消耗功率小，但混合效果不佳；涡轮式的剪切作用强，但其动力消耗大，对于这种混合过程没有必要。

2. 分散（非均相液体的混合） 涡轮式搅拌器的剪切作用和循环功率大，用于此类操作效果最好，特别是平直叶的剪切作用比折叶和弯叶的大，则更为合适。在分散黏度较大的液体时，可采用弯叶涡轮，以节省动力。

3. 固体悬浮 在低黏度液体内悬浮容易沉降的固体颗粒时，应选用涡轮式搅拌器。其中以开启涡轮为最好，因它没有中间的圆盘，不至于阻碍桨叶上下的液相混合，特别是弯叶开启涡轮，桨叶不易磨损，用于固体悬浮更为合适。如固液相对密度差小，不易沉降时，可用推进式。对固液比在 50% 以上或液体黏度高而固体不易沉降时，可用桨式或锚式搅拌器。

4. 固体溶解 要求搅拌器兼有剪切作用和循环速率，所以涡轮式是最适合的。推进式的循环速率大，但剪切作用小，用于小量的溶解过程比较合理。桨式需借助挡板提高循环能力，一般用于容易悬浮起来的溶解操作中。

5. 气体吸收 此类操作的最适宜型式为各种圆盘涡轮搅拌器，因其剪切作用强，且圆盘下可存住一些气体，使气体的分散更平稳。推进式和开启涡轮的效果不好，桨式不适用。

6. 传热 传热量小时可采用夹套釜加桨式搅拌器；中等传热量时可用夹套釜加桨式搅拌器并加挡板（$Re > 3000$）；传热量很大时可用蛇管传热，采用推进式或涡轮式搅拌器，并加挡板。

7. 高黏度操作 液体黏度在 $0.1 \sim 1Pa \cdot s$ 时可用锚式（无中间横梁），黏度在 $1 \sim 10Pa \cdot s$ 时可用框式（有横梁），黏度越高，中间的竖、横梁越多。用锚式或框式时，Re 不大于 1000，否则表面产生旋涡，对混合不利。黏度大于 $2Pa \cdot s$ 以上的液体混合，可用螺带式搅拌器，直到 $500Pa \cdot s$ 仍有效。在需夹套冷却的釜内壁上常易生成一层黏度更高的薄膜，该层膜的传热效率极差，此时应选用尺寸与釜内壁相近的锚式或框式搅拌器。有些化学反应过程黏度变化很显著，而反应本身对搅拌程度又很敏感，这样在低黏度时的搅拌型式和转速到高黏度时就不适用了，可考虑采用变速装置或分釜进行操作，以适应不同阶段的需要。

8. 结晶 在结晶操作中往往需要控制晶粒的形状和大小，故常要通过试验来决定适宜的搅拌器型式和转速。一般地说，小直径高转速的搅拌器适用于微粒结晶，晶体形状不易一致；大直径低转速的搅拌器适用于颗粒要求较大的定形结晶，此时釜内不宜装挡板。

表 3-2 搅拌器选型表

操作类别	控制因素	适用的搅拌器型式	D/d	H/D	层数与位置
混合（均相液体的混合）	容积循环速率	推进式、涡轮式要求不高时用桨式	推进式 3:1 ~ 4:1 涡轮式 3:1 ~ 6:1 桨式 1.25:1 ~ 2:1	不限	单层或双层 c/d = 1 桨式 c/d = 0.5 ~ 0.75
分散（非均相液体的混合）	液滴大小（分散度） 容积循环速率	涡轮式	3:1 ~ 3.5:1	1:1	c/d = 1
溶液反应（互溶系统）	湍流程度 容积循环速率	涡轮式、推进式、桨式	2.5:1 ~ 3.5:1	1:1 ~ 3:1	单层或双层
溶解	剪切作用 容积循环速率	涡轮式、推进式、桨式	1.6:1 ~ 3.2:1	1:2 ~ 1:1	
固体颗粒悬浮	容积循环速率 湍流程度	按固体颗粒的粒度、含量及相对密度决定采用桨式、推进式或涡轮式	推进式 2.5:1 ~ 3.5:1 涡轮式 2.0:1 ~ 3.5:1	1:1 ~ 1:2	按粒度、含量及比重决定 c/d
气体吸收	剪切作用 容积循环速率 高转速	涡轮式	2.5:1 ~ 4.0:1	4:1 ~ 1:1	单层或双层 c/d = 1
传热	容积循环速率 高速度通过传热面	桨式、推进式、涡轮式	桨式 1.25:1 ~ 2:1 推进式 3:1 ~ 4:1 涡轮式 3:1 ~ 4:1	1:2 ~ 2:1	
高黏度操作	容积循环速率 低转速	涡轮式、锚式、框式、螺带式、带横挡板的桨式	涡轮式 1.5:1 ~ 2.5:1 桨式 1.25:1 左右	1:2 ~ 2:1	
结晶	容积循环速率 剪切作用 低转速	涡轮式、桨式或桨式的变型	2:1 ~ 3.2:1 涡轮式 2.0:1 ~ 3.2:1	2:1 ~ 1:1	单层或双层

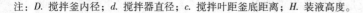

注：$D.$ 搅拌釜内径；$d.$ 搅拌器直径；$c.$ 搅拌叶距釜底距离；$H.$ 装液高度。

三、搅拌器的放大

搅拌器的型式选定后，下一步工作就是要确定其尺寸、转速与功率，也就是搅拌器的放大。搅拌器的放大准则是保证放大前后的操作效果不变。对于不同的搅拌过程和搅拌目的，有以下一些放大准则可供选用。

1. 保持搅拌雷诺数 $\rho n d^2 / \mu$ 不变 因放大前后物料相同，ρ、μ 不变，由此可导出小试与放大后的搅拌器之间应满足下列关系

$$n_1 d_1^2 = n_2 d_2^2 \qquad (3-6)$$

式中，n、d 分别代表搅拌器的转速与直径，下标 1、2 分别代表小试与放大后的情况。

2. 保持叶端圆周速度 $\pi n d$ 不变 由此可导出

$$n_1 d_1 = n_2 d_2 \qquad (3-7)$$

3. 保持单位体积所消耗的搅拌功率 P/V 不变 因为在湍流时，搅拌功率正比于转速的 3 次方、搅拌器直径的 5 次方，即 $P \propto n^3 d^5$；而釜径又是叶轮直径的一定倍数，这样釜的体积就正比于叶轮直径的 3 次方，即 $V \propto d^3$。将上述两式相除，得 $(P/V) \propto n^3 d^2$，要保持 P/V 不变，则有

$$n_1^3 d_1^2 = n_2^3 d_2^2 \qquad (3-8)$$

4. 保持对流传热系数相等 通用的对流传热系数关联式的形式为

$$\frac{\alpha D}{\lambda} = a \left(\frac{d^2 n \rho}{\mu} \right)^m \left(\frac{C_p \mu}{\lambda} \right)^b$$

对于采用相同流体和温度的几何相似系统可得

$$\frac{\alpha_2}{\alpha_1} = \left(\frac{d_2}{d_1} \right)^{2m-1} \left(\frac{n_2}{n_1} \right)^m \qquad (3-9)$$

因此，对于任一给定的系统，可以在恒定的叶轮直径与不同转速下通过试验确定 m 的值。通常带夹套的搅拌釜，m 为 0.67；带蛇管的搅拌釜，m 为 $0.5 \sim 0.67$。

要保持小试与放大后的对流传热系数相等，则由式（3-9）可得

$$\frac{n_2}{n_1} = \left(\frac{d_1}{d_2} \right)^{\frac{2m-1}{m}} \qquad (3-10)$$

在许多均相系统的放大中，往往需要通过加热或冷却的方法，使反应保持在适当的温度范围内进行，因而传热速率成为设计的控制因素。此时，采用对流传热系数相等的准则进行放大，可以得到满意的结果。

当采用对流传热系数相等作为放大准则时，不仅能使放大后具有与中试时同样的传热状态，而且也不过分改变其他变量（如 P/V 和 nd）的大小。例如，当 $m = 0.65$ 时，要保持对流传热系数相等，则

$$\frac{n_2}{n_1} = \left(\frac{d_1}{d_2} \right)^{\frac{2m-1}{m}} = \left(\frac{d_1}{d_2} \right)^{0.46}$$

此时

$$\frac{(P/V)_2}{(P/V)_1} \left(\frac{n_2}{n_1} \right)^3 \left(\frac{d_2}{d_1} \right)^2 = \left(\frac{d_1}{d_2} \right)^{0.46 \times 3} \left(\frac{d_2}{d_1} \right)^2 = \left(\frac{d_2}{d_1} \right)^{0.62}$$

$$\frac{n_2 d_2}{n_1 d_1} = \left(\frac{d_1}{d_2} \right)^{0.46} \left(\frac{d_2}{d_1} \right) = \left(\frac{d_2}{d_1} \right)^{0.54}$$

可见，在保持对流传热系数相等的情况下放大，叶端圆周速度和 P/V 等重要变量的改变都不大，而这三者对间歇反应器是尤为重要的。

对非均相系统，如固体的悬浮、溶解，气泡或液滴的分散，要求放大后单位体积的接触表面积保持不变可以采用单位体积搅拌功率不变的准则进行放大。这个准则还适用于依赖分散度的传质过程，如气体吸收、液液萃取等。

至于具体的搅拌过程究竟采用哪个准则放大比较合适，需通过逐级放大试验来确定。在几个（一般为 3 个）几何相似大小不同的试验装置中，改变搅拌器转速进行试验，以获得同样满意的生产效果。然后按式（3 - 6）~式（3 - 10）判定哪一个放大准则较为适用，并据此放大准则外推求出大型搅拌装置的尺寸、转速等。

例 3 - 1 某厂小试用容积 9.36L 的搅拌釜，釜直径为 229mm，采用直径为 76.3mm 的涡轮式搅拌器，在转速为 1273 r/min 时获得良好的生产效果。拟根据小试数据设计一套容积为 2m³ 的搅拌釜，问应如何进行放大设计。

解： 先制造两套与小试设备几何相似的试验设备，容积分别为 75L 和 600L，调节转速以获得同样的生产效果。3 套设备得到的实验数据如表 3 - 3 所列。

表 3 - 3 例 3 - 1 的实验数据

釜号	容积（L）	直径（mm）	搅拌器直径（mm）	转速（r/min）
1	9.36	229	76.3	1273
2	75	457	153	673
3	600	915	305	318

分别计算出各实验设备的 nd^2、n^3d^2 及 nd 值，列入表 3 - 4。

表 3 - 4 例 3 - 1 的计算数据

釜号	nd^2	n^3d^2	nd
1	7.41	12.0×10^6	97.1
2	15.8	7.14×10^6	103
3	29.6	2.99×10^6	97.0

由表 3 - 4 可见，3 个实验设备在生产效果相同时 nd 基本相同。因此，保持叶端圆周速度不变可以作为放大准则，并由此外推出生产设备的直径和转速。

因大型设备与小型设备几何相似，所以大型搅拌釜的直径为

$$D_2 = \sqrt[3]{\frac{V_2}{V_1}} \times D_1 = \sqrt[3]{\frac{2}{9.36 \times 10^{-3}}} \times 229 = 1369 \text{mm}$$

大型搅拌器的直径为

$$d_2 = \frac{1369}{229} \times 76.3 = 456 \text{mm}$$

大型搅拌器的转速为

$$n_2 = \frac{n_1 d_1}{d_2} = \frac{1273 \times 76.3}{456} = 213 \text{r/min}$$

第三节 搅拌功率

一、均相液体的搅拌功率

设有一片桨叶通过液体作运动，液体与桨叶的相对速度以平均速度（$\bar{v}$）表示，则作

用于桨叶上的力为

$$F = \xi \cdot A \cdot \frac{1}{2}\rho \bar{v}^2$$

式中，ξ 为阻力系数；A 为桨叶面积。

因为 $A \propto d^2$，$v \propto nd$，所以 $F \propto \rho n^2 d^4$，即桨叶上受的力正比于 $\rho n^2 d^4$。

克服此力所需的功率应等于力乘平均速度，即 $P = F\bar{v} \propto \rho n^3 d^5$。所以搅拌功率与液体密度的 1 次方、转速的 3 次方和搅拌器直径的 5 次方成正比。

将搅拌功率除以 $\rho n^3 d^5$，称为功率准数，以 N_P 表示，即 $N_P = P/\rho n^3 d^5$。可见 N_P 与阻力系数 ξ 成正比。与流体在管道中的流动类似，ξ 应为搅拌器型式和流动情况有关，所以功率准数应是搅拌器型式与雷诺数的函数，即

$$N_P = f(Re，搅拌器型式)$$

式中，$Re = nd^2\rho/\mu$，称为搅拌雷诺数。

对一定型式的搅拌器，则有

$$N_P = f(Re) \tag{3-11}$$

将实验测得的各种搅拌器的 $N_P - Re$ 关系在双对数坐标纸上标绘，即得功率曲线，如图 3-13 所示。

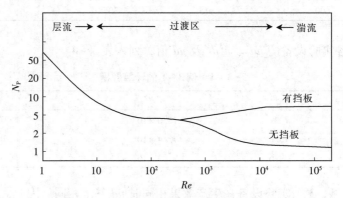

图 3-13　搅拌器的功率曲线

由图 3-13 可见，根据 Re 的大小，搅拌釜的流动情况也可分为层流、过渡流和湍流。如果用函数式 $N_P = C(nd^2\rho/\mu)^m$ 或 $\lg N_P = \lg C + m\lg Re$ 来逼近式（3-11），就可对每一种指定型式的搅拌器功率曲线分段求出搅拌功率的关联式。

1. 层流区（$Re < 10$）　不同型式搅拌器的功率曲线都成直线关系，且斜率相同，$m = -1$；同一型式几何相似的搅拌器，不论有无挡板，其 $N_P - Re$ 在同一直线上，即挡板对搅拌功率无影响。

将 $N_P = C(nd^2\rho/\mu)^{-1}$ 与 $N_P = P/\rho n^3 d^5$ 两式相结合，即可求得层流区的搅拌功率。

$$P = C\mu n^2 d^3 \tag{3-12}$$

式中，C 值随搅拌器的结构型式而不同，常用的几种搅拌器的 C 值列于表 3-1 中。

2. 完全湍流区（$Re > 10^4$）　无挡板时，因自由表面成下凹漏斗状，空气被吸入漏斗中，使液体的密度减小，所以功率消耗降低，N_P 随 Re 的增大而减小，其功率消耗可由功率曲线求得。

有挡板时，N_P 与 Re 无关，为一常数，即 $N_P = K$，所以搅拌功率为

$$P = K\rho n^3 d^5 \qquad\qquad (3-13)$$

各种搅拌器的 K 值列于表 3-1 中。表 3-1 中的 K 值是在 $H_L/d = 3$、$D/d = 3$ 的情况下测得的，如实际设备中 $H_L/d \neq 3$、$D/d \neq 3$，则应乘以校正系数 f，即

$$P = fK\rho n^3 d^5 \qquad\qquad (3-14)$$

而

$$f = \frac{1}{3}\sqrt{(Dd)(H_L d)} \qquad\qquad (3-15)$$

式（3-15）中的 D 为搅拌釜的直径；H_L 为装液的高度。

应当指出，各种不同型式的搅拌器划分层流区与完全湍流区的 Re 值不是完全相同的，如表 3-5 中所示。

表 3-5 各种搅拌器工作区域的划分

搅拌器类型	状态边界上的 Re	
	层流与过渡流	过渡流与湍流
三叶片式	10^2	$5\times10^2 \sim 5\times10^3$
开启叶片涡轮式	10	$10^2 \sim 10^3$
闭叶片涡轮式	10^2	10^3
六叶片式	50	5×10^2
二叶片式	10	$50 \sim 5\times10^4$
搪瓷三叶片式	10^2	5×10^2
搪瓷二叶片式	2×10^2	5×10^2
框式	10^3	10^4
搪瓷锚式	2×10^2	6×10^2

各种型式搅拌器的功率（N_P）与 Re 的关系常用 Rushton 算图（图 3-14）、Bates 算图（图 3-15）、Василъцов 算图（图 3-16）等。

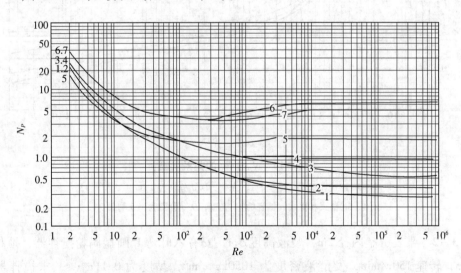

图 3-14 N_P 与 Re 的关系（一）

1. 推进式（三叶），$s/d = 1$，无挡板；2. 推进式（三叶），$s/d = 1$，全挡板；

3. 推进式（三叶），$s/d = 2$，无挡板；4. 推进式（三叶），$s/d = 2$，全挡板；

5. 桨式（二叶直叶），$s/d = 5$，全挡板；6. 直叶圆盘涡轮，全挡板；

7. 弯叶圆盘涡轮，全挡板；$s.$ 旋浆叶的螺距；$d.$ 搅拌器直径

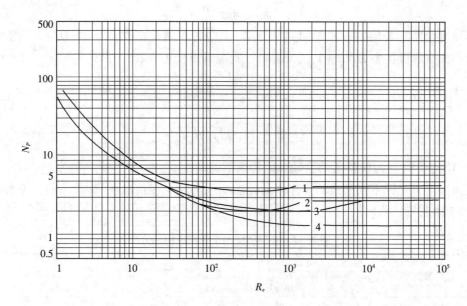

图 3 - 15　N_P 与 Re 的关系（二）

1. 六叶直叶涡轮，$d/b = 5$；2. 六叶直叶涡轮，$d/b = 8$；3. 六叶弯叶涡轮，$d/b = 8$；

4. 六叶折叶涡轮，$d/b = 8$；d. 搅拌器直径；b. 叶片宽度

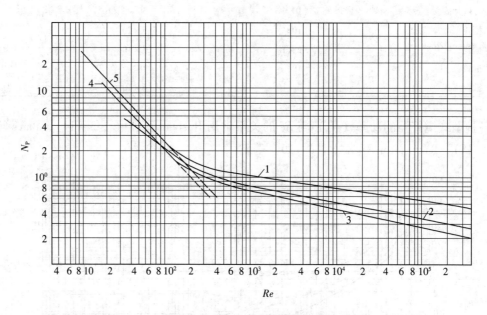

图 3 - 16　N_P 与 Re 的关系（三）

1、2、3. 锚式和框式（搪瓷的），光壁，D/d 分别为 2.0、1.5 与 1.15；

4、5. 锚式和框式（搪瓷的），光壁，D/d 分别为 1.5 与 2.0

例 3 - 2　某发酵釜内径 2m，装液高度 3m，安有六叶弯叶圆盘涡轮搅拌器，搅拌器直径 0.7m，转速 150r/min，发酵液密度为 1050kg·m³，黏度为 0.1Pa·s，求搅拌器所需功率。

解：$Re = \dfrac{nd^2\rho}{\mu} = \dfrac{150 \times 0.7^2 \times 1050}{60 \times 0.1} = 1.29 \times 10^4 > 10^4$，为完全湍流状态，查表 3 - 1 得六叶弯叶圆盘涡轮搅拌器的 K 为 4.8，所以

$$P = K\rho n^3 d^5 = 4.8 \times 1050 \times (150/60)^3 \times 0.7^5 = 13.2\text{kW}$$

校正系数为

$$f = \frac{1}{3}\sqrt{(D/d)(H_L/d)} = \frac{1}{3}\sqrt{(2/0.7)(3/0.7)} = 1.17$$

所以，实际需要的搅拌轴功率为 $P = 1.17 \times 13.2 = 15.4\text{kW}$

一般情况下，不论是否设置挡板，不论是在层流、湍流或过渡流区工作，搅拌功率都可以通过其功率曲线计算求得。各种型式搅拌器的功率曲线示于图 3-14 到图 3-16 中。从图 3-14 中可以看出：轴流型的推进式功率较小，径流型的涡轮式功率较大；同一种桨叶有挡板时比无挡板时能提供更大的功率。从图 3-15 中可以看出：同样都是六叶开启涡轮，桨叶宽的比桨叶窄的功率要大些；直叶与弯叶涡轮属径流型，而折叶涡轮更接近于轴流型，故功率最低。

二、非均相液体的搅拌功率

以上的讨论限于均相液体的搅拌，对于非均相液体，可先算出平均密度和平均黏度，再按均相液体的方法来计算搅拌功率。

1. 液-液相搅拌

（1）平均密度

$$\overline{\rho} = x_1\rho_1 + x_2\rho_2 \tag{3-16}$$

式中，x 为体积分率，下标 1、2 分别代表不同的两相液体。

（2）平均黏度　当两相液体的黏度都较小时

$$\overline{\mu} = \mu_1^{x_1}\mu_2^{x_2} \tag{3-17}$$

式中的符号意义同（3-16）。

对常用的水-有机溶剂（以油表示）系统，当水的体积分率大于 40% 时

$$\overline{\mu} = \frac{\mu_{水}}{x_{水}}\left[1 + \frac{6x_{油}\mu_{油}}{\mu_{油} + \mu_{水}}\right] \tag{3-18}$$

当水的体积分率小于 40% 时

$$\overline{\mu} = \frac{\mu_{油}}{x_{油}}\left[1 + \frac{1.5x_{水}\mu_{水}}{\mu_{水} + \mu_{油}}\right] \tag{3-19}$$

2. 气-液相搅拌

搅拌釜中通入空气后，由于搅拌器周围的液体密度减小，搅拌需要的功率显著下降，其降低程度与通气量 Q（$\text{m}^3 \cdot \text{min}$）及循环量 V（$\text{m}^3 \cdot \text{min}$）有关。因为 $V \propto nd^3$，所以常用通气准数 $N_a = Q/nd^3$ 来关联通气对搅拌功率的影响。

（1）通气搅拌功率的关联式

$N_a < 0.035$ 则 $P_g/P = 1 \sim 12.6N_a$ $\tag{3-20}$

$N_a > 0.035$ 则 $P_g/P = 0.62 \sim 1.85N_a$ $\tag{3-21}$

式中，P_g、P 分别代表通气与不通气时的搅拌功率。

（2）通气搅拌功率的关联图　将 N_a 准数与 P_g/P 标绘，得图 3-17。此图只适用于 $D/d = 3 \sim 4$ 的直叶圆盘涡轮。

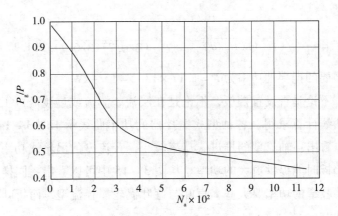

图 3 - 17 通气搅拌功率

（3）通气搅拌功率计算式　用密度 800 ~ 1650kg/m³，黏度 9×10^{-4} ~ 0.1Pa·s，表面张力 7.35 ~ 729N/m 的液体作试验，得到涡轮搅拌器的通气搅拌功率的计算式（Michel 式）

$$P_g = K_g \left(\frac{P^2 n d^3}{Q^{0.56}}\right)^{0.45} \tag{3-22}$$

式中，n 为搅拌器的转速，r/min；d 为搅拌器的直径，m；Q 为通气量，m³/min（工作状态）；K_g 为常数。当 $D/d = 3$ 时，$K_g = 0.157$；$D/d = 5/2$ 时，$K_g = 0.113$；$D/d = 2$ 时，$K_g = 0.101$。式（3-22）也适用于多层搅拌器及非牛顿液体搅拌的场合。

（4）通气搅拌功率的准数方程式

$$\lg(P_g P) = -192(dD)^{4.38} \left(\frac{n d^2 \rho}{\mu}\right)^{0.115} \left(\frac{n^2 d}{g}\right)^{1.96/D} (Q/nd^3) \tag{3-23}$$

式（3-23）对不同范围的通气量和液体黏度以及大小不同的搅拌器均适用。

例 3 - 3　若在例 3 - 2 的发酵釜中导入空气，通气量为 6m³/min（工作状态），求搅拌功率。

解：分别用 4 种方法求算。

（1）按式（3-21）计算

因为

$$N_a = Q/nd^3 = 6/150 \times 0.7^3 = 0.117 > 0.035$$

所以 $P_g = (0.62 - 1.85 N_a) P = (0.62 - 1.85 \times 0.117) \times 15.4 = 6.21kW$

（2）按图 3-17 计算

因为 $N_a = 0.117$ 时，$P_g/P = 0.42$

所以 $P_g = 0.42 \times 15.4 = 6.47kW$

（3）按式（3-22）计算

$$P_g = 0.157 \left(\frac{P^2 n d^3}{Q^{0.56}}\right)^{0.45} = 0.157 \left(\frac{15.4^2 \times 150 \times 0.7^3}{6^{0.56}}\right)^{0.45} = 6.9kW$$

（4）按式（3-23）计算

$$\lg(P_g P) = -192 \left(\frac{0.7}{2}\right)^{4.38} \left(\frac{0.7^2 \times 2.5 \times 1050}{0.1}\right)^{0.15} \left(\frac{0.7 \times 2.5^2}{9.81}\right)^{0.686} \times 0.117 = -0.3836$$

所以

$$P_g = [\lg^{-1}(-0.3836)] \times 15.4 = 0.4134 \times 15.4 = 6.37\text{kW}$$

3. 固 - 液相搅拌　当固体颗粒的量不大时，可近似地看作是均一的悬浮状态。这时可取平均密度和平均黏度来代替原液相的密度和黏度，把它作为均相液体的搅拌来计算。

（1）平均密度

计算式同式（3 - 16），即

$$\bar{\rho} = x_1\rho_1 + x_2\rho_2$$

式中，x 为体积分率，下标 1、2 分别代表颗粒和液相。

（2）平均黏度

当 $\psi' \leqslant 1$ 时

$$\bar{\mu} = \mu(1 + 2.5\psi') \tag{3 - 24}$$

当 $\psi' > 1$ 时

$$\bar{\mu} = \mu(1 + 4.5\psi') \tag{3 - 25}$$

式中，μ 为液相黏度；ψ' 为固体颗粒与液体的体积比。

应当说明，固 - 液相的搅拌功率与固体颗粒的大小很有关系，当颗粒尺寸在 200 目以上时，由于粒子与桨叶接触的阻力变大，这种算法所求得的功率将偏小。

三、非牛顿液体的搅拌功率

牛顿液体服从牛顿黏性定律，即

$$\tau = \mu\frac{du}{dr} \tag{3 - 26}$$

式中，τ 为相邻液层间单位面积上的内摩擦力，称为剪应力；du/dr 为沿着速度矢量法线单位距离上速度的变化（速度梯度），称为剪切率；μ 为黏度，在一定的温度与压力下为一常数，其值随流体而不同。

工业生产中的非牛顿液体，一般遵循 Ostwald 的幂指数定律，即

$$\tau = K\left(\frac{du}{dr}\right)^m \tag{3 - 27}$$

式中，K 为稠度系数，表明非牛顿液体的稠度或黏性的大小，它与液体的温度和压力有关；m 为流动指数，表明与牛顿液体的差异程度。

由式（3 - 27）可见，当 $m = 1$ 时，$K = \mu$，即牛顿液体。当 $m < 1$ 时，称为假塑性液体，大多数高聚物溶液、熔融体以及发酵液属于假塑性液体；当 $m > 1$ 时，称为胀塑性液体，固体含量高的悬浮液、糊状物、涂料以及泥浆、淀粉、高分子凝胶等属于胀塑性液体。

按照黏度的定义，对非牛顿液体仍可定义为剪应力与剪切力的比值，称此比值为表观黏度，以 μ_a 表示，于是有

$$\mu_a = \tau\frac{du}{dr} = K\left(\frac{du}{dr}\right)^{m-1} \tag{3 - 28}$$

对假塑性液体，$m < 1$，表观黏度随剪切力的增大而减小；对胀塑性液体，$m > 1$，表观黏度随剪切力的增大而增大。表 3 - 6 中列出了某些液体的 K 与 m 值。

表3-6　某些液体的 K 与 m 值

聚合物	质量浓度（%）	溶剂	K	m
聚氧化乙烯聚丙烯酰胺	6	水	200	0.30
羧甲纤维素	23	水	800	0.38
聚乙烯醇	20	水＋甘油（1:1）	800	0.65
羧甲纤维素	20	水＋甘油（1：1）	1500	0.50
聚乙烯醇	30	水	440	0.75
聚甲基硅氧烷	100		1000	0.98
异戊二烯合成橡胶	20	汽油	50	0.58
乙丙合成橡胶	21	汽油	7.0	0.92
丁苯合成橡胶	25	庚烷	42	0.91
丁二烯合成橡胶	25	庚烷	45	0.97
聚戊烷合成橡胶	20	甲烷	700	0.47
250℃的聚乙烯熔体	100	—	1800	0.65

搅拌牛顿液体时，整个搅拌釜中各处的黏度均相等。但在搅拌非牛顿流体时，情况就不同了。例如，在搅拌假塑性流体时，在釜内桨叶附近黏度最小；离桨叶越远，黏度越大；至釜壁附近处黏度最大。可见在这种情况下，要使釜内全部物料混合均匀是不容易的。所以对非牛顿液体，仅利用桨叶的剪切作用和泵送作用，使液体进行动量传递是不够的。为了达到混合均匀的目的，必须利用桨叶在整个搅拌釜中的掺和作用，因此，应该选用大直径、低转速的搅拌器。实验表明，对高黏度非牛顿液体，由于釜壁附近黏度大，层流边界层厚，对传热十分不利。采用大直径、低转速的刮壁式搅拌器，可提高对流传热系数几倍。

计算非牛顿液体的搅拌功率，关键在于确定搅拌釜内被搅拌液体的平均表观黏度和平均剪切率。搅拌釜的平均剪切率与搅拌器的转速成正比，即

$$\frac{\mathrm{d}u}{\mathrm{d}r} = Bn \qquad (3-29)$$

式中，B 值随搅拌器的结构而不同，如表3-7所示。

表3-7　式（3-29）中的 B 值

搅拌器形式	作者			
	永田进治	Calderbank	Metzner	谷山岩
螺带式（$d/D=0.95$, $t/d=1.0$）	30.0			
锚式（$d/D=0.95$）	25.0			
二叶片式	10.5	10.0	13.0	11.0
螺旋桨式			10.0	
开启叶片涡轮式	11.8	10.0	11.0~13.0	10.6

按给定的转速求出搅拌釜内的平均剪切率后，代入式（3-28）中，即可求出搅拌釜内液体的平均表观黏度，即

$$\mu_{\mathrm{a}} = K(Bn)^{m-1} \qquad (3-30)$$

用计算得到的平均表观黏度代入 Re 中，即 $Re = nd^2\rho/\mu_{\mathrm{a}}$，于是就可利用计算牛顿液体搅拌功率的关联式来求出实际介质中的搅拌功率。

例3-4　在20℃时用螺带式搅拌器搅拌丁苯合成橡胶的庚烷溶液（质量浓度为25%），

搅拌釜直径为 2.4m，搅拌器直径为 2.24m，搅拌器高度 $H_1 = 1.85m$，转速为 0.333r/s，计算搅拌功率。

解：由表 3-7 查得螺带式搅拌器的 B 为 30，按式（3-29）计算平均剪切率为

$$\frac{du}{dr} = Bn = 30 \times 0.333 = 9.99 s^{-1}$$

由表 3-6 查得丁苯合成橡胶的庚烷溶液的 K 为 42，m 为 0.91，按式（3-30）计算搅拌釜内液体的平均表观黏度为

$$\mu_a = K(Bn)^{m-1} = 42 \times 9.99^{0.91-1} = 34.14 Pa \cdot s$$

按式（3-12）计算搅拌功率为 $P = C\mu_a n^2 d^3$，由表 3-1 查得 $C = 340 H_1/d$，所以

$$P = 340 \frac{H_1}{d} \mu_a n^2 d^3 = 340 \times \frac{1.85}{2.24} \times 34.14 \times 0.333^2 \times 2.24^3 = 11.95 kW$$

第四节　搅拌釜的传热与热稳定性

一、温度对化学反应的影响

温度对化学反应的影响是多方面的，下面要讨论对简单反应的反应速度和复杂反应选择性的影响。

1. 温度对反应速度的影响　由于速度常数对温度的依赖性，其关系可以由阿累尼乌斯经验式（2-4）来表示

$$k = A_0 e^{-\frac{E}{RT}}$$

式中，活化能 E 不仅是反应难易程度的衡量，也是反应速度对温度敏感性的标志。

根据过渡状态理论，反应物先要被活化到一定状态，然后才能转变成产物。反应物与过渡物之间的能量差即为活化能，而反应物与生成物之间的能量差则为反应热。图 3-18a 所示的是放热反应的情况，生成物的能量水平较反应物的低；图 3-18b 所示的则是吸热反应的情况，生成物的能量水平较反应物的高。

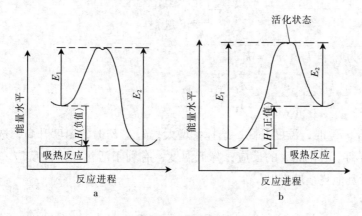

图 3-18　反应过程

将式（2-4）两边取对数，得

$$\ln k = \ln A_0 - E/RT$$

将 $\ln k$ 对 $1/T$ 作图为一直线，如图 3-19 所示。由图可见：①活化能大的反应，反应速度对温度较敏感，活化能小的反应，不太敏感；②对一定的反应（E 值一定），低温时反应

速度对温度敏感，高温时不太敏感。

对简单反应，反应速度是温度、浓度（或转化率）的函数。图 3 – 20 即为简单可逆放热反应的反应速度图，图中示出不同 x_A 值时，反应速度随温度的变化曲线。由图 3 – 20 可见，当温度升到某值后，反应速度变慢（逆反应转趋优势），每一曲线都出现反应速度最高点。若将各曲线的最高点连接起来，即得最佳反应温度线，如图 3 – 20 中虚线所示。如果随着转化率的提高，使反应温度沿着这条最佳温度线变化，则所需的反应器容积（或反应时间）为最小。可见，这时就要采用变温操作，随转化率的提高，逐渐降低系统的温度。对不可逆反应或可逆吸热反应，反应速度总是随温度的升高而加快，它们的最佳温度也就是工艺上能允许的最高温度。

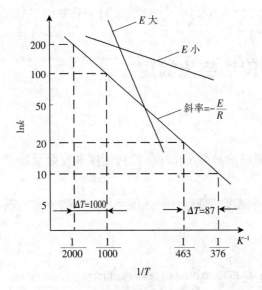
图 3 – 19 反应速度对温度的依赖性

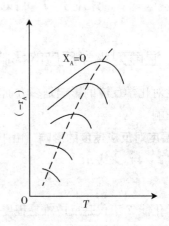
图 3 – 20 简单可逆放热反应的反应速度

2. 温度对选择性的影响 对平行反应：

$$A \begin{cases} \xrightarrow{k_1} R(目的物) \\ \xrightarrow{k_2} S(副产物) \end{cases}$$

若反应速度为 $r_R = k_1 c_A, r_S = k_2 c_A$

则选择率 $\dfrac{r_R}{r_S} = \dfrac{k_1}{k_2} = \dfrac{A_1 \mathrm{e}^{-\frac{E_1}{RT}}}{A_2 \mathrm{e}^{-\frac{E_2}{RT}}} = \dfrac{A_1}{A_2} \mathrm{e}^{(E_2 - E_1)/RT}$

可见，当 $E_1 > E_2$ 时，温度升高，选择率增大；$E_1 < E_2$ 时，温度升高，选择率减小。因此，提高温度有利于活化能大的反应；降低温度，有利于活化能小的反应。这一温度效应概念可用来分析其他复杂反应。

对连串反应：

$A \xrightarrow[E_1]{k_1} R \xrightarrow[E_2]{k_2} S$ 如 R 是目的物，则 $E_1 > E_2$，宜用高温；$E_1 < E_2$，宜用低温。

又如反应：

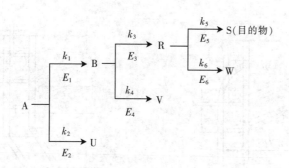

$$E_1 > E_2, E_3 < E_4, E_5 > E_6$$

则初期宜用高温，以利 B 的生成；中期用低温，以利 R 的生成；后期再用高温，以利 S 的生成。

综上所述可知，化学反应都有热效应，为了使反应保持在适宜的温度下进行，搅拌反应釜需要设置传热装置，以满足加热或冷却的需要。

二、搅拌釜的传热装置

1. 夹套　夹套是一个套在反应器筒体外面、能形成密闭空间的容器，如图 3-21 所示。夹套上设有水蒸气、冷却水或其他加热、冷却介质的进出口。如果加热介质是水蒸气，进口管应靠近夹套上端，冷凝液从底部排出；如果传热介质是液体，则进口管应安置在底部，液体从底部进入，上部流出，使传热介质能充满整个夹套的空间。夹套与釜体的间距依据釜径的大小采用不同的数值，一般取 25～100mm。夹套的高度由工艺要求的传热面积来决定，一般应比釜内液面高出 50～100mm，以保证充分传热，如要求上封头与筒体采用可拆性联结，则不能选用图 3-21 中的 IV 型结构。为了提高传热效果，在夹套的上端开有不凝性气体的排出口。此外，还设有压力表与安全阀。

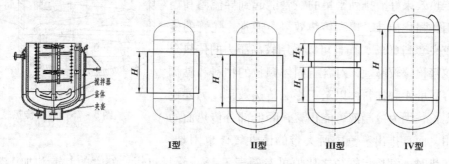

图 3-21　夹套传热

对于较大型的搅拌釜，为了提高传热效果，可以在夹套空间装设如图 3-22 的螺旋导流板结构，以缩小夹套中流体的流通面积，提高流速并避免短路。螺旋导流板一般使用扁钢沿釜体外壁圆周方向螺旋绕制焊接而成，与夹套内壁有小于 3mm 的间隙。加设螺旋导流板后，夹套侧的对流传热系数一般可由 500W/(m^2·K) 增大到 1500～2000 W/(m^2·K)。

当釜直径较大或采用的传热介质压力较高时，还采用焊接半圆螺旋管（图 3-23）、螺旋角钢（图 3-24）或蜂窝式等结构，以代替夹套式结构。这样，不但能提高传热介质的流速，改善传热效果，而且能提高反应釜抗外压的强度和刚度。

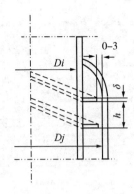
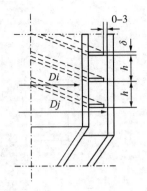

图 3-22 螺旋导流板

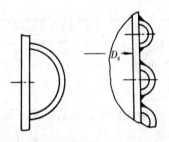
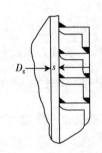

图 3-23 半圆管结构

图 3-24 角钢结构

2. 蛇管　当需要传递的热量较大，而夹套传热在允许的反应时间内尚不能满足要求时，或是釜体内衬有橡胶、搪瓷等隔热材料而不能采用夹套传热时，可采用如图 3-25 所示的蛇管传热。蛇管沉浸在物料中，热损失小，传热效果好。排列密集的蛇管能起到导流筒和挡板的作用，强化搅拌，提高传热效果。通常，蛇管的传热系数较夹套高 60%，而且可以采用较高压力的传热介质。但蛇管检修较麻烦，对含有固体颗粒的物料和黏稠物料，容易堆积和挂料，以至于影响传热效果。另外蛇管不宜太长，因为冷凝液可能积聚，降低部分传热面的传热作用，而且排出蒸汽中所夹带的惰性气体也困难。

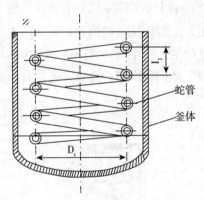

图 3-25 蛇管传热

用蒸汽加热时，管长与管径之比值可参阅表 3-8。管径过粗，蛇管的制造和加工较困难，通常采用的管径在 25～70mm 范围内。如要求传热面很大时，可做成几个并联的同心圆蛇管组。

表 3-8　管长与管径的比值

蒸汽压力/MPa×10	0.45	1.25	2	3	5
管长与管径最大比值 l/d	100	150	200	225	275

三、搅拌釜的传热计算

釜内物料与夹套（或蛇管）内的流体之间的传热系数可表示为

$$K = \cfrac{1}{\cfrac{1}{\alpha_1} + \cfrac{1}{\alpha_2} + \sum \cfrac{\delta}{\lambda}} \qquad (3-31)$$

式中，K 为传热系数；α_1 为釜侧对流传热系数；α_2 为夹套（或蛇管）侧对流传热系数；$\sum \delta/\lambda$ 为间壁与垢层的热阻之和。

当夹套内的传热介质为液体时，由于液体在夹套内的流动缓慢，基本上属于自然对流范围，α_2 很小，通常两侧的热阻（$1/\alpha_1$ 与 $1/\alpha_2$）均需考虑。

1. 釜侧对流传热系数 在搅拌釜中，釜侧对流传热系数的大小在很大程度上受搅拌作用的影响，一般将包含釜侧对流传热系数的努塞尔准数 Nu 与雷诺准数 Re 及普朗特准数 Pr 关联成如下的函数形式

$$Nu = aRe^m Pr^b$$

当流体的温度与釜壁或蛇管壁的温度差使流体的黏度有显著的变化时，在关联中应引入黏度校正项 $(\mu/\mu_w)^c$，其中的 μ 与 μ_w 分别为流体在釜内总体温度下与壁面温度下的黏度，指数 c 的值为 0.14 ~ 0.25。

在实际应用中，关联式中的 Nu 准数，一般不用搅拌器直径 d 作为特征尺寸。对于夹套传热的反应釜，通常用釜径 D 作为特征长度；对于蛇管传热的反应釜，则常用蛇管管子的外径 d_t 作为特征长度。

对具有标准结构的六叶直叶圆盘涡轮搅拌器（图 3-26），其对流传热系数的关联式为

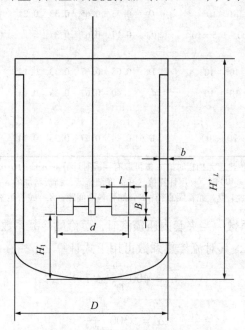

图 3-26 具有标准结构的搅拌釜

涡轮叶片数 $z=6$；4 块挡板；$D/d=3$；$H_1/d=3$；$B/d=1/5$；
$l/d=1/4$；$H_1/d=1$；$b/d=3/10$

$$\frac{\alpha D}{\lambda} = 0.73 \left(\frac{n d^2 \rho}{\mu}\right)^{0.65} \left(\frac{C_p \mu}{\lambda}\right)^{0.33} \left(\frac{\mu}{\mu_w}\right)^{0.24} \qquad (3-32)$$

式中，α 为釜侧对流传热系数，W/(m² · K)；D 为搅拌釜的直径，m；d 为搅拌器的直径，m；n 为搅拌器的转速，r/s；ρ 为液体的密度，kg/m³；C_p 为液体的比热，J/(kg · K)；

λ 为液体的导热系数，$W/(m \cdot K)$；μ 为液体在釜内温度时的黏度，$Pa \cdot s$；μ_W 为液体在壁温时的黏度，$Pa \cdot s$。

对于非标准结构的装置，用 $1.15(H_1)^{0.4}(H_L)^{-0.56}$ 代替系数 0.73。此处 H_1 为搅拌器离釜底的距离；H_L 为釜内液面高度。

装有不同型式的搅拌器，采用夹套或蛇管传热的反应釜，其计算釜侧对流传热系数的关联式汇总于表 3-9 中，表中亦列出了适用的 Re 范围。计算所用的通式为

$$\frac{\alpha L}{\lambda} = a\left(\frac{d^2 n \rho}{\mu}\right)^m \left(\frac{C_P \mu}{\lambda}\right)^b \left(\frac{\mu}{\mu_W}\right)^c \qquad (3-33)$$

式 (3-33) 中的 L 为特征长度，其他符号同前述。

表 3-9 推荐的釜侧对流传热系数关联式

搅拌器类型	传热面积	Re 范围	L	a	m	b	c	其他项	说明
叶片式	夹套	$600 \sim 5 \times 10^5$	D	0.112	0.75	0.44	0.25	$(D/d)^{0.40}$	平桨，无挡板
	蛇管	$3 \times 10^2 \sim 2.6 \times 10^5$	d_t	0.87	0.62	0.33	0.14	$(b/d)^{0.13}$	
锚式	夹套	$10 \sim 30$	D	1.0	0.5	0.33	0.18		
		$300 \sim 40000$	D	0.36	0.67	0.33	0.18		
螺旋桨式	夹套	$2 \times 10^3 \sim 4 \times 10^4$	D	0.54	0.67	0.25	0.14		实验用釜径 1.524m，无挡板
螺带式	夹套	$8 \sim 10^5$	D	0.633	0.5	0.33	0.24		
直叶圆盘涡轮（六叶有挡板）	夹套	$10 \sim 10^5$	D	0.73	0.65	0.33	0.24	$(d/D)^{0.1}$	$D_c/D = 0.7$
	蛇管	$400 \sim 1.5 \times 10^6$	d_t	0.17	0.67	0.37		$(d_t/D)^{0.5}$	$S_c/d_t = 2 \sim 4$ $Z_c/D = 0.15$
弯叶圆盘涡轮（后掠叶片、六叶、无挡板）	夹套	$10^3 \sim 10^6$	D	0.68	0.67	0.33	0.14		
	蛇管	$10^3 \sim 10^6$	d_t	1.40	0.62	0.33	0.14		
斜叶圆盘涡轮（六叶、倾斜 45°）	夹套	$20 \sim 200$	D	0.44	0.67	0.33	0.14		在限定的 Re 范围内，挡板无影响

注：1. 直叶圆盘涡轮式蛇管传热，无挡板时的 α 值可取有挡板时计算的 α 值的 0.65 倍。
2. 弯叶圆盘涡轮有挡板和 $Re < 400$ 时，α 用计算值，在高度湍流区，挡板增加的 α 为计算 α 值的 37% 左右。
3. 表中所用符号：b. 叶片宽度；D_c. 蛇管圈直径；S_c. 蛇管各圈间距；Z_c. 蛇管距釜底的高度。

2. 夹套侧对流传热系数 当夹套内通蒸汽时，蒸汽的冷凝系数可取 $7500W/(m^2 \cdot K)$。

当夹套内通冷凝水时，其对流传热系数可用下式计算

$$Re < 4400 \qquad \alpha = 400\frac{u^{0.2}}{D_e^{0.5}}\Delta T^{0.1} \qquad (3-34)$$

$$Re > 3600 \qquad \alpha = 9300\frac{u^{0.8}}{D_e^{0.2}} \qquad (3-35)$$

式中，Re 为夹套内的流动雷诺数，$Re = D_e u \rho / \mu$；α 为夹套侧的对流传热系数，$W/(m^2 \cdot K)$；u 为水在夹套内的流速，m/s；D_e 为夹套的当量直径，可按夹套内径与釜外径之差计算，m；ΔT 为釜外壁温度与水温之间的温度差，K。

利用式 (3-34) 计算夹套侧的对流传热系数，需已知壁温，而壁温又与 α 有关，为此须用试差法，较麻烦，因此只有当 $Re < 3600$ 时才用式 (3-34)。

3. 蛇管侧对流传热系数 流体在弯管内流动时，由于离心力的作用，扰动加速，使传热膜系数较直管内增大。蛇管侧的传热膜系数可按下式计算

$$\alpha = \left(1 + 3.5\frac{d}{D_e}\right)\alpha_1 \tag{3-36}$$

式中，d 为蛇管管子内径，m；D_e 为蛇管圈直径，m；α_1 为流体在直管内的对流传热系数，$W/(m^2 \cdot K)$；α 为流体在蛇管内的对流传热系数，$W/(m^2 \cdot K)$。

当蛇管内走冷却水时，α_1 可按下式计算

$$\alpha_1 = 0.023\frac{\lambda}{d}\left(\frac{du\rho}{\mu}\right)^{0.8}\left(\frac{C_P\mu}{\lambda}\right)^{0.4} \tag{3-37}$$

式（3-37）中的 u 为冷却水的管内的流速，其他物理量的意义同前，其定性温度为进出口流体温度的算术平均值。适用于 $Re < 10000$、$\mu < 2 \times 10^{-3}Pa \cdot s$ 的场合。

当黏度较大时，可用下式计算

$$\alpha_1 = 0.027\frac{\lambda}{d}\left(\frac{du\rho}{\mu}\right)^{0.8}\left(\frac{C_P\mu}{\lambda}\right)^{0.33}\left(\frac{\mu}{\mu_w}\right)^{0.14} \tag{3-38}$$

式（3-38）中引入了壁温下的黏度 μ_W，须先知壁温，这就使计算复杂化。对工程计算，蛇管内走冷却介质时，可取 $(\mu/\mu_W)^{0.14} = 1.05$；走加热介质时，可取 $(\mu/\mu_W)^{0.14} = 0.95$。式（3-38）适用于 $Re > 10^4$、$Pr = 0.5 \sim 100$ 的各种液体，但不适用于液态金属。

例 3-5 已知氯磺化釜内物料的物性数据为 $\rho = 1.2 \times 10^3 kg/m^3$，$\lambda = 0.2W/(m \cdot K)$，$C_P = 1600J/(kg \cdot K)$，$\mu = 1.9 \times 10^{-3}Pa \cdot s$，夹套内冷却水的物性数据为 $\rho = 1000kg \cdot m^3$，$\lambda = 0.6W/(m \cdot K)$，$C_P = 4000J/(kg \cdot K)$，$\mu = 8 \times 10^{-4}Pa \cdot s$，搅拌釜采用铸铁的，壁厚 20mm、$\lambda = 62.8W/(m \cdot K)$，垢层热阻为 2×10^{-4} $(m^2 \cdot K)$ /W，搅拌釜直径为 1.2m，采用六叶直叶圆盘涡轮搅拌器，直径 0.4m，转速 200r/min，反应温度 320K。冷却水进口温度 290K，出口温度 300K，流速 0.02m/s，夹套的当量直径为 0.15m，求传热系数为多少？

解：（1）求釜侧对流传热系数 α_1

因为 $D/d = 1.2/0.4 = 3$，考虑采用标准结构尺寸的搅拌釜（图 3-26），故可按式（3-32）计算，即

$$\alpha_1 = 0.73\frac{\lambda}{D}\left(\frac{nd^2\rho}{\mu}\right)^{0.65}\left(\frac{C_P\mu}{\lambda}\right)^{0.33}\left(\frac{\mu}{\mu_w}\right)^{0.24}$$

若取 $\mu/\mu_W = 1$，则

$$\alpha_1 = 0.73 \times \frac{0.2}{1.2}\left(\frac{\frac{200}{60} \times 0.4^2 \times 1.2 \times 10^3}{1.9 \times 10^{-3}}\right)^{0.65}\left(\frac{1600 \times 1.9 \times 10^{-3}}{0.2}\right)^{0.33}$$

$$= 0.12 \times 3915.9 \times 2.455$$

$$= 1153W/(m^2 \cdot K)$$

（2）求夹套侧对流传热系数 α_2

因为

$$Re = \frac{D_e u\rho}{\mu} = \frac{0.15 \times 0.02 \times 1000}{8 \times 10^{-4}} = 3750 > 3600$$

故可按式（3-35）计算，即

$$\alpha_2 = 9300\frac{u^{0.8}}{D_e^{0.2}} = 9300\frac{0.02^{0.8}}{0.15^{0.2}} = 594W/(m^2 \cdot K)$$

（3）求传热系数 K

由式（3-31）得

$$K = \cfrac{1}{\cfrac{1}{\alpha_1} + \cfrac{1}{\alpha_2} + \sum \cfrac{\delta}{\lambda}} = \cfrac{1}{\cfrac{1}{1153} + \cfrac{1}{594} + \cfrac{0.02}{62.8} + 0.0002} = 325.8 \text{W/(m}^2 \cdot \text{K})$$

例 3 – 6 若例 3 – 5 例中采用蛇管传热，蛇管外径 0.035m，壁厚 2.5mm，其导热系数为 44.9W/(m·K)，蛇管圈直径 0.46m，水的流速为 0.4m/s，其他数据不变，求传热系数为多少？

解：（1）求釜侧对流传热系数 α_1

由表 3 – 9 查得计算釜侧对流传热系数的关联式为

$$\alpha_1 = 0.17 \frac{\lambda}{d_t} \left(\frac{d^2 n \rho}{\mu}\right)^{0.67} \left(\frac{C_p \mu}{\lambda}\right)^{0.37} \left(\frac{d}{D}\right)^{0.1} \left(\frac{d_t}{D}\right)^{0.5}$$

$$= 0.17 \times \frac{0.2}{0.035} \left(\frac{\frac{200}{60} \times 0.4^2 \times 1.2 \times 10^3}{1.9 \times 10^{-3}}\right)^{0.67} \left(\frac{1600 \times 1.9 \times 10^{-3}}{0.2}\right)^{0.37} \left(\frac{0.4}{1.2}\right)^{0.1} \left(\frac{0.035}{1.2}\right)^{0.5}$$

$$= 0.97 \times 5051 \times 2.74 \times 0.896 \times 0.171$$

$$= 2056.9 \text{W/(m}^2 \cdot \text{K})$$

（2）求管侧对流传热系数 α_2

因为

$$Re = \frac{du\rho}{\mu} = \frac{0.03 \times 0.4 \times 1000}{8 \times 10^{-4}} = 15000$$

$$Pr = \frac{C_p \mu}{\lambda} = \frac{4000 \times 8 \times 10^{-4}}{0.6} = 5.33$$

按式（3 – 37）计算，直管的对流传热系数为

$$\alpha_{直} = 0.023 \frac{\lambda}{d} Re^{0.8} Pr^{0.4}$$

$$= 0.023 \times \frac{0.6}{0.03} \times 15000^{0.8} \times 5.33^{0.4}$$

$$= 0.46 \times 2192 \times 1.953$$

$$= 1969 \text{W/(m}^2 \cdot \text{K})$$

按式（3 – 36）计算，蛇管的对流传热系数为

$$\alpha_{蛇} = \left(1 + 3.5 \frac{d}{D_e}\right) \alpha_{直}$$

$$= \left(1 + 3.5 \times \frac{0.03}{0.46}\right) \times 1969$$

$$= 2418 \text{W/(m}^2 \cdot \text{K})$$

（3）求传热系数

由式（3 – 31）得

$$K = \cfrac{1}{\cfrac{1}{2056.9} + \cfrac{1}{2418} + \cfrac{0.0025}{44.9} + 0.0002} = 865.5 \text{W/(m}^2 \cdot \text{K})$$

4. 非牛顿液体的对流传热系数 搅拌介质为非牛顿液体时，计算对流传热系数的关键在于确定被搅拌液体的平均表观黏度。

前已述及，搅拌釜的平均剪切率与搅拌器的转速成正比，见式（3 – 29），按给定的转速求出平均剪切率后，代入式（3 – 30）中，即可求出搅拌釜液体的平均表观黏

度 μ_a。

用计算得到的平均表观黏度代入 Re 和 Pr 中，即可利用计算牛顿液体的关联式来求出实际介质中的对流传热系数。

例 3-7 在 20℃时螺带式搅拌器搅拌某种非牛顿流体，其稠度系数 $K=50$，流动指数 $m=0.58$，液体密度 $\rho=800kg/m^3$，导热系数 $\lambda=0.3W/(m \cdot K)$，比热 $C_P=2900J/(kg \cdot K)$，搅拌釜直径为 2.4m，搅拌器直径为 2.24m，转速为 0.333r/s，计算实际介质对釜壁的对流传热系数。

解： 从表 3-7 中选取系数 B 的值，按式（3-29）计算平均剪切率

$$\frac{du}{dr} = Bn = 30 \times 0.333 = 9.99 \ s^{-1}$$

将 K、m 的值代入式（3-30）中，计算平均表观黏度，得

$$\mu_a = K(Bn)^{m-1} = 50 \times 9.99^{0.58-1} = 19.02 Pa \cdot s$$

由表 3-9 查得 L、a、m、b、c 的值，代入式（3-33）中，计算对流传热系数，若取 $\mu/\mu_W = K/K_W = 1$，则

$$\alpha = \frac{\lambda}{D} \cdot a \left(\frac{d^2 n \rho}{\mu_a} \right)^m \left(\frac{C_P \mu_a}{\lambda} \right)^b$$

$$= \frac{0.3}{2.4} \times 0.633 \left(\frac{2.24^2 \times 0.333 \times 800}{19.02} \right)^{0.5} \left(\frac{2900 \times 19.02}{0.3} \right)^{0.33}$$

$$= 36.22 W/(m^2 \cdot K)$$

有人提出，在搅拌功率与对流传热系数的关联式中，引入广义的 Re 和 Pr 准数，例如格罗兹（Глуз）等提出采用下列形式的广义准数

$$Re_m = \frac{\rho \, n^{2-m} \, d^2}{K} (4\pi)^{1-m} \tag{3-39}$$

$$Pr_m = \frac{C_P K}{\lambda} (4\pi n)^{m-1} \tag{3-40}$$

因为根据格罗兹等的实验，对涡轮式等高转速搅拌器，式（3-29）中的 $B \approx 4\pi$，所以

$$\mu_a \approx K(4\pi n)^{m-1}$$

对牛顿液体，$m=1$，$\mu=K$，广义的准数表达式即成一般的准数表达式。

应用广义准数形式的方程式，易于对搅拌过程进行分析，但对于工程计算，利用一般准数形式的关联式更为方便，此时只需将表观黏度值代入即可。

四、连续反应釜的热稳定性

连续操作的反应釜必须考虑热稳定性问题。否则，反应器不仅不能正常运转，而且可能发生温度失去控制，甚至冲料、爆炸等危险。

1. 全混釜的热量平衡 在连续操作的反应釜内，温度均一且不随时间变化，所以，可以对整个反应釜作单位时间内的热量衡算（图 3-27）。

单位时间内放出的热量 = 单位时间内冷却水带

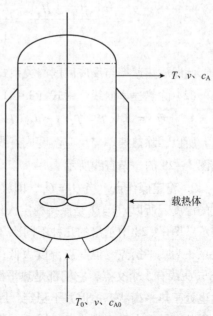

图 3-27　全混釜的热量衡算

走的热量 + 单位时间内使物料升温需要的热量

即
$$(-r_A)V_R(-\Delta H_A) = KA(T-T_S) + v\rho C_P(T-T_0) \qquad (3-41)$$

式中，C_P 为反应物系的平均比热，J/(kg·K)；T 为反应温度，K；T_0 为进料温度，K；T_S 为载热体的平均温度，K。

其他符号的意义同前。

式（3-41）的左边是反应放热速率，以 Q_r 表示；右边是反应流体带走的热量与载热体带走的热量之和，简称除热速率，以 Q_c 表示，即
$$Q_r = Q_c \qquad (3-42)$$

由式（3-42）可见，在全混釜中为了维持定常操作，反应放热速率必须等于除热速率。

（1）反应放热速率曲线　在低温时反应慢，放热速率小；随着温度升高，反应加快，放热速率急剧增大；但随着反应的加快，反应物浓度迅速降低，影响反应速度的进一步提高，因此在高温时放热速率变化很小，反应放热速率曲线的形状如图3-28所示的S形曲线。对可逆反应，由于逆反应速度随温度增大，在高温时放热速率反而减小，如图3-28中虚线所示。

为了简单起见，下面讨论一级不可逆反应的放热速率曲线。

由全混釜的物料衡算式
$$vc_{A0} = vc_A + V_R(-r_A)$$

对一级不可逆反应 $-r_A) = kc_A$

代入上式，得 $c_{A0} = c_A + \dfrac{V_R}{v}kc_A$

所以
$$c_A = c_{A0}\left(1 + k\dfrac{V_R}{v}\right) \qquad (3-43)$$

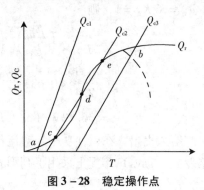

图3-28　稳定操作点

代入式（3-41）的左边，得放热速率为
$$Q_r = (-r_A)(-\Delta H_A)V_R = kc_A(-\Delta H_A)V_R = \dfrac{kc_{A0}(-\Delta H_A)V_R}{1 + k\dfrac{V_R}{v}}$$

$$(3-44)$$

$$= \dfrac{vc_{A0}(-\Delta H_A)}{\dfrac{v}{kV_R} + 1} = \dfrac{vc_{A0}(-\Delta H_A)}{1 + \dfrac{v}{V_R A_0\, e^{-\frac{E}{RT}}}}$$

此即放热速率与反应温度的关系式。

（2）除热速率曲线　由式（3-41）可见
$$Q_c = KA(T-T_S) + v\rho C_P(T-T_0) = (v\rho C_P + KA)T - (v\rho C_P T_0 + KAT_S)$$

所以，除热速率与反应温度成直线关系，随参数值的不同，直线有不同的斜率与截距，如图3-28的3条直线所示。

2. 稳定操作点　当 $Q_r = Q_c$，即放热速率与除热速率达到平衡时，反应物系能够维持一定的温度。所以 $Q_r = Q_c$ 是保持稳定操作的条件，它可以用 $Q_r - T$ 曲线和 $Q_c - T$ 直线的交点表示。图3-28中示出的几种不同冷却情况下的 Q_c 线，它们与 Q_r 线的交点都符合 $Q_r = Q_c$ 的关系，为热平衡点。但 a 点温度太低，反应几乎未进行；b 点则相反，反应已近完全。Q_{c2} 线与 Q_r 线有3个交点，它们都是热平衡点，其中 c 点和 e 点分别与 a 点和 b 点相当，d 点虽然也处于热平衡状态，但并不稳定。因为只要温度稍微上升，则放热速率就超过除热速率，温度就会继续上升直到 e 点；反之，若温度稍微降低，除热速率就会超过放热速率，使温

度继续下降直到 c 点。因此，d 点是不稳定的热平衡点，而 a、b、c、e 则为稳定的热平衡点，即稳定平衡点。在实际生产中，既要保证稳定，又要反应快、转化率高，应当控制反应在 e 点所对应的温度下进行。

热平衡点是否稳定，可以根据放热速率线的斜率来判断：若放热速率线的斜率大于除热速率线的斜率，则为不稳定；反之，则能稳定操作。所以连续操作反应釜要维持稳定操作必须满足

$$\frac{\mathrm{d}Q_\mathrm{r}}{\mathrm{d}T} < \frac{\mathrm{d}Q_\mathrm{c}}{\mathrm{d}T} \tag{3-45}$$

例 3 – 8　某液相反应的动力学方程式为 $(-r_\mathrm{A}) = kc_\mathrm{A}$，$k = 4.7 \times 10^{13} \mathrm{e}^{-22500/RT} \mathrm{min}^{-1}$。现将 $c_{\mathrm{A}0} = 5\mathrm{kmol/m}^3$，$t = 27\text{℃}$ 的原料液以 $0.06\mathrm{m}^3/\mathrm{min}$ 的速率送入 $V_\mathrm{R} = 2\mathrm{m}^3$ 的全混釜中，反应在绝热下进行，物系的 $\rho = 1000\mathrm{kg/m}^3$，$C_\mathrm{P} = 4.0\mathrm{kJ/(kg \cdot ℃)}$，反应热 $(-\Delta H_\mathrm{A}) = 4 \times 10^4\mathrm{kJ/kmol}$，求反应的操作温度与转化率。

解： 在绝热操作时，由式（3-46）简化得

$$(-r_\mathrm{A})V_\mathrm{R}(-\Delta H_\mathrm{A}) = v\rho C_\mathrm{P}(T - T_0)$$

而由物料平衡　　　　　　　$vc_\mathrm{A}0 - vc_\mathrm{A} = (-r_\mathrm{A})V_\mathrm{R}$

即　　　　　　　　　　　　$vc_{\mathrm{A}0}x_\mathrm{A} = (-r_\mathrm{A})V_\mathrm{R}$

代入上式得　　　　　　　　$c_{\mathrm{A}0}x_\mathrm{A}(-\Delta H_\mathrm{A}) = \rho C_\mathrm{P}(T - T_0)$

所以 $x_\mathrm{A} = \dfrac{\rho C_\mathrm{P}(T - T_0)}{c_{\mathrm{A}0}(-\Delta H_\mathrm{A})} = \dfrac{1000 \times 4.0 \times (T - 300)}{5 \times 4 \times 10^4} = 0.02(T - 300)$

即 $x_\mathrm{A} - T$ 为直线关系。因为 $x_\mathrm{A} = 0 \sim 1$，所以 T 在 $300 \sim 350\mathrm{K}$。

因为　　$Q_\mathrm{c} = v\rho C_\mathrm{P}(T - T_0) = 0.06 \times 1000 \times 4.0(T - 300) = 240(T - 300)$

即 $Q_\mathrm{c} - T$ 为直线关系，据此，可求出反应温度在 $300 \sim 350\mathrm{K}$ 范围内的 Q_c 值。

因为　　　　　　　$Q_r = (-r_\mathrm{A})V_\mathrm{R}(-\Delta H_\mathrm{A}) = kc_\mathrm{A}V_\mathrm{R}(-\Delta H_\mathrm{A})$

$$= kc_{\mathrm{A}0}(1 - x_\mathrm{A})V_\mathrm{R}(-\Delta H_\mathrm{A})$$

$$= 5 \times 2 \times 4 \times 10^4 k(1 - x_\mathrm{A}) = 4.0 \times 10^5 k(1 - x_\mathrm{A})$$

即 $Q_\mathrm{r} - T$ 为曲线关系（k 与 x_A 均为 T 的函数）。据此即可求出不同 T 与 x_A 下的 Q_r 值。

将计算结果列入表 3 – 10 并标绘成图 3 – 29，M 点（319.6K，$x_\mathrm{A} = 0.396$）为不稳定点，S 点（344.6K，$x_\mathrm{A} = 0.896$）与 O 点（306K，$x_\mathrm{A} = 0.130$）为稳定点，但因 O 点转化率太低，实际操作应选在 S 点。

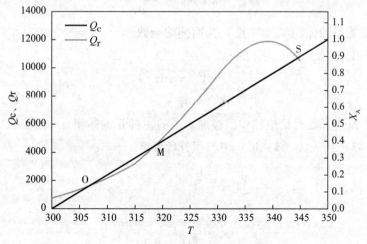

图 3 – 29　例 3 – 8 计算结果图

表 3 – 10　例 3 – 8 的计算结果

x_A	T	Q_c	$22500/RT$	$k \times 10^3$	$1 - x_A$	Q_r
0	300	0	37.75	1.894	1.0	758
0.1	305	1200	37.13	3.522	0.9	1268
0.2	310	2400	36.53	6.417	0.8	2054
0.3	315	3600	35.95	11.46	0.7	3209
0.4	320	4800	35.38	20.27	0.6	4865
0.5	325	6000	34.84	34.78	0.5	6956
0.6	330	7200	34.31	59.08	0.4	9453
0.7	335	8400	33.8	98.39	0.3	11807
0.8	340	9600	33.3	162.2	0.2	12976
0.9	345	10800	32.82	262.2	0.1	10488
1.0	350	12000	32.35	419.4	0	0

五、半连续反应釜的热稳定性

半连续反应釜的操作方式很多，制药生产中常见的有下列两种：①先加入一种反应物，再逐渐加入（或滴加）另一种反应物。例如，根据冷却系统能够除去反应热的快慢控制加料速度，使反应不致太快，避免副反应的发生；②在反应过程中连续地取出某种产物。例如，利用产物的挥发性，连续地将其蒸出，使可逆反应向着有利于生成产物的方向进行，以提高转化率。

1. 反应温度的控制　以二级反应为例，若反应方程式为

$$A + B \rightarrow R$$

如反应要求 B 的浓度大，A 的浓度小，可先将 B 一次加入反应釜中，然后逐渐添加 A。此时，可按对 A 的拟一级反应来处理，反应速度方程式为

$$(-r_A) = k\,c_{B0}\,c_A = k_1 c_A$$

式中，k_1 为拟一级反应的速度常数。

若对组分 A 作微元时间 $d\tau$ 内的物料衡算，则有

进入的 A 量 = 排出的 A 量 + 反应掉的 A 量 + 积累的 A 量

即

$$v c_{A0} d\tau = 0 + (-r_A) V_R d\tau + d(V_R c_A)$$

或

$$v c_{A0} = k_1 c_A V_R + \frac{d(V_R c_A)}{d\tau} \tag{3-46}$$

式中，反应物系的体积 V_R 与浓度 c_A 为时间的函数。

如组分 A 的体积流量 v 一定，则

$$dV_R = v d\tau$$

所以

$$V_R = V_0 + v\tau \tag{3-47}$$

式中，V_0 为反应开始时反应器中已经加入了的物料 B 的体积。

将式（3 – 47）代入式（3 – 46）中，积分后可得

$$V_R c_A = \frac{v c_{A0}}{k_1}(1 - e^{-k_1\tau}) \tag{3-48}$$

或

$$\frac{c_A}{c_{A0}} = \frac{1 - e^{-k_1\tau}}{k_1\left(\dfrac{V_0}{v} + \tau\right)} \tag{3-49}$$

当反应为1mol A 生成1mol R 时，则 R 的浓度可由下式求得

$$V_R c_R = v c_{A0} \tau - V_R c_A$$

即

$$V_R c_R = v c_{A0} \tau - \frac{v c_{A0}}{k_1}(1 - e^{-k_1\tau}) \tag{3-50}$$

或

$$\frac{c_R}{c_{A0}} = \frac{k_1\tau - (1 - e^{-k_1\tau})}{k_1(V_0 v + \tau)} \tag{3-51}$$

按式（3-49）、式（3-51），以 c_A/c_{A0}、c_R/c_{A0} 对 τ 作图，如图 3-30 所示，反应物 A 的浓度存在最大值，产物 R 的浓度随时间而增大。

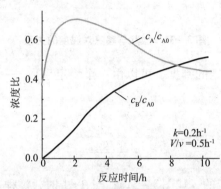

图 3-30 半连续操作时的浓度变化（拟一级反应）

因为反应放热速率为

$$(-r_A)(-\Delta H_A)V_R = k_1 c_A V_R(-\Delta H_A)$$

将式（3-48）代入，所以

$$(-r_A)(-\Delta H_A)V_R = v c_{A0}(1 - e^{-k_1\tau})(-\Delta H_A) \tag{3-52}$$

由式（3-52）可见，反应开始时，$\tau=0$，放热速率为零；随着反应的进行，放热速率接近于 $v c_{A0}(-\Delta H_A)$，但不会超出此值。所以反应放热速率由反应物 A 的滴加速度决定。滴加得越慢，放热速率越小，借此可以控制反应温度，避免副产物的生成。

2. 稳定性与比拟放大　依据稳定性原理进行半连续式反应器的比拟放大，是卡法洛夫（Кафаров）等人提出来的。理论与实践证明：只有在时间与空间方面都趋于稳定的系统，才有可能进行成功的模拟。

卡法洛夫等在确定了半连续式反应器处于加料期间和保温期间的物料衡算与热量衡算的基础上找到了反应器稳定性的条件是：增加换热面与传热系数的乘积，有助于过程的稳定性；而反应的热效应、活化能以及反应物 A 浓度的增加，则降低了过程的稳定性。

根据对反应器的热量平衡分析，可以得到除热量和放热量对温度标绘的两种典型情况，如图 3-31 所示。图 3-31a 表示：$\dfrac{dQ_r}{dT} < \dfrac{dQ_c}{dT}$，这就是说，冷却系统的除热速率人于反应器内反应的放热速率，当操作温度上升时，过程能回复到稳定操作点 O，所以它是一个稳定系统；图 3-31b 表示：$\dfrac{dQ_r}{dT} > \dfrac{dQ_c}{dT}$，即放热速率大于除热速率，当系统温度升高后扰动一直扩大，使得过程无法回复到原来的稳定操作点 O'，所以它是一个不稳定系统。

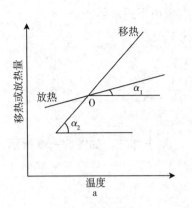
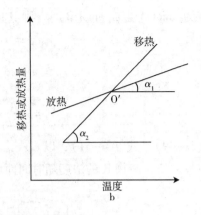

图 3-31　放热与移热对温度的关系

由上可知，过程是否稳定的判据，可以由一个稳定系数——除热线与放热线交点的正切之比来表示，即

$$\beta = \frac{tg\alpha_2}{tg\alpha_1} \qquad (3-53)$$

当 $\beta > 1$ 时，过程是稳定的，如图 3-31a；当 $\beta < 1$ 时，过程是不稳定的，如图 3-31b。显然，反应器的比拟放大，只能在稳定状态下进行。由模型过渡到原型，稳定条件随之而变，若以 $\beta_{模}$ 和 $\beta_{原}$ 分别表示模型和原型的稳定系数，则有

$$\delta = \frac{\beta_{原}}{\beta_{模}} \qquad (3-54)$$

式中，δ 称为过渡稳定系数。

当 $\delta = 1$，说明原型的稳定性等于模型的稳定性；当 $\delta > 1$，说明原型的稳定性大于模型的稳定性，当 $\delta < 1$，说明原型的稳定性小于模型的稳定性。比拟放大应满足第一种或第二种情况。

反应器放大为工业规模时，几种情况对稳定性的影响如下述。

（1）线性尺寸增大 n 倍对稳定性的影响　当原型与模型几何相似时，从理论上可导得

$$\delta = \frac{\beta_{原}}{\beta_{模}} = \frac{KA + nv\rho\,C_{\mathrm{P}}}{n(KA + v\rho\,C_{\mathrm{P}})} \qquad (3-55)$$

式中，K 为传热系数，$\mathrm{W/(m^2 \cdot K)}$；A 为传热面积，$\mathrm{m^2}$；v 为流量，$\mathrm{m^3/s}$；ρ 为流体密度，$\mathrm{kg/m^3}$；C_{P} 为混合液的比热，$\mathrm{kJ/(kg \cdot K)}$。

由式（3-55）可见，当 $n > 1$，$\delta < 1$，即加大反应器尺寸会使稳定性降低。

（2）传热面积增大 m 倍对稳定性的影响

$$\delta = \frac{mKA + v\rho\,C_{\mathrm{P}}}{KA + v\rho\,C_{\mathrm{P}}} \qquad (3-56)$$

由式（3-56）可见，当 $m > 1$，$\delta > 1$，即随着传热面积的加大，过程的稳定性也相应增大。

（3）加料时间延长 l 倍对稳定性的影响

$$\delta = \frac{lKA + v\rho C_{\mathrm{P}}}{KA + v\rho\,C_{\mathrm{P}}} \qquad (3-57)$$

由式（3-57）可见，当 $l>1$，$\delta>1$，即过程的稳定性随加料时间的延长而增大。半连续反应器的加料速度很容易调节，因而改变加料速度，常常是控制系统稳定切实可行的办法。

半连续反应器由模型过渡到原型的总过渡稳定系数应为上述 3 种过滤稳定系数的乘积，即

$$\delta = \frac{KA + nv\rho C_P}{n(KA + v\rho C_P)} \cdot \frac{mKA + v\rho C_P}{KA + v\rho C_P} \cdot \frac{lKA + v\rho C_P}{KA + v\rho C_P}$$

如果忽略 $v\rho C_P$ 值，则为

$$\delta = \frac{m \cdot l}{n} \tag{3-58}$$

式（3-58）表明，总过渡稳定系数与线性尺寸的增大成正比，而与传热面积的加大和加料时间的延长成正比。因此，将模型的线性尺寸放大 n 倍后，可采取安装蛇管以增大换热面，加强搅拌以增大传热系数，或采取延长加料时间的办法（生产能力将下降），以满足 $ml/n \geqslant 1$ 的放大条件，这样就保证了工业反应器的稳定性。

第五节　间歇反应釜的工艺设计

一、反应釜的物料衡算

在进行反应釜的物料衡算时，往往需要用到转化率和收率的数据。转化率是针对主要原料而言的，即主要原料在主反应和副反应中反应掉的摩尔数与其加入的摩尔数之比的百分率称为转化率。收率则是针对主产物而言的，主产物实际得量的摩尔数与其理论得量的摩尔数之比的百分率称为收率。由于原料可能发生副反应，产物可能发生分解，设备的漏损以及后处理过程中的损失等原因，收率通常总是小于转化率。下面以氯霉素生产中的硝化反应为例，说明物料衡算的具体做法。

例 3-9　乙苯用混酸硝化，原料（工业品）乙苯的纯度为 95%，混酸中含 HNO_3 32%、H_2SO_4 56%、H_2O 12%，HNO_3 过剩率（HNO_3 过剩量与理论消耗量之比）为 0.052，乙苯转化率 99%（转化为邻、间位分别为 43% 和 4%），对硝基乙苯的收率为 52%，年产 300t 对硝基乙苯，年工作日 300 天，试以每天为基准作硝化反应的物料衡算。

解：（1）每天应产对硝基乙苯

$$300 \times 1000/300 = 1000 \mathrm{kg}$$

（2）每天需投料乙苯

主反应	C_2H_5 苯环	$+ HNO_3$	$\longrightarrow$	C_2H_5 苯环 NO_2 $+ H_2O$
MW	106.17	63.02		151.17　18.02
	x			1000

$$x = \frac{106.17 \times 1000}{151.17 \times 0.52} = 1351 \mathrm{kg}（纯乙苯）$$

$$x' = \frac{1351}{0.95} = 1422 \text{kg}（工业品）$$

（3）每天副产邻、间位硝基乙苯

$$MW \quad\quad\quad 106.17 \quad 63.02 \quad\quad\quad 151.17 \quad\quad\quad 18.02$$
$$1000 \quad\quad\quad\quad\quad\quad x$$

$$x_1 = \frac{1351 \times 151.17}{106.17} \times 0.43 = 827.2 \text{kg}（邻位）$$

$$x_2 = \frac{1351 \times 151.17}{106.7} \times 0.04 = 76.9 \text{kg}（间位）$$

（4）每天需投料混酸

$$y = \frac{63.02 \times 1351 \times (1 + 0.052)}{106.17 \times 0.32} = 2636.4 \text{kg}$$

其中含 HNO_3 $2636.4 \times 0.32 = 843.7 \text{kg}$

H_2SO_4 $2636.4 \times 0.56 = 1476.4 \text{kg}$

H_2O $2636.4 \times 0.12 = 316.4 \text{kg}$

（5）每天反应消耗乙苯 $1351 \times 0.99 = 1337.5 \text{kg}$

剩余乙苯 $1351 - 1337.5 = 13.5 \text{kg}$

（6）每天反应消耗 HNO_3

$$y_1 = \frac{1351 \times 63.02}{106.7} \times 0.99 = 793.9 \text{kg}$$

剩余 HNO_3 $843.7 - 793.9 = 49.8 \text{kg}$

（7）每天反应生成 H_2O

$$y_2 = \frac{1351 \times 18.02}{106.17} \times 0.99 = 227 \text{kg}$$

最后将物料衡算结果列成表格形式，见表 3-11。

表 3-11 例 3-9 的物料衡算表

进料

原料	含量	质量/kg	纯量/kg	杂质/kg	体积/L	相对密度
乙苯	95%	1422	1351.0	71	1634.5	0.87
混酸	HNO_3 32%		843.7			
	H_2SO_4 56%	2636.4	1476.4		1658.1	1.59
	H_2O 12%		316.4			
总计		4058.4	3987.5	71	3292.6	

出料

产物	纯量/kg		质量/kg	含量	体积/L	相对密度
对位硝基乙苯	1000.0			52.2%		
邻位硝基乙苯	827.2	油		43.1%		
间位硝基乙苯	76.9	层	1917.6	4.0%	1629.5	1.1768
乙苯	13.5			0.7%		
HNO₃	49.8			2.3%		
H_2SO_4	1476.4	废		69%		
H_2O	543.4	酸	2140.6	25.4%	1329.6	1.61
杂质	71.0			3%		
总计	4058.2		4058.2		2959.1	

二、反应釜容积与个数的确定

由物料衡算求出每天需处理的物料体积后，即可着手计算反应釜的容积与个数。令 V_d 为每天需处理的物料体积；V_T 为反应釜的容积；V_R 为反应釜的装料容积；φ 为反应釜的装料系数；τ 为每批操作需要的反应时间；τ' 为每批操作需要的操作时间；α 为每天需操作的批数；β 为每天每个反应釜可操作的批数；n_p 为反应釜需用的个数；n 为反应釜应安装的个数；δ 为反应釜生产能力的后备系数。

计算时，在反应釜的容积 V_T 和台数 n 这两个变量中必须先确定一个。由于台数一般不会很多，通常可以用几个不同的 n 值来算出相应的 V_T 值，然后再决定采用哪一组 n 和 V_T 值比较合适。

1. 给定 V_T，求 n 因为每天需操作的批数为

$$\alpha = V_d V_r = V_d V_T \cdot \varphi \tag{3-59}$$

而每天每个反应釜可操作的批数为

$$\beta = 24/(\tau + \tau') \tag{3-60}$$

所以，生产过程需用的反应釜个数

$$n_p = \alpha\beta = \frac{V_d(\tau + \tau')}{24\varphi V_T} \tag{3-61}$$

由式 (3-61) 计算得到的 n_P 值通常不是整数，须圆整成整数 n。这样反应釜的生产能力较实际要求提高了，其提高程度称为生产能力的后备系数，以 δ 表示，即 $\delta = n/n_P$，后备系数通常在 1.1~1.15 为合适。

2. 给定 n，求 V_T 有时由于受厂房面积的限制或工艺过程的要求，先确定了反应釜的个数，此时每个反应釜的容积可按下式求得

$$V_T = \frac{V_d(\tau + \tau')\delta}{24\varphi n} \tag{3-62}$$

式 (3-62) 中的 δ 取 1.1~1.15。

三、反应釜直径与高度的计算

一般搅拌反应釜的高度与直径之比 $H/D \approx 1.2$ 左右（图 3-32）。釜盖与釜底采用标准椭圆形封头（长短半轴比 $a/b = 2$），如图 3-33 所示，图中注明的封头容积（$V = \pi D^3/24 \approx 0.131D^3$）不包括直边高度（25~50mm）的容积在内。

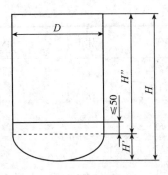

图 3-32 反应釜的主要尺寸

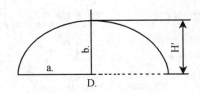

图 3-33 椭圆形封头

由工艺计算决定了反应器的容积后，即可按下式求得直径与高度

$$V_T = \frac{\pi}{4}D^2 H'' + 0.131D^3 \qquad (3-63)$$

所求得的圆筒高度及直径需要圆整，并检验装料系数是否合适。

确定了反应釜的主要尺寸后，其壁厚、法兰尺寸以及手孔、视镜、工艺接管口等均可按工艺条件由标准中选取。

四、设备之间的平衡

由式（3-62）可得

$$n V_T = \frac{V_d(\tau + \tau')\delta}{24\varphi}$$

式中，V_d、φ、δ 均由生产过程的要求所决定，要使 nV_T 值（决定投资额）减小，只有从减小 $(\tau + \tau')$ 着手，而反应时间 τ 已由工艺条件（温度、压力、浓度、催化剂等）所决定，因此缩短辅助时间 τ' 也就成为关键所在。

在通常情况下，加料、出料、清洗等辅助时间是不会太长的。但当前后工序设备之间不平衡时，就会出现前工序操作结束要出料，后工序却不能接受来料；或者，后工序待接受来料，而前工序尚未反应完毕的情况，这时将大大延长辅助操作的时间。关于设备之间的平衡，大致有下列几种情况。

1. **反应釜与反应釜之间的平衡**　为了便于生产的组织管理和产品的质量检验，通常要求不同批号的物料不相混，这样就应使各道工序每天操作的批数相同，即 $V_d/V_T \cdot \varphi$ 为一常数。设计时一般首先确定主要反应工序的设备容积、个数及每天操作批数，然后使其他工序的 α 值都与其相同，再确定各工序的设备容积与个数。

2. **反应釜与物理过程设备之间的平衡**　当反应后需要过滤或离心脱水时，通常每个反应釜配置一台过滤或离心机比较方便。若过滤需要的时间很短，也可以两个或几个反应釜合用一台过滤机。若过滤需要的时间较长，则可以按反应工序的 α 值取其整数倍来确定过滤机的台数，也可以每个反应釜配两个或更多的过滤机（此时可考虑采用一个较大规格的过滤机）。

当反应后需要浓缩或蒸馏时，因为它们的操作时间较长，通常需要设置中间贮槽，将反应完成液先贮入贮槽中，以避免两个工序之间因操作上不协调而耽误时间。

3. **反应釜与计量槽、贮槽之间的平衡**　通常液体原料都要经过计量后加入反应釜，每个反应釜单独配置专用的计量槽，操作方便，计量槽的容积通常按一批操作需要的原料用量来决定（φ 取 $0.8 \sim 0.85$）。贮槽的容积则可按一天的需用量来决定，当每天的用量较少时，也可按贮备 2~3 天的量来计算（φ 取 0.8~0.9）。

例 3-10 对硝基氯苯经磺化、盐析制造 1-氯-4-硝基苯磺酸钠，磺化时物料总量为每天 5000L，生产周期为 12 小时；盐析时物料总量为每天 20000L，生产周期为 20 小时。若每个磺化器容积为 2000L，$\varphi = 0.75$，求（1）磺化器个数与后备系数；（2）盐析器个数、容积（$\varphi = 0.8$）及后备系数。

解：（1）磺化器

每天操作批数 $\qquad \alpha = 5000 / (2000 \times 0.75) = 3.33$

每个设备每天操作批数 $\qquad \beta = 24/12 = 2$

所需设备个数 $\qquad n_p = \alpha/\beta = 3.33/2 = 1.665$

采用两个磺化器，其后备系数为 $\qquad \delta = n/n_p = 2/1.665 = 1.2$

（2）盐析器 按不同批号的物料不相混的原则，盐析器每天操作的批数也应取 3.33。所以每个盐析器的容积为

$$V_T = V_d / (\alpha \cdot \varphi) = 20000 / (3.33 \times 0.8) = 7500L$$

每个盐析器每天的操作批数 $\qquad \beta = 24/20 = 1.2$

所需盐析器个数 $\qquad n_p = 3.33/1.2 = 2.78$

采用 3 个盐析器，其后备系数为 $\qquad \delta = 3/2.78 = 1.079$

第六节　发酵罐及其系统设计

发酵罐是工业发酵常用设备中最重要、应用最广泛的设备，是连接原料和产物的桥梁，也是多种学科的交叉点。发酵罐的定义是，为一个特定生物化学反应的操作提供良好而满意环境的容器。

按微生物生长代谢可将发酵罐分成好氧和厌氧两大类。抗生素、酶制剂、酵母、氨基酸、维生素等产品是好氧发酵罐中进行的；丙酮、丁醇、乙醇、啤酒、乳酸采用厌氧发酵罐。它们的主要差别是由于对无菌空气的需求不同，前者需要强烈的通风搅拌，目的是提高氧在发酵液中的容积传氧系数 K_{La}，后者则不需要通气。

好氧发酵是在无菌空气通入条件下进行的复杂生化过程，也可称为在通气条件下纯种浸没培养过程，因而发酵罐的设计，不仅仅是单体设备的设计，而且涉及培养基灭菌、无菌空气的制备、发酵过程的控制和工艺管道配制的系统工程。随着生化技术的提高和生化产品需求量的不断增加，对发酵罐的大型化、节能和高效提出了越来越高的要求。

一、生化反应器的结构形式

发酵过程可以通过固体培养和深层浸没培养完成，从生产工艺来说可分为间歇分批、半连续和连续发酵等，但是工业化大规模的发酵过程，则以通气纯种深层液体培养为主，发酵罐型式有标准式发酵罐（图 3-34）、自吸式发酵罐、气升式发酵罐（图 3-35）、喷射式叶轮发酵罐、外循环发酵罐和多孔板塔式发酵罐等。

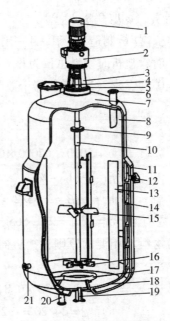

图 3 – 34　标准式发酵罐

1. 电动机；2. 减速机；3. 机架；4. 人孔；5. 密封装置；6. 进料口；

7. 上封头；8. 筒体；9. 联轴器；10. 搅拌轴；11. 夹套；12. 载热介质出口；

13. 挡板；14. 螺旋导流板；15. 轴向流搅拌器；16. 径向流搅拌器；

17. 气体分布器；18. 下封头；19. 出料口；20. 载热介质进口；

21. 气体进口

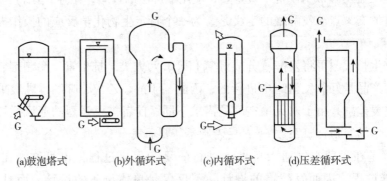

　　(a)鼓泡塔式　　　(b)外循环式　　　(c)内循环式　　　(d)压差循环式

图 3 – 35　气升式发酵罐

　　由于标准式发酵罐在发酵工业中兼具通气又带搅拌的用途，被广泛应用于抗生素、氨基酸、柠檬酸等各个领域，本节主要以其系统设计进行介绍。

　　1. 几何尺寸　发酵罐的公称容积 V_0，一般系指筒身容积 V_c 与底封头容积 V_b 之和。底封头容积 V_b 可根据封头的直径查手册求得，也可以近似地用式（3 – 64）计算。

$$V_0 = V_c + V_b = \frac{\pi}{4} D^2 H + 0.15 D^3 \tag{3 – 64}$$

式中，H 为筒体高度；D 为筒体直径。

　　发酵罐的高径比 H/D 是罐体最主要的几何尺寸，一般随着罐体高度和液柱增高，氧气的利用率将随之增加，容积传氧系数 K_{La} 也随之提高。但其增长不是线性关系，随着罐体增高，K_{La} 的增长速率随之减慢；而随着罐体容积增大，液柱增高，进罐的空气压力随之提高，伴随空压机的出口压力提高和能耗增加；而且压力过大后，特别是在罐底气泡受压后体积缩小，气液界面的面积可能受到影响；过高的液柱高度，虽增加了溶氧的分压，但同样增加溶解 CO_2 分压，增加了 CO_2 浓度，对某些发酵品种又可能抑制其生产；而且罐体的高度，同厂房高度密切相关。因而发酵罐的 H/D 值，既有工艺的要求，也应考虑车间的经常费用和工程一次造价，必须综合考虑后予以确定。

一般标准式发酵罐的 $H/D = 1.8 \sim 2.8$，常用的为 $2 \sim 2.5$。对于细菌发酵罐来说，H/D 宜取 $2.2 \sim 2.5$，对于放线菌发酵罐 H/D 宜取 $1.8 \sim 2.2$。当发酵罐容积较小时（$80m^3$ 以下），H/D 值宜取上限，而大型发酵罐（$100m^3$ 以上）则宜取下限。

2. 通气和搅拌　好氧发酵是一个复杂的气、液、固三相传质和传热过程，良好的供氧条件和培养基的混合是保证发酵过程传热和传质必要条件。通过叶轮的搅拌作用，使培养基在发酵罐内得到充分宏观和微观混合，尽可能使微生物在罐内每一处均能得到充足氧气和培养基中的营养物质，并有利于微生物发酵过程产生的热量传递给内蛇管和发酵罐的外盘管的冷却介质。这也是具有通气和搅拌的标准式发酵罐普遍使用于生化工程的原因。

（1）通气装置　是指将无菌空气导入培养基中的装置，最简单的通气装置是一单孔管，单孔管的出口位于罐的中央，开口向下，以免培养基中固体物质在开口处堆积和罐底固形物质沉淀。实验证明，由于发酵过程通气量较大，气泡直径与通气量和搅拌有关，在强烈搅拌下，多孔分布器对氧的传递效果并不比单孔管为好，相反还会造成不必要的压力损失及小孔堵塞的麻烦。

近年来由于发酵罐容积的增大，为了保证搅拌系统的稳定运行，在罐底设置了底轴承，因而占去了空气管的位置，为了使空气分布仍据中央，提出了将空气管在罐内分散成 $3 \sim 4$ 个口，使其均匀分布在罐中央附近的设计方案。

不同通气装置形式对气泡粉碎和供氧速率的结果总体相差不大。但是供气的气流若不对称，往往会使搅拌器受到径向的偏力，造成轴承磨损现象严重，影响搅拌器的稳定运行。

（2）搅拌叶轮　发酵罐内安装搅拌器首先用来分散气泡以得到尽可能高的 K_{La} 值。此外还要使被搅拌的发酵液循环来增加气泡的平均停留时间，并在整个系统中均匀分布，阻止其聚并。

早期机械搅拌式发酵罐常装有数个带圆盘涡轮搅拌器，但这类径向叶轮将使被搅拌的介质分层形成几个区，因而在罐下部和上部之间形成氧分压梯度，导致罐内上、下部之间 K_{La} 值的差异。近年来，发酵罐的搅拌系统多采用在罐底部装有一个用来分散空气的带圆盘的径向流叶轮，在其上部再安装一组轴向流叶轮，用来循环培养介质、均匀分布气泡、强化热量传递和消除罐内上、下部之间溶氧梯度。

常用的叶轮有：①H. Rushton 在 20 世纪 40 年代开发的带圆盘敞式涡轮叶轮（D－6 型）搅拌器，目前普遍使用的直叶、弯叶和箭式涡轮均属此类搅拌器。②20 世纪 60 年代推出的倾斜叶片（pitched blade）涡轮（P－4）叶轮。③德国 Ekato 公司在 20 世纪 60 年代开发反向倾斜（reversing pitch）叶轮。④20 世纪 80 年代开发的高效轴向流叶轮，如 Lightning 公司的 A－310；Chemineer 公司的 HE－3；美国费城（Philadalphia）搅拌设备公司的 LS 和 HS 产品系列；法国 Robin 公司的 HPM－30 和上海亚达发公司的 SPIDI 轴Ⅰ和 SPIDI 轴Ⅱ等。⑤新型径向流叶轮。如上海亚达发搅拌器公司的 SPIDI 径Ⅰ叶轮、SPIDI 径Ⅱ叶轮和凯米尼尔公司的凹面叶盘式搅拌器 CD－6，其径流凹面叶盘式搅拌器具有强大的气体处理能力。

（3）轴－径流组合搅拌系统　在大型发酵罐中选用轴－径流组合搅拌系统是一种可以兼顾宏观液流与微观液流要求的较佳选择。即底层搅拌器选用新型径流叶盘式搅拌器，上面其他层选用新型轴流搅拌器。径向搅拌器起最初的气体分散作用，而轴向叶轮能产生从顶部到底部的总体轴向流动。在发酵操作中，这种组合搅拌系统可使溶解氧在发酵罐中均匀分布，可缩短补料的混合时间。这种轴－径流组合搅拌系统在抗生素发酵生产中，能够在功率相同的前提下，显著提高发酵罐内的宏观液流水平，改善微观液流水平；从而提高罐内的气－液传质水平、传热系数，实现罐内富营养区、富氧区和富菌群区的"三区重合"，使罐内微生物的生长代谢环境得到大大改善，促进产物的形成，比较好地解决了传统径流搅拌系统中存在的问题。

3. 搅拌器几何尺寸和搅拌功率的计算

（1）搅拌器几何尺寸　为了在气体分散系统中，加强速度梯度或剪切率，形成高湍流以减少气相和液相之间的传质阻力，并保持整个混合物的均匀，将径向流搅拌器与高效轴向流搅拌器组合，已成为发酵罐搅拌器设计的一个较佳选择。

在分散气体作业的罐内，搅拌器的数量取决于通气的液柱高度和罐直径之比。搅拌器之间的距离一般为搅拌器直径的 1.4 ~ 2.0 倍，多层搅拌器间距不宜小于最小搅拌器的直径。轴向流和径向流的组合搅拌器，一般轴流式搅拌器的直径约为径流式搅拌叶轮直径的 1.1 ~ 1.2 倍，径流式搅拌器直径为罐直径的 0.3 ~ 0.4 倍，空气分配器位于最底部的搅拌器之下，罐内安装 4 ~ 6 块挡板；挡板宽度取 1/8 ~ 1/12 罐径，一般以 1/10 罐径较普遍，挡板离罐壁的距离为 1/5 挡板宽度，这样可以减少死角。

（2）搅拌功率的计算　机械搅拌发酵罐可先按前述式（3 - 12）~式（3 - 16）近似计算牛顿型流体在未通气情况下的搅拌器输出轴功率 P，之后按式（3 - 20）~式（3 - 23）计算发酵罐中通入压缩空气后的搅拌器的轴功率 P_g。

由于发酵罐的高径比（即 H/D）一般为 2 ~ 3，所以往往在同一轴上装有多层搅拌器，对于多层搅拌器的轴功率有人提议可取各层搅拌器所需之和，也有学者提出可按式（3 - 65）估算。

$$P_m = P[1 + 0.6(m - 1)] = P(0.4 + 0.6m) \qquad (3 - 65)$$

式中，m 为搅拌器层数。

实际计算时，应根据各层叶轮对发酵液与罐总流型相互组合的作用予以确定。

目前，发酵罐所配备的电动机功率根据品种不同而异，一般每 $1m^3$ 发酵培养液的功率消耗为 1 ~ 3.5kW。

4. 传热与能源消耗　微生物的生化反应伴随着大量热量的产生，不及时带出会导致培养基温度升高，影响发酵培养条件，引起微生物发酵的中断。一般抗生素在发酵过程中，每立方米发酵液每小时约产生 12 ~ 30MJ 的热量［即 3000 ~ 7000kcal/（m^3·h）］，另外培养基经实消和连消后温度较高，需要将其冷却至培养温度，这就需要发酵罐具有足够的传热面积和合适的冷却介质，将热量及时地带出罐体。各类常用药物发酵液的发酵热见表 3 - 12。

表 3-12 常用药物发酵液的发酵热

发酵液名称	发酵热	
	kJ/(m³·h)	kcal/(m³·h)
青霉素丝状菌	23000	5500
青霉素球状菌	13800	3300
链霉素	18800	4500
四环素	25100	6000
红霉素	26300	6300
谷氨酸	29300	7000
赖氨酸	33400	8000
柠檬酸	11700	2800
酶制剂	14700~18800	3500~4500
庆大霉素	13700-14700	3300~3500

冷却介质一般为低温水和循环水，某些北方工厂采用深井水作为冷却剂，但是由于发酵罐冷却用水量极大，对水资源会形成极大的浪费。发酵罐常用传热形式的总传热系数 K 值见表 3-13。

表 3-13 发酵罐常用总传热系数 K 值

传热形式	总传热系数 [J/(m²·s·K)]
夹套	120~180
强化后夹套	150~250
直立内蛇管	400~550
外盘管	400~520

好氧生物发酵装置的能源消耗主要由搅拌、通气、冷却和培养基消毒几个方面组成，见表 3-14。

表 3-14 发酵所需能耗（每立方米发酵液）

工艺操作	指标	耗电系数	耗电量（平均）	耗电量
搅拌	1.5~3kW		2kW	1.5~3kW
通气	0.7~10m³（标）/min	3~4kW [m³（标）/min]	3kW	2.5~3.5kW
冷却低温水	4.64~8.13kW (4000~7000kcal/h)	0.345kW/kW 4kW/（10⁴kcal/h）	2.2kW	1.6~2.8kW
小计			7.2kW	5.6~9.3kW
培养基消毒	蒸汽	20℃→121℃		200kg
	循环水	121℃→60℃	12m³	
	低温水	60℃→30℃ 12.5×10⁴kJ（3×10⁴kcal）		

二、发酵罐配套系统

要保证发酵罐正常运行，必须配有良好的空气系统、培养基消毒系统、管道、阀门和仪表。因此发酵罐的设计，不仅仅是单体设备的设计，而是一个系统的设计。

1. 无菌空气处理系统 生物发酵用压缩空气站主要为发酵提供菌种培养用代谢空气，生物发酵工艺对所提供的空气气质要求（出压缩空气站）通常为：

供气压力　　　　　0.18~0.22MPa（表压）

含水量　　　　　　　露点温度 +20℃

空气粒径　　　　　　<2μm（过滤效率为 >99.5%）

根据生物发酵工艺对所提供的发酵用压缩空气气质要求，生物发酵用压缩空气生产基本流程通常为（在压缩空气站）：

大气→预空气过滤器→空气压缩机组→后冷却器（初冷）→再冷却器（除水去湿）→气水分离器→室外输送管道→蒸汽加热器→总空气过滤器一分空气过滤器→发酵罐

目前我国大中型生物发酵用气的空气压缩机形式大部分为离心式空气压缩机，其无菌空气制备工艺流程如图 3－36 所示，主要由预空气过滤器、空气压缩机、压缩空气的冷却和分水装置、总空气过滤器和终端高效过滤器五个部分组成，结构型号参数可参考相关厂商产品目录。

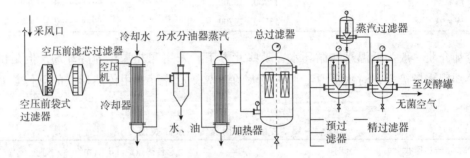

图 3－36　典型的无菌空气制备流程

空压站管道设计的基本原则可参见《压缩空气站设计规范》。发酵车间内管道系统设计应以达到最小阻力降和极好的清洁度为目的。进入车间后的管路阀门应用蝶阀和闸阀，总空气过滤器后的管道和管件一般均采用不锈钢材料，管道终端需设置排空口，预过滤器后必须配有蒸汽灭菌手段，管道和管件设计应避免存在死角，并宜在总空气过滤器的空气总管路上设置清扫、排气和蒸汽消毒设施。

2. 培养基的灭菌　目前工业生产中，培养基灭菌基本上均采用湿热灭菌，也就是利用蒸汽加热，使微生物中蛋白质凝固，而将其杀灭的一种灭菌方法。研究表明，微生物的存活率与死亡速率和时间呈函数关系，即灭菌温度越高，死亡速率也就越大，灭菌的时间就可缩短。

理论上要想达到绝对不染菌的话，则灭菌时间将为无限长，在具体计算灭菌时间时，则可取灭菌失败的概率小于千分之一就能满足工艺要求。一般工厂实际操作时，分批消毒温度为 121℃，保温 20 分钟，在培养基连续消毒时，将培养基加热到 130℃，保温 5～8 分钟，就可达到要求。

（1）培养基的分批灭菌　就是将配制好的培养基放在发酵罐中，通入蒸汽将培养基和所用设备一起进行灭菌的操作过程，也称实罐灭菌或实消。该法不需要专门的灭菌设备，投资少，设备简单，灭菌效果可靠。分批灭菌对蒸汽的要求较低，一般在 0.3MPa（表压）就可满足要求，但在灭菌过程中蒸汽高峰负荷大，造成锅炉负荷波动大，是中小型发酵罐经常采用的一种培养基灭菌方法。

分批灭菌在进行培养基灭菌之前，应先对发酵罐的分空气过滤器进行灭菌并且用空气吹干。发酵罐的管道布置见图 3－37。开始灭菌时，应放去夹套或蛇管中的冷水，开启排气管阀，通过空气进口管和放料管向罐内通入蒸汽，培养基温度达 121℃，罐压达 0.1MPa（表压）时，安装在发酵罐封头的接种、补料、消沫剂、酸、碱管道均应排汽，并调节好各

进气和排气阀门，使罐压和温度保持在这一水平进行
保温。在保温阶段，凡进口在培养基液面下的各管道
以及冲视镜管都应通入蒸汽，在液面上的其余各管道
则应排放蒸汽，这样才能保证灭菌彻底，不留死角。
保温结束后依次关闭各排汽、进汽阀门，待罐内压力
低于无菌压缩空气压力时向罐内通入无菌空气保压，
并可向夹套或蛇管中通入冷却水，使培养基温度降到
所需温度。

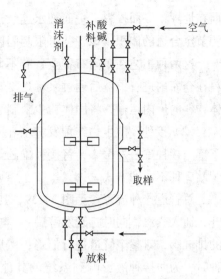

图 3-37　发酵罐的管道布置

　　分批灭菌的过程包括升温、保温和冷却三个阶
段，灭菌主要是在保温过程中实现的，在升温的后期
和冷却的初期，培养基的温度很高，因而也有一定的
灭菌作用。

　　（2）培养基的连续灭菌　就是将配制好经预热的
培养基在向发酵罐输送的同时进行加热、保温和冷
却，以达到连续灭菌的目的，工艺流程示意如图 3-38 所示。由于连续灭菌时，培养基能
在短时间内加热到保温温度，并能很快被冷却，因此灭菌温度可比分批灭菌更高些，而保
温时间则很短，有利于减少营养物质的破坏。在培养基连续灭菌过程中，蒸汽和冷却水用
量平稳，可减小工厂动力高峰负荷，节约基建投资，但对蒸汽压力的稳定性和压力参数要
求较高，一般应大于 0.6MPa（表压）。连续灭菌设备操作要求较高，也比较复杂，宜在
50m³ 以上发酵罐的培养基消毒采用。

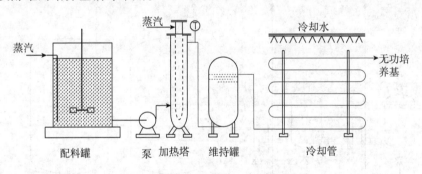

图 3-38　连续灭菌工艺流程示意

　　采用连续灭菌时，发酵罐应在连续灭菌开始前先进行空罐灭菌，以接纳经灭菌后的培
养基。加热器、维持罐和冷却器也应先进行灭菌，然后才能进行培养基连续灭菌。培养基
中的糖和氮源分开灭菌，以免醛基与氨基在加热状态下发生反应，使培养基色泽加深。

　　3. 管道和阀门　发酵生产是一个纯种培养的过程，生产条件必须是无菌的，培养基必
须经过消毒，这就要求发酵罐的附属管道必须要经得住高温的蒸汽反复消毒，保证接触培
养液的管道没有任何死区，否则将造成染菌；微生物培养需要大量无菌空气，空气的输送
也需要严格的环境，为此对管道的配置和阀门的选用有其独特的设计要求。

　　（1）配料　发酵培养基的基础料的配制体积为发酵罐容积的 50%~60%，然后经连续
灭菌或分批灭菌后达到发酵培养的消后体积。目前配料的工艺主要有两种：①配料和预热
罐合二为一，培养基通过电梯、电动葫芦或人力运输至操作面，然后进行投料、配制，该
工艺配制的培养基浓度较精确；②将配料罐布置在培养基暂存室，采用半地下埋设，操作

面在地坪，一面投料，一面加水连续进行预配制，然后输送至预热罐，在预热罐内再加水调节至合适的体积。该工艺可限制固体物料在较少的范围内、粉尘易控制且节约劳动力。

这两种工艺在车间布置上各有不同。对于大型发酵工厂而言，推荐将培养基称量和配料在仓库内进行，然后通过泵输送至车间的预热罐内然后进行培养基灭菌，可大大减少固体物料的厂内运输，将固体粉尘限制于仓库区域内，改善车间内生产环境。

（2）接种　微生物纯种发酵培养一般是二级或三级放大发酵的过程，即培养过程为种子罐→接种罐→发酵罐，将接种罐的无菌接种液接至发酵罐的管道有总管道接种和接种分配站2种不同的方式。

总管道接种流程参见图3-39，其操作过程为：在接种前接种罐-1出料管的蒸汽管打开，通入蒸汽，同时打开发酵罐-1与接种总管道相连的阀门、发酵罐的排气阀和总管道上的排气阀，对整个管道进行消毒，然后进行接种。总管道接种的管道比较简单，但是在接种时，为防接种液影响到系统的其他设备，对阀门的位置和管道设计的布置有着较高的要求。

接种分配站流程参见图3-40，如接种罐-1的接种液需接种至发酵罐-1，仅需开启接种罐-1的蒸汽，开启接种站接种罐-1和发酵罐-1的三通阀门，使蒸汽由发酵罐-1顶部排出进行消毒，消毒完毕进行接种。这种管道需要有一个由抗生素专用三通隔膜阀组成的接种站，管道的数量比总管道要多。其优点是接种液输送仅与接种有关的设备相关，对其他设备影响甚少。这两种管道设计对抗生素车间的设计风格有着较大的影响。

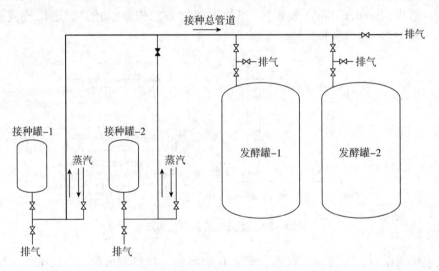

图3-39　总管道接种流程

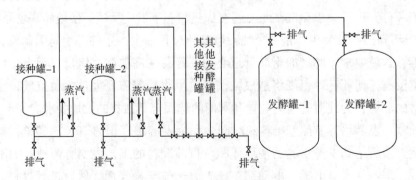

图3-40　接种分配站流程

（3）抗生素专用阀门 发酵罐物料输送阀门既要保证在运行时绝对不漏，同时要承受定期蒸汽灭菌高温的影响。为了使管道上死角降低到最少限度，应在发酵过程中选用专用抗生素二通道阀门，用于发酵罐的空气、物料、排气和蒸汽管道的开启、切断和调节。采用接种分配站进行种子液和培养基的输送时，则必须使用专用抗生素三通道阀门。

（4）检测控制仪表 发酵过程的自动化依赖于对发酵过程中工艺参数的检测。目前使用比较普遍的有对罐温、罐压、pH、补糖、补水和加油消沫进行测量及自动控制；对空气流量、发酵液体积、溶氧、电机电流和功率进行检测。由于生化工程的要求，这些检测元件必须能满足蒸汽灭菌且不能对发酵液产生污染的要求。

三、发酵罐的工艺计算

由于发酵的产品不同、菌种不同，所以发酵的工艺要求也不同。因此，发酵罐工艺设计条件随发酵过程的特点和要求不同而不同，但发酵罐的工艺设计基本方法一样，为了便于说明，现以庆大霉素发酵为例介绍如下。

1. 已知条件

年产量： $G = 12$ 吨（庆大霉素）

年工作日： $M = 300$ 天

发酵周期： $t = 6$ 天

发酵平均单位： $\mu_m = 1500$ 单位/毫升

成品效价： $\mu_p = 590$ 单位/毫克

装料系数： $\Phi = 70\%$

提炼总收率： $\eta_p = 82\%$

2. 工艺计算

（1）由年产量决定每天放罐发酵液体积 V_d

$$V_d = \frac{1000G\mu_p}{M\mu_m\eta_p} = \frac{1000 \times 12 \times 590}{300 \times 1500 \times 82\%} = 19.19 \text{ m}^3/\text{d}$$

（2）发酵罐公称容积 V_0 和台数的确定

$$V_0 = \frac{V_d}{n_d\Phi}$$

式中，n_d 为每天放罐罐数，一般每天放 1~2 罐，本例取 $n_d = 1$；Φ 为发酵罐装料系数，一般 70%~90%，由已知条件，取 70%。

$$V_0 = \frac{19.19}{1 \times 0.7} = 27.41 \text{ m}^3$$

根据国内发酵罐系列取 $V_0 = 30\text{m}^3$。

发酵罐总台数 n： $n = n_d \times$ 发酵周期（天） $= 1 \times 6 = 6$（台）

式中：发酵周期 = 每罐批发酵时间 + 辅助时间

辅助时间 = 进料时间 + 灭菌操作时间 + 移种时间 + 放罐压料时间 + 清洗检修时间

（3）发酵罐实际产量

$$\frac{30}{27.41} \times 12 = 13.13 \text{ 吨／年}, \frac{13.13 \times 10^3}{300}/6 = 43.77 \text{ 千克／（天·台）}$$

（4）每吨产品需要发酵液量

$$\frac{30 \times 0.7}{0.04377} = 479.78 \text{ m}^3$$

（5）发酵罐几何尺寸的确定　标准式发酵罐的筒体高度和直径比按 $D < 1.2m$ 时，$H/D = 1.75 \sim 2$；$D > 1.2m$ 时，$H/D = 2 \sim 3$ 确定发酵罐直径和高度。本例取 $H/D = 2$。

将发酵罐的容量 V_0 代入式（3-64）可得罐体直径

$$V_0 = \frac{\pi}{4} D^2 H + 0.15 D^3 = \frac{\pi}{2} D^3 + 0.15 D^3 \approx 1.72 D^3$$

$$D = \sqrt[3]{\frac{V_0}{1.72}} = \sqrt[3]{\frac{30}{1.72}} \approx 2.594m$$

根据标准式发酵罐系列，选 $D_i = 2600mm$，则 $H = 2D = 5.2m$

（6）发酵罐搅拌装置及轴功率计算

1）搅拌装置　搅拌叶型式的选择是发酵罐设计中的一个关键，本设计因罐小，要求加强轴向混合，故选用六叶弯叶圆盘涡轮式。

2）不通气条件时的搅拌功率　根据文献和工厂提供数据，搅拌器直径取发酵罐直径的 1/3，$d = 0.87m$；工厂确定转速取 $n = 170 r/min$；发酵液密度测得为 $1050kg \cdot m^3$，黏度为 $0.1Pa \cdot s$。$Re = \frac{n d^2 \rho}{\mu} = \frac{170 \times 0.87^2 \times 1050}{60 \times 0.1} = 2.25 \times 10^4 > 10^4$，为完全湍流状态，查表 3-1 得六叶弯叶圆盘涡轮搅拌器的 $K = 4.8$，则

$$P = K\rho n^3 d^5 = 4.8 \times 1050 \times (170/60)^3 \times 0.87^5 = 57.14kW$$

校正系数为

$$f = \frac{1}{3} \sqrt{(D/d)(H_L)} = \frac{1}{3} \sqrt{(2.687)(5.287)} = 1.41$$

所以，实际需要的搅拌轴功率为 $P = 1.41 \times 57.14 = 80.57kW$

根据一般搅拌器之间的距离 $S = 1.5 \sim 2.5d$，取 2.0。则

$$搅拌器个数 = \frac{发酵罐筒体高度}{搅拌器间距} = \frac{5.2}{2.0 \times 0.87} \approx 2.98 个$$

取 3 个。二个搅拌器的功率一般为单个的 1.5 倍，三个搅拌器为 2 倍，则

$$P_{实} = 80.57 \times 2 = 161.14kW$$

3）通气条件下的搅拌功率　在通气情况下，搅拌功率将下降，通风速度大于 30 米/小时，搅拌功率仅为不通风的 40% ~ 50%。取 45%，则

$$P_{实} = 161.14 \times 45\% = 72.52 \ kW$$

也可用 Michel 式（3-22）计算，取通气比 1.2，则通气量 $Q = 30 \times 0.7 \times 1.2 = 25.2m^3/min$；

$$P_g = 0.157 \left(\frac{P^2 n d^3}{Q^{0.56}} \right)^{0.45} = 0.157 \left(\frac{161.14^2 \times 170 \times 0.87^3}{25.2^{0.56}} \right)^{0.45} = 56.4kW$$

考虑机械传动总效率 0.8，则

$$P_g = \frac{56.4}{0.8} = 70.5kW$$

从上述两种方法计算结果来看，基本相符。现取电动机功率 75kW。

（7）发酵罐冷却水量和冷却器面积计算

1）发酵热效应　由表 3-12，取庆大霉素发酵热效应 $Q_r = 14700kJ/(m^3 \cdot h)$。由前计算知，罐内发酵液体积 $V_L = 30 \times 7 = 21m^3$，则有

$$Q_{热} = Q_r \cdot V_L = 14700 \times 21 = 308700kJ/h$$

2）冷却水量计算　发酵过程，冷却水系统按季节气温不同，采用冷却水系统也不同，为了保证发酵生产，夏季必须使用冰水。

冬季：气温 < 17℃时，采用循环水进口 17℃，出口 20℃。

夏季：气温 > 17℃时，采用冰水进口 10℃，出口 20℃。

冬季冷却用循环水用量计算：

取裕量系数 1.2，有

$$W_冬 = \frac{Q_冷}{C_p(t_2 - t_1)} = \frac{发酵热效应 \times 1.2}{比热(冷却水出口温度 - 冷却水入口温度)} = \frac{308700 \times 1.2}{4.18(20 - 17)} = 30t/h$$

夏季冷却用冰水量计算：

$$W_夏 = \frac{308700}{4.18(20 - 10)} = 7.4t/h$$

取 8t/h。

3）冷却器面积计算 按表 3 – 13，选择直立内蛇管传热形式，取传热系数 $K = 400$ J/$(m^2 \cdot s \cdot K)$。平均温差为

$$\Delta t = \frac{(t_罐 - t_进) + (t_罐 - t_出)}{2} = \frac{(34 - 17) + (34 - 20)}{2} = 15.5℃$$

$$A = \frac{Q}{K\Delta t} = \frac{308700 \times 10^3}{3600 \times 400 \times 15.5} = 13.83m^2$$

取 15m²。

（8）蒸汽消耗量计算 庆大霉素发酵蒸汽消毒生产采用实消。发酵过程中实罐消毒蒸汽用量最大，蒸汽直接通入罐内与溶液混合加热，使罐温从预热后 80～90℃迅速上升到 120℃进行保温灭菌，灭菌操作不同，蒸汽消耗量差别很大，一般先计算直接蒸汽混合加热用气量，然后保温时间内的蒸汽耗用量按升温用气量的 30%～50% 进行计加。

1）直接蒸汽混合加热蒸汽消耗量计算 参照《发酵工厂工艺设计》相关公式

$$D_1 = \frac{W_L C_p(t_2 - t_1)}{I - t_2 \cdot C_p} \cdot (1 + \eta)$$

式中，D_1 为蒸汽消耗量，kg；W_L 为被加热料液量 kg，已知 21m³ 可计算得 $21 \times 1050 = 22050$kg；C_p 为料液比热 kJ/$(kg \cdot ℃)$，取 4.18kJ/$(kg \cdot ℃)$；t_1 为加热开始时料液温度，℃，此处取 35℃；t_2 为加热结束时的料液温度，℃，此处取 120℃；I 为蒸汽焓，kJ/kg，0.4MPa 时热焓 2738kJ/kg；η 为热损失 5%～10%，此处取 5%。

$$D_1 = \frac{22050 \times 4.18 \times (120 - 35)}{2738 - 120 \times 4.18}(1 + 0.05) = 3462kg$$

2）灭菌保温时间内的蒸汽用量 D_2

$$D_2 = 0.5D_1 = 0.5 \times 3462 = 1731kg$$

3）蒸汽总用量

$$D = D_1 + D_2 = 3462 + 1731 = 5193kg$$

（9）发酵罐发酵过程需要的压缩空气量

1）通气比计算法 发酵工厂压缩空气需要量一般都是根据实际生产经验以通风比来决定压缩空气需要量，例如庆大霉素工厂提供的通风比为 1∶1.2～1.5。已知发酵罐 30m³ 共 6 台，装料系数 70%，取通风比 1∶1.2，则压缩空气需要量：

$$Q = 30 \times 6 \times 0.7 \times 1.2 = 151m^3/min$$

2）耗氧率计算法 各种微生物的耗氧速率因种类不同而不同，其范围大致为 25～100 (mg·mol)/(L·h) [（庆大霉素生产取 38 (mg·mol)/(L·h)]，根据公式：

$$耗氧速率 = \frac{单位时间内进口空气中氧的含量 - 单位时间内出口空气中氧的含量}{发酵液体积}$$

得

$$\gamma = G \times 60 \times \frac{1}{22.4} \times 10^3 (C_{进} - C_{出}) \times \frac{1}{V_0}$$

式中，γ 为耗氧速率，$(mg \cdot mol)/(L \cdot h)$；$G$ 为空气流量，m^2/min；$C_{进}$ 为进口空气氧含量，取 21%；$C_{出}$ 为出口空气氧含量，此处取工厂数据 19.8%。

$$G = \frac{\gamma \times V_0 \times 22.4}{60 \times 10^3 (C_{进} - C_{出})} = \frac{38 \times 30 \times 0.7 \times 6 \times 22.4}{60 \times 10^3 (0.21 - 0.198)} = 148.96 \ m^3/min$$

计算结果和通气比计算结果相近，建议还是按通气比计算比较切合实际。

第七节 管式反应器

一、变容过程管式反应器的工艺设计

连续操作的管式反应器可用于气相反应和液相反应。它具有结构简单、加工方便、能耐高压和易于控制等优点。这种反应器可以是一根或几根水平或竖直放置的管子，也可以是如图 3-41 所示的一组带夹套的管子。

对液相反应体系，反应过程中液体的密度可视为不变，所以物系的体积流量和线速度均是恒定的。但对气相反应体系，当反应前后组分的摩尔数发生变化时，物系的体积流量将发生变化，即为变容过程。

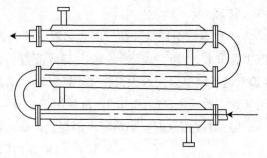

图 3-41 水平管式反应器

（一）膨胀因子

设有气相反应 $aA + bB \rightarrow rR + sS$

反应开始时（$\tau = 0$），各组分的摩尔数分别为 n_{A0}、n_{B0}、$n_{R0} = 0$，$n_{S0} = 0$，物系总摩尔数为 $n_0 = n_{A0} + n_{B0}$，反应时间为 τ 时，各组分的摩尔数分别为 n_A、n_B、n_R、n_S，物系总摩尔数为 $n_\tau = n_A + n_B + n_R + n_S$。则

$$n_\tau = n_A + n_B + n_r + n_S$$

$$= n_{A0}(1 - x_A) + n_{B0} - \frac{b}{a}n_{A0}x_A + \frac{r}{a}n_{A0}x_A + \frac{s}{a}n_{A0}x_A$$

$$= n_{A0} + n_{B0} + \frac{(r + s) - (a + b)}{a}n_{A0}x_A$$

若令

$$\frac{(r + s) - (a + b)}{a} = \delta_A \tag{3-66}$$

则得

$$n_\tau = n_0 + \delta_A n_{A0} x_A = n_0 (1 + \delta_A z_{A0} x_A) \tag{3-67}$$

式中，$z_{A0} = n_{A0} n_0$，即反应前组分 A 的摩尔分率。

δ_A 称为膨胀因子，其物理意义是当变化 1mol 的组分 A 时，引起物系总摩尔数的增加或减少的值。

当 $\tau = \tau$ 时，各组分的摩尔分率为

$$z_A = \frac{n_A}{n_\tau} = \frac{z_{A0}(1 - x_A)}{1 + \delta_A z_{A0} x_A} \tag{3-68}$$

$$z_B = \frac{n_B}{n_\tau} = \frac{z_{B0} - \dfrac{b}{a} z_{A0} x_A}{1 + \delta_A z_{A0} x_A} \tag{3-69}$$

$$z_r = \frac{n_r}{n_\tau} = \frac{\dfrac{r}{a} z_{A0} x_A}{1 + \delta_A z_{A0} x_A} \tag{3-70}$$

$$z_S = \frac{n_S}{n_\tau} = \frac{\dfrac{s}{a} z_{A0} x_A}{1 + \delta_A z_{A0} x_A} \tag{3-71}$$

反应动力学方程常用分压表示，对于理想气体，$p_A = P z_A$ 或 $p_{A0} = P z_{A0}$ ，所以

$$p_A = \frac{p_{A0}(1 - x_A)}{1 + \delta_A z_{A0} x_A} \tag{3-72}$$

$$p_B = \frac{p_{B0} - \dfrac{b}{a} p_{A0} x_A}{1 + \delta_A z_{A0} x_A} \tag{3-73}$$

$$p_r = \frac{\dfrac{r}{a} p_{A0} x_A}{1 + \delta_A z_{A0} x_A} \tag{3-74}$$

$$p_S = \frac{\dfrac{s}{a} p_{A0} x_A}{1 + \delta_A z_{A0} x_A} \tag{3-75}$$

对于理想气体，$PV = n_\tau RT$

故 $$V = n_\tau \frac{RT}{P} = V_0(1 + \delta_A z_{A0} x_A)$$

所以 $$C_A = \frac{n_A}{V} = \frac{n_{A0}(1 - x_A)}{V_0(1 + \delta_A z_{A0} x_A)} = C_{A0} \frac{1 - x_A}{1 + \delta_A z_{A0} x_A} \tag{3-76}$$

对于等容过程，$\delta_A = 0$，故式（3-76）变为

$$C_A = C_{A0}(1 - x_A)$$

（二）变容过程的动力学方程

因为 $$(-r_A) = -\frac{dn_A}{V d\tau} = \frac{n_{A0} dx_A}{V d\tau}$$

所以 $$(-r_A) = \frac{n_{A0}}{V_0(1 + \delta_A z_{A0} x_A)} \cdot \frac{dx_A}{d\tau} = \frac{C_{A0}}{1 + \delta_A z_{A0} x_A} \cdot \frac{dx_A}{d\tau} \tag{3-77}$$

式（3-77）就是变容过程的反应速度表示式。

对一级反应 $$(-r_A) = kC_A = k \frac{C_{A0}(1 - x_A)}{1 + \delta_A z_{A0} x_A} \tag{3-78}$$

即 $$\frac{C_{A0}}{1 + \delta_A z_{A0} x_A} \cdot \frac{dx_A}{d\tau} = k \frac{C_{A0}(1 - x_A)}{1 + \delta_A z_{A0} x_A}$$

所以 $$\frac{dx_A}{d\tau} = k(1 - x_A)$$

得 $$\tau = \frac{1}{k} \ln \frac{1}{1 - x_A} \tag{3-79}$$

所得结果与等容过程的动力学方程式相同。同理，对二级反应可以导出

$$C_{A0}k\tau = \frac{(1 + \delta_A z_{A0})x_A}{1 - x_A} + \delta_A z_{A0}\ln(1 - x_A) \qquad (3-80)$$

可见，这与等容过程的动力学方程式不相同。

（三）变容过程的反应器容积

前已述及，平推流反应器的基础设计式为

$$V_r = F_{A0}\int_0^{x_A} \frac{dx_A}{(-r_A)} \qquad (3-81)$$

现研究等温一级反应 V_R 的求法。

设有气相反应 $A \rightarrow R + S$，其动力学方程式为 $(-r_A) = k_p p_A$

将式（3-72）即 $p_A = \dfrac{p_{A0}(1 - x_A)}{1 + \delta_A z_{A0}x_A} = \dfrac{P z_{A0}(1 - x_A)}{1 + \delta_A z_{A0}x_A}$ 代入，

得

$$(-r_A) = \frac{k_p P z_{A0}(1 - x_A)}{1 + \delta_A z_{A0}x_A}$$

将其代入式（3-81），得

$$V_r = F_{A0}\int_0^{x_A} \frac{(1 + \delta_A z_{A0}x_A)}{k_p P z_{A0}(1 - x_A)}dx_A$$

对等温反应，k_p 为常数，并用 $F_{A0}z_{A0} = F_0$ 代入，积分得

$$V_r = \frac{F_0}{k_p P}\Big[(1 + \delta_A z_{A0})\ln\frac{1}{1 - x_A} - \delta_A z_{A0}x_A\Big] \qquad (3-82)$$

此即为平推流反应器进行等温变容一级反应时反应器容积的计算式。

二、新型微反应器原理与设备

20世纪90年代以来，随着纳米材料以及微电子机械系统（MEMS）的发展，引起了研究者对小尺度和（或）快速过程的极大兴趣。除微电子器件和微机械器件外，微型化工器件也逐渐成为微型化设备的重要成员，如微混合器（micro-mixer）、微反应器（micro-reactor）、微化学分析 μTAS（micro-total-analysis-systems）、微型换热器（micro-heat-exchanger）、微型萃取器（micro-extractor）、微型泵（micro-pump）和微型阀门（micro-valve）等。微型化工设备在微尺度条件下反应的转化率、选择性均有明显提高，传热系数和传质性能与传统设备相比也得到很大强化，由于具有结构简单、无放大效应、操作条件易于控制和内在安全等优点，引起了众多研究者包括化学工程及其相关领域人士的极大关注。世界著名高等学府以及跨国化工公司纷纷开展了这方面的研究工作。

微反应器一般是指通过微加工和精密加工技术制造的小型反应系统，内部流体的微通道尺寸在亚微米到亚毫米量级。对于通道尺寸小于或大于这个范围的反应器，一般则称之为纳反应器（nanoreactor）和毫反应器或小型反应器（milli-/minireactor）。微通道、微结构设计及连续密闭微反应工艺是微反应器有别于其他常规反应器的显著特征。

（一）微反应器反应特点

微反应器的"微"不是特指微反应设备的外形尺寸小，也不是指微反应设备产品的产量小，而是指表示工艺流体的通道在微米级别，其特征尺寸在 $10 \sim 300\mu m$（一般低于

1000μm），在微小尺度下，由于流体呈层流状态，对应于小的雷诺数值，两种液体之间不会发生传统的湍流混合，传质方式只能通过分子扩散进行。可以在微反应器中包含有成百万上千万的微型通道，以获得较大比表面积，加快传热速度，进而实现很高的产量。由于化学反应发生在这些通道中，因此微反应器又称作微通道（microchannel）反应器。

1. **小试工艺可直接放大**　精细化工多数使用间歇式反应器，工艺从实验室放大到反应釜，由于传热传质效率的不同，一般需要一段时间的摸索，通常需要经过小试－中试－投产。利用微反应器技术进行生产时，工艺放大不是通过增大微通道的特征尺寸，而是通过增加微通道的数量来实现的。所以小试的最佳反应条件，不需要作任何改变就可以直接进行生产，可大幅度缩短产品由实验室到市场的时间，对于精细化工行业，尤其是惜时如金的制药行业，意义极其重大。

2. **反应温度可精确控制**　对于强放热反应，常规反应器中由于混合速率及换热效率不够高，常常会出现前述局部过热现象，进而导致副产物生成，收率和选择性下降，严重时甚至会导致冲料事故甚至发生爆炸。微反应器极大的比表面积（10000～50000 m^2/m^3）决定其具有极高的换热效率，其传热系数可达 2000～25000 $W/(m^2 \cdot K)$，即使反应中瞬时释放出大量热量，也可以及时吸收以维持反应温度不超出设定值，无论是产品质量还是过程安全控制，都可以得到有效保障。

3. **反应时间可精确控制**　常规单釜反应，反应物往往逐渐滴加，以防止反应过于剧烈，这样就造成一部分先加入的反应物停留时间过长。对于很多反应，反应物、产物或中间过渡态产物在反应条件下停留时间一长，就会导致副产物的产生。微反应器技术采取的是微管道中的连续流动反应，可以精确控制物料在反应条件下停留的时间，一旦达到最佳反应时间就立即传递到下一步反应，或终止反应。由于停留时间分布窄，几乎无返混，接近平推流，使得微反应器能有效地消除因反应时间长而导致的副产物生成的现象。

4. **物料可精确比例瞬时混合**　对反应物料配比要求很精确的快速反应，如果搅拌不好，就会在局部出现配比过量而产生副产物。这一现象在常规反应器中几乎无法避免，但微反应器系统的反应通道一般只有数十微米，可精确配比并在毫秒级范围实现径向完全混合，避免副产物的形成。

5. **结构保证安全性**　由于微反应器换热效率极高，即使反应突然释放大量热量也可以被吸收，从而保证反应温度维持在设定范围内，最大程度上减少了出安全事故和质量事故的可能性。与单釜反应不同，微反应器通道特征尺度小于火焰传播的临界尺度，并且采用连续流动反应，因此在反应器中停留的化学品数量总是很少的，使得微反应器具有内在安全性，即使万一失控，危害程度也非常有限。

6. **良好的可操作性**　微反应器是密闭的微管式反应器，在高效微换热器的帮助下可实现精确的温度控制。它的制作材料可以是各种高强度耐腐蚀材料，例如：用镍合金制作微反应器，可以轻松实现高温、低温、高压反应。另外，由于是连续流动反应，虽然反应器体积很小，产量却完全可以达到常规反应器的水平。

当然，微反应器也面临工业化实现复杂和微通道易堵塞、难清理的问题。当微反应器的数量大大增加时，微反应器的监测和控制的复杂程度也大大增加，对于实际生产来说成本相对高；内部通道尺寸小、结构复杂，微反应器通道堵塞清理问题已成为其制备、推广中的一大困扰。

（二）微反应器结构及制造工艺

微反应器根据内部结构及混合原理的不同，可以分为不同的种类。在结构上，微反应器常采用一种层次结构方式（hierarchic manner），先以亚单元（subunit）形成单元（unit），再以单元来形成更大的单元，依此类推。这种特点与传统化工设备有所不同，它便于微反应器以"数增放大"（numbering - up）的方式（而不是传统的尺度放大方式）来对生产规模进行方便的扩大和灵活的调节。

微反应器材料的选择取决于介质的腐蚀性能、操作温度、操作压力、加工方法等。常用的材料有硅、不锈钢、特殊玻璃、PEEK（聚醚醚酮）、哈氏合金等。其常用加工技术可分为三类：一是由 IC（集成电路）平面制作工艺延伸而来的硅体微加工技术，包括湿法刻蚀（各向同性刻蚀和各向异性刻蚀）、干法刻蚀（溅射刻蚀、等离子刻蚀）等；二是超精密加工技术，如微细放电加工（micro - EDM）、激光束加工、电子束加工和离子束加工等；三是 LIAG 工艺，包括光刻、电镀和压模三步的组合技术，由德国喀尔斯鲁厄核研究中心发明。

微反应器使用前需要将微通道进行封装，目前封装技术有四种：①热键合封装技术，即将两片抛光的硅或玻璃面对面地接触，高温下使相邻原子间产生共价键，从而形成良好的结合；②高能束焊接（激光焊接和电子束焊接）封装技术，常用于微反应器中金属薄片之间的密封连接；③扩散焊接封装技术，指在高温和压力的作用下，将被连接表面相互靠近和挤压，使局部发生塑性变形，经一定时间后结合层原子间相互扩散而形成一个整体，该技术可以连接物理、化学性能差别很大的异种材料，如金属与陶瓷；④黏接封装技术，常用于异种材料的连接，简便廉价，但不适于温度太高的场合。

（三）微反应器单元的典型类型

由于微反应器中流体呈层流状态，混合只能通过分子扩散进行。因此增加流体之间的混合方法主要有两种：①增强流体之间的扩散效应，通过流过微流控芯片中包含的各种孔，或在多个较小的通道之间分离；②增加混合流体之间的接触面积以及接触时间，即在混合过程中不涉及活性元素，形成所谓的"被动"微流体混合。

1. 分离再结合型微混合器　该混合器由两个具有微结构的平板组合成一个主通道，该通道的几何结构是一种复杂的坡状结构（图 3 - 42）。流体在流动过程中不断上升和下降，从而实现流体的多次分离及重新组合，完成混合过程。在这种混合器中，流体的分割以及重组之间无需附加流体连接通道，因此，在给定压降条件下，这种微混合器可以获得高达 10000L/h（8000 吨/年）的通量，而且这样的结构也有利于混合器的维护和清洗。适用于气液相、液液相反应过程，尤其适用于黏度大或浆料类反应物，且可用于生产固体的反应。

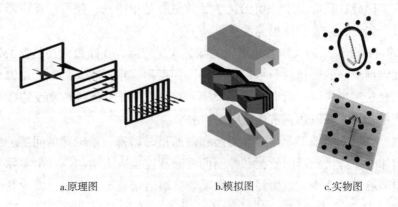

a.原理图　　　　b.模拟图　　　　c.实物图

图 3 - 42　分离再结合型微混合器

2. 内交叉指型微混合器　该混合器中，两股进料流体分别通过一个带坡形壁面的通道结构对流注入混合单元。通过狭缝状交叉型通道形成数十支两种待混合流体的流动薄层，层流流体在于入口流垂直的方向上离开混合器由于流体薄层的厚度非常小，通过这样的扩散过程即可实现快速混合，如图3-43所示。

通过并行若干个内交叉指型混合元件，可实现增大流量的目的。如图3-44所示，此设备可以实现十股流体进料，一股流体出料；或者一股流体进料，十股流体出料两种功能。特别是第二种功能，可以将这种设备用作流体均匀分散装置。适用于气液相、液液相反应过程，尤其适合液液非均相快速混合和乳液制备。

a.原理图　　　　b.结构图

图3-43　内交叉指型微混合器

图3-44　十倍阵列放大的内交叉指型微混合器设备

3. 超聚焦微混合器　将反应液体分割成多层薄膜液体，在出口处进行聚焦汇合。经过改进的设备可以实现大流量，而且管壁可以承受更高压力；喷嘴尺寸增大，则可以防止反应产生的颗粒阻塞孔道。

如图3-45所示的超聚焦微混合器具有138条混合通道，每个通道宽度4μm；外框不锈钢材质，可选择可视窗口观测流体混合状态。

a.超聚焦微混合器　　　b.微混合芯片　　　c.微混合通道结构

图3-45　超聚焦微混合器

4. 星型微混合器　如图3-46所示，将一系列的不同类型的混合芯片交错紧密排列在一起，流体通过不同的通道经过不同类型的混合芯片，汇集到芯片的中心区域进行混合，能够实现三相进料。适用于气液相、液液相反应过程，尤其适用中试及生产级别（可达20万吨/年）的大通量反应过程。

5. 撞击流微混合器　如图3-47所示，通过两个进料泵加压，两股反应液从喷嘴喷射而出，以"Y型"进行混合，两股高速液体碰撞，反应物颗粒/沉淀可以从出口的开放空间内得到。可用于液液快速反应，主要适用于液液快速生成沉淀的反应。

a.原理图　　　　　b.结构图

图3-46　星型微混合器

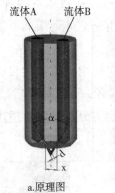
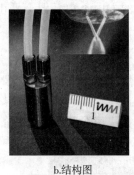

a.原理图   b.结构图

图 3 - 47　撞击流微混合器

6. 降膜微反应器　如图 3 - 48 所示，液相沿反应芯片降膜流动，气体通过底层扩散喷嘴进入气体腔室。反应芯片背面有换热通道，实时控制反应热，可用于气液相反应。

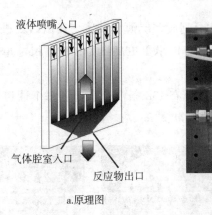

a.原理图   b.结构图

图 3 - 48　降膜微反应器

7. 液液相微反应器　该微反应器中反应通道与换热通道交错，如图 3 - 49 所示，可实现反应的等温控制。适用于气液相、液液相反应。

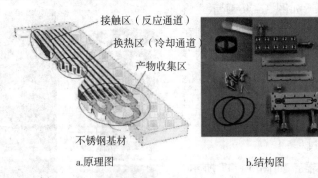

a.原理图   b.结构图

图 3 - 49　液液相微反应器

8. 微玻璃反应器　采用特殊玻璃作为设备原料进行加工而成，其耐腐蚀性好，光学透明，可进行光化学反应。研究者可直接透过玻璃视窗观察流体的运动与混合模式。如图 3 - 50 所示的柱型微玻璃混合器，流体通过不同的通道在混合区（图 3 - 50b）混合，产品在出口处得到。改进后的单通道柱形微混合器（图 3 - 50c），混合原理同内交叉型微混合器，为避免反应过程中形成凝胶或者悬浊液阻塞孔道，在反应通道区域添加了 15000 个柱形通道，这个设计活塞流打破，有利于形成均一的乳液。整个反应通道长达800mm反应时，可以通过调整流速实现几分钟到十几分钟的停留时间分布。

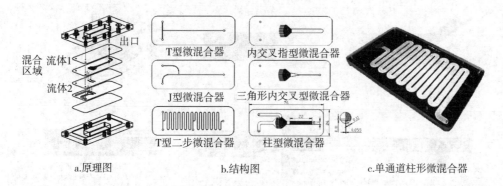

a.原理图　　　　　　　　b.结构图　　　　　　　c.单通道柱形微混合器

图3-50　柱型微玻璃混合器

9. **模块化微反应器**　德国拜耳-埃尔费尔德微技术公司（Ehrfeld Mikrotechnik BTS，简称EMB）将各微反应装置尺寸标准化，在特制的基板上进行模块化组装，如图3-51所示，将各元件间无管化连接，可方便快捷地实现工艺的改变，在分析研究、工艺开发和工业生产等领域有广泛的应用。2010年EMB与龙沙公司（Lonza）合作在药物生产领域推出了符合GMP认证要求的Flowplate系列微反应器。

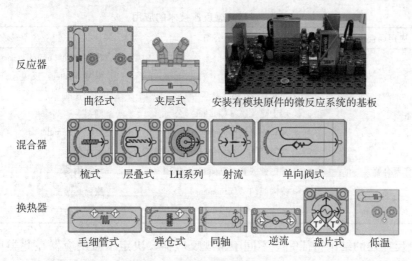

图3-51　模块化微反应系统

上述各种微反应器的不同结构形式，本质上是使用简单或复杂的微通道，实现微流体技术对流体操控的混合。总体来说，其形式主要有层流型、液滴型和混沌对流型三种，如图3-52所示。

（四）微反应器的应用

药物合成中涉及的常见化学反应类型有氧化反应（硝化反应等）、还原反应（氢化反应等）、Michael加成反应、活泼有机金属化合物参与的反应（格氏反应等）、偶联反应、光化学反应、裂解反应、酯化反应、重排反应以及羟醛缩合反应等。此外，不少功能材料制备时也涉及许多混合、乳化或其他物理过程。这些物理、化学工艺过程基本上都具有一个或几个适合用微反应器技术进行工艺改进的特征，如要求快速均匀混合的反应；快速的强放热反应；要求精确控制反应工艺参数（如温度、压力、反应物配比和停留时间等）的反应；涉及不稳定中间产物或有后续副反应的反应；涉及危险化学品或高温、高压的反应；要求工艺稳定性高、可重复性好的反应等。其工业应用场合见表 3 - 15。

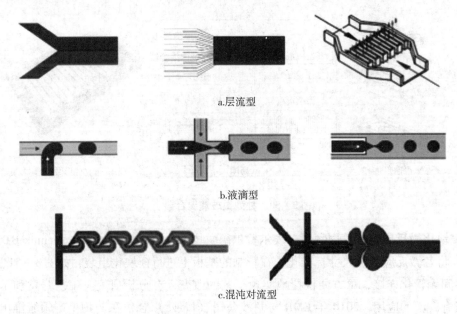

a.层流型

b.液滴型

c.混沌对流型

图 3 - 52　微流体技术对流体操控的混合形式

表 3 - 15　微反应技术的应用

应用场合	公司	工业应用领域
精细化学品	美国 CPC 公司	药物合成（ciprofloxazin）
	荷兰 DSM 公司	里特（Riter）反应合成
	西安惠安公司	硝化甘油
纳米颗粒制备	瑞士克莱恩（Clariant）公司	颜料
	拜耳先灵（Scheering）医药公司	复配（formulations）
	德国拜耳（Bayer）技术服务公司	催化剂
日用化学品和聚合物	德国德固赛（Degussa）集团	环氧丙烷
	德国西门子（Siemens）公司	聚丙烯酸酯
	美国 UOP 公司	过氧化氢

　　由于微反应器的结构特征完全不同于常规反应器，决定了微反应器在此类反应过程中具有独特的优势。随着具有各种新功能、新特点的微反应器模块被开发出来，微反应器技术的应用范围也正得到拓展，如纳米材料制备和需要产物颗粒均匀分布的固体生成反应，以及聚合度窄分布产品等领域都均有报道。

　　但对于很慢的液 - 固反应、无放热或吸热现象的反应以及采用传统工艺和反应器收率已经很高的反应则不适合采用微反应器。

第八节　其他反应器型式

一、气液相反应器

（一）气液相反应

气液相反应是指反应的主体在液相，且至少有一种反应组分是气相，也可以多种反应组分都是气相的反应。

在气液相反应中，气相反应组分先由气相主体扩散到相界面，溶解于液相中（此为气体吸收过程）；溶解的气相组分与液相组分反应，生成产物（此为化学反应过程）；产物如果是气态或易挥发液态的，还要从液相解吸到气相，并扩散返回气相主体，从而完成整个气液相反应。所以气液相反应的宏观反应进度是化学反应速度与传递（或扩散）速度的综合。

根据化学反应速度与传递速度的相对大小，可以将气液相反应分成 5 种类型。

1. 瞬间反应 当化学反应速度比传递速度大得多时，反应能在瞬间完成，反应组分一相遇，反应立即完成，故反应仅在液膜内某个反应面上发生。反应速度与相界面大小有关，而与液体体积无关。此时宏观反应速度完全取决于扩散速度，称为扩散控制过程。

2. 快速反应 化学反应速度比瞬间反应低，但仍比扩散速度高。反应仅发生在液膜内，但已由一个反应面伸展成为反应区。在反应区内 A、B 同时存在，在反应区外和液相主体中不发生反应，反应速度与相界面大小及液膜体积有关。

3. 中速反应 反应速度与扩散速度相接近。反应在整个液膜内进行，未反应完的气相组分再扩散进入液相主体，继续反应直到完成。

4. 慢速反应 反应速度比扩散速度低，气相组分通过液膜扩散到液相主体中，与液相组分发生反应，虽然液膜阻力仍不可忽略，但反应已基本上发生在液相主体中。

5. 极慢反应 此时气膜和液膜的扩散阻力可以忽略不计，反应组分 A 与 B 的浓度在全部液相中是均匀的，反应发生在整个液相中，过程为动力学控制，宏观反应速度等于化学反应速度，情况相当于液相均相反应。

（二）气液相反应器的型式

1. 填料塔 填料塔的比表面积大，持液量小，对瞬间反应、快速和中速反应的吸收过程都可采用。它具有结构简单、压力降低、易于适应各种腐蚀介质和不易造成溶液起泡等优点。选用的填料，其比表面和空隙率要大，能耐介质的腐蚀，有一定的强度和良好的润湿性，且价格要低廉。填料塔的液相喷淋密度必须大于 $5 \sim 10 \, m^3/(m^2 \cdot h)$，否则填料不能全部润湿。

填料塔的塔高通常是按气、液两相均为平推流进行计算的。如图 3-53 所示，取微元高度填料层作物料衡算。

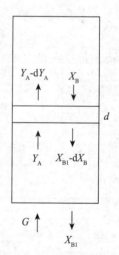

经过微元高度填料层后，气相中被吸收组分减少的量，应等于在微元高度填料层中被吸收组分从气相传递到液相的量，即

$$-G d\left(\frac{y}{1-y}\right) = K_G P(y - y^*) a \mathrm{d}Z$$

于是

图 3-53 填料塔计算

$$Z = G \int_{y_2}^{y_1} \frac{\mathrm{d}y}{P K_G a (1-y)^2 (y - y^*)}$$

所以

$$\mathrm{d}Z = \frac{-G \mathrm{d}y}{(1-y)^2 K_G a P(y - y^*)} \tag{3-83}$$

式中，G 为惰性气体的空塔摩尔流速，$kmol/(m^2 \cdot s)$；y、y^* 为分别为气相中被吸收组分的摩尔分率和平衡摩尔分率；y_1、y_2 为分别为吸收塔进、出口气体中被吸收组分的摩尔分

率；K_G 为气相吸收总系数，kmol/（m² · Pa · s）；a 为传质比表面积，m²/m³；P 为总压，Pa；Z 为填料层高度，m。

式（3-83）中的吸收总系数不仅与气膜和液膜吸收系数有关，还与反应的增强因子有关，即

$$K_G = \frac{1}{\dfrac{1}{k_G} + \dfrac{1}{\beta H k_L}} \tag{3-84}$$

式中，k_G、k_L 为分别为气膜和液膜吸收系数；β 为化学反应的增强因子，即化学吸收速度较物理吸收速度增大的倍数。

应当指出，由于气液反应动力学、平衡和扩散系数等数据的缺乏，目前还只能对一些较简单的化学吸收过程进行计算。

2. **鼓泡塔** 鼓泡塔的结构如图 3-54 所示，气体通过分布器上的小孔连续鼓泡进入，液体可连续或分批加入。

鼓泡塔的持液量大，停留时间较长，适用于慢反应。其液相返混较大，尤其当高径比大时，气泡合并速度加快，相际接触面积减小。此时可在塔内加设挡板或放置填料，以增大气液接触面积并减少返混。

鼓泡塔的结构简单，操作稳定，投资和维修费用低。当反应热效应较大时，便于在塔内或塔外安装传热装置。

工业鼓泡塔中，分布器的开孔率在 0.03% ~ 10%，气泡直径小于 0.5cm，小孔处气速可达 50m/s 以上，小孔处的气体雷诺数可达 8000 ~ 10000。

半连续操作的鼓泡塔，其容积由 3 部分组成，如图 3-55 所示。

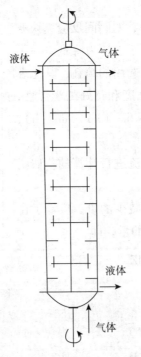
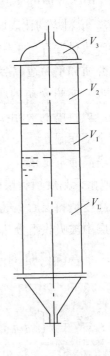

图 3-54 多级鼓泡塔　　　　　图 3-55 鼓泡塔容积

图 3-55 中，V_L 为静液层体积，即为鼓入气体时的液体体积。可根据物料衡算求得的 V_d（每天处理的物料体积），按下式计算

$$V_{\mathrm{L}} = \frac{V_{\mathrm{d}}(\tau + \tau')}{24} \qquad\qquad (3-85)$$

式中，τ 为反应时间；τ' 为辅助时间。

V_1 为液层中的气体体积。气体分散在液层中，使液层膨胀，所以以液层体积为（$V_{\mathrm{L}} + V_1$）。

V_2 为分离段的体积，用于使气体中夹带的液体沉降。通常取分离段的高度为 0.75 倍塔径，但不能小于 1m。

3. 搅拌鼓泡釜　搅拌鼓泡釜的结构如图 3-56 所示。搅拌器一般采用直叶圆盘涡轮式，叶轮直径与釜径之比在 1/4 ~ 1/2 之间，通常为 1/3，当液体黏度较大或有固体颗粒时取较大值。叶轮离釜底的距离在 $D/6 ~ D/3$，当液层高度与釜径之比大于 1.2 时，应采取双层搅拌器。为了提高液体的湍流程度，釜壁应装宽度为 $D/10$ 的挡板，挡板与釜壁之间可留 1/6 挡板宽度的间距，以防固体颗粒的截留。在搅拌器的叶轮下方设有布气的环形多孔管，环径约为叶轮直径的 4/5。如釜内是纯净液体，布气孔可向上；当含有固体颗粒时，布气孔应向下。小孔直径和个数可按下式设计：

$$孔气速/通气管内气速 = 3$$

搅拌鼓泡釜的比相界面和持液量均大，可用于各种类型的气相反应（快、慢、中速）。其结构简单，适应性强，便于安装夹套或蛇管，传质和传热的效果都很好。

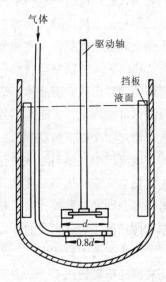

图 3-56　搅拌鼓泡釜

二、气液固催化反应器

（一）气液固反应类型

按反应物系的性质区分，气液固反应可有以下 3 种类型。

1. 气、液、固三相都是反应物（或有一相是产物）。例如，二氧化碳、水和石灰石反应生成酸性亚硫酸钙；氨水与二氧化碳反应生成碳酸氢铵结晶等。

2. 气、液、固三相中有一相是惰性物质。这类反应实质上是二相反应，如气液相反应中用固体填料起支撑分散作用；气固相反应中用惰性溶剂作传热介质；液固相反应中通入惰性气体起搅拌作用等。

3. 固相是催化剂的气液固反应。这类反应在制药工业中的应用最多，也称为气液固催化反应。常见的有加氢反应、氧化反应等。如以镍为催化剂，苯加氢生成环己烷，葡萄糖氢化制备山梨醇；氧化反应则有乙烯、异丙苯等的氧化。此外抗生素生产中的好氧发酵，也是空气（气）-培养剂（液）-菌体（固）的气液固三相反应过程。

当欲氢化的物质是气体时，往往将其溶解于溶剂中，再通入氢进行气液固反应。与不用溶剂的气液固反应相比，因为惰性溶剂的导热性比气体好，可促进传热，防止催化剂过热失活，有时还可提高反应的转化率或选择性。

（二）气液固催化反应器的型式

根据固体颗粒是静置的还是运动的，气液固催化反应器可分成两种主要类型。

1. **滴流床**　又称为涓流床，其结构如图 3-57 所示，属于固定床型式。在滴流床中，气液两相并流向下（正常情况）或液相向下、气相向上逆流通过固定的催化剂颗粒层进行气液固三相反应。

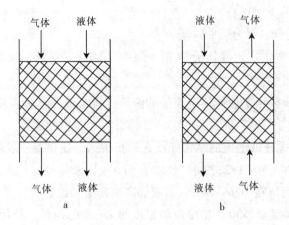

图 3 – 57　滴流床

固体催化剂颗粒被液体润湿的程度是滴流床反应器操作和设计的一个重要因素。因为只有当气相反应组分溶解于液相后才能在催化剂表面上发生反应，显然催化剂表面的润湿率将影响化学反应的转化率。润湿包括催化剂外表面的润湿和催化剂内孔的润湿两部分。不完全润湿往往是由于液体分布器设计不良，或由于液体负荷太小及液固相界面张力太小所造成。为了达到完全润湿，最小的液体负荷为 $10 \sim 30 \mathrm{m^3 \cdot m^{-2} \cdot h}$。由于毛细管作用力通常可使颗粒内孔充满液体，即完全润湿，但也有例外，如进行的是强放热反应时，孔内部分液体可能汽化，从而达不到完全润湿。此时在干的催化剂表面上可能发生气固相催化反应，使过程变得更加复杂。

滴流床中气体与液体的存量直接影响反应物料在反应器内的平均停留时间，而这又是决定化学反应转化率的主要因素之一。存量包括两部分，一部分含于催化剂颗粒的内孔，另一部分则处于颗粒外表面和颗粒与颗粒之间的空隙。存量的高低还影响到催化剂的润湿率和两相流体通过床层的压力降。

滴流床的主要优点有：①流动情况接近平推流，固体颗粒被有效地润湿，可以允许达到较高的单程转化率；②由于液固比（或持液量）很小，减小了发生均相副反应的可能性，可以提高反应的转化率与选择性；③液流以很薄的形式通过填料层，气态反应组分扩散到固体催化剂表面的阻力小；④ 通常情况下是气液并流向下操作，且流速较小，故压力降低，无液泛现象。

滴流床的主要缺点有：①若床层直径较大，且反应为强放热时，由于径向传热不好，会出现径向温度分布，使床内部分过热，液体汽化，影响催化剂寿命和活性；②不能使用过细的催化剂颗粒，故催化剂内表面不能被充分利用。

2. 浆态反应器　与滴流床反应器的基本区别是前者所用的催化剂颗粒处于运动状态，而后者则处于静止状态。此外，前者的气相为分散相，而后者则为连续相。

浆态反应器有机械反应釜、环流反应器、鼓泡塔和三相流化床等几种型式。

（1）机械反应釜　这种反应器在结构上与气液反应所用的搅拌鼓泡釜没有原则区别，只是液相中多了悬浮的固体催化剂颗粒。所用催化剂颗粒的粒度较小，为 $100 \sim 200 \mu\mathrm{m}$，浓度大致为 $10 \sim 20 \mathrm{kg/m^3}$，气速小和搅拌转速高均能使颗粒均匀悬浮。搅拌的目的不仅为了使颗粒悬浮，也为了使气体分散良好，以获得较大的气液相界面。

气体的负荷有一定限度，超出此极限时，搅拌器对气体分散不再起作用，气含率下降，平均气泡直径增大，气液接触面积减小。通常使用的气速为 0.5m/s 或更大些，气含率为 0.2～0.4。当搅拌器的转速高时，气速和气体分布器的型式对流体力学状态影响不大，反之则作用显著。

机械搅拌釜的高度与直径比一般等于 1，搅拌器的最佳直径为反应釜直径的 1/3，搅拌器离釜底距离等于 1/6D 最好。实际生产中高径比有大于 1，达到 2.5 甚至更大的，如发酵罐，此时需要在同一根轴上安装几个搅拌器。

（2）环流反应器　如图 3-58 所示，其特点是器内装有导流筒，使液体以高速在器内循环，一般流速在 20m/s 以上，大大强化了传质，这种反应器常用于生化反应中。

（3）鼓泡塔　在结构上与气液反应所用的鼓泡塔无原则区别，只是在液相中多了悬浮的催化剂颗粒。

（4）三相流化床　如图 3-59 所示，液体从下部的分布板进入，上升的液体使固体颗粒流态化，气体则成气泡分散于液体中。与气固流化床一样，随着液速的增加，床层膨胀，床层上部存在一清液区，清液区与床层区有清晰的界面。

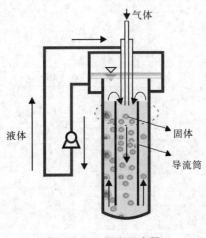

图 3-58　环流反应器

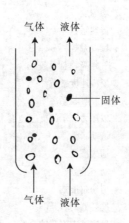

图 3-59　三相流化床

气体的加入较之单独使用液体时的床层高度要低。液速小时，增大气速也不能使催化剂颗粒流化。三相流化床中，气体的加入使颗粒运动加剧，床层上界面变得不那么清晰和确定。

浆态反应器的优点是空时得率高，传质阻力小，传质速率高，可连续或半连续操作。缺点是返混严重，催化剂消耗多，须从产品分离催化剂。由于液固比大，不宜于抑制液相均相反应。

主 要 符 号 表

符　号	意　义	法定单位
A	桨叶面积，传热面积	m^2
a	传质比表面积	m^2/m^3
c	浓度	$kmol/m^3$ 或 $kmol/L$
C_P	比热	$J/(kg \cdot k)$
D	搅拌釜的直径	m
D_c	蛇管圈的直径	m

符 号	意 义	法定单位
D_e	夹套的当量直径	m
d	搅拌器直径，管径	m
d_t	蛇管管子外径	m
E	活化能	J/mol
F	搅拌液体作用于浆液上的力	N
G	惰性气体的空塔摩尔流速	kmol/(m² · s)
G'	气体的空塔摩尔流速	kmol/(m² · s)
g	重力加速度	9.81m/s²
H	搅拌器的压头	m
	反应釜的高度	m
	溶解度系数	kmol/(m³ · Pa)
H'	扣去直边的封头高度	m
H''	加上直边的圆筒高度	m
H_1	搅拌器离釜底的距离	m
H_L	搅拌釜的装液高度	m
I	均匀度	
K	传热系数	W/(m² · K)
	稠度系数	
K_G	气相吸收总系数	kmol/(m² · Pa · s)
k	反应速度常数	
k_G	气膜吸收系数	kmol/(m² · Pa · s)
k_P	以压力表示的反应速度常数	
m	流动指数	
N_a	通气准数	
N_P	功率准数	
Nu	努塞尔准数	
n	搅拌器的转速	r/s 或 r/min
	反应釜应安装的个数，摩尔数	
n_p	反应釜需用的个数	
P	搅拌功率	kW
	总压	Pa
P_g	通气搅拌功率	kW
P_r	普朗特准数	
Pr_m	广义普朗特准数	
Q	通气量	m³/min
Q_c	除热速率	W
Qr	反应放热速率	W
R	气体常数	8.314kJ/(kmol · K)
Re	雷诺准数	
Re_m	广义雷诺准数	
r	反应速度	kmol/(s · m³)
T	反应温度	K
T_0	进料温度	K
T_S	载热体的平均温度	K
t	混合时间	s
u	物料的流速	m/s
V	搅拌器的流量	m³/s 或 m³/h
	循环量	m³/min

符　号	意　义	法定单位
	反应釜的封头容积（不计直边高度）	m³
	物系体积、容积	m³
V_1	液层中气体的体积	m³
V_2	鼓泡塔分离部分体积	m³
V_d	每天需处理的物料体积	m³
V_L	静液层体积	m³
V_R	反应釜的装料容积 m³	
V_T	反应釜的（总）容积 m³	
v	体积流量	m³/s
v	液体与桨叶间的平均相对速度	m/s
x	体积分率；转化率	
y	气相中被吸收组分的摩尔分率	
y_1	吸收塔进口气体中被吸收组分的摩尔分率	
y_2	吸收塔出口气体中被吸收组分的摩尔分率	
Z	距离或厚度 m，填料层高度	m
z	气体混合物中组分的摩尔分率	
α	对流传热系数	W/(m²·K)
β	每天每个反应釜可操作的批数，半连续反应器的热稳定系数，化学吸收的增强因子	
δ	间壁或垢层的厚度	m
	反应釜生产能力的后备系数，半连续反应器的过渡稳定系数	
δ	A 以组分 A 为基准的膨胀因子	
ξ	阻力系数	
λ	导热系数	W/(m·K)
μ	黏度	Pa·s
μ_a	表观黏度	Pa·s
μ_W	壁温下的黏度	Pa·s
ρ	密度	kg/m³
τ	剪应力	N/m²
	反应时间，停留时间	s 或 h
τ'	辅助时间	h
φ	装料系数	
ψ'	固体颗粒与液体的体积比	
下标		
0	进料、开始状态代号	
A、B、R、S	组分代号	
1、2、3……	顺序代号	
	τ 时间代号	

思考题

1. 中试时推进式搅拌器的直径为 0.1 m，转速为 800 r/min，放大后采用的搅拌器直径为 0.8m，求在不同相似情况下放大后的转速。（答：1.66r/s，0.208r/s，3.33r/s，4.64r/s）

2. 已知氯苯硝化釜内物料的物性数据为 $\rho = 1.43 \times 10 kg/m^3$，$\lambda = 0.263 W/(m \cdot K)$，$C_P = 1766.5 J/(kg \cdot K)$，$\mu = 1.72 \times 10^{-3} Pa \cdot s$；夹套内冷却水的物性数据为 $\rho = 997.1 \ kg/m^3$，

$\lambda = 0.606 \text{W}/(\text{m} \cdot \text{K})$，$C_P = 4178 \text{J}/(\text{kg} \cdot \text{K})$，$\mu = 8.937 \times 10 \text{Pa} \cdot \text{s}$；硝化釜采用铸铁材料，壁厚 18mm，$\lambda = 62.8 \text{W}/(\text{m} \cdot \text{K})$，垢层热阻为 0.0004（$\text{m}^2 \cdot \text{K}$）/W，釜径 $D = 1\text{m}$，采用六叶直叶圆盘涡轮搅拌器，直径 $d = 0.3\text{m}$，转速 $n = 4.17 \text{r/s}$，反应温度为 323K，冷却水进口温度 293K，出口温度 303K，流速 0.02m/s；夹套当量直径 $De = 0.18\text{m}$，求釜内物料到冷却水的传热系数。〔答：327.3 W/（$\text{m}^2 \cdot \text{K}$）〕

3. 在题 2 中若采用蛇管传热，蛇管外径 $d_t = 0.035\text{m}$，壁厚 2.5mm，其导热系数 $\lambda = 44.9 \text{W}/(\text{m} \cdot \text{K})$，蛇管圈直径 $D_c = 0.46\text{m}$，水的流速为 0.3m/s，其他数据不变，求釜内物料到冷却水的传热系数。〔答：721.5 W/（$\text{m}^2 \cdot \text{K}$）〕

4. 工艺计算求得氯磺化反应釜的装料容积为 4m³，要求装料系数不大于 0.8，计算釜的直径与高度。（答：1.8m，2.2m）

5. 蒽酸生产中的缩合工序，测得投料三聚乙醛 3030 kg，生成 2 - 甲基 - 5 - 乙基吡啶 833.33 kg，未反应的三聚乙醛 1606 kg，求三聚乙醛的转化率和 2 - 甲基 - 5 - 乙基吡啶的收率。反应方程式为

$$4(\text{CH}_3\text{CHO})_3 + 3\text{NH}_3 \longrightarrow 3 \overset{\text{C}_2\text{H}_5}{\underset{\text{N}}{\bigcirc}}\text{CH}_3 + 12\text{H}_2\text{O}$$

（答：47%，40%）

第四章　过滤与离心设备

扫码"学一学"

扫码"看一看"

　　制药生产过程中的大多数物质是混合物，且大致可分为均相混合物和非均相混合物。若物系内部各处化学性质和物理性质完全相同且无界面，则为均相混合物；若物系内部有隔开的界面存在，且界面两侧的物性各不相同，则为非均相混合物。非均相混合物又可分为气态非均相混合物和液态非均相混合物。悬浮液、乳浊液及泡沫都属于液态非均相混合物，含尘气体、含雾气体等都属于气态非均相混合物。在非均相混合物中处于分散状态的物质称为分散相或分散介质，包围着分散物质而处于连续状态的流体称为连续相或连续介质。

　　制药工业中液态非均相混合物的来源广泛，如中药生产过程的动物、植物和矿物提取液；化学制药过程的非均相化学反应液，包括产品、副产品和未转化的反应物以及催化剂等；生物制药过程中的发酵液，包括培养基、微生物体以及微生物代谢产物等。

　　由于非均相混合物中分散相和连续相具有不同的物理性质（如密度、颗粒度等）。因此，工业上多采用机械方法对两相进行分离。按分离操作的依据和作用力不同，非均相混合物的分离方法如下。

　　（1）沉降　依据连续相和分散相的密度差异，在重力场或离心力场中对非均相混合物进行分离的操作，属于此类的操作主要有重力沉降、离心沉降等。

　　（2）过滤　依据两相对固体多孔介质透过性的差异，在重力、压力或离心力的作用下，对非均相混合物进行分离的操作，属于此类的操作主要有常规过滤、微滤等。

　　本章讨论用过滤和离心等机械分离方法进行液态非均相混合物分离的基本原理、方法和设备，以及微滤和超滤技术在混合物分离中的应用。

第一节　过滤分离设备

一、过滤操作的基本概念

　　过滤是利用非均相混合物中各物质粒径的不同，以某种多孔物质为筛分介质，将流体和混合物中的固体颗粒分开的单元操作，主要用于含尘气体和悬浮液的分离。通过对含尘气体的过滤可以得到洁净的气体，也可以回收有价值的药物颗粒；通过对悬浮液的过滤可以得到澄清的液体，也可以回收作为产品的药物颗粒。以下主要介绍用于悬浮液分离的过滤过程。

　　在过滤操作中，用于截留悬浮液中颗粒的多孔物质称为过滤介质或滤材，待分离的悬浮液称为滤浆，滤过得到的澄清液体称为滤液，被滤材截留的固体颗粒称为滤渣或滤饼。过滤需在过滤介质两侧保持一定的压差，即过滤推动力，压差产生的方式有滤液自身重力、外加压力和离心力，常用过滤设备多以后两种方式为主。

（一）过滤介质和助滤剂

1. 过滤介质　简单的过滤过程，如图 4-1 所示。过滤介质起着支撑滤饼的作用，并能让滤液通过。对其基本要求是具有足够的机械强度和尽可能小的流动阻力。同时，还应具有相应的耐腐蚀性和耐热性。工业上常见的过滤介质有以下几种。

（1）织物介质　又称滤布，是用棉、毛、丝、麻等天然纤维和合成纤维织成的滤布，以及由玻璃丝或金属丝织成的滤网，这类介质使用广泛、价格便宜、清洗及更换方便。此类介质可截留颗粒的直径为 $5 \sim 65 \mu m$。

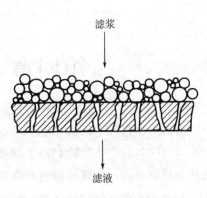

图 4-1　过滤操作示意图

（2）多孔固体介质　包括素烧陶瓷、多孔塑料、多孔金属制成的管或板等。此类介质可拦截的颗粒直径为 $1 \sim 3 \mu m$。

（3）堆积介质　包括各种颗粒（砂、木炭、石棉、硅藻土、玻璃碴）或非纺织纤维等堆积而成。此类介质的颗粒坚硬，堆积成层可用来过滤固体体积浓度很小的悬浮液。

在过滤过程中，过滤介质起到分离固体颗粒的作用。通常根据悬浮液中固体颗粒的体积浓度、粒度范围、操作温度、液体的腐蚀性及介质的机械强度进行选择。根据具体情况，上述介质可单独使用，也可以组合使用。

2. 滤饼的压缩性和助滤剂　在过滤过程中，由固体颗粒所形成的滤饼，一类是不因操作压力的增加而变形，称为不可压缩性滤饼；另一类是在压力作用下发生变形，称为可压缩性滤饼。在后一种情况下，使得过滤阻力逐渐增大，甚至发生通道孔隙堵塞。为了减少可压缩性滤饼的流动阻力，有时将某种质地坚硬且能形成疏松滤饼层的另一种固体颗粒混入混悬液或预涂于过滤介质上，以形成疏松滤饼层，保持较高的过滤通量。这种预混或预涂的颗粒状物质称为助滤剂，常用的助滤剂有硅藻土、活性炭、纤维粉、珍珠岩粉等。

助滤剂应具有化学性质稳定、不含可溶性杂质，以免对滤液造成污染；助滤剂还应能悬浮于滤浆之中，具有一定的刚性和适宜的粒径，以提高过滤效率。助滤剂的常用方法有以下两种。

（1）用助滤剂配成悬浮液，先过滤助滤剂，待过滤介质上形成一层助滤剂组成的滤饼后，再过滤滤浆。这种方法可以避免细颗粒阻塞介质通道，并可在一开始就得到澄清的滤液，如果滤饼有黏性，此法还有助于滤饼的脱落。

（2）将助滤剂混在滤浆中一起过滤，这种方法得到的滤饼的压缩性小，空隙率大，可有效降低过滤阻力。

需要指出，当滤饼是产品时，一般不使用助滤剂，否则助滤剂混在产品中难以分离。

（二）过滤方式

按过滤的机制不同，将过滤分为滤饼过滤和深层过滤。

1. 滤饼过滤　又称表面过滤，常以织物、多孔固体、多孔膜等作为过滤介质，这些介质的孔径一般小于颗粒。过滤时滤液可通过介质的小孔，颗粒被过滤介质截留，形成滤饼。因此，颗粒的截留主要依靠筛分作用。在过滤操作的开始阶段，会有部分小颗粒进入介质孔道内，并可能穿过滤孔而使

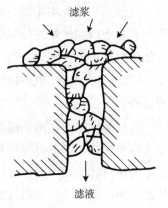

图 4-2　架桥现象

滤液浑浊。随着过滤的进行，颗粒会在孔眼处发生"架桥现象"，并逐渐形成滤饼层，如图4-2所示。滤饼形成之后，它便成为对其后的颗粒起主要截留作用的有效的过滤介质，使得滤液澄清。开始所得的浑浊液可返回重滤。滤饼过滤只适用于处理固相含量较高，一般固相体积浓度在1%以上的悬浮液。如中药生产中大多数药液的澄清过滤。

2. **深层过滤** 深层过滤一般以砂子、石棉、硅藻土等堆积物作为过滤介质，介质层一般较厚，在介质层内部构成长而曲折的通道，通道尺寸大于颗粒粒径，当颗粒随流体进入介质的孔道时，在表面力和静电力的作用下附着在孔道壁上，如图4-3所示。因此，深层过滤并不在介质上形成滤饼，固体颗粒沉积于过滤介质内部。这种过滤适合净化固相体积浓度极小，一般在0.1%以下的悬浮液，如自来水的净化。

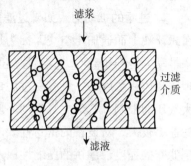

图4-3 深层过滤

二、过滤分离原理

（一）过滤速率

1. **过滤速率的定义** 过滤速率指单位时间内通过单位过滤面积的滤液体积，即

$$u = \frac{dV}{Adt} \tag{4-1}$$

式中，u 为瞬时过滤速率，m/s；V 为滤液量，m^3；A 为过滤面积，m^2；t 为过滤时间，s。

随着过滤的进行，滤饼逐渐加厚，阻力增大。如果过滤压力保持不变，即恒压过滤时，则过滤速率逐渐减小。因此，式（4-1）为瞬时过滤速率的定义式。

过滤中若要维持过滤速度不变，即维持匀速过滤，则必须逐渐增加过滤压力或压差。由此可知，过滤过程是一个不稳定的过程。据此，过滤可分为恒速过滤和恒压过滤两种操作。

2. **过滤过程中的阻力和推动力** 过滤速率等于滤饼层两侧推动力除以阻力。滤液先后受到两个阻力，一个是过滤介质阻力，另一个是滤饼的阻力，通常滤饼层和过滤介质的面积相同，故过滤速率也可用式（4-2）表示

$$u = \frac{dV}{Adt} = \frac{\Delta p}{\mu(R_m + R_c)} \tag{4-2}$$

过滤过程中的推动力 Δp 由两部分组成，见式（4-3）。分别来自克服滤液通过滤饼层和过滤介质层的阻力。

$$\Delta p = \Delta p_1 + \Delta p_2 \tag{4-3}$$

式中，R_m 为过滤介质阻力，m^{-1}；R_c 为滤饼的阻力，m^{-1}；μ 为滤液的黏度，Pa·s；Δp_1 为滤液通过滤饼时的压力降，也是通过该层的推动力，Pa；Δp_2 为滤液通过介质时的压力降，Pa。

需要指出，过滤是液体通过滤饼及过滤介质的流动。通常，随着过滤的进行，滤饼增厚，滤饼的阻力会逐渐增大。与之相比，过滤介质的阻力不变，且数值较小，可以忽略不计。

（二）影响过滤操作的因素

凡是影响过滤推动力和过滤阻力的因素都影响过滤操作。

1. 滤浆的性质　滤浆颗粒体积浓度越小，过滤速率越快，因此，有时可将悬浮液加以稀释后再进行过滤；滤浆黏度越小，过滤速率越快。一般而言，升高温度，可降低滤浆的黏度，因此，必要时可将悬浮液先进行预热。但真空过滤时，提高温度会使真空度下降，可能反而会降低过滤速率。

2. 过滤的推动力　如果过滤的推动力是悬浮液自身液柱压力，称为常压过滤；如果是在悬浮液上面通加压空气，称为加压过滤；如果是在介质下面抽真空，称为真空过滤；如果推动力是利用离心力，则称离心过滤。常压过滤设备简单，但过滤速率低，一般用来处理固相体积浓度小，且容易过滤的悬浮液。真空过滤的速率比较高，但它受到溶液沸点和大气压的限制，其最大真空度一般在85kPa以下。加压过滤可以在较高的压差下操作，过滤速率较大，对设备的密封性要求较高。此外，在设备强度允许的范围内，加压过滤还受到滤布的强度、滤饼的压缩性以及滤液澄清程度等限制，以最大压力不超过500kPa为宜。

3. 过滤的阻力　在过滤的初始阶段，过滤阻力只来自过滤介质。待过滤介质上形成滤饼以后，过滤阻力是滤饼阻力和过滤介质阻力之和。因此，滤饼层越厚，滤渣越细，则过滤阻力越大。

4. 过滤介质和滤饼的性质　过滤介质材质和孔隙不同，会影响滤液的澄清度和生产能力。当处理不可压缩滤饼时，提高过滤的推动力可以加大过滤速率，当处理可压缩滤饼时，适当加压也能提高过滤速率，但提高幅度有限。

三、过滤机

为适应不同的生产工艺要求，过滤机有多种类型。按操作方式可分为间歇式过滤机和连续式过滤机；按过滤推动力产生的方式可分为压滤式过滤机、吸滤式过滤机和离心式过滤机。下面介绍几种在制药生产中采用较多的过滤设备。

（一）板框压滤机

板框压滤机是广泛应用的一种间歇式操作的加压过滤设备，也是最早应用于工业过程的过滤设备。如图4-4所示，板框压滤机主要由固定架、固定头、滤框、滤板、可动头和压紧装置组成，两侧的固定架把可动头和压紧装置连在一起构成机架，机架上靠近压紧装置端设有固定头。在固定头和可动头之间依次交替排列滤板和滤框，滤板与滤框之间夹着滤布。压紧装置的驱动可用手动、电动或液压传动等方式。

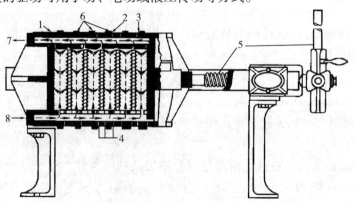

图4-4　板框过滤机

1. 固定架；2. 滤板；3. 滤框；4. 滤布；5. 压紧装置；

6. 滤渣积聚在滤框中；7. 滤液出口；8. 滤浆进口

　　滤板和滤框的结构如图4-5所示，滤板和滤框的两上角均开有圆孔，滤板的表面呈各种凸凹纹。滤框的作用是汇集滤渣和承挂滤布。滤板的作用是支撑滤布和排出滤液，其凸出的部分可以支撑滤布，凹下的部分则形成排液通道。滤板又分为洗涤板和过滤板，在过滤板和洗涤板的下角侧面都装有滤液的出口阀，在洗涤板左上角，还开有与板面两侧相通的侧孔道，洗涤水可由此进入框内。为了便于区别，常在板框外侧铸有小钮或其他标志，通常，过滤板为1钮，滤框为2钮，洗涤板为3钮，装配时即按钮数以1-2-3-2-1--的顺序排列板与框，构成过滤和洗涤单元。

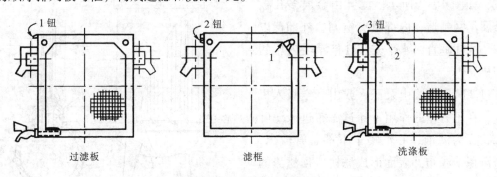

图4-5　滤板和滤框结构
1. 滤浆通道；2. 洗涤液通道

　　如图4-6所示，过滤板和滤框装配、压紧后，两上角的圆孔构成两条通道。一条是滤浆的通道，另一条是洗水的通道。在滤框的两侧覆以二角开孔的滤布，空滤框与两侧滤布围成了容纳滤浆及滤饼的空间。当过滤时，悬浮液在指定的压力下经滤浆通道由滤框的侧孔进入滤框空间，滤液分别透过两侧滤布，沿板上的沟槽流下，从下端滤液出口排出，固体颗粒则被截留于滤框内，待滤饼充满滤框时，停止过滤。滤液的排出方式有明流和暗流之分。若滤液由每块滤板底部出口直接排出，则称为明流；若滤液排出后汇集于总管后再送走，则称暗流。暗流多用于不宜暴露于空气中的滤液。

　　如果滤饼需要洗涤，可将洗涤水压入洗水通道，经由洗涤板角端的侧孔进入板面与滤布之间。此时，关闭洗涤板下端出口，洗水便在压差推动下穿过一层滤布及整个滤饼，再横穿另一层滤布，由过滤板下角的滤液出口排出，这种操作方式称为横穿洗涤法，其作用在于提高洗涤效果。洗涤结束后，旋开压紧装置并将板框拉开，卸下滤饼，清洗滤布，重新装合，进入下一个操作循环。

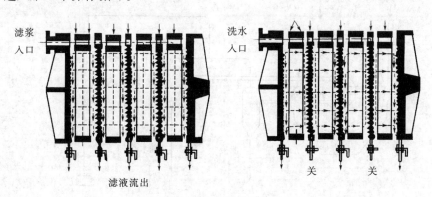

图4-6　板框压滤机液体流动路径

　　板框压滤机的操作表压，一般在$3 \times 10^5 \sim 9.8 \times 10^5 \mathrm{Pa}$范围内，有时高达$15 \times 10^5 \mathrm{Pa}$。因

此，可用于处理细小颗粒和液体黏度较高的悬浮液。

板框压滤机的优点是结构简单、制造方便、占地面积较小、过滤面积较大、操作压力高、适应能力强。它的缺点是装卸、清洗大部分为手工操作，劳动强度较大。

近年来各种自动操作的板框压滤机的出现，使上述缺点在一定程度上得到改善。

（二）叶滤机

叶滤机由许多长方形或圆形的滤叶装合而成，如图4-7所示。滤叶由金属多孔板或金属丝网制造，内部具有空间，外部覆以滤布。滤叶垂直或水平安装在能承受内压的密闭机壳内。

过滤时，滤浆由泵压入或由真空吸入机壳内，在压力差的作用下穿过滤布进入滤叶内部，成为滤液，并汇集于下部总管流出，滤渣沉积于滤布外表面形成滤饼。据滤渣的特性和操作压力，滤饼厚度为 2～35mm。需要洗涤时，可在同一设备内通入洗涤水进行洗涤，也可将滤叶取出进行洗涤，洗涤液所经路线与过滤液相同。最后用压缩空气、清水或蒸汽反吹卸掉滤渣。

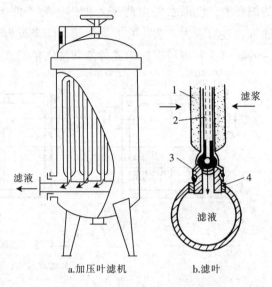

图4-7 加压叶滤机与滤叶

1. 滤饼；2. 滤布；3. 拔出装置；4. 橡胶圈

叶滤机设备紧凑，密闭操作，劳动条件较好，过滤面积较大，通常为20～100m²。但是由于设备密闭加压，使得其结构复杂，造价较高，更换滤布比较麻烦。

（三）转筒真空过滤机

转筒真空过滤机是一种连续操作的过滤设备，广泛应用于各种工业生产中。如图4-8所示，设备的主体是一个缓慢转动的水平圆筒，圆筒表面有一层金属网作为支承，网的外围覆盖滤布，筒的下部浸在滤浆中，浸没在滤浆中的过滤面积一般为5～40m²，占全部面积的30%～40%，转速为0.1～3r/min。

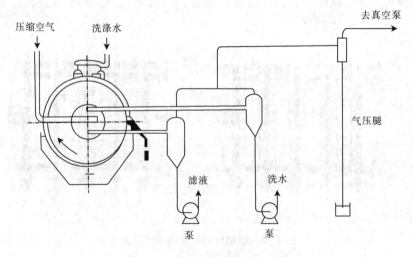

图4-8 转筒过滤机装置示意图

如图4-9所示，圆筒沿径向被分割成若干互不相通的扇形格，每格都有单独的孔道与分配头相通。通过分配头，圆筒旋转时其壁面的每一个格，可依次与真空管和压缩空气管相通。因而在回转一周的过程中，每个扇形格表面可顺序进行过滤、洗涤、吸干、吹松、卸渣、滤布复原等项操作。

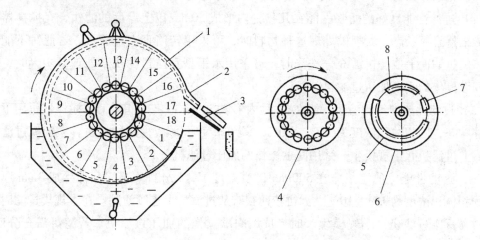

图4-9 转筒及分配头的结构
1. 转筒；2. 滤饼；3. 刮刀；4. 转动盘；5. 真空凹槽；
6. 固定盘；7. 压缩空气凹槽；8. 洗水真空凹槽

分配头是转筒真空过滤机的关键部件，由紧密贴合的转动盘与固定盘构成，转动盘随筒体一起转动，固定盘内侧面开有若干长度不等的弧形凹槽，各凹槽分别与真空系统和吹气系统相通。

（1）当转动盘上的某几个小孔与固定盘上的真空凹槽相对时，这几个小孔对应的连通管及相应的转筒表面与滤液真空管相连，滤液便可经连通管和转动盘上的小孔被吸入真空系统，同时滤饼沉积于滤布的外表面上，进行过滤。

（2）转动盘转到使这几个小孔与固定盘上的洗水真空凹槽相对时，这几个小孔对应的连通管及相应的转筒表面与洗水真空管相连，转筒上方喷洒的洗涤水被从外表面吸入连通管中，经转动盘上的小孔被送入真空系统，进行洗涤和吸干。

（3）当这些小孔与固定盘上的压缩空气凹槽相对时，这几个小孔对应的连通管及相应的转筒表面与压缩空气系统的吹气管相连，压缩空气经连通管从内向外吹向滤饼，把滤饼吹松。

（4）随着转筒的转动，这些小孔对应表面上的滤饼又与刮刀相遇，被刮下，进行卸渣。继续转动，这些小孔对应的转筒表面又重新浸入滤浆中，这些小孔又与固定盘上的真空凹槽相遇，开始新一轮操作循环。

转筒过滤机优点是连续自动操作，节省人力，生产能力大，尤其适宜处理颗粒较人且容易过滤的料浆，对于难于过滤的细而黏的物料，可采用预涂助滤剂的方法。转筒真空过滤机的缺点是设备复杂，投资费用高，过滤面积不大。此外，由于真空吸滤，因而过滤推动力有限，不宜于过滤温度较高的悬浮液，滤饼的洗涤不够充分。

四、过滤机的选型

过滤机的选型不仅要满足对分离质量和产量的要求，还要考虑对物料适应面广，操作方便，设备、操作和维护的综合费用低。以下仅从滤浆的过滤特性，滤浆的物理性质和生产规模角度介绍过滤机的选型原则。

1. 滤浆的过滤特性　根据过滤速率，滤饼孔隙率、固体颗粒沉降速度和固相体积浓度的不同，滤浆分为良好、中等、差、稀薄和极稀薄五类。

（1）过滤性能良好的滤浆　能在几秒钟内形成50mm以上厚度的滤饼，在搅拌器作用下不能维持悬浮状态。大规模处理这种物料时，可采用转筒真空过滤机。若滤饼不能保持在转筒的过滤面上或滤饼需充分洗涤时，可采用水平型真空过滤机。处理量不大时，还可选用间歇操作的水平加压过滤机。

（2）过滤性能中等的滤浆　能在30秒内形成50mm厚度的滤饼，在搅拌器作用下能维持悬浮状态，固相体积浓度为10%~20%，能在转鼓上形成稳定的滤饼。大规模过滤采用转筒真空过滤机，小规模生产采用间歇操作的加压过滤机。

（3）过滤性能差的滤浆　在500mmHg真空度下，5分钟内最多只能生成3mm厚的滤饼。固相体积浓度为1%~10%。滤饼较薄很难从过滤机上连续清除。在大规模过滤时，宜选用转筒真空过滤机；小规模生产时，选用间歇操作的加压过滤机。若滤饼需充分洗涤，宜选用真空叶滤机或立式板框压滤机。

（4）稀薄滤浆　固相体积浓度在5%以下，1分钟形成滤饼在1mm以下。大规模生产可采用过滤面积较大的间歇式加压过滤机；小规模生产可选用真空叶滤机。

（5）极稀薄滤浆　固相体积浓度在0.1%以下，一般无法形成滤饼，主要起澄清作用。滤浆黏度低，颗粒大于$5\mu m$时，可选用水平盘形加压过滤机。滤液黏度高，颗粒小于$5\mu m$时，可选用预涂层的板框压滤机。

2. 滤浆的物理性质　主要指滤浆的黏度、密度、温度、蒸汽压、溶解度和颗粒直径等。滤浆黏度高，过滤阻力大，要选加压过滤机。温度高的滤浆蒸汽压高，应选用加压过滤机，不宜用真空过滤机。当物料易燃、有毒或易挥发时，应选密封性好的加压过滤机，以确保生产安全。

3. 生产规模　一般大规模生产时选用连续式过滤机，小规模生产选间歇式过滤机。

在选择过滤机和设计过滤工艺时，应综合考虑上述因素。

第二节　微滤与超滤设备

微滤和超滤是利用具有一定选择性透过性的膜进行分离纯化的操作，是制药生产中新兴的分离技术之一。微滤可用来处理含细小粒子的溶液，属于非均相分离，超滤所分离的实际是大分子溶液，属于均相分离过程。考虑到超滤、微滤与常规过滤都属于筛分过程，是制药过程中重要的分离手段，仍将二者归于本章介绍。

一、超滤与微滤膜的分类

1. 按材料分类

（1）天然高分子材料　主要是纤维素的衍生物，有醋酸纤维素、硝酸纤维素和再生纤维素等。醋酸纤维素最为常用，醋酸纤维素使用的温度应低于50℃，宜在pH 3~8范围内使用。

（2）合成高分子材料　主要有聚砜、聚丙烯腈、聚酰亚胺、聚酰胺、聚烯类和含氟聚合物等，其中聚砜是最常用的膜材料之一，主要用于制造超滤膜。聚砜膜的特点是耐高温，一般可耐 70～80℃，有些可达 125℃，可在 pH 1～13 范围内使用。

（3）无机材料　主要有陶瓷、微孔玻璃、不锈钢和碳素等。目前应用较多的无机膜是孔径 0.1μm 以上的微滤膜，其中以陶瓷材料的微滤膜最为常用。无机膜的优点是机械强度高，耐高温、耐有机溶剂，使用寿命长。缺点是成型性差，造价较高。

2. 按结构分类

（1）微孔膜　又称为多孔膜，具有多孔性，主要作为微滤介质。孔径的大小因膜的制备方法和材料而不同，常见的孔径为 0.05～20μm，膜厚 50～250μm。

（2）均质膜　又称致密膜，是一层均匀的薄膜，具有类似于纤维的结构。均质膜的渗透通量一般较低，多用于渗透汽化，也可以用于微滤和超滤。

（3）非对称膜　由两层以上薄层组成，上面一层很薄，厚度仅 0.1～1μm，称作皮层，其孔径较小，主要起分离作用。下面一层较厚，厚度为 100～200μm，孔径较大，称为支撑层，主要起增强膜强度的作用。由于不对称膜起分离作用的皮层很薄，透过通量大，膜孔不易堵塞，容易清洗。目前超滤膜多为不对称膜。

（4）复合膜　复合膜的结构与非对称膜相同，差别仅在于非对称膜的皮层和支撑层是用同一种材料制成的，而复合膜的皮层和支撑层是用不同材料制成的。有时根据需要，表层和支撑层之间还衬设过渡层，类似三明治结构。

二、微滤与超滤的过程

（一）微滤与超滤的流程

常见的膜分离过程主要有并流膜分离操作、低剪切错流膜分离操作和高剪切错流膜分离操作 3 种工艺流程。

1. 并流膜分离工艺　又称死端过滤膜分离技术，进料流动方向垂直于膜的表面，类似于常规过滤，被截留微粒都沉积在膜上，形成滤饼。该工艺多用于稀料液的净化或悬浮粒子的回收。并流膜分离工艺的优点是设备简单，悬浮料液不用循环。缺点是易发生严重的膜污染和浓差极化现象。

2. 低剪切错流膜分离工艺　又称十字流膜分离技术，料液沿膜面的切线方向流动，在膜面上形成剪切力，使部分沉淀在膜面上的颗粒重新返回主流体，从而抑制滤饼的过速生长，并保持较稳定的膜通量。该工艺适用于高浓度料液的处理或原料液的浓缩，在制药领域应用十分广泛。

3. 高剪切膜分离工艺　又称动膜分离技术，该工艺流程利用强化转子或膜本身来产生搅动的方法使流体在膜面上产生切向流动速度，形成与料液的输送无关的剪切力，从而可以达到很高的剪切率，克服了低剪切工艺中剪切力过小的问题。动膜分离技术主要有旋转管式和旋转盘式两种类型。

（二）微滤与超滤的操作方式

根据料液的情况、分离要求以及所有膜组件一次分离的分离效率的不同，常用的剪切错流过滤操作方式有如下 3 种。

1. 单级间歇操作　图 4-10 所示为典型的单级间歇操作。料液一次性加入到料液槽中，滤液排出，浓缩液进行循环流动。此种操作适合料液处理量不大的场合，工业上较少应用。

2. **单级连续操作**   单级连续操作的流程见图4-11所示，将部分浓缩液作为产品，部分回流液与进料液混合后，进行再循环。这种方式可提高透过液的回收率。适合处理量较大，膜堵塞不严重的场合。

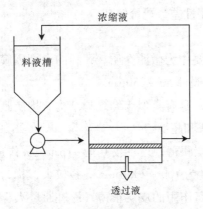

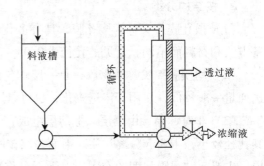

图4-10 单级间歇式操作流程   图4-11 单级连续式操作流程

3. **多级连续操作**   多级连续操作流程如图4-12所示，将若干个单级串联起来，将第一级的浓缩液作为第二级的进料液，再把第二级的浓缩液作为下一级的进料液，而各级的透过液连续排出。从第一级到最后一级浓缩液的浓度逐渐增加，最后一级的浓度是最大的，即得浓缩产品。这种方式的透过液回收率高，浓缩液的量较少，适合大批量工业生产。

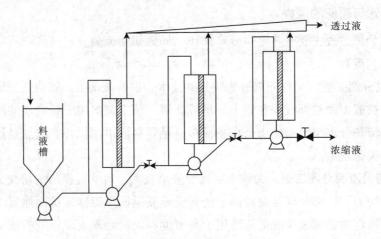

图4-12 多级连续式操作流程

（三）浓差极化与膜污染

对于膜分离过程，造成通量衰减的主要原因是浓差极化和膜污染。

1. **浓差极化**   当大分子溶液在膜表面流动时，溶剂分子可以通过膜，溶质分子则被截留。从而使溶质分子在膜表面积累，形成高浓度区。在浓度差的推动下，膜表面的溶质分子向溶液主体做反向扩散，这一现象称为浓差极化。浓差极化会导致膜通量降低，减轻浓差极化的常用方法是提高料液流速，增加料液扰动程度，提高操作温度，以及定期清洗等。

2. **膜通量降低的其他因素**   除浓差极化外，导致膜通量降低的原因还有以下几个方面。

（1）物料的性质 物料的黏度较大或扩散系数低均导致膜通量下降。

（2）膜的压密效应 在长时间的压差作用下，膜的密度增加，空隙率减小，导致膜通量下降。醋酸纤维素膜有显著的压密效应。

（3）膜的污染 导致膜污染的原因很多，主要是溶质的强亲水性和易沉降离子的沉淀等。例如，多糖和蛋白质都有强的亲水性，易在膜表面形成胶层，高浓度钙离子溶液易在膜表面形成沉淀层。当膜污染严重时，几乎等于在膜表面又形成一层二次薄膜，会导致膜通量大幅度下降，甚至完全消失。

3. 膜的清洗 膜的清洗一般选水、盐溶液、稀酸、稀碱、表面活性剂、络合剂、氧化剂和酶溶液等为清洗剂。常用的清洗方法有用水或滤液的反冲洗，即以一定频率交变加压、减压或改变流向来恢复膜通量；也可以用气体反冲洗，当膜污染达到一定程度时，由滤液侧施加压缩空气，并反向通过滤膜，从而除去污染物。

三、微滤与超滤设备

一台完整的微滤和超滤设备应包括料液槽、膜组件、泵、换热器和测量控制部件等。膜组件是由膜、固定膜的支撑物、间隔物以及收纳这些部件的容器构成的一个单元，是膜设备的核心部件。膜分离设备根据膜组件的形式不同分为管式、平板式、螺旋卷式和中空纤维式4种。

（一）管式膜组件

管式膜是将膜固定在内径10~25mm的圆管状多孔支撑体上构成的，10~20根管式膜并联，或用管线串联，收纳在筒状容器内即构成管式膜组件，如图4-13所示。管式膜组件分为内压式和外压式，内压式的膜表层在管的内壁，外压式膜表层在管外壁。

管式组件的优点是内径较大，结构简单，适合处理黏度高、悬浮物含量较高的料液，分离操作完成后的清洗比较容易，其缺点是设备投资和操作费用高，单位体积的过滤面积较小。

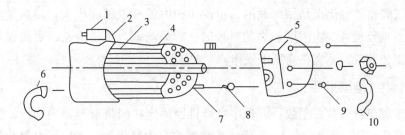

图4-13 管式膜组件

1. 透过液出口；2. 外罩；3. 膜支撑管；4. 管子端面板；
5. 可拆端面板；6. 浓缩液出口；7. 管膜；8. 薄膜密封；9. O形垫圈；10. 料液进口

（二）平板式膜组件

平板式膜组件是由多枚圆形或长方形平板膜以1mm左右的间隔重叠加工而成，膜间衬设隔网，供料液或滤液流动，见图4-14。由于板间距较小，流体呈层流流动。板式膜组件的更换和清洗较容易，不易堵塞。板式膜组件的装填密度高于管式膜组件，能耗比管式膜低，由于在层流下操作，传质系数不高。

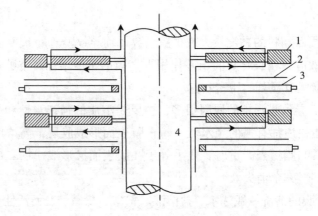

图 4 - 14　平板式膜组件

1. 隔离板；2. 平板膜；3. 膜支撑板；4. 中央螺栓

（三）螺旋卷式膜组件

螺旋卷式膜组件如图 4 - 15 所示。是用平面膜卷制而成的，将两张过滤膜叠在一起，表面各自向外，在三条边上相互结合，形成一长信封式的膜袋，在此袋内插入一张挠性的多孔薄板，支撑起滤液的通道。一支管壁上有许多小孔、两端带有连接件的管子作为膜组件的中心管。先将伸出膜袋口外的多孔薄板卷绕中心管一圈，再将膜袋开口黏合，然后将一隔网叠在膜袋上，一起卷

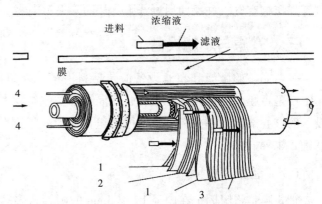

图 4 - 15　螺旋卷式膜组件

1. 滤膜；2. 滤液隔网；3. 料液隔网；4. 进料口；

5. 浓缩液出口；6. 滤液出口

绕在中心管上，形成螺旋卷，最后将外缘封固。膜袋间衬设的隔网作为料液的通道，空心管作为滤液的回路。

螺旋卷式膜组件的优点是结构紧凑、单位体积内的有效膜面积大，膜通量大，设备费用较低。缺点是处理悬浮物浓度较高的料液时，容易堵塞，不易清洗，更换膜较困难。膜组件的制作工艺复杂，不宜在高压下操作。

（四）中空纤维膜组件

中空纤维膜组件由数百至数百万根中空纤维膜固定在圆筒形容器内构成，类似单管程管壳式换热器的结构，如图 4 - 16 所示。严格来讲，内径为 40 ~ 80μm 的膜称为中空纤维膜，而内径为 0.25 ~ 2.5mm 的膜称为毛细管膜。由于两种膜组件的结构基本相同，故一般将这两种膜装置统称为中空纤维膜组件。所用的中空纤维，在内壁或内、外壁形成膜表层。内压式膜组件适合于管内流过料液，管间汇集滤液；外压式膜组件适合管间流过料液，管内汇集滤液。膜组件的管束外径为 25 ~ 150mm，管长可达 1000mm。中空纤维膜组件是工业上应用最多的膜组件。

中空纤维膜组件的优点是设备单位体积内的膜面积大，不需要支撑材料，使用寿命可长达 5 年，设备投资低。缺点是膜组件的制作工艺复杂、易堵塞，不易清洗。

四、膜组件的选用

选择膜组件要综合考虑料液的性质、工艺要求、膜组件的特点以及操作的经济性，以达到下列目标。①获得尽可能高的传质速率，即有较高的膜通量；②减少和控制膜污染；③减小流动阻力；④膜组件各部位的性能均稳定。

从膜组件的分离性能和生产规模考虑，平板式膜组件由于容易做成小型设备而且膜易于更换，在实验室中应用较多。中试规模的膜设备，要求单位体积设备能提供较大的膜面积和较高的膜通量，可选用平板膜和螺旋卷式膜。若料液黏度较高，且固相体积浓度较大，可以选用管式膜组件。在工业生产中应用最多的是中空纤维膜组件。在选用时，除了要考虑中空纤维膜的孔隙率、膜厚度、装填密度、操作流速、压力等因素外，还要考虑工艺流程，一般而言，错流流动的传质系数高于并流流动。而在较大规模生产时，使用中空纤维膜的另一个问题是壳程中容易发生液体分布不均，从而降低传质效率。为提高壳程传质系数，宜选择在壳程中装有折流挡板的中空纤维组件，以造成横向流动，形成局部扰动，从而促进传质。

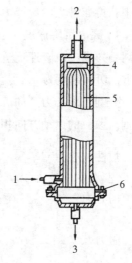

图 4-16　中空纤维膜组件

1. 进料口；2. 浓缩液出口；
3. 滤液出口；4. 纤维束端封；
5. 纤维束；6. 环氧树脂管板

根据料液的性质和工艺要求，凡是易生成凝胶或含悬浮物的料液，以选用管式或板式膜组件为宜，因为二者容易清洗，不易堵塞。如果料液会滋生微生物，还要考虑所选设备方便清洗和灭菌。在实际应用中，用单个组件不能达到预定工艺要求时，需要考虑将多个组件组合起来应用。一般的组合方式包括串联和并联两种，串联的优点是效率高，能将料液处理至较高的纯度，但料液流速低，系统压力降较大。并联的优点是处理量大，系统压力降较小，但所得浓缩液的浓度低。

第三节　离心分离设备

一、离心分离过程

离心分离是利用离心机转鼓旋转产生的离心力，来实现悬浮液、乳浊液及其他物料分离或浓缩的操作。离心分离过程一般分为离心过滤、离心沉降和离心分离三种。

（一）离心过滤过程

常用来分离固体浓度较高且颗粒较大的悬浮液。此过程由过滤式离心机完成，过滤式离心机转鼓上均匀分布许多小孔，供排出滤液用，转鼓内壁上覆有过滤介质。转鼓旋转时，转鼓内的悬浮液在离心力的作用下，其中的固体颗粒沿径向移动被截留在过滤介质表面，形成滤饼层，而液体则透过滤饼层、过滤介质和鼓壁上的小孔被甩出，从而实现固体颗粒与液体的分离。

（二）离心沉降过程

常用来分离固体含量较少且粒度较细的悬浮液。此过程由沉降式离心机完成，沉降式离心机转鼓的鼓壁上无孔，依靠悬浮液中固相和液相的密度不同实现分离。其中密度大的颗粒沉于鼓壁，而密度小的液体集于转鼓中央，并不断引出。其分离原理是颗粒在离心力场中获得非常大的离心力，从而加速了悬浮液中颗粒的沉降。

1. **离心沉降速度** 当流体围绕中心轴作圆周运动时，便形成流体离心力场。现对颗粒在离心力场中沉降速度进行分析。设颗粒为球形颗粒，其直径为 d，密度为 ρ_s，与转轴距离为 R，切向速度为 u_T，流体密度为 ρ，且 $\rho_s > \rho$。颗粒在流体离心力场中将受到 3 个力的作用，分别是离心力、向心力和阻力，其中向心力的方向为沿半径指向旋转中心，而阻力方向则与颗粒的运动方向相反。上述 3 个力分别表述如下。

惯性离心力

$$F_c = \frac{\pi}{6}d^3\rho_s\frac{u_T^2}{R} \tag{4-4}$$

向心力

$$F_b = \frac{\pi}{6}d^3\rho\frac{u_T^2}{R} \tag{4-5}$$

阻力

$$F_d = \zeta\frac{\pi}{4}d^2\frac{\rho u_r^2}{2} \tag{4-6}$$

如果上述 3 个力达到平衡时，则：

$$\frac{\pi}{6}d^3\rho_s\frac{u_T^2}{R} - \frac{\pi}{6}d^3\rho\frac{u_T^2}{R} - \zeta\frac{\pi}{4}d^2\frac{\rho u_r^2}{2} = 0 \tag{4-7}$$

平衡时颗粒在径向上相对于流体的运动速度 u_r 便是它在此位置上的离心沉降速度。对式（4-7）求解得

$$u_r = \sqrt{\frac{4d(\rho_s - \rho)}{3\zeta\rho} \times \frac{u_T^2}{R}} \tag{4-8}$$

需要指出，离心沉降速度不是颗粒运动的绝对速度，而是绝对速度在径向上的分量，方向沿半径向外；另外，离心沉降速度不是恒定的值，随颗粒在离心力场中的位置 r 而变化。

离心沉降时，如果颗粒与流体的相对运动属于层流时，阻力系数 $\zeta = \dfrac{24}{Re_t}$，于是得到

$$u_r = \frac{d^2(\rho_s - \rho)}{18\mu}\frac{u_T^2}{R} \tag{4-9}$$

式中，ρ_s 为颗粒的密度，kg/m^3；ρ 为连续相的密度，kg/m^3；R 为转鼓的旋转半径，m；μ 为流体黏度，$Pa \cdot s$。

2. **离心机的分离因数** 离心分离过程就是靠物料在离心机的转鼓内随转鼓一同高速旋转而形成的离心力场进行分离的。因此，质量为 m 的颗粒在径向上的离心力大小为

$$F_c = m\frac{u_T^2}{R} = mR\omega^2 = m\frac{D}{2}\left(\frac{2\pi n}{60}\right)^2 = 0.55 \times 10^{-2}mDn^2 \text{ N} \tag{4-10}$$

式中，m 为颗粒的质量，kg；D 为转鼓的直径，m；ω 为旋转角速度，rad/s；n 为转速，r/min。

由式（4-10）可知，离心力的大小与旋转物体的质量、转速和旋转半径均有关。

离心机的分离效果如何，通常用分离因数 K_c 来衡量。分离因数是指被分离物料在离心力场中所受到的离心力与它在重力场中所受到的重力的比值，即

$$K_c = \frac{mR\omega^2}{mg} = \frac{R\omega^2}{g} = 0.56 \times 10^{-3}Dn^2 \tag{4-11}$$

分离因数是反映离心沉降设备分离性能的重要指标。K_c 越大，离心机的分离能力就越强。由式（4-11）可知，增大转鼓半径或增加转速均可提高离心机的分离因数，且增加转速比增加半径效果更显著。但转速和半径的提高均受到转鼓机械强度的限制。目前，常用离心机的分离因数在 $300 \sim 10^6$。

（三）离心分离过程

常用于分离两种密度不同的液体所形成的乳浊液或含有极微量固体颗粒的悬浮液。在离心力的作用下，液体按密度不同分为内外两层，密度大的在外层，密度小的在内层，通过一定的装置将它们分别引出，固相则沉于转鼓壁上，间歇排出。用于这种分离过程的离心机称为分离机，是沉降式离心机的一种。

二、离心机的分类

离心机广泛应用于工业生产中，为满足不同生产过程的需要，离心机的品种规格较多，离心机的分类方法也很多，主要有以下几种。

1. 按分离因数

（1）常速离心机　分离因数 $K_c < 3000$，并以 $K_c = 400 \sim 1200$ 最为常见，主要用于分离颗粒较大的悬浮液或物料的脱水，这种离心机转速较低而转鼓直径较大，装载容量较大。

（2）高速离心机　分离因数 $K_c = 3000 \sim 50000$，此类离心机通常是沉降式和分离式，适用于分离乳浊液和细粒悬浮液，其转鼓直径一般较小，转速较高。

（3）超高速离心机　分离因数 $K_c > 50000$，此类离心机主要是分离式，主要用于分离难分离的超微细悬浮液和高分子胶体悬浮液，其转鼓为细长的管式，转速很高。

2. 按操作原理

（1）过滤式离心机　转鼓的鼓壁有孔，内壁覆有过滤介质，利用过滤介质的筛分作用实现分离。典型的过滤离心机有三足式离心机、卧式刮刀卸料离心机等。适用于大颗粒悬浮液的过滤分离以及物料的脱水。

（2）沉降式离心机　转鼓的鼓壁上无孔，利用悬浮液中固相和液相的密度不同或两种液体密度差异实现分离。典型的沉降式离心机有螺旋卸料离心机、管式离心机、碟片式离心机等。用于乳浊液的分离或不易过滤的细颗粒悬浮液的分离。

3. 按操作方式

（1）间歇运转离心机　此类离心机的加料、分离、卸渣等过程均是间歇进行，如三足式离心机、上悬式离心机等。

（2）连续运转离心机　此类离心机的加料、分离、卸料等操作是在全速下、连续进行的，如卧式刮刀卸料离心机、活塞推料离心机、螺旋卸料离心机等。

除上述分类外，按卸料方式不同分为人工卸料和自动卸料离心机；按转鼓数目可分单鼓式离心机和多鼓式离心机。此外，还可根据转鼓轴线的方向不同分为立式和卧式离心机。

三、常用离心机

离心机是化工、制药工业的主要分离设备之一，可用于澄清、增浓、脱水、洗涤或分级等操作。

（一）三足式离心机

三足式离心机属于间歇式过滤离心机，是一种立式的离心机。工业上常用的有人工上部卸料离心机和下部自动卸料离心机，广泛应用于化工、制药、食品等领域。

人工上部卸料三足式离心机的结构如图 4 - 17 所示，主要由转鼓、主轴、轴承、轴承座、底盘、外壳、三根支柱、带轮及电动机等部分组成。转鼓、主轴、轴承座、外壳、电动机、V 型带轮都装在底盘上，再用三根摆杆悬挂在三根支柱的球面座上。摆杆套有缓冲弹簧，摆杆两端分别用球面和底盘及支柱连接，使整个底盘可以摆动，这种支承结构可自动调整装料不均导致的不平衡状态，减轻了主轴和轴承的动力负荷。主轴短而粗，鼓底向内凹入，使转鼓质心靠近上轴承，以减少整机高度，有利于操作和使转动系统的固有频率远离离心机的工作频率，减少振动。离心机由装在外壳侧面的电动机通过三角皮带驱动，停车时，转动机壳侧面的制动器把手使制动带刹住制动轮，离心机便停止工作。

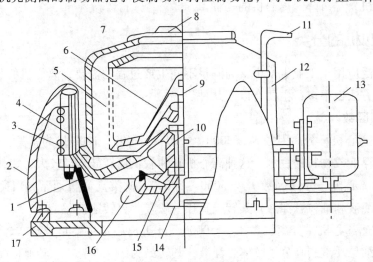

图 4-17 三足式离心机

1. 底盘；2. 支柱；3. 缓冲弹簧；4. 摆杆；5. 转鼓体；6. 转鼓底；7. 拦液板；8. 机盖；9. 主轴；10. 轴承座；11. 制动器把手；12. 外壳；13. 电动机；14. 三角带轮；15. 制动轮；16. 滤液出口；17. 机座

三足式离心机是间歇操作，每个操作周期一般由启动、加料、过滤、洗涤、甩干、停车、卸料几个过程组成。操作时，为使机器运转平稳，物料加入时应均匀布料，悬浮液应在离心机启动后再逐渐加入转鼓。分离膏状物料时，应在离心机启动前均匀放入转鼓内。物料在离心力场中，所含的液体经由滤布、转鼓壁上的孔被甩到外壳内，在底盘上汇集后由滤液出口排出，固体则被截留在转鼓内，当达到湿含量要求时停车，靠人工由转鼓上部卸出。三足式离心机的分离因数为 450～1170。

三足式离心机的结构简单、操作方便、占地面积小，滤渣颗粒不易磨损，适用于过滤周期长、处理量不大、滤渣含水量要求较低的生产过程。本机适于颗粒状的、结晶状的、纤维状的颗粒物料分离。在制药工业上应用广泛。

缺点是上部卸料、间歇操作、劳动强度大。滤饼上薄下厚，颗粒上细下粗，纯度不均匀。

近年来，出现了自动刮刀下部卸料三足式离心机，克服了上部卸料离心机的缺点，但结构复杂、造价高，应用较少。

（二）卧式刮刀卸料离心机

卧式刮刀卸料离心机是刮刀卸料离心机的典型代表，是一种连续运转，间歇操作，用刮刀卸料的离心机，广泛应用于化工、制药等工业生产部门。

按分离原理，卧式刮刀卸料离心机有过滤式、沉降式和虹吸式 3 种形式，过滤式用的最为普遍。按刮刀卸料的运动形式，刮刀可分为上提式和旋转式两种。图 4-18 所示为上提式卧式刮刀卸料离心机的结构，离心机的主轴水平地支承在一对滚动轴承上，转鼓装在主轴的外伸端（悬臂式结构）。转鼓由过滤式转鼓体、转鼓底、拦液板组成，转鼓内壁衬设过滤介质和滤网，有的鼓内还装有耙齿，以用作均布物料和控制物料的厚度。转鼓在传动机构带动下高速旋转。机壳前盖装有刮刀及其驱动装置，各工序的操作由液压系统控制。转鼓外有铸造的外壳，其下部为滤液出口。卧式刮刀卸料离心机，在转鼓全速运转的情况下能够自动地依次进行加料、过滤、洗涤、甩干、卸料、洗网等工序的循环操作。

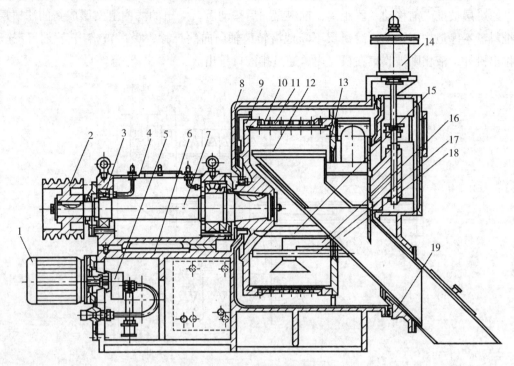

图4-18 卧式刮刀卸料离心机

1. 油泵电动机；2. 带轮；3. 双列向心球面滚子轴承；4. 轴承箱；5. 齿轮油泵；6. 机座；7. 主轴；8. 机壳；9. 转鼓底；10. 转鼓；11. 滤网；12. 刮刀；13. 拦液板；14. 提升油缸；15. 耙齿；16. 进料管；17. 洗涤液管；18. 料斗；19. 门盖。

操作时，先空载启动转鼓到工作转速，而后打开进料阀门，悬浮液经加料管进入到鼓内，随转鼓转动。由离心力的作用，其中滤液由滤网和转鼓壁上的小孔甩出鼓外，由机壳的排液口流出。固体被截留在滤网上，当滤饼达到指定厚度时，进料阀自动关闭，停止进料。随后，冲洗阀自动开启，洗水喷洒在滤饼上。再经过甩干后，由刮刀将滤饼刮下，滤渣由排料槽排出。刮刀升到极限位置后自动退下，同时，冲洗阀再次开启，对滤网进行冲洗，完成一个循环操作，重新开始进料。

卧式刮刀卸料离心机具有结构紧凑、体积小、制造维修不太复杂，对物料适应性强的特点。卧式刮刀卸料离心机可自动操作，也可人工操作，处理能力大、分离效果好，宜于大规模连续生产。用于分离含固体颗粒粒径在0.01mm以上的悬浮液。

缺点是刮刀卸料，使颗粒破坏严重，对于必须保持晶粒完整的物料不宜采用。因刮刀不能刮尽滤渣，转鼓壁始终保留一定厚度的滤渣层，不利于分离，而且刮刀寿命短，需经常修理或更换。

（三）卧式活塞推料离心机

卧式活塞推料离心机是连续运转、自动操作、液压脉动卸料的过滤式离心机。它的加料、分离、洗涤、甩干等过程都是连续进行的，只有卸料是脉动的。

卧式活塞推料离心机有单级、双级和多级之分，目前我国以生产单级、双级和柱锥双级3种形式的产品为主。

卧式活塞推料离心机的工作原理如图4-19所示。转鼓由空心主轴带动全速运转后，悬浮液通过进料管连续加入装在推料盘上的圆锥形布料斗中，在离心力的作用下，悬浮液经布料斗均匀地进入转鼓中，滤液经滤网和转鼓壁上的滤孔甩出转鼓外，固相颗粒被截留在滤网上形成圆筒状滤饼层。推料盘借助液压系统控制进行往复运动，当推料盘向前移动时，滤饼层被推向前移动一段距离，推料盘向后移动后，空出的滤网上又形成新的滤饼层。因推料盘不停地往复运动，滤饼层不断地沿转鼓轴向向前推移，最后被推出转鼓，经排料槽排出机外，液相则被收集在机壳内，通过排液口排出。

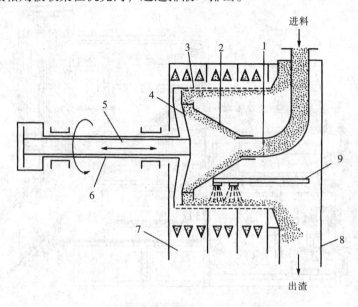

图 4 - 19　卧式活塞推料离心机工作原理

1. 进料管；2. 布料斗；3. 转鼓；4. 推料盘；5. 推杆；6. 空心主轴；

7. 排液口；8. 排料槽；9. 洗涤管

若滤饼需在机内洗涤，洗涤液通过洗管连续喷在滤饼层上，洗涤液连同分离液由机壳的排液口排出。

卧式活塞推料离心机的优点是效率高、生产能力大、操作稳定可靠，适合于分离粗、中颗粒的悬浮液。缺点是对悬浮液的波动比较敏感，易于产生漏料现象。

（四）螺旋卸料离心机

螺旋卸料离心机是全速运转，连续进料、分离，螺旋输送器卸料的离心机。有沉降式、过滤式及沉降过滤组合式 3 种形式，其中沉降式螺旋卸料离心机应用较多。

螺旋卸料沉降离心机有卧式和立式两种，在此只介绍使用较多的卧式螺旋卸料离心机。

卧式螺旋卸料离心机的工作原理如图 4 - 20 所示。操作时，悬浮液经加料管连续输入机内，经螺旋输送器的内筒进料孔进入转鼓内，在离心力的作用下悬浮液在转鼓内形成环形液流，固体颗粒在离心力的作用下沉降到转鼓的内壁上，由于差速器的差动作用使螺旋输送

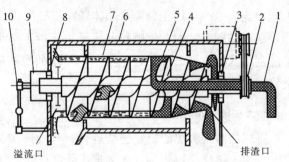

图 4 - 20　卧式螺旋卸料离心机工作原理

1. 进料口；2. 三角皮带轮；3. 右轴承；4. 螺旋推送器；

5. 进料孔；6. 机壳；7. 转鼓；8. 左轴承；

9. 行星差速器；10. 过载保护装置

器与转鼓之间形成相对运动，沉渣被螺旋输送器推送到转鼓小端的干燥区进一步脱水，然后经排渣口排出。液相形成一个内环，环形液层深度是通过转鼓大端的溢流挡板进行调节的。分离后的液体经溢流口排出。卧式螺旋卸料离心机的特点如下。

（1）应用广泛　能够完成固相脱水，液相澄清，液 - 液 - 固、液 - 固 - 固三相分离，粒度分级等操作。

（2）对物料适应能力强　对固相颗粒粒度和浓度变化不敏感，因此，可以分离固相颗粒粒度为 0.005 ~ 2mm、固相体积浓度 1% ~ 50% 的悬浮液。

（3）单机生产能力大，结构紧凑，占地面积小，操作费用低。

（4）固相沉渣的含湿量一般比过滤离心机高，虽能对沉渣进行洗涤，但洗涤效果不好。

（五）碟片式高速离心机

碟片式高速离心机是常用的多鼓沉降离心机之一，其结构如图 4 - 21 所示。主体是转鼓内有一组锥形碟片，碟片数为 50 ~ 100 片，碟片直径一般为 0.4 ~ 0.6m，间距为 0.3 ~ 3mm，锥角为 70° ~ 100°，碟片上沿锥面向有 3 个均布的进料孔，孔径为 6 ~ 13mm，和 3 条均布的筋，以此形成碟片的间隙。碟片与转鼓同轴安装，以相同的转速旋转，转速为 4700 ~ 6500r/min，分离因数可达 4000 ~ 10000。

操作时，液体混合物由空心转轴进入转鼓底部，经由碟片上的孔道上升时，在离心力的作用下，分布于两碟片之间的窄缝中，颗粒或重相沉积在锥形碟片的下表面，并向下向外滑动，最后汇集到转鼓壁上，经排渣口由人工或自动排出；液相或轻液向中心流动，由溢流口流出。碟片将分离室分成若干薄层，缩短了颗粒或液滴的沉降距离，加速了离心分离的过程。碟式离心机可用于分离乳浊液和悬浮液。用于固液分离时，固体颗粒的粒度范围为 0.5 ~ 500μm，在制药工业中用于抗生素、维生素等的分离。

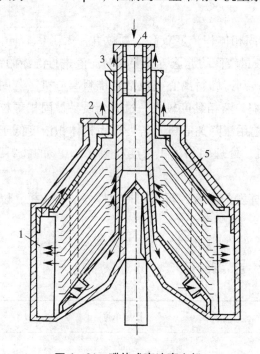

图 4 - 21　碟片式高速离心机

1. 隔板；2. 重液出口；3. 轻液出口；

4. 进料口；5. 碟片

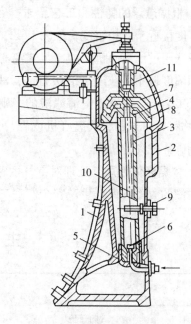

图 4 - 22　管式高速离心机

1. 机座；2. 外壳；3. 转鼓；4. 上盖；5. 底盘；

6. 进料分布盘；7. 轻液收集器；8. 重液收集器；

9. 制动器；10. 桨叶；11. 锁紧螺母

（六）管式高速离心机

管式高速离心机是立式高速沉降式离心机，如图 4 - 22 所示。主体为垂直细长的壁面无孔的管状转鼓，直径一般在 50 ~ 150mm，长度与直径之比为 4 ~ 8，高为 0.75 ~ 1.5m，在上部电动机带动下高速旋转，转速可达 8000 ~ 50000r/min，分离因数可达 15000 ~ 60000，用于处理难以分离的悬浮液和浮浊液。在化工、制药等工业生产中应用较多。

操作时，液料自转鼓下端加入，被转鼓内互成 120° 夹角的三片桨叶带动与转鼓同速旋转。在离心力的作用下，乳浊液分为两层，重液层靠近转鼓鼓壁，轻液层靠近转鼓中心。重液与轻液沿转鼓向上做轴向流动，由转鼓顶端的溢流口分别排出。分离含固相颗粒的乳浊液或悬浮液时，运转一段时间后，转鼓内积留沉渣增多。当分离液澄清度下降到不符合要求时，需停机清理鼓内沉渣。

管式高速离心机的优点是结构简单，运转可靠，分离效率高，适用于分离颗粒直径为0.01 ~ 100μm，固相体积浓度小于 1%，固液相密度差或轻重液相密度差大于 10kg/m³ 的难于分离的浮浊液或悬浮液。其缺点是单机生产能力较低，澄清过程有排渣要求，只能间歇式操作。

四、离心机的选型

选择离心机要根据混合物的特性、分离要求、处理能力及经济性等进行初步选择，再做必要的试验后才能最后确定离心机的型号及规格。

1. 根据分散相的形态　若分散相为液体，如乳浊液，则由于液体具有好的流动性，可连续排液，连续操作，宜选用管式离心机、碟片式离心机；若分散相为固体，颗粒较大的选用过滤式离心机，如三足式离心机、卧式刮刀卸料离心机。颗粒较小的，宜选用螺旋卸料沉降型离心机；若分散相既有液体又有固体，则视固相体积浓度的大小选择管式、碟片式或其他多鼓式离心机。

2. 根据悬浮的特性和工艺要求　若悬浮液固相体积浓度较高，颗粒直径大于 0.1mm，固相密度接近于液相密度，工艺上要求获得含液量较低的滤渣，并要求对滤渣进行洗涤的，应考虑选用过滤离心机，如三足式离心机、卧式刮刀卸料离心机或活塞推料离心机。若固相体积浓度较小，粒度小于 0.1mm，滤饼可压缩，液相黏度较大，过滤介质易被固相颗粒堵塞，工艺上要求获得澄清滤液的，则应考虑选用沉降离心机，若处理固相体积浓度低于 1% 的物料，可选用管式离心机或碟片式离心机。处理固相体积浓度在 1% ~ 10% 的物料，宜选用碟片式离心机。

3. 依据液体性质　处理对空气敏感以及易挥发的滤液，要选用封闭性好的离心机，以提高滤液的收率和保证生产安全。

主 要 符 号 表

符　号	意　义	法定单位
A	过滤面积	m^2
a	加速度	m/s^2
d	颗粒直径	m
D	转鼓直径	m

续表

符　号	意　义	法定单位
K_C	分离因数	
m	质量	kg
n	转速	r/min^1
Δp	压力降	Pa
r	颗粒距轴心的距离	m
R	转鼓半径	m
R_c	滤饼的阻力	m^{-1}
Re	等速沉降时的雷诺准数	
R_m	过滤介质阻力	m^{-1}
t	时间	s
u	瞬时过滤速度	m/s
u_r	颗粒相对于流体的运动速度	m/s
u_T	颗粒的离心沉降速度	m/s
V	滤液体积	m^3
μ	液体的黏度	Pa·s;
ω	转鼓角速度	s^{-1}
ζ	沉降阻力系数	
ρ	密度	kg/m^3

思考题

1. 过滤机的选型原则是什么？

2. 简述板框式压滤机的结构、操作和洗涤过程及应用。

3. 导致膜过滤通量降低的因素有哪些？中空纤维膜组件的结构特点有哪些？

4. 离心分离过程有哪几种，离心机主要有哪些结构和类型？

5. 用于离心沉降和离心过滤的离心机在结构上有什么不同？

扫码"学一学"

扫码"看一看"

第五章 蒸发与结晶设备

制药生产中，为了将不挥发性的产品或中间体从液体溶剂中分离出来，通常首先采用浓缩的方法去除溶剂以提高溶液浓度，再进一步使溶液过饱和析出固体产品。前一步骤是蒸发，后一步骤是结晶。蒸发与结晶两个步骤紧密相连，有时甚至可以在同一设备内进行。

蒸发与结晶都是传质、传热同时进行的过程，传热是过程进行的条件，传质是过程进行的目的。所不同的是蒸发是通过加热的方法使溶剂由液相进入气相的过程，结晶是通过冷却等方式使溶质由液相进入固相的过程。

第一节 蒸发过程与设备

一、概述

蒸发是通过加热的方法去除溶液中的溶剂，以提高溶液中溶质浓度的单元操作。蒸发是一个将挥发性溶剂与不挥发性溶质分离的过程，是一个浓缩溶液的过程。

蒸发是通过外界供给热量使溶剂不断气化的过程，其过程速度即溶剂气化速率取决于传热速率，过程的实质是有相变的热量传递，因此通常把它归类为传热过程。

（一）蒸发操作的目的

在制药工业生产中，蒸发操作的目的主要有以下几点。

（1）制取浓缩液 将溶液中溶剂气化制备浓缩溶液，作为成品或半成品。

（2）为结晶创造条件 通过蒸发获得饱和溶液，再进一步冷却得到结晶产品，如生产维生素 C 的中间体 L - 山梨糖就是经蒸发后冷却结晶而析出的。

（3）制取纯溶剂 将溶剂蒸发并冷凝，与非挥发性溶质分离，作为产品。

（二）蒸发过程的分类

蒸发过程按照不同方法分类如下。

（1）按加热方式 蒸发可分为直接加热和间接加热。以过热蒸汽等为热源直接通入溶液进行加热称为直接加热，热量由蒸汽通过间壁式换热设备传给被蒸发溶液称为间接加热。

（2）按蒸发方式 蒸发可分为自然蒸发和沸腾蒸发。自然蒸发是溶液中的溶剂在低于其沸点下进行气化的过程。由于此种蒸发仅在溶液表面进行，故其速率缓慢，效率较低。沸腾蒸发是在溶液沸点下气化的过程，效率较高，因而在实际生产中广为使用。

（3）按操作方式 蒸发可分为间歇蒸发和连续蒸发。间歇蒸发采用的是分批进料或出料，溶液的浓度和沸点均随过程进行而变，属非稳态过程。连续蒸发采用连续进料或出料的方式，属稳态过程。

（4）按操作压力 蒸发可分为常压、减压（真空）和加压蒸发。

（5）按是否利用二次蒸汽 蒸发过程分为单效蒸发和多效蒸发。习惯上将用于加热的水蒸气称为加热蒸汽或一次蒸汽，而将溶剂气化产生的水蒸气称为二次蒸汽。前一效的二次蒸汽直接冷凝而不再利用的蒸发过程称为单效蒸发。若将几个蒸发器按一定方式组合起来，把前一个蒸发器的二次蒸汽作为后一个蒸发器的加热蒸汽使用，使蒸汽得到多次利用的蒸发过程称为多效蒸发。

（三）蒸发操作流程

1. 单效蒸发流程　图5-1为一典型的单效蒸发流程。在蒸发器内设有加热室1和蒸发室2。加热室有若干根加热管和一根中央循环管。当溶液受热沸腾后，由于密度的差异在中央管和加热管间作循环流动，被蒸至规定的浓度后，由蒸发器下部的浓缩液出口排出，称完成液（浓缩液）。溶剂的气化基本上是在上部的蒸发室内进行的，所得蒸汽不再利用，经二次蒸汽分离器3及混合冷凝器4排空。

2. 多效蒸发流程　多效蒸发中的每一个蒸发器称为一效。通入加热蒸汽的蒸发器称为第一效，用第一效的二次蒸汽作为加热剂的蒸发器称为第二效，依此类推。采用多效蒸发器的目的是为了节省加热蒸汽的消耗量。制药生产上最常用的为2~3效。

（1）并流式（亦称顺流式）　物料与二次蒸汽同向相继通过各效蒸发器，如图5-2所示。在操作过程中，各效间应维持较大压差，使物料自动由前一效流入下一效，省去了输料泵。此外，物料是由温度高的前一效流入后一效，在后一效中物料处于过热状态，因而产生自蒸发，在各效间省去了预热装置。该流程还具有布局紧凑、管路短、热损失少和热量利用合理等优点；其缺点是末效的料液浓度高、温度低，因而黏度大，会使传热系数大大下降。因此该流程不适于黏度随浓度的增加有大幅度增加的料液，只适用于黏度不大的料液。

（2）逆流式　物料与加热蒸汽逆向流过各效蒸发器，如图5-3所示，料液由末效流入，由泵送入前一效。逆流法的优点在于溶液的浓度愈大时，蒸发的温度亦愈高，因此各效溶液均不致出现黏度太大的情况，所以总传热系数不致过小，适于黏度较大料液的蒸发；其缺点是各效间需设有料液泵，增加了动力消耗，且完成液温度较高，对于高温易分解的物料不适用。

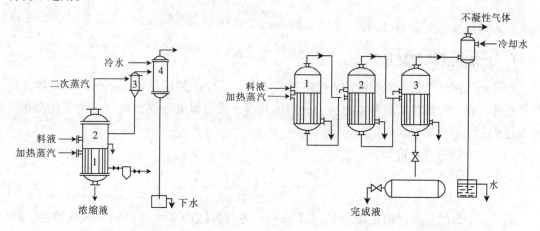

图5-1　单效蒸发流程

1. 加热室；2. 蒸发室；

3. 二次蒸气分流器；4. 混合冷凝器

图5-2　并流加料蒸发操作流程

（3）平流式　料液在各效分别进料并分别出料，如图5-4所示。该流程适用于有结晶析出的料液，便于含晶体的浓缩液自各效分别取出。也可用于同时浓缩两种以上的不同水溶液。

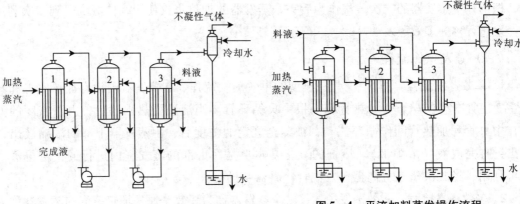

图 5 – 3　逆流加料蒸发操作流程　　　　图 5 – 4　平流加料蒸发操作流程

二、蒸发过程计算

对于单效蒸发，通过物料衡算、热量衡算和传热速率方程来确定蒸发量、加热蒸汽消耗量以及蒸发器的传热面积等工艺参数。对于多效蒸发，计算过程较为复杂，可将多效蒸发视为若干个单效蒸发的组合，本节只介绍连续操作单效蒸发计算。

（一）蒸发器的生产能力和生产强度

蒸发器的生产能力（W）即单位时间内从溶液中蒸发的水量或其他溶剂量，也称为溶剂蒸发量。

蒸发器的生产强度（q）即单位时间内，单位传热面积（A）所能气化的水量或其他溶剂量。蒸发器的生产强度是表明蒸发器性能的一个重要指标，其数值越大，对于给定的蒸发任务，所需设备费用越低。

两者关系为

$$q = \frac{W}{A} \tag{5-1}$$

（二）加热蒸汽消耗量

加热蒸汽用于气化蒸发器中的有机溶剂或水分。蒸汽的消耗量 D 是通过对蒸发器进行热量衡算求得。包括将溶液升温至沸点所需的热量、沸点温度下使溶剂气化的气化潜热和蒸发过程中的热损失 Q_1。

因此，加热蒸汽耗量为

$$D = \frac{W\gamma' + Fc_\mathrm{m}(t - t_0) + Q_1}{\gamma} \tag{5-2}$$

式中，γ 为加热蒸汽的冷凝潜热，kJ/kg；γ' 为蒸发压力下水或溶剂的气化潜热，kJ/kg；C_m 为原料液的平均比热容，kJ/（kg·K）；t 为蒸发器内溶液的沸点，K；t_0 为原料液的温度，K。

如果原料液预热至沸点进料，忽略热损失，则式（5 – 2）简化为

$$D = W\frac{\gamma'}{\gamma} \tag{5-3}$$

按照经验初略计算时，单效蒸发过程 $D \approx (1.1 \sim 1.2) W$。

（三）蒸发器的传热面积

蒸发器的传热面积根据蒸发器的热负荷大小，由总传热速率方程式求出。

传热面积为

$$A = \frac{Q}{K\Delta t} \tag{5-4}$$

式中，A 为传热面积，m^2；K 为传热系数，$kW/(m^2 \cdot K)$；Δt 为传热温差，K，即蒸发器内加热蒸汽温度与溶液沸点之差。

（四）蒸汽的经济性

蒸汽的经济性 U 为 1kg 加热蒸汽可蒸发的水分或溶剂量，即

$$U = \frac{W}{D} \tag{5-5}$$

式中，U 为蒸汽的经济性，kg/kg；W 为单位时间气化的水分或溶剂量，kg/s；D 为单位时间消耗的加热蒸汽量，kg/s。

U 是衡量蒸发过程是否经济的重要指标。其数值表示蒸发过程能耗大小，是评价蒸发过程优劣的重要指标之一。U 越大，加热蒸汽的消耗越小，操作费用越低。若物料沸点进料，不计热损失，在单效蒸发时 $W/D \approx 1$；二效蒸发时 $W/D \approx 2$，依此类推。可见，采用多效蒸发可提高蒸汽的经济性，提高热能的利用率。

三、蒸发器

蒸发过程是一个由传热速率控制的过程，因此，蒸发设备的主要功能是通过传递热量来气化水分或溶剂。由于蒸发时需要不断地除去蒸发过程所产生的二次蒸汽，因此，蒸发器除了需要加热室外，还需要一个进行气液分离的蒸发室（又称分离室），蒸发器的型式虽然各种各样，但它们都有加热室和蒸发室这两个基本部分。此外，蒸发设备还包括使液沫进一步分离的除沫器、排除二次蒸汽的冷凝器等辅助装置。

以下重点介绍一些制药生产中使用的蒸发器。

（一）夹套式蒸发器

夹套式蒸发器是最简单的蒸发器，见图 5-5，在制药工业生产中常用的是搪瓷玻璃罐。罐内盛被蒸发的溶液，夹套内通以加热蒸汽，通过罐壁传热。为了提高传热效果，在罐内可装搅拌器，以强化溶液的流动。如加热面积不足时，可在内部设置蛇管进行加热。

这类设备加热面积小，生产能力低。只适于生产量小、溶液中溶质较长时间受热不易分解和溶液黏稠的情况。

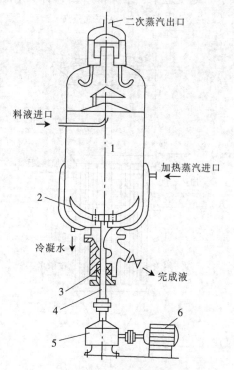

图 5-5　夹套式蒸发器
1. 夹套蒸发器；2. 搅拌叶；3. 填料密封；
4. 轴；5. 减速器；6. 电机

（二）循环型蒸发器

在蒸发操作中，如果原料液只流经加热管一次，因水或溶剂的相对蒸发量较小，达不到规定的浓缩要求，此时一般需要采取多次循环，称为循环型蒸发操作，所用的设备称为循环型蒸发器。在循环型蒸发器中，料液在器内作循环流动，直至达到规定的浓缩要求后才可以排出，故蒸发器内的存液量较大，原料液的停留时间液较长，浓度变化较小。

根据原料液产生循环的原因不同，循环型蒸发器又可分为自然循环型和强制循环型两大类。自然循环型蒸发器的特点是溶液在加热室被加热的过程中，由于产生了密度差而自然地循环。循环型蒸发器有以下几种主要型式。

1. 中央循环管式蒸发器　亦称标准式蒸发器。其结构如图 5 - 6 所示，加热室由一直立管束组成，加热管的直径为 25 ~ 75mm，管长为 0.6 ~ 2m，管外通加热蒸汽。在加热室的管束中，有一根直径较大的中央循环管，截面积为加热管总截面积的 40% ~ 100%。

由于中央循环管的截面积大，在该管内单位体积的溶液所具有的传热面积比加热管的小得多，因此加热管内溶液的温度比中央管的高，造成了两管内液体的密度差，再加上加热管中上升蒸汽的抽吸作用，而使料液自加热管上升，从中央管下降，构成一个自然的循环过程，循环速度为 0.1 ~ 0.5m/s。因此，提高了蒸发器的传热效果，传热系数为 600 ~ 3000W/(m² · K)。

该设备结构简单、制造方便、操作稳定，由于它不可拆卸，清洗和维修清理也不易。故适于黏度适中、结垢不严重、有少量晶体析出及腐蚀性较小的溶液。

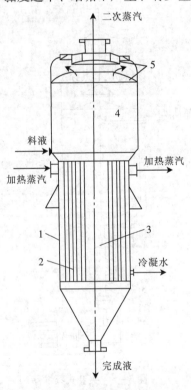

图 5 - 6　中央循环管式蒸发器

1. 外壳；2. 加热室；3. 中央循环管；
4. 蒸发室；5. 除沫器

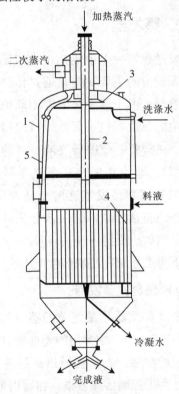

图 5 - 7　悬筐式蒸发器

1. 外壳；2. 蒸汽管；3. 除沫器中央循环管；
4. 加热室；5. 液沫回流管

2. 悬筐式蒸发器　此种蒸发器是标准式蒸发器的改进，其结构如图 5 - 7 所示，它的加热室呈筐状，被悬挂在蒸发器壳体内的下部，清洗时可由器内取出。作用原理与中央循环管式相同，但溶液的循环发生在外壳的内壁与悬筐外壁之间的环隙中，环隙截面积为加热管总截面积的 100% ~ 150%，因此，溶液循环速度较大，为 1 ~ 1.5m/s，传热系数达 600 ~ 3500W/$(m^2 \cdot K)$，且加热器被溶液（冷载体）包围，热损失也比较小。此外，因加热室可从蒸发器的顶部取出，清洗、检修和更换均比较方便。故悬筐式蒸发器适用于有晶体析出或结垢不严重的溶液蒸发。其缺点是结构复杂、较难制造、设备庞大、耗钢材较多。

3. 外加热式蒸发器　亦称自然循环式长管型蒸发器。其结构如图 5 - 8 所示，它的特点是把管束较长的加热室装在蒸发室的外面，即将加热室和蒸发室分开，使得整个设备的高度降低了，同时由于循环管没有受到蒸汽加热，增大了循环管与加热管内溶液的密度差，加快了溶液的循环，循环速度可达 1.5m/s，传热系数达 1400 ~ 3500W/$(m^2 \cdot K)$。

该型蒸发器的适用范围很广，便于检修和更换，加热面不受限制，一个蒸发室可装设 2 ~ 4 个加热室。其缺点是热损失较大，金属耗量偏多。

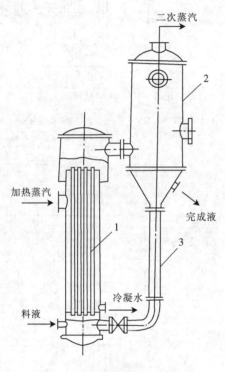

图 5 - 8　外加热式蒸发器

1. 加热室；2. 蒸发室；3. 循环管

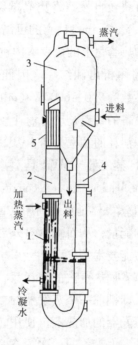

图 5 - 9　列文式蒸发器

1. 加热室；2. 沸腾室；3. 蒸发室；

4. 循环管；5. 沸腾室隔板

4. 列文式蒸发器　亦称管外沸腾式蒸发器。列文式蒸发器是在普通蒸发器的加热室上方增设一段直管为沸腾室，主要是为了进一步提高料液在蒸发器内的自然循环速度，减少清洗和维修次数。其结构如图 5 - 9 所示，其主要部分为加热室、沸腾室、蒸发室和循环管。它的特点是沸腾室在加热室之上，加热管中的溶液由于受到附加液柱的作用而不能沸腾，只有当溶液升到沸腾室时，由于所受压强降低才开始沸腾。沸腾室内设有纵向挡板，限制了大气泡的形成，降低了沸腾室内的溶液密度，如此可提高循环速度。另外，循环管较高，一般为 7 ~ 8m，截面积较大，是加热管总截面的 2 ~ 3.5 倍，且循环管设在加热室之外，这些因素都使得循环的推动力较大，阻力较小，因而溶液的循环速度可达 2 ~ 3m/s。

列文式蒸发器的优点是可避免在加热管中析出晶体且能减轻加热管表面上污垢的形成，传热效果较好，传热系数近于强制循环蒸发器的数值，尤其适用于处理有结晶析出的溶液。

其缺点是设备庞大，消耗的金属材料多。此外，由于液柱静压强引起的温度差损失较大，为了保持一定的有效传热温差，要求加热蒸汽有较高的压力。

5. 强制循环蒸发器 在上述所列的自然循环型蒸发器中，料液的循环流动均是由于沸腾液的密度差而产生虹吸作用所引起，故循环速度相对较低，一般不适于高黏度、易结垢及有大量结晶析出的溶液处理，此时宜采用强制循环蒸发器，其结构如图 5-10 所示。

强制循环蒸发器是在外热式蒸发器的循环管路上另装设一台循环泵，迫使溶液按一定方向循环流动，可获较自然蒸发更高的溶液循环速度，一般可达 1.5~3.5m/s，有的可高达 5m/s。此外沸腾是在加热管之上的蒸发室内进行，避免了加热面上的晶体析出和结垢。因此，传热效果很好，传热系数为 950~6000W/（m²·K）。

该型设备的缺点是动力消耗较大，每平方米的传热面积消耗的功率为 0.4~0.8kW。

6. MVR 蒸发器 MVR 是蒸汽机械再压缩技术（mechanical vapor recompression）的简称。MVR 蒸发器是重新利用其自身产生的二次蒸汽的能量，从而减少对外界能源的需求的一项节能技术。

为了节省加热蒸汽的消耗量，常采用多效蒸发器，即把前一个蒸发器的二次蒸汽作为后一个蒸发器的加热蒸汽使用，使蒸汽得到多次利用，但末效的二次蒸汽必须冷凝并由真空泵抽除。MVR 蒸发器可将二次蒸汽全部回用，能最大限度节省能源，其工作过程如图 5-11 所示，低温位蒸汽经 MVR 热泵压缩，压力、温度升高，热焓增加，然后进蒸发器的加热室当作加热蒸汽使用，使料液维持沸腾状态，而加热蒸汽本身则冷凝成水，以充分利用蒸汽的潜热，提高热效率，生蒸汽的经济性相当于多效蒸发的几到几十效。加热室底端物料变成浓缩液和二次蒸汽，压缩机再把二次蒸汽压缩后作为加热蒸汽输送到加热室，实现连续蒸发过程。该类蒸发器内物料停留的时间短，不易引起物料变质，适用于较高黏度的物料，此外还具有换热效率高、占地面积小、节能环保，省去冷却循环水和冷却塔、泵等附属设备，投资维护保养费用低等优点。

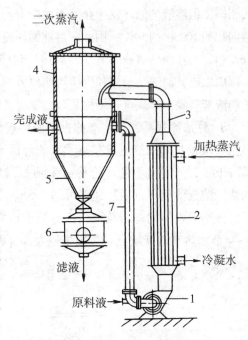

图 5-10 强制循环蒸发器

1. 循环泵；2. 加热室；3. 导管；4. 蒸发室；
5. 圆锥形底；6. 过滤器；7. 溶液循环管道

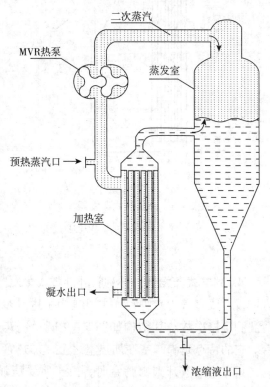

图 5-11 MVR 蒸发器

(三) 膜式蒸发器

这一类蒸发器的特点是溶液通过加热室一次即达到所需的浓度，且溶液沿加热管壁呈膜状流动而进行传热和蒸发。它的主要优点是传热速率高，蒸发速度快，溶液在蒸发器内停留时间短，因而特别适于热敏性溶液的蒸发。以下简要介绍几种膜式蒸发器。

1. 升膜式蒸发器　结构如图 5 – 12 所示，主要由蒸发器和分离器构成。加热室实际上是一个加热管较长的立式固定管板换热器，料液由底部进入加热管，受热沸腾后迅速气化。蒸汽在管内高速上升，带动料液沿管壁成膜状上升，并不断蒸发。气液在顶部分离器内分离，二次蒸汽从顶部排出，完成液则由底部排出。在操作时，必须保证二次蒸汽上升时具有足够的速度，在常压下一般为 20 ~ 30m/s，在减压下为 80 ~ 200m/s，当然二次蒸汽的速度亦不可过高，否则会将液膜拉破，出现干壁现象，降低传热效果。其传热系数可达 600 ~ 6000W/(m² · K)。

这种蒸发器适用于蒸发量较大，热敏性和易生泡沫的溶液。不适于黏度大于 0.05Pa · s、易结晶或结垢的溶液。

2. 降膜式蒸发器　降膜式蒸发器如图 5 – 13 所示，它与升膜式的结构基本相同。主要区别在于原料液是从加热室的顶部加入，经液体分布器均匀地进入加热管，在重力和二次蒸汽的作用下，呈膜状向下流动，并进行蒸发。浓缩液与二次蒸汽从加热室的底部进入分离室内，完成液由分离室底部排出，二次蒸汽由顶部排出。传热系数可达 1000 ~ 3500W/(m² · K)。

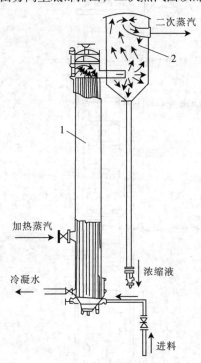

图 5 – 12　升膜式蒸发器

1. 蒸发器；2. 分离室

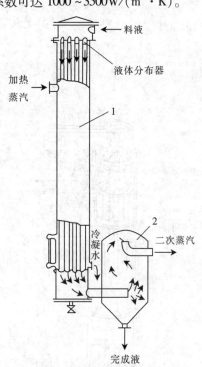

图 5 – 13　降膜式蒸发器

1. 蒸发器；2. 分离室

物料在降膜式蒸发器中的停留时间更短，因而适于热敏性物料的蒸发。且料液黏度可高些，通常可蒸发黏度为 0.05 ~ 0.45Pa · s、浓度较高的料液。

为使料液在加热面上均匀成膜，且能防止二次蒸汽由加热管上部逸出，设计良好的液体分布器是非常必要的。图 5 – 14 为工业上常用的液体分布器的结构。

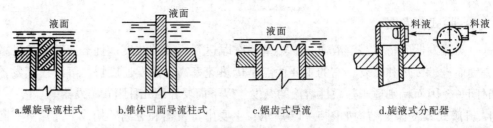

| a.螺旋导流柱式 | b.锥体凹面导流柱式 | c.锯齿式导流 | d.旋液式分配器 |

图 5 – 14　降膜式蒸发器液体分布装置

3. 刮板式蒸发器　是一种新型的利用外加动力成膜的蒸发器,其原理是依靠旋转刮板将液体均匀地分布于加热壳体的内壁上。刮板式蒸发器主要由壳体、刮板和传动装置等部分组成,它的加热管为一直立圆管,中、下部设有两个蒸汽夹套进行加热,管中心的转轴装有刮板。刮板分为固定式和转子式两种型式:前者的刮板固定在转轴上,此种蒸发器称刮板式蒸发器,如图 5 – 15 所示,刮板外沿与壳内壁的间隙为 0.5 ~ 1.5mm,有时刮板上装有挠性构件,紧贴液膜表面,使液膜薄而均匀;后者的刮板为活动刮板,与壳内壁的间隙随转子的转速而变,转动时由于离心力的作用而紧压在传热面上,使膜厚减薄,可达 0.03mm,带有此类刮板的蒸发器称转子式刮板蒸发器,如图 5 – 16 所示。

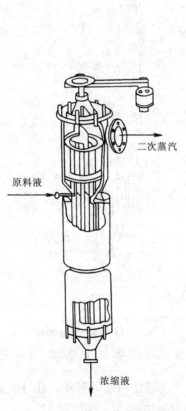

图 5 – 15　刮板式薄膜蒸发器

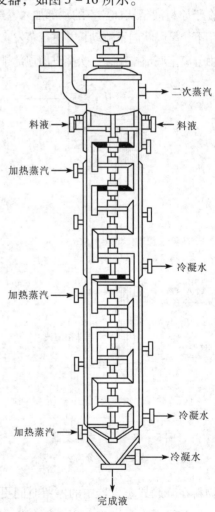

图 5 – 16　转子式刮板蒸发器

操作过程中，料液由顶部沿切线方向进入，在重力和刮板的作用下，均布于整个加热面，旋转向下呈膜状流动。二次蒸汽由顶部排出，浓缩液由底部放出。

旋转刮板式蒸发器适于高黏度、易结晶、易结垢的浓溶液蒸发，在此情况下仍能获得较高的传热系数。该蒸发器的缺点是结构复杂、制造精度要求高，消耗一定动力，且加热面积不大，一般为 $10m^2$，最大不超过 $40m^2$。

四、蒸发器的选择原则

蒸发器的型式很多，特点各异，选型时应遵循下列基本原则：①满足生产工艺要求，保证产品质量；②生产能力大；③结构简单，操作和维修方便；④经济性好，能耗低。

蒸发器的选择应根据蒸发过程的生产任务、物料的性质、溶剂的种类等进行综合考虑合理选择。

（一）蒸发操作条件与流程

1. 加热方式的选择 以蒸汽为热源时常采用间接加热蒸发，热量由蒸汽通过间壁式换热设备传给被蒸发溶液。

2. 操作方式的选择 间歇蒸发是分批进料或出料，溶液的浓度和沸点均随过程进行而变化。间歇蒸发适合于小规模、多品种的生产，以及蒸发后期浓度高、黏度大的物料。连续蒸发采用连续进料或出料的方式，适合于较大规模生产。

3. 操作压力的选择 常压蒸发设备和工艺条件简单，适于溶液沸点不高易于气化、物料性质稳定的物系。减压蒸发要增设真空泵等辅助设备，使得设备投资和能耗加大。减压可以降低溶液的沸点，适用于溶液沸点高以及物料性质不稳定（热敏性物料）的物系，是制药生产中较普遍采用的操作方式。加压蒸发可以提高二次蒸汽的温度，提高热能的利用率。也能提高溶液的沸点改善流动性、提高传热效果，用于高黏度物料多效蒸发。

4. 蒸发效数与流程的选择 单效蒸发流程简单，但能量消耗大，气化 1kg 水分消耗 $1.1 \sim 1.2$kg 水蒸气。根据经验，蒸汽的经济性（$U = W/D$），单效蒸发 $U \approx 0.91$，如果是双效蒸发 $U \approx 1.76$，三效蒸发 $U \approx 2.5$，四效蒸发 $U \approx 3.33$，五效蒸发 $U \approx 3.71$ 等。可见随着效数的增加，W/D 不断提高，但 W/D 的增长率是逐渐下降的。例如，由单效改为双效时，加热蒸汽大约可节省 50%；而四效改为五效时，加热蒸汽只节省 10%。但是，蒸发器的生产强度却大幅下降，设备费用成倍增加。工业上必须对蒸发过程的操作费和设备费作出权衡，以决定经济合理的效数。最常用的为二效和三效，一般不多于六效。由于多效蒸发可以减少加热蒸汽的消耗量，提高蒸汽的利用率，达到节能增效的目的，是蒸发器的发展方向。多效蒸发流程有并流式、逆流式和平流式。①并流式流程各效间不需要输料泵和预热装置，流程布局紧凑、管路短、热损失少、热量利用合理；但末效料液浓度高、温度低，因而黏度大，传热系数大大下降。因此该流程适用于黏度不大的料液，不适于浓度增加黏度大幅增加的料液。②逆流式流程各效黏度变化不大，适于黏度较高的料液；各效间需设料液泵，动力消耗较大。出料温度高，对热敏性物料不适用。③平流式流程适用于有结晶析出的料液，便于浓缩液取出。也可用于同时浓缩两种以上的不同水溶液。

（二）蒸发器类型的选择

物料的性质以及物料在增浓过程中的性质变化也是蒸发器选型应考虑的重要因素。

1. 物料的黏度 对于黏度较高及流动性较差的物料，应优先选用强制循环式、降膜式或刮板式蒸发器。

2. 物料的结晶或结垢性能　对有结晶析出或易产生污垢的物料，宜采用循环速度较高的蒸发器，如强制循环式蒸发器、列文式蒸发器等。对于结垢不严重的物料，可选用中央循环管式蒸发器、悬筐式蒸发器等，而不宜选用液膜式蒸发器。

3. 物料的热敏性　对于热敏性物料，应尽量缩短物料在蒸发器内的停留时间，并尽可能降低操作温度。此时可选用液膜式蒸发器，并采用真空蒸发，以降低物料的沸点。

4. 物料的处理量　物料的处理量取决于蒸发器的生产能力，而蒸发器生产能力的大小又取决于传热速率。若要求的传热面积小于 $20m^2$，则宜采用单效模式、刮板式等蒸发器；若要求的传热面积大于 $20m^2$，则宜采用多效模式、强制循环式等蒸发器。

5. 物料的腐蚀性　若被蒸发物料的腐蚀性较强，则选材时应考虑蒸发器尤其是加热管的耐腐蚀性能。此外还应考虑清洗的方便性，以确保药品生产过程中的卫生及安全性。

6. 物料的发泡性　发泡性溶液在蒸发过程中会产生大量的泡沫，以至充满整个分离室，使得二次蒸汽和溶液的流动阻力急剧增大。因此需选用管内流速较大、可对泡沫起抑制作用的蒸发器，如强制循环式或升膜式蒸发器等。此外，若中央循环管式蒸发器的气液分离室较大，也可备用。

可见，不同类型的蒸发器对于不同溶液的适应性差别较大，表 5 - 1 综合比较了几种常见蒸发器的性能及对被处理物料的适合性，可供选型时参考。

表 5 - 1　常见蒸发器的性能及对被处理物料的适应性

蒸发器形式	加热管内溶液流速（m/s）	传热系数	停留时间	完成液浓度控制	处理量	稀溶液	高黏度	易起泡	易结垢	热敏性	有结晶析出	造价
标准式	0.1～0.5	一般	长	易	一般	适	不适	能适	尚适	不适	可适	最低
悬筐式	～1.0	稍高	长	易	一般	适	不适	能适	尚适	不适	可适	低
外热式	0.4～1.5	较高	较长	易	较大	适	尚适	尚适	尚适	不适	可适	低
列文式	1.5～2.5	较高	较长	易	大	适	尚适	尚适	适	不适	可适	高
强制循环式	2.0～3.5	高	较长	易	大	适	适	适	适	不适	适	高
升膜式	0.4～1.0	高	短	难	大	适	适	尚适	适	不适	不适	低
降膜式	0.4～1.0	高	短	较难	较大	可适	适	尚适	不适	适	不适	低
旋转刮板式		高	短	较难	小	可适	适	尚适	适	适	可适	最高

（三）附属设备的选择

蒸发器的主要辅助设备有气液分离器和冷凝器。

气液分离器（除沫器）的主要作用是将二次蒸汽中所夹带的雾沫和液滴除掉，以便减少产品损失、防止污染冷凝液和堵塞管路。主要是利用液沫的惯性以达到气液的分离。气液分离器类型很多，有些直接装于蒸发室顶部，有些则装在蒸发室外面，具体结构可以参见图 5 - 17。

冷凝器用于冷凝蒸发过程中产生的不利用的二次蒸气。若二次蒸汽是有用的溶剂或会严重污染冷却水的物质，则应采用间壁式冷凝器。通常绝大多数二次蒸汽为水蒸气，故多用气液直接接触的混合式冷凝器。

对减压蒸发过程，无论采用哪一种冷凝器，其后都应配备真空装置，以排除不凝性气

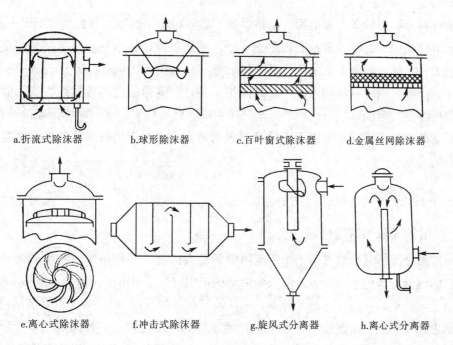

a.折流式除沫器　b.球形除沫器　c.百叶窗式除沫器　d.金属丝网除沫器

e.离心式除沫器　f.冲击式除沫器　g.旋风式分离器　h.离心式分离器

图 5-17　气液分离器几种形式

体和维持减压蒸发操作的真空度。常用的真空装置有喷射式真空泵、往复式真空泵及水环真空泵等。

（四）蒸发器的经济性评价

评价蒸发过程经济性的指标有蒸汽的经济性和蒸发设备的生产强度。

蒸汽的经济性 U 越大，蒸发过程经济性越好。提高加热蒸汽的经济性措施主要有采用多效蒸发、抽出额外蒸汽、冷凝水潜热的利用、热泵蒸发等。

蒸发器的生产强度是标明蒸发器传热效果的一个重要指标，其数值越大，所需设备费用越低。沸点进料时，蒸发设备的生产强度 $q = K\Delta t/\gamma$，可见提高蒸发器的生产强度，应提高蒸发器的总传热系数和传热温差。传热温差的提高受到加热热源和物料温度的限制，为了控制沸腾操作在泡核沸腾区，也不宜采用过高的传热温度差，一般温差约在 25℃。由以上分析可知，增大总传热系数是提高蒸发器生产强度的主要途径。合理地设计蒸发器的结构以建立良好的循环流动，在操作中及时排除加热室中的不凝性气体，经常清除垢层均可提高总传热系数。

第二节　结晶过程与设备

一、概述

结晶是固体物质以晶体状态从蒸汽、溶液或熔融物中析出的过程。结晶可以实现溶质与溶剂的分离，也可以实现几种溶质之间的分离。结晶是对固体物料进行分离、纯化以及控制其特定物理形态的重要单元操作。

结晶操作与其他分离操作相比具有过程选择性高、能耗低、操作温度低、对设备材质要求低、"三废"排放少等优点。

现代药学研究表明，某些药品的药效及生理活性不仅与药物的分子组成有关，还与其中的分子排列及物理状态（如晶型、晶格参数、晶体粒度分布等）有关。对于同一种药物，即使分子组成相同，若其微观及宏观形态不同，则药效或毒性也将有显著不同。例如，氯霉素、利福平、林可霉素等抗菌药，都有可能形成多种类型的晶体，但只有其中一种或两种晶型才有药效。因此在制药生产中，结晶绝不是一种简单的分离或提纯方法，而是制取具有药理活性及特定固体状态药物的一个关键手段。药品对于晶型和固体形态的特殊要求，赋予了药品结晶过程不同于一般工业结晶过程的特点，也对于结晶工艺过程及结晶器提出了更严格的要求。

二、结晶原理

（一）溶解度及溶解度曲线

在一定温度下，某物质在溶剂中所能溶解的最大浓度（平衡浓度）称为该溶质的溶解度，对应的溶液称为饱和溶液；若溶液中溶质的组成超过了溶解度，称为过饱和溶液。

溶解度与物质的种类、溶剂的种类、温度及某些条件（如 pH）有关，对结晶过程有重要影响的因素是温度。溶解度与温度的关系曲线称为溶解度曲线，如图 5-18 所示。每条曲线上的点表示该物质溶液的一种饱和状态，大多数物质的溶解度随温度升高而升高，不同物质对温度的敏感程度不同。有些物质的溶解度对温度不太敏感，如硫酸肼、磺胺等；有些物质的溶解度对温度变化有中等程度敏感性，如乳糖等；有些物质的溶解度对温度十分敏感，如葡萄糖等。还有一些物质［如 Ca(OH)$_2$、CaCrO$_4$］的溶解度随温度的升高而减小，结晶操作应根据这些不同的特点，采用相应的操作方法。

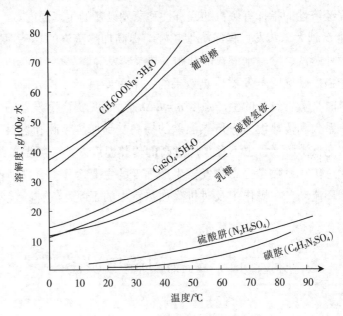

图 5-18 几种物质的溶解度曲线

（二）过饱和溶液

过饱和与结晶关系如图 5-19 所示，AB 线为溶解度曲线（饱和溶液曲线）。AB 线以下为不饱和溶液，溶质可继续溶解，溶质不会结晶析出，称为稳定区。AB 线线以上为过饱和溶液，状态不稳定，容易从溶液中析出结晶。CD 线是达到一定饱和后可自发地析出晶体的浓度曲线，称为（超）溶解度曲线，CD 线以上为不稳定区，在此区内瞬时即可产生较多的晶核，决定晶核的形成。AB 线与 CD 线大致平行，两线之间为介稳区，在此区域内不会自发产生晶核，一旦受到某种刺激，如震动、摩擦、搅拌和加入晶粒，均会破坏此过饱和状态，析出结晶，直至溶液达到饱和状态。此区决定晶体的成长。

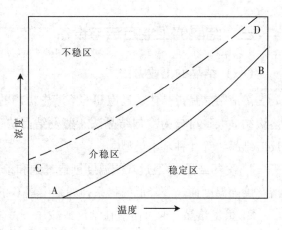

图 5-19 过饱和与结晶关系

上述分析不难看出，只有溶液过饱和时，才有形成晶核及晶体成长的可能性，所以过饱和是结晶的必要条件，且过饱和的程度愈高，成核愈多或晶体成长愈迅速。因此，过饱和的程度是结晶过程的推动力，它决定结晶过程的速率。

（三）结晶过程及控制

结晶过程是一个热、质同时传递的过程。溶液冷却达到过饱和，或加热去除溶剂达到过饱和，都需要热量的移出或输入。在热量传递的同时，溶质由液相转入固相。

1. 结晶过程 溶液的结晶过程通常要经历两个阶段，即晶核形成和晶体成长。

（1）晶核形成 在过饱和溶液中新生成的结晶微粒称为晶核。晶核形成是指在溶液中生成一定数量的结晶微粒的过程。

根据过程的机制不同，晶核形成可分为两大类：一种是在溶液过饱和之后，无晶体存在条件下自发地形成晶核，称为"初级成核"，按照饱和溶液中有无自生的或者外来微粒又分为均相初级成核与非均相初级成核两类。另一种是有晶体存在条件下（如加入晶种）的"二次成核"。工业结晶通常采用二次成核技术。

（2）晶体成长 一旦晶核在溶液中生成，溶质分子或离子会继续一层层排列上去而形成晶粒，这就是晶体成长。晶体成长过程分以下 3 个步骤。

1）扩散过程 溶质靠扩散作用，通过靠近晶体表面的液体层，从溶液转移至晶体表面。

2）表面过程 到达晶体表面的溶质，长入晶面，使晶体长大，并放出结晶热。

3）传热过程 放出的结晶热传递到溶液主体中。

通常，最后一步较快，结晶过程受到前两个步骤控制。视具体情况，有时是扩散控制，有时是表面反应控制。

2. 结晶过程控制 介（准）稳区对工业上的结晶操作具有实际意义。在结晶过程中，若将溶液控制在靠近溶解度曲线的介稳区内，由于过饱和度较低，则在较长时间内只能有少量的晶核产生，溶质也只会在晶种的表面上沉积，而不会产生新的晶核，主要是原有晶种的成长，于是可得颗粒较大而整齐的结晶产品，这往往是工业上所采用的操作方法。反之，若将溶液控制在介稳区，且在较高的过饱和程度内，或使之达到不稳区，则将有大量的晶核产生，于是所得产品中的晶体必定很小。所以，适当控制溶液的过饱和度，可以很大程度上帮助控制结晶操作。

实践表明，迅速的冷却、剧烈的搅拌、高的温度及溶质的分子量不大时，均有利于形成大量的晶核；而缓慢的冷却及温和的搅拌，则是晶体均匀成长的主要条件。

三、结晶的工业方法与设备

（一）结晶的工业方法

溶液结晶是指晶体从过饱和的溶液中析出的过程。按照结晶过程过饱和度产生的方法，溶液结晶大致可分为冷却结晶法、蒸发结晶法、真空冷却结晶法、盐析（溶析）结晶法、反应结晶法等几种基本类型。

1. **冷却结晶**　通过降低温度创造过饱和条件进行结晶的操作称为冷却结晶。此法适于溶解度随温度而显著降低的物系，如维生素 C 的精制、非那西丁的精制。

2. **蒸发结晶**　通过溶液在常压或减压下蒸发创造过饱和条件进行结晶的蒸发操作称为蒸发结晶。此法适用于溶解度随温度的改变而变化不大的物系。

3. **真空绝热冷却结晶**　是使溶剂在真空下闪急蒸发而使溶液绝热冷却析出溶质的结晶方法。方法是将热浓溶液送入绝热保温的密闭结晶器中，器内维持较高的真空度，由于对应的溶液沸点低于原料液温度，溶液闪急蒸发而绝热冷却达到平衡温度。此法适用于具有正溶解度特性而溶解度随温度的变化率中等的物质。真空冷却结晶过程的特点是主体设备结构相对简单，无换热面，操作比较稳定，不存在晶垢妨碍传热而需经常清理的问题。

4. **盐析（溶析）结晶**　在混合液中加入盐类或其他物质以降低溶质的溶解度从而析出溶质的方法称为盐析结晶。所加入的物质可以是固体，也可以是液体或气体，这种物质往往被称为盐析剂或沉淀剂。在制药过程中，经常采用向水溶性溶质中加入某些有机溶剂（如低碳醇、酮、酰胺类等溶剂）的方法使产物结晶出来。或脂溶性溶质加入适量的水，从可溶于水的有机溶剂中结晶出来。诸如向溶液中加入其他的溶剂使溶质析出的过程又称为溶析结晶。盐析（或溶析）结晶法的优点是可将结晶温度保持在较低水平，对热敏性物质的结晶有利；一般杂质在溶剂与盐析剂的混合物中有较高的溶解度，以利于提高产品的纯度；可与冷却法结合，进一步提高结晶收率。其缺点是常需要回收设备来处理结晶母液，以回收溶剂和盐析剂。

5. **反应结晶**　气体与液体或液体与液体之间发生化学反应时产生固体沉淀的过程称为反应结晶。如盐酸普鲁卡因与青霉素 G 钾反应结晶生产普鲁卡因青霉素。固体的析出是由于反应产物在液相中的浓度超过了饱和浓度或构成产物的各离子的浓度超过了溶度积。反应结晶过程可分为反应和结晶两个基本步骤，随着反应的进行，反应产物的浓度增大并达到饱和，在溶液中产生晶核并逐渐长大为较大的晶体颗粒。

由于一般化学反应的速率比较快，因此在结晶器中必须提供良好的混合，以免在加料口处的过饱和度太大而产生大量晶核，使固体粒子太小。要想获得符合粒度分布要求的晶体产品，必须小心控制溶液的过饱和度，如将反应试剂适当稀释或适当延长沉淀时间。

生产上常将几种方法进行组合，以便更有效地完成结晶操作。如制霉菌素的乙醇萃取液在减压下蒸出乙醇，浓缩 10 倍，然后再冷却至 5℃放置 2 小时，以获得制霉菌素结晶，这是利用了蒸发结晶和冷却结晶。

（二）结晶设备

结晶器按照结晶方法分为冷却结晶器、蒸发结晶器、真空结晶器及盐析结晶器；按照操作方式分为间歇式和连续式；按照搅拌方式分为有搅拌式、无搅拌式；按照操作压力分为常压式和真空式。

1. **结晶罐** 是制药过程中应用广泛的结晶器，其结构简单，应用最早。图 5 - 20 与图 5 - 21 分别是典型的内循环式间壁冷却结晶器和外循环式釜式冷却结晶器，设有蛇管、夹套或外换热器进行传热。根据结晶要求交替通以热水、冷水或冷冻盐水，以维持一定的结晶温度。冷却结晶过程所需的冷却量由夹套或外换热器传递，具体选用哪种形式的结晶器，主要取决于结晶过程换热量的大小。内循环式结晶器由于受热面积的限制，换热量不能太大。外循环式结晶器通过外部换热器传热，传热系数较大，还可根据需要加大换热面积，但必须选用合适的循环泵，以避免悬浮晶体的磨损破碎。

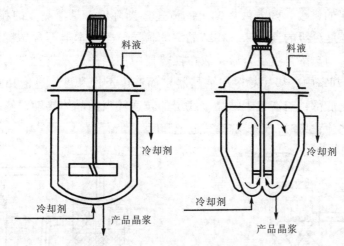

图 5 - 20　内循环式间壁冷却结晶器

结晶罐内设有锚式或框式搅拌器或导流筒。搅拌的作用不仅能加速传热，还能使结晶罐内的温度趋于一致，促进晶核的形成，并使晶体均匀地成长。因此，该类结晶器产生的晶粒小而均匀。

在操作过程中，应注意随时清除蛇管及器壁上积结的晶体，以防影响传热效果。并应适时调整冷却速率，以避免进入不稳区。

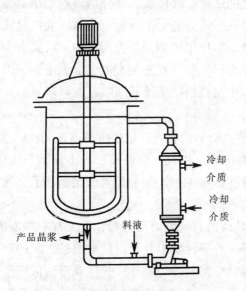

图 5 - 21　外循环式釜式冷却结晶器

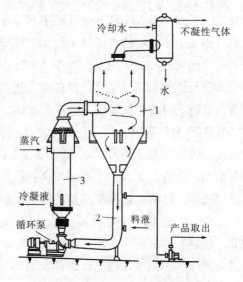

图 5 - 22　强制外循环型结晶器
1. 结晶室；2. 循环管；3. 蒸汽冷凝室

2. **强制外循环结晶器** 图 5 - 22 所示的是由美国 Swenson 公司开发的强制外循环型结

晶器，由结晶室、循环管及换热器、循环泵和蒸汽冷凝室组成。部分晶浆由结晶室的锥形底排出后，经循环管与料液一起通过换热器加热，沿切线方向重新返回结晶室。这种结晶器可用于间接冷却法、蒸发法及真空冷却结晶过程。设备特点是生产能力很大，但由于外循环管路较长，输送晶浆所需的压头较高，循环泵叶轮转速较快，因而循环晶浆中晶体与叶轮之间的接触成核速率较高。另外它的循环量较低，结晶室内的晶浆混合不很均匀，存在局部过浓现象，因此，所得产品平均粒度较小，粒度分布较宽。

3. 流化床型结晶器 图5-23是Oslo流化床型蒸发结晶器与冷却结晶器的示意图。结晶室的室身有一定的锥度，随着液体向上的流速逐渐降低，悬浮晶体的粒度愈往上愈小，因此结晶室成为粒度分级的流化床。在结晶室的顶层，已基本上不含晶粒，作为澄清的母液进入循环管路，与热浓料液混合后，或在换热器中加热并送入蒸发室蒸发浓缩（对蒸发结晶器），或在冷却室中冷却（对冷却结晶器）而产生过饱和度。过饱和的溶液通过中央降液管流至结晶室底部，与富集于结晶室底层的粒度较大的晶体接触，使之长得更大。溶液在向上穿过晶体流化床时，逐步解除其过饱和度。

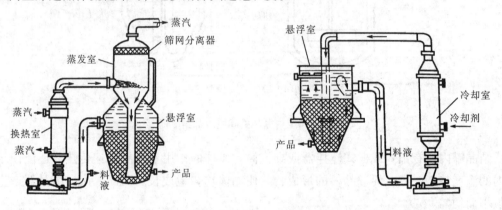

图5-23 流化床型蒸发结晶器与冷却结晶器

流化床型结晶室的主要特点是过饱和度产生的区域与晶体成长区分别设置在结晶器的两处，由于采用母液循环，循环液中基本不含晶粒，从而避免了叶轮与晶体间的接触成核现象，再加上结晶室的粒度分级作用，使这种结晶器所生产的晶体大而均匀，特别适合于生产在过饱和溶液中沉降速度大于0.02m/s的晶粒。其缺点在于生产能力受到限制，因为必须限制液体的循环速度及悬浮速度，把结晶室中悬浮液的澄清界面限制在循环泵的入口以下，以防止母液中挟带明显数量的晶体。

4. DTB型结晶器 是具有导流桶及挡板的结晶器的简称。它也是由美国Swenson公司开发的，可用于真空冷却法、蒸发法、直接接触冷冻法以及反应结晶法等多种结晶操作。DTB型结晶器性能优良，生产强度高，能产生粒度达600~1200μm的大型结晶产品，器内不易结晶垢，已成为连续结晶器的最主要形式之一。

图5-24是DTB型结晶器的构造简图。结晶器内有一圆筒形挡板，中央有一导流桶，在其下端装置的螺旋桨式搅拌器的推动下，悬浮液在导流桶以及导流桶与挡板之间的环形通道内循环，形成良好的混合条件。圆筒形挡板将结晶器分为晶体成长区和澄清区。挡板与器壁间的环隙为澄清区，其中搅拌的作用基本上已经消除，使晶体得以从母液中沉降分离，只有过量的细晶可随母液从澄清区的顶部排出器外加以消除，从而实现对晶核数量的控制。为了使产品粒度分布更均匀，有时在结晶器的下部设置淘洗腿。

DTB型结晶器属于典型的晶浆内循环结晶器。由于设置了导流桶，形成了循环通道，循环速度很高，可使晶浆质量密度高达30% ~ 40%，因而强化了结晶器的生产能力。结晶器内各处的过饱和度较低，并且比较均匀，而且由于循环流动所需的压头很低，螺旋桨只需在低速下运转，使桨叶与晶体间的接触成核速率很低，这也是该结晶器能够生产较大粒度晶体的原因之一。

（三）结晶设备的选择原则

结晶器是结晶过程得以实现的场所，对结晶过程的顺利实施有着直接的影响。不同的结晶物系有不同的特点，而不同的产品又有不同的质量指标，此外还要考虑生产进度与成本等，因此影响结晶器选择的因素比较多。

物系的特性是要考虑的首要因素。过饱和度是结晶进行的推动力，所处理物系产生过饱和度的方式决定了结晶器的一些特征参数。如果溶质在料液中的溶解度受温度影响比较大，可考虑选用冷却结晶器；如果温度对溶质的溶

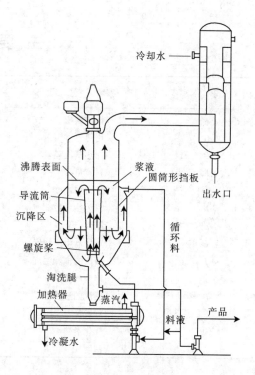

图5-24 DTB结晶器

解度影响很小时，可考虑选用蒸发结晶器；当温度对溶质的影响一般，为提高收率，可采用蒸发与冷却结合的结晶器形式；当过饱和度的产生方式为盐析或反应时，在选用相应反应器的同时，往往也要分析生成物的溶解度情况，要求结晶器具有冷却或蒸发等功能。

在选择结晶器时，还要考虑该生产过程的生产能力和生产方式。一般来说，如果生产量较小，可采用间歇式结晶器；如果生产量较大，则往往考虑采用连续结晶器进行生产。此外，通常连续结晶器的体积较间歇式结晶器的要小，但对操作过程的要求也高。

当对产品的晶体粒径有具体要求时，往往需要采用具有分级功能的结晶器，当杂质在操作条件下也析出，但析出的比例与目的溶质不同时，则可通过分步结晶以获得不同质量等级的产品；通过对剪切强度和料液循环路径的要求，可采用不同的搅拌混合方式，例如搅拌可采用不同桨叶形式的机械搅拌、气升搅拌、泵循环搅拌等，也可通过添加内导流筒实现晶浆的内循环，或通过外管路实现晶浆的外循环。

除此之外，设备的造价、维护难易程度和运行成本等也是选择结晶器时要考虑的问题。例如采用有换热面的结晶器，如果结晶过程中晶垢或其他组分结垢现象严重，则一般不采用连续结晶器；而当对产品的质量和收率要求不是很严格时，可采用简单的敞口结晶槽进行操作，以节省费用。虽然目前已经开发出了结构繁多的结晶器，但是由于结晶过程的复杂性和影响因素的多样性，在实际生产中很难选择最佳的结晶器。甚至有观点认为结晶操作的优化比结晶器的选择更重要，与凭经验选择设计新的结晶器相比，通过对操作条件的优化，在简单选择的通用结晶器上一样能够获得好的生产效果。

目前虽然已对结晶过程进行了很多的研究，但由于多种随机因素会对整个结晶过程产生影响，因此对于大部分产品来说，准确地对结晶过程进行定量预测与控制仍然无法实现。这也就使得选择结晶器时，除了一些通用的原则可参考外，在很大程度上依靠实际经验。

主 要 符 号 表

符 号	意 义	法定单位
A	传热面积	m^2
C	比热容	$kJ/(kg \cdot K)$ 或 $kJ/(kg \cdot ℃)$
D	加热蒸汽耗量	kg/s
F	料液量	kg/s
g	重力加速度	m/s
K	总传热系数	$W/(m^2 \cdot K)$ 或 $W/(m^2 \cdot ℃)$
p	压强	Pa
q	蒸发器生产强度	$kg/(m^2 \cdot s)$
T	蒸汽的饱和温度	K
t	溶液的沸点	K
U	蒸汽的经济性	kg/kg
W	蒸发量	kg/s
γ	气化潜热	kJ/kg
ρ	密度	kg/m^3

思考题

1. 什么是蒸发器的生产能力与生产强度？

2. 简述常见的多效蒸发流程及特点。

3. 典型蒸发器的结构及特点。

4. 简述蒸发操作的节能措施。

5. 蒸发器选型时应考虑哪些因素？

6. 结晶过程的原理是什么？结晶分离有什么特点？

7. 溶液中晶核产生的条件是什么？成核方式有哪些？

8. 什么是过饱和度？简述不同过饱和度对结晶过程的影响。

9. 给出几种常用结晶器形式，并说明相应结晶设备操作原理。

第六章　干燥设备

扫码"学一学"

扫码"看一看"

第一节　常见干燥设备

干燥是除去某些原料、半成品中的水分或溶剂，以得到固体产品的过程。就制药工业而言，无论是原料药生产的精干包环节，还是制剂生产的固体造粒，干燥都是不可或缺的重要生产环节。其主要目的是使物料便于包装、运输、贮存、加工和使用等。具体表现在以下几个方面。

（1）悬浮液和滤饼状的原料和产品，可经干燥成为固体，不仅降低了物料的重量和体积，降低贮存费用，而且便于包装和运输。

（2）由于水分的存在，原料和产品易发生霉烂或变质，这类物料经过干燥便于贮存。例如生物制品和抗生素等，若含水量超过规定标准，易于变质，影响使用期限，需经干燥后利于贮存。

（3）药品生产中有不少品种是经过提纯结晶或在溶液中析出粉状固体，再经过滤或离心分离得到湿的晶状或粉状药物。这些药物需去除可挥发成分，得到干品，如青霉素、金霉素、阿司匹林等。

（4）不少原料药在制成成品之前是水溶液，在加工过程中必然要经过干燥才可得到成品。如链霉素、庆大霉素等的喷雾干燥，生物制品的冷冻干燥等。

（5）干燥造粒在药剂生产中应用广泛。将粉状药物经湿法制粒，干燥直接制得颗粒剂，如冲剂；或进一步加工成片剂、胶囊剂及丸剂等。

由此可见，干燥在制药工业中有着广泛而重要的应用。实际生产中，被干燥的药物种类繁多，物理和化学性质复杂多样，对干燥产品的质量要求各不相同，相应的干燥方法和设备也是多种多样。下面介绍制药生产中一些常用的干燥方法和干燥设备。

一、厢式干燥器

厢式干燥器是一种间歇式干燥器，小型的通常称为烘箱，大型的称为烘房。根据干燥气流在干燥器内的流动方向和压力，厢式干燥器分为三种。

（一）水平气流厢式干燥器

图6-1为制药生产中常用的水平气流厢式干燥器。干燥的热源多为蒸汽加热管道，干燥介质为自然空气及部分循环热风，小车上的烘盘装载被干燥物料，料层厚度一般为10~100mm。热风沿着物料表面和烘盘底面水平流过而起干燥作用，部分废气经排风管排出，余下的循环利用，以提高热利用率。这种干燥器结构简单，热效率低，干燥时间长。

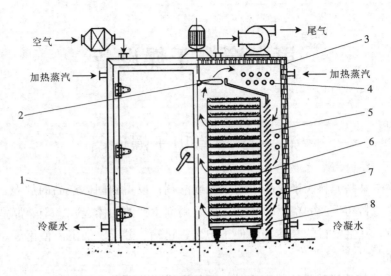

图 6 - 1　水平气流厢式干燥器

1. 干燥气门；2. 循环风扇；3. 隔热器壁；4. 上部加热管；5. 气流导向板；

6. 干燥物料；7. 下部加热管；8. 载料小车

（二）穿流气流厢式干燥器

图 6 - 2 为穿流气流厢式干燥器。将烘盘换成筛网，用挡板让热风在物料层穿流而过，以提高干燥速率。这种干燥器适合于干燥具有一定体积和粒度的固体物料，对粉状物料适当造粒后也可应用。气流穿过网盘的流速一般为 0.3 ~ 1.2m/s。实验表明，穿流气流干燥速度比水平气流干燥速度快 2 ~ 4 倍。

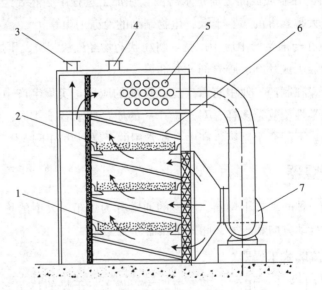

图 6 - 2　穿流气流厢式干燥器

1. 干燥物料；2. 网状料盘；3. 尾气排放口；4. 空气进口；

5. 加热器；6. 气流挡板；7. 风机

厢式干燥器主要缺点是物料不能很好地分散，产品质量不稳定，热效率和生产效率低，干燥时间长，不能连续操作，劳动强度大，物料在装卸、翻动时易扬尘，环境污染严重。

（三）真空厢式干燥器

当被干燥药物不耐高温、易于氧化或有其他要求时，生产中往往使用真空厢式干燥器。

真空厢式干燥器（图6-3）的干燥室为钢制外壳，内部安装有多层空心隔板，分别与进气多支管和冷凝液多支管相接。干燥时汽化的水分在真空状态被抽走。真空厢式干燥器的热源为低压蒸汽或热水，热效率高，被干燥药物不受污染；设备结构和生产操作都较为复杂，相应的费用也较高。

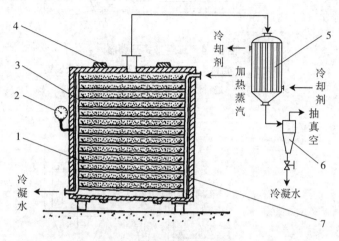

图6-3　真空厢式干燥器

1. 空心隔板；2. 真空表；3. 冷凝液多支管；4. 加强筋；5. 冷凝器；

6. 气水分离器；7. 进气多支管

二、真空带式干燥器

真空带式干燥器（图6-4）由干燥腔室、物料运输履带、加热底板、层流装置、真空泵机组和粉碎回收系统组成。待干物料被物料运输履带从干燥腔室的一端传送到另一端。在运输履带下方，沿其输送方向间隔设置多个物料加热底板对待干燥物料进行加热。干燥腔室内的真空环境由真空泵机组提供，真空泵机组的进气口通过真空管道与干燥腔室的出气口连通。

物料平铺在物料运输履带上，然后启动真空泵机组将干燥腔室抽真空。物料加热底板对物料进行加热干燥，同时层流管道通过出气口吹气，使水分快速从物料的表面蒸发。

三、气流干燥器

（一）气流干燥装置及其流程

气流干燥是将湿物料加入干燥器内，使之在气流中呈悬浮状态，是一种热空气与湿物料直接接触进行干燥的方法。

一级直管式气流干燥器是气流干燥器最常用的一种，基本流程如图6-5所示。湿物料通过螺旋加料器进入干燥器，经加热器加热的热空气，与湿物料在干燥管内相接触，热空气将热能传递给湿物料表面，直至湿物料内部。与此同时，湿物料中的水分从湿物料内部以液态或气态扩散到湿物料表面，并扩散到热空气中，达到干燥目的。干燥后的物料经旋风除尘器和袋式除尘器回收。

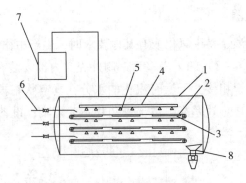

图6-4　真空带式干燥器

1. 干燥腔室；2. 物料运输履带；3. 加热底板；4. 层流装置；

5. 出气口；6. 进料管；7. 真空泵机组；8. 粉碎回收

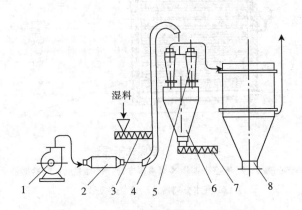

图6-5　一级直管式气流干燥器

1. 鼓风机；2. 翅片式加热器；3. 螺旋加料器；4. 干燥管；5. 旋风除尘器；6. 储料斗；

7. 螺旋出料器；8. 袋式除尘器

(二) 气流干燥器的特点

(1) 干燥效率高、生产能力强　一方面气流干燥器中气体的流速较高，通常为20～40m/s，被干燥的物料颗粒被高速气流吹起并悬浮其中，因此气固间的传热系数和传热面积都很大。另一方面由于气流干燥器中的物料被气流吹散，并在干燥过程中被高速气流进一步粉碎，颗粒的直径较小，物料的临界含水量可以降得很低，从而缩短了干燥时间。

对大多数物料而言，在气流干燥器中的停留时间只需0.5～2秒，最长不超过5秒。所以可采用较高的气体温度，以提高气固间的传热温度差。由此可见，气流干燥器的传热速率很高、干燥速率很快，所以干燥器的体积也可小些。

(2) 结构简单，造价低　气流干燥器的活动部件少，易于建造和维修，操作稳定且便于控制。

(3) 热损失小，热效率高　由于气流干燥器的散热面积较小，热损失低，一般热效率较高，干燥非结合水分时，热效率可达60%左右。

从以上分析可以得出，气流干燥器适于干燥结团不严重又不怕磨损的颗粒状物料，尤其适宜于干燥热敏性物料或临界含水量较低的细粒或粉末状物料。气流干燥器也存在着一些缺点和局限。首先，对于有一定形状要求的颗粒产品不易采用。其次，干燥系统内的流体阻力很大，因此动力消耗较大。对于水分在物料内部迁移以扩散控制为主的湿物料，一般不采用气流干燥。此外，对粉尘回收装置的要求也较高，且不宜于干燥有毒的物质。

（三）气流干燥器的改进

气流干燥器的干燥管较高，给安装和维修带来了不便。为了降低其高度，已进行了多种改进。

1. **多级气流干燥器** 以多段干燥管串联的形式来替代高大的单段式气流干燥器，物料从第一级出口经分离后，投入第二、第三级等，最后从末级出来。干燥管改为多级后，既增加了加速段的数目，又降低了干燥管的总高度，但需增加气体输送及分离设备。目前常用气流干燥设备大多在 2～3 级。

2. **脉冲式气流干燥器** 采用直径交替缩小和扩大的脉冲管代替直管。物料首先进入管径较小的干燥管中，此时气流速度较高，使颗粒产生加速运动。加速运动结束时，干燥管直径突然扩大。由于惯性的作用，该段内的颗粒速度会大于气流速度。当颗粒逐渐减速后，干燥管直径突然缩小，气流又被加速。上述过程交替进行，会保持气体与颗粒间较大的相对速度及传热面积，提高了传热和传质速率。

3. **倒锥形气流干燥器** 干燥管呈上大下小的倒锥形，使上升气速逐渐降低，粒度不同的颗粒分别会在管内不同的高度上悬浮并互相撞击，在干燥程度达到要求时被气流带出干燥器。由于颗粒在管内停留时间较长，故可降低干燥管的高度。

4. **旋风式干燥器** 气流夹带着物料以切线方向进入旋风气流干燥器时，会产生沿器壁旋转的运动，使颗粒处于悬浮、旋转的状态。在离心加速的作用下，增大了气固两相间的相对速度；颗粒在旋转运动中被粉碎的同时，也增大了干燥面积，从而强化了干燥过程。该干燥器适用于不易磨损的热敏性散粒状物料，但不适于含水量高、黏性大、熔点低、易爆炸及易产生静电效应的物料。目前采用的旋风式干燥器直径多为 300～500mm，最大为 900mm，有时也采用二级串联或与直管气流干燥器串联操作。

四、流化床干燥器

流化床干燥又称沸腾床干燥，是流化态技术在干燥过程中的应用。

流化床干燥器的基本工作原理是利用热空气向上流动，穿过干燥室底部分布床板；气体以较低流速通过物料空隙时，颗粒层是静止的，当气速增加到一定程度后，颗粒开始松动，且会在一定范围变换位置，床层也出现膨胀。当气速进一步增高时，颗粒开始悬浮于上升的气流中，该状态下的颗粒层被称为流化床。气流速度区间的下限值称为临界流化速度，上限值称为带出速度。处于流化状态时，热气流在湿颗粒间流过，于动态下与湿物料之间进行传热传质交换，湿物料最终被干燥。

在流化床中，固体颗粒小，单位体积内的表面积很大，气固间的高度混合，使传热传质速率较高；固体颗粒迅速混合，使整个床内温度均匀，不至于有局部过热现象；物料颗粒的剧烈跳动，使表面的气膜阻力大大减少，热效率可高达60%～80%；干燥室密封性好，传动机械又不接触物料，不会有杂质混入，特别适合对纯洁度要求较高的制药工业。

流化床干燥装置主要分为单层流化床干燥器、多层流化床干燥器、卧式多室流化床干燥器、塞流式流化床干燥器、振动流化床干燥器、机械搅拌流化床干燥器等。

（一）单层流化床干燥器

该干燥器的基本结构如图 6-6 所示。单层流化床干燥器的操作方式有间歇式和连续式两种，壳体的形状有圆形、矩形和圆锥形。其结构简单，操作方便，生产能力大，被广泛应用于工业生产。但由于流化床层内粒子接近于完全混合，易造成物料停留时间不同，干燥后所得产品湿度不均匀，以及刚加入的未干燥颗粒可能和已干燥的颗粒一起流出等问题。为避免这些情况，则须用提高流化层高度的方法延长颗粒的平均停留时间，但是压力损失也随之增大。因此，单层圆筒流化床干燥器适用于处理量大、较易干燥或干燥程度要求不高的粒状物料。

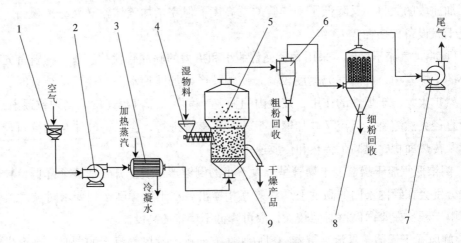

图 6 - 6 单层流化床干燥器

1. 空气过滤器；2. 鼓风机；3. 加热器；4. 螺旋加料器；5. 流化干燥室；6. 旋风分离器；
7. 抽风机；8. 袋滤器；9. 气体分布板

（二）多层流化床干燥器

为了改善单层流化床的操作状况，干燥中采用了多层流化床，如图 6-7 所示。湿物料从上层加入，逐渐向下移动，干燥后由下层排出。热气流由底部送入，向上通过各层，从顶部排出。物料与气体逆向流动，层与层之间的颗粒没有混合，但每一层内的颗粒可以互相混合，所以停留时间分布均匀，易于控制产品的质量，可实现物料的均匀干燥。由于气体与物料多次逆流接触，提高了废气中水蒸气的饱和度，所以热利用率较高。

多层圆筒流化床干燥器适合于对产品含水量及湿度均匀有很高要求的场合。其缺点为结构复杂，操作中难以保证各层流化床的稳定及定量地将物料送入下层，且床层阻力较大，所以能耗也较高。

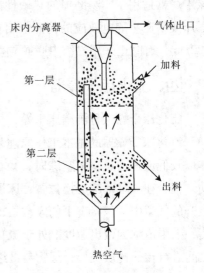

图 6 - 7 多层流化床干燥器

（三）卧式多室流化床干燥器

图 6-8 为卧式多室流化床干燥器。为了克服多层流化床干燥器的缺点，卧式多室流化床干燥器得以广泛采用。此干燥器横截面为长方形，底部为多孔筛板，在筛板上方沿长度方向用垂直隔板将流化床分隔成多个室。每一小室的下部有一进气支管，支管上有调节气体流量的阀门。湿物料由加料口连续地加入第一室，处于流化状态的物料由第一室逐渐向最后一室移动，干燥后的物料由最后一室越过溢流堰经出料口卸出，热气流由各进气支管分别送入各室的下部，通过多孔进入干燥室，使多孔板上的物料进行流化干燥，废气由干

燥室的顶部排出。

卧式多室流化床干燥器结构简单、操作方便、易于控制且适应性广。不但可用于各种难以干燥的粒状物料和热敏性物料，也可用于粉状及片状物料的干燥。干燥产品湿度均匀，压力损失也比多层床小。不足的是热效率要比多层床低。

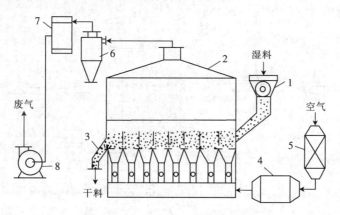

图 6-8　卧式多室流化床干燥器

1. 进料器；2. 干燥器；3. 卸料器；4. 加热器；5. 空气过滤器；6. 旋风分离器；7. 袋滤器；8. 抽风机

（四）塞流式流化床干燥器

图 6-9 为塞流式流化燥器。这种干燥器从气体分布板中心进料，在分布板边缘出料，进、出料口之间设有一道螺旋形塞流挡板。物料从中心进料导管输入后即被热空气流化，并被强制沿着螺旋形塞流挡板通道移动，一直到达边缘的溢流堰出料口卸出。连续的物料流动和窄的通道限制了物料的返混，停留时间得到很好的控制，在多种复杂的操作中能够保持颗粒停留时间基本一致，产品湿含量低，与热空气接近平衡，无过热现象。

（五）闭路循环流化床干燥器

闭路循环流化床干燥装置是采用低含水率（含湿0.01%）的氮气或空气作为干燥介质。通常，湿分为有机溶剂时，一般采用氮气作为干燥介质；是水时，则采用空气。在闭路循环干燥过程中，蒸发出来的湿分被连续的冷凝成液体而去除，介质湿分的含量降低。干燥介质经加热后重新循环利用，其相对湿度进一步降低，又拥有较大的载湿能力，为深度干燥创造条件，成品的含水率可达 0.02% ~ 0.1%。

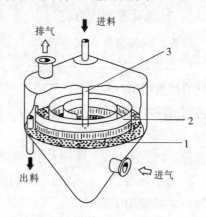

图 6-9　塞流式流化床干燥器

1. 气体分布板；2. 塞流挡板；3. 进料导管

闭路循环流化床干燥以氮气作为干燥介质时，产品不易氧化、变性和降解，并消除了爆炸、燃烧等危险；干燥速度快，生产能力较高，可实现大规模生产；因闭路操作，无废气和粉尘排入大气，不会引起环境污染，生产环境好，劳动强度低。

五、喷雾干燥器

喷雾干燥器是将流化技术应用于液态物料干燥的一种较为有效的设备。其基本原理是利用雾化器将液态物料分散成雾滴抛掷于温度为 120 ~ 300℃ 的热气流中，由于高度分散，这些雾滴具有很大的比表面积和表面自由能，由开尔文公式可知，其表面的湿分蒸汽压比相同条件下平面液态湿分的蒸气压要大。利用雾滴运动时与热气流的速度差，在几秒至十几秒时间内很快完成传热传质过程而获得干燥。图6-10为喷雾干燥装置的示意图。喷雾干燥的物料可以是溶液、乳浊液、混悬液或是黏糊状的浓稠液。干燥产品可根据工艺要求制成粉状、颗粒状、团粒状甚至空心球状。

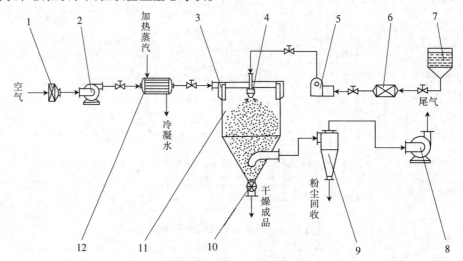

图6-10 喷雾干燥装置示意图

1. 空气过滤器；2. 送风机；3. 热空气分布器；4. 压力喷嘴；5. 高压液泵；6. 无菌过滤器；
7. 贮液罐；8. 抽风机；9. 旋风分离器；10. 星形卸料器；11. 喷雾干燥室；12. 加热器

喷雾干燥的设备有多种结构和型号，但工艺流程基本相同，主要由空气加热系统、物料雾化系统、干燥系统、气固分离系统和控制系统组成。不同型号的设备，其空气加热系统、气固分离系统和控制系统区别不大，雾化系统和干燥系统则有多种配置。

（一）雾化系统的分类

按液态物料雾化方式不同，可以将雾化系统分为三种。

1. 气流喷雾法 此法是将压力为150~700kPa的压缩空气或蒸汽以≥300m/s的速度从环形喷嘴喷出，利用高速气流产生的负压，将液体物料从中心喷嘴以膜状吸出，液膜与气体间的速度差产生较大的摩擦力，使得液膜被分散成为雾滴。气流式喷嘴结构简单，磨损小，对高、低黏度的物料，甚至含少量杂质的物料都可雾化，处理物料量弹性也大，调节气液量之比还可控制雾滴大小，即控制了成品的粒度，但它的动力消耗较大。

2. 压力喷雾法 这种方法是用高压液泵，以2~20MPa的压力，将液态物料从$\varphi 0.5$~1.5mm的喷嘴加压喷出，其静压能转变为动能，使物料分散成雾滴。压力式喷嘴结构更简单，制造成本低，操作、检修和更换方便，动力消耗较气流式喷嘴要低得多；但应用这种喷嘴需要配置高压泵，料液黏度不能太大，而且要严格过滤，否则易产生堵塞，喷嘴的磨损也比较大，往往要用耐磨材料制作。

3. 离心喷雾法 将料液从高速旋转的离心盘中部输入，在离心盘加速作用下，获得较高的离心力而被高速甩出，形成薄膜、细丝或液滴，并即刻受周围热气流的摩擦、阻碍与撕裂等作用而形成雾滴。离心式喷嘴操作简便，适用范围广，料路不易堵塞，动力消耗小，多用于大型喷雾干燥；但结构较为复杂，制造和安装技术要求高，检修不便，润滑剂会污染物料。

喷雾干燥要求达到的雾滴平均直径一般为5~60μm，它是喷雾干燥的一个关键参数，对技术经济指标和产品质量均有很大的影响，对热敏性物料的干燥更为重要。

在制药生产中，应用较多的是气流喷雾法和压力喷雾法。

（二）喷雾干燥法的特点

（1）喷雾干燥器的最大特点是能将液态物料直接干燥成固态产品，简化了传统所需的蒸发、结晶、分离、粉碎等一系列单元操作，而干燥的时间却很短，一般20～30秒就可以完成全部干燥过程。

（2）物料的温度不超过热空气的湿球温度，不会产生过热现象，物料有效成分损失少，故特别适合于热敏性物料的干燥（逆流式除外）。

（3）干燥的产品具有疏松、易溶等特点。

（4）操作环境粉尘少，控制方便，生产连续性好，容易实现自动化。

（5）喷雾干燥缺点表现在单位产品耗能大，热效率和体积传热系数都较低；设备体积大，结构较为复杂，一次性投资较大等。

六、闪蒸干燥器

制药生产中，当被干燥物料粒度大小不一，结成团块或条状时，常用闪蒸干燥器。图6-11是一种旋转闪蒸干燥器结构简图。干燥器工作时，热空气从干燥室底部经分配器从切线方向进入干燥室，呈高速旋转气流向上运动。物料由螺旋加料器加入，在干燥室底部高速旋转的搅拌桨叶打击、空气的旋转剪切以及物料与干燥室内壁的撞击等多种力的作用下物料被破碎、细化，同时进行了预干燥。小颗粒的物料随空气流旋转向上运动，大颗粒的物料则在分级器的作用下留在干燥室下面继续粉碎。当干燥的细小物料被带至室顶时，由管路将其吸送至旋风分离器，将干物料与气体分离。

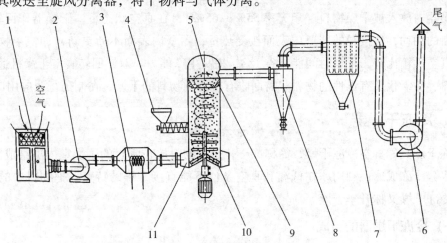

图6-11　旋转闪蒸干燥器结构及配置示意图

1. 空气过滤器；2. 送风机；3. 加热器；4. 螺旋加料器；5. 干燥室；6. 抽风机；7. 袋滤器；
8. 旋风分离器；9. 分级器；10. 搅拌桨叶；11. 空气分配器

干燥室底部为锥形结构，使空气流动下快上慢，物料在底部都能处于流化状态，避免了物料沉积与堵塞。处于干燥室上部旋转空气流中的物料，小颗粒的旋转半径小，大颗粒的旋转半径大，对顶部的分级器进行大小和位置的调节，可使大颗粒的物料落回下面，从而控制物料离开干燥室的粒度。闪蒸干燥器既具有流化床干燥器的特点，又可以省去粉碎与筛分等单元操作，能大大简化生产工序，缩短加工时间，这是流化床干燥方法所不具备的。

七、双锥回转真空干燥器

双锥回转真空干燥器是间歇操作的干燥设备。其主体结构为一个带有双锥的圆筒，圆筒直径一般在600～2200mm，绕轴旋转，转速为3～12r/min，如图6-12所示。

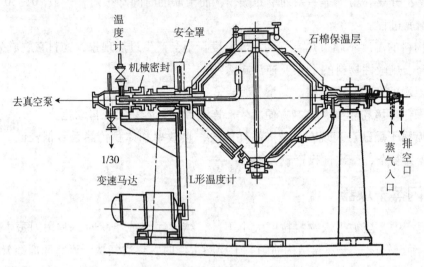

图6-12 双锥回转真空干燥机

一个圆锥顶部设置进、出料口兼入孔。中间夹套供热载体循环，热载体经过轴进入和排出干燥器，轴的另一端与真空系统连接。根据工艺要求，控制干燥所需温度，即保持一定的真空度。

干燥器内放入被干燥物料（填充率55%～65%），在真空状态下，干燥器作回转运动，物料不断的翻动，从接触的器壁内表面接受热量，器壁内表面不断更新，加快了物料的干燥。和真空烘箱比较，干燥时间能节省1/3，提高生产能力。双锥回转真空干燥机适用于热敏性物料、易氧化及有毒性的物料、需回收有机溶剂物料的干燥，在制药行业应用广泛。

八、冷冻干燥器

冷冻干燥又称真空冷冻干燥，简称冻干，是将物料放在密封的干燥室内冻结成固体态，其中的水分冷冻成冰，利用冰在低温和真空条件下能直接升华的特点，把物料中的水分去除，故冷冻干燥又称升华干燥。

（一）冷冻干燥器的组成

冷冻干燥器的设备要求较高，整个干燥装置也比较复杂，主要由冷冻干燥箱、真空机组、制冷系统、加热系统、冷凝系统、控制及其他辅助系统组成。图6-13为冷冻干燥机组结构示意图。

1. 冷冻干燥箱 为密封容器，干燥时其内部抽成真空，是冷冻干燥器的核心部分。箱内配置有冷冻降温装置和升华加热搁板，器壁上有视镜。

2. 真空系统 常用的抽真空设备分两组：前级泵和主泵。真空条件下冰升华后的水蒸气体积比常压下大得多，因此对真空泵系统要求较高。一般可采取两种方法：①使用两级真空泵抽真空，前级泵先将大量气体抽走，达到预抽真空度的要求后，再使用主泵；②在干燥箱和真空泵之间加设水汽凝华器，使抽出的水分冷凝，以降低气体量。

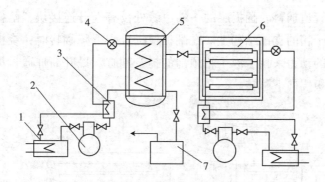

图6-13 真空冷冻干燥系统流程示意图
1. 水冷却器；2. 制冷压缩机；3. 换热器；4. 膨胀阀；5. 冷凝器；6. 冷冻干燥箱；7. 真空泵

3. 制冷系统 用于干燥箱和水汽凝华器的制冷。根据制冷的循环方式，制冷分为单级压缩制冷、双级压缩制冷和复叠式制冷。单级压缩制冷只使用一台压缩机，设备结构简单，但动力消耗大，制冷效果不佳。另外两种使用两台压缩机。双级压缩制冷使用低、高压两种压缩机。复叠式制冷则相当于高温和低温两组单级压缩制冷，通过蒸发冷凝器互联而成。

4. 加热系统 供热方式分为热传导和热辐射，传导供热又分为直热式和间热式。直热式以电加热直接给搁板供热为主；间热式用载热流体为搁板供热。热辐射主要采用红外线加热。

（二）冷冻干燥的特点

1. 由于药物处于低温、真空环境中干燥，既能避免药品中有效成分的热分解和热变性失活，又能大大降低有效成分的氧化变质，药品的有效成分损失少，生物活性受影响小。

2. 真空条件使得产品含水量能达到很低的值，加上真空包装，产品保存时间长。

3. 由于设备的要求较高，设备投资和操作的费用较大；另外，由于低温时冰的升华速度较慢，装卸物料复杂，使干燥时间比较长，生产效率低。因此，这种方法的应用受到一定的限制。

鉴于以上这些特点，冷冻干燥特别适合于热敏性、易被氧化、具有生物活性类制品的干燥。

（三）翻板式冷冻干燥器

翻板冻干机是一种新型原料冻干设备，整个搁板做成托盘形式，搁板两边和后边垂直向上折起，前口向上翘起一定角度，是专门为冻干原料药而开发的一种冻干机械。与传统冻干机相比，具有以下优点。

（1）无需冻干托盘，节约清洗托盘的注射用水和清洗灭菌时间，降低灭菌柜的体积，节省冻干批次之间的周期。

（2）传统的原料冻干采用托盘方式，由于托盘及搁板加工水平及托盘受热或冷产生膨胀或收缩，导致托盘与搁板不能完全接触，影响药品的冻干。翻板冻干机物料与冻干机搁板直接接触，传热效果好，加大升华速率，节约冻干周期。

（3）翻板冻干机不需要托盘，避免了传统冻干机因托盘与搁板之间的摩擦产生金属颗粒的问题。

（4）搁板有效面积利用率高，100%的搁板面积被利用。

加料总管上设有液体计量泵，加料分管上设有控制阀门，通过如图6-14的加料管结构，可以实现密闭管道加料。翻板层的一端边缘处设有提升连接块，翻板层两侧设有板层旋转轴，固定于冻干箱的支撑结构上。在翻板层提升、下降翻转时，绕板层旋转轴进行翻转动作。提升翻转的动力来自于冻干箱顶部的提升油缸。提升油缸通过提升翻转结构和提升连接块带动翻板板层向下翻转。

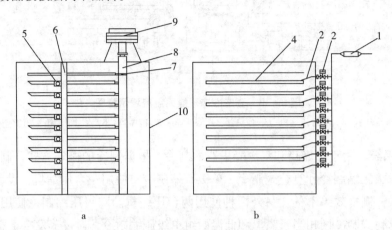

图 6 – 14　翻板式冷冻干燥器

1. 液体计量泵；2. 控制阀门；3. 加料分管；4. 翻板层；5. 板层旋转轴；
6. 支撑结构；7. 提升连接块；8. 提升翻转结构；9. 提升油缸；10. 冻干箱

九、红外线辐射干燥

红外线辐射干燥是利用红外线辐射器产生的电磁波被物料表面吸收后转变为热量，使物料中的湿分受热汽化而干燥的一种方法。

（一）红外线辐射器的结构

红外辐射加热器的品种较多，就其结构而言，主要由三部分组成。

1. 涂层　功能是在一定温度下能发射所需波段、频谱宽度和较大辐射功率的红外辐射线。涂层多用烧结的方式涂布在基体上。

2. 热源　其功能是向涂层提供足够的能量，以保证辐射涂层正常发射辐射线时具有必需的工作温度。常用的热源有电阻发热体、燃烧气体、蒸汽和烟道气等。

3. 基体　其作用是安装和固定热源或涂层，多用耐温、绝缘、导热性能良好、具有一定强度的材料制成。

（二）红外辐射干燥设备

从结构上看，红外辐射干燥设备和对流传热干燥设备有很大的相似之处，如果前面所介绍的干燥器加以改造，都可以用于红外加热干燥，区别就在于热源的不同。常见的有带式红外线干燥器（图6 – 15）和振动式远红外干燥器。

（三）红外线干燥的特点

（1）结构简单，调控操作灵活，易于自动化，设备投资也较少，维修方便。

（2）干燥速度快，时间短，比普通干燥方法要快 2 ~ 3 倍。

（3）干燥过程不需要干燥加热介质，蒸发水分的热能是物料吸收红外线辐射能后直接转变而来，因此能量利用率高。

（4）由于物料内外均能吸收红外线辐射，故适合多种形态物料的干燥，且产品质量好。

（5）红外线辐射加热器多使用电能，电能费用较大。

（6）由于红外线辐射穿透深度有限，干燥物料的厚度受到限制，只限于薄层物料。

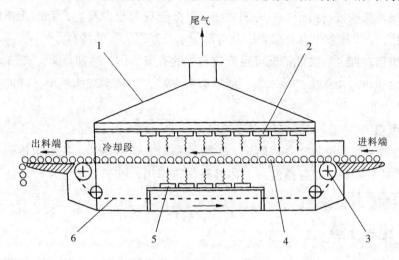

图 6 - 15　带式红外线干燥器

1. 排风罩；2. 红外辐射热器；3. 驱动链轮；4. 物料；5. 网状链带；6. 链条

十、微波干燥

微波干燥属于介电加热干燥。物料中的水分子是一种极性很大的小分子物质，在微波的辐射作用下，极易发生取向转动，分子间产生摩擦，辐射能转化成热能。温度升高，水分汽化，物料被干燥。

（一）微波干燥系统

微波干燥设备主要是由直流电源、微波发生器、波导装置、微波干燥器、传动系统、安全保护系统及控制系统组成，常见的有箱式微波干燥器和连续式谐振腔微波干燥器。图 6 - 16 为连续式谐振腔微波干燥器的结构示意图。

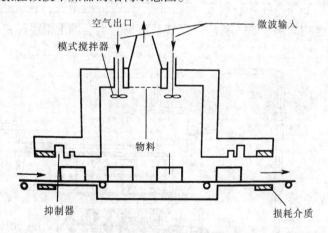

图 6 - 16　连续式谐振腔微波干燥器

（二）微波干燥的特点

1. 干燥温度低　尽管物料中水分多的地方温度高，但再高也只有 100℃ 左右，比其他普通干燥的温度都要低，整个干燥环境的温度也不高，操作过程属于低温干燥。

2. 干燥时间短　微波干燥比普通干燥加热要快数十倍乃至上百倍，而且非常有针对性

（量大的地方升温快、温度高），因此能量的有效利用率高，干燥时间短，生产效率大大提高。

3. 产品质地结构好　由于是内外同时加热，结壳现象很少发生，有助于产品质量的提高，特别适用于干燥过程中容易结壳以及内部的水分难以去尽的物料。

4. 具有灭菌功能　微波能抑制或致死物料中的有害菌体，达到杀菌、灭菌的效果。

5. 设备体积小　由于生产效率高，能量利用率高，加热系统体积小，因此整个干燥设备体积小，占地面积少。

6. 安全可靠　对于易燃易爆及温度控制不好易分解的化工产品，微波干燥较为安全。

不过，微波干燥的设备投入费用较大，微波发射器容易损坏，技术含量高，使得传热传质控制要求比较苛刻，而且微波对人体具有伤害作用，维护要求也比较严格，使它的应用受到了一定的限制。

十一、组合干燥

组合式干燥器有两种类型：一种是两种不同的干燥器串联组合而成，如喷雾-带式干燥器、喷雾-振动流化干燥器、脉冲气流-流化床干燥器等；另一种是利用它们各自的技术特长合在一个干燥器内组成一个干燥系统工程，如喷雾流化造粒干燥装置。对串联组合的来讲，一般前一个干燥器主要进行快速干燥、除掉物料中的非结合水，后一个干燥除掉降速干燥阶段的水分或冷却产品。组合式干燥器的特点是：可以获得优质产品；提高了设备利用率，节省设备投资费；提高热效率等。

（一）气流-流化床干燥器

当产品的含水量要求非常低，仅用一个气流干燥器达不到要求时，应选择气流干燥器与流化床干燥器的二级组合，只靠延长干燥管长度或再串一支气流干燥管除掉降速段结合水是不现实的。气流-流化床干燥器工作流程如图6-17所示。物料由螺旋加料器定量的加入脉冲气流管，与热空气一起上移，同时进行传热、传质。物料的表面水分脱出，进入旋风除尘器，分离出的物料经旋转阀进入流化床干燥器继续干燥，直至达到合格的含水率，从流化床内排出，经旋转筛后进入料仓。尾气从旋风除尘器排出由引风机排入大气。

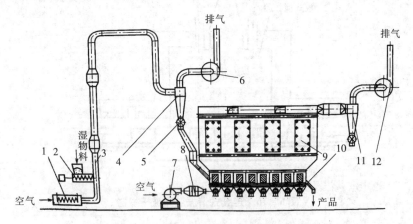

图6-17　气流-卧式流化组合式干燥流程

1. 加热器；2. 螺旋加料器；3. 气流管；4. 旋风分离器；5. 星形卸料器；6. 风机；

7. 鼓风机；8. 加热器；9. 卧式流化床干燥器；11. 旋风除尘器；12. 引风机

如在气流干燥器的底部装有一套搅拌装置，就成为粉碎气流-流化床干燥器的组合。

总之，在干燥装置的设计和操作过程中，如果用一种干燥器不能完成生产任务时，可以考虑两级（或多级）组合干燥技术，从而使产品达到质量、产量的要求。

（二）喷雾流化造粒干燥器

喷雾流化造粒干燥器是在喷雾技术与流化技术相结合的基础上发展起来的一种新型干燥器，可在一个床内完成多种操作。首先，在床内放置一定高度小于产品粒径的细粒子作为晶种。热空气进入流化床后，晶种处于流化状态，料液通过雾化器喷入分散在流化床物料层内，部分雾滴涂布于原有颗粒上，物料表面增湿，热空气和物料本身的显热足以使表面水分迅速蒸发，因此颗粒表面逐层涂布而成为较大的颗粒，称为涂布造粒机理。另一部分雾滴在没碰到颗粒之前就被干燥结晶，形成新的晶种。这样，颗粒不断长大，新的小粒子不断生成，周而复始。同时利用气流分级原理，将符合规格的粗颗粒不断排出，新颗粒继续长大，实现连续操作。如果雾滴没有迅速干燥，则产生多颗粒黏结团聚成为较大的颗粒，称为团聚造粒机理。

喷雾流化造粒干燥器操作主要有间歇操作和连续操作。间歇式喷雾流化造粒干燥器的工艺流程如图 6-18 所示。

主要包括空气过滤器、加热器、料车、喷雾器、造粒干燥器、料液泵和引风机等。其工作原理为物料粉末在热空气作用下呈流化状态，将黏合剂雾化喷入，粒子聚集成团粒，然后不断加热干燥，粒子凝固，此过程重复进行，直至形成理想的均匀的球状颗粒。由于在流化床内传热和传质较剧烈，因此，传热系数较大，干燥效果好。

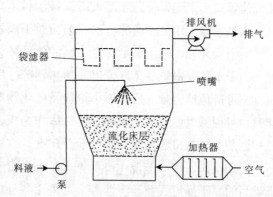

图 6-18　喷雾流化造粒干燥原理示意图

第二节　干燥系统的工艺设计

在干燥系统的工艺设计中，设计方案的确定主要包括干燥系统的工艺流程、干燥方法及干燥器形式的选择、操作条件的确定等，一般要遵循下列原则。

（1）满足工艺要求　所确定的工艺流程和设备，必须保证产品的质量能达到规定的要求，而且质量要稳定。这就要求各物流的流量稳定，操作参数稳定。同时设计方案要有一定的适应性，例如能适应季节的变化、原料湿含量及粒度的变化等。因此，应考虑在适当的位置安装测量仪表和控制调节装置等。

（2）经济上要合理　要节省热能和电能，尽量降低生产过程中各种物料的损耗，减少设备费和操作费，使总费用尽量降低。

（3）保证安全生产，注意改善劳动条件　当处理易燃易爆或有毒物料时，要采取有效的安全和防污染措施。

一、干燥装置的工艺流程

对流加热型干燥装置的一般工艺流程如图 6-19 所示。主要包括干燥介质加热器、干燥器、细粉回收设备、干燥介质输送设备、加料器及卸料器等。

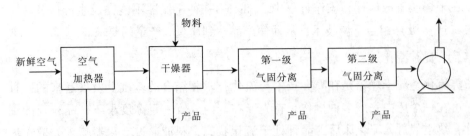

图 6-19　对流干燥装置的工艺流程

二、干燥介质及热源的选择

干燥介质为物料升温和湿分蒸发提供热量，并带走蒸发的湿分。干燥介质的选择取决于干燥过程的工艺要求及可利用的热源。常用的干燥介质有空气、烟道气、过热蒸汽、惰性气体等。当干燥操作温度不太高，且物料不宜被氧化时，可选用热空气。以空气作为干燥介质是目前应用最普遍的方法，因为对干燥器的使用而言，它最为简单和便利。采用烟道气为干燥介质，除了满足高温干燥的要求外，燃料消耗比用空气为干燥介质时要少，同时，由于不需要锅炉、蒸汽管道和预热器等，所以投资减少很多，但用烟道气作为干燥介质，不可避免地会带入一些细小炉灰及硫化物等污染物料。若物料和空气接触会氧化或爆炸时，可用氮气或二氧化碳等惰性气体作为干燥介质，也可以用过热水蒸气或与蒸发的湿分相同的过热有机溶剂蒸气作为干燥介质。

干燥操作所用的能源主要为热源。根据干燥物料的特性、干燥过程蒸发物质的性质、干燥目的、干燥方式及经济性等，可采用各种能源。干燥热源所用的燃料可分为气体、液体和固体燃料。气体及液体燃料，一般可直接燃烧得到高温而又比较洁净的干燥介质直接作为干燥过程的热源，但这种能源的价格较贵，一般不作为首选热源，只有在要求高温干燥介质时使用。

由固体燃料煤燃烧得到的烟气，其洁净度很差，一般只能作为间接热源去加热空气，再把热空气作为干燥介质，常用热风炉等烟气—空气换热设备来实现这一过程。而将煤作为蒸汽锅炉的热源，用锅炉蒸汽在翅片换热器中加热空气，这在干燥过程中最为常见。

随着热管换热器的开发，也有用锅炉或其他装置排放的废气作为热管的热源来加热冷空气，再用热管换热器得到的热空气作为干燥介质。红外线干燥和远红外干燥的热源，可选用电热式辐射器，也可以选用非电热式辐射器，对于不用电作为热源的辐射器，其主要热源是可燃性气体燃烧、烟道气、蒸汽加热等。

除了上述这些常规的干燥能源外，还有太阳能、生物能源等。

三、流动方式的选择

气体和物料在干燥器中的流动方式，通常分为并流、逆流和错流三种。

物料移动和介质流动方向一致的干燥过程，被称为并流干燥。在干燥前段（恒速干燥阶段）中，物料的温度等于空气的湿球温度，故并流时应采用较高的气体初始温度；在气体温度相同时，并流过程的物料出口温度比逆流时低，因而物料带走的热量就要少些。可见，在干燥强度和经济性方面，并流优于逆流。但并流干燥过程中，其推动力沿程逐渐下降，到了干燥后段（降速干燥阶段）将会变得很小，而使干燥速率降低。所以不易获得低水分的干燥产品。

并流操作适用于以下场合：①可进行快速干燥而不产生龟裂或焦化的高含水量物料；②遇高温易发生变色、氧化或分解等变化的物料。

物料移动和介质流动方向相反的干燥过程，被称为逆流干燥。在整个逆流干燥过程中的干燥推动力比较均匀。

逆流操作适用于以下场合：①不宜采用快速干燥的高含水量物料；②可耐高温（干燥后期）的物料；③对含水量要求苛刻的干燥产品。

物料移动与介质流动方向相互垂直的干燥过程，被称为错流干燥。在错流干燥中，各个位置上的物料都与高温、低湿的介质相接触，干燥推动力较大；又因气固接触面积较大，所以可采用较高的气速，干燥速率很高。

错流操作适用于以下场合：①耐高温且无论含水量高低都可进行快速干燥的物料；②因阻力或干燥器构造的要求，不宜采用并流或逆流操作的干燥。

四、干燥介质进口温度的选择

在避免物料发生变色、分解等理化性质变化的前提下，为了强化干燥过程、提高经济性，干燥介质的进口温度应保持在物料允许的最高范围之内。干燥同种物料，介质进口温度可以不同，随干燥器型式而异。例如在厢式干燥器中，因物料是静止的，所以应选用较低的介质进口温度；在转筒、沸腾、气流等干燥器中，由于物料不断翻动，介质进口温度可以高些。有助于实现干燥均匀、速率快、时间短的目的。

五、干燥介质出口相对湿度和温度的选择

提高干燥介质出口的相对湿度 φ_2，可降低空气的消耗及传热量，降低操作费用；但随 φ_2 的增大，介质中水蒸气分压也会增高，降低了干燥过程的平均推动力。为保持干燥能力不变，必须增大设备尺寸，进而增大了投资费用。可见，最适宜的 φ_2 值须通过经济衡算确定。

干燥同种物料，所选干燥器的类型不同，适宜的 φ_2 值也不相同。例如，对气流干燥器，由于物料在干燥器内的停留时间很短，需较大推动力来提高干燥速率，因此出口气体的水蒸气分压通常要比出口物料的表面水蒸气压低50%；对转筒干燥器，出口气体中的水蒸气分压则通常是物料表面水蒸气压的50%~80%。某些干燥器须保证一定的空气速度，可从气量与 φ_2 的关系入手。即为满足气速较大的要求，可使用较多的空气以降低 φ_2。

选择干燥介质出口温度 t_2 时，应与 φ_2 同时考虑。t_2 增高，则热损失增大，干燥热效率降低；若在 φ_2 较高时降低 t_2，湿空气可能会在干燥器后面的设备和管路中析出水滴，破坏了干燥的正常操作。对气流干燥器来说，一般要求 t_2 比物料出口温度高10~30℃，或比进口气体的绝热饱和温度高20~50℃。

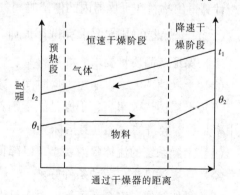

图 6-20　物料和干燥气体在连续
逆流干燥器的温度变化

六、物料出口温度的选择

图 6-20 所示是气体和物料在连续逆流操作的干燥器中的温度变化。在恒速干燥段，物

料的出口温度等于相接触气体的湿球温度。在降速干燥段，物料温度不断升高，气体传给物料的热量中一部分用于气化物料中的水分，另一部分则用于使通过干燥器的物料升温。物料的出口温度 θ_2 与很多因素有关，其中主要有物料的临界含水量 X_C 及降速干燥段的传质系数。X_C 愈低，物料的 θ_2 也愈低；传质系数愈高，θ_2 值愈低。目前还没有计算 θ_2 的理论公式，设计时可按下述方法取值。

（1）按物料允许的最高温度 θ_{max} 估算

$$\theta_2 = \theta_{max} \qquad (6-1)$$

式中，θ_2 和 θ_{max} 的单位均为℃。

由于该方法仅考虑物料的允许温度 θ_{max}（实验得），并未考虑降速阶段中物料干燥的特点，因此误差较大。

（2）选用实际数据 如果所设计的干燥器类型及工艺条件与实际生产（或实验）中的干燥装置相似，可依照实际生产（或实验）中的相关数据，估算与物料含水量相对应的出口温度。该法在实际设计中常用。

（3）采用经验公式计算 对于气流干燥器，若 $X_C < 0.05$ kg/kg$_{绝干物料}$时，可按下式计算物料出口温度 θ_2

$$\frac{t_2 - \theta_2}{t_2 - t_{w_2}} = \frac{\gamma_w(X_0 - X^*) - C_s(t_2 - t_{w_2})\left(\dfrac{X_2 - X^*}{X_C - X^*}\right)^{\frac{\gamma_w(X_0 - X^*)}{C_s(t_2 - t_{w_2})}}}{\gamma_w(X_2 - X*) - C_s(t_2 - t_{w_2})}$$

式中，θ_2 为出口物料的温度，K；X^* 为物料的平衡含水量，kg 水 /kg 绝干物料；X_2 为出口物料的含水量，kg 水 /kg 绝干物料；X_c 为物料的临界含水量，kg 水 /kg 绝干物料；t_2 为气体的出口温度，K；t_{w_2} 为出口状态下气体的湿球温度，K；r_{w_2} 为 t_{w_2} 下水的汽化潜热，kJ/kg；c_s 为绝对干物料的比热，kJ/(kg·K)。

利用上式求解出口物料的温度时，需要采用试差法。

七、干燥器的选择

干燥器的选择受多种因素影响和制约，正确的步骤必须从被干燥物料的性质和产量，生产工艺要求和特点，设备的结构、型号及规格，环境保护等方面综合考虑，进行优化选择。根据物料中水分的结合性质，选择干燥方式；依据生产工艺要求，在实验基础上进行热量衡算，为选择预热器和干燥器的型号、规格及确定空气消耗量、干燥热效率等提供依据；计算得出物料在干燥器内的停留时间，确定干燥器的工艺尺寸。

（一）干燥器的基本要求和选用原则

（1）保证产品质量要求，如湿含量、粒度分布、外表形状及光泽等。

（2）干燥速率大，以缩短干燥时间，减小设备体积，提高设备的生产能力。

（3）干燥器热效率高，干燥是能量消耗较大的单元操作之一，在干燥操作中，热能的利用率是技术经济的一个重要指标。

（4）干燥系统的流体阻力要小，以降低流体输送机械的能耗。

（5）环境污染小，劳动条件好。

（6）操作简便、安全、可靠，对于易燃、易爆、有毒物料，要采取特殊的技术措施。

（二）干燥器选择的影响因素

1. 选择干燥器前的试验 选择干燥器前首先要了解的就是被干燥物料的性质特点，因此必须采用与工业设备相似的试验设备来做试验，以提供物料干燥特性的关键数据，并探测物料的干燥机理，为选择干燥器提供理论依据。通过经验和有针对性的试验，应了解以下情况：①工艺流程参数，如干燥物料数量、排除的总液量和湿物料的来源；②原料是否作过预脱水，如过滤、机械压缩、离心分离等。将物料供给干燥器的方法，在湿物料中颗粒尺寸的分布，湿物料和干物料的物理性质和易处理性和磨蚀性能；③原料的化学性质，如毒性、异味、物料可否用含有二氧化碳、二氧化硫、氮的氧化物和含微量部分燃烧的碳氢化合物的热燃气来干燥；起火和爆炸的危险性、温度极限与相变相关的温度以及腐蚀性；④干产品的规格和性质，如湿含量、溶剂异味的排除、颗粒尺寸的分布、堆积密度、杂质的最高百分率，所希望的颗粒化或结晶形式、流动性、干燥物料在贮藏前必须冷却的温度；⑤由试验型设备或实验室以及以往在大型设备中用较少物料得到的干燥性能试验所获得的干燥数据，溶剂回收的资料，产品损失以及场地条件可能作为附加条件。

2. 物料形态　根据被干燥物料的物理形态，可以将物料分为液态料、滤饼料、固态可流动料和原药材等。表6-1列出了物料形态和部分常用于干燥的对应选择关系，可供参考。

表6-1　物料的选择与干燥器的适配关系

干燥器	物料形态									
	液态料			滤饼料		固态可流动料				原药材
	溶液	浆料	膏状物	离心滤饼	过滤滤饼	粉料	颗粒	结晶	扁料	
厢式干燥器	–	–	–	△	△	△	△	△	△	△
带式干燥器	–	–	–	–	–	–	△	△	△	△
隧道干燥器	–	–	–	△	△	–	△	△	△	△
流化床干燥器	–	–	–	△	△	△	–	△	–	–
喷雾干燥器	△	△	△	–	–	–	–	–	–	–
闪蒸干燥器	△	△	△	–	–	–	–	–	–	–
转鼓干燥器	△	△	–	–	–	–	–	–	–	–
真空干燥器	–	–	–	△	△	–	–	–	–	△
冷冻干燥器	–	–	–	△	△	–	–	–	–	△

表中：△表示物料形态与干燥器适配；–表示物料形态与干燥器不适配。

3. 物料处理方法　在制定药品生产工艺时，被干燥物料的处理方法对干燥器的选择是比较关键的因素。某些物料需要经过预处理或预成型，使其能适合于在某种干燥器中干燥。如使用喷雾干燥就必须要将物料液态化，使用流化床干燥则最好将物料进行造粒处理；液态或膏状物料不必处理即可使用转鼓干燥器进行干燥，没有加工的中药原药材则可以使用隧道干燥器进行干燥；对温度敏感的生物制品要保存其生物活性就应设法使其处在活性状态时进行冷冻干燥。

4. 温度与时间　药物的有效成分大多数是有机物和有生物活性的物质，它们的一个显著特点就是对干燥温度比较敏感。高温会使有效成分发生分解、降活乃至完全失活；但低温又不利于干燥。所以，药品生产中的干燥温度和时间与干燥设备的选用关系密切。一般来说，对温度敏感的物料可以采用快速干燥、真空或真空冷冻干燥、低温慢速干燥、化学吸附干燥等。表6-2列出了一些干燥器中物料的停留时间。

表 6 - 2 干燥器中物料的停留时间

干燥器	在干燥器内的典型停留时间				
	1 ~ 6h	0 ~ 10s	10 ~ 30s	1 ~ 10min	10 ~ 60min
厢式干燥器	-	-	-	Δ	Δ
带式干燥器	-	-	-	Δ	Δ
隧道干燥器	-	-	-	-	-
转鼓干燥器	-	Δ	Δ	-	-
流化床干燥器	-	-	Δ	Δ	-
喷雾干燥器	Δ	Δ	-	-	-
闪蒸干燥器	Δ	Δ	-	-	-
真空干燥器	-	-	-	-	Δ
真空冷冻干燥器	-	-	-	-	Δ

表中：Δ 表示物料在干燥器内的典型停留时间。

5. 生产方式 当干燥前后的工艺均为连续操作，或虽不连续，但处理量大时，应选择连续式的干燥器；对数量少、品种多、连续加卸料有困难的物料干燥，应选用间歇式干燥器。

6. 干燥量 包括干燥物料总量和湿分蒸发量，它们都是重要的生产指标，主要用于确定干燥设备的规格，而不是确定干燥器的型号。但在多种类型的干燥器都能适用时，则可根据干燥器的生产能力来选择相应的干燥器。

干燥设备的最终确定通常是对设备价格、操作费用、产品质量、安全、环保、节能和便于控制、安装、维修等因素综合考虑后，提出一个优化的方案，选择最佳的干燥器。

八、药用干燥器的主要结构特征

在制药生产中，由于药物生产对批号及整批均一性的要求，对连续操作或分盘干燥的一整批物料，就需要整机混合使这批物料质量均一，所以在可能的情况下优先考虑采用分批干燥的方式。为了在干燥器中不积存物料，除了内壁光洁以外在结构上要防止锐角，避免丝网或多孔结构，以利清洗彻底。

干燥装置也和其他制药设备一样，需具有原位清洗及原位灭菌的设施。原位清洗是指装置不必拆卸，利用所配置的管道阀门等将洁净水引入，将装置清洗干净的设施和方法。原位灭菌是使该装置可以利用所配置的管道、阀门或加热器等，将灭菌用的饱和蒸汽或高温热空气引入装置。在规定的温度、压力下维持规定的时间，以利被处理的装置内可能残留杂菌的杀灭。而灭菌的操作条件要经过规定的方法验证，证明是有效的。

用热空气干燥的系统，热空气在进入干燥装置之前要经过严格的过滤，对于无菌药品其洁净程度要求达到 100 级。100 级的指标是每立方米空气中 ≥5μm 的尘埃粒子为 0 个（即不存在）；≥0.5μm 的尘埃粒子 ≤3500 个。雾化用的空气和其他进入装置的空气，也都必须按此标准要求：根据药品质量管理规范，这种检测要求定期进行，并作完整的记录。空气的采样口应设在进入干燥装置前，以保证进入干燥装置空气的质量。不允许经过滤后再加热，因为加热器表面会积有灰尘或产生的氧化物会脱落。因此终端过滤器必须能耐受灭菌温度。

干热灭菌及饱和蒸汽灭菌要求的温度、压力、灭菌周期规范及灭菌效果的检验均有规定方法。

由于药品生产为了保证质量规范的多种版本都强调批号和每一批号质量的均一性，因此干燥装置，特别是成品干燥装置，应该满足一整批物料的干燥，以免多次、多盘或连续干燥所得产品在干燥结束后，再进行一次混合。而且药品经多次转移也容易增加被污染的机会，所增设的混合器也照样被要求设置原位清洗、原位灭菌等设施，无疑会增加设备及操作。因此比较可行的方法是将干燥装置设计成能足够容纳一个批号的量，分批干燥，并配有原位清洗、原位灭菌的设施。

至于药品干燥的操作条件如温度、时间等则应在实验室规模进行实验，以确保药品的各项指标不受影响，再按此结构进行放大。

九、干燥介质输送设备的选择及配置

为了克服整个干燥系统的流体阻力以输送干燥介质，必须选择适当形式的风机，并确定其配置方式。风机的选择主要取决于系统的流体阻力、干燥介质的流量、干燥介质的温度等。风机的配置方式主要有以下三种。

1. **送风式** 风机安装在干燥介质加热器的前面，整个系统处于正压操作。这时，要求系统的密闭性要好，以免干燥介质外漏和粉尘飞入环境。

2. **引风式** 风机安装在整个系统后面，整个系统处于负压操作。这时，同样要求系统的密闭性要好，以免环境空气漏入干燥器内，但粉尘不会飞出。

3. **前送后引式** 两台风机分别安装在干燥介质加热器前面和系统的后面，一台送风，一台引风。调节系统前后的压力，可使干燥室处于略微负压下操作，整个系统与外界压差较小，即使有不严密的地方，也不至于产生大量漏气现象。

十、细粉回收设备的选择

物料在干燥过程中，在各种不同场合将会有粉尘的产生，其中绝大部分的粉尘就是产品。所以，在干燥器后都应设置气固分离设备。

通常，由于干燥过程是整个产品生产的最后一道工序，它将直接能获得固体产品。所以粉尘回收好坏，不仅为了防止污染环境、改善操作条件，更主要的是能最大限度地获得更多的优质产品，减少损失，提高得率，有效地降低生产成本。因此在干燥系统中对除尘系统的选型、设计必须认真考虑。

除尘系统的选择主要考虑以下几个因素：①含尘气体的性质，如气体量、气体的温度和湿度，气体含尘浓度，粉尘的性质和粒度分布范围；②环境对净化程度的要求；③除尘设备本身的特性。

最常用的气固分离设备是旋风分离器，对于粒径大于 $5\mu m$ 的颗粒具有较高的分离效率。旋风分离器可以单台使用，也可以多台串联或并联使用。为了进一步净化含尘气体，提高产品的回收率，一般在旋风分离器后安装袋滤器或湿式除尘器等第二级分离设备。袋滤器除尘效率高，可以分离旋风分离器不易除去的小于 $5\mu m$ 的微粒。

十一、加料器及卸料器的选择

在粉碎、混合及干燥等装置中，供给或排出粉状、颗粒状及块状物料的机械，一般统称为供料器，有加料器和排料器之分。对后续装置而言，排料器也就成了加料器。在干燥过程中，加料器所处理的往往是湿物料，而排料器处理的往往是较干物料。加料器的用途主要是定量连续或间断地供给物料。排料器的用途主要是不定量连续或间断地排出物料。

供料器应具有下列特点：①能定量供料；②不泄漏物料和空气；③不产生粒子破损；④能适用多种物料，供料量可调节；⑤消耗功率小；⑥运转可靠、操作简单、维修方便；⑦占地面积小，高度低。

加料器和卸料器对保证干燥器的稳定操作及干燥产品质量很重要。上述要求并不是任何场合都必须，也不是所有型式供料器都能全部满足，因此，在设计时要根据物料的特性和流量等综合进行考虑，选择适当的加、卸料设备。

第三节　干燥器设计举例

氯化铵是一种含氮量约25%的高效优质氮肥，可以直接施肥或用作复混肥的原料。当前我国的氯化铵产品几乎为粉状，粉状肥料易吸潮、板结，颗粒肥料物理性能好，装卸时不起尘、长期存放不结块、流动性好等要求，同时还可起到缓释作用，提高肥料的利用率。此外，不同但大小相近的颗粒肥料可实现直接掺混，得到低成本的混配肥，具有和复合肥同样的肥效。因此，在其生产过程中，不仅要采用合适的制粒生产设备，还要选择合适的干燥设备。

已知生产工艺条件为：氯化铵产品产量 $G_2 = 13500 \text{kg/h}$，湿物料含水量 $\omega_1 = 5\%$，产品含水量 $\omega_2 = 0.5\%$，物料堆密度 $\rho_b = 950 \text{kg/m}^3$，物料真密度 $\rho_p = 1470 \text{kg/m}^3$。干燥介质为热空气，热风入口温度 $t_1 = 200℃$，热风出口温度 $t_2 = 60℃$，物料进干燥器时的温度 $\theta_1 = 9℃$，产品离开干燥器时的温度 $\theta_2 = 55℃$，物料平均直径 $d_p = 0.44 \text{mm}$，产品平均直径 $d_{p0} = 0.15 \text{mm}$，干物料比热容 $c_m = 1.6 \text{kJ/(kg·K)}$，空气初始湿含量 $H_0 = 0.0198 \text{kg}$ 水/kg 干空气。

一、干燥器的选型

（1）氯化铵为单斜晶体，白色粉末状、细颗粒状结晶或圆形小球。根据其物理形态，可选用的干燥器有厢式干燥器、带式干燥器、隧道式干燥器、流化床干燥器、闪蒸干燥器及真空干燥器等。

（2）氯化铵熔点891℃，加热至100℃时开始显著地挥发，337.8℃时解离为氨和氯化氢。因此，干燥温度不能太高，干燥时间不能太长。一般厢式干燥器、带式干燥器、隧道式干燥器及真空干燥器内物料的停留时间在1~10分钟或10~60分钟，闪蒸干燥器停留时间在0~10秒或1~6小时，流化床干燥器停留时间在10~30秒或1~10分钟。

（3）物料的初始含水量为5%，其结构为单斜晶体，因此黏性较低，干燥过程中不会存在黏壁现象。

（4）工艺要求产品产量较大，因此最好选用连续式干燥器。

（5）氯化铵腐蚀性较大，因此生产过程中，生产设备要有较好的密封性和尾气处理能力。

基于以上几点分析，可初步选择流化床干燥器。流化床干燥器的特点是处理量大；物料在干燥器内停留时间可自由调节；床层内温度分布均匀，温度可按要求调节；流化床干燥器可进行连续操作，也可间歇操作；用于流化干燥的物料在粒度上有一定限制，一般要求在30μm~6mm；物料的含湿量不要太高；装置密封性能好，适合对纯洁度要求较高的产品干燥等。因此，流化干燥器能满足以上生产工艺要求。

二、干燥器其他附属设备的选择

（1）根据工艺要求，干燥介质选用热空气，加热干燥介质的热源有水蒸气、煤气、天然气、电、煤、燃油等，视干燥工艺要求和工厂的实际条件而定。根据热源的不同，干燥介质的加热器可以选择锅炉、翅片式加热器、热风炉等。

（2）风机有送风式、引风式和前送后引式。根据物料性质和流化床干燥器设备的操作特点，选择送风式风机。

（3）最常用的气固分离设备是旋风分离器，对于颗粒粒径大于 $5\mu m$ 具有较高的分离效率。工艺要求产品粒径为 $0.15mm$，因此气固分离设备选用单台旋风分离器即可满足要求。

三、干燥器工艺参数计算

（一）物料衡算

（1）湿物料处理量 G_1

$$G_1 = G_2\frac{100 - \omega_2}{100 - \omega_1} = 13500 \times \frac{100 - 0.5}{100 - 5.5} = 14214kg/h$$

（2）水分蒸发量 W

$$W = G_1 - G_2 = 14214 - 13500 = 714kg/h$$

（二）热量衡算

（1）水分蒸发所需要的热量 Q_1

$$Q_1 = W(2490 + 1.88t_2 - 4.186\theta_1) = 714 \times (2490 + 1.88 \times 60 - 4.186 \times 9)$$
$$= 1831500kJ/h$$

（2）干物料升温所需要的热量 Q_2

$$Q_2 = G_2c_m(\theta_2 - \theta_1) = 13500 \times 1.6 \times (55 - 9) = 993600kJ/h$$

（3）干燥过程所需要有效热量 Q'

$$Q' = Q_1 + Q_2 = 1831500 + 993600 = 2825100kJ/h$$

（4）热损失 Q_3 取实际干燥过程的热损失为有效热量的 10%，即

$$Q_3 = 10\%Q' = 282510kJ/h$$

（5）干燥过程所需总热量 Q_0

$$Q_0 = Q_1 + Q_2 + Q_3 = 1831500 + 993600 + 282510 = 3107610kJ/h$$

（6）干空气用量 L

$$L = \frac{Q_0}{(1.01 + 1.88H_1)(t_1 - t_2)} = \frac{3107610}{(1.01 + 1.88 \times 0.0198) \times (200 - 60)}$$
$$= 21196kg\ 干空气/h$$

（7）废气湿含量 H_2

$$H_2 = H_1 + \frac{W}{L} = 1.0198 + \frac{714}{21196} = 0.0535kg\ 水/kg\ 干空气$$

（三）床层直径 D 的确定

根据实验结果，适宜的空床气速（即操作气速）为 $1.2 \sim 1.4m/s$，现取为 $1.2m/s$ 进行计算。在 $60℃$ 下，湿空气的比容 v_{H_2} 和体积的流量 V 分别为

$$v_{H2} = (0.773 + 1.244 \times 0.0535) \times \frac{273 + 60}{273} = 1.024 \text{m}^3/\text{kg 干空气}$$

$$V = Lv_{H_2} = 21193 \times 1.024 = 21705 \text{m}^3/\text{h}$$

流化床床层的截面积 A 为

$$A = \frac{V}{3600u} = \frac{21705}{3600 \times 1.2} = 5.02 \text{m}^2$$

因此，床层直径为

$$D = \sqrt{\frac{A}{\pi/4}} = \sqrt{\frac{5.02 \times 4}{\pi}} = 2.53 \text{m}$$

圆整后取实际床层直径为 $\varphi = 2600 \text{mm}$。

（四）分离段直径 D_1 的确定

在 60 ℃时，空气的密度 $\rho = 1.06 \text{kg/m}^3$。黏度 $\mu = 2.01 \times 10^{-5} \text{Ps} \cdot \text{s}$，对于平均直径 $d_{p0} = 0.15 \text{mm}$ 的产品颗粒

$$A_{r0} = \frac{d_{p0}^3 \rho(\rho_p - \rho)g}{\mu^2} = \frac{(0.15 \times 10^{-3})^3 \times 1.06 \times (1470 - 1.06) \times 9.8}{(2.01 \times 10^{-5})^2}$$

$$= 127.5$$

根据经验公式计算得，$R_{ef} \approx 4.96$ 故

$$u_f = \frac{R_{ef}\mu_\alpha}{d_{p0}\rho_\alpha} = \frac{4.96 \times 2.01 \times 10^{-5}}{0.15 \times 10^{-3} \times 1.06} = 0.63 \text{m/s}$$

$$D_1 = \sqrt{\frac{V}{3600u_f \times \pi/4}} = \sqrt{\frac{21705 \times 4}{3600 \times 0.63 \times \pi}} = 3.49 \text{m}$$

圆整后取实际分离段直径为 $\varphi = 3500 \text{mm}$。

（五）流化床层高度的计算

固定床空隙率为

$$\varepsilon_f = 1 - \frac{\rho_b}{\rho_p} = 1 - \frac{950}{1470} = 0.354$$

对于颗粒平均直径 $d_p = 0.44 \text{mm}$ 的物料

$$A_r = \frac{d_p^3 \rho(\rho p - \rho)g}{\mu^2} = \frac{(0.44 \times 10^{-3})^3 \times 1.06 \times (1470 - 1.06) \times 0.98}{(2.01 \times 10^{-5})^2} = 3218$$

$$R_e = \frac{dpu\rho}{\mu} = \frac{0.44 \times 10^{-3} \times 1.2 \times 1.06}{2.01 \times 10^{-5}} = 27.8$$

流化床的空隙率可按下式计算，即

$$\varepsilon_f = \left(\frac{18R_e + 0.36R_e^2}{A_r}\right)^{0.21} = \left(\frac{18 \times 27.8 + 0.36 \times 27.8^2}{3218}\right)^{0.21} = 0.742$$

取静止床高度 $H_0 = 150 \text{mm}$，则流化床层的高度为

$$H = H_0 \frac{1 - \varepsilon_0}{1 - \varepsilon_f} = 0.15 \times \frac{1 - 0.354}{1 - 0.742} = 0.38 \text{m}$$

（六）平均停留时间 τ

物料在流化床干燥器内的平均停留时间可按式下式估算，即

$$\tau = \frac{\rho_b A H_0}{G_2} = \frac{950 \times \pi/4 \times 2.6^2 \times 0.15 \times 60}{1.500} = 3.4 \text{min}$$

　　以上是以化工产品氯化铵为例，介绍了干燥器选型的基本思路和方法，并进行了工艺参数计算。根据干燥器选型的基本原则及其影响因素，结合氯化铵的物理性质，如物理形态、热敏性和腐蚀性等，以及生产工艺参数如初始含水量及生产量等，确定了选用单层流化床干燥器，并进行了工艺参数计算。由计算结果可知其工艺参数如下：空气用量为 $21705 m^3/h$，由此可指导风机选型，工艺确定采用送风式风机；干燥过程所需总热量为 $3107610 kJ/h$，由此可指导换热器选型，工艺确定采用热空气作为干燥介质，换热器采用翅片式；流化床床层直径为 $\varphi = 2600 mm$；分离段直径为 $\varphi = 3500 mm$；流化床层的高度为 $0.38 m$；物料在流化床干燥器内的平均停留时间 3.4 分钟。

主 要 符 号 表

c_H	湿空气的比热	kJ/（kg绝干空气·K）
c_m	湿物料的比热	kJ/（kg绝干空气·K）
c_s	绝干物料的比热	kJ/（kg绝干空气·K）
H	空气的湿度	kg/kg绝干空气
I_H	湿空气的焓	kJ/kg绝干空气
v_H	湿空气的比容	m^3/kg绝干空气
t	湿空气的干球温度	K
t_w	气体的湿球温度	K
r_w	水的汽化潜热	kJ/kg
X	物料的干基含水量	kg 水/kg 绝干物料
X^*	物料的平衡含水量	kg 水/kg 绝干物料
X_c	物料的临界含水量	kg 水/kg 绝干物料
ω	湿基含水量	kg 水/kg 湿物料
d_P	颗粒直径	m
G	物料量	kg/s
G_c	绝干物料量	kg/s
L	进出干燥器的干空气的质量流量	kg绝干空气/s
W	水分气化量	kg/s
θ	湿物料温度	℃
ρ_s	颗粒堆密度	kg/m^3
Q	传热量	kW

❓ 思考题

1. 结合药品生产过程说明干燥在制药行业的应用主要体现在哪几个方面？

2. 什么是流化床？流化床干燥器有那些特点？生产过程中常见故障有哪些？

3. 简述喷雾干燥法的特点。

4. 简述冷冻干燥的特点及适用范围。

5. 组合干燥有几种类型？分别是什么？

扫码"学一学"

扫码"看一看"

第七章　粉筛、混合和制粒设备

在制药工艺中，粉碎工艺是最常用到的工艺，粒径也是很重要的参数，尤其是某些特殊制剂，粒径参数至关重要。比如制备散剂、颗粒剂、丸剂和片剂等所需的原料药一般都需要粉碎成细粉，以利于制备成型。再比如，将药物粉碎成较小粒径可增大药物的比表面积，促进药物的溶剂和吸收，从而可提供生物利用度。但是药物应粉碎到多大粒径，还与药物性质、剂型及使用要求等具体情况有关，不是粒径越细越好。例如刺激性药物、易溶性药物和易分解的药物不宜粉碎过细，否则加速分解，容易造成突释。

为了改善某些产品的使用性能和综合效能，往往要在产品中加入不同的添加剂（又称辅料），或将几种不同的药物组合使用，混合成一种性能更优越的产品。混合操作在后处理工艺中成为改善产品性能和质量的一种重要手段。制粒是将粉末、熔融液体、水溶液等状态的物料经加工制成具有一定形状与大小的粒状物的操作。制粒不仅能够改善物料的流动性、飞散性、黏附性，而且可以保证颗粒大小、形状、外观的均一性，便于压片、充填胶囊和制备颗粒剂。

第一节　粉碎和筛分工艺简介

粉碎主要是借助机械力或者空气能量把大颗粒物料粉碎成适当颗粒的工艺过程。粉碎工艺在制药工艺中意义重大，粉碎后的物料粒径变小，大大增加表面积，促进药物溶解和吸收，提供药物生物利用度。有些药物还能通过控制粒径范围来控制其在体内的溶出速度，以达到缓释的目的。

一般粉碎机处理后的物料粒径分布比较宽，也就是粗细不均一，需要用一定目数的筛将粉末进行筛分，得到均匀的符合粒径要求的药粉。按照粉碎后颗粒的粒径不同，粉碎粒径从大到小依次为粗粉碎、中粉碎、细粉碎、超微粉碎、纳米粉碎（表7-1）。粗粉碎粒径一般要求毫米级别，中粒径为百微米级别，细粉碎粒径为十微米级别，超微粉碎则到微米级别。粒径到微米以下称为纳米粉碎，纳米粉碎比较特殊，难溶药物越来越多。

表7-1　粉碎粒径分类

粗粉碎 预破碎机	中粉碎 锥式粉碎机	细粉碎 锤式粉碎机	超微粉 气流粉碎机	纳米粉碎 纳米研磨机
$9000\mu m$	$1000\mu m$	$100\mu m$	$10\mu m$	$1\mu m$	$0.01\mu m$

粉碎四要素：切料（cutting）、挤压（compression）、摩擦（friction）、碰撞（collision）。

举例说明：机械粉碎机通常是多个因素共同作用达到粉碎效果。

切料（cutting）用的不是很多，一般干法制粒和热熔挤出工艺会配套切粒，干法制粒压制后的片状物料需要先进行切粒再整粒，然后才能进行下游压片或者其他工序。（干法制粒工艺药物名称）热熔挤出后的物料需要先切粒，把条状物料切成颗粒状再进入下游工序。例如，利托那韦（Ritonavir）、洛匹那韦（Lopinavir）和泊沙康唑（Posaconazole）等药品制备过程都是先用热熔挤出工艺然后再进行颗粒设计。

挤压（compression）和摩擦（friction）式粉碎机在原料药精烘包工序的粉碎工序经常用到，比如锥式粉碎机就是常见的原料药整粒机。

碰撞（collision）式粉碎机主要有锤式粉碎机、钉盘磨和气流粉碎机等，制剂工艺应用比较多，后面章节详细介绍。

原料药粉碎工序是在干燥工序后，干燥后的物料一般会有不同大小的块状物料，需要进行整粒成均一的产品。制剂中粉碎工艺一般是在混合之前，对于有效成分，要求一定的粒径范围进行粉碎，辅料一般进行筛分。

粉碎不仅仅是一台单机设备，需要考虑整个系统：上料、粉碎和出料的整个系统。不仅要求达到粉碎粒径，还要求密闭，防止粉尘飞扬。

第二节　机械粉碎机应用及选型

一、预破碎与整粒机

预破碎机和整粒机属于粗粒径粉碎机，目的是把块状物料粉碎到均一的粉状即可。电机提供动力源，传动到转子上，转子把力量作用于块状物料上，让块状物料在转子和筛网之间破碎。通过筛网进行粒径筛选，即不同规格的筛网可以得到不同粒径范围。

预破碎机用于加工质软、易碎材料和结块物料，尤其适用于团聚和硬块，典型应用包括赋形剂、添加剂和无机盐在运输和存储后形成的结块。一般预破碎机进料口都比较大，方便块状物料能够投入设备中，主要用于反应釜投料前的结块物料的破碎，例如氯化钠、氯化钾、柠檬酸、柠檬酸钠和塞利洛尔等产品在库存一段时间后容易结块，而且是又大又硬的块，即使人工敲击也难于崩开，这种情况下需要用大块破碎机进行粗粉碎，方便投料或者是真空输送。

整粒机普遍应用于原料药干燥后的整粒，目的是把干燥后的物料粉碎到一定粒径范围内。例如水溶性无菌头孢原料药一般在单锥干燥机出料口直接配锥式粉碎机用于原料药的整粒，粒径控制在 $100 \sim 200\,\mu m$。在制剂工艺中湿法制粒后的湿整粒，主要目的是分散，防止含湿量高的物料聚集在一起导致后续干燥产品不均匀。流化床干燥后的物料一般也需要进行干整粒，保证物料粒径均一。整粒机一般是通过调节转子转速和选择筛网孔径来控制最终产品的粒径。

二、粉碎机

（一）锤式粉碎机

锤式粉碎机属于中粒径粉碎机，适用于粉碎和分解团聚体和结块，根据产品特性要求可控制一定粒径范围。锤式粉碎机核心是转子刀和筛网，通过调整转速和筛网孔径控制最终产品粒径范围。锤式粉碎机普遍应用于固体制剂原辅料的前处理。

锤式粉碎机转速高，产尘量大，所以要求进料和出料必须配备密闭措施。一般进料口配进料桶或者真空输送，出料口通过标准卡盘对接收料桶，这样整个粉碎系统能够防止粉尘外溢。

（二）钉盘粉碎机

钉盘粉碎机属于细粉碎，适用于对软质材料至中等硬度材料进行精细粉碎或者超细研磨，通常粒径在 $20 \sim 500\,\mu m$ 内可调，具体由产品类型决定。

工作原理：粉碎腔有转子和定子组成，转子盘和定子盘都有垂直于盘面的圆柱体，转子盘上的圆柱体和定子盘上的圆柱体交错分布。转子旋转过程中将产生气流，被粉碎物料颗粒被圆柱体被撞碎后被气流带出粉碎腔，通过布袋收集器进行产品收集。通过调节转子转速和给料速度控制产品粒径范围，粉碎腔尺寸决定粉碎产能。此设备的优点是有气体流动，产品在整个体系中会得到冷却，温升不显著，最终产品粒径可控，而且流动性良好。

实例如表 7 - 2（数值仅供参考，无任何约束力）。

表 7 - 2　钉盘粉碎机实例

产品	粒径（μm）	产能（kg/h）	粉碎腔尺寸（mm）
阿司匹林	$D99 < 250$	500	315
维生素 C	$D97 < 27$	15	100
克拉霉素	$D97 < 20$	2	100
麦芽糖糊精	$D99 < 100$	55	100
硝苯地平	$D97 < 32.5$	13	100
对乙酰氨基酚	$D90 < 90$	320	250

（三）气体粉碎机

超微气流粉碎机主要应用于难溶药物粉碎，以提高药物溶出度和生物利用度。气流粉碎机主要由进料、粉碎、分级、收料和尾气处理五部分组成，因分级原理不同分为圆盘式气流粉碎机和对撞流化床气流粉碎机。

圆盘式气流粉碎机工作原理主要是应用了两个空气动力学原理。第一个是文丘里效应：进料压缩空气高速喷射，在高速流体附近产生低压，从而产生吸料真空。简单来讲，它就是把高压气体通过喷嘴使气流由粗变细，加快气体流速，使气体在文氏管出口的后侧形成一个真空区，利用文丘里效应可实现气流粉碎机进料。第二个是拉瓦尔管原理：根据空气动力学原理，流速低于音速

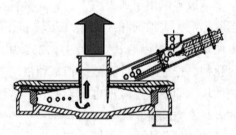

图 7 - 1　圆盘式气流粉碎机

的时候也就是亚声速气流，气体流速和管径成反比，管径变窄流速几何级上升；气体流速高于音速的时候，流速和管径成正比，管径变大流速上升，火箭推进器喷管就是利用了此原理。圆盘式气流粉碎机（图 7 - 1）就是利用拉瓦尔管原理把压缩空气能量转换成速度，带着颗粒在圆盘内做圆周运动，颗粒之间互相碰撞达到粉碎的目的。一般化学原料药的粉碎只用到了拉瓦尔管的前半部分，即亚音速气流足以把颗粒粉碎到微米级别的超细粉。圆盘式气流粉碎机粉碎后的颗粒主要靠圆盘式中心的分级管来进行粒径分级筛选。粉碎腔出来的物料随着气流到收集器进行气固分离，收集器底部收料，顶部排尾气，尾气经过 H14 高效过滤器后排放到大气中。

圆盘气流粉碎机优点是设计简单，无运动部件，易于清洁。还有一个显著特点就是圆盘气流粉碎机生产过程不会产生热量，非常适用于热敏性物料的粉碎。

对撞流化床气流粉碎机和圆盘气流粉碎机两个不同点：粉碎腔和分级器。对撞流化床气流粉碎机粉碎腔是一个竖管，底部有多个对位喷嘴，物料颗粒进入腔体内被喷射气体加速，在喷射气流交汇处互相碰撞达到粉碎效果。粉碎后的颗粒随着气流上升至分级轮，在高速旋转的分级涡轮产生的强大离心力作用下，使粗细物料分离回到粉碎腔继续粉碎，符合粒度要求的细颗粒通过分级轮栅格进入旋风分离器进行产品收集。实例如下表 7 - 3（数

值仅供参考，无任何约束力）。

表7-3 对撞流化床气流粉碎机实例

产品	粒径（μm）	产能（kg/h）	粉碎腔尺寸（mm）
黄体酮	$D99 < 14$	20	200
维生素B2	$D99 < 5$	12	200
西洛他唑	$D99 < 10$	4	100
奥美拉唑	$D98 < 7.5$	10	100
硝苯地平	$D97 < 3.8$	2.7	100
硫酸沙丁胺醇	$D97 < 9$	4	100
辛伐他汀	$D90 < 10$	3	100

（四）纳米研磨机

湿法纳米研磨机，属于纳米粉碎，它是一种介质搅动式研磨机，适用于对分散在液体中的颗粒进行研磨，可连续研磨或者大批量研磨。研磨机腔内填满了陶瓷研磨珠，并有搅拌器控制旋转移动。含产品的悬浊液通过液体泵输送至研磨腔，在研磨球的摩擦力和冲击力作用下颗粒变细。筛选元件会对颗粒进行粒径筛选，合格的排出，不合格的留在研磨腔内继续研磨。通过调节转速、研磨球填充率和悬浊液流量来控制成品粒径。实例如表7-4（数值仅供参考，无任何约束力）。

表7-4 纳米研磨机实例

产品	初始粒径（μm）	最终粒径（μm）
非诺贝特 Fenofibrate	$D97 = 120$	$D90 = 0.504$
环孢霉素 Cyclosporine	$D97 = 350$	$D97 = 1.5$

第三节 筛 分

固体药物被粗粉碎或者中粒径粉碎后颗粒粗细不均匀，一般需要过筛处理。筛分就是用筛网将粉末按照规定的粒径要求分离开的操作，是药品生产中的基本操作之一，目的是获得比较均匀的物料，以满足后续制剂工艺对颗粒粒径的要求。

《中国药典》按照筛孔内径规定了9种筛号，规格见表7-5。筛号越大，筛孔的内径越小。

表7-5 药典筛筛号规格

筛号	1	2	3	4	5	6	7	8	9
孔径（μm）	2000	850	355	250	180	150	125	90	75
相当标准筛（目）	10	24	50	65	80	100	120	150	200

一、旋振筛结构及应用

旋振筛主要由筛网、电机、重锤和弹簧等组成。旋振筛是一种高精度细粉筛机械，适用于粒、粉、黏液等物料的筛分过滤。旋振筛电机上、下两端安装有偏心重锤，将电机的旋转运动转变为水平、垂直、倾斜的三次元运动，再把这个运动传递给筛面作用于被筛分的颗粒，以达到快速筛分的效果，其中细颗粒通过筛网有下部出料口排出，而粗颗粒则由上部出料口排出。

二、离心筛结构及应用

离心筛主要是由筛网、定子和电机等组成。工作时筛网高速旋转，利用离心力把物料甩过筛网，达到筛分的目的，定子起到辅助作用，对团聚体和小结块有显著分散作用。离心筛属于主动式高效筛分设备，对于流动性差及密度比较低的物料有显著效果。离心筛尤其显著的优点，占地面积小，产能高，方便清洁。

三、气流分级机结构及应用

气流分级机用于超细粉的粒径筛选分离，它主要由进料器、流化床、分级轮、旋风分离器、过滤器、引风机等组成。待分离物料进料口进入流化床，随上升气流运动至分级轮，在高速旋转的分级轮产生的强大离心力作用下，使粗细物料分离，符合粒径要求的细颗粒通过分级轮叶片间隙进入旋风分离器或除尘器收集，粗颗粒沿筒壁下降，在底部排出粗颗粒，从而达到粗细颗粒分离效果。通过调整进料速度、分级轮转速来调整筛选粒径范围。例如吸入剂原辅料对粒径控制非常严格，经过超微粉后的原辅料只有几微米，但是范围依然不够精准，需要用气流粉碎机对原辅料精确控制粒径分布范围。

第四节 粉末颗粒特性评价

粉碎后或者筛分后的颗粒能否满足制剂工艺配方的要求，还需要对颗粒进行各项检测及评价，其中粒径检测是最直接也是最普通的方法。

一、药典对于不同颗粒要求的检测方法

药典介绍了三种检测方法：显微镜法、筛分法和光散射法，其中显微镜法和筛分法用于测定药物制剂的粒子大小或者限度，光散射法用于测定原料药或者药物制剂的粒度分布。

制剂企业常用的筛分法又分为手动筛分法、机械筛分法和空气喷射筛分法。手动筛分法和机械筛分法适用于测定大部分粒径大于 $75\mu m$ 的样品，对于粒径小于 $75\mu m$ 的样品则应采用空气喷射筛分法或其他适宜的方法。筛分法一般用直径 200mm 规定号的药筛，称定重量，根据供试品的容积密度，称取 $25\sim100g$，置于药筛中，加盖过筛。不同筛分方法则不同的设定参数，过筛后称量药筛重量，根据筛分前后重量差异计算各个药筛所对应颗粒的百分比。重复上述操作直至连续两次筛分后药筛上遗留的颗粒剂粉末重量的差异不超过前次遗留颗粒及粉末重量的5%或两次重量的差值不大于 0.1g；若药筛上遗留的颗粒及粉末重量小于供试品取样量的5%，则连续两次的重量差异应不超过20%。

光散射法是原料药及制剂企业做粒度分布分析最常用的方法，原理如下：单色光束照射到颗粒供试品即发生散射现象。由于散射光的能量分布于颗粒的大小有关系，通过测量散射光的能量分布，依据米氏散射理论和弗朗霍夫近似理论，即可计算出颗粒的粒度分布。本法的测量范围为 $0.02\sim3000\mu m$。所用仪器为激光散射粒度分析仪。根据供试品的性状和溶解性能，选择湿法测定或者干法测定。湿法测定用于测定混悬供试品或者不溶于分散介质的供试品；干法测定用于测定水溶性或无合适分散介质的固态供试品；两者均可根据实际情况选择合适的方法。

二、粉末特性表征

粉末颗粒特性除了粒径之外还有其他表征方式，比如休止角、松散密度、振实密度、崩溃角等，用于表征粉末流动性等特性，为粉体工程设计提供指导。

休止角（安息角）是斜面使置于其上的物体处于沿斜面下滑的临界状态时，与水平表面所成的最小角度。随着倾斜角增加，斜面上的物体将越容易下滑；当物体达到开始下滑的状态时，该临界状态的角度称为休止角。流动性越好，休止角越小，反之亦然，流动性越差，休止角越大。

测定休止角的方法有两种：注入法及排出法。①注入法。将粉体从漏斗上方慢慢加入，从漏斗底部漏出的物料，在水平面上形成圆锥状堆积体的倾斜角。②排出法。将粉体加入圆筒容器内，使圆筒底面保持水平，当粉体从筒底的中心孔流出，在筒内形成的逆圆锥状残留粉体堆积体的倾斜角。这两种倾斜角都是休止角，企业多采用注入法测定休止角。

松散密度又称堆密度，是指粉体在一定的容器中的填充状态（包含粉体间空气的混入、空隙的状态）时的密度。这个数值也代表了粉体的充填物性，也与其他的物性值（空隙率、自然坡度角、附着力、流动性等）相关联。振实密度是指在规定条件下容器中的粉末经过振实后所测得的单位容积的质量。

第五节 混合设备

混合设备通常由两个基本部件构成，即容器和提供能量的装置。混合设备按混合容器的运动可分为容器回转型、容器多维运动型和带有搅拌的固定容器型3类。

一、容器回转型混合机

回转型混合机包括水平圆筒形、倾斜圆筒形、V型、双锥形及立方体形等，见图7-2。

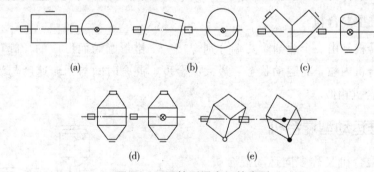

(a)　　　　　　　(b)　　　　　　　(c)

(d)　　　　　　　(e)

图7-2　回转型混合机的类型

a. 水平圆筒形；b. 倾斜圆筒形；c. V形；d. 双锥形；e. 立方体形

（一）水平圆筒型混合机与倾斜圆筒型混合机

水平圆筒混合机是早期使用最多的混合机，混合机的轴向混合仅靠扩散完成，混合速度很低。此外，剪切混合的作用也较差，对团块状物料的混合有时需加入些球体，借其粉碎作用提高混合机的性能，但所引起的细粉黏壁作用降低了粒子的流动性。

一般情况下混合筒装药量为总容积的30%~50%。当投料量增大时，所需混合时间将延长。水平圆筒型混合机的转速很低时，物料在筒壁表面向下滑动，当各成分粒子的粉体性质差别较大时易产生分离现象；转速过高时，物料受离心力的作用随圆筒一起旋转而几乎不产生混合作用。均一粒径的最适宜转速可由下式计算：

$$N_{opt} = C / D^{0.47} X^{0.14}$$

式中，N_{opt} 为最适宜转速，r/min；D 为混合筒直径，m；X 为混合筒内物料装填率，%（体积分数）；C 为常数，54~70，根据物性而定。

对粒径不均一的物料进行混合，适宜转速可用下式计算：

$$N_{opt} = K (d_p g/D)^{0.5}$$

式中，d_p 为固体颗粒和平均粒径，m；K 为与物料性质有关的常数，由实验确定。

为改善水平圆筒混合机的性能，可采用倾斜圆筒型混合机。这类混合机有两种型式：一种是圆筒的轴心与旋转轴的轴心重合，但旋转轴与水平面有一个倾斜角，最适宜的倾斜角度为14°左右。另一种是旋转轴水平放置，但圆筒倾斜安装。混合过程中，前者的粒子运动状态呈螺旋线，后者则呈杂环状。

混合筒结构简单，装料和卸料方便，容易清洗，几乎无须特殊的保养和维修。容积也可根据实际生产规模进行设计，是一种较为经济的混合机械。由于混合筒仅依靠筒体运动达到混合目的，故主要适用于密度接近、粒径分布较窄固体间的混合。若对混合筒进行改造，在其水平轴上安装一组高速旋转的桨叶（转速 1200~3000r/min），在筒体自身转动的同时，桨叶对混合料施加搅拌力，改造后的混合筒能用于不同密度和不同粒径物料间的均匀混合。

（二）V 型混合机

V 型混合机由二个圆筒 V 形交叉结合而成，操作时粒子反复分离、并合，依此达到混合的目的。与水平圆筒型混合机相比，最大混合程度及混合速度也较高。

圆筒的直径与长度之比一般为 0.8~0.9，两圆筒的交角约为 80°，对结团性强的粒子，将交角减小可提高混合程度。

在容器内穿过传动轴安装一个与容器逆向旋转的搅拌器，不仅可防止物料的结团，并可缩短混合的时间。

（三）双锥型混合机

双锥型混合机是由一个短圆筒两端分别焊接一个锥形圆筒而形成的，旋转轴与容器中心线垂直。混合机内粒子的运动状态、最大混合度、混合时间与回转速度与混合程度的关系等与 V 型混合机相似。

二、三维运动型混合机

三维运动混合机又称多向运动混合机。由混合筒、传动系统、电气控制系统和机座等部件组成。混合容器为两端锥形的圆桶，桶身两端被两个带有万向联轴节的轴连接，其中一个轴为主动轴，另一个轴为从动轴。当主动轴旋转时，由于两个万向节的夹持，混合容器在空间既有公转又有自转和翻滚，做复杂的空间运动，如图 7 - 3 所示。

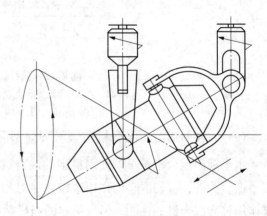

图 7 - 3 三维运动混合机
1. 多向运行机构；2. 混合筒

由于混合筒可以进行多方向的运动，使筒内的物料混合效果好，避免了一般混合筒因离心力作用所产生的物料偏析和积聚现象，混合均匀度要高于一般混合机。同时多向运动混合机的最大装料容积比一般混合筒最大装料容积要高得多，可达到筒体容积的80%。物料在全密封状态下进行混合，出料时物料在自重作用下顺利出料，不留剩余料，具有不污染、易出料、不积料、易清洗等优点，占地面积和空间高度较小，混合时间较短，容器和机身可用隔离墙隔离，符合GMP要求。

三、固定型混合机

（一）搅拌槽式混合机

搅拌槽式混合机的槽形容器内部有螺旋形带状搅拌器，如图7-4所示。一般情况下，在搅拌轴上固定有旋转方向相反的螺旋带状搅拌翅，搅拌翅可将物料由两端向中心集中，又将中心物料推向两端。对固体混合，这种槽式混合机的混合程度曲线与V型混合机大致相似。

（二）锥形混合机

此种混合机在锥形容器内装有一至二个螺旋推进器，如图7-5所示。

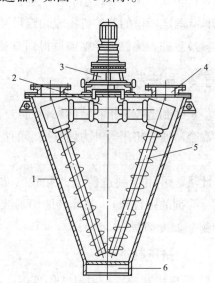

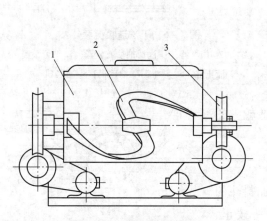

图7-4 搅拌槽式混合机

1. 混合槽；2. 搅拌浆；3. 蜗轮减速器

图7-5 锥形垂直螺旋混合机

1. 锥形筒体；2. 传动装置；3. 减速器；
4. 加料口；5. 螺旋杆；6. 出料口

在螺旋推进器自转的作用下被混合的固体粒子自底部上升，在公转作用下物料在全容器的范围内产生旋涡和上下的循环运动。混合机内的物料在2~8分钟即可到最大混合程度。

第六节 制粒设备

原料药及辅料经粉碎、筛分、混合并制成软材后，还需进一步制成一定粒度的颗粒，以供压片之用，该操作过程称为制粒。造粒过程可在制粒机中完成，制得的颗粒应具有良好的流动性和可压缩性，并具有适宜的机械强度，能经受住装卸与混合操作的破坏，但在冲模内受压时，颗粒应破碎。

常用的制粒方法有湿法制粒和干法制粒，其中湿法制粒更为常用。而常用的湿法制粒设备则有摇摆制粒机、湿法混合制粒机、沸腾制粒机和喷雾干燥制粒机。

一、干法制粒设备

向添加固体黏合剂的原料粉末施加压力以形成片状或粒状产物的操作被称为干法造粒。干法造粒通常用于不宜湿法造粒的场合，如药品与湿润剂起反应或药品易在干燥过程中分解。

图 7-6 表示干法造粒流程。将原料粉末投入料斗中，用加料器将其送至滚筒进行压缩，如需润滑剂，可通过喷散装置将固体润滑剂喷散到滚筒上。由滚筒压出的固体块坯落入料斗，并预碎成较小的块状物，然后进入具有确定凹槽的滚碎机制成预定尺寸的颗粒，最后进入整粒机经整粒后得到成品。

二、湿法制粒设备

湿法强制造粒是指将液体黏合剂与粉状原料混合后通过挤压等外力使其成形的操作方法。

此法既可用于制造较小的颗粒（如颗粒剂、片剂的颗粒等），也可借助切割装置制造较大的粒状物（如丸剂等）。

（一）挤压制粒

1. 摇摆式制粒机　主要结构见图 7-7。加料斗的底部与一个半圆形的筛网相连，在筛网内有一按正、反方向旋转的转子，在转子上固定有若干个棱柱形的刮粉轴。把湿料投于加料斗中，借助转子正、反方向旋转时刮粉轴对物料的挤压与剪切作用，使物料通过筛网而成粒。其生产能力随物料的水分、种类、黏度及筛网目数的不同而变化，可制备出各种规格的颗粒。

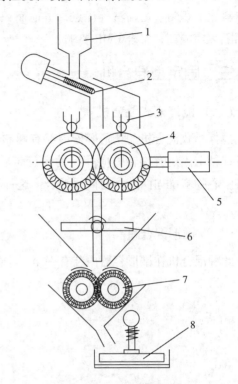

图 7-6　干法造粒流程

1. 料斗；2. 加料器；3. 润滑剂喷散装置；4. 波形滚筒；
5. 液压缸；6. 料斗；7. 滚碎机；8. 整粒机

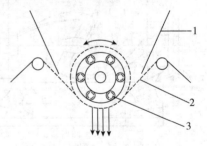

图 7-7　摇摆式制粒机

1. 料斗；2. 筛网；3. 棱柱

摇摆式制粒机与其他常用制粒机相比所成颗粒更加接近球形、表面更为光滑。但是摇摆式制粒机也有生产能力较低、对筛网的摩擦较大、筛网易破损等不足。

2. 螺旋挤压制粒机　结构见图 7-8 所示。把捏合好的物料加于混合室内双螺杆上部的加料口。两个螺杆分别由齿轮带动做相向旋转，借助于螺杆上螺旋的推力将物料挤压到右端的制粒室。在制粒室内被挤压滚筒挤压，通过筛网的筛孔而形成颗粒。该机施加压力大，生产能力大。

3. 旋转挤压制粒机　原理见图 7-9 所示。主要结构有由电机带动旋转的圆环形筛框

（补强圈），筛框内置有筛圈，筛圈内有 1～3 个可自由旋转或由另一电机带动旋转的辊子。

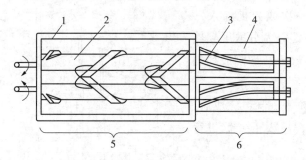

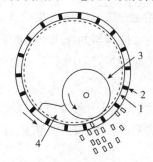

图 7-8 螺旋挤压制粒机（俯视图）

1. 外壳；2. 螺杆；3. 挤压滚筒；4. 筛筒

5. 混合室；6. 造粒室

图 7-9 旋转挤压制粒机

1. 筛圈；2. 补强圈；3. 挤压辊；4. 湿料

把捏合好的物料投于筛圈内，被做相向旋转的辊子和筛圈挤压通过筛孔而成粒。挤压制粒的压力由筛圈和辊子间的距离调节。筛圈转速约为 100r/min，其生产能力决定于物料的流动性、粒度、水分含量、筛孔形状和筛圈的转速。旋转挤压制粒机的筛圈与挤压辊子同时旋转，所以因摩擦力而产生的热损失较少，运转可靠，生产能力大。

以上介绍的几种挤压式制粒机有以下特点：①颗粒的粒度由筛网（或筛筒）的孔径大小调节，粒径可在 0.3mm 以上较大范围内调节；②颗粒的粒度分布较窄；③由于经过湿式捏合制粒，所以制成的颗粒强度较大；④制备粒度小的颗粒时，挤压阻力大，容易使筛网破损。

（二）转动制粒

转动制粒是在原料粉末中加入一定量的黏合剂，在转动、振动、摇动、搅动等作用下使粉末黏附、结聚形成球形粒子的操作。转动制粒属于湿法非强制制粒。转动制粒过程如下：

原料→混合→转动制粒→整粒→干燥→颗粒（微丸）

转动制粒设备主要有圆筒旋转制粒机［图 7-10（a）］及倾斜旋转锅［图 7-10（b）］等。

倾斜旋转锅锅底与水平面的夹角能够调节（一般为 45°～55°），以便获得最佳操作效果。旋转锅的临界转速为：

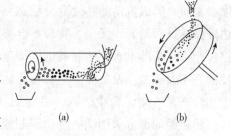

图 7-10 转动制粒设备

a. 圆筒回转制粒机；b. 倾斜旋转锅

$$N_e = 43.3 \times \sqrt{\frac{sin\theta}{D}}$$

式中，N_e 为临界转速，r/min；D 为锅的直径，m；θ 为锅底与水平面的夹角，°。锅的实际转速可取临界转速的 40%～75%。

（三）高速搅拌制粒

高速搅拌制粒机的结构见图 7-11。高速搅拌制粒是将原料、辅料和黏合剂加入一个容器内，在高速旋转的搅拌器的搅拌、剪切、压实等作用下迅速完成混合和制粒的操作。高速搅拌制粒机由容器、搅拌桨、切割刀、出料口所组成。影响制粒的关键因素是搅拌桨的形式与角度。搅拌桨的主要作用是把物料混合均匀，并使颗粒被压实，防止与器壁黏附等。切割刀的主要作用是破碎大块粒状物，并和搅拌桨的作用相呼应，使颗粒受到强大的挤压作用与滚动而形成密实的球形粒子。

操作时，根据处方把药粉和各种辅料加入制粒容器中，盖上盖，搅拌混合均匀后加入黏合剂溶液（一次或分批加入），在高速旋转的搅拌器的作用下将物料翻动、混合、分散甩到器壁上，同时在切割刀的作用下将物料进一步破碎、切割成均匀颗粒。

一般经 10~20 分钟即可得到较均匀的粒子。制粒完成后，打开容器底部的出料阀，湿颗粒自动放出，进入干燥器进行干燥。

高效混合制粒机采用全封闭操作，在同一容器内完成混合和制粒操作，与传统工艺相比具有省工序，无粉尘飞扬，符合 GMP 要求。它与传统的制粒工艺相比，黏合剂用量可节约 15%~25%。

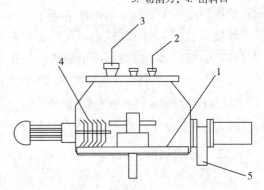

图 7-11　高速搅拌制粒机

1. 容器；2. 搅拌桨；
3. 切割刀；4. 出料口

（四）湿法混合制粒机

HLSG 系列湿法混合制粒机是在传统的湿法混合制粒机基础上发展起来的。制粒机筒体采用锥形，物料从锥形筒上方投入，待料斗关闭后由于混合桨的搅拌作用，使物料在容器内作旋转运动，同时物料沿着锥形壁方向由外向中心翻转，形成流动的高效混合状态。锥筒体内壁做成镜面抛光，保证了物料不会黏壁。严格控制搅拌桨的平直度和筒底的平面度，从而使锅底不会积料。设备的驱动轴与筒体的密封采用气密封，防止粉尘进入，避免交叉污染。与药粉接触的部分采用优质不锈钢制成。设备

图 7-12　HLSG 系列湿法混合制粒机

1. 搅拌桨；2. 黏合剂进口；3. 物料口；
4. 切割刀；5. 出料口

安装时离地的高度控制在 0.9m，能直接与沸腾干燥机连接，保证物料的合理周转。图 7-12 为 HLSG 系列湿法混合制粒机的结构。

设备采用变频电机使搅拌桨和制粒刀的速度可以任意组合，从而达到所需要的颗粒粒径。该类设备实现了传统的湿法混合制粒机由于设计上的原因无法实现的在位清洗，压力清洁水可以通过气隙进入混合筒，搅拌筒内无死角，可以有效地防止粉料残留，达到完全清洗的目的。排水设置在最低点，有利于清洗完成后将清洗水排出。

（五）流化床制粒

流化床制粒是在自下而上通过的热空气的作用下，使物料粉末保持流态化状态的同时，喷入含有黏合剂的溶液，使粉末结聚成颗粒的方法。由于粉末粒子呈流态化而上下翻滚，如同液体的沸腾状态，故也有沸腾制粒之称；又因为混合、制粒干燥的全过程都可在一个设备内完成，故又称为一步制粒法，一步制粒还可以用于包衣操作。流化床制粒机目前已成为制药工业中的主要制粒设备之一。有利于 GMP 的实施，目前认为是比较理想的制粒设备。

流化床制粒设备的结构见图 7-13。主要由容器、气体分布装置（如筛板等）、喷嘴、气固分离装置（如图中袋滤器）、空气进出口、物料排出口等组成。必要时为了避免操作时

因粉尘产生静电而引起爆炸，应采取静电消除措施，并接有接地导线。制粒时，把药物粉末与各种辅料装入容器中，从床层下部通过筛板吹入适宜温度的气流，先使药物和辅料在床内保持适宜的流化状态，使均匀混合，然后开始均匀喷入黏合剂溶液，液滴喷入床层之后，粉末开始结集成粒。经反复的喷雾和干燥过程，当颗粒的大小适宜后，停止喷雾，形成的颗粒继续在床层内因热风的作用使水分气化而干燥。在整个制粒过程中，袋滤器定时地振动，将收集的细粉振落到流化床内继续与液滴和颗粒接触成粒。干颗粒靠本身重力流出，或在气流吹动下排出或直接输送到下一步工序。

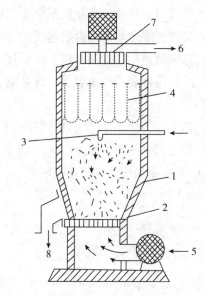

图7－13　流化床制粒

1. 容器；2. 筛板；3. 喷嘴；4. 袋滤器；5. 空气进口；

6. 空气出口；7. 排风机；8. 产品出口

流化制粒的特点包括：①在一台设备内可以进行混合、制粒、干燥、包衣等操作，简化工艺，节约时间；②操作简单，劳动强度低；③因为在密闭容器内操作，所以不仅异物不会混入，而且粉尘不会外溢，既保证质量又避免环境污染；④颗粒粒度均匀，含量均匀，压缩成型性好，制得的片剂崩解迅速，溶出度好，确保片剂质量；⑤设备占地面积小。

流化床制粒的影响因素较多，除了黏合剂的选择、原料粒度的影响外，操作条件的影响较大。如空气的空塔速度影响流态化状况、粉粒的分散性及干燥的快慢；空气温度影响物料表面的润湿与干燥；黏合液的喷雾量影响粒径的大小（喷雾量增加粒径变大）；喷雾速度影响粉体粒子间的结合速度及粒径的均匀性；喷嘴的高度影响喷雾均匀性与润湿程度等。为得到所需粒子，应经过工程化研究，求得影响因素的最佳值（或范围），并在生产中严加控制。

主 要 符 号 表

N_{opt}	最适宜转速	r/min
D	混合筒直径	m
X	混合筒内物料装填率	%（体积分数）
d_p	固体颗粒平均粒径	m
Ne	临界转速	r/min
θ	锅底与水平面的夹角	。

? 思考题

1. 分别简述预破碎机和整粒机的适用范围。

2. 对撞流化床气流粉碎机和圆盘气流粉碎机两个不同点。

3. 气流分级机的工作原理及适用范围。

4. 光散射法是原料药及制剂企业做粒度分布分析最常用的方法，请简述它的原理。

5. 简述三维运动型混合机的优点。

6. 分别简述摇摆式制粒机、螺旋挤压制粒机、旋转挤压制粒机的特点。

7. 高速搅拌制粒机由容器、搅拌桨、切割刀、出料口所组成，请简述搅拌桨和切割刀的作用。

8. HLSG 系列湿法混合制粒机弥补了传统湿法制粒机的哪些不足？

9. 简述流化制粒的特点。

10. 简述流化床制粒的影响因素。

第八章　压片包衣与胶囊设备

扫码"学一学"

扫码"看一看"

压片包衣及胶囊设备主要是生产固体口服制剂。固体口服制剂因临床用药方便，一直长期占据着国际用药主流剂型的地位。其生产属于非无菌制剂，按 GMP（2010）的要求，相应的洁净度等级为 D 级；对洁净度的要求相对较低。对其相应的设备，重点需要注意避免药物污染和生产过程中产生的粉尘。

第一节　压片设备

片剂是用一种或一种以上的固体药物，配以适当辅料经压制加工而成的片状剂型，可供内服和外用，是目前临床应用最广泛的剂型之一。

片剂的制备方法常有湿法制粒压片、干法制粒压片及粉末或结晶直接压片，其中湿法制粒压片最为常见。压片工艺等影响了对压片设备的选择，目前的压片机在追求高速高质量的同时，更注重现代制药工业和 GMP 要求。尽量减少粉尘污染，杜绝或避免生产过程中一系列人为因素的影响。

一、压片机工作原理

将物料置于模孔中，用冲头压制成片剂的机器称为压片机。目前我国常用的压片机有单冲撞击式和多冲旋转式两种，其压片过程基本相同。

（一）冲和模

冲和模（简称冲模）是压片机的基本部件，如图 8-1 所示，由上冲、中模（模圈）和下冲构成。上下冲的结构相似，其冲头直径也相等，上下冲的冲头和中模的模孔相配合，可以恰好在中模孔中自由上下滑动，但不会存在可以泄露药粉的间隙。按标准不同，有 ZP 标准（GB20022—2017）冲模、IPT 国际标准冲模、EU 标准冲模以及各种非标准的专用压片机冲模及电池环冲模等。冲模的规格以冲头直径或中模孔径表示，如 ZP 压片机标准冲模一般为 6～12mm。

冲模在压片中受力很大，需选用合适的材质。冲头的类型多样，片剂的大小与形状取决于所选冲头和模孔的直径与形状。冲头和模孔的截面形状可以是圆形，也可以是三角形、椭圆形或其他形状。冲头的端面形状可以是平面，也可以是浅凹形、深凹型或其他形状，常用冲头的形状如图 8-2 所示。此外，还可以将药品的名称、规格和线条等刻在冲头的端表面上，以便服用时识别和划分剂量。

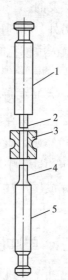

图 8-1 压片机的冲模
1. 上冲；2, 4. 冲头；
3. 中模（或模圈）；5. 下冲

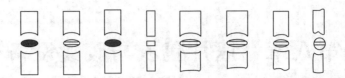

图 8-2 压片机冲头和片剂的形状

(二) 压片机的工作过程

压片机的种类较多，不管是哪种类型，压片机的工作过程通常分为以下五步。

(1) 下冲的冲头部位（其工作位置朝上）由中模孔下端伸入中模孔中，封住中模孔底。

(2) 利用加料器向中模孔中填充药物。

(3) 上冲的冲头部位（其工作位置朝下）自中模孔上端落入中模孔，并下行一定行程将药粉压制成片。

(4) 上冲提升出孔，下冲上升将药片顶出中模孔，完成一次压片过程。

(5) 下冲降到原位，准备下一次填充。

(三) 压片机制片原理

1. 剂量的控制　片剂有不同的剂量要求，大剂量调节是通过选择不同冲头直径的冲模来实现的，如直径为 6mm、8mm、11.5mm 等冲头。在选定冲模尺寸之后，微小的剂量调节是通过下冲伸入中模孔的深度，从而改变封底后中模孔的实际长度，调节模孔中药物的填充体积。因此，在压片机上应具有调节下冲在中模原始位置的机构，以满足剂量调节要求。由于不同批号的药粉配制中各组分总有比容的差异，为了保证药片质量，这种微调功能是十分必要的。

另外，在剂量控制中，加料器的动作原理也有相当的影响，比如颗粒药物是靠自重，自由落入中模孔时，其装填情况较为疏松。若采用多次强迫性填入方式时，模孔中将会填入较多药物，装填情况则较为密实。

2. 药片厚度及压实程度控制　药物剂量是根据处方及药典确定的，不可更改。为了满足贮运、保存和崩解时限要求，对压片时的压力也是有要求的，它将影响药片的实际厚度和外观。压片时的压力调节是通过调节上冲在模孔中的下行量来实现的。有的压片机在压片过程中不单有上冲下行动作，同时也有下冲的上行动作，由上、下冲相对运动共同完成压片过程。但压力调节多是通过调节上冲下行量的机构来实现压力调节与控制的。

二、单冲压片机

单冲压片机是最简单的一种压片机，也是片剂生产中最早期使用的一种。该机为小型台式压片机，间歇操作，噪声较大，生产能力较低，单机产量一般仅为 80 ~ 100 片/分。其优点是结构简单，操作方便，适应能力强，常用于小批量、多品种片剂的生产。压片时下冲固定不动，仅上冲运动加压。这种压片的方式由于片剂单侧受压、时间短、受力分布不均匀，使药片内部密度和硬度不均匀，易产生松片、裂片或片重差异大等问题。

单冲压片机由冲模、加料机构、填充调节机构、压力调节机构及出片控制机构等组成（图8-3）。在单冲压片机上部装有主轴，主轴右侧装有飞轮，飞轮上附有活动的手柄可作为调整压片机各个部件工作状态，并且可以用于手摇压片；左侧的齿轮与电动机相连接，电动机带动齿轮，用于电动压片；中间连接着三个偏心轮：①左偏心轮连接下冲连杆，带动下冲头上升、下降，起填料、压片和出片的作用；②中偏心轮连接上冲连杆，带动上冲头上升、下降，起压片作用；③右偏心轮带动加料器在中模平台向上平移、往复摆动，起着向模孔内填料、刮粉和出片的作用。单冲压片机的压力调节器在中偏心轮上或上冲连杆上；片重调节器附在下冲的下部；出片调节器附在下冲的上部。

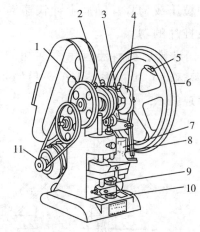

图8-3 单冲压片机结构示意图

1. 齿轮；2. 左偏心轮；3. 中偏心轮；
4. 右偏心轮；5. 手柄；6. 飞轮；7. 加料器；
8. 上冲；9. 出片调节器；10. 片重调节器；11. 电机

（一）加料机构

单冲压片机的加料机构由料斗和加料器组成，二者由挠性导管连接，料斗中的颗粒药物通过导管进入加料器。由于单冲压片机的冲模在机器上的位置不动，只有沿其轴线的往复冲压动作，而加料器有相对中模孔的位置移动，因此需采用挠性导管。常用的加料器有摆动式靴形加料器和往复式靴形加料器。

1. 摆动式靴形加料器 此加料器外形如一只靴子（图8-4），由凸轮带动作左右摆动。加料器底面与中模上表面保持微小间隙（约0.1mm），当摆动中出料口对准中模孔时，药物借加料器的抖动自出料口填入中模孔，当加料器摆动幅度加大后，加料口离开了中模孔，其底面即将中模上表面的颗粒刮平。此后，中模孔露出，上冲开始下降进行压片，待片剂于中模内压制成型后，上冲上升脱离开中模孔，同时下冲也上升，并将片剂顶出中模孔；在加料器返回摆动时，将压制好的片剂拨到药片盛器中，并再次向中模孔填充药粉，从而完成加料、刮平和拨片的功能。

2. 往复式靴形加料器 这种加料器的外形也如靴子（图8-5），其压片过程的动作原理与摆动式靴形加料器大致相同。所不同的是加料器在往复运动过程中，完成向中模孔填充药粉。加料器前进时，加料器前端将上一次往复循环过程中由下冲顶出中模孔的药片推到药片盛器，同时，加料器覆盖了中模孔，出料口对准中模孔并填充颗粒药物；当加料器后退时，加料器的底面将中模孔上表面的颗粒刮平；其后，模孔部位露出，上、下冲相对运动，将中模孔中

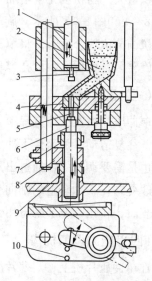

图8-4 摆动式靴形加料器的压片机

1. 上冲套；2. 靴形加料器；3. 上冲；4. 中模；
5. 下冲；6. 下冲套；7. 出片调节器；
8. 拨叉；9. 填充调节螺母；10. 药片

药粉颗粒压成药片；随后上冲快速提升，下冲上升将药片顶出模孔，完成一次加料、刮平及推片的功能。

这两种靴形加料器有一个共同的特点是：加料器中的药粉随加料器不停的摆动（或往复运动）过程中，由于药粉的颗粒不均匀及不同原料的密度差异等，易造成药粉分层现象。

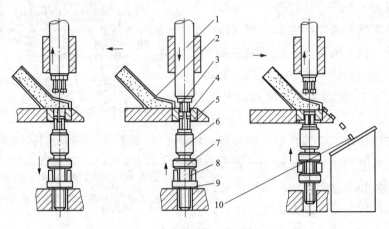

图 8-5　往复式靴形加料器

1. 上冲套；2. 加料器；3. 上冲；4. 中模；5. 下冲；6. 下冲套；
7. 出片调节螺母；8. 拨叉；9. 填充调节螺母；10. 药片

（二）填充调节机构

通过调节下冲在中模孔伸入深度来微小改变药物填充容积。当下冲下移时，中模孔内空容积增大，药粉填充量增加，片剂剂量增大。反之，中模孔内容积减小，片剂剂量减少。如图 8-4 和图 8-5 所示，旋转填充调节螺母即可使下冲处于最下端的位置上升或下降。当确认调节位置合适时，将填充调节螺母以销固定。这种机构又称为直接式调节机构，螺母的旋转量直接反应中模孔容积的变化量。

（三）出片机构

单冲压片机在压片过程中，利用左偏心轮（图 8-3）带动拨叉（图 8-4 和图 8-5）做上下往复运动，从而使下冲大幅上升，将压制的药片从中模孔中顶出。下冲上升的最高位置也是需要调节的，通过出片调节螺母（图 8-4 和 8-5）来完成，旋转出片调节螺母可以改变它在下冲套上的轴向位置，从而改变拨叉对其作用时间的早晚和空程大小。当调节适当时，将出片调节螺母用销固定。

（四）压力调节机构

在单冲压片机上，对药片施加的是瞬时冲击力，片剂中的空气难以排尽，影响片剂质量。总的来说单冲压片机是利用主轴上的偏心凸轮旋转带动上冲做上下往复运动完成压片过程的。主要有螺旋式和偏心距式两种压力调节机构。

1. 螺旋式压力调节机构　图 8-6 为螺旋式压力调节机构的压片机。通过调节上冲与曲柄相连的位置，从而改变冲程的起始位置，可以达到上冲对中模孔中药物的压实程度。当进行压力调节时，先松开紧固螺母，旋转上冲套，上冲向上移时，片剂厚度加大，冲压压力减小；上冲下移时，可以减小片厚，增大冲压压力。调整达到要求时，紧固螺母即可。

2. 偏心距式压力调节机构 图8-7为偏心距式压力调节机构的压片机。通过复合偏心机构，改变总偏心距的方法，达到调节上冲对中模孔中药物的冲击压力的目的。主轴上所装的偏心轮具有另一个偏心套，需要调节压力时，旋转调节蜗杆，使偏心套（其外缘加工有涡轮齿）在偏心轮上旋转，从而使总偏心距增大或减小，可以达到调节压片压力的目的。

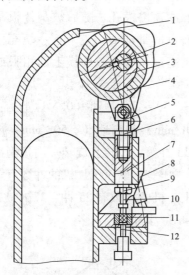

图8-6 螺旋式压力调节的压片机

1 机身；2. 主轴；3. 偏心轮；4. 偏心轮壳；
5连杆；6. 紧固螺母；7. 上冲套；8. 加料器；
9 锁紧螺母；10. 上冲；11. 中模；12. 下冲

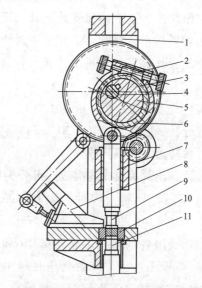

图8-7 偏心距式压力调节机构的压片机

1. 机身；2. 调节蜗杆；3. 偏心套；4. 主轴；
5 偏心轮；6. 偏心轮壳；7. 上冲套；8. 加料器；
9. 上冲；10. 中模；11. 下冲

三、旋转式多冲压片机

旋转式压片机是片剂生产中应用最广泛的，是一种连续操作的设备。其核心部件是一个可绕轴旋转的转盘，在其旋转时连续完成充填、压片、推片等动作。旋转的转盘有上、中、下3层，上层装有上冲，中层装有中模，下层装有下冲。此外还有可绕自身轴线旋转的上、下压轮以及片重调节器、出片调节器、加料器、刮料器等装置。图8-8是旋转式多冲压片机的工作原理示意图，为说明压片过程中各冲头所处的位置，图中将圆柱形机器的一个压片全过程展成了平面形式。

工作时，转盘绕轴旋转，带动上冲和下冲分别沿着上冲圆形凸轮轨道和下冲圆形凸轮轨道运动，同时中模也作同步转动。

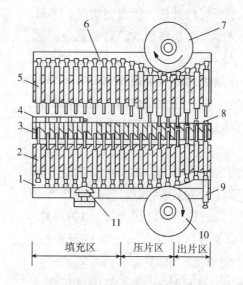

图8-8 旋转式多冲压片机的工作原理

1. 下冲圆形凸轮轨道；2. 下冲；3. 中模圆盘；4. 加料器；
5. 上冲；6. 上冲圆形凸轮轨道；7. 上压轮；8. 药片；
9. 出片调节器；10. 下压轮；11. 片重调节器

根据冲模所处的工作状态，可将工作区沿圆周方向划分为填充区、压片区和出片区。

在填充区，加料器向模孔填入过量的颗粒。当下冲运行至片重调节器上方时，调节器的上部凸轮使下冲上升至适当位置，将过量的颗粒推出。推出的颗粒被刮料板刮离模孔，并在进入下一填充区时被利用。通过片重调节器可调节下冲的上升高度，从而可调节模孔容积，进而达到调节片重的目的。

在压片区，上冲在上压轮的作用下进入模孔，下冲在下压轮的作用下上升。在上下冲的联合作用下，模孔内的颗粒被挤压成片剂。

在出片区，上下冲都开始上升，压成的片子被下冲顶出模孔，随后被刮片板刮离转盘并沿着斜槽滑入接收器。随后下冲下降，冲模在转盘的带动下，进入下一填充区，开始下一次操作循环。通过出片调节器可将下冲的顶出高度调整至与中模上部相平或略高的位置。

旋转式多冲压片机从压片压力上分，有50kN以下、50~100kN和100kN以上的；从转台转速分，一般有中速（≤30r/min）、亚高速（≈40r/min）和高速（>50r/min）压片机三档；按转盘上的模孔数分为16冲、19冲、27冲、33冲等；按转盘旋转一周每副冲模填充、压片、出片等操作的次数，可分为单压、双压、三压等。单压压片机的冲数有12冲、14冲、15冲、16冲、19冲、20冲、23冲等；双压压片机的冲数有25冲、27冲、31冲、33冲、41冲、45冲、55冲等。制药企业中又以双压和30多冲应用最多。

目前我国各药厂大多采用ZP19和ZP33等型号压片机。该系列压片机采用全封闭式结构，工作室与外界隔离，保证了压片区域的清洁，不会造成与外界的交叉污染。压片室与传动机构完全分开，与药品接触的零部件均采用不锈钢或表面特殊处理，无毒耐腐蚀；各处表面光滑，易于清洁，符合药品生产的GMP要求。

旋转式多冲压片机构造大致可分为四部分：动力及传动部分、加料部分、压制部分和吸粉部分等，其外形如图8-9所示。其具有许多突出的优点：①由于是连续操作，故单机生产能力较大。如19冲的压片机生产量可达2万~5万片/时，33冲可达5万~10万片/时。②裂片率较低（由于是逐渐加压，故颗粒间的空气能有充分的时间逸出）。③由于加料器固定，故运行时的振动较小，粉末不易分层。④加料器的加料面积较大，加料时间较长，故片重准确均一。

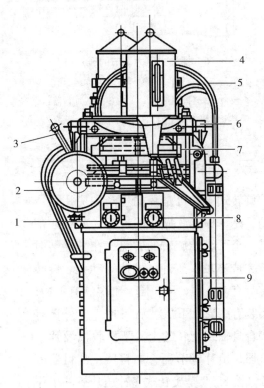

图8-9　旋转式多冲压片机

1. 后片重调节器；2. 转轮；3. 离合器手柄；4. 加料斗；5. 吸尘管；6. 上压轮安全调节装置；7. 中盘；8. 前片重调节器；9. 机座

（一）传动系统

现有的旋转压片机传动机构大致相同，都是利用一个旋转的工作转盘，带动上、下冲及中模模孔依次经过加料填充、压片、出片等区域，在上下冲导轨和压轮控制冲模做上下往复运动，从而压制出各种形状及大小的片剂。现以 ZP33 型旋转压片机为例说明其传动过程（图 8－10），工作转盘传动由二级皮带和一级涡轮蜗杆组成。电动机带动无级变速转盘转动，由皮带将动力传递给无级变速转盘，再带动同轴的小皮带轮转动。大小皮带轮之间使用三角皮带连接，可获得较大速比。大皮带轮通过摩擦离合器使传动轴旋转。在工作转盘的下层外缘，有与其紧密配合一体的涡轮与传动轴上的蜗杆相啮合，带动工作转盘做旋转运动。传动轴装在轴承托架内，一端装有试车手轮供手动盘车之用，另一端装有圆锥形摩擦离合器，并设有开关手柄，控制开车和停车。当摘开离合器时，皮带轮将空转，工作转盘脱离开传动系统静止不动。

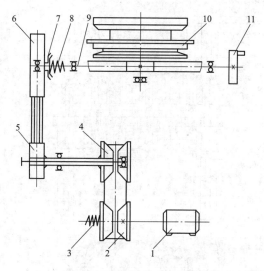

图 8－10 旋转压片机的传动示意图

1. 电动机；2. 变速盘；3. 弹簧；4. 变速盘；
5. 小皮袋论；6. 大皮带轮；7. 摩擦离合器；
8. 弹簧；9. 传动轴；10. 工作转盘；11. 手轮

当需要手动盘车时亦可摘开离合器，利用试车手轮转动传动轴，带动工作转盘旋转，可用来安装冲模，检查压片机各部运转情况和排除故障。需要特别指出旋转压片机上无级变速转盘及摩擦离合器的正常工作均由弹簧压力来保证，当机器某个部位发生故障，使其负载超过弹簧压力时，就会发生打滑，避免机器受到严重损坏。

（二）加料机构

ZP33 型旋转压片机的加料机构是月形栅式加料器（图 8－11）。其固定在机架上，工作时相对机架不动。其下底面与固定在工作转盘上的中模上表面保持一定间隙（0.05 ~ 0.1mm），当旋转中的中模从加料器下方通过时，栅格中的药物颗粒落入模孔中，弯曲的多个栅格板使药物颗粒多次填充，确保每个中模孔的药物颗粒量处于一个可控范围内。加料器的最末一个栅格上装有刮料板，它紧贴于转盘的工作平面，可将转盘及中模上表面的多余药物颗粒刮平并带走。

月形栅式加料器多用无毒塑料或铜材铸造而成。其工作原理（图 8－11）是：固定在机架上料斗将定时向加料器补充药物颗粒，填充轨的作用是控制药片剂量，当下冲在填充轨上运行，升至最高点时，刮料板对模孔中多出的药物颗粒进行刮料，使模孔中药物颗粒量大致相当。然后下冲离开最高点下降，使模孔中药物颗粒高度稍低于模孔高度以便于后面的压片。

而图 8－12 是装有强迫式加料器的旋转压片机，可使物料在密封条件下完成填充过程，为密封型加料器，能最大程度确保物料的洁净。相对十自然加料，可以避免粉尘，节省物料。强制加料系统工作原理主要是利用齿轮的啮合把减速电机的单向转动转换为两个刮料叶轮的逆向转动，利用刮料叶轮强制性地把物料从料腔中填充到转台中模孔内。对于流动性较差的物料可强制性填充，近年来广泛应用于中、高速旋转压片机，可提高剂量的精确度。

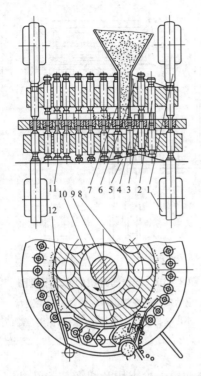

图8-11 月形栅式加料器的旋转压片机

1. 上、下压轮；2. 上冲；3. 中模；4. 下冲；

5. 下冲导轨；6. 上冲导轨；7. 料斗；8. 转盘；

9. 中心竖轴；10. 栅式加料器；11. 填充轨；12. 刮料板

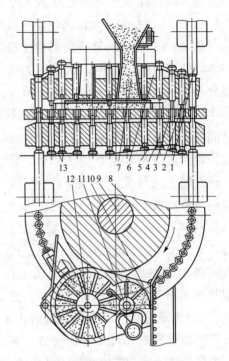

图8-12 强迫式加料器的旋转压片机

1. 上、下压轮；2. 上冲；3. 中模；4. 下冲；5. 下冲导轨；

6. 上冲导轨；7. 料斗；8. 转盘；9. 中心竖轴；

10. 加料器；11. 第一道刮叶；12. 填充轨

（三）填充调节机构

在旋转式压片机中，调节药物的填充剂量（即调节药片剂量）主要是由填充轨（图8-13填充调节机构上的配件）协调完成。转动刻度调节盘，即可带动轴转动，与其固联的蜗杆轴也转动。蜗轮转动时，其内部的螺纹孔使升降杆产生轴向移动，与其固联的填充轨也随之上下移动，即可调节下冲在中模孔中的位置，从而达到调节填充量的要求。

（四）上下冲的导轨装置

压片机在完成填充、压片、推片等过程中需不断调节上下冲间的相对位置，调节冲杆升降的机构由导轨装置完成。上下冲导轨均为圆环形，上冲导轨装置用键固

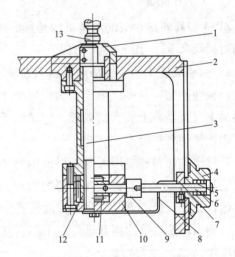

图8-13 填充调节机构

1. 填充轨；2. 机架体；3. 升降杆；4. 刻度调节盘；

5. 弹簧；6. 轴；7. 挡圈；8. 指针；9. 蜗杆轴；

10. 蜗轮罩；11. 蜗杆；12. 蜗轮；13. 下冲

定在立轴之上，位于转盘的上方，下冲导轨用螺钉固定在主体之上，位于转盘的下方。在上冲导轨的最低点装有上压轮装置。下冲随着导轨槽的坡度作有规律的升降。在下冲导轨圆周内，其主体的上平面装有下压轮装置、充填调节装置等。

（五）压力调节装置

在旋转式压片机上，真正对药物颗粒实施压力的并不是靠上下冲导轨。上下冲于加压阶段，正置于机架上的一对上下压轮处（此时上冲尾部脱开上冲导轨），上下压轮在压片机上的位置及工作原理如图 8-14 和 8-15 所示。

1. 偏心压力调节机构　图 8-14 是上压轮（偏心轮）压力调节机构的简单示意图。上压轮装在一个偏心轮上。通过调节螺母，改变压缩弹簧的压力，并同时改变摇臂的摆角，从而改变偏心轴的偏心方位，以达到调节上压轮的最低点位置，也就改变了上冲的最低点位置。当冲模所受压力过大时，缓冲弹簧受力过大，使微动开关动作，使机器停车，达到过载保护的作用。

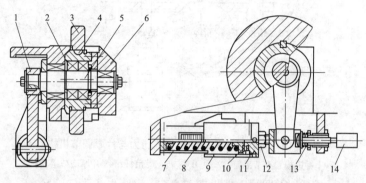

图 8-14　上压轮压力调节机构

1. 摇臂；2. 轴承；3. 上压轮；4. 键；5. 压轮轴（偏心轴）；6. 压轮架；7. 罩壳；8. 压缩弹簧；
9. 罩壳；10. 弹簧座；11. 轴承座；12. 调节螺母；13. 缓冲弹簧；14. 微动开关

图 8-15 为另一种下压轮（偏心轮）压力调节机构。当松开紧定螺钉，利用梅花把手旋动蜗杆轴，转动蜗轮，也可改变偏心轴的偏心方位，以达到改变下压轮最高点位置的目的，从而调节了压片时下冲上升的最高位置。

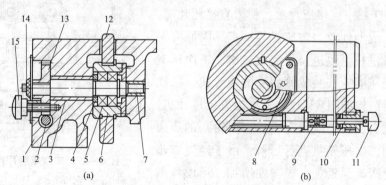

(a)　　　　　　　　　(b)

图 8-15　下压轮压力调节机构

1. 机体；2. 蜗杆轴；3. 轴套；4. 轴承垫圈；5. 轴承；6. 压轮芯；7. 下轮轮轴（偏心轴）；8. 厚度调节标牌；
9. 联轴节；10. 接杆；11. 梅花把手；12. 下压轮；13. 蜗轮；14. 指标盘；15. 紧定螺钉

2. 杠杆压力调节机构　图 8-16 所示为旋转式压片机杠杆式压力与片厚调节机构，上下压轮分别装在上下压轮架上，菱形压轮架的一端分别与调节机构相连，另一端与固定支架连接。调节手轮，可改变上压轮架的上下位置，从而调节上冲进入中模孔的深度。调节片厚调节手柄，使下压轮架上下运动，可以调节片剂厚度及硬度。压力由压力油缸控制。这种加压及压力调节机构可保证压力稳定增加，并在最大压力时可保持一定时间，对药物颗粒的压缩及空气的排出有一定的效果，因此适用于高速旋转压片机。

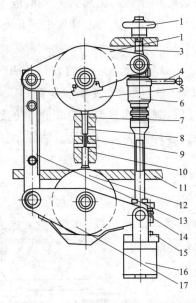

图8-16 旋转式压片机的杠杆式压力与片厚调节机构

1. 上冲进模量调节手轮；2. 上压轮架；3. 吊杆；4. 片厚调节手柄；

5. 上压轮；6. 片厚调节机构；7. 转盘；8. 上冲；9. 中模；10. 下冲；

11. 主体台面；12. 下压轮；13. 固体支架；14. 超压开关；15. 放气阀；

16. 压力油缸；17. 下压轮架

四、其他压片机

（一）二次（三次）压制压片机

本机适用于粉末直接压片法。粉末直接压片时，一次压制存在成型性差、转速慢等缺点，因而将一次压制压片机进行了改进，研制成二次、三次压制压片机以及把压缩轮安装成倾斜型的压片机。二次压制压片机的结构如图8-17，又称为直接压片机。片剂物料经过一次压轮或预压轮（初压轮）的压力压制后，移到二次压轮再进行压制，由于经过二步压制，整个受压时间延长，成型性增加，形成片剂的密度均匀，很少有顶裂现象。

图8-17 二次压制片机示意图

1. 加料斗；2. 刮粉器；3. 初压轮；4. 二次压轮；

5. 二次压轮压力调节器；6. 初压轮压力调节器；

7. 下冲导轨；8. 电机

（二）多层片压片机

把组分不同的片剂物料按二层或三层堆积起来压缩成型的片剂叫作多层片（二层片或三层片）或积层片，这种压片机则叫多层压片机或积层片压片机。常见的有二层片和三层片，三层片的制片过程如图8-18所示。

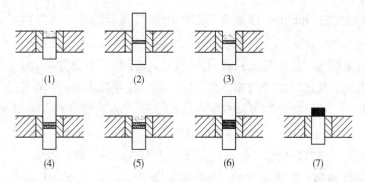

图 8 - 18 三层片的形成过程

1. 向模孔充填第一层物料；2、4. 上冲下降，轻轻顶压；3、5. 上冲上升，在上层预压片上充填物料；

6. 压缩成型；7. 三层片由模孔中推出

（三）新型压片机

1. 快速装卸和清洗 常规的压片机一直沿用的是由冲杆和中模组合的冲模，每次装卸工作量大，效率低，生产成本高。而德国的 RoTab Bilayer、Fette、Korsch 和英国 Manesty 等公司研制成功的具有自主知识产权的可移动转盘或可换转台技术很好地解决了这个问题。此外，比利时 Courtoy 公司采用继承组合的设计技术，压片机上靠近转台所有接触成品的零部件都可装在一个可更换的压缩模块化组件 ECM（exchange compression module）上，这种集成化、模块化技术也解决了上述问题。这些新的理念和技术充分体现和满足了现代制药工业对设备提出的既可快速装卸、便于清洗、保证清洗质量，又能降低劳动强度和提高工作效率的要求。

2. 在位冲洗 为更大程度提高设备利用率，降低使用成本，使设备清洗更规范，在位清洗 WIP（washing - in - place）的理念在压片机上虽然时间不长，但发展很快，像德国的 Korsch 和 Fette、意大利的 IMA 和日本的 Kikusui 等品牌都已应用。

3. 全封闭、一体化的片剂成型系统 由于国内多数压片机压片过程是敞开的，压片过程断裂的工序致使压片间的粉尘和泄露是目前国内药厂的通病。而新型压片机注重输入输出环节的密闭性，尽可能减少交叉污染及粉尘飞扬，如 RoTab Bilayer 的 KG 双层压片机具有全封闭、一体化的片剂成型系统，包括上料、压片、除尘、筛片、检测等多台设备，以及这些设备的连接。这种一体化的片剂成型系统提供了有效的防护，缩短了停工时间。

图 8 - 19 是 RoTab Bilayer 开发出的 KG 双层片压片机。所有产品接触部件，具有光滑的不锈钢表面和免工具拆卸可操作部件，通过特殊的方式密封隔离驱动室，避开了电缆和测量设备，使得压缩室非常简洁。具有以下几大特点。

（1）易拆装 主驱动器的下部包围有快速拆卸功能的不锈钢面板，这些面板是用来隔振和隔音的。配备密封装置，以防止产品污染。最佳的易拆装性确保更换和清洁时间保持在最低限度上。压片室由透明的聚碳酸酯窗封闭。易于开合且方便观察。

（2）进料系统 第一层和第二层的产品通过易于拆卸并带有可锁定阀门的不锈钢料斗供料。填充台后面的产品刮刀可防止第一层和第二层产品之间的交叉

图 8 - 19 德国 KG 双层片压片机

污染。进料台可以配备 Optifiller 系统或者用于小剂量试验的开放式进料架，RoTab Bilayer 可以在安装所有冲头和只安装一个冲头的情况下运行。

（3）压片重量调节　它的功能和限制范围可以在触摸屏上设置。

（4）预压系统　预压最重要的功能是去除产品填充模具中的封闭空气。

（5）除尘系统　压片机可以连接到一个除尘系统（在机器后面，直径为 100 毫米的中央连接管），机器中的抽吸嘴位于大部分粉尘产生的位置。还具有自动压片重量调节功能、单独分拣压片功能及触摸屏操作等自动化功能，大大地减小了劳动强度。

4. 片剂的在线检测　常规片剂的在线检测通常是通过人工抽检来完成，导致采集产品信息慢，无法与压片机自动控制系统实现联动，劳动强度大，也不符合 GMP 要求。而在线检测技术已能很好地解决这些问题，可作为独立装置直接与压片机出片装置连接，对片剂随机抽取样品，迅速对片剂的重量、片剂厚度和硬度作出分析，随即将分析报告通过通讯电缆传递给压片机控制系统，压片机控制系统根据检测信息迅速作出判断和调整。

5. 远程检测和远程诊断系统　随着网络、虚拟技术、宽带等高新技术的迅猛发展，以及高速全自动计算机控制压片机的广泛应用，压片机的远程检测和远程诊断技术已成为压片机行业的一个发展方向。一个完整的系统包括人员、设备、网络等，分析完成故障的检测、分析、反馈、下达及实时服务过程，以保证系统的有效运行。通过此系统的建立，可提高维修的准确性和及时性，实时排除故障，节约大量的人力和物力，提高压片机生产厂商的售后服务响应能力和速度，同时提高企业的经济效益。

第二节　包衣设备

包衣是压片工序之后常用的一种制剂工艺，是指在片剂（片心、素片）表面包上适宜材料的衣层，使片内药物与外界隔离。早期包衣目的是为增加制剂的稳定性，避免药物受其他原辅料或外界环境影响而发生化学或物理变化。现在的主要目的是为控制药物的定时、定速、定位释放。根据衣层材料及溶解特性不同，常分为糖衣片、薄膜衣片、肠溶衣片及膜控释片等；根据工艺不同可分为湿法包衣和干法包衣。目前国内常用的包衣方法主要有滚转包衣法（普通滚转包衣法、埋管包衣法和高效包衣法）、流化包衣法和压制包衣法。

一、滚转包衣设备

（一）普通包衣锅

普通包衣锅又称为荸荠包衣锅，可用于包糖衣、薄膜衣和肠溶衣，是最基本、最常用的滚转式包衣设备（图 8 - 20）。整个设备由四部分组成：包衣锅、动力系统、加热鼓风系统和排风或吸粉装置系统。包衣锅一般用不锈钢或紫铜衬锡等性质稳定并有良好导热性的材料制成，常见形状有荸荠形和莲蓬形。片剂包衣时以采用荸荠形较为合适，微丸剂包衣时则采用莲蓬形为妥。包衣锅的大小和形状可根据厂家生产的规模加以设计。一般直径为 1000mm，深度为 550mm。片剂在锅内不断翻滚的情况下，多次添加包衣液，并使之干燥，这样就使衣料在片剂表面不断沉积而成膜层。

包衣锅安装在轴上，由动力系统带动轴一起转动。为了使片剂在包衣锅中既能随锅的转动方向滚动，又有沿轴方向的运动，该轴常与水平呈 30° ~ 40° 倾斜；轴的转速可根据包衣锅的体积、片剂性质和不同包衣阶段加以调节。生产中常用的转速范围为 12～40r/min。

加热系统主要对包衣锅表面进行加热，加速包衣溶液中溶剂的挥发。常用的方法为电热丝加热和干热空气加热。目前，国外已基本采用热空气加热。根据包衣过程调节通入热空气的温度和流量，干燥效果迅速，同时采用排风装置帮助吸除湿气和粉尘。

包衣时将药片于转动的包衣锅内，加入包衣材料溶液，使之均匀分散到各个片剂的表面上，必要时加入固体粉末以加快包衣过程。有时加入包衣材料的混悬液，加热、通风使之干燥。按上法包若干次，直到达到规定要求。

采用普通包衣锅包衣是一个劳动强度大、效率低、生产周期长的过程，特别是包糖衣片时所包的层次很多，实际生产中包一批糖衣片往往需要十多小时到三十多小时。又由于包衣料液一般由人工加

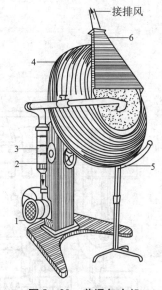

图8-20　普通包衣机

1. 鼓风机；2. 衣锅角度调节器；3. 电加热器；
4. 包衣锅；5. 辅助加热器；6. 吸粉罩

入，不同操作经验的人往往使片剂质昼难以一致，有时对片剂的一些重要技术参数，如崩解时间、溶出速率等重现性也差。鉴于普通包衣锅包衣的上述缺点，国内外一些生产厂家对普通包衣锅进行了一系列的改造。

（1）锅内加挡板，以改善片剂在锅内的滚动状态。挡板的形状、数量可根据包衣锅的形状、包衣片剂的形状和脆碎性进行设计和调整。由于挡板对滚动片剂的阻挡，克服了包衣锅的"包衣死角"，片剂衣层分布均匀度提高，包衣周期也可适当缩短。

（2）包衣料液用喷雾方式加入锅内，增加包衣的均匀性。普通包衣锅包衣料液一般用勺子分次加入，此法加液不均匀，特别不适于包薄膜衣，而改进的包衣锅则附加了喷液装置。为提高雾化质量，可采用无气喷雾包衣或空气喷雾包衣技术。无气喷雾包衣是利用柱塞泵使包衣液达到一定压力后再通过喷嘴小孔雾化喷出（图8-21）。该法借助于压缩空气推动的高压无气泵对包衣液加压后使其在喷嘴内雾化，故包衣液的挥发不受雾化过程的影响。整个包衣工序可由计算机集中控制。将按照常规操作顺序编排的自动操作程序输入控制器后，操作人员只需打开控制箱开关即可让机器自动运转并完成整个包衣过程，一台程序控制器能够同时控制多台包衣锅。由于减少了人工的操作误差，产品质量重现性好，技术参数稳定。无气喷雾包衣适用于包薄膜衣和糖衣。由于压缩空气只用于对液体加压并使其循环，因此对空气要求相对较低。但包衣时液体喷出量较大，只适用于大规模生产，且生产中还需要严格调整包衣液喷出速度，包衣液雾化程度以及片床温度、干燥空气温度和流量三者之间的平衡。

与无气喷雾包衣不同，空气喷雾包衣通过压缩空气雾化包衣液，故小量包衣液就能达到较理想雾化程度，包衣液损失相对减少。小规模生产中常采用，但空气喷雾包衣对压缩空气要求较高，一些有机溶剂在雾化时即开始挥发，因此空气喷雾包衣更适用于包水性薄膜衣。

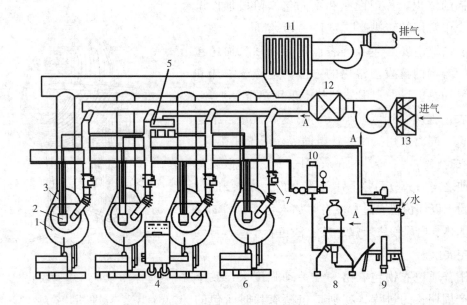

图 8 - 21　高压无气喷雾包衣设备及管道安装示意图

1. 包衣锅；2. 喷头；3. 湿空气收集罩；4. 程序控制箱；5. 贮气罐；6. 煤气加热装置；7. 自动风门；

8. 高压无气泵；9. 带夹套的贮液箱；10. 稳压过滤器；11. 热交换器；12. 加热器；13. 空气过滤器

（二）高效包衣机

高效包衣机的结构、原理与传统的敞口包衣锅完全不同。敞口包衣锅工作时，热风仅吹在片芯层表面，并被反面吸出。热交换仅限于表面层，且部分热量由吸风口直接吸出而没利用浪费了部分热源。而高效包衣机干燥时热风是穿过片芯间隙，并与表面的水分或有机溶剂进行热交换。这样热源得到充分的利用，片芯表面的湿液充分挥发，因而干燥效率很高。

高效包衣机的锅型结构大致可分为网孔式、间隙网孔式和无孔式三类。

1. 网孔式高效包衣机　图 8 - 22 为网孔式高效包衣机的示意图，包衣锅的整个圆周都带有 $\varphi 1.8 \sim 2.5 mm$ 圆孔。经过滤并被加热的净化空气从锅的右上部通过网孔进入锅内，热空气穿过运动状态的片芯间隙，由锅底下部的网孔穿过再经排风管排出。由于整个锅体被包在一个封闭的金属外壳内。因而热气流不能从其他孔中排出。

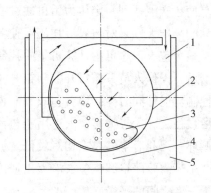

图 8 - 22　网孔式高效包衣锅

1. 进气管；2. 锅体；

3. 片芯；4. 排风管；5. 外壳

热空气流动的途径可以是逆向的，即可以从锅底左下部网孔中穿入，再经右上方风管排出。前一种称为直流式，后一种称为反流式。这两种方式是片芯分别处于"紧密"和"疏松"的状态，可根据品种不同进行选择。

2. 间隔网孔式高效包衣机　如图 8 - 23 所示，间隔网孔式的开孔部分不是整个圆周，而是按圆周的几个等份的部分。图中是 4 个等份，也即沿着每隔 90°开一个网孔区域，并与四个风管联结。工作时 4 个风管与锅体一起转动。由于 4 个风管分别与 4 个风门连通，风门旋转时分别间隔地被出风口接通每一管道而达到排湿的效果。

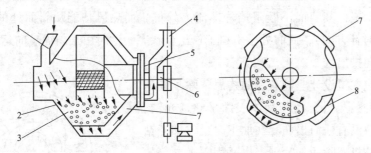

图 8-23 间隔网孔式高效包衣机简图

1. 进风管；2. 锅体；3. 片芯；4. 出风管；5. 风门；6. 旋转主轴；7. 风管；8. 网孔区

图 8-24 中旋转风门的 4 个圆孔与锅体 4 个管道相连，管道圆口正好与固定风门的圆口对准，处于通风状态。这种间隙的排湿结构使锅体减少了打孔的范围，减轻了加工量。同时热量也得到充分的利用，节约了能源，不足之处是风机负载不均匀，对风机有一定的影响。

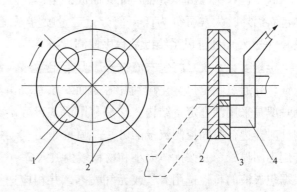

图 8-24 风门结构简图

1. 锅体管道；2. 旋转风门；3. 固定风门；4. 排风口

3. 无孔式高效包衣机 该包衣机是指锅的圆周没有圆孔，其热交换通过另外的形式进行。目前有两种：一是将布满小孔的 2~3 个吸气浆叶浸没在片芯内，使加热空气穿过片芯层，再穿过浆叶小孔进入吸气管道内被排出（图 8-25），即进风管引入干净热空气，通过片芯层再穿过浆叶的网孔进入排风管并被排出机外；二是较新颖的锅型结构，目前已在国际上得到应用，其流通的热风是由旋转轴的部位进入锅内，然后穿过运动着的片芯层，通过锅的下部两侧而被排出锅外（图 8-26）。

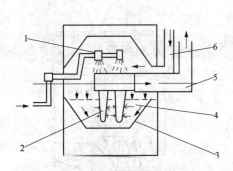

图 8-25 无孔式高交包衣机标意图

1. 喷枪；2. 浆叶；3. 锅体；
4. 片床；5. 排风管；6. 进风管

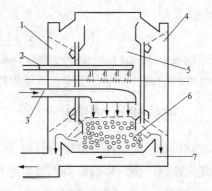

图 8-26 新颖无孔式高效包衣机示意图

1. 后盖；2. 液管；3. 进风管；4. 前盖；
5. 锅体；6. 片床；7. 出风管

这种新颖的无孔式高效包衣机所以能实现一种独特的通风路线，是靠锅体前后两面的圆盖特殊的形状。在锅的内侧绕圆周方向设计了多层斜面结构。锅体旋转时带动圆盖一起转动，按照旋转的正反方向而产生两种不同的效果（图8－27）。当正转时（顺时针方向），锅体处于工作状态，其斜面不断阻挡片芯流入外部，而热风却能从斜面处的间隙中流出。当反转时（逆时针方向），此时处于出料工作出料状态，这时由于斜面反向运动，使包好的药片沿切线方向排出。

无孔高效包衣机设计上具有新的构思，除了能达到与有孔同样的效果外，由于锅体表面平整，光洁、对运动着的物料没有任何损伤，在加工时也省却了钻孔这一工序。该机器除适于片剂，也适用于微丸等的包衣。

图8－27　新颖无孔式高效包衣机

高效包衣机是由多组装置配套而成的整体，除主体包衣锅外，大致可分为四大部分：定量喷雾系统、供气（送风）和排风系统以及程序控制设备。

定量喷雾系统是将包衣液按程序要求定量送入包衣锅，并通过喷枪口雾化喷到片芯表面。该系统由液缸、泵、计量器和喷枪组成。定量控制一般是采用活塞定量结构。它是利用活塞行程确定容积的方法来达到量的控制，也有利用计时器进行时间控制流量的方法。喷枪是由气动控制，按有气和无气喷雾两种不同方式选用不同喷枪，并按锅体大小和物料多少放入2～6只喷枪，以达到均匀喷洒的效果。另外根据包衣液的特性选用有气或无气喷雾，并相应选用高压无气泵或电动蠕动泵。而空气压缩机产生的压缩空气经空气清洁器后供给自动喷枪或无气泵。

送风、供热系统是由中效和高效过滤器、热交换器组成。用于排风系统产生的锅体负压效应，使外界的空气通过过滤器，并经过加热后达到锅体内部。热交换器有温度检测，操作者可根据情况选择适当的进气温度。

排风系统是由吸尘器、鼓风机组成。从锅体内排出的湿热空气经吸尘器后再由鼓风机排出。系统中可以接装空气过滤器，并将部分过滤后的热空气返回到送风系统中重新利用，以达到节约能源的目的。

送风和排风系统的管道中都装有风量调节器，可调节进、排风量的大小。

程序控制设备的核心是可编程序控制器或微机处理。它一方面接受来自外部的各种检测信号，另一方面向各执行元件发出各种指令，以实现对锅体、喷枪、泵以及温度、湿度、风量的控制。

二、流化床包衣设备

流化包衣法是一种利用喷嘴将包衣液喷到悬浮于一定流速空气中的片剂表面，最终对片剂表面进行包衣的方法，其工作原理示意图如图8－28所示。工作时，经预热的空气以一定的速度经气体分布器进入包衣室，从而使药片悬浮于空气中，并上下翻动。随后，气动雾化喷嘴将包衣液喷入包衣室。药片表面被喷上包衣液后，周围的热空气使包衣液中的溶剂挥发，并在药片表面形成一层薄膜。

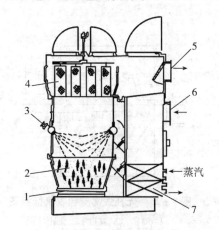

图8－28　流化包衣机工作原理示意图
1. 气体分布器；2. 流化室；3. 喷嘴；4. 袋滤器；
5. 排气口；6. 进气口；7. 换热器

流化床包衣法目前只限于包薄膜衣，除片剂外，微丸剂、粉末、颗粒剂等也可包衣。由于包衣时片剂由空气悬浮并翻动，衣料在片面包覆均匀，对包衣片剂的硬度要求也低于普通包衣锅包衣。主要从以下两种方式对其进行分类。

（一）包衣液的雾化喷入方法

流化床包衣机的核心是包衣液的雾化喷入方法，一般有顶部、侧面切向和底部 3 种安装位置，如图 8-29 所示。喷头通常是压力式喷嘴。随着喷头安装位置的不同，流化床结构也有较大差异。

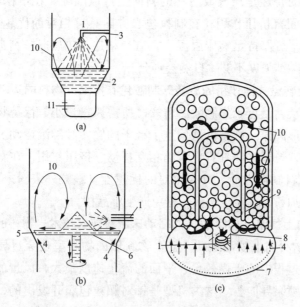

图 8-29 流化床包衣机结构及喷头位置示意图

（a）顶部喷头；（b）侧面切向喷头；（c）底部喷头（有导流筒）

1. 喷嘴（气流式或压力式）；2. 流化床浓相；3. 流化床稀相；4. 空气流；5. 环隙；

6. 旋转盘（可调节高度）；7. 空气分布板；8. 雾化包衣液；9. 包衣区；10. 颗粒流向；11. 通入空气

1. 顶部喷头 多数用于锥形流化床，颗粒在器中央向上流动，接受顶喷雾化成液沫后向四周落下，被流化气体冷却固化或蒸发干燥。

2. 侧面切向喷头 底部平放旋转圆盘，中部有锥体凸出，底盘与器壁的环隙中引入流化气体，颗粒从切向喷嘴接受雾化雾滴，沿器壁旋转向上，到浓相面附近向心且向下，下降碰到底盘锥体时，又被迫向外，如此循环流动，当其沿器壁旋转向上时，被环隙中引入的流化气体冷却固化或蒸发干燥成膜层。

3. 底部喷头 多数用于导流筒式流化床，颗粒在导流筒底部接受底喷雾化液沫，随流化气体在导流筒内向上，到筒顶上方时向外，并从导流筒与器壁之间环形空间中落下，在筒内向上和筒外向下过程中，均被流化气体并流或逆流冷却固化或蒸发干燥。导流筒式流化床的分布板是特殊设计的，导流筒投影区域内开孔率较大，区域外开孔率较小，使导流筒内气流速度大，保证筒内颗粒向上流动，稳定颗粒循环流动。

（二）流化的动力来源及形式

使用气流或机械力同时作用使流化床内的物料呈现沸腾或强制规则运动状，将辅料或母液均匀喷入使之团聚成粒或层积放大，可达到制粒或包衣的效果，可在一台设备内完成，性价比高。根据流化的动力来源及形式的不同可将其分为以下六种。

1. 均匀垂直向上气流的流化床制粒包衣技术 物料的运动状态为"沸腾状"，特性为不规则运动、边制粒边干燥、流化速度的范围较宽，操作弹性较大。分风层的特性是均匀的开孔。这类机型也是基本的机型，能配以振动流化技术。包衣时，保持良好的沸腾状态和极小的喷量，可得到良好的包衣效果。主要有两种情况：粉末包衣为大液滴，高温进风，小喷量；薄层包衣为小液滴，低进温，小喷量。

2. 旋转向上气流的旋流床制粒包衣技术 物料的运动状态为"旋转沸腾状"，特性为粒子旋转向上运动+不规则运动，边制粒边干燥、平面流化速度比第一种大、风速操作弹性也比较大。分风层的特性是层叠放射状的斜向上进风间隙。粒子在床内除了沸腾运动，还有旋转运动，粒子间有挤压作用，在制粒包衣方面具有相对的优越性。包衣时低进温、大风量、适应的喷量，可保持足够床层温度，避免粘连。包层时，高进温，大风量，大喷量，可以少量粘连，黏结强度不够，自然会再分开。

3. 向上气流和旋转盘共同作用的旋转床制粒包衣技术 物料的运动状态为"麻花状"，特性也为旋转向上运动，侧重于先制粒后干燥、所需风量最小、保持物料不漏下就行。分风层的特性是一个圆形间隙。这类机型偏重于粒子的旋转和翻滚运动。粒子在床内作麻花形式的三维旋转运动，粒子之间具有更大的相互搓动、挤压作用，在颗粒的塑造方面和易产生静电而黏壁的物料制粒方面，具有相对的优越性。颗粒外表粉末包层时，喷量适当，以防晶核破坏，包层加粉时，宁少勿多，避免产生小晶核。

4. 不均匀垂直向上气流（即喷动）的喷动床制粒包衣技术 物料的运动状态为"喷泉状"，特性也为局部物料向上喷动运动，整个物料层内物料呈现穿过导向管的环状循环运动、侧重于制粒包衣过程中的干燥效果、平面的流化速度最大，风量的操作弹性最小。分风层的特性是有一个喷泉导向管。这类机型是针对颗粒包衣开发出的，粒子在床内除了沸腾运动，还有重要的环状循环运动，粒子在导向筒内具有高度分散性，在直径 0.4 ~ 1.2mm 颗粒包衣方面具有相对的优越性。

5. 向上气流和向下气流共同作用的复合床制粒包衣技术 根据下部进风分风层的不同，物料运动状态有两种：沸腾状和旋转向上运动。特性为不规则运动或旋转向上运动加不规则运动。边制粒边干燥、流化速度的范围较宽，操作弹性较大。床体上下面积比例根据不同物料、不同要求变化很大。这类机型通过上部的雾化器雾化料液，与上部进风接触、干燥，得到不干的颗粒，通过下部进风使其沸腾、团聚造粒、烘干，然后在下部出料。是新式的复合机型，技术含量较高。

6. 滚筒和透过物料层气流的滚筒制粒包衣技术 物料的运动状态为"翻滚状"，特性为滚动运动、边喷雾边干燥，风量操作弹性一般。分风层的特性是均匀的开孔，高效包衣机就是典型的例子。特别适合于规则、不规则的大粒子包层、包衣操作。这些粒子在普通流化床中是不易流化的，在这种床中却可以很好地翻滚。

控制喷枪到物料层表面的距离，包衣液应充分搅拌均匀，避免包衣液中卷入过多空气，保持较好雾化效果，保持物料层的良好滚动。包衣时一定要保证喷上颗粒的液滴及时干燥，避免颗粒间相互黏结，正常床层温差在 2 ~ 7℃。

总的来说，流化床包衣机应用范围很广，只要被涂颗粒粒径不是太大，包衣物质可以在不太高的温度熔融或能配制成溶液，均可应用流化床薄膜包衣机。

三、压制包衣设备

压制法包衣亦称干法包衣，是用包衣材料将片芯包裹后在压片机上直接压制成型。该法可包糖衣、肠溶衣或药物衣，适用于对湿热敏感药物的包衣，也适用于长效多片的制备或有配伍禁忌药物的包衣，压制过程如图8-30所示。常用的压制包衣机是将两台旋转式压片机用单传动轴配成套，以特制的传动器将压成的片芯送至另一台压片机上进行包衣，见图8-31。传动器是由传递杯和柱塞以及传递杯和杆相连接的转台组成。片芯用一般方式压制，当片芯从模孔推出时，即由传递杯捡起，通过桥道输送到包衣转台上。桥道上有许多小孔眼与吸气泵相连接，吸除片面上的粉尘，可防止在传递时片芯颗粒对包衣颗粒的混杂。在包衣转台上一部分包衣料填入模孔中作为底层，然后置片芯于其上，再加上包衣材料填满模孔，压成最后的包衣片。在机器运转中，不需中断操作即可抽取片芯样品进行检查。

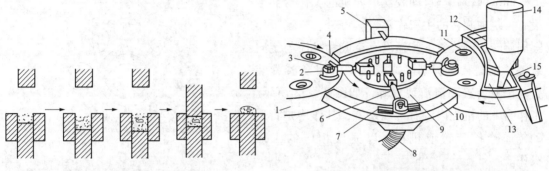

图8-30　压制包衣示意图

图8-31　压制包衣机结构示意图

1. 片模；2. 传递杯；3. 负荷塞柱；4. 传感器；
5. 检出装置；6. 弹性传递导臂；7. 除粉尘小孔眼；
8. 吸气管；9. 计数器轴环；10. 桥道；11. 沉入片芯；
12. 充填片面及周围用包衣颗粒；13. 充填片底用的包衣
颗料；14. 包衣颗料漏斗；15. 饮料框

该设备还采用一种自动控制装置，检查不含片芯的空白片并自动将其抛出；如果片芯在传递过程中被粘住不能置于模孔中时，装置也将其抛出。另外，还附有一种分路装置，能将不符合要求的片子与大量合格的片子分开。

考虑到传统干法包衣仪器高成本及片芯传递系统易造成无芯、双芯、移位等缺点，现在又研制出一步干法包衣压片机（one-step dry-coated tablets，OSDRC），其包衣压片过程包括3个主要步骤：①压制第一外包衣层（Ist-outerlayer）；②压制核心片；③压制整个包衣片，包括第外包衣层（2nd-outerlayer）。一步干法包衣机简化了制备步骤，提高了包衣片的质量，节省制备时间，降低了成本，具有较好的应用前景。

第三节　胶囊剂生产设备

将药物装入胶囊而制成的制剂称为胶囊剂。胶囊剂不仅外形美观，服用方便，而且具有遮盖不良气味，提高药物稳定性，控制药物释放等作用，是目前应用最广泛的药物剂型之一。根据胶囊硬度和封装方法不同，可分为硬胶囊剂和软胶囊剂两种。其中硬胶囊剂是将药物粉末、颗粒、小片或微丸等直接装填于胶壳中而制成的制剂；软胶囊剂是用滴制法或滚模压制法将加热熔融的胶液制成胶皮或胶囊，并在囊皮未干之前包裹或装入药物而制成的制剂。

硬胶囊一般呈圆筒形，由胶囊体和胶囊帽套合而成。胶囊体的外径略小于胶囊帽的内径，两者套合后可通过局部凹槽锁紧，也可用胶液将套口处黏合，以免两者脱开而使药物散落。

软胶囊一般为球形、椭圆形或圆筒形，也可以是其他形状，药物填充量通常为一个剂量。

一、硬胶囊剂生产设备

硬胶囊填充机是生产硬胶囊剂的专用设备，对于品种单一生产量较大的硬胶囊剂多采用全自动胶囊填充机。

按照主工作盘的运动方式，全自动胶囊填充机可分为间歇回转和连续回转两种类型。虽然两者在执行机构的动作方面存在差异，但其生产的工艺过程几乎相同。现以间歇回转式全自动胶囊填充机为例，介绍硬胶囊填充机的结构与工作原理。

间歇回转式全自动胶囊填充机的工作台面上设有可绕轴旋转的主工作盘，其可带动胶囊板作圆周旋转。围绕主工作盘设有空胶囊排序与定向装置、拔囊装置、剔除废囊装置、闭合胶囊装置、出囊装置和清洁装置等，如图 8-32 所示。工作台下的机壳内设有传动系统，其作用是将运动传递给各装置或机构，以完成相应的工序操作。

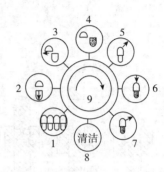

图 8-32 主工作盘及各区域工能示意图
1. 排序与定向区；2. 拔囊区；3. 体帽错位区；
4. 药物填充区；5. 废囊剔除区；6. 胶囊闭合区；
7. 出囊区；8. 清洁区；9. 主工作盘

工作时，自贮囊斗落下的杂乱无序的空胶囊经排序与定向装置后，均被排列成胶囊帽在上的状态，并逐个落入主工作盘的上囊板孔中。在拔囊区，拔囊装置利用真空吸力使胶囊体落入下囊板孔中，而胶囊帽则留在上囊板孔中。在体帽错位区，上囊板连同胶囊帽一起移开，使胶囊体的上口置于定量填充装置的下方。在填充区，定量填充装置将药物填充进胶囊体。在废囊剔除区，剔除装置将未拔开的空胶囊从上囊板孔中剔除。在胶囊闭合区，上、下囊板孔的轴线对正，并通过外加压力使胶囊帽与胶囊体闭合。在出囊区，闭合胶囊被出囊装置顶出囊板孔，并经出囊滑道进入包装工序。在清洁区，清洁装置将上、下囊板孔中的药粉、胶囊皮屑等污染物清除。随后，进入下一个操作循环。由于每一区域的操作工序均要占用一定的时间，因此主工作盘是间歇转动的。

（一）空胶囊的排序与定向

为防止胶囊变形，出厂的空心硬胶囊均为体帽合一的空心套合胶囊。使用前，首先要对空心胶囊进行定向排列，并将排列好的胶囊落入囊座模板的孔中，保证囊帽在上、囊体在下，为后续填充作好准备。

空胶囊排序装置如图 8-33 所示。落料器的上部与贮囊斗相通，内部设有多个圆形孔道，每一孔道下部均设有卡囊簧片。工作时，落料器作上下往复滑动，使空胶囊进入落料器的孔中，并在重力作用下下落。当落料器上行时，卡囊簧片将一个胶囊卡住。落料器下行时，簧片架产生旋转，卡囊簧片松开胶囊，胶囊在重力作用下由下部出口排出。当落料器再次上行并使簧片架复位时，卡簧片又将下一个胶囊卡住。可见，落料器上下往复滑动一次，每一孔道均输出一粒胶囊。

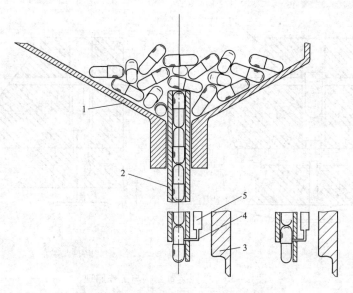

图8－33 排序装置结构与工作原理
1. 贮囊盒；2. 排囊壳板；3. 推爪；4. 压囊杆；5. 压囊杆架

由排序装置排出的空胶囊有的帽在上，有的帽在下。为便于空胶囊的体帽分离，需进一步将空胶囊按帽在上、体在下的方式进行排列。空胶囊的定向排列可由定向装置完成，该装置设有定向滑槽和顺向推爪，推爪可在槽内作水平往复运动，如图8－34所示。

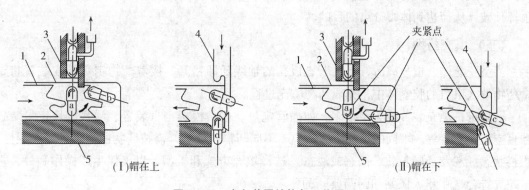

图8－34 定向装置结构与工作原理
1. 顺向推爪；2. 向现滑槽；3. 落料器；4. 压囊爪；5. 定向器座，a、b、c、d分别表示定向过程中胶囊所处的空间状态

工作时，胶囊依靠自重落入定向滑槽中。由于定向滑槽的宽度（与纸面垂直的方向上）略大于胶囊体的直径而略小于胶囊帽的直径，因此滑槽对胶囊帽有一个夹紧力，但并不接触胶囊体。由于结构上的特殊设计，顺向推爪只能作用于直径较小的胶囊体中部。因此，当顺向推爪推动胶囊体运动时，胶囊体将围绕滑槽与胶囊帽的夹紧点转动，使胶囊体朝前，并被推向定向器座边缘。此时，垂直运动的压囊爪使胶囊体翻转90°，并将其垂直推入囊板孔中。

（二）空胶囊的体帽分离

经定向排序后的空胶囊还需将囊体与囊帽分离开来，以便药物填充。空胶囊的体帽分离操作可由拔囊装置完成。该装置由上、下囊板及真空系统组成，如图8－35所示。

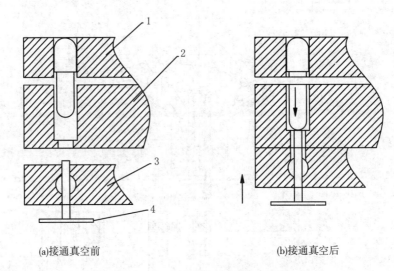

(a)接通真空前   (b)接通真空后

图 8－35　拨囊装置结构与工作原理

1. 上囊板；2. 下囊板；3. 真空气体分配板；4. 顶杆

　　当空胶囊被压囊爪推入囊板孔后，气体分配板上升，其上表面与下囊板的下表面贴严。此时，真空接通，顶杆随气体分配板同步上升并伸入下囊板的孔中，使顶杆与气孔之间形成一个环隙，以减少真空空间。上、下囊板孔的直径相同，且都为台阶孔，上、下囊板台阶小孔的直径分别小于囊帽和囊体的直径。当囊体被真空吸至下囊板孔中时，上囊板孔中的台阶可挡住囊帽下行，下囊板孔中的台阶可使囊体下行至一定位置时停止，以免囊体被顶杆顶破，从而达到体帽分离的目的。

（三）填充药物

　　当空胶囊体、帽分离后，上、下囊板孔的轴线随即错开，接着药物定量填充装置将定量药物填入下方的胶囊体中，完成药物填充过程。

　　药物定量填充装置的类型很多，如插管定量装置、模板定量装置、活塞滑块定量装置和真空定量装置等。不同的填充方式适应于不同药物的分装，需按药物的流动性、吸湿性、物料状态（粉状或颗粒状、固态或液态）选择填充方式和机型，以确保生产操作和分装重量差异符合《中华人民共和国药典》的要求。

　　1. 插管定量装置　插管定量装置分为间歇式和连续式两种，如图 8－36 所示。

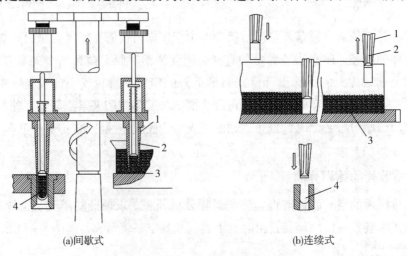

(a)间歇式   (b)连续式

图 8－36　插管定量装置结构与工作原理

1. 定量管；2. 活塞；3. 药粉斗；4. 胶囊体

间歇式插管定量装置是将空心定量管插入药粉斗中，利用管内的活塞将药粉压紧，然后定量管升离粉面，并旋转180°至胶囊体的上方。随后，活塞下降，将药粉柱压入胶囊体中，完成药粉填充过程。由于机械动作是间歇式的，故为间歇式插管定量装置。调节药粉斗中的药粉高度以及定量管内活塞的冲程，可调节药粉的填充量。此外，为减少填充误差，药粉在粉斗中应保持一定的高度并具有良好的流动性。

连续式插管定量装置也是采用定量管来定量的，但其插管、压紧、填充操作是随机器本身在回转过程中连续完成的。由于填充速度较快，因此插管在药粉中的停留时间很短，故对药粉的要求更高，如药粉不仅要有良好的流动性和一定的可压缩性，而且各组分的密度应相近，且不易分层。为避免定量管从药粉中抽出后留下的空洞影响填充精度，药粉斗中常设有刮板、耙料器等装置，以控制药粉的高度，并使药粉保持均匀和流动。

2. 模板定量装置 模板定量装置的结构与工作原理如图8-37所示，其中图（Ⅰ）将圆柱形定量装置及其工作过程展成了平面形式。药粉盒由定量盘和粉盒圈组成，工作时可带着药粉作间歇回转运动。定量盘沿圆周设有若干组模孔（图中每一单孔代表一组模孔），剂量冲头的组数和数量与模孔的组数和数量相对应。

工作时，凸轮机构带动各组冲杆做上下往复运动。当冲杆上升后，药粉盒间歇旋转一个角度，同时药粉自动将模孔中的空间填满。随后冲杆下降，将模孔中的药粉压实一次。此后，冲杆再次上升，药粉盒又旋转一个角度，药粉再次将模孔中的空间填满，冲杆再次将模孔中的药粉压实一次。如此旋转一次，填充一次，压实一次，直至第f次时，定量盘下方的底盘在此处有一半圆形缺口，其空间被下囊板占据，此时剂量冲杆将模孔中的药粉柱推入胶囊体，即完成一次填充操作。

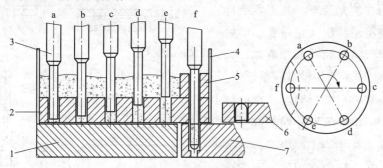

图8-37 模板定量装置结构与工作原理
1. 底盘；2. 定量盘；3. 剂量冲头；4. 粉盒圈；5. 刮粉器；6. 上囊板；7. 下囊板

模板定量装置中各冲杆的高低位置可以调节，其中e组冲杆最高，f组冲杆最低。此外，在f组冲杆处还有一个不运动的刮粉器，利用刮粉器与定量盘之间的相对运动，可将定量盘表面的多余药粉刮除。

3. 活塞-滑块定量装置 常见的活塞-滑块定量装置如图8-38所示。在料斗的下方有多个平行的定量管，每定量管内均有一个可上下移动的定量活塞。料斗与定量管之间设有可移动的滑块，滑块上开有圆孔。当滑块移动并使圆孔位于料斗与定量管之间时，料斗中的药物经圆孔流入定量管，随后滑块移动，将料斗与定量管隔开。此时，定量活塞下移至适当位置，使药物经支管和专用通道填入胶囊体。调节定量活塞的上升位置可控制药物的填充量。

图8-39所示为一种连续式活塞-滑块定量装置，其核心构件为一转盘，图中已将圆柱形定量装置及其工作过程展成了平面形式。转盘上设有若干个定量圆筒，每一圆筒内均有一个可上下移动的定量活塞。工作时，定量圆筒随转盘一起转动。当定量圆筒转至第一料斗下

方时，定量活塞下行一定距离，使第一料斗中的药物进入定量圆筒。当定量圆筒转至第二料斗下方时，定量活塞又下行一定距离，使第二料斗中的药物进入定量圆筒。当定量圆筒转至下囊板的上方时，定量活塞下行至适当位置，使药物经支管填充进胶囊体。随着转盘的转动，药物填充过程可连续进行。由于该装置设有两个料斗，因此可将两种不同药物的颗粒或微丸，如速释微丸和控释微丸装入同一胶囊中。

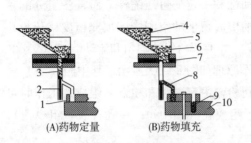

(A)药物定量   (B)药物填充

图 8 - 38   活塞 - 滑块定量装置结构与工作原理

1. 填料器；2. 定量活塞；3. 定量管；4. 料斗；

5. 物料高度调节板；6. 药物颗料或微丸；7. 滑块；

8. 支管；9. 胶囊体；10. 下囊板

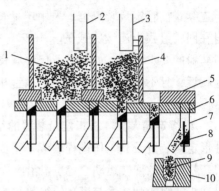

图 8 - 39   连续式活塞 - 滑块定量装置结构与工作原理

1. 第一料斗；2，3. 加料器；4. 第二料斗；

5. 滑块底盘；6. 转盘；7. 定量圆筒；

8. 定量活塞；9. 胶囊体；10. 下囊板

4. 真空定量装置   真空定量装置是一种连续式药物填充装置，其工作原理是先利用真空将药物吸入定量管，然后再利用压缩空气将药物吹入胶囊体，如图 8 - 40 所示。定量管内设有定量活塞，活塞的下部安装有尼龙过滤器。在取料或填充过程中，定量管可分别与真空系统或压缩空气系统相连。取料时，定量管插入料槽，在真空的作用下，药物被吸入定量管。填充时，定量管位于胶囊体的上部，在压缩空气的作用下，将定量管中的药物吹入胶囊体。调节定量活塞的位置可控制药物的填充量。

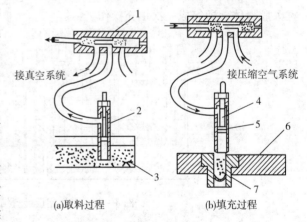

接真空系统   接压缩空气系统

(a)取料过程   (b)填充过程

图 8 - 40   真空定量装置工作原理示意图

1. 切换装置；2. 定量管；3. 料槽；4. 定量活塞；

5. 尼龙过滤器；6. 下囊板；7. 胶囊体

（四）剔除装置

个别空胶囊可能会因某种原因而使体帽未能分开，这些空胶囊一直滞留于上囊板孔中，但并未填充药物。为防止其混入成品中，应在胶囊闭合前将其剔除出去。

剔除装置的结构与工作原理如图 8 - 41 所示，其核心构件是个可上下往复运动的顶杆架，上面设有与囊板孔相对应的顶杆。当上、下囊板转动时，顶杆架停留在下限位置。当下囊板转动至剔除装置并停止时，顶杆架上升，使顶杆伸入到上囊板孔中。若囊板孔中仅有胶囊帽，则上行的顶杆对囊帽不产生影响。若囊板孔中存有未拔开的空胶囊，则上行的顶杆将其顶出囊板孔，并被空气吹入集囊袋中。

（五）闭合胶囊装置

闭合胶囊装置由弹性压板和顶杆组成，其结构与工作原理如图8-42所示。当上、下囊板的轴线对中后，弹性压板下行，将胶囊帽压住。同时，顶杆上行伸入下囊板孔中顶住胶囊体下部。随着顶杆的上升，胶囊体、帽闭合并锁紧。调节弹性压板和顶杆的运动幅度，可使不同型号的胶囊闭合。

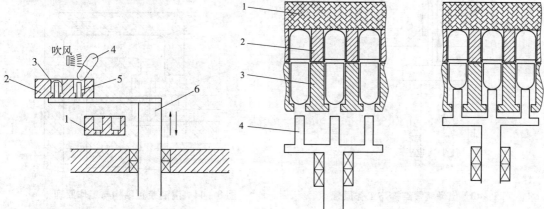

图8-41　剔除装置结构与工作原理
1. 下囊板；2. 上囊板；3. 胶囊帽；
4. 未拔开空胶囊；5. 顶杆；6. 顶杆架

图8-42　闭合装置结构与工作原理
1. 弹性压板；2. 上囊板；3. 下囊板；4. 顶板

（六）出囊装置

出囊装置的主要部件是一个可上下往复运动的出料顶杆，其结构与工作原理如图8-43所示。当囊板孔轴线对中的上、下囊板携带着闭合胶囊旋转时，出料顶杆处于低位，即位于下囊板下方。当携带闭合胶囊的上、下囊板旋转至出囊装置上方并停止时，出料顶杆上升，其顶端自下而上伸入上、下囊板的囊板孔中，将闭合胶囊顶出囊板孔。随后，压缩空气将顶出的闭合胶囊吹入出囊滑道中，并被输送至包装工序。

上、下囊板经过拔囊、填充药物、出囊等工序后，囊板孔可能受到污染。因此，上、下囊板在进入下一周期操作循环之前，应通过清洁装置对其囊板孔进行清洁。清洁装置实际是个设有风道和缺口的清洁室（图8-44）。当囊孔轴线对中的上、下囊板旋至清洁装置的缺口处时，压缩空气系统接通，囊板孔中的药粉、囊皮屑等污染物被压缩空气自下而上吹出囊孔，并被吸尘系统吸入吸尘器。随后，上、下囊板离开清洁室，开始下周期的循环操作。

二、软胶囊剂生产设备

成套的软胶囊剂生产设备包括明胶液熔制设备、药液配制设备、软胶囊压（滴）制设备、软胶囊干燥设备、回收设备等。下面主要介绍滚模式软胶囊机和滴制式软胶囊机。

（一）滚模式软胶囊机

滚模式软胶囊机的外形如图8-45所示。由多个单体设备组成，各单体设备的相应位置如图8-46所示，主要由软胶囊压制主机、输送机、干燥机、电控柜、明胶桶和药液桶等组成，药液桶、明胶桶吊置在高处，按照一定流速向主机上的明胶盒和供料斗内流入明胶和药液，其余各部分则直接安置在工作场地的地面上。

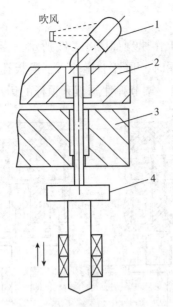

图 8 – 43 出囊装置结构与工作原理
1. 闭合胶囊；2. 上囊板；3. 下囊板；4. 出料顶杆

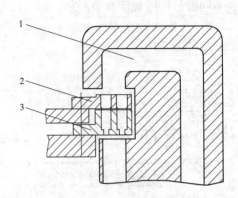

图 8 – 44 清洁装置结构与工作原理
1. 清洁装置；2. 上囊板；3. 下囊板

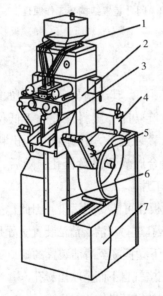

图 8 – 45 滚模式软胶囊压制机外形
1. 供料斗；2. 机头；3. 下丸器；
4. 明胶盒；5. 混辊；6. 机身；7. 机座

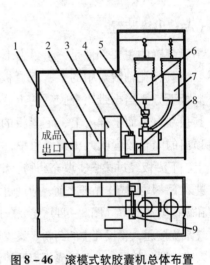

图 8 – 46 滚模式软胶囊机总体布置
1. 风机；2. 干燥机；3. 电控柜；4. 链带输送机；5. 主机；
6. 药液桶；7. 明胶桶；8. 剩胶桶；9. 废囊桶

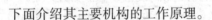

下面介绍其主要机构的工作原理。

1. 胶带成型装置 由明胶、甘油、水及防腐剂、着色剂等附加剂加热熔制而成的明胶液，放置于吊挂着的明胶桶中，将其温度控制在 60℃ 左右。明胶液通过保温导管靠自身重量流入到位于机身两侧的明胶盒中。明胶盒是长方形的，其纵刮面如图 8 – 47 所示。通过将电加热元件置于明胶盒内而使得盒内明胶保持在 36℃ 左右，使其恒温，既能保持明胶的流动性，又能防止其冷却凝固，从而有利于胶带的生产。在明胶盒后面及底部各安装了一块可以调节的活动板，通过调节这两块活动板，使明胶盒底部形成一个开口。通过前后移动流量调节板来加大或减小开口使胶液流量增大或减小，通过上下移动厚度调节板，调节胶带成形的厚度。明胶盒的开口位于旋转的胶带鼓轮的上方，随着胶带鼓轮的平稳转动，明胶液通过明胶盒下方的开口，依靠自身重量涂布于胶带鼓轮的外表面上。鼓轮的宽度与滚模长度相同。胶带鼓轮的外表面很光滑，其表面机糙度≤0.8μm。要求胶带鼓轮的转动平稳，从而保证生成的胶带均匀。有冷风（温度在8~12℃较好）从主机后部吹入，使得涂布于胶带鼓轮上的明胶液在鼓轮表面上冷却而形成胶带。在胶带成型过程中还设置了油辊系统，保证胶带在机器中连续、顺畅地运行，油辊系统是由上、下两个平行钢辊引胶带行走，有两个"海绵"辊子在两钢辊之间，通过辊子中心供油，为了使胶带表面更加光滑，可以利用"海绵"毛细作用吸饱可食用油并涂敷在经过其表面的胶带上。

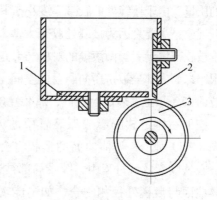

图8-47 明胶盒示意图

1. 流量调节板；2. 原度调节板；3. 胶带鼓轮

2. **软胶囊成型装置** 制备成型的连续胶带，经过油辊系统和导向筒，被送到两个辊模与软胶囊机上的楔形喷体之间（图8-48），喷体的曲面与胶带良好贴合，形成密封状态，从而使空气不能够进入到已成型的软胶囊内。在运行过程中，一对滚模按箭头方向同步转动，喷体则静止不动。滚模的结构如图8-49所示，有许多凹槽（相当于半个胶囊的形状）均匀分布在其圆周的表面，在滚模轴向凹槽的排数与喷体的喷药孔数相等，而滚模周向上凹槽的个数和供药泵冲程的次数及自身转速相匹配。当滚模转到对准凹槽与楔形喷体上的一排喷药孔时，供药泵即将药液通过喷体上的一排小孔喷出。因喷体上的加热元件的加热使得与喷体接触的胶带变软，依靠喷射压力使两条变软的胶带与滚模对应的部位产生变形，并挤到滚模凹槽的底部，为了方便胶带充满凹槽，在每个凹槽底部都开有小通气孔，这样，由于空气的存在而使软胶囊很饱满，当每个滚模凹槽内形成了注满药液的半个软胶囊时，凹槽周边的回形凸台（高0.1~0.3mm）随着两个滚模的相向运转，两凸台对合，形成胶囊周边上的压紧力，使胶带被挤压黏结，形成一颗颗软胶囊，并从胶带上脱落下来。

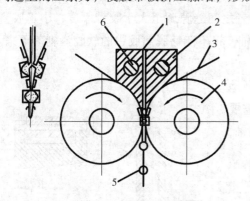

图8-48 软胶囊成型装置

1. 药液进口；2. 喷体；3. 胶带；

4. 滚模；5. 软胶囊；6. 电热元件

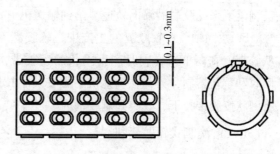

图8-49 滚模

两个滚模主轴的平行度，是保证生产正常软胶囊的一个关键。如果两轴不平行，那么两个镶模上的凹槽及凸台不能够良好地对应，胶囊不能可靠地被挤压黏合，也不能顺利地从胶带上脱落。通常滚模主轴的平行度要求在全长不大于0.05mm。为了确保滚模能均匀接触，需在组装后利用标准滚模在主轴上进行训光检查。

软胶囊机的主要部件是滚模，它的设计与加工既影响软胶囊的接缝黏合度，也影响软胶囊的质量。由于接缝处的胶带厚度小于其他部位，有时会在贮存及运输过程中产生接缝开裂漏液现象，主要是因为接缝处胶带太薄，黏合不事所致。当凸台高度合适时，凸台外部空间基本被胶带填满，当两滚模的对应凸台正相对合挤压胶带时，胶带向凸台外部空间扩展的余地很小，而大部分被挤压向凸台的空间。接缝处将得到胶带的补充，此处胶带厚度可达其他部位的85%以上。着凸台过低，那么就会产生切不断胶带，软胶囊黏合不上等不良后果。

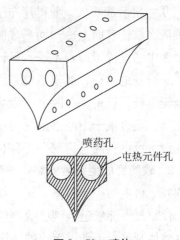

图 8-50　喷体

楔形喷体是软胶囊成型装置中的另一关键设备。如图 8-50 所示，喷体曲面的形状将会影响软胶囊质量。在软胶囊成型过程中，胶带局部被逐渐拉伸变薄，喷体曲面与滚模外径相吻合，如不能吻合，胶带将不易与喷体曲面良好贴合，那样药液从喷体的小孔喷出后，就会沿喷体与胶带的缝隙外渗，既降低软胶囊接缝处的黏合强度，又影响软胶囊的质量。

在喷体内装有管状加热元件，与喷体均匀接触，从而保证喷体表面温度一致，使胶带受热变软的程度处处均匀一致，当其接受喷体药液后，药液的压力使胶带完全地充满滚模的凹槽。滚模上凹槽的形状、大小不同，即可生产出形状、大小各异的软胶囊。

3. **药液计量装置**　制成合格的软胶囊的另一项重要技术指标是药液装量差异的大小，要得到装量差异较小的软胶囊产品，首先需要保证向胶囊中喷送的药液量可调；其次保证供药系统密封可靠，无漏液现象。使用的药液计量装置是柱塞泵，其利用凸轮带动的 10 个柱塞，在一个往复运动中向楔形喷体中供药两次，调节柱塞行程，即可调节供药量大小。

4. **剥丸器**　在软胶囊经滚模压制成型后，有一部分软胶囊不能完全脱离胶带，此时需要外加一个力使其从胶带上剥离下来，所以在软胶囊机中安装了剥丸器，结构如图 8-51 所示，在基板上焊有固定板，将可以滚动的六角形滚轴安装在固定板上方，利用可以移动的调节板控制滚轴与调节板间的缝隙，一般将两者之间缝隙调至大于胶带厚度、小于胶囊外径，当胶带通过缝隙间时，靠固定板上方的滚轴，将不能够脱离胶带的软胶囊剥落下来。被剥落下来的胶囊沿筛网轨道滑落到输送机上。

5. **拉网轴**　在软胶囊的生产中，软胶囊不断地从胶带上剥离下来，同时产生网状的废胶带，需要回收和重新熔制，为此在剥丸机下方安装了拉网轴，将网状废胶带拉下，收集到剩胶桶内。

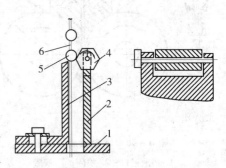

图 8-51　剥丸器

（二）滴制式软胶囊机

滴制式软胶囊机（滴丸机）是将胶液与油状药液两相通过滴丸机喷头按不同速度喷出，当一定量的明胶液将定量的油状液包裹后，滴入另一种不相溶溶的冷却液中。胶液接触冷却液后，由于表面张力作用而使之形成球形，并逐渐凝固成软胶囊。滴制法制备软胶囊的装置见图 8-52，主要由药液贮槽、定量装置、喷嘴和冷却系统、电气自控系统、干燥部分组成，其中双层喷头外层通入 75～80℃ 的明胶溶液，内层则通入 60℃ 的油状药物溶液。在生产中，喷嘴滴制速度的控制十分重要。

在软胶囊的滴制过程中，其分散装置包括凸轮、连杆、柱塞泵、喷嘴、视盅、缓冲管等，如图 8 - 53 所示。明胶与油状药液分别由柱塞泵喷出，明胶通过连管由上部进入喷嘴、药液经过缓冲管由侧面进入喷头，两种液体垂直向下喷到充有稳定流动的冷却液的视盅内，若操作得当，经过冷却系统内的冷却液的冷却固化，即可得球形软胶囊。柱塞泵内柱塞的往复运动由凸轮通过连杆推动完成，两种液体喷出时间的调整由调节凸轮的方位确定。

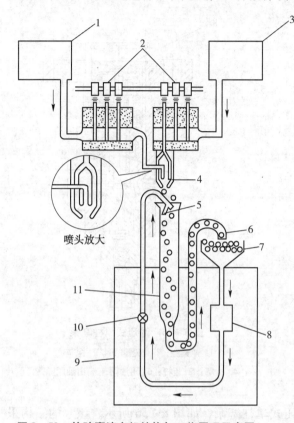

图 8 - 52 软胶囊滴丸机结构与工作原理示意图

1. 药液贮槽；2. 定量装置；3. 明胶液贮槽；4. 喷嘴；

5. 液体石蜡出口；6. 胶丸出口；7. 过滤器；

8. 液体石蜡贮箱；9. 冷却箱；10. 循环泵；11. 冷却柱

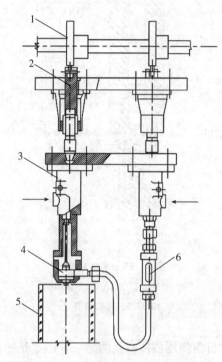

图 8 - 53 软胶囊的滴制装置示意图

1. 凸轮；2. 连杆；3. 柱塞泵；

4. 喷嘴；5. 视盅；6. 缓冲管

图 8 - 54 所示为喷嘴结构。在软胶囊制备中，明胶液与油状药物的液滴分别由柱塞泵压出，将药物包裹到明胶液膜中以形成球形颗粒，这两种液体应分别通过喷头套管的内、外侧，在严格的同心条件下，先后有序地喷出才能形成正常的胶囊，而不致产生偏心、拖尾、破损等不合格现象。如图 8 - 54 所示，药液由侧面进入喷头并从套管中心喷出，明胶从上部进入喷头，通过两个通道流至下部，然后在套管的外侧喷出，在喷头内两种液体互不相混，从时间上看两种液体喷出顺序是明胶喷出时间较长，而药液喷出过程应位于明胶喷出过程的中间位置。同时，明胶液和药液的计量可采用泵打法。泵打法计量可采用柱塞泵或三柱塞泵，最简单的单柱塞泵如图 8 - 55 所示。泵体中有柱塞可以做垂直方向的往复运动，当柱塞上行超过药液进口时，将药液吸入，当柱

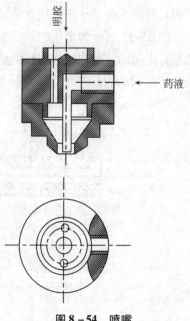

图 8 - 54 喷嘴

塞下行时，将药液通过排出阀压出，由出口管喷出，喷出结束时出口阀的球体在弹簧的作用下，将出口封闭，柱塞又进入下个循环。

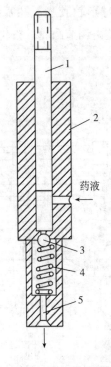

图 8 - 55　单柱塞泵
1. 柱塞；2. 泵体；3. 排出阀；
4. 弹簧；5. 出口管

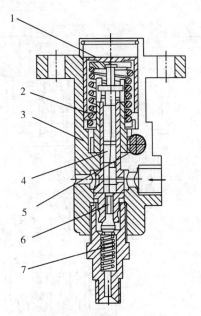

图 8 - 56　油压式单柱塞泵
1. 弹簧座；2. 柱塞弹簧；3. 泵体；
4. 柱塞；5. 齿杆；6. 出油阀；7. 出油阀弹簧

目前使用的柱塞泵的另一种形式是油压式单柱塞泵，如图 8 - 56 所示，该泵的结构采用动力机械的油泵原理。当柱塞上行时，液体从进油孔进入柱塞下方，待柱塞下行时，进油孔被柱塞封闭，使室内油压增高，迫使出油阀克服出油阀弹簧的压力而开启，此时液体由出口管排出，当柱塞下行至进油孔与柱塞侧面凹槽相通时，柱塞下方的油压降低，在弹簧力的作用下由油阀将出口管封闭。喷出的液量由齿杆控制柱塞侧面凹槽的斜面与进油孔的相对角度来调节。该泵优点是可微调喷出量，因此滴出的药液剂量更准确。

图 8 - 57 所示为常用的三活塞计量泵的计量原理示意图。泵体内有 3 个作往复运动的活塞，中间的活塞起吸液和排液作用，两边的活塞具有吸入阀和排出阀的功能。通过调节推动活塞运动的凸轮方位可控制 3 个活塞的运动次序，进而可使泵的出口喷出定量的液滴。

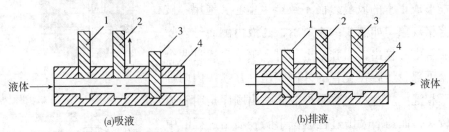

(a)吸液　　　　　　　　　　(b)排液

图 8 - 57　三活塞泵计量原理示意图
1，2，3. 活塞；4. 泵体

（三）软胶囊设备的发展方向

软胶囊具有生物利用度高、密封性好、含量准确、外观美观等特点，是一种很有发展前途的剂型。根据中国产业调研网对软胶囊行业现状及发展趋势进行分析，各企业及其研发部门确定软胶囊发展方向时除了努力提高产品质量、加强科技合作外，大力开发各品种软胶囊机械。特别在全球已掀起"中药热"的浪潮中，中药品种软胶囊机械的发展更是当务之急。软胶囊设备的发展重点通常在以下几方面：模块化数控型设备、免溶剂清洗系统设备、采用水冷却系统替代现在的风冷系统、先进的药剂泵系统、干燥系统等。

❓思考题

1. 网孔式包衣机与普通包衣机在传热方式上有何区别？哪个热能利用率高？
2. 阐述硬胶囊填充机中空胶囊的排序与定向功能区的工作原理。
3. 旋转式多冲压片机与单冲压片机相比其优点有哪些？

第二篇

车间设计

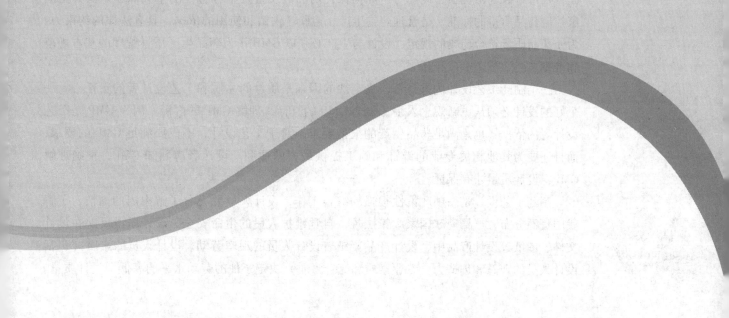

扫码"学一学"

扫码"看一看"

第九章 车间设计概述

一、制药工艺设计的重要性

制药工程工艺设计是一门以药学、药剂学、药品生产质量管理规范（goodmanufacture-practice，GMP）、工程学及相关理论和工程技术为基础的综合性、系统性、统筹性很强的应用型工程学科。制药工艺设计的研究对象就是如何组织、规划并实现药物的大规模工业化生产，其最终成果是建设一个质量优良、生产高效、运行安全、环境达标的药物生产工厂。

一个药物在实验室研究成功后，如何进行大规模工业化生产，制药工艺设计是把一项医药工程从设想变成现实的一个建设环节。制药工艺设计的内容既包括新产品的实验室小试转变为中试直至工业化规模生产，也包括现有生产工艺的技术革新与改造。因此，大到建设一个完整的现代化医药基地，小到改造药厂的一个具体工艺都是制药工艺设计的工作范围。所以，制药工艺设计要紧密与实验室科学研究结合起来，要紧密与激烈竞争而不断发展的医药市场结合起来。根据"三个需要"（即适应市场需要，满足客户需要，控制成本需要），按照更新设计观念、更新设计方法、更新科技知识的"三更新"原则，在设计过程中，加强电子计算机的应用，先进技术和专利成果的采用，数据处理的水平、标准、规范的选用，政策法规的遵守等，努力达到医药工程设计的高质量和高水平。因此，要把制药工艺设计作为一门综合性学科来研究，从而才能将医药工程设计提高到一个新的水平，最终将促进医药工业的综合实力和核心竞争力使其在世界制药舞台上立于不败之地。

二、制药工艺设计的特点

药品是直接关系到人民身体健康和生命安全，具有国计民生影响的特殊产品。对药物的纯度要求与对一般化学品或试剂含量要求有着本质的区别。药品首先要考虑杂质对人体健康和疗效的影响，要求既对人体没有危害，又不影响疗效。而化学品或试剂的纯度，只考虑杂质引起的化学变化，是否会影响其使用目的和范围，而不考虑它们的生理作用。因此，在进行医药工程项目设计时，如何保证药品的质量是不容忽视的重大课题。药典是国家控制药品质量的标准，是管理药物生产、检验、供销和使用的依据，具有法律的约束力。为使药品质量符合药典的规定，设计与生产必须以 GMP 作为药品生产质量管理的基本规范和准则。

一个制药工艺设计优秀与否，决定性的因素是质量的品质和工艺设计者的责任心。一个好的设计必须从更新观念入手，领会 GMP 的真谛，理解 GMP 的内涵。因为 GMP 是工艺设计者的依据，也是满足药品生产的最低要求。对于工艺设计，不仅要满足 GMP 的要求，而且还要为其他相关专业的设计和施工提供最大的便利。设计者应熟知 GMP，正确理解GMP，设计质量才有保证。

制药工艺设计是一项政策性很强的综合工作，设计人员要充分了解中国的国情，了解我国资源分布，严格遵守国家政策法规，自觉维护人民的生命安全。设计质量反映在设计文件、图纸等设计产品中，设计产品凝结着设计人员的艰辛劳动。设计人员的素质（包括设计人员的智慧和创造力、专业素质和综合素质）决定了他的劳动水平的高低即设计质量。

好的工艺设计，离不开对工艺过程的了解，药品生产企业提供的生产流程，只是一个简单、概括的说明，作为工艺设计者，一定要一丝不苟地将工艺过程吃透，一方面依靠自己的理论知识，另一面依靠自己的设计实践，从提供的设计方案到工艺平面布局，其设计优劣很大程度上决定了项目投资的增加与节约；生产操作的方便与麻烦；设备选型也影响了工艺流程的先进与落后。每个工艺设计者要清楚地知道，图纸上的每一条线都应该符合规范要求。同时，仔细地了解工艺流程，也为选取设备提供依据。制药生产的设备大多数是标准化的，同一工艺有许多类型设备可以满足，要注意医药新品种、新工艺、新装备的发展和更新换代，也要求设计行业掌握设备信息，熟悉相关技术，要了解其结构、材料和使用信息，掌握它们对药品的潜在影响。不同的设计会演化为生产技术的先进与落后、工艺操作的简单与复杂、生产能耗的高耗与低耗等。工艺设计者还应了解其他相关专业知识，这是工艺设计实施的基础，对其他专业的丰富了解，对设计方案的快速制定是大有益处的。

制药工艺设计是国家基本建设的一个重要环节，它自有一定的规范程序，在尊重客观规律的基础上，遵守医药工程项目设计的程序和规范。必须按照规定的程序和要求，进行工艺设计并完成工作。

另外，医药市场的竞争非常激烈，促使新产品、新工艺具有巨大的市场竞争力。因此，医药工程项目设计要密切地与实验室研究工作相联系，通过医药工程项目设计将实验室研究最新成果迅速转化为现实工业的生产力。

三、学习本课程的意义

制药工程专业人才知识构架的一个重要方面就是工程能力和工程素质的培养。本课程正是为了满足这一需求而设置的。

本课程的主要任务是使学生学习制药厂（车间）工艺设计的基本理论和方法，运用这些基本理论与制药工业生产实践相结合的思维方法，掌握工艺流程、物料衡算、热量衡算、工艺设备设计和选型、车间和工艺管路布置设计、非工艺条件设计的基本方法和步骤。训练和提高学生运用所学基础理论和知识，分析和解决制药厂（车间）工程技术实际问题的能力，领会药厂洁净技术、GMP 管理理念和原则。

本课程强调工程观点和技术经济观点。通过本课程的学习，使学生树立符合 GMP 要求的整体工程理念，从技术的先进性、可靠性与经济的合理性以及环境保护的可行性几个方面树立正确的设计思想。掌握制药生产工艺技术与 GMP 工程设计的基本要求以及洁净生产厂房的设计原理，熟悉药厂公用工程的组成与原理，了解制药相关的政策法规，从而为能够进行符合 GMP 要求的制药工艺设计奠定初步理论基础。

❓ 思考题

1. 制药工艺设计要研究的对象和内容是什么？
2. 制药工艺设计在工程项目建设中的重要性是什么？
3. 制药工艺设计的特点是什么？
4. 简述学习制药工艺设计的意义。

扫码"学一学"

扫码"看一看"

第十章　制药工程项目设计简介

第一节　制药工艺设计的内容与分类

　　制药工艺设计是实现实验室产品向工业产品转化的必经阶段。具体来说，制药工艺设计就是根据药物的小试及中试工艺将一系列单元反应和相应的单元操作进行组织，设计出一个生产流程合理、技术装备先进、设计参数可靠、工程经济可行的成套工程装置或制药生产车间。然后经过在一定的地区建造厂房，布置各类生产设备，配套一些其他公用工程，最终使这个工厂按照预定的设计任务顺利的投产。这一过程即是制药工程工艺设计的全过程。

一、制药工艺设计的内容

　　制药工艺设计的内容既包括新产品的实验室小试研究、中试放大直至进行医药项目设计，形成工业化规模生产，也包括对现有生产工艺进行产品的技术革新与改造。

二、制药工艺设计的分类

　　根据医药工程项目生产的产品形态不同，医药工程项目设计可分为原料药生产设计和制剂生产设计。根据具体的剂型，制剂生产设计又包括片剂车间设计、针剂车间设计等。

　　根据医药工程项目生产的产品不同，医药工程项目设计可分为以下几类：合成药厂设计、中药药厂设计、抗生素厂设计以及生物制药厂设计和药物制剂厂设计等。

　　医药工程项目从设想到交付生产一般要经过如图 10 - 1 所示的 3 个阶段，这 3 个阶段是互相联系的，不同的阶段所要进行的工作是不同的，是步步深入的。

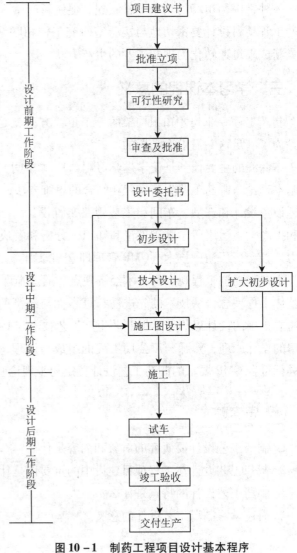

图 10 - 1　制药工程项目设计基本程序

224

第二节 设计前期工作阶段

一、设计前期工作的目的与内容

设计前期的工作目的是对项目建设进行全面分析，对项目的社会和经济效益、技术可靠性、工程的外部条件等进行研究。本阶段的主要工作有项目建议书、可行性研究报告和设计委托（任务）书。

二、项目建议书

项目建议书是法人单位向有关主管部门或投资方推荐项目时提出的报告书。其主要内容有：项目建设的背景和依据、投资的必要性和经济意义、产品名称及质量、产品方案及拟建生产规模、工艺技术方案、主要原材料、建设条件和建设厂址初步方案、燃料和动力供应情况、市场预测、项目投资估算及资金来源、环境保护、工厂组织和劳动定员估算、项目进度计划、经济效益和社会效益的初步估算。

三、可行性研究

可行性研究主要对拟建项目在技术、工程、经济和外部协作条件上是否合理和可行，进行全面分析、论证以及方案比较。可行性研究是项目决策的依据。

项目建议书经国家主管部门批准后，即可由上级主管部门组织或委托设计、咨询单位进行可行性研究。可行性研究报告所包括内容如下。

（1）总论 概述项目名称、主办单位及负责人、项目建设背景和意义；编制依据和原则；研究工作范围和分工；可行性研究的结论提要；存在的主要问题和建议。

（2）需求预测 对产品的国内外需求、价格和市场竞争能力作出分析。

（3）产品方案与生产规模 产品方案与生产规模的选择比较及论证；提出产品方案和建设规模；主副产品的名称、规格、质量指标和标准及产量。

（4）工艺技术方案 概述国内外相关工艺；分析比较和选择工艺技术方案；绘制工艺流程图；通过物料、能量衡算，定出原材料单耗及能耗，并与国内外同类产品的先进水平比较；主要设备的选择和比较；主要自控方案的确定。

（5）原材料、燃料与公用系统的供应 原料、辅助材料及燃料的种类、质量规格、数量、来源和供应情况。

（6）建厂条件与厂址方案 厂址概况如厂区位置、地形地貌、工程地质、水文条件、气象、地震及社会经济等情况；公用工程及协作调整如水、电、气的供给，厂址方案的技术经济比较和选择意见。

（7）公用工程与辅助设施方案 全厂初步布置；全厂运输总量和厂内外交通运输；水、电、气的供应；采暖通风和空气净化；土建方案及土建工程量的估算；其他公用工程和辅助设施。

（8）环境保护 建设地区的环境现状；工程项目的污染物排放情况；综合利用与环保监测设施方案；排放污染物治理方案；环境保护的综合评价；环保投资估算。

（9）职业安全卫生 职业安全卫生的基本情况；工程建设的安全卫生要求；职业安全卫生的措施；综合评价。

（10）消防　消防的基本情况；消防设施规划。

（11）节能　能耗指标及分析；节能措施综述；单项节能工程。

（12）工厂组织和劳动定员　工厂体制及组织；年工作日；生产班制和定员；人员培训计划和要求。

（13）《药品生产质量管理规范》（GMP）实施规划的建议　培训对象、目标和内容；培训地点、周期、时间及详细内容。

（14）项目实施规划　项目建设周期规划编制依据和原则；各阶段实施进度规划及正式投产时间的建议（包括建设前期、建设期）；编制项目实施规划进度或实施规划。

（15）投资估算　项目总投资（包括固定资产、建设期贷款利息和流动资金等投资）的估算；资金筹措和使用计划；资金来源；筹措方式和贷款偿付方法。

（16）社会及经济效果评价　产品成本和销售收入的估算；财务评价；国民经济评价；社会效益评价。

（17）风险分析。

（18）评价结论　综合运用上述分析及数据，从技术、经济等方面论述工程项目的可行性；列出项目建设存在的主要问题；可行性研究结论。

可行性研究报告的作用：①作为建设项目投资决策和编制设计说明书的依据；②作为向银行申请贷款的依据；③作为建设项目主管部门与各有关部门商谈合同、协议的依据；④作为建设项目开展初步设计的基础；⑤作为拟采用新技术、新设备研制计划的依据；⑥作为建设项目补充地形、地质工作和补充工业化试验依据；⑦作为安排计划、开展各项建设前期工作的参考；⑧作为环保部门审查建设项目中对环境影响的依据。

四、设计委托书

设计委托书是以政府主管部门的文件形式下达给项目主管部门，以明确项目建设的要求，是进行工程设计的建设大纲和根本依据。同时，它是确定建设项目和建设方案（包括建设依据、建设规模、建设布局、主要技术经济要求等）的基本文件，是工程设计、编制设计文件的主要依据。

必须注意可行性研究报告与设计委托书的区别。从内容上看，可行性研究报告提供依据，设计委托书是结论；从性质上看，可行性研究报告给上级提供决策文件，设计委托书是给设计人员下达指令；从时间上看，可行性研究报告在先，设计委托书在后。

五、厂址的选择

厂址选择是指在拟建地区、地点范围内具体明确建设项目坐落的位置，它对工厂的进度、投资数量、产品质量、经济效益以及环境保护等方面具有重大影响。

厂址选择工作在阶段上属于可行性研究的一个组成部分。有条件的情况下，在编制项目建议书阶段就可以开始选址工作，选址报告也可先于可行性研究报告提出。GMP规范中对厂房选址有明确规定。

厂址选择的原则：充分考虑厂址选择的基本原则和工业厂址选择的基本要求（如工业厂址综合要求、交通运输要求、防止环境污染要求、工业居住位置选择）。特别关注环境、供水、能源、交通运输、自然条件、环保、城市规划和协作条件等因素的影响。

目前，我国药厂的选址工作大多采取由建设业主提出、设计部门参加、政府主管部门审批的组织形式进行。选址工作的工作步骤是：获取原始依据，组织选址工作组，考核技术经济指标，实地踏勘、收集资料，编制选址工作报告。

六、总图布置

确定厂址后，根据制药工程项目的生产品种、规模及有关技术要求缜密考虑，总体解决工厂内部所有建筑物和构筑物在平面和竖向上布置的相对位置以及运输网、工程网、行政管理、福利及绿化设施的布置等，即进行工厂的总图布置（又称总图运输、总图布局，图 10-2）。总图布置的主要功能是对生产区、生活区、行政区和辅助生产区进行优化功能分区和合理布置设计。在设计时，要遵循国家的方针政策，按照 GMP 要求，结合厂区的地理环境、卫生、防火技术、环境保护等进行综合分析。

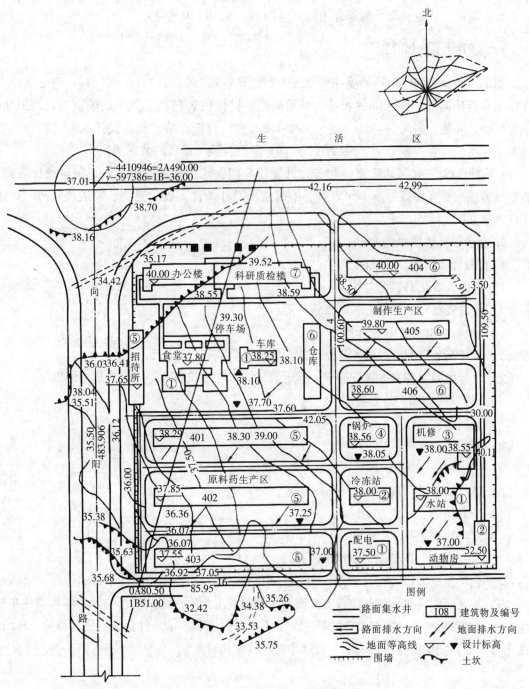

图 10-2　某制药厂总平面布置图

第三节 设计中期工作阶段

根据已批准的设计委托书（或可行性研究报告），可以开展设计工作。一般按工程的重要性、技术的复杂性，并根据设计委托书的规定，可将设计分为三阶段设计、两阶段设计和一阶段设计3种情况。

三阶段设计包括初步设计、技术设计和施工图设计。两阶段设计包括扩大初步设计和施工图设计。一阶段设计只有施工图设计。目前，我国的制药工程项目，一般采用两阶段设计。

现将制药工艺专业设计流程介绍如下（图10-3、图10-4）。

一、初步设计阶段

初步设计是根据已下达的委托书（或可行性研究报告）及设计基础资料，确定全厂设计原则、设计标准、设计方案和重大技术问题。设计内容包括总图、运输、工艺、土建、电力照明、采暖、通风、空调、上下水道、动力和设计概算等。初步设计成果是初步设计说明书和图纸（带控制点工艺流程图、车间布置图及重要设备的装配图）。

1. 初步设计工作基本程序 初步设计阶段一般要经历初步设计准备、制订设计方案、签订资料流程、互提条件及中间审查、编制初步设计条件、成品复制、发送及归档。具体工作程序如图10-5所示。

2. 初步设计说明书的内容

（1）设计依据和设计范围

1）文件 委托书、批文等。

2）设计资料 中试报告、调查报告等。

（2）设计指导思想和设计原则

1）设计指导思想 关于工程设计的具体方针政策和指导思想。

2）设计原则 各专业设计原则，如工艺路线选择、设备选型和材质选用原则等。

（3）建设规模和产品方案

1）产品名称和性质。

2）产品质量规格。

3）产品规模（吨/年）。

4）副产物数量（吨/年）。

5）产品包装、贮藏方式。

（4）生产方法和工艺流程

1）生产方法 扼要说明原料工艺路线。

2）化学反应方程式 写明方程式、注明化学名称、标注主要操作条件。

3）工艺流程 包括工艺流程方框图和带控制点工艺流程图及流程描述。流程描述是按生产工艺流程物料经过工艺设备的顺序及生成物去向说明技术条件，如温度、流量、压力、配比等（如系间歇操作，需说明一次操作的加料量和时间）。

228

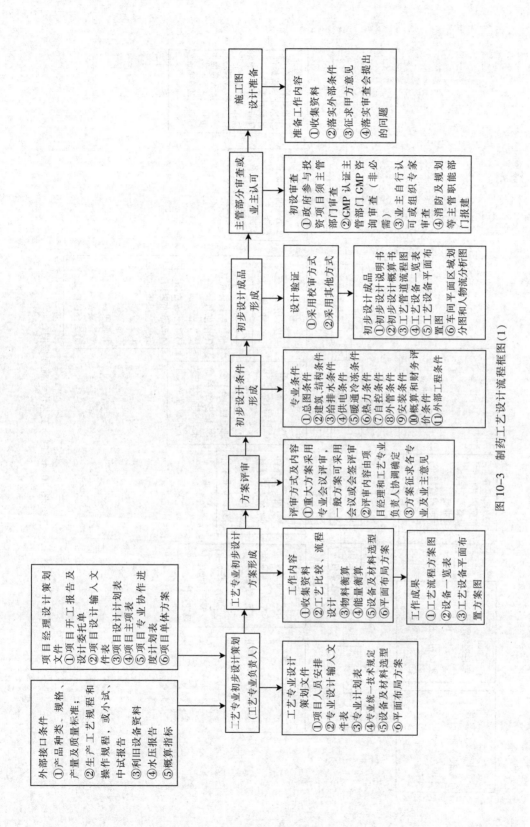

图 10-3 制药工艺设计流程框图 (1)

229

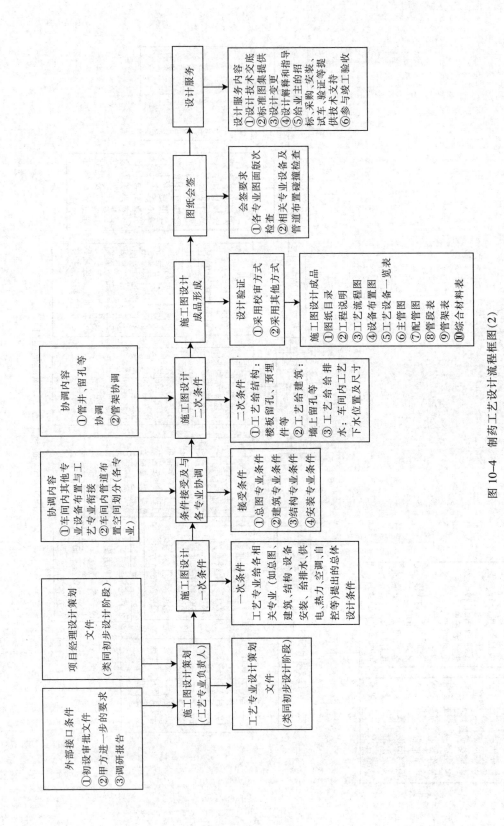

图 10-4 制药工艺设计流程框图 (2)

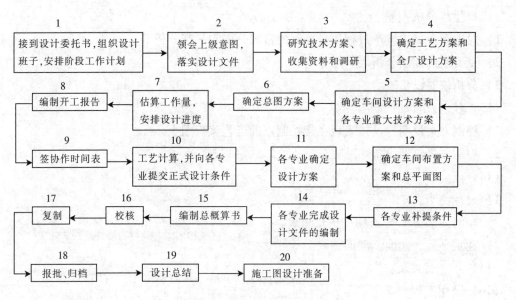

图 10 - 5　初步设计工作程序

（5）车间组成和生产制度

1）车间组成。

2）生产制度　年工作日、操作班次、间歇或连续生产。

（6）原料及中间产品的技术规格

1）原料、辅料的技术规格。

2）中间产品及产品的技术规格。

（7）物料衡算

1）物料衡算的基础数据。

2）物料衡算结果以物料平衡图表示，连续生产以小时计；间歇生产以批计。

3）原料定额表、排出物料综合表（包括三废）、原料消耗综合表。

（8）能量衡算

1）能量衡算的基础数据。

2）能量衡算结果以热量平衡图表示。

3）能量消耗综合表（还有水、电、热、冷用量表）。

（9）主要工艺设备选型与计算

1）基础数据来源　物料衡算、热量衡算、主要化工数据等。

2）主要工艺设备的工艺计算　按流程编号为序进行编写。包括承担的工艺任务；工艺计算，如操作条件、数据、公式、运算结果、必要的接管尺寸等；最终结论，技术结果的论述、设计结果；材料选择。

3）一般工艺设备以表格形式分类表示计算和选型结果，工艺设备一览表按非定型工艺设备和定型工艺设备两类编制，间歇操作的设备要排列工艺操作时间表和动力负荷曲线。

（10）工艺主要原材料、动力消耗定额及公用系统消耗。

（11）车间布置设计

1）车间布置说明　包括生产部分、辅助生产部分、生活部分的区域划分、生产流向、防毒防爆的考虑等。

2）车间设备布置平面图与立面图。

231

（12）生产分析控制

1）对中间产品、生产过程质量控制的常规分析和三废分析等。

2）主要生产控制分析表。

3）分析仪器设备表。

（13）仪表及自动控制

1）控制方案说明，具体表现在带控制点的工艺流程图上。

2）控制测量仪器设备汇总表。

（14）土建

1）设计说明。

2）车间（装置）建筑物、构筑物表。

3）建筑平面、立面、剖面图。

（15）采暖通风及空调

（16）公用工程

1）供电　设计说明，包括电力、照明、避雷、弱电等；设备、材料汇总表。

2）供排水　供水；排水，包括清下水、生产污水、生活污水、蒸汽冷凝水；消防用水。

3）蒸汽　各种蒸汽用量及规格等。

4）冷冻与空压　冷冻；空压；设备、材料汇总表。

（17）原、辅材料及产品贮运。

（18）车间维修。

（19）职业安全卫生。

（20）环境保护。

1）"三废"产生及排放情况表。

2）"三废"治理方法及综合利用途径。

（21）消防。

（22）节能。

（23）车间定员　如生产工人、分析工、维修工、辅助工、管理人员等。

（24）概算。

（25）工程技术经济。

（26）存在的问题及建议。

二、技术设计阶段

技术设计是以已批准的初步设计为基础，解决初步设计中存在和尚未解决而需要进一步研究解决的一些技术问题，如特殊工艺流程方面的试验、研究和确定；新型设备的试制建议；重要代用材料的试验和确定等。

技术设计的成果是技术设计说明书和工程概算书，其设计说明书内容同初步设计说明书，只是根据工程项目的具体情况作些增减。

三、施工图设计阶段

施工图设计是根据批准的（扩大）初步设计及总概算为依据，使初步（扩初）设计的内容更完善、具体和详尽，完成各类施工图纸和施工说明及施工图预算工作，以便施工。

1. 施工图设计的内容　施工图设计阶段的主要设计文件有图纸和设计说明书。

（1）设计说明书　施工图设计说明书的内容除（扩大）初步设计说明书内容外，还包括以下内容：①对原（扩大）初步设计的内容进行修改的原因说明；②安装、试压、保温、油漆、吹扫、运转安全等要求；③设备和管道的安装依据、验收标准和注意事项。通常将此部分直接标注在图纸上，可不写入设计说明书中。

（2）图纸　施工图是工艺设计的最终成品，主要包括以下内容：①施工阶段管道及仪表流程图（带控制点的工艺流程图）；②施工阶段设备布置图及安装图；③施工阶段管道布置图及安装图；④非标设备制造及安装图；⑤设备一览表；⑥非工艺工程设计项目的施工图。

2. 设计基本程序　施工图设计阶段可按下述步骤进行设计工作。

（1）根据审批初步设计会议的批复文件，即行修改和复核工艺流程和生产技术经济指标；并将建设单位提供的设备订货合同副本、设备安装图纸和技术说明书作为施工图设计的依据。

（2）复核和修正生产工艺设计的有关计算和设备选型及其计算等数据，全部选定专业与通用设备、运输设备，以及管径、管材、管接。除经审批会议正式批复或经有权审批的设计机关正式批准外，不能修改主要设备配置。

（3）和协同设计的配套专业讨论商定有关生产车间需要配合的问题；同时根据项目工程师召开项目会议的决定，工艺与配套专业之间商定相互提交资料的期限，签订"工程项目设计内部联系合同"（或资料流程契约）。工艺专业必须按期向配套专业提供正式资料，也要验收配套专业返回工艺专业的资料。

（4）精心绘制生产工艺系统图和车间设备、管路布置安装图；编制设备和电动机明细表。

（5）组织设计绘制设备和管路布置安装中需要补充的非标准设备和所需工器具的制造安装图纸，编制材料汇总表。向建设单位发图并就安排订货和制造配合施工安装进度要求提出交货时间的安排建议。

（6）编写施工安装说明书，以严谨的文字结构写明：①施工安装的质量标准及验收规划。附质量检测记录的格式。凡是已颁发国家或部施工和验收规范或标准的应采用国家和部标准。②写明设备和管路施工安装需要特别注意的事项。③非标准设备的安装质量和验收标准。④设备和管路的保温、测试和刷漆与统一管线颜色的具体规定。⑤协同配套专业对相互关联的单项工程图纸进行会签，然后把底图整理编号编目，送交有关人员进行校审和签署，最后送达项目工程师统一交完成部门印制，向建设单位发图。

第四节　设计后期工作阶段

项目建设单位在具备施工条件后通常依据设计概算或施工图预算制定标底，通过招、投标的形式确定施工单位。施工单位根据施工图编制施工预算和施工组织计划。项目建设单位、施工单位和设计单位对施工图进行会审，设计部门对设计中一些问题进行解释和处理。设计部门派人参加现场施工过程，以便了解和掌握施工情况，确保施工符合设计要求，同时能及时发现和纠正施工图中的问题。施工完后进行设备的调试和试车生产，设计人员

（或代表）参加试车前的准备工作以及试车生产工作，向生产单位说明设计意图并及时处理该过程中出现的设计问题。设备的调试通常是从单机到联机，先空车，然后从水代物料到实际物料，当试车正常后，建设单位组织施工和设计等单位按工程承建合同、施工技术文件及工程验收规范先组织验收，然后向主管部门提出竣工验收报告，并绘制施工图以及整理一些技术资料，在竣工验收合格后，作为技术档案交给生产单位保存，建设单位编写工程竣工决算书以报上级主管部门审查。待工厂投入正常生产后，设计部门还要注意收集资料、进行总结，为以后的设计工作、该厂的扩建和改建提供经验。

值得注意的是，制药工艺设计的每一个阶段都必须执行相关的国家规范和标准，才能保证设计质量。标准主要指企业的产品，规范侧重于设计所要遵守的规程。制药工艺设计中最常用的规范和标准主要包括：①《药品生产质量管理规范》（2010 版）；②《药品生产质量管理规范实施指南》（2010 年修订）；③《医药工业洁净厂房设计标准》（GB 50457—2019）；④《洁净厂房设计规范》（GB 50073—2013）。

❓ 思考题

1. 简述医药工程项目从计划建设到交付生产所经历的基本工作阶段和程序。
2. 试述项目建议书的主要内容和作用。
3. 制药工程项目设计可行性研究的任务和意义。
4. 简述工程项目设计可行性研究的审批程序。
5. 简述设计任务书的审批与变更。
6. 简述厂址选择的基本原则和程序。
7. 简述厂址选择报告的主要内容。
8. 简述制药工程项目总图布置设计应该遵循的依据和原则。
9. 简述制药工程项目总图布置设计的内容和成果。
10. 简述设计阶段的划分。制药工程项目设计多常用几段式设计？
11. 简述初步设计阶段的深度和主要成果。
12. 简述制药工程项目设计中初步设计说明书的内容。
13. 简述初步设计的审批与变更。
14. 简述施工图设计阶段的深度和主要成果。
15. 简述制药工程项目设计施工图设计阶段内容较初步设计阶段的不同点。
16. 简述设计后期的主要工作内容。

第十一章 工艺流程设计

扫码"学一学"

扫码"看一看"

第一节 概 述

一、工艺流程设计的重要性

工艺流程设计是车间工艺设计的核心和关键步骤。因为生产的最终目的在于得到高质量、低成本的产品，而这取决于工艺流程设计的可靠性、合理性及先进性，而且车间工艺设计的其他项目均受制于工艺流程，即工艺流程设计与车间布置设计一起决定车间或装置的基本面貌。

工艺流程设计包括实验工艺流程设计和生产工艺流程设计两部分。对于已大规模生产、技术比较简单以及已通过中试的产品，其工艺流程设计一般属于生产工艺流程设计；而对于只有文献资料依据、国内尚未进行实验和生产以及技术比较复杂的产品，其工艺流程设计一般属于实验工艺流程设计。

二、工艺流程设计的任务与成果

1. 工艺流程设计的任务

（1）确定流程的组成 由原料到成品、副产品和"三废"处理都要经过若干个单元反应和单元操作，确定这些单元反应和单元操作的具体内容及其顺序和相互连接是流程设计的基本任务。设计所考虑的单元反应、单元操作应落实到设备型式、大小。而顺序则为设备水平与竖向位置；相互连接为物料流向。基本任务的确定要体现在确定每个过程或工序组成，即什么设备、多少台套、之间连接以及作用和主要工艺参数。

（2）确定载能介质的技术规格和流向 制药生产中常用的载能介质有水蒸气、水、冷冻盐水、压缩空气和真空等。在工艺流程设计中，要明确这些载能介质的种类、规格和流向。

（3）确定生产控制方法 单元反应和单元操作在一定条件下进行，在流程设计中对需要确定生产规定的操作条件和参数（如温度、压力、浓度、进料速度、流量、pH 等）、检测点、显示器和仪表及手动或自动控制方法，检测仪表安装的位置及功能。

（4）确定"三废"的治理方法 对全流程中所排出的"三废"要尽量综合利用。暂时无法回收利用的，则要进行无害化处理。

（5）制定安全技术措施 对生产过程，特别是停水、停电、开车、停车以及检修等过程中可能存在的安全问题，应确定预防、预警及应急措施（如报警装置、事故贮槽、防爆片、安全阀、泄水装置、水封、放空管、溢流管等）。

（6）绘制工艺流程图。

（7）编写工艺操作方法 在设计说明书中阐述从原料到产品的每一个过程的具体的生产方法，包括原辅料及中间体的名称、规格、用量；工艺操作条件（如温度等）；控制方法；设备名称等。

2. 工艺流程设计的成果　初步设计阶段工艺流程设计的成果是初步设计阶段带控制点的工艺流程图和工艺操作说明；施工图设计阶段的工艺流程设计成果是施工图阶段的带控制点工艺流程图即管道仪表流程图（piping and instrument diagram，PID）。两者的要求和深度不同，施工阶段的带控制点流程图是根据初步设计的审查意见，并考虑到施工要求，对初步设计阶段的带控制点工艺流程图进行修改完善而成。两者都要作为正式设计成果编入设计文件中。

三、工艺流程设计的原则

在工艺流程设计中通常要遵循以下原则。

（1）保证产品质量符合规定的标准。

（2）尽量采用成熟、先进的技术和设备。

（3）满足 GMP 要求。

（4）使用尽可能少的能耗。

（5）尽量减少"三废"排放量，有完善的三废治理措施，以减少或消除对环境的污染，并做好三废的回收和综合利用。

（6）具备开车、停车条件，易于控制，生产过程尽量采用机械化和自动化。

（7）具有柔韧性，即在不同条件下（如进料组成和产品要求的改变）能够正常操作的能力。

（8）具有良好的经济效益。

（9）确保安全生产，以保证人身和设备的安全。

（10）遵循"三协调"原则（人流物流协调、工艺流程协调、洁净级别协调），正确划分生产区域的洁净级别，按工艺流程合理布置，避免生产流程的迂回、往返和人流与物流交叉等。

第二节　工艺流程设计的基本程序

一、工程分析及处理

对选定的生产方法的小试、中试实验工艺报告或工厂实际生产工艺及操作控制数据进行工程分析，在确定产品方案（品种、规格、包装方式）、设计规模（年产量、年工作日、日工作班次、班生产量）及生产方法的条件下，将产品的生产工艺过程按制药类别和制剂品种要求，分解成若干个单元反应、单元操作或若干个工序，并确定每个基本步骤的基本操作参数（又称为原始信息，如温度、压力、时间、进料速度、浓度、单位生产能力、能耗等）和载能介质的技术规格。

二、工艺流程框图

工艺流程框图（图 11-1）是以方框或圆框、文字和带箭头的线条的形式定性地表示出由原料变成产品的生产过程。其主要任务是：定性地表示出原料转变为产品的路线和顺序以及生产的全过程。

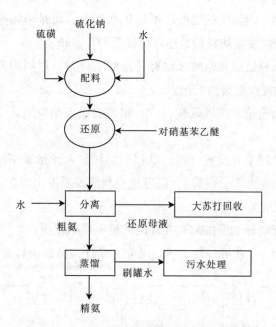

图 11-1　对氨基苯乙醚生产工艺流程框图

在设计生产工艺流程框图时，首先要弄清楚原料变成产品要经过哪些操作单元。其次要研究确定生产线（或生产系统），即根据生产规模、产品品种、设备能力等因素决定采用一条生产线还是几条生产线进行生产。最后还要考虑采用的操作方式，是采用连续生产还是采用间歇生产方式。还要研究如进料、出料方式，进料和出料是否需要预热或冷却，以及是否需要洗涤等相关问题。总之，在设计生产工艺流程框图时，要根据生产要求，从建设投资、生产运行费用、利于安全、方便操作、简化流程、减少三废排放等角度进行综合考虑，反复比较，以确定生产的具体步骤，优化单元操作和设备，从而达到技术先进、安全适用、经济合理、三废得以治理的预期效果。

三、方案的比较与选择

在保持原始信息不变的情况下，从成本、收率、能耗、环保、安全及关键设备使用等方面进行方案比较，从中确定最优方案。

四、绘制设备工艺流程图

确定最优方案后，经过物料和能量衡算以及设备选型计算，对整个生产过程中投入和产出的各种物流以及采用设备的台数、结构和主要尺寸都已明确后，便可正式开始设备工艺流程图的设计。设备工艺流程图是以设备的几何图形、设备的名称、设备间的相对位置、物料流向（以箭头表示）及文字（表示设备、物料和载能介质的名称）的形式定性地表示出由原料变成产品的生产过程。

进行设备工艺流程图的设计必须具备工业化生产的概念。以混酸配制为例，实验室配制混酸很简单，只要将硫酸、硝酸和水用量筒按比例计量倒入烧杯中，再用玻璃棒搅匀即可。但是这个简单的间歇配制过程在工业化生产中如何配制必须考虑一系列问题。

（1）首先要有带搅拌的混合器。

（2）要有硫酸计量槽和硝酸计量槽，以便准确地将两种酸送入混合器。

（3）在工业上配制一定浓度的混酸，不是加水调节，而是采用硝化后的废酸来进行非水调节。因此，为了掌握废酸加料量，还需设置废酸计量槽。

（4）大量使用的原料硫酸和硝酸必须有一定的贮存量，那就需要设置硫酸贮槽和硝酸贮槽，硝化后的废酸也需设置废酸贮槽。

（5）考虑采用什么输送方法将硫酸、硝酸和废酸送入相应的计量槽中，如果采用泵输送，还需添置送料泵。

（6）考虑所有计量罐上开设放空阀，以利于原料输入计量罐不憋压。同时，要考虑设置溢流管（溢流管直径要大于上料管），以避免上料满罐后溢出。在溢流管上安装视盅，以准确知晓计量罐上料完成的状态。

（7）最后还要将配制好的混酸贮存在混酸贮槽中供硝化用。

上述例子参看图 11 - 2 就可一目了然。因此，设计人员必须具备工业化生产的概念。

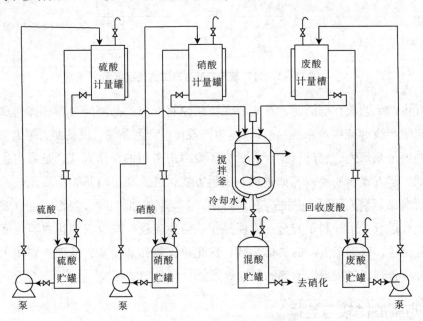

图 11 - 2　混酸配制过程的工艺流程图

五、绘制带控制点的工艺流程图

设备工艺流程图绘制后，就可进行车间布置和仪表自控设计。根据车间布置和仪表自控设计结果，绘制初步设计阶段的带控制点的工艺流程图。其要比设备工艺流程图更加全面、完整和合理。带控制点的工艺流程图是用图示的方法把工艺流程所需要的全部设备（机器）、管道、阀门、管件和仪表及其控制方法等表示出来，以反映出各种设备的使用状况、相互关系，以及该工艺在使用设备（包括各种计量、控制仪表在内）和技术方面的先进程度、操作水平和安全程度。它是工艺设计中必须完成的图样，是施工、安装和生产过程中设备操作、运行和检修的依据，起着承上启下的作用。

在设备设计计算全部完成和计量等仪表控制方案被确定后，以设备工艺流程图为基础开始绘制带控制点的工艺流程图，然后进行车间布置设计，并结合主要管路布置再审查带控制点的工艺流程图的设计是否合理。如发现工艺流程中某些设备的布置不够妥当或是个别设备的型式和主要尺寸决定欠妥，可以进行修改完善。经过多次反复逐项审查后，确认设计合理无误后才正式绘制带控制点的工艺流程图，作为正式的设计成果，编入设计文件，供上级审批和今后施工设计之用。

带控制点的工艺流程图的各个组成部分与设备工艺流程图一样，由物料流程、图例、设备一览表、图签和图框组成，见图 11 – 3（书后折页）。

上述流程设计的基本程序可用图 11 – 4 表示。由图可见流程设计几乎贯穿整个工艺设计过程，由定性到定量、由浅入深，逐步完善。这项工作由流程设计者和其他专业设计人员共同完成，最后经工艺流程设计者表述在流程设计成果中。

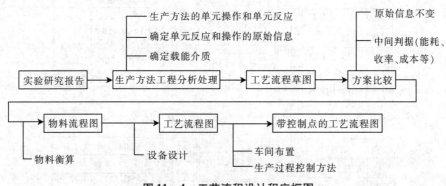

图 11 – 4　工艺流程设计程序框图

由前所述，工艺流程框图、设备工艺流程图、物流流程图和带控制点的工艺流程图不是单独完成的，而是同物料衡算、能量衡算、设备设计计算、车间布置设计等工作交叉进行的。因此，工艺设计人员必须全面把握，综合考虑，才能顺利地完成这个复杂而细致的艰巨工作。

第三节　物料流程图与带控制点的工艺流程图的绘制

物料流程图与带控制点的工艺流程图的设计和绘制是制药工艺设计的重要内容，必须精心设计、精心绘制。

一、物料流程图的绘制

物料衡算完毕，将物料衡算的结果标注在流程框图中，便可绘制物料流程图，即工艺流程成为定量的。物料流程图是初步设计的成果，编入初步设计说明书中，如图 11 – 5 所示。从图 11 – 5 可知，物料流程图由框图和图例组成。物料流程图有三纵列，左边列表示原料、中间体和成品；中间列表示单元反应和单元操作；右边列表示副产品和"三废"排放物。每一个框表示过程名称、流程号及物料组成和数量，物料流向及其数量分别用箭头和数字表示，为了突出物料流程的主线，通常把中间纵列的图框绘成双线。图 11 – 6 为盐酸林可霉素提取工段物料流程图。

二、带控制点的工艺流程图的绘制

带控制点的工艺流程图是用图示的方法把工艺流程所需要的全部设备（机器）、管道、阀门、管件和仪表及其控制方法等表示出来，是工艺设计中必须完成的图样，它是施工、

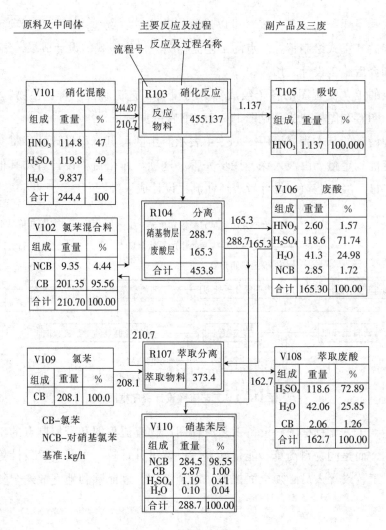

图 11-5 物料流程图示例

安装和生产过程中设备操作、运行和检修的依据，示图见图 11-3（书后折页）。

1. 带控制点的工艺流程图的基本要求 带控制点工艺流程图是用设备图形表示单元反应和单元操作，并反映物料及载能介质的流向及连接，表示出生产过程中的全部仪表和控制方案，表示出生产过程中的所有阀门和管件，反映设备间的相对空间关系。

2. 绘制带控制点的工艺流程图的一般规定 参照国内有关医药设计院的规定，设计时选取参照标准进行绘图。

（1）图幅 带控制点工艺流程图采用 1 号图幅，流程简单的可用 2 号图幅，但一套图纸的图幅宜一样。流程图可按主项分别绘制，也可按生产过程分别绘制，原则上一个主项绘制一张图，若流程很复杂，可分成几部分绘制。

（2）比例 一般设备（机器）图形只取相对比例而无需严格比例绘出。对于过大的设备（机器）比例适当缩小，同样对于过小的设备（机器）比例适当放大，但设备间的相对大小不能改变。并示意出各设备位置的相对高低。整个图面要匀称协调和美观。

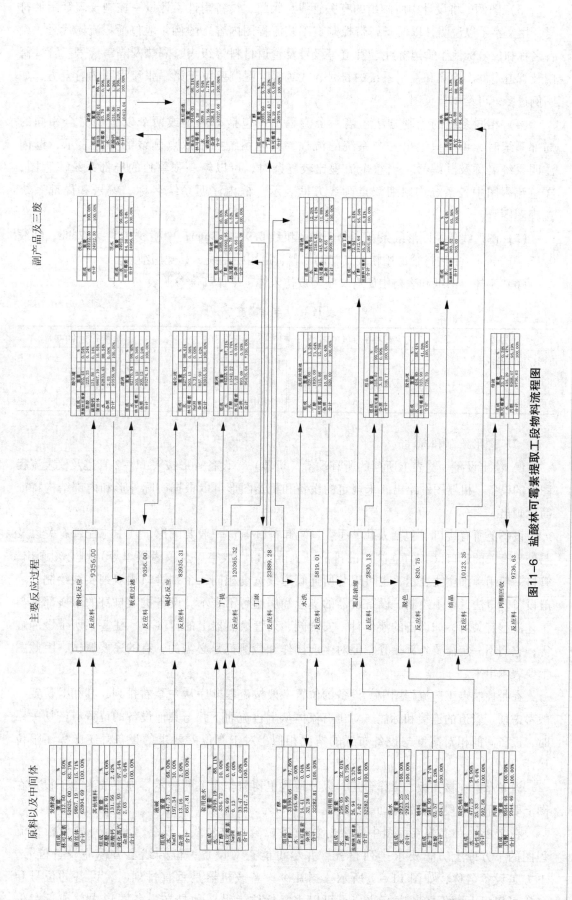

图11-6 盐酸林可霉素提取工段物料流程图

（3）图例　将设计中所画出的有关管线、阀门、设备附件、计量-控制仪表等图形符号，用文字予以说明，以便了解带控制点工艺流程图内容。图例一般包括：流体代号、设备名称和位号标注、管道标注、管道等级号及管道材料等级表、隔热及隔声代号、管件阀门及管道附件、检测和控制系统的符号、代号等。图例要位于第一张流程图的右上方，如图例过多，可绘制首页图。

（4）相同系统的绘制方法　当一个流程图中包括有两个或两个以上的完全相同的局部系统时，可以只绘出一个系统的流程，其他系统用细双点画线的方框表示，框内注明系统名称及其编号。当整个流程比较复杂时，可以绘一张单独的局部系统流程图，在总流程图中各系统均用细双点画线方框表示。框内注明系统名称、编号和局部系统流程图图号。

（5）图形线条　图形线条宽度分3种：粗线0.9~1.2mm；中粗线0.5~0.7mm；细线0.15~0.3mm。主物料管道用粗线，辅助物料管道用中粗线，其他用细线。

（6）字体　图纸和表格中所有文字写成仿宋体，字体高度参照表11-1。

表11-1　字体高度

书写内容	推荐字号（mm）	书写内容	推荐字号（mm）
图标中的图名及视图符号	7	图纸中数字及字母	3, 3.5
工程名称	5	图名	7
文字说明	5	表格中文字	5

（7）图形绘制和标注

1）绘出设备一览表上所列的所有设备（机器）　设备外形按表11-2管道及仪表流程图上的设备、机器图例绘出。未规定的设备和机器图形可以根据实际外形和内部结构特征简化画出。

设备上所有接口（包括人孔、手孔、装卸料口等）一般要画出，其中与配管有关以及与外界有关的管口（如直连阀门的排液口、排气口、放空口及仪表接口等）则必须画出。管口一般用单细实线表示，也可以与所连管道线宽度相同，个别管口用双细实线绘制。一般设备管口法兰可不绘制。设备机器的支承和底座可不表示。设备机器自身的附属部件与工艺流程有关者，如设备的液位计、安全阀、列管换热器上的排气口、柱塞泵所带缓冲缸等，它们不一定需要外部接管，但对生产操作和检测都是必需的，有的还要调试，因此图上要表示出来。

在带控制点工艺流程图中，设备的位置一般按流程顺序从左至右排列，其相对位置一般考虑便于管道的连接和标注。对于有流体从上自流而下并与其他设备的位置有密切关系时，设备间的相对高度与设备布置的情况相似，对于有位差要求的设备，还应标注限位尺寸。

设备布置在楼孔板、操作台上，以及地坑里均需作相关的表示，地下或半地下设备在图上要表示出一段相关的地面。

在带控制点工艺流程图中需要标注设备位号、位号线、设备名称。一种是标在流程图的下方或上方，要求排列整齐，并尽可能正对设备，位号线上方标注设备位号，下方是设备名称，如图11-7所示。当几个设备或机器是垂直排列时，设备的位号和名称可以由上而下按顺序标注，也可以水平标注。另一种是在设备图形内部或近旁仅

242

标注设备位号。

如图11-7所示，设备位号包括设备类别代号（表11-2）、主项号（常为设备所在车间、工段的代号）、设备在流程图中的顺序号以及相同设备的尾号。主项代号采用两位数字（01～99），如不满10项时，可采用一位数字。两位数字也可按车间（或装置）、工段（或工序）划分。设备顺序号可按同类设备各自编排序号，也可综合编排总顺序号，用两位数字表示（01～99）。相同设备的尾号是同一位号的相同设备的顺序

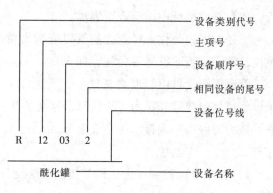

图11-7　设备名称和位号

号，用 A、B、C 等表示，也可用 1、2、3 等表示。设备位号在流程图、设备布置图和管道布置图上标注时，要在设备位号下方画一条位号线，线条为 0.9 或 1.0mm 宽的粗实线。

设备位号从初步设计到施工图，在所有的文件中都是一致的。设计过程中被取消的设备，其位号就不再出现，新增设备应编排新的位号和设备名称。

2）绘出全部管道，包括阀门、管件、管道附件。

按表11-3的图例绘出全部工艺管道以及与工艺有关的辅助管道，绘出管道上的阀门、管件和管道附件（不包括管道间的连接件，如三通、弯头、法兰等），但为安装和检修等原因所加的法兰、螺纹连接件等仍需绘出和标注。

在流程图中不对各种管道的比例作统一规定。根据输送介质的不同，流体管道可用不同宽度的实线或虚线表示，各种管道的画法见表11-3。

管道的伴热管要全部绘出，夹套管可只要绘出两端头的一小段，有隔热的管道在适当部位画上隔热标志。固体物料进出设备用粗虚弧形线或折线表示。

按系统分绘流程图时，在工艺管道及仪表流程图中的辅助系统管道与公用系统管道只画与设备（或工艺管道）相连接的一小段（包括阀门）。

管线应横平竖直，转弯应画成直角，要避免穿过设备，避免管道交叉，必须交叉时，一般采用竖断横不断的画法。管道线之间、管道线与设备之间的间距应匀称、美观。

在管道及仪表流程图中管道必须进行标注，但以下管道除外：①阀门、管道附件的旁路管道，例如调节阀、疏水器、管道过滤器、大阀门的开启等的旁路；②管道上直接排入大气短管以及就地排放的短管，阀后直接排大气无出气管道的安全阀前入口管道等；③设备管口与设备管口直连，中间无短管者，如重叠直连的换热器接管。其垫片、螺栓帽在管道一览表中予以统计；④仪表管道；⑤在成套设备或机组中提供的管道及管件等；⑥直接连接在设备管口的阀门或盲板（法兰盖）；这些阀门、盲板垫片等仍要在管道一览表中予以统计。

图11-8所示的管道标注包括流体代号、管道号、管径和管道等级代号4个部分，各个部分之间用一短横线隔开。对于有隔热隔声要求的管道，还要在管道等级代号之后注明隔热隔声的代号（表11-4），流体代号见表11-5所示。

管道号由设备位号及其后续的管道顺序号组成。其中管道顺序号是与某一设备连接的管道编号，可用一位数（1～9）表示，采用此种表示方法，如果超出9根管道时，可按该管道另一方所连接的设备上管道来标注。如果需要也可采用两位数字（01～99）表示。公

用系统的管道号由三位数组成，前一位表示总管（主管）或区域（楼层），后两位表示支管，如有需要也可用四位数字表示。

管径一般为公称直径。公制管以毫米为单位，只注数字，不注单位；英制管以英寸为单位，数字和英寸符号要标注，如3″。

管道等级代号由管道材料代号、管道压力等级代号和序号3部分组成，如图11－9所示。管道材料代号和压力等级代号分别见表11－6和表11－7所示，序号是随同一材料的同一压力等级按序编排，用英文字母A、B、C等编排，当大写字母不够用时，可改用小写字母a、b、c等编排。

3）绘出全部检测仪表、调节控制系统及分析取样系统 在管道及仪表流程图中要把检测仪表、调节控制系统、分析取样点和取样阀等全部绘出并作相应标注。检测仪表用以测量、显示和记录过程进行中的温度、压力、流量、液位、浓度等各种参量的数值及其变化情况。

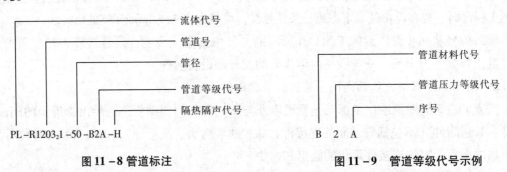

图11－8 管道标注　　　　　　　　　　　　　图11－9　管道等级代号示例

各种检测仪表具有不同的检测功能和需要不同的安装位置，例如玻璃水银温度计的检测元件水银泡只能安装在被检测部位，且只能就地读数。如果换成热电偶检测元件（热电偶传感器），则检测出的电信号可以通过传递、放大等变换过程使其在控制室以温度数值显示出来。因此在流程图中不仅要表示仪表检测的参数而且要表示检测仪表（或传感器）的安装位置，还要表示出显示仪表（或称二次仪表）的安装位置（就地还是集中在控制室或仪表盘上）以及该项检测所具有的功能（如是显示、记录或调节等）。

仪表控制点的图形符号是一细实线圆圈，如图11－10所示。在图中一般用细实线将检测点和圆圈连接起来。在圆圈中分上下两部分注写，上部分第一个字母为参数代号，后续为功能代号（表11－8所示），下部分写数字，第一个数字代表主项号，后续的为仪表序号，仪表序号是按工段或工序编制的，可用两位数（01～99）表示。

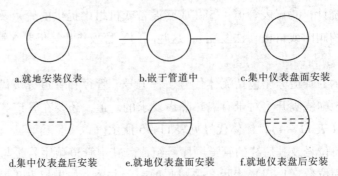

图11－10　仪表的常见图例和安装位置

图 11 –11 表示反应罐内温度检测及控制系统。图中表示系统用气动薄膜调节阀，被测变量参数为罐内的温度，功能 RC 为调节记录，主项号是 2，仪表序号为 03，温度检测仪表要引到控制室仪表盘上集中安装。通过对反应罐内温度的设定，检测仪表检测到罐内温度变化的情况，将温度的变化转换成电信号传输到控制室仪表盘显示并记录，经信号处理后由温度检测仪表的执行机构通过改变气动薄膜阀的开度，调节管路内冷却水的流量，使反应罐内温度保持在工艺要求的范围内。

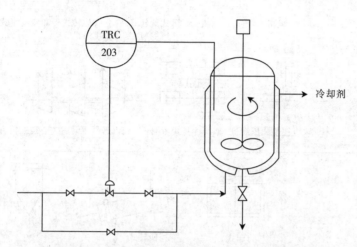

图 11 –11　反应罐内温度用温度检测仪表及调节阀控制

图 11 –12 表示执行机构的符号；表 11 –9 列出常用调节阀的表示符号。

图 11 –12　执行机构符号

要特别注意按主项绘制的带控制点工艺流程图中，要很好地表示物料的来龙去脉和工艺管道的接续标志，其表示见图 11 –13。

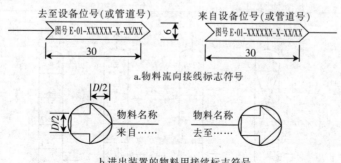

图 11 –13　物料进出带控制点工艺流程图的接续标志符号

表 11 - 2 管道及仪表流程图上的设备、机器图例

设备类别	代号	图 例
压缩机和空压机	C	风机　离心压缩机　卧式旋转式压缩机　立式旋转式压缩机　单级往复式压缩机 双级往复式压缩机　四级往复式压缩机　蒸汽透平驱动式离心压缩机
干燥设备	D	厢式　回转式　喷雾式 沸腾式　耙式
反应器	R	固定床反应器　列管式反应器　流化床反应器　釜式反应器
塔	T	填料塔　筛板塔　浮阀塔　泡罩塔　喷洒塔

设备类别	代号	图 例
换热设备	E	固定管板式　U形管式　浮头式　釜式 套管式　喷淋式冷却器　螺旋板式　板式 蛇管式　刮板式(薄膜)蒸发器　套筒式　列管式(薄膜)蒸发器　翅片式 抽风式空冷器　送风式空冷器　带风扇的翅片管式热交换器
工业炉	F	箱式炉 (图例仅供参考,炉子类型改变时,应按具体炉型画出)
火炬和 烟囱	S	烟囱　火炬
计量设备	W	带式定量给料秤　地上衡

247

续表

设备类别	代号	图　例
起重运输设备	L	手拉葫芦(带小车)　单梁起重机(手动)　电动葫芦　单梁起重机(电动)　旋转式起重机 悬臂式起重机　吊钩桥式起重机 气流输送机　手推车　卡车　槽车　叉车 带式输送机　刮板输送机　斗式提升机
特殊设备	M	压滤机　转鼓式(转盘式)过滤机　上出料离心机　填料除沫分离器　丝网除沫分离器　旋风分离器 下出料离心机　卧式刮刀离心机　干式电除尘器　湿式电除尘器　带滤筒的过滤器　固定床过滤器 揉合器(捏合机)　混合器　静态混合器　螺杆压力机　挤压机　筛分器
容器	V	(a)　(b)　(a)　(b)　(c)　球罐　池、槽、坑(地下/半地下)　敞口容器 卧式槽　　立式槽 平顶罐　锥顶罐　浮顶罐　湿式气柜　干式气柜　圆桶　气体钢瓶　袋
其他设备	X	蒸馏水器　消毒柜

248

续表

设备类别	代号	图　　例
泵	P	离心泵　液下泵　旋转泵齿轮泵　水环式真空泵纳氏泵　W 型真空泵　螺杆泵　活塞泵　柱塞泵　隔膜泵　蒸汽透平驱动的离心泵　旋片式真空泵　喷射泵　旋涡泵　管道泵　滚珠泵
隔热		
设备内构件		推进式　涡轮式　桨式　锚式　框式　后掠式　螺带式　防涡流器　挡板　降液管　受液管　升气管　喷射管　分配器喷淋器　插入管式防涡流器　防冲板
设备内构件		填料　丝网　加热或冷却部件　筛网,滤网筛板,膜　Ⓜ 电动机　Ⓢ 汽轮机　Ⓔ 内燃机燃气机　Ⓖ 发电机　离心式膨胀机　活塞式膨胀机

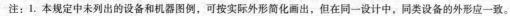

注：1. 本规定中未列出的设备和机器图例，可按实际外形简化画出，但在同一设计中，同类设备的外形应一致。

　　2. 凡带有法兰的塔，如反应器、容器、换热器用一横线表示法兰，见表 11 - 3 图例。

表 11-3 工艺流程图中常见管道、管件、阀门的图例

序号	名称	图 例	序号	名称	图 例
1	主要物料管道		26	管端平板封头	
2	辅助物料管道		27	活接头	
3	固体物料管线或不可见主要物料管道		28	敞口排水器	
4	仪表管道		29	视镜	
5	软管		30	消声器	
6	翅片管		31	膨胀节	
7	喷淋管		32	疏水器	
8	多孔管		33	阻火器	
9	套管		34	爆破片	
10	热保温管道		35	锥形过滤器	
11	冷保温管道		36	Y 形过滤器	
12	蒸汽伴热管		37	截止阀	
13	电伴热管		38	止回阀	
14	同心异径管		39	闸阀	
15	偏心异径管		40	球阀	
16	毕托管		41	蝶阀	
17	文氏管		42	针形阀	
18	混合管		43	节流阀	
19	放空管		44	隔膜阀	
20	取样口		45	浮球阀	
21	水表		46	减压阀	
22	转子流量计		47	三通球阀	
23	盲板		48	四通球阀	
24	盲通两用盲板		49	弹簧式安全阀	
25	管道法兰		50	重锤式安全阀	

表 11-4 管道的隔热和隔声代号

代号	功能类型	备注	代号	功能类型	备注
H	保温	采用保温材料	S	蒸汽伴热	采用蒸汽伴热管和保温材料
C	保冷	采用保冷材料	W	热水伴热	采用热水伴热管和保温材料
P	防烫	采用保温材料	O	热油伴热	采用热油伴热管和保温材料
D	防结露	采用保冷材料	J	夹套伴热	采用夹套管和保温材料
E	电伴热	采用电热带和保温材料	N	隔声	采用隔声材料

表 11 - 5　流体代号

流体代号	流体名称	流体代号	流体名称
1. 工艺流体		IA	仪表空气
P	工艺流体	IG	惰性气体
PA	工艺空气	（4）油	
PG	工艺气体	D$\overline{O}$	污油
PGL	气液两相流工艺流体	F$\overline{O}$	燃料油
PGS	气固两相流工艺流体	G$\overline{O}$	填料油
PL	工艺液体	L$\overline{O}$	润滑油
PLS	液固两相流工艺流体	H$\overline{O}$	加热油
PS	工艺固体	R$\overline{O}$	原油
PW	工艺水	S$\overline{O}$	密封油
2. 辅助、公用工程流体代号		（5）其他	
（1）蒸汽、冷凝水		DR	排液、导淋
HS	高压蒸汽	FV	火炬排放气
HUS	高压过热蒸汽	H	氢
LS	低压蒸汽	N	氮
LUS	低压过热蒸汽	O	氧
MS	中压蒸汽	SL	淤浆
MUS	中压过热蒸汽	VE	真空排放气
SC	蒸汽冷凝水	VT	放空
TS	伴热蒸汽	（6）其他传热介质	
（2）水		AG	气氨
BW	锅炉给水	AL	液氨
CSW	化学污水	BR	冷冻盐水（回）
CWR	冷却水（回）	BS	冷冻盐水（供）
CWS	冷却水（供）	ERG	气体乙烯或乙烷
DNW	脱盐水	ERL	液体乙烯或乙烷
DW	饮用水、生活用水	FRG	氟利昂气体
FW	消防水	FRL	氟利昂液体
HWR	热水（回）	FSL	熔盐
HWS	热水（供）	HM	载热体
RW	原水、新鲜水	PRG	气体丙烯或丙烷
SW	软水	PRL	液体丙烯或丙烷
TW	自来水	（7）燃料	
WW	生活废水	FG	燃料气
（3）空气		FL	液体燃料
AR	空气	FS	固体燃料
CA	压缩空气	NG	天然气

注：1. 在工程设计中遇到本表以外的流体时，可补充代号，但不得与本表所列代号相同，增补的代号一般用 2~3 个大写英文字母表示。

2. 流体字母中如遇英文字母"O"应写成"$\overline{O}$"。

3. 对于某一公用工程同时有两个或两个以上水平技术要求时，可在流体代号后加注参数下标以示区别。温度参数 2℃，只注数字，不注单位，温度为零下的，数字前要加负号，如 BS_{-10} 表示 -10℃的冷冻盐水。压力参数 0.6MPa，只注数字，不注单位，如 $IA_{0.6}$ 表示 0.6MPa 的仪表空气。蒸汽代号除用 HS、MS、LS 分别表示高、中、低不同压力的蒸汽外，也可以用下标表示，如 $S_{0.6}$ 表示 0.6MPa 的蒸汽。

表 11-6 管道材料的代号

代号	管道材料	代号	管道材料	代号	管道材料
A	铸铁及硅铸铁	D	合金钢	G	非金属
B	碳素钢	E	不锈耐酸钢	H	衬里管
C	普通低合金钢	F	有色金属	I	喷涂管

表 11-7 管道的压力等级代号

压力等级（MPa）	0.25	0.6	1.0	1.6	2.5	4.0	6.3	10.0	16.0	22.0	32.0
压力代号	0	1	2	3	4	6	7	8	9	10

注：部分管道压力等级与本表有差异时，用接近的压力代号。

表 11-8 常见被测变量和功能的代号

字母	第一字母 被测变量	修饰词	后续字母 功能	字母	第一字母 被测变量	修饰词	后续字母 功能
A	分析		报警	N	供选用		供选用
B	喷嘴火焰		供选用	O	供选用		节流孔
C	电导率		控制或调节	P	压力或真空		连接点或测试点
D	密度或比重	差		Q	数量或件数	累计、积算	累计、积算
E	电压		检出元件	R	放射性		记录或打印
F	流量	比（分数）		S	速度或频率	安全	开关或连锁
G	尺度		玻璃	T	温度		传达或变送
H	手动			U	多变量		多功能
I	电流		指示	V	黏度		阀、挡板
J	功率		扫描	W	重量或力		套管
K	时间或时间程序		自动或手动操作器	X	未分类		未分类
L	物位或液体		信号	Y	供选用		计算器
M	水分或湿度			Z	位置		驱动、执行

表 11-9 常用调节阀

序号	名称	符号	序号	名称	符号
1	气动薄膜调节阀（气闭式）		7	气动蝶形调节阀	
2	气动薄膜调节阀（气开式）		8	电动蝶形调节阀	
3	气动活塞式调节阀		9	气动薄膜调节阀（带手枪）	
4	液动活塞式调节阀		10	电磁调节阀	

序号	名称	符号	序号	名称	符号
5	气动三通调节阀		11	带阀门调节器的气动薄膜调节阀	
6	气动角形调节阀		12	带阀门定位器的气动薄膜调节阀	

第四节　工艺流程设计的技术处理

在考虑工艺流程设计的技术问题时，应以工业化实施的可行性、可靠性和先进性为基点，使流程满足生产、经济和安全等诸多方面的要求，实现优质、高产、低消耗、低成本、安全等综合目标。

一、确定生产线数目

根据生产规模、产品品种、换产次数、设备能力等决定采用一条还是几条生产线进行生产。

二、确定操作方式

根据物料性质、反应特点、生产规模、工业化条件是否成熟等决定采用连续或间歇或联合的操作方式。

（一）连续操作

按一般规律，采用连续操作方式比较经济合理，这是由于连续操作具有下列优点。

（1）由于工艺参数在设备任何一点不随时间变化，因而产品质量稳定。

（2）由于操作稳定，易于自动控制，使操作易于机械化和自动化，从而降低了手工劳动，提高了生产能力。

（3）设备生产能力大，因而设备小，费用省，从而减低了基本建设投资、固定资产以及维修费用。

对于产量大的产品，只要技术上可行，应尽可能地采用连续化生产，例如：苯的硝化、安乃近生产中的苯胺的重氮化、氯霉素生产中的对硝基乙苯的氧化等。

（二）间歇操作

与连续操作过程相反，间歇过程不是连续输出产品而是分批输出，即过程中如温度、质量、热量、浓度及其他性质是随时间变化。间歇操作过程具有以下特点。

（1）对小批量生产而言更经济，适于从实验室直接放大。

（2）可灵活调整产品生产方案、生产速率。

（3）适于在同一工厂中使用标准的多用途设备生产不同的产品。

（4）最适于设备需要定期清洗和消毒的要求。

（5）保证产品的同一性，每批产品可按原料和操作条件加以区分。

由于医药产品品种更新快，有些产品是高价值低产量，有些是随市场需求产量波动很大（如用于防治瘟疫的药），有些产品的生产工艺复杂、反应时间长、转化率低、后处理复杂，要实现连续化生产在技术条件上还达不到要求，因而在制药工业生产中，间歇操作是最常用的一种操作方式。

（三）联合操作

联合操作是连续操作和间歇操作的联合。此法比较灵活，在制药工业生产中，很多产品全流程是间歇的，而个别步骤是连续的。在连续和间歇过程之间采用中间贮槽缓冲和衔接。实际上大部分间歇过程有一系列的间歇过程和半连续过程组成。半连续过程是伴有经常性的开车与关闭的连续过程。

如图 11-14 所示，原料从贮罐用泵输出后，经换热器预热这两步是半连续过程，反应器内物料加热、反应和冷却是间歇过程，反应完成后产物由泵送出，经换热器冷却后进入贮罐则是半连续操作过程。

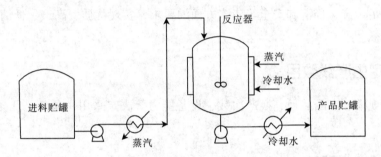

图 11-14　简单间歇过程

三、提高设备利用率

设备的有效利用是间歇操作过程设计的目标之一。间歇生产过程中，时间最长的操作步骤控制着生产周期，不是控制步骤的生产设备则在每一个生产周期中都有一定的闲置时间。

例 11-1　由丁二烯和二氧化硫生产丁二烯砜，要经过反应、蒸发、汽提 3 个步骤，且蒸发和汽提的一部分物料回到反应器循环利用。各加工步骤操作时间如表11-10。

表 11-10　各加工步骤操作时间

加工步骤	操作时间（h）
反应	2.10
蒸发	0.45
汽提	0.65
装料	0.25
卸料	0.25

注：每步的装料、卸料时间之和为 0.5 小时。

[方案一] 图 11-15 所示为间歇过程循环的 Gantt 图（时间-事件图），图中所示步骤之间的重叠很小，批循环时间为 4.2 小时。显然，Gantt 图表明各单项设备利用率很低，即只在整个时间周期内的一小部分时间内运行。

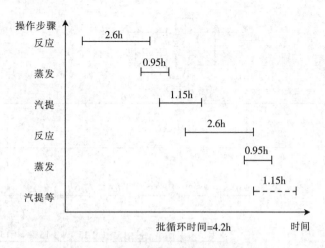

图 11 − 15　间歇过程循环的 Gantt 图

[**方案二**] 图 11 − 16 所示为间歇步骤重叠循环的 Gantt 图，批循环时间为 2.6 小时，为多批生产不同步骤同时进行，设备利用率显著提高。由于反应器进料与分离不能同时进行，因而不可能将物料直接从分离器循环回反应器，所以需要设置贮槽用以贮存循环物料，这些物料包括下一步生产的部分物料。该方案中反应器限制了批循环时间，即反应器没有"死"时间（不进行生产的时间），但蒸发器和汽提器都有大量"死"时间。

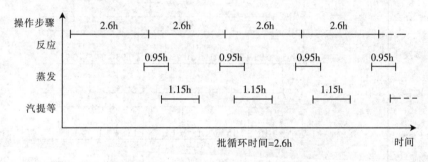

图 11 − 16　间歇步骤重叠循环的 Gantt 图

[**方案三**] 如图 11 − 17 所示为两台反应器平行操作时的 Gantt 图。采用这样的平行操作，化学反应能够覆盖，从而允许蒸发和汽提操作频繁地进行，因此提高了设备利用率。批循环时间为 1.3 小时，这也意味着在相同时间内能够加工更多批的物料。由此可见，如果使用两台具有原产量的反应器，那么生产过程的产量就增加了。但要增加一台反应器，这就意味着生产过程的产量增加是以投资费用增加为代价的。

如果不需要附加的产量，那么反应器、蒸发器和汽提塔的尺寸就可以减小。

[**方案四**] 如图 11 − 18 所示为在反应器和蒸发器之间以及蒸发器和汽提塔之间有中间贮槽的操作过程的 Gantt 图。这样蒸发器操作步骤不受反应步骤完成以后才能开始的限制，同样汽提操作步骤也不再受蒸发操作步骤完成以后才能开始的限制。这些独立的操作步骤被中间贮槽解耦，批循环时间虽然为 2.6 小时，但消除了蒸发器和汽提塔的"死"时间，所以能够完成更多的蒸发和汽提操作，从而可以降低蒸发器和汽提塔的尺寸。这时需要比较的是中间贮槽的投资费用和减小蒸发器和汽提塔尺寸的投资费，由图 11 − 18 可见，反应器和蒸发器之间的中间贮槽对设备利用率有很大的影响，但在蒸发器和汽提塔之间的中间贮槽则对设备的利用率的影响不太显著，并且在经济上也很难判断。

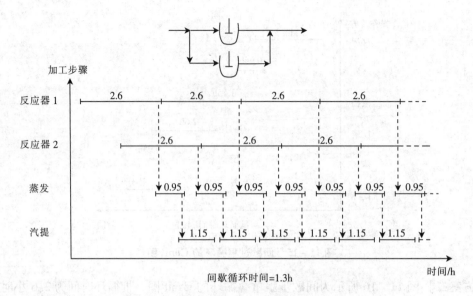

图 11 – 17　两台反应器平行操作时 Gantt 图

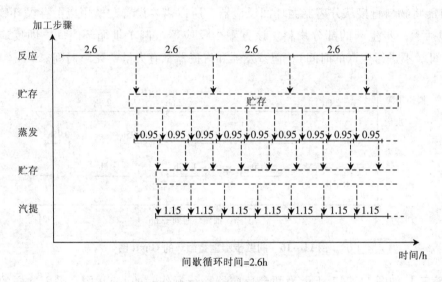

图 11 – 18　具有中间贮槽时 Gantt 图

总之，提高设备利用率可以使用下列方法。

（1）将一个以上的操作合并在一台设备中（如在同一个容器中进行原料预热和反应），但是这些操作不能限制循环时间。

（2）覆盖操作，即在任何给定时间，工厂在不同的加工阶段有一批以上的物料。

（3）在限定批循环时间的加工步骤使用平行操作。

（4）在限定批循环时间的加工步骤使用串联操作。

（5）在限定批循环时间的加工步骤增加设备尺寸，以降低具有非限制批循环时间的操作步骤的"死"时间。

（6）在具有非限定批循环时间的操作步骤降低设备尺寸，以增加设备的加工时间，从而降低这些操作步骤的"死"时间。

（7）在间歇操作步骤之间加入中间贮槽。

采用哪些方法，只有以经济权衡为指标进行判断。

四、考虑全流程的弹性

有些原料有季节性，有些产品市场需求有波动，因此要通过调查和生产实践来确定生产流程的弹性。

五、以化学反应为中心完善生产过程

一般将化学原料药的工艺流程分为 5 个部分，即原料预处理、反应、产物的后分离、产品的精烘包和"三废"的处理过程。围绕着这些部分有物料的输送和能量的交换。在这些部分中原料转化成产品是通过反应，由反应决定原料的输入以及产物的输出方式和采用的设备；由反应所需物料的工艺指标要求决定原料的预处理过程；由反应产物的组成和工艺指标要求决定分离、提纯和回收的方式和设备。可见，在流程设计中反应是核心，因而要以反应为中心进行工艺流程设计。

（一）采用新技术、新设备

近年来，制药工艺设计越来越多地用到绿色制药工艺设计的概念，如化学合成药车间应用新型"三合一"多功能洗涤、过滤、干燥机组用于原料药生产，该设备可实现固液分离、固体洗涤、固体干燥、固体卸料的全封闭、全过程的连续操作，同时又具备 CIP（在线清洗）与 SIP（在线灭菌）功能，减少物料的转料次数，减少粉尘和溶剂的外泄，因此它符合 GMP 的各项要求。该设备还适用于无菌级原料的生产。又如，离心机是常用的分离设备。三足式离心机应用最广泛，但工人劳动强度大，生产效率低，操作环境恶劣。目前逐渐发展了多种型式的适用于有毒、有害、易燃、易爆等介质液固分离的全封闭、全自动下卸料离心机。目前新型的水平轴离心机，就可直接安装在地板上，无需基础，能够采用穿墙式安装方式，可将设备操作区与服务区有效隔开，有 CIP 清洗系统，符合 GMP 要求。其他的绿色制药设备还包括真空干燥箱、气流干燥机、离心式无轴封泵、气动隔膜泵等。

（二）物料回收、循环套用

医药产品的原辅料成本一般要占总成本的 70%，通常反应有副产物生成，因而反应后物料中一般有产品、副产物和未反应的原料。未反应的原料一般价值较高，如轻易放掉会对环境造成污染，也增大了产品成本。为得到一定纯度要求产品必须进行分离，未反应物料一般经分离后通过泵或压缩机再回到反应器进料，成为循环流程，这样降低了原料消耗定额，同时也减小了"三废"处理量。但循环系统会设置循环压缩机或循环泵，增大设备投入和动力消耗，因而是否循环要综合考虑视具体情况而定。

图 11 - 19 所示为常用循环流程，循环物料通常是反应原料、溶剂、催化剂，如果生成副产物的副反应为可逆反应，可通过循环副产物来抑制副产物的生成。

如图 11 - 20 所示为没有分离的循环流程，没经过分离从反应系统出来的部分物料直接返回反应器，同时部分采出。当转化率很低而产品和原料分离很困难的情况下，常采用这种完全不分离的循环流程。

图 11 - 19　常用循环流程　　　　　　　　**图 11 - 20　没有分离的循环流程**

例 11 - 2　用混酸硝化氯苯，已知原始信息，混酸组成：HNO_3 47%，H_2SO_4 49%，H_2O 4%。氯苯与混酸中的 HNO_3 的摩尔分数比为 1:1.1。硝化温度：80℃；硝化时间为 3 小时；硝化废酸中含硝酸 <1.6%，含混合硝基氯苯为获得混合硝基氯苯量的 1%。

[方案一]　硝化分层方案

如图 11 -21 所示，一定浓度的硫酸、硝酸和水混合配制成符合工艺要求的混酸，随后与原料氯苯进行硝化反应，反应混合物有产物硝基氯苯、水、原料硫酸以及剩余的硝酸和氯苯，根据物质的互溶性及相对密度得知，此反应混合物分成硝基物层和废酸层。在硝基物层中主要是硝基氯苯和氯苯，还含有少量的硫酸、硝酸和水；在废酸层中则主要是硫酸、硝酸和水，还含有少量的硝基氯苯和氯苯。废酸层直接出售，硝基物层送去精制。该方案硫酸的单耗很大，由于废酸层含有硝基氯苯和氯苯，废酸的利用受到了限制。

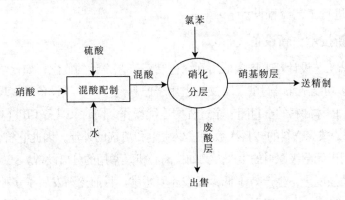

图 11 -21　硝化分层方案

[方案二]　硝化、分层、萃取方案

如图 11 -22 所示，废酸层没直接出售，而是将它和原料氯苯混合进行硝化萃取分层。原料氯苯与废酸层中残余的硝酸进行硝化反应，使废酸层中残余硝酸得到进一步利用，同时由于原料氯苯的加入，废酸层中原含有的少量硝基氯苯和生成的硝基氯苯可被氯苯萃取进入酸性苯层，主要含有氯苯和硝基氯苯的酸性氯苯层进入硝化分层操作，进一步进行硝化反应。经过硝化、萃取、分层之后的萃取废酸层主要含有硫酸和水。该方案与方案一相比，硝酸、氯苯单耗减小，产物硝基氯苯的收率提高，但硫酸的单耗仍然很大，废酸中依然含有极少量的氯苯和硝基氯苯，因而废酸的综合利用仍然受到限制，同时还需多设置一台设备。

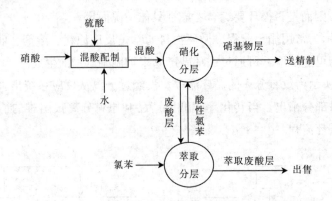

图 11 -22　硝化、分层、萃取方案

[**方案三**] 硝化、分层、萃取、浓缩方案

如图 11－23，将萃取废酸层进行浓缩除去大部分水，由于氯苯与水可形成共沸物，浓缩时氯苯会随水一起蒸出，经冷却可回收其中的氯苯，浓缩后的废酸进入混酸配制工序循环使用。与方案二比，该方案中浓缩后废酸的循环套用，使硫酸的单耗大大降低，氯苯的损耗进一步降低，但需增加浓缩装置以及浓缩所需的能耗。哪种方案最佳，还得综合分析才能选定。

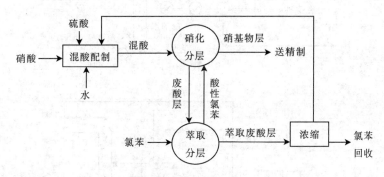

图 11－23 硝化、分层、萃取、浓缩方案

（三）提高能量利用率，降低能耗

能耗是生产成本中一个重要因素，因而在流程设计时要提高能量利用率，降低能量单耗。

（1）合理安排设备间的相对高度，并采用物料自流，节约输送物料的能耗。设备通常采用三层布置：计量槽在上，反应器居中，过滤、离心机在下。这样物料有计量器利用重力自流到反应器中，反应后的物料再由反应器放到过滤、离心机中，这种设计可减少输送设备，还可节省输送物料的能耗。由于流体是由底层的贮槽通过动力系统送到计量器的，因而在满足工艺要求的前提下，竖向标高应尽量缩小，既可减小能耗，又可降低厂房高度。

（2）充分利用余热、余能。研究换热流程及换热方案，改进传热方式，提高设备的传热效率，选用保温性良好的材料，减少热量损失。进行热量回收，对系统进行热集成，在需要冷却的流股和需要加热的流股之间进行热交换。

图 11－24 所示流程在反应器和分离系统之间不存在热集成，此流程的热利用率低。针对该图设计了如图 11－25 所示的两个带有热集成的流程。

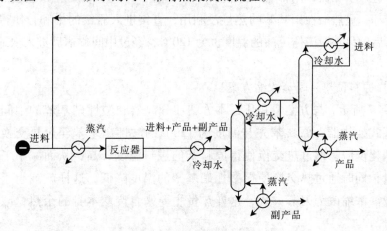

图 11－24 不存在热集成的系统

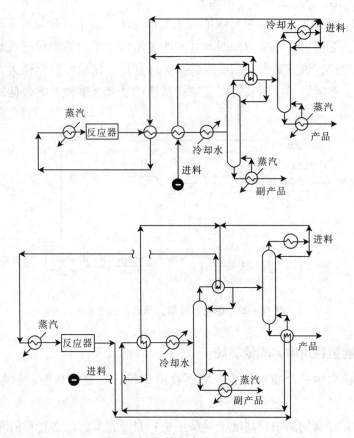

图 11-25　热集成的两种方式

例 11-3　在加压连续釜式反应器中，用含硫酸、硝酸和水的混酸硝化苯制备硝基苯。已知苯与混酸中 HNO_3 的摩尔分数比为 1:1.1；反应压力为 0.46MPa，反应温度为 130℃；反应后的硝化液进入连续分离器，分离出的酸性硝基苯和废酸的温度约为 120℃；酸性硝基苯经冷却、碱洗、水洗等处理工序后送精制工段。

[**方案一**]　间接水冷-常压浓缩方案

如图 11-26 所示，分离为连续操作，而中和及浓缩为间歇操作，因而中间都设置了中间贮槽，分离后的酸性硝基苯的温度为 120℃，酸性硝基苯进入中间贮槽自然冷却，达到一定量和温度时进入中和器，用稀碱水水洗、中和，由于酸碱中和反应为强放热反应，因而要用冷却水冷却，显然酸性硝基苯的热量没利用，直接进入后续的中和，使得冷却水的用量加大。分离后的另一股流体废酸的温度也为 120℃，经过中间贮槽后进入浓缩罐，进行常压浓缩去水，需供给水蒸气。

[**方案二**]　原料预热-闪蒸浓缩方案

如图 11-27 所示，与方案一相比，本方案在分离器和酸性硝基苯的中间贮槽之间设置了一台列管式换热器，原料苯先与温度为 120℃ 的酸性硝基苯经过热交换以后再进入硝化釜进行硝化反应，通过热交换使得原料苯的进料温度升高，从而减小了硝化釜所需水蒸气的用量，同时通过热交换使得酸性硝基苯的温度降低，这样就减小了中和时所需的冷却水用量。浓缩改为闪蒸方式，这样热量主要来自废酸本身的余热，减少了浓缩时水蒸气的用量。

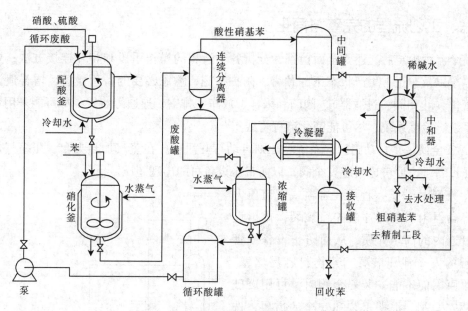

图 11-26　间接水冷-常压浓缩方案

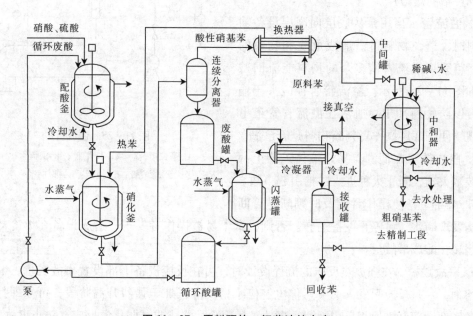

图 11-27　原料预热-闪蒸浓缩方案

　　方案二充分利用酸性硝基苯和废酸的余热,对系统进行热集成,在需要冷却的流股和需要加热的流股之间进行热交换,使能耗降低,但多了一台换热器,需综合考虑才能选定方案。

　　(3)利用余压。带压操作结束后,在放料时仍有一定压力,可充分利用这部分余压输送物料,以降低能耗。

六、合理设计各个单元操作

　　对每个单元的流程方案、设备类型以及设备的安装顺序等,都要正确选择、合理设计,而且要从全系统最优出发。

七、工艺流程的完善与简化

整个流程确定后，还要全面检查、分析各个过程的操作手段和相互连接方法；要考虑到开停车以及非正常生产状态下的预警、防护措施，增添必要的备用设备，增补遗漏的管线、管件（止回阀、过滤器）、阀门和采样、放净、排空、连通等装置；尽可能采用单一的供汽系统、冷冻系统；尽可能简化流程管线。

1. 安全阀 是自动阀门，系统超压则自动打开泄压。在蒸汽加热夹套、压缩气体贮罐等有压设备上，要考虑安装安全阀，以防带压设备可能出现超压。

2. 爆破片 是一种可在容器或管道压力突然升高但未引起爆炸前先行破裂，排出设备或管道内的高压介质，从而防止设备或管道破裂的安全泄压装置。若物料容易堵塞、腐蚀等原因而不能安装安全阀时，可用爆破片代替安全阀，根据工艺和安全的需要，选择不同规格的爆破片。

3. 溢流管 当用泵从底层向高层设备输送物料时，避免物料过满造成危险和物料的损失，可采用溢流管使多余的物料能流回贮槽，如图 11 – 28 所示。溢流管管径应大于输液管，以防物料冲出。通常在溢流管管道上安置视镜便于底层操作者判断物料是否已满。

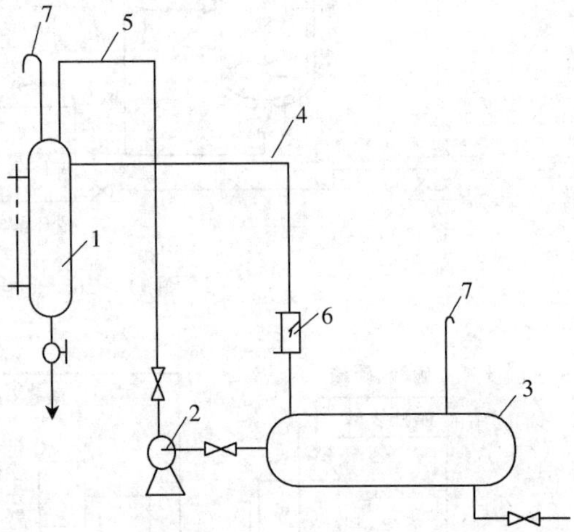

4. 阻火器 在低沸点易燃液体贮槽上部须安装阻火器，阻止火种进入贮槽引起事故。

5. 水斗 是使操作者能及时判断是否断水，当发现断水，可停止设备运转。否则，常不易被操作者发现，造成设备在无冷却的情况下运转，酿成事故。

图 11 – 28 溢流管
1. 高位槽；2. 泵；3. 贮槽；4. 溢流管；
5. 输液管；6. 视镜；7. 排气管

6. 事故贮槽 在强放热反应的流程设计时，可在反应设备下部设置事故贮槽，贮槽内存冷溶剂，一旦反应引发，又突然停电、停水，反应正处于强烈升温阶段，可立即打开反应设备底部阀门，迅速将反应液泄入事故贮槽骤冷，终止或减弱化学反应，防止事故发生。

7. 泄水装置 放置于室外设备必须在设备最底部安装泄水装置，在设备停车时，可经泄水装置排空设备中的液体，防止气温下降，液体冻结，体积膨胀而损坏设备。

安全装置还应有不锈钢过滤呼吸阀、可燃气体探测器、报警装置、安全水封、接地装置、防雷装置、防爆墙、防火墙等。

八、特定过程与单元设备的特定管路系统的流程

由若干单元设备组成的特定过程以及单元设备的特定管路系统具有一定的共性和要求。图 11 – 29 所示是夹套设备综合管路布置，这是制药生产中常用到的多功能加热、冷却装置。

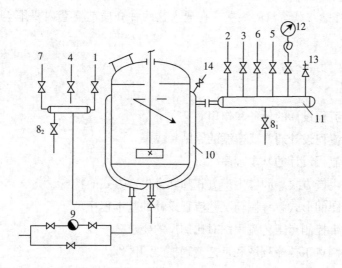

图 11 - 29　夹套设备综合管路布置方案

1、2. 水管；3. 蒸汽；4. 盐水进；5. 盐水回；6. 压缩空气；7. 压回盐水管；8_1、8_2. 下水；

9. 疏水器；10. 夹套；11. 分配管；12. 压力表；13. 安全阀；14. 排空气阀

1. 热水加热　让管路 3、2 的阀门和管 8_2 的阀门打开，其余的阀门关闭，就可实行热水加热物料。蒸汽由管路 3 进，水由管路 2 进，两者在分配管 11 内直接混合成热水进入夹套，通过管 8_2 排放下水。热水加热的特点是放热量小，热水与被加热的物料之间的温差小，加热缓慢，温度变化速度慢，适于制药生产中要求加热比较温和的情况。

2. 蒸汽加热　管路 3、9 及其旁路、12、13、14 构成蒸汽夹套加热系统管路。蒸汽经管 3 进入夹套，冷凝水经管 9 排出。用水蒸气作载热介质时，其载送的热量主要部分是相变热，为了有效地利用蒸汽热量，必须及时地将冷凝水排放，但不能将未冷凝的蒸汽排放，因此须安装汽水分离器（又称疏水器）。疏水器安装位置要低于设备 0.5m 以下，便于冷凝水排放，正常生产时疏水器的前后阀门都打开，旁路上的阀门关闭，旁通管主要用于加热设备开始运行时排放大量的冷凝水，在运行和检修疏水器时，使用旁通管是不合适的。14 为夹套的排空气阀，用于启动时排除夹套内的空气和不凝性气体。压力表 12 用于指示蒸汽的压力。

3. 冷却水冷却　让管路 1 的阀门和阀门 8_1 打开，其余阀门全关闭，就可实行冷水冷却。冷水由管 1 进夹套，从管 8_1 排出。

4. 冷冻盐水冷却　管路 4、5、6 和 7 是实行冷冻盐水冷冻操作的管路。冷冻盐水由管 4 进入夹套，经管 5 排出，由于盐水成本较高，所以使用完后必须送回盐水池，而且在冷却操作完后，关闭管路 4、5 的阀门，打开管路 6、7 的阀门，用压缩空气将夹套中残余的盐水压回盐水池中。

在一台设备内同一批料先后进行几种单元反应或单元操作，根据工艺要求，前后操作温差有时会较大，为了避免冷冻盐水、蒸汽的浪费以及设备的损坏，通常应该缓慢地降低或上升温度，因而不能由冷冻盐水冷却直接改换成蒸汽加热，反之也不行。例如先要求在 $-10℃$ 下进行反应，反应完后，要求在 $120℃$ 下进行蒸馏，如用冷冻盐水冷冻到 $-10℃$，随后直接用蒸汽加热到 $120℃$，则蒸汽耗量会加大，同时对于搪玻璃罐，温差过大搪玻璃易裂。解决办法是用压缩空气将盐水压回盐水池后，然后改用常水升温，排水，最后用蒸汽加热。如果使用完盐水后间隔时间较长，则可以直接用蒸汽升温。

为了避免冷冻盐水、蒸汽的浪费，在通入这两种介质前夹套内要排空，不能有别的残留物，如冷凝水。

❓ 思考题

1. 简述工艺流程设计的任务和作用。

2. 简述工艺流程设计通常要遵循的原则和成果。

3. 简述工艺流程设计的基本程序。

4. 简述连续生产方式、间歇生产方式和联合生产方式的特点。

5. 请以方框图的形式解释制药工艺流程设计的基本程序。

6. 简述绘制带控制点工艺流程图对比例尺的要求。

7. 简述带控制点工艺流程图和工艺流程框图的区别。

8. 简述施工阶段带控制点流程图和初步设计阶段带控制点工艺流程图的区别和联系。

9. 简述设备的标注应注意的内容，设备位号中各个字母、数字的意义。

10. 设备位号是 PID 图中重要的标注之一，根据编号原则，解释 R12032 所表达的意思。

11. 某减压精馏塔，拟通过改变不凝性气体抽吸量的方法来控制塔内的真空度，试确定维持塔内真空度的控制流程。

12. 在药品精制中，粗品常先用溶剂溶解，然后加入活性炭脱色，最后再滤除活性炭等固体杂质。假设溶剂为低沸点易挥发溶剂，试确定适宜的过滤流程。

13. 试设计工业生产过程中的间歇法配制混酸过程的工艺流程。

14. 2 - 氨基 - 5 - 氯二苯酮是合成镇静催眠药氯氮草的重要中间体，其工艺过程如下，请根据工艺流程框图的定义绘制 2 - 氨基 - 5 - 氯二苯酮的工艺流程框图，并进行工艺流程设计。

先由对硝基氯苯与氰苄环合而得到异噁唑，再经过开环、还原而得，其反应方程式如下：

具体的工艺过程如下：

（1）环合　将氢氧化钠加热溶于乙醇中，冷至 25～30℃，加入对硝基氯苯；于 30℃以下滴加苄氰。加毕 20～30℃ 保温 4 小时；冷至 20℃，加入冰水（乙醇量的 1/4）；再于35℃以下缓缓加入次氯酸钠溶液（10%），至反应液变为黄色止；待反应液转为紫色，再加次氯酸钠液至溶液又变为黄色；第三次变黄色后，检查氰根为阴性时，加入冰水（乙醇量的 3/4）；搅拌 5 分钟，过滤；滤饼水洗至中性；滤干后干燥，得异噁唑化合物。

（2）开环、还原　将 4/5 的乙醇加入搪玻璃反应罐内，搅拌，加入异噁唑化合物、铁粉；加热回流 30 分钟，于 15～30 分钟内加入盐酸 - 乙醇溶液（由盐酸和其余 1/5 乙醇配成）；继续回流 2 小时，稍冷，加液碱至 pH = 8，即生成 2 - 氨基 - 5 - 氯二苯甲酮。

第十二章　物料衡算

扫码"学一学"

扫码"看一看"

第一节　物料衡算的目的与意义

本节所述的物料衡算，是宏观意义上的物料衡算，即以某一设备、某一工段或某一车间为系统，运用质量守恒定律对该系统进行物料计算，算出进入和离开该系统所有物质的数量（质量、摩尔数、体积）和含量。对于车间物料衡算来说，除了算出进入和离开该车间所有物质的数量和含量以外，还应算出进入和离开该车间每一设备，所有物质的数量和含量。这就是物料衡算的目的。

对于已经投产的设备或车间进行物料衡算称之为操作型物料衡算，对于正在设计的设备或车间进行物料衡算称之为设计型物料衡算。由操作型物料衡算的结果，可以得到转化率、收率、原材料消耗定额等重要生产指标，以便判断日常生产是否正常，并为改进生产，完善管理提供优化方向；另一方面可以得到三废生成量数据，为三废治理提供可靠依据。设计型物料衡算的结果，除能提供原材料消耗定额和三废生成量等重要数据外，有时还是热量衡算、能量衡算、设备工艺设计的依据，由此确定所需设备的型式、台（套）数、主要工艺结构尺寸以及公用工程所需水、电、汽、气、冷冻、真空及压缩空气等需要量。

第二节　物料衡算模型与物料衡算步骤

在进行车间设备工艺设计时，首先进行物料衡算，这在那些简单场合，或者有成熟的相同生产工艺参考的情况下，有可能得到物料衡算结果。对于新的设计路线、涉及某些设备（例如多组分精馏塔）时，依靠单纯的物料衡算可能得不到结果，必须结合热量计算和设备工艺结构尺寸计算同时进行或穿插进行，这在进行车间物料衡算时必须注意。

物料衡算的基本准则是质量守恒定律。其总物质的物料衡算模型为：进入系统的所有物流的总质量等于离开系统的所有物流的总质量与系统内积累的物质量之和。某 i 物质的物料衡算模型为：进入系统的所有物流中的 i 物质量与系统内化学反应生成的 i 物质量之和等于离开系统的所有物流中的 i 物质量与系统内化学反应消耗的 i 物质量及系统内积累的 i 物质量之和。

模型中的系统视计算方便可任意指定，可以是一个或几个设备、一个工段或一个车间。

对于间歇操作设备、操作前及操作期间投入设备的物料可视为系统进料，操作期间及操作终了排出设备的物料（一般全部排完）可视为系统出料，则系统内积累的物质量为零。对于稳定的连续操作设备，系统内积累的物质量亦为零。显然，对于物理操作设备，化学反应量为零。对于车间物料衡算或复杂过程的物料衡算，其主要步骤如下。

（1）确定计算范围　根据生产工艺流程示意图画出物料衡算示意图，在图上注明物流方向、物流名称或编号、物料组成及含量等。

（2）收集并确定计算所需数据资料　物料计算所需数据资料包括各种物料的名称、组成及含量；各种物料之间的配比；各种物料的密度和体积；主要工艺操作条件，如温度、压力、操作时间等；各种物料相平衡关系，如萃取时液－液相平衡关系；对于化学反应过程，还包括主、副化学反应方程式、主要原料的转化率、产物的选择性、总收率及各步收率等。

（3）确定计算基准　运用物料衡算模型进行物料计算涉及所谓的计算基准问题。对于间歇操作设备，通常以每批原料投料量或每天原料投料量为计算基准；对于连续操作设备，通常以单位时间的原料投料量为计算基准，时间的单位可取秒、分钟、小时或天。由于一般药厂的制药车间可能既有间歇操作设备又有连续操作设备，因此，车间物料衡算通常采用每天的原料投料量为计算基准。由设计委托书上规定的年产量和年工作日，可以算出每天的产量，再根据总收率，可以算出每天的原料投料量。年工作日一般取 330 天，也可取 300 天或 270 天，具体视工艺流程、设备情况、市场供销等因素而定。

（4）列表进行自由度分析　自由度分析的目的是检查给出的数据条件与求解的变量数目是否相符，判断物料衡算问题是否有完全解。分析结果用表格表达。自由度和自由度分析将在后面详细讨论。

（5）列出物料衡算数学模型，进行求解计算。

（6）将计算结果列成表 12-1 所示的物料衡算表，必要时画出物料衡算图。

表 12-1　物料衡算表

序号	物料名称	成分 （%）	100%物料 重量（kg/d）	工业品物料 重量（kg/d）	密度 （kg/m³）	体积 （m³）	备注

第三节　物理过程的物料衡算

一、物理过程的物料衡算数学模型

先考察一个没有化学反应、没有物质积累的简单系统，如图 12-1 所示。

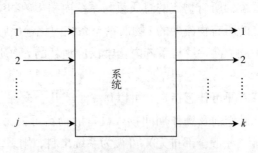

图 12-1　简单系统的物料衡算模型

设系统含有 I 种组分，进料有 j 股物流，出料有 k 股物流，第 j 股物流的质量流量为 F^j（kg/d），第 k 股物流的质量流量为 F^k（kg/d），组分 i 在第 j、第 k 股物流中的质量分率分别为 W_i^j、W_i^k。则可以写出总物质的物料衡算数学模型为

$$\sum_{j=1}^{J} F^j = \sum_{k=1}^{K} F^k \tag{12-1}$$

组分 i 的物料衡算数学模型为

$$\sum_{j=1}^{J} F^j W_i^j = \sum_{k=1}^{K} F^k W_i^k \quad i = 1, 2, \cdots\cdots, I \tag{12-2}$$

式（12-2）有 I 个方程，加上式（12-1）一个方程，总共有（$I+1$）个物料衡算方程。但是，在这（$I+1$）个方程中，只有 I 个方程是线性独立的，第（$I+1$）个方程可由另 I 个方程导出。例如，式（12-2），I 个方程相加，得到

$$\sum_{j=1}^{J} F^j \sum_{i=1}^{I} W_i^j = \sum_{k=1}^{K} F^k \sum_{i=1}^{I} W_i^k \tag{12-3}$$

由于任一股物流中的质量分率之和必定等于 1，即

$$\sum_{i=1}^{I} W_i^j = 1$$

$$\sum_{i=1}^{I} W_i^k = 1$$

所以，由式（12-3）可直接得到式（12-1）。因此，在一个含有 I 种组分的系统中，只能列出 I 个线性独立的物料衡算方程用于物料计算。即线性独立物料衡算方程数目等于该系统所含有的组分数目。至于如何从这（$I+1$）个方程中选择 I 个方程，完全视解题方便而定。

物料衡算中涉及的变量主要是物流变量，即流量变量和浓度变量两种。流量变量有质量流量 F（kg/d）或摩尔流量 N（mol/d），浓度变量有质量分率 W 或分子分数 X。式（12-1）、式（12-2）也可用摩尔流量 N 和摩尔分率 X 来表示。对于一股含有 i 种组分的物流来说，总共有（$i+1$）个变量，即一个质量流量变量和 i 个质量分率变量。由于质量分率的归一性，i 个质量分率变量中只有（$i-1$）个是独立的，第 i 个质量分率变量可由另（$i-1$）个，经归一性方程求出。因此，该股物流（$i+1$）个变量中只有 i 个是独立变量，即一个质量流量独立变量和（$i-1$）个质量分率独立变量。从数量上看，独立变量数目等于该股物流中所含有的组分数目。

图 12-1 所示的物料衡算系统的独立变量总数目等于所有进入和离开该系统的各股物流的独立变量数目之和。物料衡算就是利用线性独立物料衡算方程来求解这些独立变量。

二、自由度分析

在一个物料衡算系统中，系统的独立变量总数目总是大于系统中线性独立的物料衡算方程数目。根据数学原理，线性独立方程数小于独立变量数时是得不到完全解的。只有当线性独立方程数等于独立变量数时才能得到一组完全确定的解。如果线性独立方程数大于独立变量数，可以选用其中的 N 个方程来求解这 N 个独立变量，但这往往会出错或发生矛盾。为了能够顺利地求解物料衡算问题，必须对物料衡算系统进行仔细的分析、研究，使独立方程数恰好等于独立变量数。解决的具体途径有两条：一是合理地增加独立方程数，二是合理地减小独立变量数。自由度分析的目的就是为了解决这个问题。

系统的自由度定义如下：

系统自由度 = 系统独立变量数 − 系统独立物料平衡方程数 −

系统独立变量赋值数 − 系统附加关系方程数 $\qquad$ (12-4)

式（12-4）中的独立变量赋值是指给独立变量指定具体数值，大多数情况下是一种已知条件，这是一种合理减小未知独立变量数的方法；式（12-4）中的附加关系方程是指独

立变量之间的相互关系方程，也是一种已知条件或限定条件，这是一种合理增加独立方程数的方法。

显而易见，式（12-4）中的自由度为零时，表明系统中未知的独立变量数正好等于独立方程数，物料计算有一组完全确定的解。即通过列出所有独立的物料衡算方程，各种附加关系方程和各种已知条件（包括赋值），求解上述方程，就可以解出所有未知独立变量。

如果自由度大于零，表明物料衡算已知条件不足，系统中未知的独立变量数大于独立方程数，不能得到完全解。此时，应合理地增加已知条件，即增加独立赋值数或增加附加关系方程数，使自由度为零。

如果自由度小于零，表明给出的条件过多。必须将多余的、往往是不合理的条件删去，使自由度为零，才能得到确定解。

在进行车间物料衡算或复杂过程的物料衡算时，作自由度分析是非常必要的。对于一个设计工程师来说，收集并合理地选择有关的数据资料比求解本身更重要。合理地选择已知条件给独立变量赋值，合理地选择附加关系方程是自由度分析的关键。

物料衡算涉及的附加关系方程主要有下述几种。

（1）相平衡浓度关系　这种关系是指某一组分 i 在几种不同的物相（或物流）中的平衡浓度关系。可用下面通式表示

$$\frac{W_i^j}{W_i^k} = K_i \qquad\qquad (12-5)$$

式中，W_i^j、W_i^k 为分别表示组分 i 在 j 相、k 相的平衡浓度；K_i 为平衡常数，应已知。

液-液萃取时的液-液相平衡浓度关系、蒸馏时的气-液相平衡浓度关系等都属于这种类型。

（2）饱和溶解度关系　例如气体吸收、固体在液相中的溶解就属于这种类型。

（3）流量之间的比例关系　例如进入系统的各股物流之间的流量比例，有时甚至是进入与离开系统的各股物流之间的流量比例，以及组分之间的比例（配比）。

（4）部分回收关系　例如在精馏操作系统，通常指定轻组分在塔顶的回收率或者重组分在塔底的回收率。所谓某组分的回收率是指该组分的得到量占该组分的进料量的百分率。这种部分回收关系在大部分后处理或精制过程都可以见到。

上述四种关系中，第一、第二种关系属于必要条件关系，即在物料衡算系统中，只要涉及这些操作，就一定存在这些关系；在进行物料衡算时，就一定要用到这些关系来求解，千万不能遗漏。第三、第四种关系属于限制性条件关系。这些关系主要取决于工艺要求，如物料配比或流量比例的确定，以最佳工艺条件为准；部分回收关系的确定，除了考虑取得最佳工艺结果外，还应服从有关国家标准规定（如三废排放标准）。给独立变量赋值，从顺序上看，最好在确定附加关系方程以后进行；其次，给独立变量赋予的具体数值应以工艺要求为准，应符合有关原料、中间体及产品的质量标准，例如系统有一股工业硫酸（H_2SO_4 含量为93%）进料，该物流的硫酸质量分率赋值为93%，不能任意指定为其他数值；第三，要仔细区别有些独立变量是不能随意被赋值的，例如，在离开单级萃取器的两股物流（萃取液与萃余液）中，可以指定组分 i 在其中一股物流中的质量分率，而组分 i 在另一股物流中的质量分率就不能被任意指定，因为它受到平衡的限制。再如前面提到的多组分精馏中，塔顶或塔釜产品中只能指定某一种组分的质量分率（含量），其他组分的质量分率就不能被任意指定，因为它们受到汽-液平衡关系的限制；第四，必须强调，自由度

公式中的赋值是指给独立变量赋值。在一股含有 i 种组分的物流中，由于只有 i 个独立变量，所以，该股物流的赋值总数目不能超过 i，并且质量分率赋值数目不能超过 $(i-1)$。例如，一股混酸物流，其质量流量为 1000kg/d，其中 H_2SO_4、HNO_3、H_2O 的质量分率分别为 60%、27%、13%，该股物流的赋值数为 3。如果混酸的质量流量未知，则赋值数为 2。

由于物料衡算方程组式（12-1）和式（12-2）对流量变量是相容的（证明从略），即一组满足物料衡算方程组的流量变量按比例放大或缩小后仍能满足原方程组，当物料衡算问题中没有给出任何物流的流量数值时，可以任意指定某一股物流的质量流量数值（即赋值）作为流量基准进行物料衡算。物料衡算结束后，再按比例放大或缩小到规定的设计规模。这种处理方法在设计计算中经常用到。

综上所述，利用自由度分析求解物料衡算问题，应合理地选择附加关系方程，合理地给独立变量赋值再把这些附加关系方程，所有各股物流的赋值累加起来，代入自由度公式（12-4），使自由度为零。然后，联立独立物料衡算方程和附加关系方程进行求解。就可以求出所有的未知独立变量。至于如何从 $(I+1)$ 个物料衡算方程［式（12-1）和式（12-2）］中选择 I 个线性独立的物料衡算方程，通常做法是选用 I 个未知独立变量较少的方程，弃用未知独立变量最多的那个方程。

三、物理过程物料衡算举例

（一）一个单元系统

例 12-1　某厂制备硝化用混酸，混酸规格为：$H_2SO_4$60%、$HNO_3$27%、H_2O13%。配制混酸所用原料为：①该厂硝化车间的废酸，其规格为：$H_2SO_4$57%、$HNO_3$23%、H_2O20%；②93%的工业硫酸；③98%的工业硝酸。以上浓度均为质量百分浓度，配酸过程物料损失为 1%。请作该配酸过程的物料衡算。

解：根据题意，先画出物料衡算示意图，见图 12-2。为简化计，考虑损失物料的组成等于混酸组成。

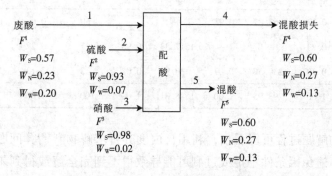

图 12-2　例 12-1 物料衡算示意图

自由度分析：独立变量总数为 13（其中物流 1 为 3，物流 2 为 2，物流 3 为 2，物流 4 为 3，物流 5 为 3），独立变量赋值总数为 8（物流 1 为 2，物流 2 为 1，物流 3 为 1，物流 4 为 2，物流 5 为 2），由于系统含有 3 种组分，则独立物料衡算方程数为 3，利用自由度公式算得自由度为 2，似乎还缺两个条件。事实上，还有一个物料损失为 1% 附加关系，即

$$F^4 = 0.01F^5$$

另外，系统所有物料都未给出流量数值，因此，可以任意设定一个流量基准，取 $F^5 =$

10000kg/d，则独立变量赋值总数增为9。自由度分析列表见表12-2。

表 12-2 例 12-1 自由度分析

独立变量数	13
独立物料衡算方程数	3
独立变量赋值数	9（8+1）
附加关系方程数	1
自由度	0

列方程求解

独立物料衡算方程

总物质衡算 $F^1 + F^2 + F^3 = F^4 + 10000$

H_2SO_4 衡算 $0.57F^1 + 0.930F^2 = 0.6F^4 + 0.6 \times 10000$

HNO_3 衡算 $0.23F^1 + 0.98F^3 = 0.27F^4 + 0.27 \times 10000$

附加关系方程 $F^4 = 0.01 \times 10000$

由上述4个方程，可解得4个未知变量为

$$F^1 = 5257.24 \text{kg/d}$$

$$F^2 = 3293.95 \text{kg/d}$$

$$F^3 = 1548.81 \text{kg/d}$$

$$F^4 = 100 \text{kg/d}$$

物料衡算结果见表12-3。

表 12-3 例 12-1 物料衡算

物流	1		2		3		4		5	
组分	废酸		硫酸		硝酸		损失		混酸	
	kg/d	含量	kg/d	含量	kg/d	含量	kg/d	含量	kg/d	含量
H_2SO_4	2996.63	0.57	3063.37	0.93	—	—	60	0.6	6000	0.60
HNO_3	1209.17	0.23	—	—	1517.83	0.98	27	0.27	2700	0.27
H_2O	1051.44	0.20	230.58	0.07	30.98	0.02	13	0.13	1300	0.13
合计	5257.24	1.00	3293.95	1.00	1548.81	1.00	100	1.00	10000	1.00

由例12-1的解题过程可以看出，利用自由度分析求解物料衡算问题，虽然多了一些分析步骤，但可以避免因条件不足或过剩可能导致得不到完全解或得到矛盾解。这在化工工艺设计中尤为重要。在"化工原理"等课程的物料衡算中没有用到自由度分析也能正确解题，那是由于系统比较简单，自由度恰好为零。设计工程师的设计任务往往比较复杂。因此，自由度分析用于车间物料衡算或复杂过程的物料衡算是很必要的。

例12-2 将一个含有20%（摩尔百分率，下同）丙烷（C_3），20%异丁烷（i-C_4），20%异戊烷（i-C_5）和40%正戊烷（n-C_5）的混合物导入一精馏塔进行分离。测得塔顶馏分中含50% C_3、44% i-C_4、5% i-C_5 和1% n-C_5，塔底馏分中仅含1% C_3。试完成其物料衡算。

解：这是操作型物料衡算。先画出物料衡算示意图，见图12-3。

自由度分析：独立变量总数为12（物流1为4，物流2为4，物流3为4）；独立变量赋值数为 7（物流 1 为 3，物流 2 为 3，物流 3 为 1）；系统含有 4 种组分，独立物料衡算方程数为 4；无附加关系方程；算得自由度为 1，条件不足，不能求解。由于无流量变量赋值，指定 $N^1 = 1000\text{kmol/d}$，使得自由度为零，可以求解。自由度分析结果见表 12 – 4。

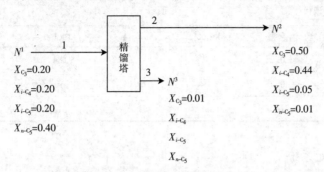

图 12 – 3　例 12 – 2 物料衡算示意图

表 12 – 4　例 12 – 2 自由度分析

独立变量数	12
独立物料衡算方程数	4
独立变量赋值数	8（7 + 1）
附加关系方程数	0
自由度	0

列方程求解：

独立物料衡算方程

总物质衡算　　$1000 = N^2 + N^3$

C_3 衡算　　$0.20 \times 1000 = 0.50 N^2 + 0.01 N^3$

$i – C_4$ 衡算　　$0.20 \times 1000 = 0.44 N^2 + X^3_{i-C_4} \cdot N^3$

$i – C_5$ 衡算　　$0.20 \times 1000 = 0.05 N^2 + X^3_{i-C_5} \cdot N^3$

由上述 4 式求得 4 个未知变量为

$$N^2 = 388\text{kmol/d}$$

$$N^3 = 612\text{kmol/d}$$

$$X^3_{i-C_4} = 0.05$$

$$X^3_{i-C_5} = 0.30$$

再由归一性方程或 $n – C_5$ 衡算可求得

$$X^3_{n-C_5} = 0.64$$

物料衡算结果见表 12 – 5。

表 12 – 5　例 12 – 2 物料衡算

物流	1		2		3	
	进料		塔顶		塔底	
组分	kmol/d	含量	kmol/d	含量	kmol/d	含量
C_3	200	0.2	194	0.5	6	0.01
$i – C_4$	200	0.2	171	0.44	31	0.05

续表

物流	1		2		3	
组分	进料		塔顶		塔底	
	kmol/d	含量	kmol/d	含量	kmol/d	含量
$i-C_5$	200	0.2	19	0.05	184	0.3
$n-C_5$	400	0.4	4	0.01	391	0.64
合计	1000	1	388	1	612	1

（二）多个单元系统

在进行车间物料衡算或复杂过程的物料衡算时，经常碰到的是多个单元系统。先分析一种 2 个单元系统的情况，以此说明多个单元系统物料衡算的方法和要点。

如图 12-4 所示，一个混合物（物流 1）经塔 I（单元 I）分离为塔顶馏分（物流 2）和塔底馏分（物流 3），物流 3 进入塔 II（单元 II）又分离为塔顶馏分（物流 4）和塔底馏分（物流 5）。现对该两个单元系统的物料衡算进行自由度分析。

先考察系统独立变量数。系统独立变量数目等于系统内所有物流（既包括系统与环境之间的物流，又包括系统内部单元与单元

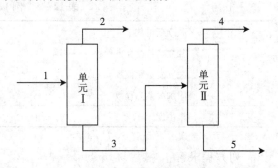

图 12-4 2 个单元系统示意图

之间的物流）的独立变量数之和，如图 12-4，将物流 1、物流 2、物流 3、物流 4 和物流 5 的独立变量数加起来，就是系统的独立变量数。这一点与一个单元系统相同。

多单元系统的独立变量赋值数与一个单元系统的也没有什么区别。即将系统内所有物流被赋值的独立变量数加起来即可。

同样，系统附加关系方程数也是将系统内所有的附加条件关系加起来。只是应注意，当附加条件关系方程较多时，它们也应该相互独立。当然，也应与物料衡算方程相互独立。

现在来考察系统独立物料衡算方程数。将物料衡算数学模型式（12-1）和式（12-2）应用于图 12-4 所示的整个系统，可得一组线性独立物料衡算方程组，该方程组的方程数等于整个系统所含有的组分数。把这组线性独立物料衡算方程组称为总系统物料衡算方程组。如果把式（12-1）和式（12-2）应用于图 12-4 所示的单元 I，同样可得一组线性独立物料衡算方程组，其方程的数目等于单元 I 所含有的组分数。这组方程组被称为单元 I 物料衡算方程组。把式（12-1）和式（12-2）应用于图 12-4 所示的单元 II，同样可得单元 II 物料衡算方程组。很显然，这 3 组方程组并非完全相互独立。换句话说，只有 2 组是相互独立的。例如，单元 I 方程组和单元 II 方程组相加，就得到总系统方程组，或者，总系统方程组减去单元 I 方程组，就得到单元 II 方程组。因此，系统独立物料衡算方程只能由这 3 组方程组中的某 2 组方程组组成，系统独立物料衡算方程数就是这 2 组方程所含有的方程数。通常做法是选用单元 I 方程组和单元 II 方程组。

现推广到多个单元系统。设有一个含有 M 个单元的系统，第 m 个单元含有 I_m 种组分，该单元能列出 I_m 个独立物料衡算方程。则系统独立物料衡算方程数就等于所有 M 个单元的

独立物料衡算方程数之和，即

$$系统独立物料衡算方程数 = \sum_{m=1}^{M} I_m \qquad (12-6)$$

从数值上看，系统独立物料衡算方程数等于所有 M 个单元的组分数之和。

从式（12-6）可以看出，当 $M=1$ 时，就是一个单元系统。显然，这里介绍的多个单元系统的结论适用于一个单元系统。

按上述方法确定自由度公式（12-4）中的各要素，然后计算系统自由度。若系统自由度为零。表明该多单元系统的物料衡算有一组完全解；若系统自由度不为零，则应合理地添加或删减一些条件，使系统自由度为零。

当系统自由度为零，就可列出 $\sum_{m=1}^{M} I_m$ 个独立物料衡算方程，和所有那些附加关系方程来求解未知的独立变量。

由于有些多单元系统涉及的单元较多或含有较多的组分，使系统未知的独立变量较多，有时多达几十个，甚至上百个。用手工方法联解这几十个，甚至上百个方程有时是十分困难的。实际上，在求解多单元系统的物料衡算问题时，通常采用"单元法"。

"单元法"的要点是：在系统自由度为零的情况下，分别计算各单元的自由度。显然，各单元的自由度可能互不相同。如果某单元的自由度为零，表明该单元的物料衡算有完全解，就先对该单元单独进行求解，解出该单元的未知独立变量。该单元的求解结果，相当于增加了相邻单元的独立变量赋值数，使相邻单元的自由度降为零，因而又可对相邻单元单独进行求解。这样，逐个单元进行求解，直至算出所有单元的未知独立变量为止。

在"单元法"里，如果某单元的自由度为1，该单元又没有流量赋值，按前面所述，可对该单元的某一流量变量进行赋值，使自由度降为零。待所有单元求解完毕，再按实际流量赋值将所有物流的流量按比例放大或缩小即可。

综上所述，多个单元系统的物料衡算求解主要步骤为：先对系统进行自由度分析，按式（12-4）计算系统自由度，注意：式（12-4）中的系统独立物料衡算方程数目等于 $\sum_{m=1}^{M} I_m$。当系统自由度为零时，采用"单元法"逐个单元进行求解。

必须注意在系统自由度为零的前提下，有时会出现不能使用"单元法"进行求解的情况，即没有哪一个单元的自由度为零。这时，可尝试将某两个单元或者某些单元甚至是整个多单元系统看作为一个整体。整体的含义是不考虑整体内部单元之间的物流变量（把整体看作是一个单元）。对该整体进行自由度分析，如自由度为零，就可以求出该整体进出物流的未知独立变量。相当于增加了有关单元的赋值数目，降低了有关单元的自由度。

必须强调无论对于设计型物料衡算还是操作型物料衡算，关键步骤是编制"习题"，即合理地确定附加关系方程，合理地进行赋值，使系统自由度为零。

例 12-3 将一股流量为 1000 mol/h 的含苯（B）20%（摩尔百分率下同）、甲苯（T）30%、二甲苯（X）50%的混合物导入一个二塔系统进行精馏分离。测得塔Ⅰ（单元Ⅰ）底部馏分中含苯（B）2.5%、甲苯（T）35%、二甲苯（X）62.5%。该馏分进入塔Ⅱ（单元Ⅱ）。塔Ⅱ顶部馏分中含苯（B）8%、甲苯（T）72%、二甲苯（X）20%。又知塔Ⅰ顶部馏分中不含二甲苯（X），塔Ⅱ底部馏分中不含苯。试对该系统作物料衡算。

解：这是 2 个单元系统，物料衡算示意图见图 12-5。

先作系统自由度分析：独立变量数为 13（物流 1 为 3，物流 2 为 2，物流 3 为 3，物流

4 为 3，物流 5 为 2）；独立变量赋值数为 7（物流 1 为 3，物流 3 为 2，物流 4 为 2）；附加关系方程数为零；独立物料衡算方程数为 6（单元 I 为 3，单元 II 为 3）。

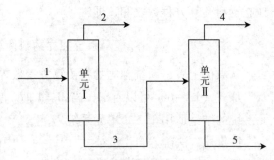

图 12 - 5　例 12 - 3 物料衡算示意图

按式（12 - 4），系统自由度 = 13 - 7 - 6 = 0，系统有完全解。

按"单元法"求解，作各单元自由度分析：

单元 I 自由度分析：独立变量数为 8（物流 1 为 3，物流 2 为 2，物流 3 为 3）；独立变量赋值数为 5（物流 1 为 3，物流 3 为 2）；附加关系方程数为零；独立物料衡算方程数为 3。所以，单元 I 自由度 8 - 5 - 3 = 0。

单元 II 自由度分析：独立变量数为 8（物流 3 为 3，物流 4 为 3，物流 5 为 2）；独立变量赋值数为 4（物流 3 为 2，物流 4 为 2）；附加关系方程数为零；独立物料衡算方程数为 3。所以，单元 II 自由度 = 8 - 4 - 3 = 1。

上述自由度分析结果见表 12 - 6。

表 12 - 6　例 12 - 3 自由度分析

	单元 I	单元 II	系统
独立变量数	8	8	13
独立物料衡算方程数	3	3	6
独立变量赋值数	5	4	7
附加关系方程数	0	0	0
自由度	0	1	0

由表 12 - 6 可见，单元 I 自由度为零，单元 II 自由度为 1，所以先求解单元 I

总物质衡算　$1000 = N^2 + N^3$

B 衡算　$0.20 \times 1000 = X_B^2 N^2 + 0.025 N^3$

X 衡算　$0.50 \times 1000 = 0.625 N^3$

联解上述 3 式，得到

$$N^3 = 800 \text{mol/h}$$

$$N^2 = 200 \text{mol/h}$$

$$X_B^2 = 0.90$$

由归一性方程，求得

$$X_T^2 = 0.10$$

将 $N^3 = 800 \text{mol/h}$ 作为单元 II 的赋值，使单元 II 的自由度由 1 降为零。因此，可以求解单元 II

总物质衡算　$800 = N^4 + N^5$

B 衡算　$0.025 \times 800 = 0.08 N^4$

T 衡算　$0.35 \times 800 = 0.72 N^4 + X_T^5 N^5$

联解上述 3 式，得到

$$N^4 = 250 \text{mol/h}$$

$$N^5 = 550 \text{mol/h}$$

$$X_T^5 = 0.182$$

由归一性方程，求得

$$X_X^5 = 0.818$$

至此，系统的物料衡算结束，结果见表 12 – 7。

表 12 – 7　例 12 – 3 物料衡算

物流	1		2		3		4		5	
组分	塔 I 进料		塔 I 顶馏分		塔 I 底馏分		塔 II 顶馏分		塔 II 底馏分	
	mol/h	含量	mol/h	含量	mol/h	含量	mol/h	含量	mol/h	含量
B	200	0.20	180	0.9	20	0.025	20	0.08	—	—
T	300	0.30	20	0.1	280	0.350	180	0.72	100	0.182
X	500	0.50	—	—	500	0.625	50	0.20	450	0.818
合计	1000	1.00	200	1.0	800	1.000	250	1.00	550	1.000

例 12 – 4　以液态 SO_2 为萃取剂，从含苯为 70%（质量百分率，下同）的烃类混合物中分离纯苯，萃取过程由 3 个逆流接触连续操作萃取器组成，其流程见图 12 – 6。已知原料液流量为 1000kg/h，原料液与萃取剂的流量比为 1:3；萃取液含全部非苯烃，其余为苯及 SO_2，其中每含 0.25kg 苯约有 1kg 非苯烃；萃余液中含 SO_2 为 1/6，其余为苯。同时测得进入第一个萃取器（单元 I）的苯有 92% 被分离，进入第二个萃取器（单元 II）的苯有 80% 被分离；离开第一个萃取器（单元 I）的萃余液含苯 86.25%，不含 SO_2；离开第二个萃取器（单元 II）的萃余液含苯 95%，不含 SO_2。试作该系统的物料衡算。

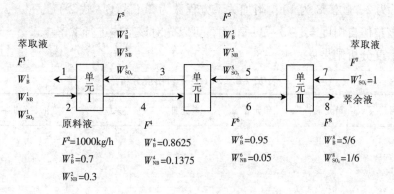

图 12 – 6　例 12 – 4 物料衡算示意图

解：物料衡算示意图见图 12 – 6。

先作系统自由度分析：独立变量数为 18（物流 1 为 3，物流 2 为 2，物流 3 为 3，物流 4 为 2，物流 5 为 3，物流 6 为 2，物流 7 为 1，物流 8 为 2）；独立物料衡算方程数为 9（单元 I 为 3，单元 II 为 3，单元 III 为 3）；独立变量赋值数为 5（物流 2 为 2，物流 4 为 1，物流 6 为 1，物料 8 为 1）；附加关系方程数为 4，即

$$\frac{F^7}{1000} = 3 \qquad\qquad ①$$

$$\frac{W_B^1}{W_{NB}^1} = 0.25 \qquad\qquad ②$$

$$0.8625F^4 = 0.92 \ (0.7 \times 1000 + W_B^3 F^3) \qquad ③$$

$$0.95F^6 = 0.80 \ (0.8625F^4 + W_B^5 \cdot F^5) \qquad ④$$

所以，系统自由度 = 18 - 9 - 5 - 4 = 0，系统有完全解。

作单元 I 自由度分析：独立变量数为 10（物流 1 为 3，物流 2 为 2，物流 3 为 3，物流 4 为 2）；独立物料衡算方程数为 3；独立变量赋值数为 3（物流 2 为 2，物流 4 为 1）；附加关系方程数为 2（式②+式③）。

所以单元 I 自由度 = 10 - 3 - 3 - 2 = 2。

作单元 II 自由度分析：独立变量数为 10（物流 3 为 3，物流 4 为 2，物流 5 为 3，物流 6 为 2）；独立物料衡算方程数为 3；独立变量赋值数为 2（物流 4 为 1，物流 6 为 1）；附加关系方程数为 1（即式④）。

所以，单元 II 自由度 = 10 - 3 - 2 - 1 = 4。

作单元 III 自由度分析：独立变量数为 8（物流 5 为 3，物流 6 为 2，物流 7 为 1，物流 8 为 2）；独立物料衡算方程数为 3；独立变量赋值数为 2（物流 6 为 1，物料 8 为 1）；附加关系方程数为零。

所以，单元 II 自由度 = 8 - 3 - 2 = 3。

由于 3 个单元的自由度均不为零，故不能用"单元法"求解。

现分别对（单元 I + 单元 II）整体、（单元 II + 单元 III）整体、（单元 I + 单元 II + 单元 III）整体作自由度分析。

（单元 I + 单元 II）整体的自由度不为零（分析略）。

（单元 II + 单元 III）整体的自由度也不为零（分析略）。

（单元 I + 单元 II + 单元 III）整体的自由度为零，分析如下：独立变量数为 8（物流 1 为 3，物流 2 为 2，物流 7 为 1，物流 8 为 2）；独立物料衡算方程数为 3；独立变量赋值数为 3（物流 2 为 2，物流 8 为 1）；附加关系方程数为 2（式①+式②）。

所以，该整体自由度 = 8 - 3 - 3 - 2 = 0，可以先对该整体进行求解。

上述自由度分析结果见表 12-8。

表 12-8　例 12-4 自由度分析

	单元 I	单元 II	单元 III	系统	（I + II + III）整体
独立变量数	10	10	8	18	8
独立物料衡算方程数	3	3	3	9	3
独立变量赋值数	3	2	2	5	3
附加关系方程数	2	1	1	4	2
自由度	2	4	3	0	0

对（单元 I + 单元 II + 单元 III）整体进行求解如下。

独立物料衡算方程

总物质衡算　　$1000 + F^7 = F^1 + F^8$

B 衡算　　$0.7 \times 1000 = \dfrac{5}{6}F^8 + W_B^1 F^1$

NB 衡算　　$0.3 \times 1000 = W_{NB}^1 F^1$

附加关系方程　　　　　　　　　　$\dfrac{F^7}{1000} = 3$

$$\frac{W_B^1}{W_{NB}^1} = 0.25$$

联解上述5式，可求得5个未知变量 F^1，F^7，F^8，W_B^1，W_{NB}^1

$$F^7 = 3000\text{kg/h} \quad F^1 = 3250\text{kg/h} \quad F^8 = 750\text{kg/h}$$

$$W_B^1 = 0.0231 \quad W_{NB}^1 = 0.0923$$

由归一性方程，求得 $W_{SO_2}^1 = 0.8846$

将上述计算结果作为单元 I 的赋值，使单元 I 的赋值数由3增加到6（增加 F^1、W_B^1、W_{NB}^1 3个赋值），而附加关系方程数由2减小到1（因为 W_B^1、W_{NB}^1 已被赋值，故 $W_B^1/W_{NB}^1 = 0.25$ 不是方程，已无意义），自由度则由2降为零（单元 I 的自由度 $= 10 - 3 - 6 - 1 = 0$）。所以，接着可对单元 I 进行求解如下。

独立物料衡算方程

总物质衡算 $1000 + F^3 = 3250 + F^4$

B衡算 $0.7 \times 1000 + W_B^3 F^3 = 0.8625 F^4 + 0.231 \times 3250$

SO_2 衡算 $W_{SO_2}^3 F^3 = 0.8846 \times 3250$

附加关系方程 $0.8625 F^4 = 0.92 (0.7 \times 1000 + W_B^3 F^3)$

联解上述4式，可解得

$F^3 = 3250\text{kg/h} \quad F^4 = 1000\text{kg/h} \quad W_B^3 = 0.0731 \quad W_{SO_2}^3 = 0.8846$

由归一性方程，解得 $W_{NB}^3 = 0.0423$。

同样，将上述结果作为单元 II 的赋值，使单元 II 的赋值数由2增加到6（增加 F^3、W_B^3、$W_{SO_2}^3$、F^4 4个赋值），自由度由4降为零（$10 - 3 - 6 - 1 = 0$）。

接着对单元 II 进行求解如下。

独立物料衡算方程

总物质衡算 $1000 + F^5 = 3250 + F^6$

B衡算 $0.8625 \times 1000 + W_B^5 F^5 = 0.0731 \times 3250 + 0.95 F^6$

SO_2 衡算 $0.8846 \times 3250 = W_{SO_2}^5 F^5$

附加关系方程 $0.95 F^6 = (0.8625 \times 1000 + W_B^5 F^5) \times 0.80$

联解上述4式，解得

$F^5 = 3250\text{kg/h} \quad F^6 = 1000\text{kg/h} \quad W_B^5 = 0.1 \quad W_{SO_2}^5 = 0.8846$

由归一性方程，解得 $W_{NB}^5 = 0.0154$。

至此，系统所有未知独立变量均已求出，物料衡算结果见表12-9。

表 12-9 例 12-4 物料衡算

物流	1		2		3		4		5		6		7		8	
组分	kg/h	含量	kg/h	含量	kg/h	含量	kg/h	含量	kg/h	含量	kg/h	含量	kg/h	含量	kg/h	含量
B	75	0.0231	700	0.7	238	0.0731	862.5	0.8625	325	0.1	950	0.95	—	—	625	0.833
NB	300	0.0923	300	0.3	137	0.0423	137.5	0.1375	50	0.0154	50	0.05	—	—	—	—
SO_2	2875	0.8846	—	—	2875	0.8846	—	—	2875	0.8846	—	—	3000	1	125	0.167
合计	3250	1.0	10000	1.0	3250	1.0	1000	1.0	3250	1.0	3250	1.0	1000	1.0	750	1.0

第四节　化学反应过程的物料衡算

一、发生一个化学反应系统的物料衡算数学模型

考察如图 12 - 1 所示的没有物质积累，只进行一个简单反应的简单系统，反应式为

$$aA + bB \rightarrow cC + dD \tag{12-7}$$

设某组分 i 在反应前后的反应变化量为 R_i（mol/d），则反应物与产物之间存在以下关系

$$\frac{R_A}{-a} = \frac{R_B}{-b} = \frac{R_C}{c} = \frac{R_D}{d} = 常数 = r \tag{12-8}$$

常数 r（mol/d）取正值，是反应式（12 - 7）的反应变化量，它是表征反应进行程度的一个宏观物理量。因此，组分 i 的反应变化量 R_i 可用 r 来表示

$$R_i = \sigma_i r \tag{12-9}$$

式中，σ_i 表示 i 组分在反应式（12 - 7）中的化学计量系数，对于反应物取负号，对于产物取正号。显然，反应物的反应变化量为负，产物的反应变化量为正。

因此，组分 i 的物料衡算数学模型为

$$\sum_{j=1}^{J} N^j X_i^j + \sigma_i r = \sum_{k=1}^{K} N^k X_i^k \qquad i = 1, 2, \cdots, I \tag{12-10}$$

总物质的物料衡算数学模型为

$$\sum_{j=1}^{J} N^j + \sum_{i=1}^{I} \sigma_i r = \sum_{k=1}^{K} N^k \tag{12-11}$$

式中，N^j、N^k 为分别表示第 j 股进料和第 k 股出料的摩尔流量，mol/d；X_i^j、X_i^k 为分别表示组分 i 在第 j 股进料和第 k 股出料中的摩尔分率；σ_i 为化学计量系数，反应物取负值，产物取正值，惰性组分取零。

如前所述，式（12 - 10）、式（12 - 11）的（$I+1$）个方程中，只有 I 个方程是相互独立的。必须注意，除了流量变量和浓度变量以外，式（12 - 10）、式（12 - 11）中还有一个反应变化量 r。如果说流量变量和浓度变量属于物流变量的话，那么，反应变化量 r 则属于系统变量，因为化学反应是在系统中完成的。在进行自由度分析时，应把 r 作为一个独立变量计入独立变量数中。

另外，反应物的转化率、产物的收率及选择率等表征反应进行程度的一些指标（数值已知），按照它们的定义式均可作为附加关系方程，主要用于计算反应变化量 r。例如，已知反应物 A 的转化率 X_A 的定义式为

$$X_A = \frac{-R_A}{\sum\limits_{j=1}^{J} N^j X_A^j} \tag{12-12}$$

将式（12 - 9）代入式（12 - 12），得

$$X_A = \frac{-\sigma_A r}{\sum\limits_{j=1}^{J} N^j X_A^j} \tag{12-13}$$

若已知转化率 X_A 的数值，则式（12 - 13）就可作为附加关系方程用于求解 r。注意，如果转化率 X_A 的数值未知，则式（12 - 13）就不能作为附加关系方程，因为该式带来一个

新的未知变量 X_A。

化学反应过程的自由度分析，除了上述两点以外，其他与物理过程相同。

上述公式均可用质量单位表示，例如

式（12-10）、式（12-11）用质量单位表示即为

$$\sum_{j=1}^{J} F^j W_i^j + \sigma_i M_i r = \sum_{k=1}^{K} F^k W_i^k \qquad i = 1, 2, \cdots, I \tag{12-14}$$

$$\sum_{j=1}^{J} F^j + \sum_{i=1}^{I} \sigma_i M_i r = \sum_{k=1}^{K} F^k \tag{12-15}$$

式中，M_i 为组分 i 的分子量。

值得注意的是，式（12-15）中的 $\sum_{i=1}^{I} \sigma_i M_i r$ 一项在一般情况下为零。

二、同时发生多个化学反应系统的物料衡算数学模型

设在图 12-1 所示的没有物质积累的系统里同时发生 L 个反应。某组分 i 参与第 e 个反应，组分 i 在这第 l 个反应中的化学计量系数为 σ_{il}，第 l 个反应的反应变化量为 r_l。则

$$R_{il} = \sigma_{il} r_l \tag{12-16}$$

若组分 i 参与 L 个反应，则组分 i 的反应总变化量 R_i 为

$$R_i = \sum_{l=1}^{L} R_{il} = \sum_{l=1}^{L} \sigma_{il} r_l \tag{12-17}$$

式（12-17）中，组分 i 在第 l 个反应中若为反应物，则 σ_{il} 取负号；若为产物，则 σ_{il} 取正号；若为惰性物，则 σ_{il} 取零。

因此，组分 i 在同时发生 L 个化学反应系统中的物料衡算数学模型为

$$\sum_{j=1}^{J} N^j X_i^j + \sum_{l=1}^{L} \sigma_{il} r_l = \sum_{k=1}^{K} N^k X_i^k \qquad i = 1, 2, \cdots, I \tag{12-18}$$

总物质的物料衡算数学模型为

$$\sum_{j=1}^{J} N^j + \sum_{i=1}^{I} \sum_{l=1}^{L} \sigma_{il} r_l = \sum_{k=1}^{K} N^k \tag{12-19}$$

显然，式（12-18）、式（12-19）中的（$I+1$）个方程中只有 I 个是独立的。

同样，在同时发生 L 个化学反应的系统中，存在 L 个表征反应进行程度的反应变化量 r_l，应把这 L 个 r_l 计入系统独立变量数中。必须强调，这 L 个化学反应必须是线性独立的，否则的话，L 个反应变化量 r_L 就不会相互独立。

判别 L 个化学反应方程式是否线性独立的一个简单法则是：在 L 个化学反应方程式中，如果每一个方程式中至少存在一种物质，该物质不存在其他方程式中，则这 L 个化学反应方程式是线性独立的。

式（12-18）、式（12-19）如用质量单位表示，则变为

$$\sum_{j=1}^{J} F^j W_i^j + \sum_{l=1}^{L} \sigma_{il} M_i r_l = \sum_{k=1}^{K} F^k W_i^k \qquad i = 1, 2, \cdots, I \tag{12-20}$$

$$\sum_{j=1}^{J} F^j + \sum_{i=1}^{I} \sum_{l=1}^{L} \sigma_{il} M_i r_l = \sum_{k=1}^{K} F^k \tag{12-21}$$

一般情况下，式（12-21）中 $\sum_{i=1}^{I} \sum_{l=1}^{L} \sigma_{il} M_i r_l$ 一项为零。

三、化学反应过程的物料衡算举例

例12-5 苯甲酰苯甲酸（BB酸）脱水缩合制蒽醌。要求控制反应终点时硫酸浓度为93.5%（质量百分率，下同）；每批投料工业BB酸400kg，含水10%，杂质2.7%；缩合剂硫酸的浓度为97.8%；缩合反应的转化率为99%。试对缩合反应器作物料衡算。

解：缩合反应方程式如下

$$C_6H_5C\ OC_6H_4COOH \xrightarrow{H_2SO_4} C_6H_4\ (CO)_2C_6H_4 + H_2O$$

σ_i	-1	1	1
M_i	226	208	18

缩合反应物料衡算示意图见图12-7。

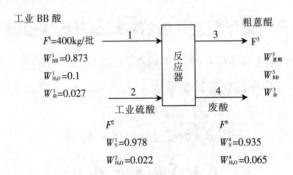

图12-7　例12-5物料衡算示意图

对反应器系统作自由度分析：独立变量数为11（物流1为3，物流2为2，物流3为3，物流4为2，反应变化量数为1）；独立物料衡算方程数为5；独立变量赋值数为5（物流1为3，物流2为1，物流4为1）；附加关系方程数为1，即转化率=0.99。

所以，系统自由度=11-5-5-1=0，系统有完全解。

自由度分析结果见表12-10。

表12-10　例12-5自由度分析

独立变量数	11
独立物料衡算方程数	5
独立变量赋值数	5
附加关系方程数	1
自由度	0

按式（12-14）列独立物料衡算方程

BB酸衡算　$0.873 \times 400 - 226r = W_{BB}^3 F^3$

H_2O衡算　$0.1 \times 400 + 0.022F^2 + 18r = 0.065F^4$

杂质衡算　$0.027 \times 400 = (1 - W_{BB}^3 - W_{蒽醌}^3) F^3$

蒽醌衡算　$208r = W_{蒽醌}^3 F^3$

H_2SO_4衡算　$0.978F^2 = 0.935F^4$

附加关系方程　$0.99 = \dfrac{226r}{0.873 \times 400}$

联立求解上述6式，可分别求出

$r = 1.53\text{kmol}/\text{批}$ 　　　$F^4 = 1536\text{kg}/\text{批}$ 　　　$F^2 = 1468\text{kg}/\text{批}$

$F^3 = 332\text{kg}/\text{批}$ 　　　$W^3_{BB} = 0.01$ 　　　$W^3_{蒽醌} = 0.958$

再由归一性方程，求出 $W^3_{杂} = 0.032$。

物料衡算结果见表 12 – 11。

表 12 – 11　例 12 – 5 物料衡算

物流	1		2		3		4	
组分	kg/批	含量	kg/批	含量	kg/批	含量	kg/批	含量
BB 酸	349.2	0.873	—	—	3.3	0.010	—	—
杂质	10.8	0.027	—	—	10.7	0.032	—	—
H_2O	40	0.100	32	0.022	—	—	100	0.065
H_2SO_4	—	—	1436	0.978	—	—	1436	0.0935
蒽醌	—	—	—	—	318	0.958	—	—
合计	400	1.0	1468	1.0	332	1.0	1536	1.0

例 12 – 6　氯苯连续硝化制一硝基氯苯（邻硝基氯苯和对硝基氯苯）。采用两釜串联反应器。已知氯苯混合料进料量为 394kg/h，其中含氯苯 92%（质量百分率，下同），其余为一硝基氯苯；混酸进料量为 435kg/h，其中含 H_2SO_4 49%，HNO_3 47%，H_2O 4%；测得第一硝化器出口废酸层含 HNO_3 3%，第二硝化器出口废酸层含 HNO_3 1%。忽略硝酸分解及二硝化反应。作该硝化反应系统的物料衡算。

解：化学反应方程式

$$C_6H_5Cl + HNO_3 \xrightarrow{\ H_2SO_4\ } NO_2\,C_6H_4Cl + H_2O$$

σ_i 　　　　　　　–1　　–1　　　　　1　　　　1

M_i 　　　　　　　112.5　63　　　　157.5　　　18

硝化反应物料衡算示意图见图 12 – 8。

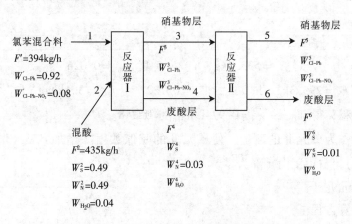

图 12 – 8　例 12 – 6 物料衡算示意图

这是具有两个单元的系统。先对系统作自由度分析：系统独立变量数为 17（物流 1 为 2，物流 2 为 3，物流 3 为 2，物流 4 为 3，物流 5 为 2，物流 6 为 3，反应变化量数为 2，即反应器 I 的 r_I 和反应器 II 的 r_{II}）；独立物料衡算方程数为 10（反应器 I 为 5，反应器 II 为 5）；独立变量赋值数为 7（物流 1 为 2，物流 2 为 3，物流 4 为 1，物流 6 为 1）；附加关系方程数为零。

所以，系统自由度 = 17 - 10 - 7 = 0，系统有完全解。

用"单元法"求解，先对单元 I 作自由度分析：独立变量数目为 11（物流 1 为 2，物流 2 为 3，物流 3 为 2，物流 4 为 3，反应变化量数为 1）；独立物料衡算方程数为 5；独立变量赋值数为 6（物流 1 为 2，物流 2 为 3，物流 4 为 1）；附加关系方程数为零。

所以，单元 I 自由度 = 11 - 5 - 6 = 0，单元 I 有完全解。

对单元 II 作自由度分析：独立变量数为 11（物流 3 为 2，物流 4 为 3，物流 5 为 2，物流 6 为 3，反应变化量数为 1）；独立物料衡算方程数为 5；独立变量赋值数为 2（物流 4 为 1，物流 6 为 1）；附加关系方程数为零。

所以，单元 II 自由度 = 11 - 5 - 2 = 4。

以上自由度分析结果列于表 12 - 12 中。

表 12 - 12　例 12 - 6 自由度分析

	单元 I	单元 II	系统
独立变量数	11	11	17
独立物料衡算方程数	5	5	10
独立变量赋值数	6	2	7
附加关系方程数	0	0	0
自由度	0	4	0

先求解单元 I：

独立物料衡算方程

Cl - Ph 衡算　$0.92 \times 394 - 112.55 r_I = W_{Cl-Ph}^3 F^3$

Cl - Ph - NO$_2$ 衡算　$0.08 \times 394 + 157.5 r_I = (1 - W_{Cl-Ph}^3) F^3$

H$_2$SO$_4$ 衡算　$0.49 \times 435 = W_S^4 F^4$

HNO$_3$ 衡算　$0.47 \times 435 - 63 r_I = 0.03 F^4$

总物质衡算　$394 + 435 = F^3 + F^4$

联解上述 5 式，得

$$F^3 = 533.7 \text{kg} \cdot \text{h}^{-1} \qquad W_{Cl-Ph}^3 = 0.026$$

$$F^4 = 295.3 \text{kg} \cdot \text{h}^{-1} \qquad W_S^4 = 0.722 \qquad r_I = 3.1 \text{kmol} \cdot \text{h}^{-1}$$

由归一性方程，得 $W_{Cl-Ph-NO_2}^3 = 0.974$，$W_{H_2O}^4 = 0.248$。

将上述结果作为单元 II 的赋值，使单元 II 的赋值数由 2 增加到 6（增加 F^3、W_{Cl-Ph}^3、F^4、W_S^4 4 个赋值），自由度由 4 降为零。

下面求解单元 II：

独立物料衡算方程

总物质衡算　$533.7 + 295.3 = F^5 + F^6$

Cl - Ph 衡算　$0.026 \times 533.7 - 112.5 r_{II} = W_{Cl-Ph}^5 F^5$

Cl - Ph - NO$_2$ 衡算　$0.974 \times 533.7 + 157.5 r_{II} = (1 - W_{Cl-Ph}^5) F^5$

H$_2$SO$_4$ 衡算　$0.722 \times 295.3 = W_S^6 F^6$

HNO$_3$ 衡算　$0.03 \times 295.3 - 63 r_{II} = 0.01 F^6$

联解上述 5 式，得

$$r_{\mathrm{II}} = 0.0944 \mathrm{kmol/h} \qquad F^5 = 538 \mathrm{kg/h}$$
$$F^6 = 291 \mathrm{kg/h} \qquad W^5_{\mathrm{Cl-Ph}} = 0.006 \qquad W^6_{\mathrm{S}} = 0.733$$

由归一性方程，求得 $W^5_{\mathrm{Cl-Ph-NO_2}} = 0.994$，$W^6_{\mathrm{H_2O}} = 0.257$。

物料衡算结果见表 12 – 13。

表 12 – 13　例 12 – 6 物料衡算

物流	1		2		3		4		5		6	
组分	kg/h	含量	kg/h	含量	kg/h	含量	kg/h	含量	kg/h	含量	kg/h	含量
Cl – Ph	362.5	0.92	—	—	13.9	0.026	—	—	3.2	0.006	—	—
Cl – Ph – NO$_2$	31.5	0.08	—	—	519.8	0.974	—	—	534.8	0.994	—	—
H$_2$SO$_4$	—	—	213	0.49	—	—	213	0.722	—	—	213	0.733
HNO$_3$	—	—	204.5	0.47	—	—	9	0.03	—	—	3	0.01
H$_2$O	—	—	17.5	0.04	—	—	73.3	0.248	—	—	75	0.257
合计	394	1.0	435	1.0	533.7	1.0	295.3	1.0	538	1.0	291	1.0

例 12 – 7　苯在氯化反应器中可同时发生如下 4 个反应：

$$\mathrm{C_6H_6 + Cl_2 \rightarrow C_6H_5Cl + HCl} \qquad r_1$$
$$\mathrm{C_6H_5Cl + Cl_2 \rightarrow C_6H_4Cl_2 + HCl} \qquad r_2$$
$$\mathrm{C_6H_4Cl_2 + Cl_2 \rightarrow C_6H_3Cl_3 + HCl} \qquad r_3$$
$$\mathrm{C_6H_3Cl_3 + Cl_2 \rightarrow C_6H_2Cl_4 + HCl} \qquad r_4$$

已知进入氯化反应器的苯流量为 1000mol/h，氯气与苯的摩尔比为 3.6:1，出口氯化液的组成（摩尔百分率）为：$\mathrm{C_6H_6}$ 1%，$\mathrm{C_6H_5Cl}$ 7%，$\mathrm{C_6H_4Cl_2}$ 12%，$\mathrm{C_6H_3Cl_3}$ 75%，$\mathrm{C_6H_2Cl_4}$ 5%。试作氯化反应器的物料衡算。

解：物料衡算示意图见图 12 – 9。

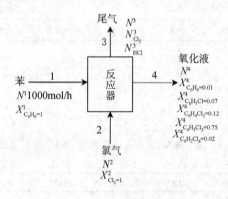

图 12 – 9　例 12 – 7 物料衡算示意图

自由度分析：独立变量数为 13（物流 1 为 1，物流 2 为 1，物流 3 为 2，物流 4 为 5，反应变化量数为 4）；独立物料衡算方程数为 7；独立变量赋值数为 5（物流 1 为 1，物流 4 为 4）；附加关系方程数为 1。

所以，系统自由度 = 13 – 7 – 5 – 1 = 0，系统有完全解。

自由度分析结果见表 12 – 14。

表 12 - 14　例 12 - 7 自由度分析

独立变量数	13
独立物料衡算方程数	7
独立变量赋值数	5
附加关系方程数	1
自由度	0

列方程求解：

独立物料衡算方程

C_6H_6 衡算　$1000 - r_1 = 0.01N^4$

C_6H_5Cl 衡算　$0 + r_1 - r_2 = 0.07N^4$

$C_6H_4Cl_2$ 衡算　$0 + r_2 - r_3 = 0.12N^4$

$C_6H_3Cl_3$ 衡算　$0 + r_3 - r_4 = 0.75N^4$

$C_6H_2Cl_4$ 衡算　$0 + r_4 = 0.05N^4$

Cl_2 衡算　$N^2 - r_1 - r_2 - r_3 - r_4 = X^3_{Cl_2} N^3$

HCl 衡算　$0 + r_1 + r_2 + r_3 + r_4 = (1 - X^3_{Cl_2}) N^3$

附加关系方程　$N^2 : 1000 = 3.6 : 1$

联立求解上述 8 式，可求得

$N^2 = 3600\text{mol/h}$　　$N^3 = 3600\text{mol/h}$　$N^4 = 1000\text{mol/h}$　　$r_1 = 990\text{mol/h}$

$r_2 = 920\text{mol/h}$　　$r_3 = 800\text{mol/h}$　　$r_4 = 50\text{mol/h}$　　　$X^3_{Cl_2} = 0.233$

由归一性方程，得 $X^3_{HCl} = 0.767$。

物料衡算结果见表 12 - 15。

表 12 - 15　例 12 - 7 物料衡算

物流	1		2		3		4	
组分	mol/h	含量	mol/h	含量	mol/h	含量	mol/h	含量
C_6H_6	1000	1.0	—	—	—	—	10	0.01
C_6H_5Cl	—	—	—	—	—	—	70	0.07
$C_6H_4Cl_2$	—	—	—	—	—	—	120	0.12
$C_6H_3Cl_3$	—	—	—	—	—	—	750	0.75
$C_6H_2Cl_4$	—	—	—	—	—	—	50	0.05
Cl_2	—	—	3600	1	839	0.233	—	—
HCl	—	—	—	—	2761	0.767	—	—
合计	1000	1.0	3600	1.0	3600	1.0	1000	1.0

例 12 - 8　苯经连续沸腾氯化反应器制取氯化苯。物料衡算示意图见图 12 - 10。已知氯化液组成（为质量分率）为：C_6H_6 65%，C_6H_5Cl 33.6%，$C_6H_4Cl_2$ 1.4%；苯在氯化反应器中的转化率为 19%；反应温度为 80℃；忽略尾气中含有的 Cl_2 及有机蒸气。假设氯化液中氯苯产量 1000kg/h。试作该氯化系统的物料衡算。

解：这是具有 3 个单元，同时发生 3 个反应的系统。化学反应式如下

$$C_6H_6 + Cl_2 \longrightarrow C_6H_5Cl + HCl$$

σ_i　　　　　　-1　　-1　　　1　　　1

M_i　　　　　　78　　71　　112.5　36.5

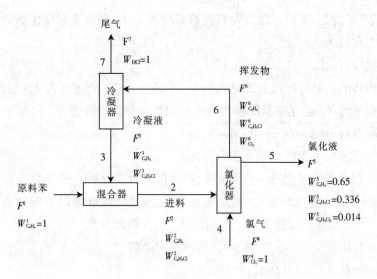

图 12 - 10 例 12 - 8 物料衡算示意图

$$C_6H_5Cl + Cl_2 \longrightarrow C_6H_4Cl_2 + HCl$$

σ_i	-1 $\quad-1$	1	1
M_i	$112.5 \quad 71$	147	36.5

在沸腾氯化器中，气相挥发物同液相（组成与氯化液相同）达到气液相平衡，并被认为是理想系统。80℃时，苯的饱和蒸气压为 760mmHg，氯苯的饱和蒸气压为 144.7mmHg，根据拉乌尔定律和分压定律，得

$$\frac{X_{C_6H_6}^6}{X_{C_6H_5Cl}^6} = \frac{760X_{C_6H_6}^5}{144.7X_{C_6H_5Cl}^5} = \frac{760 \times \dfrac{0.65}{78}}{144.7 \times \dfrac{0.336}{112.5}} = 14.7 \qquad ①$$

如用质量分率表示，为

$$\frac{W_{C_6H_6}^6}{W_{C_6H_5Cl}^6} = 14.7 \times \frac{78}{112.5} = 10.2 \qquad ①'$$

系统还存在以下两个关系方程

按转化率定义

$$0.19 = \frac{78r_1}{W_{C_6H_6}^2 F^2} \qquad ②$$

氯化苯产量关系

$$1000 = 0.336F^5 \qquad ③$$

现对系统作自由度分析：独立变量数为 15（物流 1 为 1，物流 2 为 2，物流 3 为 2，物流 4 为 1，物流 5 为 3，物流 6 为 3，物流 7 为 1，反应变化量数为 2）；独立物料衡算方程数为 10（2 + 5 + 3）；独立变量赋值数 2（物流 5 为 2）；附加关系方程数为 3，即式①、式②、式③。

所以，系统自由度 = 15 - 10 - 2 - 3 = 0，系统有完全解。

再对混合器作自由度分析：独立变量数为 5（物流 1 为 1，物流 2 为 2，物流 3 为 2）；独立物料衡算方程数为 2；独立变量赋值数为零；附加关系数方程数为零。

所以，混合器自由度 = 5 - 2 - 0 - 0 = 3。

对氯化器作自由度分析：独立变量数为 11（物流 2 为 2，物流 4 为 1，物流 5 为 3，物流 6 为 3，反应变化量数为 2）；独立物料衡算方程数为 5；独立变量赋值数为 2（物流 5 为 2）；附加关系方程数为 3。

所以，氯化器自由度 = 11 - 5 - 2 - 3 = 1。

对冷凝器作自由度分析：独立变量数为 6（物流 3 为 2，物流 6 为 3，物流 7 为 1）；独立物料衡算方程数为 3；独立变量赋值数为零；附加关系方程数为零。

所以，冷凝器自由度 = 6 - 3 - 0 - 0 = 3。

由上述分析可见，不能用"单元法"求解。

再尝试对（混合器 + 氯化器 + 冷凝器）整体作自由度分析：整体独立变量数为 8（物流 1 为 1，物流 4 为 1，物流 5 为 3，物流 7 为 1，反应变化量数为 2）；整体独立物料衡算方程数为 5；整体独立变量赋值数为 2；整体附加关系方程数为 1，即式③。

所以，整体自由度 = 8 - 5 - 2 - 1 = 0，整体有完全解。

以上自由度分析见表 12 - 16。

表 12 - 16　例 12 - 8 自由度分析

	混合器	氯化器	冷凝器	系统	整体
独立变量数	5	11	6	15	8
独立物料衡算方程数	2	5	3	10	5
独立变量赋值数	0	2	0	2	2
附加关系方程数	0	3	0	3	1
自由度	3	1	3	0	0

对整体求解如下：

独立物料衡算方程

C_6H_6 衡算　$F^1 - 78r_1 = 0.65F^5$

C_6H_5Cl 衡算　$0 + 112.5r_1 - 112.5r_2 = 0.336F^5$

$C_6H_4Cl_2$ 衡算　$0 + 147r_2 = 0.014F^5$

Cl_2 衡算　$F^4 - 71r_1 - 71r_2 = 0$

HCl 衡算　$0 + 36.5r_1 + 36.5r_2 = F^7$

附加关系方程　$1000 = 0.336F^5$

联立求解以上 6 式，得

$$F^5 = 2976\text{kg/h} \qquad r_2 = 0.28\text{kmol/h} \qquad r_1 = 9.17\text{kmol/h}$$

$$F^1 = 2650\text{kg/h} \qquad F^4 = 671\text{kg/h} \qquad F^7 = 345\text{kg/h}$$

将上述结果（F^4、F^5、r_1、r_2）作为氯化器的赋值，使氯化器的赋值数由 2 增加到 6，但关系方程数由 3 降为 2，（F^5 已知，式③已无意义了），独立物料衡算方程数由 5 降为 3（Cl_2 衡算和 $C_6H_4Cl_2$ 衡算方程已在整体求解中用过），所以，氯化器的自由度 = 11 - 3 - 6 - 2 = 0，可以求解。

对氯化器求解如下：

独立物料衡算方程

C_6H_6 衡算　$W^2_{C_6H_6}F^2 - 78 \times 9.17 = W^6_{C_6H_6}F^6 + 0.65 \times 2976$

C_6H_5Cl 衡算　$(1 - W^2_{C_6H_6})F^2 + 112.5 \times 9.17 - 112.5 \times 0.28 = W^6_{C_6H_5Cl}F^6 + 0.336 \times 2976$

HCl 衡算　$0 + 36.5 \times 9.17 + 36.5 \times 0.28 = \left(1 - W_{C_6H_6}^6 - W_{C_6H_5Cl}^6\right) F^6$

附加关系方程

$$\frac{W_{C_6H_6}^6}{W_{C_6H_5Cl}^6} = 10.2 \qquad 0.19 = \frac{78 \times 9.17}{W_{C_6H_6}^2 F^2}$$

联立求解上述 5 式，解得

$$F^6 = 1569 \text{kg/h} \qquad F^2 = 3874 \text{kg/h}$$

$$W_{C_6H_6}^2 = 0.97 \qquad W_{C_6H_6}^6 = 0.71 \qquad W_{C_6H_5Cl}^6 = 0.07$$

由归一性方程，得

$$W_{C_6H_5Cl}^2 = 0.03 \qquad W_{HCl}^6 = 0.22$$

将 F^1、F^2、$W_{C_6H_6}^2$ 作为混合器的赋值，使混合器的赋值数由 0 增加到 3，则自由度 $= 5 - 2 - 3 = 0$。

对混合器求解如下：

独立物料衡算方程

总物质衡算　$2650 + F^3 = 3874$

C_6H_6 衡算　$2650 + W_{C_6H_6}^3 F^3 = 0.97 \times 3874$

解得　$F^3 = 1224 \text{kg/h} \qquad W_{C_6H_6}^3 = 0.905$

由归一性方程，得 $W_{C_6H_5Cl}^3 = 0.095$。

至此，计算结束。计算结果见表 12 – 17。

表 12 – 17　例 12 – 8 物料衡算

物流	1		2		3		4		5		6		7	
组分	原料苯		进料		冷凝液		氯气		氯化液		挥发物		尾气	
	kg/h	含量	kg/h	含量	kg/h	含量	kg/h	含量	kg/h	含量	kg/h	含量	kg/h	含量
C_6H_6	2650	1	3758	0.97	1108	0.905	—	—	1934	0.65	1114	0.71	—	—
C_6H_5Cl	—	—	116	0.03	116	0.095	—	—	1000	0.336	110	0.07	—	—
$C_6H_4Cl_2$	—	—	—	—	—	—	—	—	42	0.014	—	—	—	—
HCl	—	—	—	—	—	—	—	—	—	—	345	0.22	345	1.0
Cl_2	—	—	—	—	—	—	671	1.0	—	—	—	—	—	—
合计	2650	1.0	3874	1.0	1224	1.0	671	1.0	2976	1.0	1569	1.0	345	1.0

主　要　符　号　表

符　号	意　义	法定单位
ω	湿基含水量	
X	干基含水量	
k	速度常数	
x	转化率	
y	收率	
Φ	反应选择性	

续表

符 号	意 义	法定单位
R	回流比	
Z	单耗	kg
n_i	i 组分的物质的量	mol
x_i	摩尔分数	
u	线速度	m/s
Q	体积流量	m^3/s
N	摩尔流量	mol/d
F	流量质量	kg/d
α	萃取操作的分配系数	
β	萃取操作的选择性系数	
$\sum G_{进料}$	所有进入物系质量之和	kg
$\sum G_{生成}$	物系中所有生成质量之和	kg
$\sum G_{出料}$	所有离开物系质量之和	kg
$\sum G_{消耗}$	物系中所有消耗质量之和（包括损失）	kg
$\sum G_{累积}$	物系中所有积累质量之和	kg
R	回流比	
A	横截面积	m^2
G	质量流速	kg/ $(m^2 \cdot h)$, kg/ $(m^2 \cdot min)$ 或 kg/ $(m^{-2} \cdot s)$
W	质量流量	kg/h, kg/min 或 kg/s
M	流体分子量	g/mol

思考题

1. 在离心过程中将含有25%（质量比）的诺氟沙星料浆进行过滤，料浆的进料流量为2000kg/h。滤饼含有90%的固体，而滤液含有1%的固体，试计算滤液和滤饼的流量？（答：1460.7kg/h；539.3kg/h）

2. 一精馏塔的进料流量为1000kg/h，组成（质量%）为：苯60%，甲苯25%，二甲苯15%。精馏塔顶馏出物的组成（质量%）为：苯94%，甲苯3.5%，二甲苯2.5%。塔底产物中的二甲苯占进料二甲苯的95%。求馏出物、塔底产物的流量和塔底产物的组成。

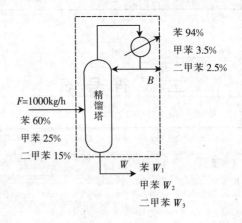

（答案见下表）

组 分	输 入		输 出			
			馏出物		塔底产品	
	流量 (kg/h)	组成 (%)	流量 (kg/h)	组成 (%)	流量 (kg/h)	组成 (%)
苯	600.0	60.0	282.0	94.0	318.0	45.4
甲苯	250.0	25.0	10.5	3.5	239.5	34.2
二甲苯	150.0	15.0	7.5	2.5	142.5	20.4
各物流合计	1000.0	100.0	300.0	100.0	700.0	100.0
输入、输出流量合计	1000.0		1000.0			

3. 某药厂用清水吸收含有 5% （体积）SO_2 的混合气，需处理的混合气量为 $1000m^3/h$，吸收率为 90%，吸收水温为 20℃，操作压力为 1atm，试计算用水量。已知 SO_2 溶解度数据如下（20℃）：

液面上 SO_2 分压 ［mmHg］　　59　39　26　14.7　8.4　5.8

SO_2 ［$kgSO_2$/100kg H_2O］　　1　0.7　0.5　0.3　0.2　0.15

（答：26100kg/h）

4. 过量 10% 的硫酸加到乙酸钙中制备乙酸，反应方程式如下：

$$Ca(Ac)_2 + H_2SO_4 \longrightarrow CaSO_4 + 2HAc$$

反应收率为 90%，未反应的乙酸钙和硫酸则从产物中分离出来，参见下面流程。以 100kg·h 进料为基准，计算：

（1）每小时的循环量；

（2）每小时制成的乙酸的千克数。

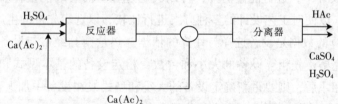

（答：每小时 110kg 乙酸钙；每小时 760kg 乙酸）

5. 水杨酸钠从水溶液重结晶处理工艺是将每小时 4500mol 含 33.33%（mol%）的水杨酸钠新鲜溶液和另一股含有 36.36%（mol%）水杨酸钠的循环液合并加入至一台蒸发器中，蒸发温度为 120℃，用 0.3MPa 的蒸汽加热。从蒸发器放出的浓缩料液含 49.4%（mol%）水杨酸钠进入结晶罐，在结晶罐被冷却，冷至 40℃，用冷却水冷却（冷却水进出口温度 5℃）。然后过滤，获得含水杨酸钠结晶滤饼和含有 36.36%（mol%）水杨酸钠的滤液循环，滤饼中的水杨酸钠占滤饼总物质量的 95%。流程见下图，试计算：

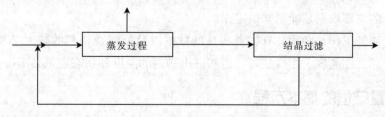

（1）蒸发器蒸发出水量；

（2）循环液（mol）/新鲜液（mol）的比率；

（3）蒸发器和结晶罐的投料比（mol）。

（答：2950.8mol/h；1.25；1.41）

扫码"学一学"

扫码"看一看"

第十三章　能量衡算

第一节　概　述

当物料经物理或化学变化时，如果其动能、位能或对外界所做之功，对于总能量的变化影响甚小可以忽略时，能量衡算可以简化为热量衡算。它是建立过程数学模型的一个重要手段，是制药工艺计算的重要组成部分。进行热量衡算，可以确定为达到一定的物理或化学变化需向设备传入或从设备传出的热量；根据热量衡算可以确定加热剂或冷却剂的用量以及设备的换热面积，或可建立起进入和离开设备的物料的热状态（包括温度、压力、组成和相态）之间的关系。也可为车间锅炉房、冷冻车间的设计提供基础数据。对于复杂过程，热量衡算往往需与物料衡算联立求解。

药物生产所经过的单元反应和单元操作都必须满足一定的工艺要求，如严格地控制温度、压力等条件。因此，如何利用能量的传递和转化规律，以保证适宜的工艺条件，是工业生产中一个重要的问题。

一、能量衡算的目的与意义

（1）在过程设计中，进行能量衡算，可以决定过程所需要的能量，从而计算生产出过程中的能量指标，以便对工艺设计的多种方案进行比较，以选定先进的生产工艺。

（2）能量衡算的数据是设备选择与计算的依据。热量衡算经常与设备选型与计算同时进行，物料衡算完毕，先粗算设备的大小和台数，粗定设备的基本型式和传热形式，如与热量衡算的结果相矛盾，则要重新确定设备的大小和型式或在设备中加上适当的附件部分，使设备既能满足物料衡算的要求又能满足热量衡算的要求。

（3）能量衡算是组织、管理、生产、经济核算和最优化的基础。在工厂生产中，有关工厂能量的平衡，将可以说明能量利用的形式及节能的可能性，找出生产中存在的能耗问题，有助于工艺流程和设备的改进以及制定合理的用能措施，达到节约能源、降低能耗、降低生产成本的目的。

二、能量衡算的依据与必要条件

能量衡算的主要依据是能量守恒定律。

进行能量衡算工作，必须具有物料衡算的数据以及所涉及物料的热力学物性数据，如反应热、溶解热、比热容、相变热等，当然进出物料的温度和状态也是必不可少的。

三、能量守恒的基本方程

为进行热量衡算，首先必须根据需要划定一个衡算的空间范围，称为系统。系统可以是整个生产过程、生产过程的某一部分、单元操作、单元反应过程、设备的某一部分。根据能量守恒定律，在忽略动能、位能和对外做功的条件下，出入系统的热量之间关系为：

物料带入系统的热量 ＋ 系统内产生的热量 －物料带出系统的热量

$$= 系统内热量的积累 + 由系统边界传出的热量 \qquad (13-1)$$

对于连续定态过程，系统内没有热量的积累。如果在系统内不发生化学反应，又没有采用电加热等热源，则系统内产生的热量为零，此时热量衡算式可简化为：

$$物料带入系统的热量 - 物料带出系统的热量 = 由系统边界传出的热量 \qquad (13-2)$$

物质具有的热能，是对照某一基准状态来计量的，相当于物质从基准状态加热到所处状态需要的热量。当物质发生相态变化时，须计入相变时的潜热，如气化热（或冷凝热）、熔融热（或凝固热）等。不同液体混合时，须计入由于浓度变化而产生的混合热（或溶解热）。工程上常用热力学参数焓表示单位质量物质所具有的热量。单位质量物料状态变化所需的热量，等于两种状态下焓值的差。热量衡算的步骤，与物料衡算大致相同。

能量存在的形式有多种，如势能、动能、电能、热能、机械能、化学能等，各种形式的能量在一定条件下可以互相转化，但其总的能量是守恒的。系统与环境之间是通过物质传递、做功和传热3种方式进行能量传递的。在药品生产过程中热能是最常用的能量表现形式，所以以下主要介绍热量衡算。

四、热量衡算的分类

按照控制体系分类，热量衡算分为单元设备热量衡算和系统热量衡算。此外，按照过程连续性分类，又可分为间歇过程热量衡算和连续过程热量衡算。其中，前一分类在制药工艺设计中运用相对较多。

在工艺设计中，热量衡算所处的地位是热量衡算以物料衡算作为基础，同时它又是设备计算的基础。

第二节　热量衡算

一、设备的热量平衡方程式

当内能、动能、势能的变化量可以忽略且无轴功时，根据能量守恒方程式可以得出以下热量平衡方程式

$$Q_1 + Q_2 + Q_3 = Q_4 + Q_5 + Q_6 \qquad (13-3)$$

式中，Q_1 为物料带入设备的热量，kJ；Q_2 为加热剂或冷却剂传给设备或所处理物料的热量，kJ；Q_3 为过程热效应，kJ（放热为正；吸热为负）；Q_4 为物料离开设备所带走的热量，kJ；Q_5 为加热或冷却设备所消耗的热量，kJ；Q_6 为设备向环境散失的热量，kJ。

热量衡算的目的是计算出 Q_2，从而确定加热剂或冷却剂的量。为了求出 Q_2 必须知道式（13-3）中的其他各项，关键是求出 Q_3。

1. Q_1 与 Q_4 的计算　物料带入设备的热量 Q_1 和物料离开设备所带走的热量 Q_4 可用下式计算

$$Q_1 (Q_4) = \sum m \int_{t_0}^{t_2} C_p dt \qquad (13-4)$$

$$C_p = f(t) = a + bt + ct^2 + \cdots \qquad (13-5)$$

式中，m 为输入（或输出）设备的各种物料的质量，kg；C_p 为物料的定压比热容，kJ/（kg·℃）；t_0 为基准温度，℃；t_2 为物料的实际温度，℃。

当 $C_p - t$ 是直线关系时，式（13-4）可简化为

$$Q_1 (Q_4) = \sum mC_p(t_2 - t_0) \qquad (13-6)$$

C_p 为 $t_0 \sim t_2$ 之间的平均定压比热容，可以是 t_0 和 t_2 下的定压比热容之和的一半，也可以是 t_0 和 t_2 平均温度下的定压比热容。但两者的误差有时是不一样的。

2. Q_5 的计算　加热或冷却设备所消耗的热量 Q_5 的计算与过程有关，如是稳态操作过程，$Q_5 = 0$；对于非稳态过程，如开车、停车以及各种间歇操作过程，Q_5 可按下式计算

$$Q_5 = \sum MC_p(t_2 - t_1) \qquad (13-7)$$

式中，M 为设备各部件的质量，kg；C_p 为设备各部件材料的定压比热容，kJ/(kg·℃)；t_1 为设备各部件的初始温度，℃（一般可取为室温）；t_2 为设备各部件的最终平均温度，℃（根据具体情况来定）。

设传热器壁两侧流体的给热系数分别为 A_h（高温侧）和 A_l（低温侧），传热终了时两侧流体的温度分别为 t_h（高温侧）和 t_l（低温侧），则

当 $A_h \approx A_l$ 时，$t_2 = (t_h + t_l)/2$

当 $A_h \gg A_l$ 时，$t_2 = t_h$

当 $A_h \ll A_l$ 时，$t_2 = t_l$

3. Q_6 的计算　设备向环境散失的热量 Q_6 可按下式计算

$$Q_6 = \sum A\alpha_T(t_W - t_0)\tau \qquad (13-8)$$

式中，Q_6 为设备向环境散失的热量，J；A 为设备散热表面积，m²；α_T 为设备散热表面与周围介质之间的联合给热系数，W/(m²·℃)；t_W 为散热表面的温度（有隔热层时为绝热层外表的温度），℃；t_0 为周围介质的温度，℃；τ 为散热持续的时间，s。

设备散热表面与周围介质之间的联合给热系数可用以下经验公式求得。

（1）当隔热层外空气作自然对流，且 t_W 为 50～350℃ 时

$$\alpha_T = 8 + 0.05 t_W \quad W/(m^2 \cdot ℃) \qquad (13-9)$$

（2）当空气作强制对流，空气的速度 u 不大于 5m/s 时

$$\alpha_T = 5.3 + 3.6u \quad W/(m^2 \cdot ℃) \qquad (13-10)$$

（3）当空气作强制对流，空气的速度 u 大于 5m/s 时

$$\alpha_T = 6.7u^{0.78} \quad W/(m^2 \cdot ℃) \qquad (13-11)$$

对于室内操作的锅式反应器，α_T 的数值可近似取作 10W/(m²·℃)。通常，Q_5 与 Q_6 采用经验估算方法（医药工业连续操作较少），即热损失

$$Q_5 + Q_6 = (5\% \sim 10\%) Q_{总}$$

必须注意的是 Q_5 与 Q_6 的 + 或 - 符号不能出现差错。

4. 过程热效应 Q_3 的计算　过程热效应包括化学反应热与状态变化热。

（1）化学反应热的计算　进行化学反应所放出或吸收的热量称为化学反应热（在只做膨胀功的条件下，反应中放出或吸收的热量）。从热化学概念看，热是一个状态函数，只有起始、终末状态有关，而与过程途径无关（当整个反应过程中体积恒定或压力恒定，且系统只做体积功时）。其实质就是盖斯定律指出的："不管化学过程是一步完成或分数步完成，过程总的热效应是相同的"。化学反应热的求法有如下几种。

1）用标准反应热计算　通常规定当反应温度为 298K 及标准大气压时反应热的数值为标准反应热，用 ΔH^0 表示，ΔH^0 可以在有关手册中查到，且规定负值表示放热，正值表示

吸热，这与热量衡算平衡方程式中规定的符号相反，下述用 q_r^0 表示标准反应热，且规定正值表示放热，负值表示吸热，因而

$$q_r^0 = -\Delta H^0 \tag{13-12}$$

2）用标准生成热 q_f 求反应热效应 q_r　标准生成热是指反应物和生成物均处于标准状态下（1atm，25℃或某一定温度下），由若干稳定相态单质生成 1mol 某物质时，过程放出的热量（元素单质的生成热假定为零）。

根据盖斯定律可得

$$q_r = \sum (q_f)_{产物} - \sum (q_f)_{反应物} \tag{13-13}$$

式中，q_r 为反应热效应，kJ/mol；$\sum(q_f)_{产物}$ 为产物生成热之和，kJ/mol；$\sum(q_f)_{反应物}$ 为反应物生成热之和，kJ/mol。

3）用标准燃烧热 q_c 求反应热效应 q_r　标准燃烧热是指 1mol 稳定聚集状态物质处于标准状态下（25℃，1atm）完全燃烧时所放出的热量。燃烧的最终产物标准燃烧热为0。

$$q_r = \sum (q_c)_{反应物} - \sum (q_c)_{产物} \quad \text{kJ/mol} \tag{13-14}$$

式中，q_r 为反应热效应，kJ/mol；$\sum(q_c)_{反应物}$ 为反应物生成热之和，kJ/mol；$\sum(q_c)_{产物}$ 为产物生成热之和，kJ/mol。

4）标准生成热 q_f 与标准燃烧热 q_c 的换算　由盖斯定律可得

$$q_f + q_c = \sum (q_c)_{元素} \tag{13-15}$$

$\sum(q_c)_{元素}$ 易得到（表13-1），一旦知道 q_c 就可求 q_f 或知 q_f 可求 q_c。一般 q_c、q_f 可由手册、实验、经验计算等途径获得。一般 q_c 估算由经验估算法更易得到。所以上式使用多为 $q_f = \sum (q_c)_{元素} - q_c$。

表 13-1　元素的燃烧热

元素燃烧过程	元素燃烧热（kJ/g）	元素燃烧过程	元素燃烧热（kJ/g）
$C \rightarrow CO_2$（气）	395.15	$Br \rightarrow HBr$（溶液）	119.32
$H \rightarrow \frac{1}{2}H_2O$（液）	143.15	$I \rightarrow I'$（固）	0
$F \rightarrow HF$（溶液）	316.52	$N \rightarrow \frac{1}{2}N_2$（气）	0
$Cl \rightarrow \frac{1}{2}Cl_2$（气）	0	$N \rightarrow HNO_3$（溶液）	205.37
$Cl \rightarrow HCl$（溶液）	165.80	$S \rightarrow SO_2$（气）	290.15
$Br \rightarrow \frac{1}{2}Br_2$（液）	0	$S \rightarrow H_2SO_4$（溶液）	886.8
$Br \rightarrow \frac{1}{2}Br_2$（气）	-15.37	$P \rightarrow P_2O_5$（固）	765.8

5）不同温度下反应热 q_r^t 的计算　反应恒定在 t 温度下进行，而且反应物和生成物在 25~t℃ 范围内都无相态变化，那么有以下关系式

$$q_r^t = q_r^0 - (t-25)\left(\sum n_i C_{p_i}\right) \quad \text{kJ/mol} \tag{13-16}$$

式中，n_i 为反应方程式中化学计量系数，反应物为负，生成物为正；t 为反应温度，℃；C_{p_i} 为反应物或生成物在 25~t℃ 温度范围内的平均比热容，kJ/（mol·℃）。

如果反应物或生成物在 25~t℃ 范围内有相态变化，那么需对式（13-16）进行修正，

应计入相变热。

（2）物理状态变化热　常见的物理变化热有相变热和溶解混合热。

1）相变热　在恒定的温度和压力下，单位质量或物质的量的物质发生相态变化时的焓变称为相变热，如气化热、升华热、熔化热、冷凝热等。

许多化合物的相变热的数据可从有关手册、参考文献中查得，在使用中要注意单位和符号与式（13-2）所规定的一致性。如果查到的数据，其条件不符合要求时，可设计一定的计算途径求出。例如，已知 T_1、p_1 条件下某物质 1mol 的气化潜热为 ΔH_1，根据盖斯定律可用图 13-1 所设的途径求出 T_2、p_2 条件下的气化潜热 ΔH_2。

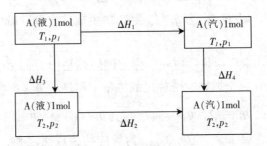

图 13-1　相变热计算示意图

$$\Delta H_2 = \Delta H_1 + \Delta H_4 - \Delta H_3$$

ΔH_3 是液体的焓变，忽略压力对焓的影响

$$\Delta H_3 = \int_{T_1}^{T_2} C_p(液)\,\mathrm{d}T \tag{13-17}$$

ΔH_4 是温度、压力变化时的气体焓变，如将蒸气看作理想气体，可忽略压力对焓的影响，则

$$\Delta H_4 = \int_{T_1}^{T_2} C_p(汽)\,\mathrm{d}T \tag{13-18}$$

所以有

$$\Delta H_2 = \Delta H_1 + \int_{T_1}^{T_2} \left[C_p(汽) - C_p(液) \right] \mathrm{d}T \tag{13-19}$$

2）溶解与混合热　当固体、气体溶于液体，或两种液体混合时，由于分子间的相互作用与它们在纯态时不同，伴随这些过程就会有热量的放出或吸收，这两种过程的过程热分别称为溶解热或混合热。

对气体混合物，或结构相似的液体混合物，例如直链烃的混合物，可以忽略两种分子间的相互作用，即溶解热或混合热不考虑。但另外一些混合或溶解过程，如进行硫酸、硝酸、氨水水溶液的配制、稀释等则有显著的热量变化。

某些物质的溶解、混合热可直接从有关手册或资料中查到，也可根据积分溶解热或稀释热求出。①积分溶解热。恒温恒压下，将 1mol 溶质溶解于 $n$mol 溶剂中，该过程所产生的热效应称为积分溶解热。积分溶解热不仅可以用来计算把溶质溶于溶剂中形成某一含量溶液时的热效应，还可以用来计算把溶液从某一含量稀释或浓缩到另一含量的热效应。它是温度和浓度的函数。有些物质的积分溶解热在手册和相关资料中查得。②积分稀释热。恒温恒压下，将一定量的溶剂加入到含 1mol 溶质的溶液中，形成较稀的溶液时所产生的热效应称为积分稀释热。③无限稀释积分溶解热。当加入溶剂（一般是水）量无限大时，直到无热效应时的值——多为定值。因为无限稀释是一基态：$H = 0$，而任何一个浓度的溶液为 H_1。

例 13 - 1 在 25℃和 1.013×10^5 Pa 下，用水稀释 78% 的硫酸水溶液以配制 25% 的硫酸水溶液 1000kg，试计算配制过程中的浓度变化热。

解：设 G_1 为 78% 的硫酸溶液的用量，G_2 为水的用量，则

$$G_1 \times 78\% = 1000 \times 25\%$$

$$G_1 + G_2 = 1000$$

$$G_1 = 320.5 \text{kg} , \quad G_2 = 679.5 \text{kg}$$

配制前后 H_2SO_4 的摩尔数为

$$n_{H_2SO_4} = 320.5 \times 10^3 \times 0.78 \div 98 = 2550.9 \text{mol}$$

配制前 H_2O 的摩尔数为

$$n_{H_2O} = 320.5 \times 10^3 \times 0.22 \div 18 = 3917.2 \text{mol}$$

则

$$n_1 = 3917.2 \div 2550.9 = 1.54$$

由表 13 - 2 用内插法查得

$$\Delta H_{s_1} = 35.57 \text{kJ/mol}$$

配制后水的摩尔数为

$$n_{H_2O} = （320.5 \times 0.22 + 679.5）\times 10^3 \div 18 = 41667.2 \text{mol}$$

则

$$n_2 = 41667.2 \div 2550.9 = 16.3$$

由表 13 - 2 用内插法查得 $\Delta H_{s_2} = 69.30 \text{kJ/mol}$。

表 13 - 2 25℃时，H_2SO_4 水溶液的积分溶解热

n_{H_2O}（mol）	积分溶解热 ΔH_s（kJ/mol）	n_{H_2O}（mol）	积分溶解热 ΔH_s（kJ/mol）	n_{H_2O}（mol）	积分溶解热 ΔH_s（kJ/mol）
0.5	15.74	8	64.64	1000	78.63
1.0	28.09	10	67.07	5000	84.49
2	41.95	25	72.53	10000	87.13
3	49.03	50	73.39	100000	93.70
4	54.09	100	74.02	500000	95.38
5	58.07	200	74.99	∝	96.25
6	60.79	500	76.79		

注：表中积分溶解热的符号规定为放热为正、吸热为负。

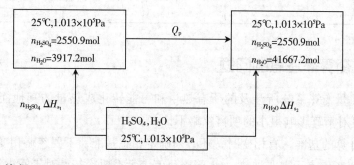

根据盖斯定律得

$$n_{H_2SO_4} \Delta H_{s_1} + Q_p = n_{H_2O} \Delta H_{s_2}$$

$$Q_p = 2550.9 \times (69.30 - 35.57) = 8.604 \times 10^4 \text{kJ}$$

二、单元设备热量衡算的步骤

在进行热量衡算时，首先要对过程中的单元设备进行热量衡算，通过热量衡算，算出设备的有效热负荷，由热负荷确定加热剂或冷却剂的用量、设备的传热面积等。以下介绍单元设备的热量衡算步骤。

（1）明确衡算对象，划定衡算范围，绘制设备的热平衡图　为了帮助分析和减少衡算错误，先绘制单元设备物料流向及变化的热平衡图，标注衡算范围各种形式热量，并列出热平衡方程。

（2）搜集有关数据　热量衡算涉及物料量、物料的状态和有关物质的热力学参数，如比热容、潜热、反应热、溶解热、稀释热和结晶热等。这些热力学数据可以从有关的物性参数手册、书刊等资料上查得，也可以从工厂实际生产数据中取得。如果从上面的途径中无法得到有关数据，可以通过热力学数据估算方法求得或通过实验测得。总之，数据可靠性是关键，它可以保证计算可靠性。

（3）选择计算基准　在进行热量计算时，基准不同，算出的式（13－2）中各项数据就不同，同时基准选择不当，会给计算带来许多不便。因此，在同一个计算中要选择同一个计算基准，而且要使计算尽量地简单、方便。计算基准包括数量上和相态（也称基准态）两方面。数量上的基准是指用哪个量出发来计算热量，可以单位时间的量或每批的量。一般地，选择0℃、液态为计算基准态较为简单，对有反应的过程，一般取25℃作为计算基准态。

（4）计算各种形式热量的值　按热量衡算平衡方程式求出式中各种热量。

（5）列热量平衡表　热量衡算完毕后，将所得的结果汇总成表，并检查热量是否平衡。

（6）求出加热剂或冷却剂等载能介质的用量。

（7）求出每吨产品的动力消耗定额、每小时最大用量以及每天用量和年消耗量。

此项工作要结合设备计算及设备操作时间的安排进行（在间歇操作中此项工作显得特别重要）。在汇总每个设备的动力消耗量得出车间总耗量时，须考虑一定的损耗（即乘以安全系数，如蒸汽1.25，水1.2，压缩空气1.30，真空1.30，冷冻盐水1.20），最后得出能量消耗综合表（表13－3）。

表13－3　能量消耗综合表

序号	名称	规格	每吨产品消耗定额	每小时最大用量	每昼夜（或每小时消耗量）	年消耗量	备注

三、热量衡算需注意的问题

（1）确定热量衡算系统所涉及的所有热量和可能转化成热量的其他能量，不得遗漏。但为简化计算可对衡算影响很小的项目忽略不计。

（2）确定计算的基准。有相变时，还必须确定相态基准，不要忽略相变热。

（3）Q_2等于正值表示需要加热，Q_2等于负值表示需要冷却。对于间歇操作，各段时间操作情况不一样，应分段进行热量平衡计算，求出不同阶段的Q_2。

（4）在计算时，特别是当利用在物理化学手册中查得的数据计算时，要注意使数值的正负号与式（13－12）中规定的一致。

（5）在有相关条件的约束，物料量和能量参数（如温度）有直接影响时，需将物料平衡和热量平衡计算联合进行，才能求解。

四、有效平均温差

在设备选择与计算中，有传热面积的校核，根据 Q_2 求传热面积，需要知道有效平均温差。下面就平均温差的计算进行介绍。

1. 列管式换热器的有效平均温差的计算

（1）两换热介质逆流流向时，有效平均温差的计算

$$\Delta t_m = \frac{(T_1 - t_2) - (T_2 - t_1)}{\ln \dfrac{(T_1 - t_2)}{(T_2 - t_1)}} \tag{13-20}$$

式中，Δt_m 为有效平均温差；T_1、t_1 为分别为两换热介质的入口温度；T_2、t_2 为分别为两换热介质的出口温度。

（2）两换热介质并流流向时，有效平均温差的计算

$$\Delta t_m = \frac{(T_1 - t_1) - (T_2 - t_2)}{\ln \dfrac{(T_1 - t_1)}{(T_2 - t_2)}} \tag{13-21}$$

式中符号意义同上。

（3）其他流向，有效平均温差的计算

$$\Delta t_m = \phi \frac{(T_1 - t_1) - (T_2 - t_2)}{\ln \dfrac{(T_1 - t_1)}{(T_2 - t_2)}} \tag{13-22}$$

式中，ϕ 为校正系数，如校正系数 <1，应尽量控制在 0.8 以上。

2. 间歇式反应锅的有效平均温差的计算

（1）间歇冷却过程的有效平均温差的计算　如图 13－2 所示，冷却剂进口温度始终不变为 t_1，经过热交换后出口温度由 t_1 升温至 t_2；锅中流体的温度则由 T_1 降至 T_2。可见这个过程的有效平均温差在不断变化，因而不能用起始或终止状态的有效平均温差来代替整个过程的有效平均温差。可采用下列经验公式求出

$$\Delta t_m = \frac{(T_1 - T_2)}{\ln \dfrac{(T_1 - t_1)}{(T_2 - t_1)}} \times \frac{A - 1}{A \ln A} \tag{13-23}$$

$$A = \frac{T_1 - t_1}{T_1 - t'_1} = \frac{T_2 - t_1}{T_2 - t_2}$$

冷却剂的平均最终温度

$$t_{平均} = t_1 + \Delta t_m \ln A \tag{13-24}$$

（2）间歇加热过程的有效平均温差的计算　如图 13－3 所示，加热剂进口温度始终不变为 T_1，经过热交换后出口温度由 T'_1 降温至 T_2；锅中流体的温度则由 t_1 升至 t_2。可见这个过程的有效平均温差在不断变化，因而不能用起始或终止状态的有效平均温差来代替整个过程的有效平均温差。可采用下列经验公式求出

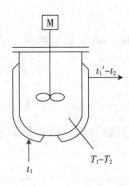

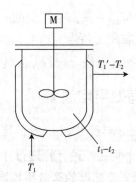

图 13 - 2　间歇冷却　　　　　　　　　　　图 13 - 3　间歇加热

$$\Delta t_{m} = \frac{(t_2 - t_1)}{\ln \dfrac{(T_1 - t_1)}{(T_1 - t_2)}} \times \frac{A - 1}{A \ln A} \qquad (13 - 25)$$

$$A = \frac{T_1 - t_1}{T_1' - t_1} = \frac{T_1 - t_2}{T_2 - t_2} \qquad (13 - 26)$$

加热剂的平均最终温度

$$t_{平均} = T_1 - \Delta t_m \ln A \qquad (13 - 27)$$

如果是用蒸汽加热，由于热源主要是蒸汽冷凝成水放出的潜热，因而可以简化认为夹套进出温度一样，则采用下列公式

$$\Delta t_m = \frac{(T_1 - t_1) - (T_1 - t_2)}{\ln \dfrac{(T_1 - t_1)}{(T_1 - t_2)}} \qquad (13 - 28)$$

式中，T_1 为蒸汽的温度；t_1，t_2 为间歇加热锅中流体起始和终了温度。

第三节　常用热力学数据的计算

常见元素和化合物的热力学数据可通过有关物化手册查得，但化合物的品种十分繁多，不可能都能从手册中查出，此外，①新的化合物，特别是有机化合物，其物化数据不是用简单的方法测出的；②手册中所载的物化数据，其测定条件与生产或工程应用的条件有时不符；③手册中所载的多为元素或单组分的物化数据，而工程实践中常遇到的为多组分的混合物等因素，使确定工程应用条件下多组分混合物的热力学数据成为关键的问题。

为了解决上述问题，国内外很多人做了不少研究工作，可以通过计算的方法得出物化数据的数值或近似值，这些方法归纳起来有如下几种。

（1）物化数据相互关联法　由较易计算的物化常数（如分子量）或较易查得的物化性质（如沸点、熔点、临界常数等）推算其他物化数据。

（2）用组成化合物的原子物化数据或官能团结构因数加和推测化合物的物化数据。

（3）用已经测过的物化数据制成线图，通过内插与外推法得出某些化合物的未知物化数据。

热力学数据的估算方法很多，在许多手册和有关资料中都有报道。本节主要介绍比热容、气化热、熔融热、溶解热、燃烧热的常用计算方法。

一、热容

1. 热容的单位

（1）摩尔热容　每 1mol 或 1kmol 物质温度升高 1℃所需的热量，称为摩尔热容，单位 kJ/

（mol·℃）或 kJ/（kmol/℃）。

（2）比热容 每 1kg 物质温度升高 1℃ 所需要的热量，称为比热容，单位(kJ·kg·℃)。

2. 物质的热容

（1）气体的比热容

1）压强低于 $5 \times 10^5 Pa$ 的气体或蒸气均可作理想气体处理，其定容比热容

$$C_V = 4.187 \ (2n+1)/M \quad kJ/(kg·℃) \tag{13-29}$$

定压比热容

$$C_p = 4.187 \ (2n+3)/M \quad kJ/(kg·℃) \tag{13-30}$$

式中，n 为化合物分子中原子个数；M 为化合物分子量。

2）压强高于 $5 \times 10^5 Pa$ 的气体 通过对比压强 p_r 和对比温度 T_r 查图 13-4 得实际气体与理想气体的定压比热容之差 ΔC_p，ΔC_p 与理想气体的定压比热之和即为实际气体的 C_p。

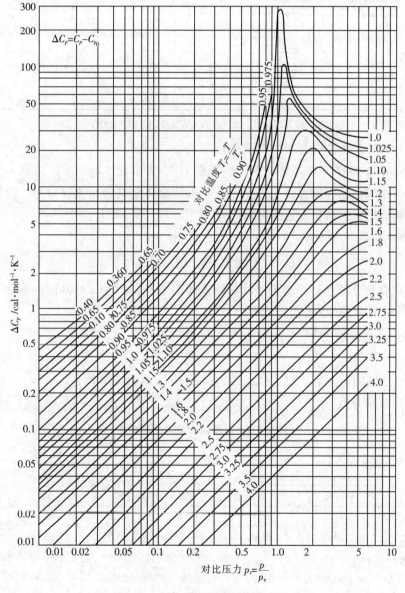

图 13-4 气体热容等温压力校正

（2）固体在常温下的比热容

1）元素的比热容

$$C = C_i/A \quad kJ/ (kg \cdot ℃) \tag{13-31}$$

式中，A 为原子摩尔质量；C_i 为原子的摩尔热容，kJ/（kmol·℃）（可由表13-4查得）。

2）化合物的比热容

$$C_p = \sum n_i C_i/M \quad kJ/ (kg \cdot ℃) \tag{13-32}$$

式中，M 为化合物分子量；n_i 为分子中 i 元素原子数；C_i 为 i 元素原子的摩尔热容，J/（kmol·℃）（可由表13-4查得）。

表13-4 元素原子的比热容

单位：kcal/（kmol·℃）

原子	固态的 C	液态的 C	原子	固态的 C	液态的 C
C	1.8	2.8	F	5.0	7.0
H	2.3	4.3	P	5.4	7.4
B	2.7	4.7	S	5.5	7.4
Si	3.8	5.8	Cl	6.2	估计在 0~24℃ 之间为 8.0
O	4.0	6.0	N	2.6	—
			其他[①]	6.2	8.0

①指原子相对质量在40以上的固体金属元素，液体金属及熔盐见化工工艺设计手册。

注：1kcal/（kmol·℃）=4186.8J/（kmol·℃）。

（3）液体的比热容　大部分液体比热容在 1.7~2.5kJ/（kg·℃）之间，少数液体例外，如液氨与水的比热容较大，在 4 左右，而汞和液体金属的比热容很小。液体比热容随温度上升而稍有增大，而受压强的影响不大。

1）有机化合物的比热容

$$C_p = \sum n_i C_i/M \quad kJ/(kg \cdot ℃) \tag{13-33}$$

式中，M 为化合物分子量；n_i 为分子中 i 种基团的个数；C_i 为 i 种基团的摩尔比热容，J/（mol·℃）（可由表13-5查得）。

2）水溶液比热容的估算

$$C = C_s n + (1-n) \tag{13-34}$$

式中，C 为水溶液的比热容，kJ/（kg·℃）；C_s 为固体的比热容，kJ/（kg·℃）；n 为水溶液中固体的质量分数。

表13-5 基团结构摩尔比热容值

单位：J/（mol·℃）

基　团	温度（℃）					
	-25	0	25	50	75	100
—H	12.6	13.4	14.7	15.5	16.7	18.8
—CH₃	38.5	40.0	41.7	43.5	45.9	48.4
—CH₂—	27.2	27.6	28.3	29.1	29.8	31.0
—CH	20.9	23.9	24.9	25.8	26.6	28.1
—C—	8.4	8.4	8.4	8.4	8.4	—
—C≡C—	8.4	8.4	8.4	8.4	8.4	—

续表

基 团	温度（℃）					
	-25	0	25	50	75	100
—O—	28.9	29.3	29.7	30.1	30.6	31.0
—CO—（酮）	41.9	42.7	43.5	44.4	45.2	46.1
—OH—	27.2	33.5	44.0	52.3	61.8	71.2
—COO—（酯）	56.5	57.8	59.0	61.1	63.2	64.9
—NH₂	58.6	58.6	62.8	67.0	—	—
—NH—	51.1	51.1	51.1	—	—	—
—n—	8.4	8.4	8.4	—	—	—
—CN	56.1	56.5	56.9	—	—	—
—NO₂	64.5	64.9	65.7	67.0	68.2	—
—NH—NH—	79.6	79.6	79.6	—	—	—
C₄H₅—（苯基）	108.9	113.0	117.2	123.5	129.8	136.1
C₁₀H₇—（萘基）	180.0	184.2	188.4	196.8	205.2	213.5
—F	24.3	24.3	25.1	26.0	27.0	28.3
—Cl	28.9	29.3	29.7	30.1	30.8	31.4
—Br	35.2	35.6	36.0	36.4	37.3	38.1
—I	39.4	39.8	40.4	41.0	—	—
—S—	37.3	37.7	38.5	39.4	—	—

3. 混合物的热容 在实际生产过程中遇到的大多是混合物，极少数混合物有实验测定的热容数据，一般都是根据混合物内各种物质的热容和组成进行推算的。

（1）理想气体混合物的热容 由于理想气体分子间没有作用力，因而理想气体混合物热容按分子组成加和的规律来计算。即

$$C_p = \sum x_i C_{pi}^0 \tag{13-35}$$

式中，C_p 为理想气体混合物气体定压摩尔热容；x_i 为 i 组分的摩尔分数；C_{pi}^0 为混合气体中各组分的理想气体定压摩尔热容。

（2）真实气体混合物的热容 求真实气体混合物热容时，先求该混合气体在同样温度下为理想气体时的热容 C_p^0，然后根据混合气体的假临界压力 p_c' 和假临界温度 T_c'，求得混合气体的对比压力和对比温度，在图 13-4 上查出 $C_p - C_p^0$，最后求得 C_p。

例 13-2 求 100℃时，80% 乙烯和 20% 丙烯混合气体在 4.05MPa 时的热容。已知乙烯和丙烯的 $C_p^0 - T$ 函数式为

乙烯 $C_p^0 = 2.830 + 28.601 \times 4^{-3}T - 8.726 \times 4^{-6}T^2$ kcal/(kmol·K)

（1kcal = 4.1868kJ，下同）

丙烯 $C_p^0 = 2.253 + 45.116 \times 4^{-3}T - 13.740 \times 4^{-6}T^2$ kcal/(kmol·K)

解： 以 C_{p1}^0 和 C_{p2}^0 分别表示 100℃时乙烯和丙烯的理想气体定压摩尔热容，则

$$C_{p1}^0 = 2.830 + 28.601 \times 4^{-3} \times 373 - 8.726 \times 4^{-6} \times 373^2$$

$$= 12.3 \text{kcal/(kmol·K)}$$

$$= 51.50 \text{kJ/(kmol·K)}$$

$$C_{p2}^0 = 2.253 + 45.116 \times 4^{-3} \times 373 - 13.740 \times 4^{-6} \times 373^2$$

$$= 17.2\text{kcal}/(\text{kmol} \cdot \text{K})$$

$$= 72.01\text{kJ}/(\text{kmol} \cdot \text{K})$$

$$C_p^0 = 0.8 \times 51.50 + 0.2 \times 72.01 = 55.60\text{kJ}/(\text{kmol} \cdot \text{K})$$

查得乙烯的临界压力为 5.039MPa，临界温度为 282.2K，丙烯的临界压力为 4.62MPa，临界温度为 365K，则混合物的假临界压力和假临界温度为

$$p_c' = 0.8 \times 5.039 + 0.2 \times 4.62 = 4.955\text{MPa}$$

$$T_c' = 0.8 \times 282.2 + 0.2 \times 365 = 298.7\text{K}$$

100℃、4.05MPa 混合气体的 p_r 和 T_r 为

$$p_r = 4.05/4.955 = 0.817$$

$$T_r = (273 + 100)/298.7 = 1.25$$

由图 13-4 查得该条件下 $(C_p - C_p^0) = 2.6\text{kcal}/(\text{kmol} \cdot \text{K}) = 10.89\text{kJ}/(\text{kmol} \cdot \text{K})$，而该混合气体 100℃下的理想气体定压热容 $C_p^0 = 55.60\text{kJ}/(\text{kmol} \cdot \text{K})$，因此，100℃、4.05MPa 下混合气体的摩尔定压热容为 $C_p = 55.60 + 10.89 = 66.49\text{kJ}/(\text{kmol} \cdot \text{K})$。

（3）液体混合物的热容　混合液体的热容还没有比较理想的计算方法，一般工程计算采用与理想气体混合物热容的加和公式相同，即按组成加和估算。

此法对由分子结构相似的物质混合而成的混合液体（例如对二甲苯和间二甲苯、苯和甲苯的混合液体）还比较准确，但对其他液体混合物有比较大的误差。

二、气化热

液体汽化所吸收的热量称为气化热，也称为蒸发潜热。在一些手册中能查到一些物质在常压沸点下的气化热，有时也能找到一些物质在 25℃ 的气化热，但在其他操作条件下的数据很少有，而制药过程的操作条件很多是非常压的。因此需要根据易于查到的正常沸点的气化热，或 25℃ 的气化热求算其他条件下的气化热。

1. 利用 Waston 从已知温度的气化热求另一温度的气化热

$$\frac{\Delta H_{v_2}}{\Delta H_{v_1}} = \left[\frac{1 - T_{r_2}}{1 - T_{r_1}}\right]^{0.38} \tag{13-36}$$

式中，ΔH_v 为气化热，kJ/kg 或 kJ/mol；T_r 为对比温度（实际温度与临界温度之比值），K/K。

此式比较简单准确，在离临界温度 10℃ 以外，平均误差 1.8%，因此被广泛采用。

2. 根据盖斯定律从已知的 T_1、p_1 条件下的汽化数据求 T_2、p_2 条件下的汽化数据

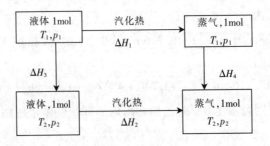

由上途径得

$$\Delta H_2 = \Delta H_1 - \Delta H_3 + \Delta H_4$$

由于压力对液体影响很小，则 ΔH_3 只计算温度的影响。

$$\Delta H_3 = \int_{T_1}^{T_2} C_{p(液)} \mathrm{d}T$$

如果把蒸气当作理想气体，则可忽略压力对气体焓的影响，ΔH_4 只计算温度的影响，则

$$\Delta H_4 = \int_{T_1}^{T_2} C_p(气) \mathrm{d}T$$

因此

$$\Delta H_2 = \Delta H_1 + \int_{T_1}^{T_2} (C_{p(气)} - C_{p(液)}) \mathrm{d}T$$

3. 液体在沸点下的气化热

$$\Delta H_{vb} = \frac{T_b}{M}(39.8\lg T_b - 0.029 T_b) \tag{13-37}$$

式中，ΔH_{vb} 为气化热，kJ/kg；T_b 为液体的沸点，K；M 为液体的分子量。

4. 根据对比压强、对比温度求气化热　任何温度、压强下，化合物的气化热均可按下列公式计算

$$\Delta H_v = (-28.5)\lg\left[p_r \frac{T_r T_c}{0.62(1 - T_r)}\right] \tag{13-38}$$

式中，ΔH_v 为气化热，kJ/kg；T_c 为临界温度，K；T_r 为对比温度（实际温度与临界温度之比值）；p_r 为对比压强（实际压强与临界压强之比值）。

5. 混合物的气化热　混合物的气化热用各组分气化热按组成加权平均得到。若气化热以 kJ/kg 作单位，混合物的气化热按质量分数加权平均，若以 kJ/kmol 作单位，则按摩尔分数加权平均得到。

三、熔融热

固体的熔融热可用下式估算

$$\Delta H_m = 4.187 \frac{T_m K_1}{M} \tag{13-39}$$

$$T_m = T_b K_2 \tag{13-40}$$

式中，ΔH_m 为熔融热，kJ/kg；T_m 为熔点，K；M 为分子量，kg/kmol；T_b 为沸点，K；K_1、K_2 为常数（表13-6）。

如缺乏熔点，则可按式（13-40）估算熔点。

表13-6　式（13-39）和式（13-40）中 K_1、K_2 值

类别	K_1	K_2
元素	2~3（可取2.2）	0.56
无机物	5~7	0.72
有机物	10~16（可取13.5）	0.58

四、升华热

根据气化热 ΔH_v 和熔融热 ΔH_m 按下式可估算升华热 ΔH_{sub}

$$\Delta H_{sub} = \Delta H_v + \Delta H_m \tag{13-41}$$

五、溶解热

1. 溶解热估算 如溶质溶解时不发生解离作用，溶剂与溶质间无化学作用（包括络合物的形成等）时，物质溶解热可按下述原则和公式进行估算。

（1）溶质是气态，则溶解热为其冷凝热。

（2）溶质是固态，则溶解热为其熔融热。

（3）溶质是液态，如形成的溶液为理想溶液，则溶解热为 0；如为非理想溶液，则按下式计算

$$\Delta H_s = -\frac{4.57 T^2}{M} \cdot \frac{\mathrm{dlg}\gamma_i}{\mathrm{d}T} \tag{13-42}$$

式中，ΔH_s 为溶解热；γ_i 为在该浓度时溶质的活度系数；M 为溶质的分子量；T 为温度，K。

如是浓度不太大的溶液，可用下列克 – 克方程式计算

$$\Delta H_s = \frac{4.57}{M} \cdot \frac{T_1 T_2}{T_1 - T_2} \lg \frac{c_1}{c_2} \tag{13-43}$$

式中，c_1，c_2 为溶质在 T_1（K）、T_2（K）时的溶解度，如溶质为气体，也可用溶质的分压代替；M 为溶质的分子量；T 为温度，K。

2. 硫酸的积分溶解热

$$\Delta H_s = \frac{2111}{\frac{1-m}{m} + 0.2013} + \frac{2.989(T-15)}{\frac{1-m}{m} + 0.062} \tag{13-44}$$

式中，ΔH_s 为 SO_3 溶于水形成硫酸的积分溶解热，$kJ/kg_{(H_2O)}$；m 为以 SO_3 计，硫酸的质量分率；T 为操作温度，℃。

3. 硝酸的积分溶解热

$$\Delta H_s = \frac{37.57 n}{n + 1.757} \tag{13-45}$$

式中，ΔH_s 为硝酸的积分溶解热，$kJ/mol_{(HNO_3)}$；n 为溶解 1mol HNO_3 的 H_2O 的摩尔数。

4. 盐酸的积分溶解热

$$\Delta H_s = \frac{50.158 n}{1 + n} + 22.5 \tag{13-46}$$

式中，ΔH_s 为盐酸的积分溶解热，$kJ/mol_{(HCl)}$；n 为溶解 1mol HCl 的 H_2O 的摩尔数。

5. 硫酸的无限稀释热

$$q = 766.2 - \frac{1357 n}{n + 49} \tag{13-47}$$

式中，q 为 1kg 一定浓度的硫酸被无限量的水稀释时所放出的热量，$kJ/kg_{(H_2SO_4)}$；n 为硫酸溶液中水的质量百分数，%。

6. 硝酸的无限稀释热

$$q = 464.7 - \frac{1306 n}{n + 98.5} \tag{13-48}$$

式中，q 为 1kg 一定浓度的硝酸被无限量的水稀释时所放出的热量，$kJ/kg_{(HNO_3)}$；n 为硝酸溶液中水的质量百分数，%。

7. 混酸的无限稀释热

$$q = \frac{q_1 - q_2}{q_1 - (q_1 - q_2)x} \qquad (13-49)$$

式中，q 为 1 kg 一定浓度的硝化混酸被无限量的水稀释时所放出的热量，$kJ/kg_{(混酸)}$；q_1 为含水量与混酸相同的硫酸无限稀释热，$kJ/kg_{(H_2SO_4)}$；q_2 为含水量与混酸相同的硝酸无限稀释热，$kJ/kg_{(HNO_3)}$；x 为混酸中 H_2SO_4、HNO_3、H_2O 的质量百分数分别为 m、l、n，则 $x = m/(l+m)$。

混酸稀释热的列线图见图 13 – 5，此列线图硫酸和硝酸稀释热也可使用。

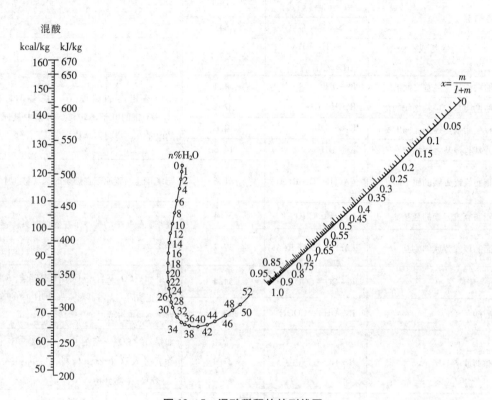

图 13 – 5　混酸稀释热的列线图

六、燃烧热

有机物质燃烧热的估算可用卡拉奇法估算，其主要适用于液体有机物，固体相差熔化热即相变热。

如果设想碳原子与氢原子之间的键是由一对电子形成的，那么在有机化合物燃烧时所放出的热，就可以看作是这些电子从碳原子和氢原子转移到氧原子上去的结果。根据对大多数化合物分析的结果表明，每个电子的转移会释放出 109.07 kJ 的热量。

1. 最简单的有机化合物

$$Q_c = 109.07n = 109.07(4C + H - P) \qquad (13-50)$$

式中，Q_c 为化合物的燃烧热，kJ/mol；n 为化合物在燃烧时的电子转移数；C 为化合物中 C 的原子数；H 为化合物中 H 的原子数；P 为 C、H 已和 O 结合的电子数。

2. 更复杂的键类和多数具有取代基的衍生物

$$Q_c = 109.07n + \sum k\Delta \qquad (13-51)$$

式中，k 为分子中同样取代基的数目；Δ 为取代基和键的校正值（表 13-7）；n 为化合物在燃烧时的电子转移数。

表 13-7　卡拉奇公式中的热量校正值

取代基和键的性质	结构式	热量校正值 Δ（kJ/mol）	说　明
脂基与芳基之间的键	R—Ar	-14.6	
两个芳基之间的键	Ar—Ar	-27.2	对稠环化合物等于环的结合点的数目
乙烯键	=C=C=（顺式）	69.0	
	=C=C=（反式）	54.4	
芳基与乙烯基或乙炔基之间的键	Ar—CH=CH₂ ArC≡CH	-27.2	
伯型脂基与羟基之间的键	R—OH	54.4	与羟基相连的碳原子在燃烧时，构成 C—O 键的电子不转移。羟基中氧原子上的电子在燃烧时不转移
仲型脂基与羟基之间的键	R₂CH—OH	27.2	
叔型脂基与羟基之间的键	R₃C—OH	14.6	
芳基与羟基之间的键	Ar—OH	14.6	
脂肪族或芳族的醚	(Ar)R—O—R(Ar)	81.6	与氧相连的碳原子在燃烧时只转移 3 个电子
脂肪族或芳族的醛基	(Ar)R—CHO	54.4	醛基和酮基中的碳原子在燃烧时只转移 2 个电子
脂肪族或芳族的酮基	(Ar)R—CO—R(Ar)	27.2	
α-酮酸	R—CO—COOH	54.4	如果 R—CO 基与 —COOH 基相连，则引入此校正值后，无需再对 —COOH 中的碳原子在燃烧时进行校正
醇酸	R₂(OH)—COOH	27.2	
脂肪族酮	R—CO—	27.2	如果 R—CO— 与另一个 —CO—R 相连，除了引入这个校正值外，应再引入两个 —CO— 的校正值
羧酸	—COOH	41.2	
脂肪族的酯	R—COOR	68.1	
芳族伯胺	Ar—NH₂	27.2	与氨基相连的碳原子在燃烧时转移 4 个电子，氨基上氢原子的电子在燃烧时也都转移
脂肪伯胺	R—NH₂	54.4	
芳族仲胺	Ar—NH—Ar	54.4	
脂肪族仲胺	R—NH—R	81.5	
芳族叔胺	Ar₃—n	81.5	
脂肪叔胺	R₃—n	108.7	
氨基中氮与芳基之间的键	Ar—N（氨型）	-14.6	对于胺类，除引入相应的氨基校正值外，还应对每个芳基与氮之间的键引入此校正值
取代酰胺	R—NH—COR	27.2	
芳族或脂肪族的腈基	Ar—CN R—CN	69.1	与腈基相连的碳原子在燃烧时转移 4 个电子
芳族的异腈基	Ar—NC	-27.2	对于芳腈应引入两个校正值：一是 C 与 CN 之间的校正值，二是 CH 的校正值

续表

取代基和键的性质	结构式	热量校正值 Δ（kJ/mol）	说　明
脂肪族的异腈基	R—NC	138.6	
芳族或脂肪族的硝基	R—NO₂ Ar—NO₂	54.4	与—NO_2相连的碳原子在燃烧时转移 3 个电子
芳族磺酸	Ar—SO₃H	−97.8	与—SO_3H相连的碳原子在燃烧时转移 3 个电子
脂肪族化合物中的氯	R—Cl	−32.2	与—Cl 相连的碳原子在燃烧时转移 3 个电子
芳族化合物中的氯	Ar—Cl	−27.2	与—Cl 相连的碳原子在燃烧时转移 3 个电子
脂肪族化合物中的溴	R—Br	69.1	
芳族化合物中的溴	Ar—Br	−14.6	
脂肪族与某些芳族化合物中的碘	Ar—I R—I	175.8	

卡拉奇法的计算有两种方法，一是直接估算法，即用公式直接计算；二是彻底氧化法，它包括了电子转移数法和彻底氧化法。

例 13 - 3　采用直接法试估算 C_6H_5Cl 的燃烧热。

解：
$$n = 4 \times 6 + 3 - 1 = 28$$

由表 13 - 7 得
$$\Delta_{C_6H_5Cl} = -27.2 \text{kJ/mol}$$

$$Q_c = 109.07 \times 28 - 27.2 = 3026.8 \text{kJ/mol}$$

$$Q_c（手册值） = 3080.7 \text{kJ/mol}$$

$$误差 = （3026.8 - 3080.7）/3080.7 = -1.75\%$$

对复杂的化合物，n 值不易判定，可用彻底氧化法进行计算。

例 13 - 4　萘磺化过程的热量计算。物料衡算数据见表 13 - 8。

已知加入熔融萘的温度为 110℃；加入 98% 硫酸的温度为 50℃；磺化过程排出蒸气的温度为 160℃；磺化液出料温度为 160℃。又已知液萘与硫酸进行磺化反应时的反应热为 21kJ/mol。

表 13 - 8 物料衡算数据

进　料				出　料			
物料名称		质量（kg）	含量（%）	物料名称		质量（kg）	含量（%）
萘	纯萘	1515	98.4	磺化液	2 - 萘磺酸	1960	71
	水	25	1.6		1 - 萘磺酸	221	8
浓硫酸	硫酸	1245	98		硫酸	193	7
	水	25	2		萘	152	5.5
					水	234	8.5
				气体	萘	21	42
					SO₃	19.6	39
					水	9.4	19
总计		2810		总计		2810	

解：选择基础温度为0℃，以液态为基准态。

（1）Q_1 的计算　由物料衡算表（表13-8）知，萘磺化过程每批投精萘1540kg，投98%硫酸1270kg。由手册查得98%硫酸的比热容为1.46kJ/（kg·℃），水在55℃的比热容为4.23kJ/（kg·℃）。根据式（13-32）计算，液萘（$C_{10}H_8$）的比热容为

$$（10 \times 2.8 + 8 \times 4.3）\times 4.187/128 = 2.041 kJ/（kg·℃）$$

$$Q_1 = 1515 \times 110 \times 2.041 + 25 \times 4.23 \times 110 + 1270 \times 50 \times 1.46$$

$$= 4.44 \times 10^5 kJ$$

（2）Q_3 的计算　萘的磺化过程可以看成是按系列步骤进行的：

1）原始硫酸（98%）→反应硫酸（100%）+分离酸 + $Q_{分离}$

2）$C_{10}H_8$ + 反应硫酸→$C_{10}H_7SO_3H$ + H_2O + Q_r

3）分离酸 + H_2O→残余酸 + $Q_{稀释}$

$Q_{分离}$ 和 $Q_{稀释}$ 可通过硫酸的无限稀释热进行计算。

$$Q_{分离} = m_{原} q_{原} - m_{反} q_{反} - m_{分} q_{分}$$

$$Q_{稀释} = m_{分} q_{分} - m_{残} q_{残}$$

式中，$m_{原}$ 为表示加入的98%的硫酸质量，kg；$q_{原}$ 为表示98%的硫酸的无限稀释热，kJ/kg$_{(酸)}$；$m_{反}$ 为表示参加反应的硫酸的质量，kg；$q_{反}$ 为表示100%硫酸的无限稀释热，kJ/kg$_{(酸)}$；$m_{分}$ 为分离后的硫酸的质量，kg；$q_{分}$ 为分离后的硫酸的无限稀释热，kJ/kg$_{(酸)}$；$m_{残}$ 为磺化过程残余硫酸质量，kg；$Q_{残}$ 为残余硫酸的无限稀释热，kJ/kg$_{(酸)}$。

上面二式相加得

$$Q_{分离} + Q_{稀释} = m_{原} q_{原} - m_{反} q_{反} - m_{残} q_{残}$$

$$m_{原} = 1270 kg$$

硫酸的浓度为98%，所以 $n=2$，由式（13-47）

$$q_{原} = 766.2 - 1357 \times 2/（2+49）= 712.98 kJ/kg_{(酸)}$$

$$m_{反} = （1960 + 221）\times 98/208 = 1028 kg$$

因参与反应的是纯硫酸，所以 $n=0$，则

$$q_{反} = 766.2 - 1357 \times 0/（0+49）= 766.2 kJ/kg_{(酸)}$$

磺化反应结束后，磺化液中含硫酸193kg，水234kg。

因此　　$$m_{残} = 193 + 234 = 427 kg$$

$$n = （234 \times 100\%）/427 = 54.8\%$$

$$q_{残} = 766.2 - 1357 \times 54.8/（54.8 + 49）= 49.79 kJ/kg_{(酸)}$$

$$Q_{分离} + Q_{稀释} = 1270 \times 712.98 - 1028 \times 766.2 - 427 \times 49.79 = 0.96 \times 10^5 kJ$$

Q_r 的计算

$$Q_r = 1028 \times 1000 \times 21/98 = 2.2 \times 10^5 kJ$$

$$Q_3 = Q_r + Q_{分离} + Q_{稀释} = 2.2 \times 10^5 + 0.96 \times 10^5 = 3.16 \times 10^5 kJ$$

（3）Q_4 的计算　由物料衡算表（表13-8）可知，磺化液中包含萘磺酸（2-萘磺酸和1-萘磺酸）2181kg，萘152kg，硫酸193kg，水234kg。已知物料温度为160℃。由式（13-32）可知，液体萘磺酸的比热容为1.8kJ/(kg·℃)。由手册查得100%硫酸的比热容为1.141kJ/(kg·℃)；160℃水的焓为653.5kJ/kg，液萘气化热为315.9kJ/kg；液态 SO_3 的比热容2.69kJ/（kg·℃）；SO_3 的沸点为44.75℃；SO_3 在45℃时的气化热497.9kJ/kg；气体 SO_3 在45～160℃的平均比热容为0.7071kJ/（kg·℃）；160℃水蒸气的焓为2761kJ/kg。则

$Q_4 = 2181 \times 1.8 \times 160 + 152 \times 2.041 \times 160 + 193 \times 1.141 \times 160 + 234 \times 653.5 + 21 \times$

$(160 \times 2.041 + 315.9) + 19.6 [45 \times 2.69 + 497.9 + (160 - 45) \times$

$0.7071] + 9.4 \times 2761 = 9.19 \times 10^5 kJ$

（4）Q_6 的计算　估计磺化釜向空气散热表面积为 $10m^2$。釜外壁有保温层，保温层外表面温度假定为 $60℃$，空气温度为 $18℃$。由式（13 - 8），釜表面向四周（自然对流的空气）散热的对流传热系数

$$\alpha = 11 W/(m^2 \cdot ℃)$$

已知每批操作周期为 3.25 小时，因此

$$Q_6 = 11 \times 10 \times 3.25 \times 60 \times 60 \times (60 - 18) = 0.54 \times 10^5 kJ$$

（5）Q_2 的计算　因 Q_5 很小，忽略不计，所以

$$Q_2 = Q_4 + Q_6 - Q_1 - Q_3$$
$$= 9.19 \times 10^5 + 0.54 \times 10^5 - 4.44 \times 10^5 - 3.16 \times 10^5$$
$$= 2.13 \times 10^5 kJ$$

计算表明在萘磺化过程中需要进行加热，每批操作需要供热 $2.13 \times 10^5 kJ$。计算结果见表 13 - 9。

表 13 - 9　热量平衡计算结果

热量类型	数量（kJ）	热量类型	数量（kJ）
Q_1	4.44×10^5	Q_4	9.19×10^5
Q_2	2.13×10^5	Q_5	0
Q_3	3.16×10^5	Q_6	0.54×10^5

第四节　加热剂、冷却剂及其他能量消耗的计算

一、常用加热剂和冷却剂

通过热量衡算求出热负荷，根据工艺要求以及热负荷的大小，可选择合适的加热剂或冷却剂，进一步求出所需加热剂或冷却剂的量，以便知道能耗，制定用能措施。

加热过程的能源选择主要为热源的选择，冷却或移走热量过程主要为冷源的选择。常用的热源有蒸汽、热水、导热油、电、熔盐、烟道气等，常用的冷源有冷却水、冰、冷冻盐水、液氨等。

1. 加热剂、冷却剂的选用原则

（1）在较低压力下可达到较高温度。

（2）化学稳定性高。

（3）没有腐蚀作用。

（4）热容量大。

（5）冷凝热大。

（6）无火灾或爆炸危险性。

（7）无毒性。

（8）温度易于调节。

（9）价格低廉。

一种加热剂或冷却剂同时满足这些要求是不可能的，应根据具体情况进行分析，选择合适的加热剂。

2. 常用的加热剂和冷却剂的物性参数特点　常用加热剂和冷却剂的性能参数见表 13 - 10，几种冷冻剂的物理性质参数见表 13 - 11。

表 13 - 10　常用加热剂和冷却剂的性能

序号	加热剂或冷却剂	使用温度（℃）	传热系数 [W/ (m² · ℃)]	性能及特点
1	热水	30 ~ 100	50 ~ 1400	加热温度较低，可用于热敏性物料的加热
2	低压饱和水蒸气（表压 <600kPa）	100 ~ 150	1.7×10^3 ~ 1.2×10^4	蒸汽的冷凝潜热大，传热系数高，调节温度方便。缺点是高压饱和水蒸气或高压汽水混合物均需采用高压管道输系，故投资费用较大，需蒸汽锅炉和蒸汽输送系统
3	高压饱和水蒸气（表压 >600kPa）	150 ~ 250		
4	高压汽水混合物	200 ~ 250		
5	导热油	100 ~ 250	50 ~ 175	可在较低的蒸气压力（一般小于 1.013×10^6 Pa）下获得较高的加热温度，且加热均匀，使用方便。需热油炉和循环装置
6	道生油（液体）	100 ~ 250	200 ~ 500	由 26.5% 的联苯和 73.5% 的二苯醚组成的低共熔和低共沸混合物，熔点 12.3℃，沸点 258℃，可在较低的蒸气压力（一般小于 1.013×10^5 Pa）下获得较高的加热温度。需道生炉和循环装置
7	道生油（蒸气）	250 ~ 350	1000 ~ 2200	
8	烟道气	300 ~ 1000	12 ~ 50	加热效率低，传热系数小，温度不易控制。常用加热温度较高的场合
9	熔盐	400 ~ 540		由 40% 的 $NaNO_2$、53% 的 KNO_3 和 7% 的 $NaNO_3$ 组成，蒸气压力低，传热效果好，加热稳定。常用于高温加热
10	电	<500		加热速度快，清洁，效率高，操作、控制方便，使用温度范围广，但成本较高。常用于所需热量不大以及加热要求较高的场合
11	空气	10 ~ 40		设备简单，价格低廉，但冷却效果较差
12	冷却水	15 ~ 30		设备简单，控制方便，价格低廉，是最常用的冷却剂
13	冷冻盐水	- 15 ~ 30		使用方便，冷却效果好，但冷冻系统的投资较大。常用于冷却水无法达到的低温冷却

表13-11 几种冷冻剂的物理性质

冷冻剂名称	分子式	分子量	常压下沸点 (℃)	气化热 (kcal/kg)[①]	临界温度 (℃)	临界压力 (kgf/cm²)[②]	凝固点 (℃)
氨	NH_3	17.03	-33.4	327.1	132.3	112.3	-77.7
氟利昂12	CCl_2F_2	120.92	-29.8	40.0	111.5	39.6	-155.0
甲烷	CH_4	16.04	-161.5	122.0	-82.6	45.8	-182.4
乙烷	C_2H_6	30.07	-88.6	126.1	32.2	48.2	-183.3
乙烯	C_2H_4	28.05	-103.7	125.2	9.2	50.0	-169.1
丙烯	C_3H_5	41.08	-47.7	105.0	91.8	45.4	-185.3
丙烷	C_3H_8	44.10	-42.1	101.8	96.6	42.0	-187.7

①1kcal = 4.187kJ/kg；②1kgf/cm² = 98066.5Pa。

3. 加热剂和冷却剂的用量计算

（1）直接蒸汽加热时的蒸汽用量　蒸汽加热时的主要供热量是蒸汽的相变热，为简化可只考虑蒸汽放出的冷凝热。

$$D = \frac{Q_2}{[H - C(T_K - 273)]\eta} \tag{13-52}$$

式中，D 为加热蒸汽消耗量，kg；Q_2 为由加热蒸汽传给所处理物料及设备的热量，kJ；H 为水蒸气的热焓，kJ/kg；C 为冷凝水的比热容，可取 4.18kJ/（kg·K）；T_K 为被加热液体的最终温度，K；η 为热利用率，保温设备为 0.97~0.98；不保温设备为 0.93~0.95。

（2）间接蒸汽加热时的蒸汽用量

$$D = \frac{Q_2}{[H - C(T - 273)]\eta} \tag{13-53}$$

式中，T 为冷凝水的最终温度，K；其余符号含义同式（13-52）。

（3）冷却剂的用量

1）冷却剂在换热设备中不发生相变时

$$W = \frac{Q_2}{C(T_K - T_H)} \tag{13-54}$$

式中，W 为冷却剂的用量，kg；Q_2 为由冷却剂从所处理物料及设备中移走的热量，kJ；C 为冷凝剂的平均比热容，kJ/（kg·K）；T_K 为冷却剂的最终温度，K；T_H 为冷却剂的最初温度，K。

2）液态冷却剂在换热设备中汽化时

$$W = \frac{Q_2}{\Delta H_V + C(T_2 - T_1)} \tag{13-55}$$

式中，W 为冷却剂的用量，kg；Q_2 为由冷却剂从所处理物料及设备中移走的热量，kJ；C 为冷凝剂在 T_1 和 T_2 间的平均定压比热容，kJ/(kg·K)；T_2 为冷却剂蒸气出口温度，K；T_1 为液态冷却剂进口温度，K；ΔH_V 为冷却剂在温度 T_2 下的气化热，kJ/kg。

二、电能的用量

$$E = \frac{Q_2}{3600\eta} \tag{13-56}$$

式中，E 为电能消耗量，$kW \cdot h$（$1kW \cdot h = 3600kJ$）；Q_2 为热负荷 kJ；η 为电热装置的热效率，一般为 $0.85 \sim 0.95$。

三、燃料的用量

$$B = \frac{Q_2}{\eta Q_P} \qquad (13-57)$$

式中，B 为燃料的消耗量，kg；η 为燃烧炉灶的热效率，一般在 $0.3 \sim 0.5$，工业锅炉的热效率为 $0.6 \sim 0.92$；Q_P 为燃料的发热值，褐煤为 $8400 \sim 14600kJ/kg$；烟煤为 $14600 \sim 33500kJ/kg$；无烟煤为 $14600 \sim 29300kJ/kg$；燃料油为 $40600 \sim 43100kJ/kg$；天然气为 $33500 \sim 37700kJ/kg$。

四、压缩空气消耗量的计算

在制药生产过程中，广泛用压缩空气（或压缩氮气）输送物料、搅拌液体、压紧压滤机过滤等过程。通过压缩空气用量的计算，可确定合适的压缩机。以下压缩空气的消耗量都折成常压下单位时间空气的体积，一般以 m^3/h 表示。

1. 压缩空气用于输送液体物料时的消耗量

（1）压送液体时，压缩空气在设备内所需的压强 P

$$P = H\rho g + \frac{\rho u^2}{2}\left(1 + \sum \xi\right) + P_0 \qquad (13-58)$$

式中，H 为压送静压高度，即设备间垂直位差，m；ρ 为液体密度，kg/m^3；g 为重力加速度，$9.81ms^2$；u 为管内液体流速，m/s；$\sum \xi$ 为阻力系数总和；P_0 为液面上方的压强，Pa。式（13-58）中压头损失项需要根据实际情况进行计算，为简化起见，可按压送液体静压高度的 $20\% \sim 50\%$ 估算，即

$$\rho u^2 \left(1 + \sum \xi\right)/2 = 20\% \sim 50\% H\rho g \qquad (13-59)$$

（2）设备中液体一次全部压完，压缩空气的消耗量

1）一次操作折算成 $1.01 \times 10^5 Pa$ 的压缩空气的体积量 V_a

$$V_a = \frac{V_A P}{1.01 \times 10^5} \quad m^3 \qquad (13-60)$$

式中，V_A 为设备容积，m^3；P 为压缩空气在设备内所需的压强，Pa。

2）单位时间压缩空气消耗量 V_h

$$V_h = V_a/\tau \quad m^3/h \qquad (13-61)$$

式中，τ 为每次压送所用的时间，h。

（3）设备中液体部分压出，压缩空气的消耗量

1）一次操作折算成 $1.01 \times 10^5 Pa$ 的压缩空气的体积量 V_a

$$V_a = \frac{V_A(2 - \varphi) + V_1}{2 \times 1.01 \times 10^5}P \quad m^3 \qquad (13-62)$$

式中，φ 为设备装料系数；V_1 为一次压送的液体体积，m^3。

2）单位时间压缩空气消耗量 V_h

$$V_h = V_a/\tau \quad m^3/h \qquad (13-63)$$

式中，τ 为每次压送所用的时间，h。

2. 压缩空气用于搅拌液体物料时的消耗量

（1）压缩空气所需的压强 P　搅拌用的压缩空气必须有足够的压强，以克服液柱阻力和输送压缩空气的管道阻力。其压强可按下式计算

$$P = 10\left[H\rho_1 + \frac{\rho u^2}{2g}(1 + \sum \xi) + P_0\right] \tag{13-64}$$

式中，P 为通风搅拌用的压缩空气的压强，Pa；H 为被搅拌液体的液柱高度，m；ρ_1 为被搅拌液体的密度，$kg \cdot m^3$；ρ 为压缩空气的密度，kg/m^3；g 为重力加速度，$9.81m/s^2$；u 为管内压缩空气的流速，m/s；$\sum \xi$ 为阻力系数总和；P_0 为液面上方的压强，Pa。

（2）一次操作折算成 $1.01 \times 10^5 Pa$ 的压缩空气的体积量 V_a

$$V_a = \frac{kF\tau P}{1.01 \times 10^5} \quad m^3 \tag{13-65}$$

式中，F 为被搅拌液体的横截面积，m^2；P 为压缩空气所需的压强，Pa；τ 为次搅拌所需的时间，h；k 为搅拌强度系数，缓和搅拌为 24，一般搅拌为 48，剧烈搅拌为 60。

（3）单位时间压缩空气消耗量 V_h

$$V_h = \frac{kFP}{1.01 \times 10^5} \tag{13-66}$$

式中符号意义同上。

3. 压缩空气用于压滤机压紧滤饼时的消耗量　压滤机吹风用压缩空气根据工厂的实际经验，每块板框约 $2.5m^3/h$，压强为 $0.2 \sim 0.3MPa$。

五、真空的消耗量

真空广泛用于制药生产过程中，如减压蒸馏、物料输送、过滤、干燥等。真空的用量一般都用抽气速率 m^3/h 来表示。抽气速率指单位时间由真空泵直接从真空系统抽出的气体的体积数。

1. 真空用于输送液体

（1）设备中的剩余压强 P_k 的计算

$$P_k = 1.033 - 0.0001H\rho\xi \quad kg/cm^2 \tag{13-67}$$

式中，H 为设备间的垂直距离，m；ρ 为被输送液体的密度，kg/m^3；ξ 为流体阻力损失系数，一般为 1.2。

（2）真空用量

$$B = \frac{V_a \lambda n P_k}{\tau} \quad m^3/h \tag{13-68}$$

式中，V_A 为设备容积，m^3；τ 为一次输送所需的时间，h。

2. 真空用于过滤时的真空用量 B 的计算

（1）连续操作过程

$$B = \lambda F \quad m^3/h \tag{13-69}$$

式中，λ 为系数，一般为 $15 \sim 18m^3/(m^2 \cdot h)$；$F$ 为真空吸滤器的过滤面积，m^2。

（2）间歇操作过程，每批抽真空量

$$B = \lambda F\tau \quad m^3 \tag{13-70}$$

式中，τ 为每次抽滤所需的时间，h；

其余符号意义同式（13-69）。

（3）间歇操作过程，每天抽真空量

$$B = \lambda F \tau n \quad \text{m}^3 \qquad (13-71)$$

式中，n 为每天操作的次数；其余符号意义同式（13-70）。

例 13-5 萘的磺化过程，分为如下几个阶段：（1）加萘过程：15 分钟，物料温度为 110℃；（2）升温过程：于 15 分钟升温至 140℃；（3）加硫酸过程：加入 98% 硫酸的温度为 50℃，60 分钟加完，物料温度由 140℃升到 160℃；（4）保温过程：于 160℃维持 105 分钟；（5）出料过程：15 分钟将 160℃的物料压出。整个磺化过程温度与时间的关系如图 13-6 所示。磺化过程排出蒸气的温度为 160℃。已知液萘与硫酸进行磺化反应时的反应热为 21kJ/mol。假定磺化釜的体积为 3000L，夹套的传热面积为 8.3m²，每批操作投料量以及物料衡算和热量衡算的数据见例 13-4。熔融萘升温时，总的传热系数为 1255.2kJ/（m²·h·℃）；加热、磺化物料时，总的传热系数为 836.8kJ/（m²·h·℃）；加热用 0.8MPa（表压）的水蒸气。校核夹套的传热面积是否满足要求。

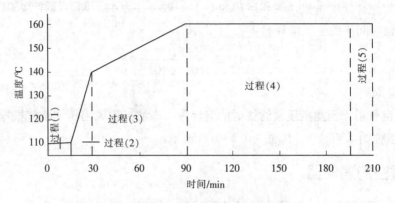

图 13-6　萘磺化过程温度与时间关系图

在间歇操作中，总的操作过程常常包括几个操作阶段，物料在各阶段的温度以及各阶段的传热量都不相同。为了计算传热面积和载能介质的用量，应作出整个操作过程的温度曲线，对各阶段分别进行热量衡算，求出各阶段需要的传热面积，并以计算的最大传热面积作为设计反应器的依据。

解：由图 13-6 可知，过程（1）（5）不需要热交换。过程（3）有反应过程的热效应使物料升温，不需要加热。

（1）计算过程（2）所需要的传热面积

液萘在 110~140℃的平均比热容为 2.041kJ/（kg·℃），水的平均比热容为 4.26kJ/（kg·℃）（查得）。

升温所需热量 $(Q_2)_{过程2} = (1515 \times 2.041 + 25 \times 4.26) \times (140 - 110)$

$$= 9.6 \times 10^4 \text{kJ}$$

加热水蒸气的温度为 175℃

$$\Delta T_{\text{m}} = \frac{(175 - 110) - (175 - 140)}{\ln \dfrac{(175 - 110)}{(175 - 140)}} = 48.5℃$$

过程（2）的时间为：$\theta = 15/60 = 0.25$ 小时

过程（2）需要传热面积

$$A = \frac{9.6 \times 10^4}{1255.2 \times 48.5 \times 0.25} = 6.31\,\text{m}^2$$

（2）计算过程（4）所需传热面积

已知整个过程的 Q_2 为 $2.13 \times 10^5\,\text{kJ}$，因此

$$(Q_2)_{过程4} = Q_2 - (Q_2)_{过程2} = 2.13 \times 10^3 - 9.6 \times 10^4$$

$$= 1.17 \times 10^5\,\text{kJ}$$

$$\Delta T_m = 173 - 160 = 15\,℃$$

过程（4）时间为 $\qquad \theta = 105/60 = 1.75$ 小时

过程（4）需要传热面积

$$A = \frac{1.17 \times 10^5}{836.8 \times 15 \times 1.75} = 5.33\,\text{m}^2$$

由于 $8.3 > 6.31 > 5.33$

所以磺化釜的夹套面积（$8.3\,\text{m}^2$）能满足要求。

主 要 符 号 表

符　号	意　义	法定单位
Q_1	物料带入到设备的热量	kJ
Q_2	加热剂或冷却剂传给设备或所处理物料的热量	kJ
Q_3	过程热效应（放热为正；吸热为负）	kJ
Q_4	物料离开设备所带走的热量	kJ
Q_5	加热或冷却设备所消耗的热量	kJ
Q_6	设备向环境散失的热量	kJ
C_p	物料的定压比热容	kJ/(kg·℃)
	混合气体的理想气体定压摩尔热容	kJ/(kmol·℃)
t_0	基准温度	℃
A	设备散热表面积	m²
A_T	设备散热表面与周围介质之间的联合给热系数	W/(m²·℃)
t_w	散热表面的温度（有隔热层时为绝热层外表的温度）	℃
ΔH_{fi}^0	各物质的标准生成热	kJ/mol
ΔH_{ci}^0	各物质的标准燃烧热	kJ/mol
C_{pi}	反应物或生成物在（$25-t$）℃温度范围内的平均比热容	kJ/(mol·℃)
T_1、t_1	分别为两换热介质的入口温度	℃
T_2、t_2	分别为两换热介质的出口温度	℃
A	原子摩尔质量	g/mol
C_i	原子的摩尔比热容	kJ/(kmol·℃)
C_s	固体的比热容	kJ/(kg·℃)
x_i	i 组分的摩尔分数	
ΔH_{vb}	气化热	kJ/kg
T_b	液体的沸点	K
ΔH_m	熔融热	kJ/kg
T_m	熔点	K

续表

符　号	意　义	法定单位
H	压送静压高度，即设备间垂直位差	m
ρ	液体密度	kg/m^3
g	重力加速度	$9.81m/s^2$
u	管内液体流速	m/s
P_0	液面上方的压强	Pa
V_a	设备容积	m^3

思考题

1. 简述能量衡算的意义与理论依据。

2. 简述能量衡算的计算基准。

3. 简述能量衡算的方法与步骤。

4. 简述常用加热剂和冷却剂的性能与特点。

5. 物料衡算数据如下图所示，主反应式如下。已知加入甲苯和浓硫酸的温度均为30℃，甲苯和硫酸的标准化学反应热为117.2kJ/mol（放热），设备（包括磺化釜、回流冷凝器和脱水器，下同）升温所需的热量为$1.3 \times 10^5 kJ$，设备表面向周围环境的散热量为$6.2 \times 10^4 kJ$，回流冷凝器中冷却水移走的热量共$9.8 \times 10^5 kJ$。试对甲苯磺化过程进行热量衡算。有关热力学数据：原料甲苯的定压比热为1.71kJ/（kg·℃）；98%硫酸的定压比热为1.47kJ/（kg·℃）；磺化液的平均定压比热为1.59kJ/（kg·℃）；水定压比热为4.18kJ/（kg·℃）。

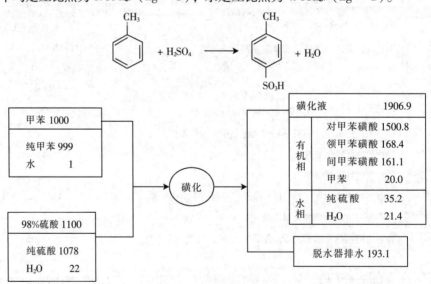

6. 甲烷水蒸气转化制合成气可用下列两个独立反应描述反应过程中的组分的变化

$$CH_4 + H_2O \longrightarrow 3H_2 + CO \tag{1}$$

$$CO + H_2O \longrightarrow H_2 + CO_2 \tag{2}$$

计算在1000K、1.2MPa、蒸汽/甲烷进料物质的量之比为6的条件下该反应体系的化学组成。

7. 合成聚氯乙烯所用的单体聚乙烯，多是由乙炔和氯化氢以氯化汞为催化剂合成得到的，反应如下：

$$C_2H_2 + HCl \longrightarrow CH_2 = CHCl$$

由于乙炔价格高于氯化氢，通常使用的原料混合器中氯化氢是过量的，设其过量10%。若反应器出口气体中氯乙烯摩尔分数为90%，试分别计算乙炔的转化率和氯化氢的转化率。

8. 在银催化剂上进行乙烯氧化反应以生产环氧乙烷，进行催化反应器的气体中各组分的摩尔分数分别为 C_2H_4 15%，O_2 7%，CO_2 10%，Ar 12%，其余为 N_2。反应器出口气体中含 C_2H_4 和 O_2 的摩尔分数分别为 13.1%，4.8%。试计算乙烯的转化率、环氧乙烷收率和反应选择性。

第十四章　工艺设备选型与设计

第一节　概　述

一、工艺设备设计的目的与意义

前已述及，流程设计是核心，而设备选型及其工艺设计，则是工艺流程设计的主体，因为先进工艺流程能否实现，往往取决于提供的设备是否相适应。因此，选择型号适当且符合设计要求的设备，是保证生产任务，获得良好效益的重要前提。

二、工艺设备的分类与来源

用于制药工艺生产过程的设备称为制药设备，它包括制药专用设备和非制药专用设备。设备的大小、结构和型式多种多样，将制药设备可分为以下 8 类。

1. 原料药设备及机械　用于实现生物、化学物质转化或利用动物、植物、矿物来制取医药原料。其中有反应设备、分离设备、换热设备、药用灭菌设备、贮存设备等。

2. 制剂机械　是将原料药制成各种剂型的机械与设备。有混合机、制粒机、压片剂、包衣机等。

3. 药用粉碎机械　用于将药物粉碎（含研磨）并符合药品生产要求的机械。

4. 饮片机械　用于将天然药用动物、植物、矿物进行选、洗、润、切、烘、炒、煅等方法制取中药饮片。

5. 制药用水设备　为采用各种制药方法提供工艺用水的设备。标准设备可从产品目录、样本手册、相关手册、期刊广告和网上查到其规格和牌号。

6. 药品包装机械　为完成药品包装过程以及与包装过程相关的机械和设备。

7. 药物检测设备　为检测各种药物制品或半成品质量的仪器和设备。

8. 制药辅助设备　为执行非主要制药工序的有关机械和设备。

按照标准化的情况，将设备又可分为标准设备（即定型设备）和非标准（即非定型设备）。标准设备是一些设备厂家成批成系列生产的设备，可以现成买到；而非标准设备则是需要专门设计的特殊设备，是根据工艺要求，通过工艺及机械计算而设计，然后提供给有关工厂进行制造。选择设备时，应尽量选择标准设备。只有在其他情况下，才按工艺提出的条件去设计制造设备，而且在设计非标准设备时，对于已有标准图纸的设备，设计人员只需根据工艺需要确定标准图图号和型号即可，不必自行再设计，以节省非标准设备施工图的设计工作量。

标准设备可从产品目录、样本手册、相关手册、期刊广告和网上查到其规格和牌号。

三、工艺设备设计与选型的任务

工艺设备设计与选型的任务主要有以下几个方面。

（1）确定单元操作和单元反应所用设备的类型。这项工作要根据工艺要求来进行，如制药生产中遇到的固液分离，是采用过滤机还是离心机。

（2）根据工艺的要求决定所有工艺设备的材料。

（3）确定标准设备的型号或牌号以及台数。

（4）对于已有标准图纸的设备，确定标准图的图号和型号。

（5）对于非定型设备，通过设计与计算，确定设备的主要结构及其主要工艺尺寸，提出设备设计条件单。

（6）编制工艺设备一览表。

当设备选型与设计工作完成后，将该成果按定型设备和非定型设备分类编制设备一览表（其格式如表 14 – 1 所示），作为设计说明书的组成部分，并为下一步施工图设计以及其他非工艺设计提供必要的条件。

表 14 – 1　综合工艺设备一览表

（设计单位）		工程名称		综合设备一览表		编制　年　月　日		工程号					
		设计项目				校核　年　月　日		序号					
		设计阶段				审核　年　月　日		第　　页			共　　页		
序号	设备分类	设备位号	设备名称	主要规格型号材料	面积（m²）或容积（m³）	附件	数量	单重（kg）	单价（元）	图纸图号或标准图号	设计或定购	保温		安装图号	制造厂家	备注
												材料	厚度			

施工图设计阶段的设备一览表是施工图设计阶段的主要设计成果之一，由于在施工图设计阶段非标准设备的施工图纸已经完成，设备一览表可以填写得十分准确和详尽。

四、设备设计与选型的原则

化工原料经过一系列的单元反应和单元操作制得化学原料药，原料药通过加工得到各种剂型，这一系列化学变化和物理操作是在设备中进行的。设备类型不同，提供的条件不一样，对工程项目的生产能力、作业的可靠性、产品的成本和质量等，都有重大的影响。因此，在设备选型时，要选用先进可靠、运行高效、生产节能、维修方便、经济合理、符合 GMP 要求的系统最优等设备。

1. 满足工艺要求　设备的选型和设计必须充分考虑工艺上的要求，包括以下几点。

（1）选用的设备能与生产规模相适应，并应获得最大的单位产量。

（2）能适应产品品种变化的要求，并确保产品质量。

（3）操作可靠，能降低劳动强度，提高劳动生产率。

（4）有合理的温度、压强、流量、液位的监测、控制系统。

（5）能改善环境保护。

2. 满足 GMP 要求　制药设备的选型和设计需慎重考虑防止污染以及交叉污染、混淆和差错，满足《药品生产质量管理规范》（GMP）中有关设备选型、选材的要求。

3. 设备要成熟可靠　工业生产决不允许把不成熟或未经生产考验的设备用于设计之中。同时，设备选型在材质方面也要求充分可靠。对生产中使用的关键设备，一定要到设备的使用工厂去考察，在调查研究和对比分析的基础上，作出科学的选定。

4. 要满足设备结构上的要求

（1）具有合理的强度　设备的主体部分和其他零件，都要有足够的强度，以保证生产和人身的安全，一般在设计时常将各零件做成等强度，这样最节省材料，但有时也有意识地将某一零件的承载能力设计得低一些，当过载时，这个零件首先破坏而使整个设备不受损坏，这种零件称为保安零件，如反应釜上的防爆片。

（2）具有足够的刚度　设备及其构件在外压作用下能保持原状的能力称为刚度，例如，塔设备中的塔板、受外压的容器壳体、端盖等都要满足刚度要求。

（3）具有良好的耐腐蚀性　制药生产过程中所用的基本原料、中间体和产品等大多都有腐蚀性，因而所选的设备应具有一定的耐腐蚀能力，使设备具有一定的使用寿命。

（4）满足工艺要求　由于药品生产过程中需处理的物料很多是易燃、易爆、有毒的，因而设备应有足够的密闭性，以免泄漏造成事故。

（5）易于操作与维修　如人、手孔结构的设计。

（6）易于运输　容器的尺寸、形状及重量等应考虑到水陆运输的可能性。对于大型的、特重的容器可分段制造、分段运输、现场安装。

5. 要考虑技术经济指标

（1）生产强度　是指设备的单位体积或单位面积在单位时间内所能完成的任务。通常，生产强度越高，设备的体积就越小，但是，有时会影响效率、增加能耗，因而应综合起来合理选型。

（2）消耗系数　是指生产单位重量或单位体积的产品所消耗的原料和能量。显然，消耗系数越小越好。

（3）设备价格　尽可能选择结构简单、容易制造的设备；尽可能选用材料用量少、材料价格低廉的或贵重材料用量少的设备；尽可能选用国产化设备。

（4）管理费用　设备结构简单，易于操作、维修，以便减少操作人员、维修和费用。

（5）系统上要最优　选择设备时，不可只为某一个设备的合理而造成系统匹配问题，要考虑它对前后设备的影响，对全局的作用和影响。

五、工艺设备选型与设计阶段

设备选型与设计工作一般可分为两个阶段进行，第一阶段的设备设计可在生产工艺流程草图设计前进行，内容包括：①计量和贮存设备的容积计算和选定；②某些标准设备的选定，多属容积型设备；③某些属容积型的非定型设备的型式、台数和主要尺寸的计算和确定。

第二阶段的设备设计可在流程草图设计中交错进行，着重解决生产过程上的技术问题。例如过滤面积、传热面积、干燥面积、蒸馏塔板数以及各种设备的主要尺寸等。至此，所有工艺设备的型式、主要尺寸和台数均已确定。

六、定型设备选择步骤

工艺设备种类繁多、形状各异，不同设备的具体计算方法和技术在各种有关化工、制药设备的书籍、文献和手册中均有叙述。对于定型设备的选择，一般可分为以下四步进行。

（1）通过工艺选择设备类型和设备材料。

（2）通过物料计算数据确定设备大小、台数。

（3）所选设备的检验计算，如过滤面积、传热面积、干燥面积等的校核。

（4）考虑特殊要求与事项。

七、非定型设备设计的内容

工艺设备应尽量在已有的定型设备中选择，这些设备来源于各设备生产厂家，若选不到合适的设备，再进行设计。非定型设备的工艺设计是由工艺专业人员负责，提出具体的工艺设计要求即设备设计条件提交单，然后提交给机械设计人员进行施工图设计。设计图纸完成后，返回给工艺人员核实条件并会签。

工艺专业人员提出的设备设计条件单应包括以下内容。

1. 设备示意图　设备示意图中应表示出设备的主要结构型式、外形尺寸、重要零件的外形尺寸及相对位置、管口方位和安装条件等。

2. 技术特性指标

（1）设备操作时的条件，如压力、温度、流量、酸碱度、真空度等。

（2）流体的组成、黏度和相对密度等。

（3）工作介质的性质（如是否有腐蚀、易燃、易爆、毒性等）。

（4）设备的容积，包括全容积和有效容积。

（5）设备所需传热面积，包括蛇管和夹套等。

（6）搅拌器的型式、转速、功率等。

（7）建议采用的材料。

3. 管口表　设备示意图中应注明管口的符号、名称和公称直径。

4. 设备基本情况说明　包括设备的名称、作用和使用场所。

5. 其他特殊要求　如表 14-2 所示是一非标准设备的设计条件单示例。

表 14-2　设备设计条件单

工程项目		设备名称	储槽	设备用途	高位槽
提出专业	工艺	设备型号		制单	
技术特性指标			管口表		
操作压力	常压	编号	用途	管径	
操作温度	22~25℃	a	进口	$DN50$	
介质	体内	溶剂油	b	回流口	$DN70$
	蛇管内	冷却水	c	冷却水入口	$DN25$
腐蚀情况	无	d	冷却水出口	$DN25$	
冷却面积	约 0.18m²	e	出口	$DN50$	
操作容积	2.3m³	f	放净口	$DN70$	
建议采用材料	Q235-A				

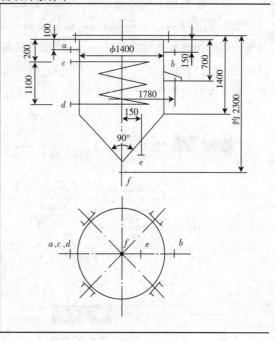

八、GMP 对设备验证方面的要求

广义的制药设备不只原料药和制剂生产设备，还包括各公用设施（水系统、压缩空气系统、空气净化系统和实验室分析仪器等设备）。《药品生产质量管理规范》（2010 年修订）第五章对设备验证提出了原则性要求。制药设备 GMP 设计通则具体内容如下。

（1）应符合药品生产工艺要求，安全、稳定、可靠，易于清洗、消毒或灭菌，便于生产操作和维修保养，能防止差错和交叉污染。

（2）材质选择应严格控制。与药品直接接触零部件均应选用无毒、耐腐蚀，不与药品发生化学变化，不释出微粒或吸附药品的材质。

（3）与药品直接接触设备内表面及工件表面应平整、光滑、无死角，易清洗消毒。

（4）设备对装置之外环境无污染，分别采取防尘、防漏、隔热、防噪声等措施。

（5）易燃易爆的设备采用防爆电器并设有消除静电及安全保险装置。

（6）注射剂灌装设备局部采用 A 级层流洁净空气和正压保护下完成各个工序。

（7）药液、注射用水及净化压缩空气管道设计应避免死角、盲管。材料应无毒，耐腐蚀。内表面应电化抛光，易清洗。其制备、贮存和分配设备结构上应防止微生物滋生和传染。管路连接采用快卸式连接，终端设过滤器。

（8）当驱动摩擦产生微量异物及润滑剂时，应对其机件部位实施封闭并与工作室隔离，所用的润滑剂不得对药品、包装容器等造成污染。对于必须进入工作室的机件也应采取隔离保护措施。

（9）设备的无菌清洗，尤其是直接接触药品的部位和部件必须灭菌，必要时进行微生物学的验证。经灭菌的设备应在三天内使用，同一设备连续加工同一无菌产品时，每批之间要清洗灭菌；同一设备加工同一非灭菌产品时，至少每周或每生产三批后进行全面清洗。设备清洗最好配备在线清洗（CIP），在线灭菌（SIP）的洁净、灭菌系统。

（10）设备设计应标准化、通用化、系列化和机电一体化。实现生产过程的连续密闭、自动检测，是全面实施设备 GMP 要求的保证。

（11）涉及压力容器还应符合钢制压力容器有关规定。

随着我国制药企业逐步转入自动化设备大规模生产模式，需要建立有效、规范的设备管理体系，以确保设备运行状态可控、可追踪。设备验证的生命周期按流程可分为六个阶段：设计需求阶段、设计建造阶段、开发测试阶段、确认阶段、使用阶段和报废阶段，如图 14-1 所示。当然，每个企业可根据对产品的影响和风险情况在验证方案中确定需要的验证文件。

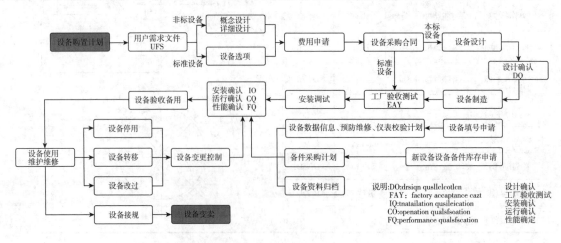

图 14-1　设备生命周期管理流程图示例

第二节 制药工程常用材料

　　制药工程常用材料有金属材料与非金属材料。金属材料分为黑色金属和有色金属，通常具有较高的强度、较好的塑性、良好的导电性和导热性等。非金属材料通常是非导体，具有较强的耐蚀性，但与金属相比，其强度低、塑性差、材料硬脆，因而在使用和制作方面具有一定的局限性，常用作设备的衬里和涂层。有时将上述若干种材料组合成复合材料进行使用。

一、黑色金属材料

　　黑色金属是对铁、铬和锰及其合金的统称。铁碳合金构成了工业应用最广的钢铁产品，根据碳含量不同可分为钢（<2.11%）和生铁（2.11%~6.67%）。

　　1. 钢的分类　　钢是碳含量小于2.11%的铁碳合金，除铁、碳外，还有冶炼过程中带入的杂质，如硅、锰、硫、磷等。为保证其使用性能，碳含量一般不超过1.7%，硫、磷含量一般不超过0.040%。当碳含量大于4.3%时，实际应用价值不高。钢的分类方法较多，主要分类方法如下。

　　（1）按化学成分分类

　　1）碳素钢　低碳钢（含碳量≤0.25%）、中碳钢（碳含量0.25%~0.60%）、高碳钢（碳含量>0.60%）。

　　2）合金钢　低合金钢（合金元素含量≤5%）、中合金钢（合金元素含量5%~10%）、高合金钢（合金元素含量>10%）。

　　（2）按品质分类　普通钢（磷含量≤0.040%，硫含量≤0.040%）、优质钢（磷、硫含量均≤0.035%）、高级优质钢（磷含量≤0.030%，硫含量≤0.030%）、特级优质钢（磷含量≤0.025%，硫含量≤0.020%）。

　　（3）按用途分类

　　1）建筑及工程用钢　普通碳素结构钢、低合金结构钢、钢筋钢。

　　2）结构钢　调制结构钢、表面硬化结构钢、冷塑性成形用钢。

　　3）工具钢　碳素工具钢、合金工具钢、高速工具钢。

　　4）特殊性能钢　不锈耐酸钢、耐热钢、低温用钢、耐磨钢。

　　5）专业用钢　桥梁用钢、锅炉压力容器用钢、船舶用钢。

　　（4）按冶炼脱氧方法

　　1）镇静钢　硅量较多，脱氧完全，组织致密，质量较好。

　　2）沸腾钢　硅量较少，脱氧不完全，有未脱尽的氧化铁和未跑出去的气体，故组织疏松，质量较差。

　　3）半镇静钢　硅量适中，脱氧也适中，故质量介于上述两者之间。

　　（5）综合分类

　　1）普通钢　碳素结构钢、低合金结构钢、特定用途普通结构钢。

　　2）优质钢　结构钢、工具钢

　　此外，还可按成型方法、金相组织等形式进行分类。

　　2. 合金元素的影响　　为了提高钢的强度、韧性、耐蚀性、耐高温和低温性能等，会在炼钢时加入一些合金元素，如铬、镍、锰、硅、钒、钛、钼、铌、铜、硼等。如不锈耐酸钢是铬含量 11.7% 以上或同时含镍的钢种的通称，表面容易在常温氧化性环境（如大气、水、强氧化性酸等）中生成以氧化铬（Cr_2O_3）为主的强保护性薄膜，使其腐蚀速率大大降低，耐蚀性增强；但由于其不耐氯离子和非氧化性酸的腐蚀，则需在钢中加入 2%~4% 的钼；加入少量的钛或铌，则可防止晶间腐蚀，因此不锈钢的焊接件均需选用含有钒和铌的成分。部分常用合金元素对钢性能的影响总结于表 14-3。

表 14-3 部分合金元素对钢性能的影响

元素	对组织结构的影响			对性能的影响						
	形成碳化物	强化铁素体	细化晶粒	淬透性	强度	塑性	硬度、耐磨性	韧性	耐热性	耐腐蚀性
Cr	中等	小	小	大	↑	↓	↑	↓	↑	↑
Ni	—	小	小	中等	↑	保持良好	—	保持良好	↑	↑
Mn	小	大	中等	大	↑	—	↑	↓	—	↓
Si	石墨化	最大	—	小	↑	↓	↑	↓	↑	↑（H_2S）
Al	—	—	大	很小	↓	↓	↑	—	↑	↑（H_2S）
Mo	大	大	中等	大	↑（高温）	↑（含量<0.6%）	↑	—	↑	↑（抗氢腐蚀）
V	大	小	大	大	↑（高温）	↓	↑	—	↑	—
Ti	大	大	最大	—	↑	↓	↑	—	↑	↑（抗晶间腐蚀）
W	较大	小	中等	中等	—	—	↑	—	↑	—

注：表中的大、中等、小表示影响作用的大小；↑、↓表示提高和降低；—表示没有影响或影响甚微。

3. 钢铁牌号及表示方法 凡列入国家标准和行业标准的钢铁产品，如生铁、碳素结构钢、低合金结构钢、优质碳素结构钢、合金结构钢、不锈钢、耐热钢、焊接用钢及有关专用钢等产品牌号，均应按 GB/T 221-2008《钢铁产品牌号表示方法》规定的牌号表示方法编写牌号。

4. 牌号表示基本原则

（1）我国钢铁产品牌号的表示，通常采用大写汉语拼音字母、化学元素符号和阿拉伯数字相结合的方法表示，混合稀土元素符号用"RE"表示。为便于国际交流和贸易，也可采用大写英文字母或国际惯例表示符号。

（2）采用汉语拼音字母或英文字母，原则上只取一个，一般不超过三个。当表示产品名称、用途、特性和工艺方法时，一般从产品名称中选取有代表性的汉字的汉语拼音的首位字母或英文单词的首位字母。当和另一产品所取字母重复时，改取第二个字母或第三个字母，或同时选取两个（或多个）汉字或英文单词的首位字母，如表 14-4 所示。

表 14-4 钢材产品用途、特性和工艺方法表示符号

产品名称	采用的汉字及汉语拼音或英文单词			采用字母	位置
	汉字	汉语拼音	英文单词		
锅炉和压力容器用钢	容	RONG	—	R	牌号尾
锅炉用钢（管）	锅	GUO	—	G	牌号尾
低温压力容器用钢	低容	DI RONG	—	DR	牌号尾
船用钢	采用国际符号				

（3）产品牌号中各组成部分的表示方法应符合相应规定，各部分按顺序排列，如无必要可省略相应部分。除有特殊规定外，字母、符号及数字之间应无间隙。

（4）产品牌号中的元素含量用质量分数表示。

5. 牌号表示方法 详见 GB/T 221 – 2008《钢铁产品牌号表示方法》，限于篇幅，本书仅选取常用的制药生产设备典型用钢介绍如下。

（1）碳素结构钢和低合金结构钢 牌号通常由四部分组成，示例如表 14 – 5。

第一部分：前缀符号 + 强度值（以 N/mm² 或 MPa 为单位），其中通用结构钢前缀符号为代表屈服强度的拼音的字母"Q"。

第二部分（必要时）：钢的质量等级，用英文字母 A、B、C、D、E、F⋯⋯表示。

第三部分（必要时）：脱氧方式表示符号，即沸腾钢、半镇静钢、镇静钢、特殊镇静钢分别以"F""b""Z""TZ"表示。镇静钢、特殊镇静钢表示符号通常可以省略。

第四部分：（必要时）产品用途、特性和工艺方法表示符号，见表 14 – 4。

表 14 – 5 碳素结构钢和低合金结构钢牌号示例

序号	产品名称	第一部分	第二部分	第三部分	第四部分	牌号示例
1	碳素结构钢	最小屈服强度 235N/mm²	A 级	沸腾钢	—	Q235AF
2	低合金高强度结构钢	最小屈服强度 345 N/mm²	D 级	特殊镇静钢	—	Q345D
3	管线用钢	最小规定总延伸强度 415MPa	—	—	—	L415
4	锅炉和压力容器用钢	最小屈服强度 345N/mm²	—	特殊镇静钢	压力容器"容"的汉语拼音首位字母"R"	Q345R

（2）合金结构钢和合金弹簧钢 牌号通常由四部分组成，示例如表 14 – 6。

第一部分：以二位阿拉伯数字表示平均碳含量（以万分之几计）。

第二部分：合金元素含量，以化学元素符号及阿拉伯数字表示。其中，化学元素符号的排列顺序推荐按含量值递减排列，如果两个或多个元素的含量相等时则相应符号位置按英文字母的顺序排列。当平均含量小于 1.50% 时，牌号中仅标明元素，一般不标明含量；当平均含量为 1.50% ~ 2.49%、2.50% ~ 3.49%、3.50% ~ 4.49%、4.50% ~ 5.49%⋯⋯时，在合金元素后相应写成 2、3、4、5⋯⋯。

第三部分：钢材冶金质量，即高级优质钢、特级优质钢分别以 A、E 表示，优质钢不用字母表示。

第四部分（必要时）：产品用途、特性或工艺方法表示符号，见表 14 – 4。

表 14 – 6 碳素结构钢和低合金结构钢牌号示例

序号	产品名称	第一部分	第二部分	第三部分	第四部分	牌号示例
1	合金结构钢	碳含量 0.22% ~0.29%	铬含量 1.50% ~1.80%、钼含量 0.25% ~0.35%、钒含量 0.15% ~0.30%	高级优质钢	—	25Cr2MoVA
2	锅炉和压力容器用钢	碳含量≤0.22%	锰含量 1.20% ~1.60%、钼含量 0.45% ~0.65%、铌含量 0.025% ~0.050%	特级优质钢	锅炉和压力容器用钢	18MnMoNbER
3	优质弹簧钢	碳含量 0.56% ~0.64%	硅含量 1.60% ~2.00%、锰含量 0.70% ~1.00%	优质钢	—	60Si2Mn

（3）不锈钢和耐热钢　牌号采用规定的化学元素符号和表示各元素含量的阿拉伯数字两部分组成。

1）碳含量　用两位或三位阿拉伯数字表示碳含量最佳控制值（以万分之几或十万分之几计）。

只规定碳含量上限者，当碳含量上限不大于 0.10% 时，以其上限的 3/4 表示碳含量；当碳含量上限大于 0.10% 时，以其上限的 4/5 表示碳含量。例如：碳含量上限为 0.08%，碳含量以 06 表示；碳含量上限为 0.20%，碳含量以 16 表示；碳含量上限为 0.15%，碳含量以 12 表示。

对超低碳不锈钢（即碳含量不大于 0.030%），用三位阿拉伯数字表示碳含量最佳控制值（以十万分之几计）。例如：碳含量上限为 0.030% 时，其牌号中的碳含量以 022 表示；碳含量上限为 0.020% 时，其牌号中的碳含量以 015 表示。

规定上、下限者，以平均碳含量×100 表示。例如：碳含量为 0.16% ~ 0.25% 时，其牌号中的碳含量以 20 表示。

2）合金元素含量　以化学元素符号及阿拉伯数字表示，表示方法同合金结构钢第二部分。钢中有意加入的铌、钛、锆、氮等合金元素，虽然含量很低，也应在牌号中标出。例如：

碳含量不大于 0.08%，铬含量为 18.00% ~ 20.00%，镍含量为 8.00% ~ 11.0% 的不锈钢，牌号为 06Cr19Ni10。

碳含量不大于 0.030%，铬含量为 16.00% ~ 19.00%，钛含量为 0.10% ~ 1.00% 的不锈钢，牌号为 022Cr18Ti。

碳含量为 0.15% ~ 0.25%，铬含量为 14.00% ~ 16.00%，锰含量为 14.00% ~ 16.00%，镍含量为 1.50% ~ 3.00%，氮含量为 0.15% ~ 0.30% 的不锈钢，牌号为 20Cr15Mn15Ni2N。

碳含量为不大于 0.25%，铬含量为 24.00% ~ 26.00%，镍含量为 19.00% ~ 22.00% 的耐热钢，牌号为 20Cr25Ni20。

6. 钢牌号新旧对照　近年来，随着我国钢材市场与世界的接轨，结构钢、不锈钢等国家标准不断进行修订、颁布和实施，钢种牌号也相继更新，形成了一套全新的牌号系统。但由于历史原因，部分旧牌号在设备设计中客观存在，在设计选择时应加以注意（表 14 - 7、表 14 - 8）。

表 14 - 7　部分碳素钢和低合金钢新旧牌号对照表

GB 713—2008	GB713—1997	GB 6654—1996
Q245R	20g	20R
Q345R	16Mng、19Mng	16MnR
Q370R		15MnNbR
13MnNiMoR	13MnNiCrMoNbg	13MnNiCrMoNbR
15CrMoR	15CrMog	15CrMoR

表 14 - 8　部分高合金钢板新旧牌号对照表

序号	GB 24511—2009		GB/T 4237—1992	ASME（2007）SA240		EN10028—7：2007	
	统一数字代号	新牌号	旧牌号	UNS 代号	型号	数字代号	牌号
1	S11306	06Cr13	0Cr13	S41008	410S	—	—
2	S11348	06Cr13Al	0Cr13Al	S40500	405	—	—

续表

序号	GB 24511—2009		GB/T 4237—1992	ASME（2007）SA240		EN10028—7：2007	
	统一数字代号	新牌号	旧牌号	UNS代号	型号	数字代号	牌号
3	S11972	019Cr19Mo2NbTi	00Cr18Mo2	S44400	444	1.452 1	X2CrMoTil8–2
4	S30408	06Cr19Ni10	0Cr18Ni9	S30400	304	1.430 1	X5CrNi18–10
5	S30403	022Cr19Ni10	00Cr19Ni10	S30403	304L	1.430 6	X2CrNi19–11
6	S30409	07Cr19Ni10	—	S30409	304H	1.494 8	X6CrNi18–10
7	S31008	06Cr25Ni20	0Cr25Ni20	S31008	310S	1.495 1	X6CrNi25–20
8	S31608	06Cr17Ni12Mo2	0Cr17Ni12Mo2	S31600	316	1.440 1	X5CrNiMo17–12–2
9	S31603	022Cr17Ni12Mo2	00Cr17Ni14Mo2	S31603	316L	1.440 4	X2CrNiMo17–12–2
10	S31668	06Cr17Ni12Mo2Ti	0Cr18Ni12Mo2Ti	S31635	316Ti	1.457 1	X6CrNiMoTi17–12–2
11	S31708	06Cr19Nil3Mo3	0Cr19Ni13Mo3	S31700	317	—	—
12	S31703	022Cr19Ni13Mo3	00Cr19Ni13Mo3	S31703	317L	1.443 8	X2CrNiMo18–15–4
13	S32168	06Crl8Ni11Ti	0Cr18Ni10Ti	S32100	321	1.454 1	X6CrNiTi18–10
14	S39042	015Cr21Ni26Mo5Cu2	—	N08904	904L	1.453 9	X1NiCrMoCu25–20–5
15	S21953	022Cr19Ni5Mo3Si2N	00Cr18Ni5Mo3Si2	—	—	—	—
16	S22253	022Cr22Ni5Mo3N		S31803		1.446 2	X2CrNiMoN22–5–3
17	S22053	022Cr23Ni5 Mo3N		S32205	2205		

二、常用钢铁材料

1. 碳钢 碳钢的机械性能较好，不仅有较高的强度和硬度，而且有较好的韧性和塑性，它的价格低廉，来源丰富，因而是选材时首先考虑的材料，即使是在腐蚀较严重的环境中，可以采取各类防护措施加以利用，如用碳钢作设备的基体，在内表面衬上一层耐蚀材料（如衬不锈钢、铝、搪瓷等）。

碳钢通常在酸和碱中腐蚀是均匀的，而在中性溶液中可能产生孔蚀。其耐蚀性随介质不同而不同：在中性溶液中，其耐蚀性由溶液中含氧量决定，在无氧或低氧的静止液中，腐蚀很轻微，但在高氧和搅拌情况下，腐蚀可增大几十倍；如果氧化能力达到使金属钝化的程度时，腐蚀会急剧下降；在酸性介质中，如果是非氧化性酸如盐酸，则对碳钢的腐蚀性很大，如果是氧化性酸（如浓硫酸、浓硝酸），则由于能生成氧化膜而使腐蚀性减小；在碱性溶液中，当溶液浓度小于30%时，碳钢能生成不溶性的氢氧化铁和氢氧化亚铁保护膜而耐腐蚀，但在高温的浓碱中膜易溶解。

低碳钢是中低压设备的主要材料。多用半镇静钢作为一般压力容器用钢，最高压力不超过1MPa，温度在0~200℃范围内，且要求压力温度没有波动，设备壁厚不大。对于压力、温度易波动的情况要用镇静钢作容器，例如液氨容器采用镇静钢。

普通碳钢的使用温度范围为0~400℃，优质碳钢则为−20~475℃。

碳钢的缺点有：①综合机械性能差，如强度高的碳钢，韧性往往较低，而韧性好的碳钢，则强度较差；②在热处理淬火的过程中容易变形、开裂；③耐蚀性差。

2. 不锈钢 是含铬11%以上或同时含镍的钢种的通称，它在常温氧化性环境（如大气、水、强氧化性酸等）中表面容易生成以氧化铬（Cr_2O_3）为主的强保护性薄膜，使其腐蚀速率大大降低，耐蚀性增强，因而得名不锈钢。在有机酸、有机化合物、碱、中性溶液和多种气体等中都耐腐蚀，但当温度增高或环境的氧化能力减小时，将由钝态变为活态，腐蚀会增大，在非氧化性介质中（如盐酸）和含氯离子的介质中（如海水）则不耐腐蚀，而会形成孔蚀。为了使不锈钢能够耐氯离子和非氧化性酸的腐蚀，可在钢中加入 2% ~ 4% 的钼。当介质中含有对应力敏感的离子时，受应力的部分（如焊缝附近）可能会产生应力腐蚀破裂，焊缝两侧的敏化区还易产生晶间腐蚀。在钢中加入少量的钛或铌，则可防止晶间腐蚀，因此不锈钢的焊接件均需选用含有钒和铌的成分。各种常用的不锈钢牌号、性能与用途可参见化工工艺设计手册。

3. 球墨铸铁　浇注前在铁水中加入一定量的球化剂（如镁），使石墨（碳）成球状结晶，这样得到的铸铁是球墨铸铁（简称球铁）。球状石墨有较大塑性，其机械性能接近碳钢。但其耐磨性、减振性和抗氧化性比钢和灰口铸铁好，抗冲击能力比灰口铸铁好，价格比钢便宜。因此，球铁广泛用于受磨损、高应力、有冲击作用的各种机械零部件。

三、有色金属材料

除黑色金属以外的金属为有色金属，其分类比较多样，比如，按照比重来分，铝、镁、锂、钠、钾等的比重小于 4.5，叫作"轻金属"，而铜、锌、镍、汞、锡、铅等的比重大于 4.5，叫作"重金属"。像金、银、铂、锇、铱等比较贵，叫作"贵金属"，镭、铀、钍、钋、锝等具有放射性，叫作"放射性金属"，还有像铌、钽、锆、铷、金、镭、铪、铀等因为地壳中含量较少或者比较分散，被称为"稀有金属"。制药设备中常用的有色金属主要是铜、铝、钛以及它们的合金。有色金属的耐蚀性主要决定于其纯度。加入其他金属元素后，一般机械强度会提高，但耐蚀性则降低。多数有色金属稀有而价贵，特别是钛。

1. 铜及其合金　铜对大气、水、海水、碱类溶液具有很好的耐蚀性；对于常温和去氧的盐酸、醋酸等非氧化性酸，稀、冷和不充气的硫酸及有机酸能耐蚀。但在氨和铵盐溶液中，当有空气存在时，铜的腐蚀剧烈。在各种浓度的硝酸中，甚至在常温下，铜也能被迅速溶解。在低温下，铜的强度、冲击性会有所提高，并保持较高的塑性，因而铜常用于制造需要深冷的设备。

为了提高铜的强度、耐热或耐蚀等性能，在铜中加入某些合金元素，制成铜合金。常用的有黄铜、青铜、镍铜合金。

铜和锌的合金习惯上被称为黄铜。黄铜的机械强度比纯铜高，在大气与海水中的抗蚀性比纯铜强，在其他介质中的耐蚀性与纯铜基本相同。

青铜是黄铜以外的铜合金，常用的有锡青铜和铅青铜。青铜比纯铜耐蚀性强，更耐磨，因而青铜多用于耐磨零件和滑动轴承的轴承衬、涡轮等。

蒙耐尔（Monel）合金是一种以金属镍为基体添加铜、铁、锰等其他元素而成的合金，它能耐非氧化性酸，特别是对氢氟酸的耐蚀性非常好，还能耐中性溶液、高温卤素、各类食品、水、海水、大气、多种有机化合物等的腐蚀，对热浓碱液也有优良的耐蚀性。但对强氧化性酸和强氧化性溶液、熔盐、熔金属、熔硫和高温含硫气体则不耐蚀。

2. 铝及其合金　铝的特点是质轻、塑性好、导热和导电性好。因能生成 Al_2O_3 保护膜，故能耐氧化性很强酸的腐蚀，如当硝酸浓度大于 80% 时，工业纯铝比不锈钢耐蚀性强些，在大气、纯水、氨水及氧化性盐类溶液中均耐蚀。不耐碱的腐蚀，但在碳酸钠溶液中的腐蚀性较缓和。铝的纯度越高，耐蚀性越好。

纯铝的机械强度差，在制造压力较高的设备时，铝作衬里，外壳用钢制，铝不易焊接，最好采用氩弧焊以保证高质量焊缝。应用较多的是铸造铝合金和防锈铝，常用作深冷装置如（液空吸附过滤器、分馏塔等），由于铝的导热性好，因而适于作热交换设备；铝不会产生火花，可作易挥发性物质的贮存容器；由于铝不沾污产品，不改变产品颜色，可广泛地代替不锈钢作有关设备；纯铝是浓硝酸贮槽、管道、阀门、泵等的材质。

3. 钛及其合金　钛具有强度高、密度小、熔点高和耐蚀性能好等特点。对于氯化物溶液、硝酸、有机酸以及多种有机介质，钛的耐蚀性比不锈钢强，如它能耐沸点下任何浓度的硝酸、潮湿氯气及无机氯化物的腐蚀。

为了提高钛在室温下的强度和高温时耐热性能，常加入一些元素，这些元素能溶于钛或能与钛形成化合物，以促使合金强化，工业上使用的都是这类钛合金。这些元素是锡、铝、铬、锆、钼、钒、锰和铁等。其中铬、锰、铁和铝的强化作用最好，钼和钒其次，锡和锆的作用不大，但能提高合金的抗蚀性。

钛合金一般不会产生孔蚀和晶间腐蚀，但对于氯化物水溶液、高温氯化物、发烟硝酸、N_2O_4、醇类有机溶剂及潮湿空气等介质，会发生应力腐蚀，但加入钼和钒则可提高抗应力腐蚀的性能。

四、非金属材料

非金属材料具有耐蚀性好、来源丰富、造价便宜和品种多的优点，但同时具有机械强度低、导热系数小、耐热性差、对温度波动比较敏感、易渗透等缺点。

（一）无机非金属材料

1. 搪玻璃（搪瓷）　搪玻璃是一种硅酸盐材料，能耐大多数无机酸、有机酸、有机溶剂等介质的腐蚀，特别是在盐酸、硝酸、王水等介质中具有优良的耐蚀性能，但不能耐任何浓度及温度的氢氟酸。对于浓度为 30% 以上，温度大于 180℃ 的磷酸；浓度为 10% ~ 20%，温度高于 150℃ 的盐酸；浓度为 10% ~ 30%，温度高于 200℃ 的硫酸；pH≥12，温度高于 100℃ 的碱液，均不耐蚀。

搪玻璃（即搪瓷）设备是将含硅量高的瓷釉喷漆在钢板表面，在 920 ~ 960℃ 下多次高温搪烧，使瓷釉密着于金属胎表面而制成的。搪瓷设备有反应罐、贮罐、管道及管件、换热器、蒸发器、塔器、搅拌桨、阀门等。

搪玻璃设备使用压力主要取决于钢板的强度、设备的密封性及制造工艺水平。通常罐内的使用压力为 0.25MPa 左右，夹套内压力为 0.6MPa 左右，但也可设计承受更高压力的设备。一般使用真空度为 0.093MPa 左右。搪玻璃设备使用温度与使用条件（如腐蚀性介质成分、浓度、加热条件等）和制造质量有关。一般在缓慢加热或冷却条件下，使用温度为 −30 ~ 250℃。

2. 化工陶瓷　是由耐火黏土、长石及石英石经成型干燥后焙烧而成，主要成分为 SiO_2。它具有优良的耐腐蚀性能（除氢氟酸、强碱及热磷酸等外），特别是在处理湿氯、氯水、盐酸、盐水、醋酸等介质时，其耐蚀性比耐酸不锈钢强。化工陶瓷还具有足够的不透性、热稳定性、耐热性、耐磨、不老化、不污染被处理的介质等优点。不足之处是机械强度不高、脆性大、抗温度骤变的能力差。因而陶瓷设备使用压力一般为常压，也可用于内压不高或一定真空度的条件。使用陶瓷设备要避免撞击、震动和温度骤变，否则容易破裂。它可作管道、管件、阀门、塔器、反应器、搅拌器、过滤器、填料等的材质，也可制成泵、风机等运转机械的零部件。

（二）有机非金属材料

1. **塑料**　是以合成树脂为主体，根据需要加入填料、增塑剂、稳定剂等附加成分制成，它具有可塑、成形、硬化和保持一定形状的性能。根据塑料受热后的性能不同，可将塑料分为热固性塑料和热塑性塑料两大类。热固性塑料是指在一定温度下加热一定时间后发生化学变化而硬化，硬化后的塑料不溶于溶剂中，加热不能使其再软化，如温度过高就会分解。热塑性塑料则遇热软化，冷却后又坚硬，这一过程可反复进行。

（1）**耐酸酚醛塑料**　为热固性塑料，它具有良好的耐腐蚀性和热稳定性，对于大部分非氧化性酸类及有机溶剂，特别是盐酸、氯化氢、硫化氢、低浓度及中等浓度的硫酸均耐蚀，但对于强氧化性酸（如硝酸、铬酸、浓硫酸）及碱、碘、溴、苯胺、吡啶等介质均不耐腐蚀。它还具有易于成形及机械加工性，可制成各种化工设备及零部件，如塔器、容器、贮槽、搅拌器、管道、管件、阀门、泵等。其缺点是冲击韧性低，易脆，因而在安装使用及修理过程中要防止受冲击。

（2）**硬聚氯乙烯塑料**　在聚氯乙烯树脂中加入不同的增塑剂及稳定剂，使得聚氯乙烯塑料有硬质和软质之分，目前以硬聚氯乙烯塑料为主。

硬聚氯乙烯为热塑性塑料。它具有良好的耐腐蚀性能，除强氧化剂（如浓硝酸、发烟硫酸等）、芳香族、氯代碳氢化合物（如苯、甲苯、氯化苯等）及酮类外，能耐大部分酸、碱、盐、烃、有机溶剂等介质的腐蚀。在大多数情况下，硬聚氯乙烯对中等浓度酸、碱介质的耐腐蚀性最好。在腐蚀性介质中，不稳定的主要特征是制品出现膨胀、重量增加、强度变化以及起泡、变色、变脆等现象。

硬聚氯乙烯还具有一定的机械强度、成形方便、可焊性好、密度小（约为钢的1/5）、原料充足、价廉等优点。因而广泛用于制造塔器、贮槽、球形容器、离心泵、管件及阀门等。

硬聚氯乙烯设备的使用温度一般为 - 10 ~ 50℃，管道的一般为 - 15 ~ 60℃，温度高于60℃时，其机械性能显著降低；当温度低于常温时，其冲击韧性显著降低。设备的使用压力一般为常压或真空，管道的使用压力一般不超过 0.3 ~ 0.4MPa。

（3）**聚四氟乙烯塑料**　为热塑性塑料，呈白色蜡状，是含氟塑料中综合性能最强应用最广的一种。它对强腐蚀性介质如浓硝酸、浓硫酸、过氧化氢、盐酸及苛性碱等均耐蚀，甚至对王水具有极强的耐蚀性，故有"塑料王"之称。多数有机溶剂都不能使其溶解，只有熔融的苛性碱对它有腐蚀。聚四氟乙烯的使用温度宽，其摩擦系数极低，是现有材料中（包括金属）摩擦系数最低者。聚四氟乙烯用在高温（或低温）防腐蚀要求较高的场合，可制成衬垫、阀座、阀片、密封元件、输送腐蚀介质的高温管道、小型容器、热交换器、衬里、填料等。

（4）**聚丙烯塑料**　是一种新型的热塑性塑料，它具有优良的耐腐蚀性能。对大多数羧酸，除浓醋酸与丙酸外，有较好的耐蚀性，对于无机酸、碱或盐类的溶液，除氧化性的以外，即使在100℃也能耐蚀，对于100℃以下的浓磷酸、40%硫酸、盐酸及盐类溶液均耐蚀。由于聚丙烯分子结构中的叔碳原子容易氧化，所以发烟硫酸、浓硝酸和氯磺酸等强氧化性介质，即使在室温下也不能使用。对于含有活性氯的次氯酸盐以及过氧化氢、铬酸等氧化性介质，通常也只能用于浓度较稀或温度较低的情况下。由于聚丙烯是非极性的，所以醇、酚、醛、酮等极性溶剂比烷烃更不易使聚丙烯溶胀，但氯代烃能引起较大的溶胀作用。在80℃以上，芳烃与氯代烃对聚丙烯有溶解作用。

聚丙烯具有良好的综合性能，来源丰富，价格低廉，密度小（几乎是塑料中最轻的）、吸水性小、耐热性好，因而在防腐设备上应用日益广泛。如用于制作各种管道、贮槽、衬里材料、阀门、压滤机以及化工容器。采用聚丙烯后，不但解决腐蚀问题和产品质量问题，同时，聚丙烯有半透明性，便于观察物料的情况，以利于安全生产。

（5）玻璃钢 用合成树脂作黏结剂，以玻璃纤维及其制品（如玻璃布、玻璃带、玻璃丝等）为增强材料，经过各种成型方法制成各种成型的制品，因其强度如同钢铁，故称为玻璃钢。

玻璃钢具有良好的成型工艺性能及机械加工性能、强度高、密度小（如整体玻璃钢的相对密度为1.4~2.2，只有钢铁的1/4~1/5）、耐热、耐腐蚀的优点。缺点是刚性小，仅是钢的1/10左右，这样负荷大时会变形，甚至分层断裂，导热性差，导热系数仅是钢的1/1000~1/100，因而在换热器中的使用受到限制。

目前应用的防腐蚀方面的玻璃钢主要有酚醛玻璃钢、环氧玻璃钢、呋喃玻璃钢、双酚A耐酸聚酯玻璃钢和乙烯基酯玻璃钢。玻璃钢的耐蚀性能及其他性能与所用的树脂有关，如酚醛玻璃钢耐酸、耐溶剂性好、成本低；环氧玻璃钢耐水、耐碱性好，耐酸、耐溶剂性尚好，与金属黏接力强，机械强度好。

玻璃钢材料可用于各种设备的贴衬，可增强其他非金属材质的制作能力，如可使聚氯乙烯、玻璃管、陶瓷等材料制品增加强度，延长使用寿命。目前在药厂中已将玻璃钢用作酸、碱贮槽衬里、离心泵外壳的衬里、凉水塔外壳、钢制搅拌器的贴衬以及整体玻璃钢管道等。

2. 橡胶 有天然橡胶和合成橡胶两大类，目前用于防腐蚀衬里的是天然橡胶。天然橡胶经硫化处理后，具有一定的耐热性能、机械强度高及耐腐蚀性能。如耐酸橡胶除强氧化剂（硝酸、浓硫酸、铬酸及过氧化氢等）及某些溶剂（如苯、二硫化碳等）外，能耐大多数无机酸、有机酸、碱、各种盐类及醇类介质的腐蚀。丁苯和丁腈橡胶适用于大多数无氧化作用的无机酸。

根据含硫量的不同，可将橡胶分为硬橡胶、软橡胶和半硬橡胶。硬橡胶常用作设备的单独衬里；软橡胶适用于泵、搅拌器等的衬里；对受冲击、摩擦、有温度变化的设备，常用硬橡胶作底层、软橡胶作面层的联合衬里方法。硬橡胶的长期使用温度为0~65℃；软橡胶、半硬橡胶、软硬橡胶联合衬里的使用温度为-25~75℃。温度过高会加速橡胶的老化，破坏橡胶与金属的结合力，导致橡胶的脱落。

3. 不透性石墨 人造石墨是通过将含少量灰分的无烟煤、焦炭或石油焦，经粉碎后加煤焦油及沥青混合压制成型，然后在隔绝空气的条件下高温焙烧而成。由于焙烧过程中挥发物的逸出，使石墨制品中存在很多微细的孔隙，这样不仅影响石墨的机械强度和加工性能，而且在有压力的条件下介质还会渗漏出来。因此，用石墨制作设备时，需要用适当的方法来填充石墨的孔隙，使之成为不透性石墨。

不透性石墨具有良好的导热性，其导热系数为 $116 \sim 128 W/(m \cdot K)$，比一般碳钢大 2 倍多，热稳定性良好，能耐温度的急变，孔隙率小，密度小，导电，耐磨，不污染介质，机械加工性能好，易于制成各种结构的设备和零部件等，但机械强度低、脆性较大。它可用来制造列管式换热器、膜式吸收器、石墨泵及管件等。不透性石墨板也可作设备的衬里材料。不透性石墨常用的有浸渍类不透性石墨和压型不透性石墨。

（1）浸渍类不透性石墨　是将已经成型（板材、块材、管材等）的石墨浸于浸渍剂中，使浸渍剂渗入并填塞石墨孔隙，然后经过适当热处理而获得。浸渍剂有酚醛树脂、二氯丙醇、改性酚醛树脂（2号酚醛树脂）、呋喃树脂和水玻璃。浸渍类不透性石墨的耐蚀性能主要取决于浸渍剂的耐蚀性能，如用酚醛树脂浸渍的石墨除对硝酸、浓硫酸、铬酸等强氧化性介质不耐蚀外，对于大多数无机酸、有机酸、盐类及有机化合物等均耐蚀。

（2）压型不透性石墨　用黏结剂与人造石墨粉混合后在高温高压下成型而制得压型不透性石墨。与浸渍石墨相比，压型不透性石墨制造方法简单、成本低、孔隙小、组织结构均匀、物理机械强度高。耐蚀性由合成树脂和石墨粉的性能决定。

例 14 - 1　浓硝酸贮槽选材。

介质为浓硝酸，操作条件为常温常压。因而选材时主要考虑耐浓硝酸腐蚀性。耐浓硝酸腐蚀的材料主要有高硅铁、不锈钢、铝、钛及一些非金属材料。

高硅铁质脆，不适宜作贮槽。铝的机械强度低，用作卧式容器时可采用加强结构（在设备外用角钢或扁钢焊成鸟笼形式）。不锈钢的耐腐蚀性好、强度高，可直接用来制贮槽，但价格较贵，用它作衬里较合理，如用水玻璃或搪瓷作衬里也是可行方案，钛材太贵不宜用。

例 14 - 2　氯化氢吸收冷却塔的选材。

（1）器内物料　生成的氯化氢气体进入器内，用冷水吸收，伴随吸收反应会放出热量，还需用冷却水对生成的盐酸进行冷却。

（2）操作条件　操作温度为 $80 \sim 120℃$；工作压强为 $2 \times 10^5 Pa$。

（3）选材　吸收冷却塔的操作温度不太高，工作压力也不大，因此，对材料的强度要求不高。但器内有氯化氢和盐酸，而且随着氯化氢气体的吸收，盐酸的浓度会增大，所以应选择良好的耐腐蚀材料，又因为要冷却盐酸，故需选用导热性良好的材料。

除钛材外，一般金属材料都不耐盐酸的腐蚀，不宜选用。非金属材料的耐腐蚀性很好，其中酚醛树脂浸渍不透性石墨，导热性也很好，可以选用作衬里，外用碳钢。

第三节　立式带夹套非标反应釜设计案例

一、工艺设计参数的确定

根据前述氢化釜工艺设计所获得的参数，填入设计条件单，如表14-9所示，进行立式带夹套非标氢化反应釜设计（与第二章和十三章 氢化反应釜内容结合）。

表 14 - 9　设计条件单

设备名称：2.5m³反应釜

技术特性指标			简　图
压力/MPa（表）	釜内	-0.07 ~ 4.0	
	夹套	0.2	
	安全阀整定压力	5.2	
	设计爆破压力	5.8	
温度/℃	釜内	120	
	夹套	115 ~ 130	
介质	釜内	精糖液、催化剂、氮气、氢气	
	夹套	蒸汽、（水）	
	腐蚀情况	微弱	
搅拌桨型式		框式	
搅拌轴转速（r/min）		80	
电机功率（kW）		7.5	
操作容积（m³）		2.0	
设备容积（m³）		2.5	
建议采用材料	釜体	S30408	
	夹套	Q235B	

管口表

编号	名称	设计工艺管径 DN（mm）	设计压力等级（MPa）	备注
a	原料液进料管	40	4.0	
b	催化剂进料管	25	4.0	
c	氢气进气管	25	4.0	
d	压缩氮气进气管	25	4.0	
e	排气管	80	4.0	
f	爆破片泄压管	150	4.0	
g	安全阀泄压管	50	4.0	
h	取样管	25	4.0	
i	压出管	80	4.0	
j_1	测压口接管	25	4.0	
j_2	测温口接管	25	4.0	
k	底部出料管	50	4.0	
l_1	夹套蒸汽管	50	1.0	
l_2	夹套冷凝水管	50	1.0	
m_1	制冷水给水管	50	1.0	
m_2	制冷水回水管	50	1.0	
备注	夹套外设置100mm的保温层，釜体上装有安全阀和爆破片			

二、机械设计

按 GB 150.3—2011《压力容器 第 3 部分设计》进行非标氢化反应釜机械结构设计。

（一）釜体结构设计

1. 釜体公称直径及公称压力的确定

（1）釜体公称直径 DN 的确定　将釜体视为筒体，由高径比得 $D_i = \sqrt[3]{\dfrac{4V}{1.2\pi}}$，由工艺计算知 $D_i = 1400\text{mm}$，

则结果按 GB/T 9019—2015 设计圆整后，取釜体 $DN = 1400\text{mm}$。

（2）釜体公称压力 PN 的确定　因正常操作压力 $p_w = 4.0\text{MPa}$，材质选择 S30408，操作温度低于 200℃，由设计手册确定釜体 $PN = 4.0\text{MPa}$。

2. 釜体筒体壁厚的设计

（1）设计参数的确定

1）设计压力 p　由前工艺计算知，本釜工作压力 $p_w = 4.0\text{MPa}$，反拱形爆破片设计爆破压力 $p_b = 5.2\text{MPa}$，确定容器的设计压力 $p = p_b = 5.2\text{MPa}$（不计爆破片制造范围上限）。

2）液体静压 p_L　由前工艺计算知，筒体高度 1.4m，取液体物料的平均密度近似为 1000kg/m^3，若按釜内全部充满料液计算液相静压强，则有

$$p_L \approx h\rho g = 1.4 \times 1000 \times 9.807 = 13730Pa = 0.014MPa$$

因 $p_L / p = 0.014 / 5.2 = 0.27\% < 5\%$，故 p_L 在机械设计时可以忽略。

3）计算压力 p_c　$p_c = p + p_L = p = 5.2\text{MPa}$。

4）设计温度 t　由操作最高温度 130℃，取 150℃。

5）焊接接头系数 φ　由于生产压力为中压，介质具有爆炸性，符合 TSG R0004—2009《固定式压力容器安全技术监察规程》中三类压力容器划类要求，取 $\varphi = 1.0$（双面对接接头或相当于双面焊的全焊透对接接头，100% 无损检测）。

6）许用应力 $[\sigma]^t$　根据材料 S30408、设计温度 150℃，查 GB 24511 得知 $[\sigma]^t = 137\text{MPa}$（板材）。

7）钢板负偏差 C_1　按钢板标准 GB 24511—2017，热轧厚板在全部厚度取 $C_1 = 0.3\text{mm}$。

8）腐蚀裕量 C_2　由于釜体选用不锈钢，盛装介质对其基本无腐蚀，取 $C_2 = 0\text{mm}$。

（2）筒体壁厚的设计　由于 $p_c \leqslant 0.4[\sigma]^t \varphi$，可按 GB 150.3 – 2011 中内压薄壁圆筒壳设计公式计算，得设计厚度

$$\delta_d = \frac{p_c D_i}{2[\sigma]^t \varphi - p_c} + C_2 = \frac{5.2 \times 1400}{2 \times 137 \times 1.0 - 5.2} + 0 = 27.1\text{mm}$$

考虑 $C_1 = 0.3\text{mm}$，则 $\delta_n' = \delta_d + C_1 = 27.1 + 0.3 = 27.4\text{mm}$，向上圆整得 $\delta_n = 28\text{mm}$。由于 $\delta_n / D_i < 0.1$，符合薄膜理论应用条件，上述计算结果可用。

3. 釜体封头的设计

（1）封头的选型　釜体封头按 GB/T 25198—2010《压力容器封头》选择 EHA 型标准椭圆形封头。

（2）设计参数的确定　由于封头 $D_i = 1400\text{mm}$，故可采用整板冲压成型，因此取焊接接头系数 $\varphi = 1.0$，其他设计参数与筒体相同。

（3）封头的壁厚的设计　按标准椭圆形封头设计公式计算，得设计厚度

$$\delta_d = \frac{p_c D_i}{2[\sigma]^t \varphi - 0.5 p_c} + C_2 = \frac{5.2 \times 1400}{2 \times 137 \times 1.0 - 0.5 \times 5.2} + 0 = 26.9\text{mm}$$

考虑 $C_1 = 0.3\text{mm}$，则 $\delta_n' = \delta_d + C_1 = 26.9 + 0.3 = 27.2\text{mm}$，向上圆整得 $\delta_n = 28\text{mm}$。

（4）封头尺寸及质量等参数的确定　根据 GB/T 25198—2010 查得：直边高度 $h_2 =$ 25mm（按封头公称直径 $DN \leqslant 2000$mm）；总深度 $h = h_1 + h_2 = 375$mm；容积 $V = 0.3977$m^3；内表面积 $F_h = 2.2346$m^2；单个质量 $W = 498.7$kg。考虑到与筒体的焊接，取封头壁厚与筒体一致是合理的。

4. 筒体长度的设计　由 $V = V_T + V_F$ 得 $\frac{\pi}{4} D_i^2 H = V - V_F$，带入数据有：

$$H = \frac{V - V_F}{\frac{\pi}{4} D_i^2} = \frac{2.5 - 0.3977}{\frac{\pi}{4} \times 1.4^2} = 1.366\text{m}$$

考虑加工，圆整得 $H = 1370$mm。

复核釜体长径比 H/D_i 有 $H/D_i = (1370 + 25)/1400 \approx 1$，满足原工艺设计要求。

由设计手册可查得，$DN = 1400$mm、$\delta_n = 28$mm 的筒体 1m 高筒节的质量约 986kg（内表面积 $F_1 = 4.40$m^2）则筒体质量为 $986 \times 1.370 = 1350.82$kg。

5. 外压筒体壁厚的验算

（1）设计外压的确定　因为设计外压力不小于正常工作情况下可能产生的最大内外压力差。由设计条件单可知，夹套内通低压蒸汽的绝对压力为 0.3MPa（130℃），筒体工艺操作压力为 $-0.07 \sim 4.0$MPa（表）。所以筒体最恶劣的外压工作条件是夹套内通蒸汽，釜内抽真空，此时压差 0.27MPa。取设计外压 $p = 0.3$MPa。

（2）试差法验算筒体的壁厚　由前计算，筒体壁厚 $\delta_n = 28$mm，则有效壁厚 $\delta_e = \delta_n - C = \delta_n - C_1 - C_2 = 28 - 1 = 27$mm；

外径 $D_o = D_i + 2\delta_n = 1400 + 2 \times 28 = 1456$mm

由 $L_{cr} = 1.17 D_o \sqrt{\dfrac{D_o}{S_e}}$ 得 $L_{cr} = 1.17 \times 1456 \times \sqrt{\dfrac{1456}{27}} = 12509.7$mm

筒体的计算长度 $L = H + h_2 + \dfrac{h_1}{3} = 1370 + 25 + \dfrac{350}{3} = 1511.7$ mm

因 $L < L_{cr}$，故该筒体为短圆筒。

查 GB 150.2—2011 表 B.13 得 S30408 在 150℃下弹性模量 $E^t = 1.86 \times 10^5$MPa。

计算圆筒的临界压力为：$p_{cr} = \dfrac{2.59E \delta_e^2}{L D_o \sqrt{\dfrac{D_o}{\delta_e}}} = \dfrac{2.59 \times 1.86 \times 10^5 \times 27^2}{1511.7 \times 1456 \sqrt{\dfrac{1456}{27}}} = 21.73$MPa

对圆筒，取稳定安全系数 $m = 3$，得 $[p] = \dfrac{p_{cr}}{m} = \dfrac{21.73}{3} = 7.24$MPa

因为 $p = 0.3$MPa $< [p] = 7.24$MPa 故 $\delta_n = 28$mm 满足稳定性要求。

（3）图算法验算筒体的壁厚　由试差法计算的参数：$D_o/\delta_e = 1456/27 = 53.93$，筒体的计算长度 $L = 1511.7$mm，得

$L/D_o = 1.038$

由 GB 150.3—2011 图 4-2 的 L/D_o 纵坐标上找到 1.038 的值，由该点做水平线与对应的 $D_o/\delta_e = 53.93$ 线相交，沿此点再做竖直线与横坐标相交，交点对应的外压应变系数 A 值约为 3.45×10^{-3}。

再由 GB 150.3—2011 图 4-8 的水平坐标上找到 $A = 3.55 \times 10^{-3}$ 点，由该点做竖直线与对应 150℃的材料温度线相交，沿此点再做水平线与右方的纵坐标相交，得到外压应力系数

B 值约为 100MPa。

根据 $[p] = \dfrac{B}{D_o \delta_e}$ 得：$[p] = \dfrac{98}{53.93} = 1.854$MPa

因为 $p < [p]$，所以 $\delta_n = 28$mm 满足稳定性要求。

6. 外压封头壁厚的验算

（1）设计外压的确定　封头的设计外压与筒体相同，即设计外压 $p = 0.3$MPa。

（2）封头壁厚的验算　取封头壁厚 $\delta_n = 28$mm，则有效壁厚 $\delta_e = \delta_n - C = 28 - 1 = 27$mm。

对于标准椭圆形封头外压系数 $K_1 = 0.9$，故其当量球壳外半径 $R_0 = K_1 D_o = 0.9 \times 1400 = 1260$mm。

计算系数 A：$A = \dfrac{0.125}{R_i \delta_e} = \dfrac{0.125}{126027} = 0.00268$

再由 GB 150.3—2011 图 4-8 的水平坐标上找到 $A = 2.68 \times 10^{-3}$ 点，由该点做竖直线与对应 150℃ 的材料温度线相交，沿此点再做水平线与右方的纵坐标相交，得到外压应力系数 B 值约为 90MPa。

根据 $[p] = \dfrac{B}{R_i \delta_e}$ 得：$[p] = \dfrac{90}{46.67} = 1.928$MPa

因为 $p < [p]$，所以 $\delta_n = 28$mm 满足稳定性要求。

（二）夹套结构设计

1. 夹套公称直径及公称压力的确定

（1）夹套公称直径 DN 的确定　由于采用蒸汽加热，夹套内径 D_j 按国家标准取 $D_j = D_i + 100 = 1400 + 100 = 1500$mm，故夹套的公称直径 $DN = 1500$mm

（2）夹套公称压力 PN 的确定　由设备设计条件单知，夹套内介质的工作压力 $p_w = 0.2$MPa，取公称压力 $PN = 0.25$MPa。

2. 夹套筒体的设计

（1）夹套筒体壁厚的设计　因为 $p_w < 0.3$MPa，按上述参数代入内压筒体计算公式所得壁厚太薄，所以需要根据刚度条件设计筒体的最小壁厚 $\delta_{\min}$。根据 GB 150.1—2011，取 $\delta_{\min} = 3$mm（旧标准考虑 $D_j = 1500$mm < 3800mm，$\delta_{\min} = 2D_j/1000$ 且不小于 3mm，结论不变）。

由于最小壁厚是壳体加工成型后不包括腐蚀裕量的最小厚度。当 Q235B 在蒸汽环境中应考虑单面轻微腐蚀，取 $C_2 = 1$mm。

因 Q235B 为 GB 150.2—2011 附录 D 中的材料，故取夹套筒体壁厚 $\delta_n = 6$mm。

（2）夹套筒体长度 H_j 的初步设计　由设计手册可查得，$DN = 1400$mm、$\delta_n = 28$mm 的筒体 1m 高筒节的容积 $V_1 = 1.539\text{m}^3$，则筒体高度 H_j 的估算值为：

$$H_j \geq \frac{\eta V - V_F}{V_1} = \frac{2.0 - 0.3977}{1.539} = 1.041\text{m}$$

取 $H_j = 1040$mm。

由设计手册可查得，$DN = 1500$mm、$\delta_n = 6$mm 的筒体 1m 高筒节的质量为 223kg，则夹套筒体质量估算为 $223 \times 1.04 = 231.92$kg。

（3）夹套封头的设计

1）夹套的下封头　选择 EHA 标准椭圆形结构，内径与筒体相同 $D_j = 1500$mm。因为 $p_w < 0.3$MPa，根据 GB 150.1—2011，需要按刚度条件设计筒体的最小壁厚 $\delta_{\min} = 3$mm。取 C_2

=1mm，圆整后，取夹套下封头壁厚 $\delta_n = 6$mm。

根据 GB/T 25198—2010 查得：直边高度 $h_2 = 25$mm；总深度 $h = h_1 + h_2 = 400$mm；容积 $V = 0.486$m³；内表面积 $A = 2.5568$m²；单个质量 $W = 117.7$kg。考虑到与筒体的焊接，取封头壁厚与筒体一致是合理的。此外由设备设计条件单知，底部出料管口 k 的 $DN = 50$mm，封头下部结构的主要结构尺寸 $D_{\min} = 150$mm，如图 14-2 所示。

2）夹套的上封头　选择无折边锥形封头，且锥壳半顶角 $\alpha = 45°$、大端直径 $D_{iL} = 1500$mm、小端直径 $D_{is} = 1456$mm，单个质量约 120kg。

考虑到封头的大端与夹套筒体对接焊，小端与釜体筒体角焊，因此取上封头的壁厚与夹套筒体的壁厚一致，即 $\delta_n = 6$mm。结构及尺寸如图 14-3 所示。

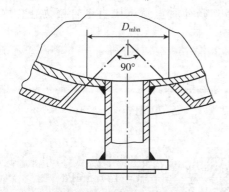

图 14-2　夹套的下封头
（EHA 标准椭圆形结构示意）

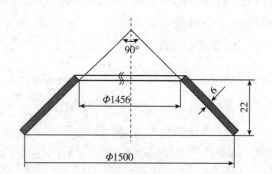

图 14-3　夹套的上封头
（无折边锥形封头结构示意）

（4）夹套传热面积的校核

$DN = 1400$mm 釜体下封头的内表面积 $F_h = 2.2346$m²

$DN = 1400$mm 筒体（1m 高）的内表面积 $F_1 = 4.40$m²

夹套包围筒体的表面积 $F_S = F_1 \times H_j = 4.40 \times 1.040 = 4.576$m²

$F_h + F_S = 2.2346 + 4.576 = 6.8106$m²

如果釜内进行的反应是放热反应，产生的热量不仅能够维持反应的不断进行，且会引起釜内温度升高。为防止釜内温度过高，在釜体的上方应设置冷凝器进行换热，因此不需要进行传热面积的校核（但要考虑工艺热稳定性，见第三章）。本案例中，催化加氢在釜内进行的反应是吸热反应，则需进行传热面积的校核，即将 $F_h + F_S = 6.8106$m² 与工艺需要的传热面积 F 进行比较。若 $F_h + F_S \geq F$，则不需要在釜内另设置盘管；反之则需要按第三章例题设置盘管，此处从略。

（三）压力试验

压力试验应综合考虑各受压元件力学性能，本例仅选取典型元件作为计算示例。

1. 釜体的水压试验

（1）水压试验压力的确定

$$p_T = 1.25p \frac{[\sigma]}{[\sigma]^t} = 1.25 \times 5.2 \times 1 = 6.5 \text{MPa}$$

（2）液压试验的强度校核

$$\sigma_{\max} = \frac{p_T(D_i + S_n - C)}{2(S_n - C)} = \frac{6.5 \times (1400 + 28 - 0.3)}{2(28 - 0.3)} = 167.6 \text{MPa}$$

查 GB 150.2—2011 附录 B 得 S30408（板厚≤80mm）在试验温度 20℃时屈服强度 σ_s（$R_{p0.2}$）=205MPa，有 $\sigma_{max} < 0.9\sigma_s\varphi$，故液压强度足够。

（3）压力表的量程、水温及水中氯离子含量的要求　压力表的最大量程应不小于 $2p_T = 2 \times 6.5 = 13MPa$，或（1.5~4）$p_T$，即 9.75~26MPa。

水温≥15℃，水中氯离子含量不超过 25 mg/L。

（4）水压试验的操作过程　在保持釜体表面干燥的条件下，首先用水将釜体内的空气排空，再将水的压力缓慢升至设计压力 5.2MPa，若无泄漏，再缓慢上升至 6.5MPa，保压不低于 30 分钟，然后将压力缓慢降至试验压力的 80%（本例为 5.2MPa），保压足够长时间，检查所有焊缝和连接部位有无泄露和明显的残留变形。若质量合格，缓慢降压将釜体内的水排净，用压缩空气吹干釜体。若质量不合格，修补后重新试压直至合格为止。水压试验合格后再做气压试验。

2. 釜体的气压试验

（1）气压试验压力的确定

$$p_T = 1.1p \frac{[\sigma]}{[\sigma]^t} = 1.1 \times 5.2 \times 1 = 5.72MPa$$

（2）气压试验的强度校核

$$\sigma_{max} = \frac{p_T(D_i + S_n - C)}{2(S_n - C)} = \frac{5.72 \times (1400 + 28 - 0.3)}{2(28 - 0.3)} = 147.5MPa$$

因 $\sigma_{max} < 0.8\sigma_s\varphi$，故气压强度足够。

（3）气压试验的操作过程　做气压试验时，将压缩空气的压力缓慢升至 0.572MPa（10% p_T），保压 5~10 分钟，然后进行初检，如有泄漏需修补后重新试验。初检合格后继续缓慢升压至 2.86MPa（50% p_T），其后按每级 0.572MPa 级差，逐级升至试验压力 5.72MPa，保压 10 分钟，然后再降至 5.2MPa，保压足够长时间再次进行检查，如有泄漏，修补后再按上述规定重新进行试验。釜体试压合格后，再焊上夹套进行压力试验。气压试验过程中严禁带压紧固螺栓。

3. 夹套的液压试验

（1）液压试验压力的确定

$$p_T = 1.25p \frac{[\sigma]}{[\sigma]^t} = 1.25 \times 0.2 \times 1 = 0.25MPa$$

（2）液压试验的强度校核

$$\sigma_{max} = \frac{p_T(D_i + S_n - C)}{2(S_n - C)} = \frac{0.25 \times (1500 + 6 - 0.3)}{2(6 - 0.3)} = 33.1MPa$$

Q235B 在试验温度 20℃时屈服强度 σ_s（R_p）=235MPa，有 $\sigma_{max} < 0.9\sigma_s\varphi$，故液压强度足够。

（3）压力表的量程、水温及水中氯离子含量的要求　压力表的最大量程应不小于 $2p_T = 2 \times 0.25 = 0.5MPa$，或（1.5~4）$p_T$，即 0.375~1 MPa。

水温≥15℃，因夹套液压试验与 S30408 接触，水中氯离子含量不超过 25 mg/L。

（4）液压试验的操作过程　在保持夹套表面干燥的条件下，首先用水将夹套内的空气排空，再将水的压力缓慢升至设计压力 0.2MPa，若无泄漏，再缓慢上升至 0.25MPa，保压不低于 30 分钟，然后将压力缓慢降至 0.2MPa，保压足够长时间，检查所有焊缝和连接部位有无泄露和明显的残留变形。若质量合格，缓慢降压将夹套内的水排净，用压缩空气吹干釜体和夹套。若质量不合格，修补后重新试压直至合格为止。

（四）附件选型及尺寸设计

附件设计中主要包括：① 釜体法兰连接结构的设计（含法兰的设计、密封面形式的选型、垫片设计、螺栓和螺母的设计，推荐选用标准 JB/T 4700～4707）；② 工艺接管的设计（已在工艺设计中确定）；③ 管法兰尺寸的设计（推荐选用标准 HG/T 20592 等）；④ 垫片尺寸及材质；⑤ 人孔的设计（推荐选用标准 HG 21594～20164，本例无）；⑥ 视镜的选型；⑦ 开孔补强设计（推荐选用标准 GB 150.3—2011）等方面的内容。由于这些附件已经标准化和系列化，应根据其公称直径 DN 和公称压力 PN，查阅适宜的设计标准，进行分析和选型设计，不再赘述。

（五）搅拌装置的选型与设计

1. 搅拌轴直径的初步计算

（1）搅拌轴直径的设计　电机的功率 $P = 7.5\text{kW}$，搅拌轴的转速 $n = 80\text{r/min}$，选择材料为 Q235A，许用剪应力 $[\tau] = 20\text{MPa}$，轴径估算系数 $A = 135$，剪切弹性模量 $G = 200\text{GPa}$，许用单位扭转角 $[\theta] = 1.0\ °/\text{m}$。

计算扭矩有：$M_{T\text{max}} = m = 9.553 \times 10^6 \times \dfrac{7.5}{80}\text{N} \cdot \text{mm}$

由圆截面扭矩计算公式 $\tau_{\text{max}} = \dfrac{M_T}{W_\rho} \leqslant [\tau]$ 得：

$$W_\rho \geqslant 9.553 \times 10^6 \frac{P}{n[\tau]} = 9.553 \times 10^6 \times \frac{7.5}{80 \times 20}$$

按实心轴（可从经济性上考虑使用空心轴，本例从简），有

$$W_\rho \geqslant 0.2\,d^3 = 9.553 \times 10^6 \times \frac{7.5}{80 \times 20}$$

解得 $d \geqslant 60.7\text{mm}$，取 $d = 62\text{mm}$

也可以按 $d \geqslant A \sqrt[3]{\dfrac{P}{n}} = 135 \times \sqrt[3]{\dfrac{7.5}{80}} = 61.4\text{mm}$ 估算，得到相同结论。

（2）搅拌轴刚度的校核

$$\theta_{\text{max}} = \frac{M_{T\text{max}}}{G \cdot I_\rho} \times \frac{180}{\pi} = \frac{9.553 \times 10^6}{2 \times 10^5 \times 0.1 \times 62^4} \times \frac{7.5}{80} \times \frac{180}{\pi} \times 10^3 = 0.18°$$

因最大单位扭转角 $\theta_{\text{max}} = 0.18°/\text{m} < [\theta] = 1.0°/\text{m}$，故圆轴的刚度足够。考虑到搅拌轴与联轴器配合，$d = 62\text{mm}$ 可能需要进一步调整。

2. 搅拌轴临界转速校核计算　由于搅拌轴转速 $n < 200\text{r/min}$，故无需作临界转速校核计算。

3. 联轴器的型式及尺寸的设计　按摆线针轮行星减速器，选用固定式 D 型夹壳联轴器，查相关设备型号表，调整搅拌轴直径至 65mm。

4. 搅拌器尺寸的设计　查阅 HG/T 3796 搅拌器标准和工艺设计条件，选择 Q235A 锚式搅拌器，直径 $D_j = 950\text{mm}$，全高 $H = 730\text{mm}$。

5. 搅拌轴的结构及尺寸的设计　搅拌轴的长度 L 近似由釜外长度 L_1、釜内未浸入液体的长度 L_2、浸入液体的长度 L_3 三部分构成。即 $L = L_1 + L_2 + L_3$

其中 $L_1 = H$（机架高）$- M$（减速机输出轴长度）$= 500 - 79 = 421\text{mm}$

$$L_2 = H_T（釜体筒体长度）+ H_F（封头深度）- H_i（液体装填高度）$$

（1）液体装填高度 H_i 的确定

釜体筒体的装填高度 $H_1 = \dfrac{V_c - V_F}{\dfrac{\pi}{4} D_i^2}$

式中，V_c 为操作容积，m^3；V_F 为釜体封头容积，m^3；D_i 为筒体的内径，m。

故 $H_1 = \dfrac{2.0 - 0.3977}{\dfrac{\pi}{4} 1.4^2} = 1.041\mathrm{m}$，取 $H_1 = 1041\mathrm{mm}$

故液体的总装填高度为 $H_i = H_1 + h_1 + h_2 = 1041 + 375 = 1416\mathrm{mm}$

（2）$L_2 = 1370 + 2 \times 375 - 1416 = 704\mathrm{mm}$

（3）浸入液体搅拌轴的长度 L_3 的确定

搅拌桨的搅拌效果和搅拌效率与其在釜体的位置和液柱高度有关。搅拌桨浸入液体内的最佳深度为 $S = \dfrac{2}{3} H_i = \dfrac{2}{3} D_i$。当 $D_i = H_i$ 时为最佳装填高度；当 $D_i < H_i$ 时，需要设置两层搅拌桨。由于本设计 $D_i \approx H_i$，选用一个搅拌桨。

搅拌桨浸入液体内的最佳深度为：$S = \dfrac{2}{3} H_i = 944\mathrm{mm}$

故取浸入液体的长度 $L_3 = 944\mathrm{mm}$

（4）搅拌轴的长度 $L = 421 + 704 + 944 = 2069\mathrm{mm}$；圆整取 $L = 2070\mathrm{mm}$。

（六）传动装置的选型与设计

1. 电动机的选型　由于反应釜里的物料具有易燃性和一定的腐蚀性，故选用隔爆型三相异步电机。

根据电机的功率 $P = 7.5\mathrm{kW}$、转速 $n = 1500\mathrm{r/min}$，选用的电机型号为 YB132M2 – 6。

2. 减速器的选型　根据电机的功率 $P = 7.5\mathrm{kW}$、搅拌轴的转速 $n = 80\mathrm{r/min}$、传动比 i 为 $1500/80 = 18.75$，选用直联摆线针轮减速机。可由标准文献或厂家产品目录确定其安装尺寸。

3. 机架与底座设计　参阅 HG/T 21563 ~ 21572，对搅拌传动装置系统组合、选用及技术要求提出了详细规定。

（七）轴封装置的选型与设计

反应釜中应用的轴封结构主要有两大类，填料箱密封和机械密封。考虑到釜内的物料具有易燃性和一定的腐蚀性，因此选用机械密封。根据 $p_w = 4.0\mathrm{MPa}$、$t = 150℃$、$n = 80$ $\mathrm{r/min}$、$d = 65\mathrm{mm}$，可查厂家产品目录确定其型号规格。

（八）支座的选型与设计

1. 悬挂式支座的选型　由于设备需要蒸汽加热，夹套外部需设置有 $100\mathrm{mm}$ 的保温层。工艺设计结果表明，设备采用耳式支座，按照 NB/T 47065《容器支座》第三部分选耳式 B 型支座，支座数量为 4 个。

2. 悬挂式支座尺寸的初步设计　反应釜总质量的估算：

$$m_F = m_1 + m_2 + m_3 + m_4 + m_5$$

式中，m_1 为釜体的质量，$1350.82 + 498.7 \times 2 = 2348.22\mathrm{kg}$；$m_2$ 为夹套的质量，$231.92 +$

117.7 + 约120 = 469.62kg；m_3 为搅拌装置的质量，kg；m_4 为附件的质量，kg；m_5 为保温层的质量，kg。

将各值代入上式估得反应釜的总质量约为3820kg。

物料总质量的估算：

$$m_W = m_i + m_j$$

式中，m_i 为釜体介质的质量，kg；m_j 为夹套内介质的质量，kg。

考虑到后期的水压试验，对物料总质量的计算以水装满釜体和夹套计算物料计算，估算结果为3600kg。

装置的总质量：$m = 3820 + 3600 = 7420$kg

每个支座承受的载荷 Q 按最坏受力情况考虑（即有可能只有两个支座承载）：

$$7.42 \times 9.81/2 = 36.4\text{kN}$$

根据 $DN = 1500$mm、$Q = 36.4$kN，由 NB/T 47065.3 表 3 初选 B 型耳式支座，支座号为 4。

标记：NB/T 47065.3—2018　　耳式支座 B4 - I

材料：Q235B

按 NB/T 47065.3 附录 A 可对耳式支座实际承受载荷近似计算，本处从略。

（九）焊缝结构设计

1. 釜体上的主要焊缝　釜体上的主要焊缝结构有筒体的纵向焊缝、筒体与下封头的环向焊缝、各接管与封头的焊缝、仪表接管与封头的焊缝、传动装置与封头的焊缝等。

2. 夹套上的主要焊缝　夹套上的主要焊缝结构有夹套筒体的纵向焊缝、夹套筒体与封头的横向焊缝、釜体与夹套的焊缝等。

由于焊接接头形式、数量多样，图样、坡口形式和尺寸等可参阅 GB 150.3—2011 和 HG/T 20583—2019《钢制化工容器结构设计》，绘制时应遵循 GB/T 324—2008《焊缝符号表示法》的要求。

三、辅助系统及自动控制方案

反应温度的测量与控制是实现反应最佳工艺操作的关键参数，控制温度的方法常用：①控制进料温度；②改变传热量；③滞后较大时采用串级控制。

本案例中具有夹套，可改变蒸汽流量的方法控制釜内温度，控制方案如图 14 - 4 所示。该方案结构简单，使用仪表少。但要注意随着反应釜容量增大，温度滞后严重，如进行高黏度物料搅拌时，热传递较差、混合不均匀，很难实现温度的严格控制，则需选择适宜的串级控制方案，如图 14 - 5 所示。

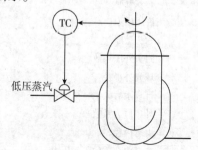

图 14 - 4　改变蒸汽流量控制釜温方案示意图

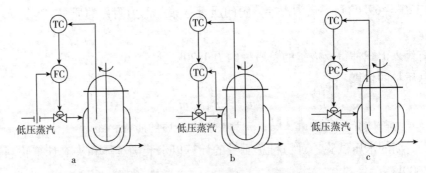

图 14 – 5　串级控制釜温方案示意图

a. 釜温与蒸汽流量串级控制；b. 釜温与夹套温度串级控制；c. 釜温与釜压串级控制

主 要 符 号 表

符　号	意　义	法定单位
DN	公称直径	mm
p_w	操作压力	MPa
pl	液体静压	MPa
p_c	计算压力	MPa
t	设计温度	℃
φ	焊接接头系数	
$[\sigma]^t$	许用应力	
C_1	钢板负偏差	
C_2	腐蚀裕量	mm
σ_b	设计厚度	mm
h_2	直边高度	mm
H	筒体长度	m
p	设计外压	Pa
δ_n	筒体壁厚	mm
D_o	外径	mm
L_{cr}	临界长度	mm
L	计算长度	mm
E^t	弹性模量	MPa
p_{cr}	临界压力	MPa
D_i	封头	mm
D_o	外径	mm
δ_n	封条壁厚	mm
F_1	内表面积	m^2
δ_e	有效壁厚	mm
$[p]$	许用压力	MPa
δ_n	封头壁厚	mm
K_1	封头外压系数	mm
R_0	球壳外半径	mm
A	计算系数	
B	外压应力系数	MPa
D_j	夹套内径	mm
p_w	夹套内介质的工作压力	MPa

续表

符　号	意　义	法定单位
δ_{min}	筒体的最小壁厚	mm
δ_n	夹套筒体壁厚	mm
H_j	夹套筒体长度	mm
V_1	高筒节的容积	m^3
P_T	水压试验压力	MPa
δ_{max}	液压试验的强度校核	MPa
δ_s	屈服强度	MPa
P	电机的功率	kW
n	搅拌轴的转速	r/min
$[\tau]$	剪应力	MPa
A	轴径估算系数	
G	剪切弹性模量	MPa
$[\theta]$	单位扭转角	°/m
M_{Tmax}	扭矩	N. mm
W_ρ	圆截面扭矩	N. mm
θ_{max}	单位扭转角	°/m
L	搅拌轴的长度	mm
L_1	釜外长度	mm
L_2	釜内未浸入液体的长度	mm
L_3	浸入液体的长度	mm
H_i	液体装填高度	mm
V_c	操作容积	m^3
D_i	筒体的内径	m
H_F	封头深度	m
H_1	装填高度	m
S	最佳深度	mm
m_F	反应釜总质量	kg
m_w	物料总质量	kg
m_i	釜体介质的质量	kg
m_j	夹套内介质的质量	kg
Q	载荷	KN

思考题

1. 简述制药工艺设备设计与选型的原则。

2. 简述制药工艺设备设计与选型的任务。

3. 简述工艺设备选型与设计所分阶段以及每个阶段包含的内容。

4. 制药设备按照国家标准可分为哪几个大类？

5. 简述制药设备 GMP 设计通则的具体内容。

6. 简述定型设备选型的步骤。

7. 简述非定型设备设计中，工艺人员提出的设备设计条件单应包括的技术特性指标内容。

扫码"学一学"

扫码"看一看"

第十五章　车间与管路布置设计

第一节　制药车间的分类与特点

一、制药车间的分类

按照不同的分类标准，制药车间可以分为原料药车间和制剂车间、洁净车间和非洁净车间、防爆车间和非防爆车间。原料药车间是生产制剂原料的车间，最终产品为大包装形式，包括发酵车间、提取车间、合成车间等；制剂车间对大包装的原料药进行分装、配液、灌装，生产面向患者的最终药品，包括口服剂车间、注射剂车间等；洁净车间是指根据GMP的要求，对生产环境有洁净要求的生产车间。制剂车间一般都属于洁净车间，发酵车间的种子组、合成车间的精干包生产区也都属于洁净生产区；生产原料、中间体或最终产品属于易燃易爆介质的生产区为防爆生产区，当防爆生产区面积大于等于本层或本防火分区建筑面积的5%时，该车间为防爆车间。化学制药的合成车间一般都属于防爆车间，抗生素生产的提取车间一般也使用多种易燃易爆的有机溶媒，属于防爆车间的较多，有少数的发酵车间（如甲醇蛋白生产培养过程需加入原料甲醇）也属于防爆车间。有些品种的固体制剂车间的制粒岗位、包衣岗位，注射剂车间的配液、冻干岗位使用有机溶剂，也属于防爆生产区。

二、制药车间的特点

不同生产车间设计中的关注点也各不相同。

发酵车间布置多为大型的发酵罐、种子罐等，一般都要穿过多层楼板，车间生产环境高温、高湿，但大多为非防爆车间。发酵车间布置时首先应根据发酵罐等大型设备的尺寸，确定合适的车间跨距和层高，设计合理的厂房结构形式，同时尽量使前后工序相邻布置，缩短工艺管线的长度，降低染菌的概率，车间建筑形式应便于通风换气、排除湿热，改善操作环境。

提取车间和合成车间多为防爆车间，安全疏散、防火防爆是车间设计的重点和难点，车间的工艺设备以小设备居多，合理的竖向布置可以充分利用高差，实现物料的自流，即方便了操作也节约了能源。由于合成车间生产中使用的有毒、有害的化学品较多，职业卫生在合成车间设计时也要充分考虑，通过设备选择、工艺布置降低有毒、有害物质的散发，同时通过合理的气流组织，降低作业区的有害气体浓度，满足卫生设计标准。制剂车间一般多为非防爆车间，满足各生产区域洁净等级的要求是设计工作的重点。洁净车间设备多以定型设备为主，设备选型时应优先选择自动化程度高的设备，以降低人员对洁净环境带来的不利影响；合理布置人流和物流，避免交叉污染；同时空调系统能耗较大，节能设计在制剂车间设计中也应重点关注。

本章以发酵车间、合成车间和制剂车间的设计过程为例，对制药车间设计过程进行论述。

第二节 车间布置依据的设计规范及相关要求

一、设计规范

在完成了工艺流程设计、物料衡算、能量衡算和工艺设备选型后，就进入了车间设计阶段。车间设计除了要满足工艺生产要求外，还必须满足相关规定、规范的要求。设计规范是设计工作必须遵守的最低技术要求，只有满足设计规范要求的设计作品，才能通过消防审查、安全设施设计审查和职业卫生审查，才可以建设施工并投入使用。下面列出了车间设计依据的部分规范。

（一）工艺专业相关设计规范

《建筑设计防火规范》（GB 50016—2018）；

《石油化工企业设计防火标准》（GB 50160—2008）（2018 年版）；

《精细化工企业设计防火规范》（DGJ 08—2133—2013）；

《工业金属管道设计规范》（GB 50316—2008）；

《压力管道规范 – 工业管道》（GB/T 20801—2006）；

《药品生产质量管理规范》（2010）；

《医药工艺用水系统设计规范》（GB 50913—2013）；

《医药工业仓储工程设计规范》（GB 51073—2014）；

《医药工业洁净厂房设计规范》（GBT 50457—2008）。

（二）建筑、结构专业相关设计规范

《建筑结构荷载规范》（GB 50009—2012）；

《建筑抗震设计规范》（GB 50011—2010）（2016 年版）；

《建筑地基基础设计规范》（GB 50007—2011）；

《建筑内部装修设计防火规范》（GB 50222—95）（2001 年局部修订）。

（三）电气专业相关设计规范

《爆炸危险环境电力装置设计规范》（GB 50058—2014）；

《20kV 及以下变电所设计规范》（GB 50053—2013）；

《建筑照明设计标准》（GB 50034—2013）；

《供配电系统设计规范》（GB 50052—2009）；

《低压配电设计规范》（GB 50054—2011）；

《建筑物防雷设计规范》（GB 50057—2010）；

《消防应急照明和疏散指示技术标准》GB 51309—2018）。

（四）给排水专业相关设计规范

《建筑给排水设计规范》（GB 50015—2003）（2009 年版）；

《建筑灭火器配置设计规范》（GB 50140—2005）；

《消防给水及消火栓系统技术规范》（GB 50974—2014）。

（五）暖通专业相关设计规范

《工业建筑供暖通风与空气调节设计规范》（GB 50019—2015）。

（六）通信、自动化专业相关设计规范

《火灾自动报警系统设计规范》（GB 50116—2013）；

《石油化工可燃气体和有毒气体检测报警设计规范》（GB 50493—2009）。

（七）总图专业相关设计规范

《工业企业总平面设计规范》（GB 50187—2012）；

《化工企业总图运输设计规范》（GB 50489—2009）；

《医药工业总图运输设计规范》（GB 51047—2014）。

（八）其他设计规范、法规

《工业企业设计卫生标准》（GBZ 1—2010）；

《化工企业安全卫生设计规定》HG 20571—2014；

原国家安监总局定期发布的有关安全生产的通知和文件。

工艺设计者作为车间设计的主体，必须熟练掌握与工艺专业相关的设计规范，同时对总图、建筑、结构、电气、通信、自动化、给排水、暖通等专业的设计规范的主要内容和基本要求也应该有所了解，这样在进行车间设计时，才能做到游刃有余，事半功倍。

二、防火、防爆设计要求

车间的防火、防爆设计依据的主要规范为《建筑设计防火规范》，该规范对车间的火灾危险性进行了分类，对车间防火间距、防火分区面积、安全疏散、车间防爆等都做了严格的要求。进行车间工艺设备布置前，首先要确定车间的火灾危险性类别，根据火灾危险性类别，确定车间之间的防火间距、划分车间内的防火分区、设计满足要求的安全疏散口、进行泄爆面积的计算，在满足上述要求的前提下，再进行车间的工艺设备布置。

（一）生产的火灾危险性分类

《建筑设计防火规范》根据生产中使用或产生的物质性质及其数量等因素，将车间生产的火灾危险性分为甲、乙、丙、丁、戊五个类别，分类的依据如下表 15 - 1。

表 15 - 1　生产的火灾危险性分类

生产的火灾危险性类别	使用或产生下列物质生产的火灾危险性特征
甲	1. 闪点小于28℃的液体；爆炸下限小于10%的气体； 2. 常温下能自行分解或在空气中氧化能导致迅速自燃或自爆的物质； 3. 常温下受到水或空气中水蒸气的作用，能产生可燃气体并引起燃烧或爆炸的物质； 4. 遇酸、受热、撞击、摩擦、催化以及遇有机物或硫黄等易燃的无机物，极易引起燃烧或爆炸的强氧化剂； 5. 受撞击、摩擦或与氧化剂、有机物接触时能引起燃烧或爆炸的物质； 6. 在密闭设备内操作温度不小于物质本身自燃点的生产。
乙	1. 闪点不小于28℃，但小于60℃的液体； 2. 爆炸下限不小于10%的气体； 3. 不属于甲类的氧化剂； 4. 不属于甲类的易燃固体； 5. 助燃气体； 6. 能与空气形成爆炸性混合物的浮游状态的粉尘、纤维、闪电不小于60℃的液体雾滴。

续表

生产的火灾危险性类别	使用或产生下列物质生产的火灾危险性特征
丙	1. 闪点不小于60℃的液体； 2. 可燃固体。
丁	1. 对不燃烧物质进行加工，并在高温或熔化状态下经常产生强辐射热、火花或火焰的生产； 2. 利用气体、液体、固体作为燃料或将气体、液体作其他用的各种生产； 3. 常温下使用或加工难燃烧物质的生产。
戊	常温下使用或加工不燃烧物质的生产。

制药行业常用的甲类液体有甲醇、乙醇、丙酮、异丙醇、二硫化碳、甲苯、乙醚和醋酸甲酯等；甲类气体有氢气、乙炔、环氧乙烷和甲烷等；甲类固体有钾、钠、钙、氯酸钾、硝酸铵等。常用的乙类液体有醋酸丁酯、冰醋酸、环己胺、硝酸和发烟硫酸等；乙类气体有氨气、氧气、氟气等；乙类固体有硫黄、镁粉、亚硝酸钾等。

《建筑设计防火规范》还规定了储存物品的火灾危险性类别，分类方法与生产的火灾危险性相似，主要用于仓储设施（库房、棚库、罐区、堆场等）的火灾危险性的划分，厂区储量在满足生产的情况下尽量不超过临界量。

（二）车间之间的防火间距

火灾危险性类别不同的车间，彼此之间的防火间距也不相同。火灾危险性大的车间防火间距大，反之则小。《建筑设计防火规范》规定了不同火灾危险性类别的车间之间的防火间距，在进行总平面布置时，车间之间的间距（车间外墙之间的距离）不应小于建规对防火间距的要求，详见表15-2。

表15-2　车间的防火间距

名称			甲类厂房	乙类厂房（仓库）			丙、丁、戊类厂房（仓库）			
			单、多层	单、多层		高层	单、多层			高层
			一、二级	一、二级	三级	一、二级	一、二级	三级	四级	一、二级
甲类厂房	单、多层	一、二级	12	12	14	13	12	14	16	13
乙类厂房	单、多层	一、二级	12	10	12	13	10	12	14	13
		三级	14	12	14	15	12	14	16	15
	高层	一、二级	13	13	15	13	13	15	17	13
丙类厂房	单、多层	一、二级	12	10	12	13	10	12	14	13
		三级	14	12	14	15	12	14	16	15
		四级	16	14	16	17	14	16	18	17
	高层	一、二级	13	13	15	13	13	15	17	13
丁、戊类厂房	单、多层	一、二级	12	10	12	13	10	12	14	13
		三级	14	12	14	15	12	14	16	15
		四级	16	14	16	17	14	16	18	17
	高层	一、二级	13	13	15	13	13	15	17	13

注1：表中一、二、三、四级指建筑物的耐火等级。耐火等级根据建构驻物（梁、柱、墙体等）从受到火灾的作用时起，至失去承载力、完整性时所用的时间（小时）划分，时间越长，耐火等级越低。

注2：表中高层指高层建筑，即建筑高度超过24m的非单层厂房、仓库和其他民用建筑。

（三）防火分区

防火分区是指建筑内部采用防火墙、楼板及其他防火分隔设施分隔而成，能在一定时间内防止火灾向同一建筑的其余部分蔓延的局部空间。占地面积大的车间，发生火灾时为了降低火灾蔓延范围，而使用防火墙、防火门、防火卷帘等将车间分隔成若干个独立的防火分区。防火分区的大小与车间的火灾危险性类别、层数及耐火等级有关，火灾危险性越大的车间，防火分区的面积越小，详见表15-3。

表15-3 车间的最大允许防火分区面积

生产的火灾危险性类别	厂房的耐火等级	最多允许层数	每个防火分区的最大 允许建筑面积（m²）			
			单层厂房	多层厂房	高层厂房	地下或半地下厂房（包括地下或半地下室）
甲	一级	宜采用	4000	3000	—	—
	二级	单层	3000	2000	—	—
乙	一级	不限	5000	4000	2000	—
	二级	6	4000	3000	1500	—
丙	一级	不限	不限	6000	3000	500
	二级	不限	8000	4000	2000	500
	三级	2	3000	2000	—	—
丁	一、二级	不限	不限	不限	4000	1000
	三级	3	4000	2000	—	—
	四级	1	1000	—	—	—
戊	一、二级	不限	不限	不限	6000	1000
	三级	3	5000	3000	—	—
	四级	1	1500	—	—	—

注：表中"—"表示不允许。

钢筋混凝土框架结构车间的耐火等级为一级，多层甲类车间的防火分区可以达到3000m²，钢结构车间耐火等级一般为二级，多层甲类车间的防火分区为2000m²。

仓库由于储存的货物量大，发生火灾持续时间长，扑救难度大，因此仓库的防火分区的面积小于火灾危险性类别相同的车间的防火分区面积，《建筑设计防火规范》有相应的规定。

（四）车间的安全疏散

在车间发生火灾或爆炸危险时，为了及时疏散操作人员，减少人员伤亡，《建筑设计防火规范》规定了车间的疏散口的数量和疏散距离。

厂房内每个防火分区或一个防火分区内的每个楼层，其安全出口的数量不应少于两个，当符合下列条件时，可设一个安全出口。

（1）甲类厂房 每层建筑面积不大于100m²，且同一时间的作业人数不超过5人。

（2）乙类厂房 每层建筑面积不大于150m²，且同一时间的作业人数不超过10人。

（3）丙类厂房 每层建筑面积不大于250m²，且同一时间的作业人数不超过20人。

（4）丁、戊类厂房 每层建筑面积不大于400m²，且同一时间的作业人数不超过30人。

（5）地下或半地下厂房（包括地下或半地下室） 每层建筑面积不大于50m²，且同一时间的作业人数不超过15人。

表15-4规定了车间内任一点至安全疏散口（楼梯间的出入口或直通室外的门）的最近距离。

表 15 - 4 安全疏散距离

(单位：m)

生产的火灾 危险性类别	耐火等级	单层厂房	多层厂房	高层厂房	地下或半地下厂房 （包括地下或半地下室）
甲	一、二级	30	25	—	—
乙	一、二级	75	50	30	—
丙	一、二级	80	60	40	30
	三级	60	40		
丁	一、二级	不限	不限	50	45
	三级	60	50		
	四级	50	—		
戊	一、二级	不限	不限	75	60
	三级	100	75		
	四级	60	—		

（五）车间的防爆设计

使用易燃易爆介质的生产车间存在爆炸的风险，为了降低发生爆炸危险时的人员和财产损失，需要对车间进行防爆设计。《建筑设计防火规范》建议防爆车间宜设计为单层，但是由于制药车间的特殊性，目前还是以多层车间为主。建议规定甲类防爆车间不能设计为高层建筑（即建筑高度大于24m），乙类防爆车间虽然可以设计为高层，但是由于消防设施的建设投资会大幅度增加，因此也尽量避开高层。车间一旦发生爆炸时，一般通过轻质泄压板墙体或泄压窗破裂泄压，而车间的框架应保持完整，因为车间一旦垮塌，会造成重大的人员伤亡和财产损失。防爆车间的结构形式宜设计为钢筋混凝土框架结构或钢结构。

防爆车间的泄压面积越大，爆炸产生的冲击波对车间结构的破坏性越小。《建筑设计防火规范》规定防爆厂房的泄压面积应满足下式要求：

$$A = 10CV^{2/3} \tag{15-1}$$

A 为泄压面积，单位 m²；V 为爆炸区域的体积，单位 m³；C 为泄压比，单位为 m²/m³。泄压比与介质有关，详见表 15-5。

表 15 - 5 泄压比 C 值 　　　　（单位：m²/m³）

爆炸危险介质名称	C 值
氨、粮食、纸、皮革、铅、铬、铜等 $K_{尘} < 10MPa \cdot m/s$ 的粉尘	≥0.03
木屑、炭屑、煤粉、锑、锡等 $10MPa \cdot m/s \leqslant K_{尘} \leqslant 30MPa \cdot m/s$ 的粉尘	≥0.055
丙酮、汽油、甲醇、液化石油气、甲烷、喷漆间或干燥室、苯酚树脂、铝、镁、锆等 $K_{尘} \geqslant 30MPa \cdot m/s$ 的粉尘	≥0.11
乙烯	≥0.16
乙炔	≥0.20
氢	≥0.25

注：$K_{尘}$ 指粉尘爆炸指数。

当车间的长径比大于3时，要将建筑物划分为长径比不大于3的多个计算段分别计算，然后求和计算需要的总泄爆面积，当实际泄爆面积大于计算所需泄爆面积时，满足防爆设计要求。图 15-1 为长径比计算示意图。

长径比 $= LB/4S$（当量直径为 $4S/B$）。

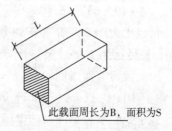

此截面周长为B，面积为S

图 15 - 1 为长径比计算示意图

（六）车间防火、防爆设计实例

某合成车间长 63m，宽 19m，共 2 层，每层的层高为 6m，生产中使用乙醇、丙酮等有机溶剂，试根据《建筑设计防火规范》的要求，对该车间进行防火、防爆设计（图 15 - 2）。

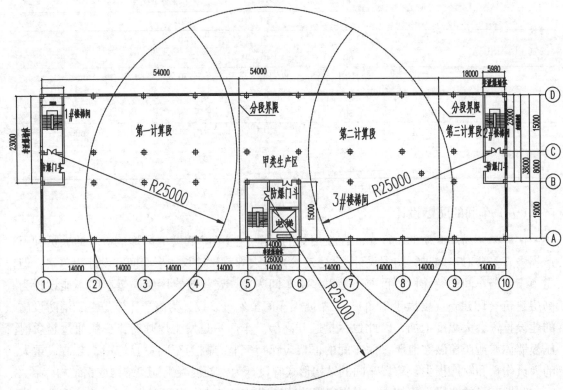

图 15 - 2　防火、防爆示例

经查，乙醇的闪点为 12℃，丙酮的闪点为 - 20℃，闪点均小于 28℃，查表 15 - 1，该车间生产的火灾危险性类别为甲类。该车间设计为钢筋混凝土框架结构，耐火等级为一级，查表 15 - 3，耐火等级为一级的多层甲类车间最大防火分区为 3000m²，该车间单层的建筑面积为 63 × 19 = 1197m²（实际建筑面积的计算应考虑墙体的厚度，此处略去），将车间每层划分为一个防火分区，防火分区的面积小于 3000m²，满足建规要求。

再查表 15 - 4，多层甲类生产车间的安全疏散距离为 25m，最少应设置 2 个安全疏散口。在车间的①轴线和⑩轴线各设一部疏散楼梯，以疏散楼梯口大门为圆心，分别绘制两个半径为 25m 的圆。如图 5 - 2 所示，两段圆弧不相交，故不满足疏散要求。在⑤轴线再增加一部疏散楼梯，从新增楼梯间的大门绘制半径为 25m 的圆，由图可见 3 段圆弧形成重叠区域，说明满足疏散距离要求。

除楼梯间的外墙外，其余采用轻质泄压板作为泄爆墙体，下面计算建规要求的泄爆面积。

查表 15 - 5，乙醇和丙酮的泄压比 C 值为 0.11，车间的长径比为：63 × ［（19 + 6）× 2］／（4 × 19 × 6）= 6.908

长径比大于 3，需重新划分分段计算。现将车间分为 3 段，第一、二计算段长度为 27m，长径比为 2.96，第三计算段长 9m，长径比为 0.99。

第一段所需泄爆面积为：

$$A_1 = 10 \times 0.11 \times (27 \times 19 \times 6 - 11.5 \times 2.99 \times 6)^{2/3} = 222.83 m^2$$

式中扣除了楼梯间及防爆门斗所占体积。

第二段所需泄爆面积为：

$$A_1 = 10 \times 0.11 \times (27 \times 19 \times 6 - 7.5 \times 7 \times 6)^{2/3} = 217.17\text{m}^2$$

第三段所需泄爆面积为：

$$A_1 = 10 \times 0.11 \times (9 \times 19 \times 6 - 11.5 \times 2.99 \times 6)^{2/3} = 96.56\text{m}^2$$

车间需要的总泄爆面积为：$222.83 + 217.17 + 96.56 = 536.56\text{m}^2$

该车间柱子截面为 $600\text{mm} \times 600\text{mm}$，梁高 750mm，楼梯间等处墙体为非泄爆墙体，如图标识。泄爆墙体的总长为：

$$(63 + 19) \times 2 - 11.5 - 2.99 - 2.99 - 11.5 - 7 = 128.02\text{m}$$

再扣除 24 个柱子所占的长度：$128.02 - 24 \times 0.6 = 113.62\text{m}$

计算实际泄爆面积时还需扣除梁高，实际泄爆面积为：

$113.62 \times (6 - 0.75) = 596.51\text{m}^2$，实际泄爆面积大于计算需要的泄爆面积，满足泄爆要求。

［补充说明］

1. 楼梯间和爆炸危险区域之间应设置防爆门斗，防爆门斗门的开启方向应朝向疏散方向，并且应错位设置。

2. 由式 15 - 1 可得：

$$\frac{A}{V} = \frac{10C}{V^{1/3}} \tag{15 - 2}$$

$\dfrac{A}{V}$ 为单位体积所需的泄爆面积，与 $V^{1/3}$ 成反比，即体积越大，单位体积所需的泄爆面积越小。故在分段计算时，长径比为 3 时计算所需泄爆面积最小，如上面的实例中，第一、二计算段的长径比均取了 2.96。

3. 根据工程实践，当利用车间两侧长边外墙泄爆时，车间的宽度不宜超过 24m，否则实际泄爆面积很难满足泄爆要求，对于氢气、乙炔等高泄压比的介质，车间宽度还要小。

三、GMP 要求及设计采取的措施

GMP 要求药品生产全过程的各个环节，都有法规、标准文件加以约束，从而使最终产品质量达到安全、有效、均一和可追溯。

（一）洁净级别划分及监测要求

车间设计依据产品的性质确定其洁净级别，《药品生产质量管理规范》规定，洁净区的设计必须符合相应的洁净度要求，包括达到"静态"和"动态"的标准。洁净区划分 4 个级别。

1. **A 级**　高风险操作区。如灌装区、放置胶塞桶、与无菌制剂直接接触的敞口包装容器的区域及无菌装配或连接操作的区域，应当用单向流操作台（罩）维持该区的环境状态。单向流系统在其工作区域必须均匀送风，风速为 $0.36 \sim 0.54\text{m/s}$（指导值）。应当有数据证明单向流的状态并经过验证。在密闭的隔离操作器或手套箱内，可使用较低的风速。

2. **B 级**　指无菌配制和灌装等高风险操作 A 级洁净区所处的背景区域。

3. **C 级和 D 级**　指药品生产过程中重要程度较低操作步骤的洁净区。

以上各级别空气悬浮粒子的标准规定如表 15 - 6。

表 15 - 6　洁净度级别

洁净度级别	悬浮粒子最大允许数（m³）			
	静态		动态③	
	≥0.5μm	≥5.0μm②	≥0.5μm	≥5.0μm
A 级①	3520	20	3520	20
B 级	3520	29	352000	2900

续表

洁净度级别	悬浮粒子最大允许数（m³）			
	静态		动态（3）	
	≥0.5μm	≥5.0μm²	≥0.5μm	≥5.0μm
C 级	352000	2900	3520000	29000
D 级	3520000	29000	不作规定	不作规定

注：①为确认 A 级洁净区的级别，每个采样点的采样量不得少于 1m³。A 级洁净区空气悬浮粒子的级别为 ISO 4.8，以 ≥5.0μm 的悬浮粒子为限度标准。B 级洁净区（静态）的空气悬浮粒子的级别为 ISO 5，同时包括表中两种粒径的悬浮粒子。对于 C 级洁净区（静态和动态）而言，空气悬浮粒子的级别分别为 ISO 7 和 ISO 8。对于 D 级洁净区（静态）空气悬浮粒子的级别为 ISO 8。

②在确认级别时，应当使用采样管较短的便携式尘埃粒子计数器，避免 ≥5.0μm 悬浮粒子在远程采样系统的长采样管中沉降。在单向流系统中，应当采用等动力学的取样头。

③动态测试可在常规操作、培养基模拟灌装过程中进行，证明达到动态的洁净度级别，但培养基模拟灌装试验要求在"最差状况"下进行动态测试。

药品的批记录的审核包括洁净环境监测的结果，因此对洁净区的悬浮粒子及微生物进行动态监测，见表 15 – 7。

表 15 – 7 洁净区微生物监测的动态标准

洁净度级别	浮游菌 cfu/m³	沉降菌（90mm）cfu /4 小时[2]	表面微生物	
			接触（55mm）cfu /碟	5 指手套 cfu /手套
A 级	1	1	1	1
B 级	10	5	5	5
C 级	100	50	25	–
D 级	200	100	50	–

注：（1）表中各数值均为平均值。

（2）单个沉降碟的暴露时间可以少于 4 小时，同一位置可使用多个沉降碟连续进行监测并累积计数。

（二）药品生产环境的选择

1. 无菌药品生产操作环境 药品的性质决定其生产操作环境，无菌药品分最终灭菌无菌产品和非最终灭菌无菌产品，示例见表 15 – 8、15 – 9。

表 15 – 8 最终灭菌无菌产品

洁净度级别	最终灭菌产品生产操作示例
C 级背景下的局部 A 级	高污染风险①的产品灌装（或灌封）
C 级	1. 产品灌装（或灌封） 2. 高污染风险②产品的配制和过滤 3. 眼用制剂、无菌软膏剂、无菌混悬剂等的配制、灌装（或灌封） 4. 直接接触药品的包装材料和器具最终清洗后的处理。
D 级	1. 轧盖 2. 灌装前物料的准备 3. 产品配制（指浓配或采用密闭系统的配制）和过滤直接接触药品的包装材料和器具的最终清洗。

注：①此处的高污染风险是指产品容易长菌、灌装速度慢、灌装用容器为广口瓶、容器须暴露数秒后方可密封等状况。

②此处的高污染风险是指产品容易长菌、配制后需等待较长时间方可灭菌或不在密闭系统中配制等状况。

表 15 - 9　非最终灭菌无菌产品

洁净度级别	非最终灭菌产品的无菌生产操作示例
B 级背景下的 A 级	1. 处于未完全密封①状态下产品的操作和转运，如产品灌装（或灌封）、分装、压塞、轧盖②等 2. 灌装前无法除菌过滤的药液或产品的配制 3. 直接接触药品的包装材料、器具灭菌后的装配以及处于未完全密封状态下的转运和存放 4. 无菌原料药的粉碎、过筛、混合、分装
B 级	1. 处于未完全密封①状态下的产品置于完全密封容器内的转运 2. 直接接触药品的包装材料、器具灭菌后处于密闭容器内的转运和存放
C 级	1. 灌装前可除菌过滤的药液或产品的配制 2. 产品的过滤
D 级	直接接触药品的包装材料、器具的最终清洗、装配或包装、灭菌

注：①轧盖前产品视为处于未完全密封状态。
②根据已压塞产品的密封性、轧盖设备的设计、铝盖的特性等因素，轧盖操作可选择在 C 级或 D 级背景下的 A 级送风环境中进行。A 级送风环境应当至少符合 A 级区的静态要求。

2. 隔离操作技术　高污染风险的操作宜在隔离操作器中完成。隔离操作器及其所处环境的设计，应当能够保证相应区域空气的质量达到设定标准。传输装置可设计成单门或双门，也可是同灭菌设备相连的全密封系统。物品进出隔离操作器应当特别注意防止污染。

隔离操作器所处环境取决于其设计及应用，无菌生产的隔离操作器所处的环境至少应为 D 级洁净区。依据不同工况选择不同型号的隔离器，如图 15 - 3、15 - 4 所示。

图 15 - 3　与无菌制剂生产线集成隔离器

图 15 - 4　无菌检查隔离器

3. 吹灌封技术　用于生产非最终灭菌产品的吹灌封设备自身应装有 A 级空气风淋装置，人员着装应当符合 A/B 级洁净区的式样，该设备至少应当安装在 C 级洁净区环境中。在静态条件下，此环境的悬浮粒子和微生物均应当达到标准，在动态条件下，此环境的微生物应当达到标准。

用于生产最终灭菌产品的吹灌封设备至少应当安装在 D 级洁净区环境中。用于吹灌封生产的设备通常称 BFS，如图 15 - 5 所示。

4. 口服制剂的生产操作环境　口服制剂是应用最为广泛的剂型，有口服固体制剂、口服液、软胶囊等，其洁净级别为 D 级。

（三）洁净厂房设施通用技术要求

1. 厂房工艺布置，应综合考虑生产需要，以减小物料或产品污染的风险。
2. 生产人员和物料在不同洁净区之间的转移，应符合相应的要求。

图 15 - 5　吹灌封生产设备

3. 仓储设施设计要合理，确保符合相应的贮存条件。

4. 员工休息区应与生产操作区域严格分开。

5. 尽可能在远离生产操作间的区域维修设备。

6. 排水管道应有足够的管径，并设地漏。

7. 原辅料的称量应在不同的称量室内进行。

8. 生产区域应该有足够的照明，尤其是人工检测的生产岗位。

9. 更衣间、洗衣间和厕所应该易于到达，且房间面积与员工人数相适应。厕所不能直接与生产区相邻。

10. 生产设备的安装应防止药品污染并尽可能降低引起污染的因素，设备周围要有足够的空间以便于清洗和保养设备。

11. 应该预先制定设备维护保养计划，确保不会在生产的时候进行维修而影响产品质量。

12. 在药品的生产、贮存或精密仪器检测时，照度、温度、湿度和通风要适当，不应直接地或间接地影响产品质量。

13. 要有防止昆虫或其他动物进入的设施。

14. 应建立专门防止未经批准人员进入的规程。

（四）洁净车间设计采取的措施

1. **防止交叉污染**　①密闭操作；②合理的物料转移流程；③通过调整洁净室压差控制气流流向；④厂房设施和生产设备易于清洁。

2. **保护产品不受到外界污染**　①在指定的区域进行生产；②不同级别洁净区之间有气闸；③合适的更衣设施；④确定的物料转移规程（相关 SOP）；⑤根据洁净级别，空调系统应有适当的过滤系统；⑥尽可能做到在线清洗、灭菌；⑦与物料接触的设备内表面采用合适的惰性材料；⑧在生产和清洗时，应使用洁净压缩空气、纯化水、注射用水；⑨厂房设施和设备的表面光滑易于清洁。

3. **有效防止产品降解**　①在药品的生产和贮存过程中，其温度和湿度应符合工艺要求；②设备控制的工艺参数应符合工艺要求。

4. **控制微生物生长尽可能降低污染的风险**　①设计合理的洁净空调系统；②合理的物

354

料消毒和清洁规程；③尽可能在密闭情况下处理物料；④使用洁净介质；⑤工艺设备带有适当的在线清洗设施（CIP/SIP）；⑥操作人员穿洁净工作服。

5. 符合相关法规　①满足洁净区的要求；②满足对工艺介质进行有效监控的要求；③满足系统的验证和确认符合 GMP 的要求；④满足产品的特殊要求。

（五）洁净厂房空调、通风系统的设计

1. 空调系统的设计　依据生产工况、洁净级别要求划分空调系统。依据避免交叉污染、运行管理方便、灵活的原则，洁净区与一般区的空调系统分开设置；不同洁净级别的空调系统分开设置；核心区域与非核心区域的空调系统分开设置；产尘、产热、产湿的生产区域的空调系统均要分开设置。

洁净空调采用组合式空调机组。空气处理流程为：新风经初效过滤后，经过预热（根据不同情况考虑）与回风混合，再经表冷（夏季）、加热、加湿（冬季）、风机加压、中效过滤、消声等空气处理措施，最后经高效过滤风口送入洁净房间。

洁净空调系统气流组织原则上采用上送下侧回形式；舒适性空调系统一般采用上送上回的气流组织形式。

洁净空调系统一般对房间进行温湿度控制、正压控制（洁净区对室外维持不小于 15Pa 的正压，同一洁净区内产尘和有污染房间对其他房间维持不小于 10Pa 的负压，不同的洁净级别的相邻房间维持不小于 10Pa 的压差），并应对空调系统定期消毒。室内不同区域设计参数见表 15 – 10。

表 15 – 10　室内不同区域设计参数表

区域	设计参数				总体换气次数（次/小时）
	温度（℃）		相对湿度（%）		
	夏季	冬季	夏季	冬季	
A 级洁净区	22 ± 2	22 ± 2	50 ± 5	50 ± 5	见注 2
B 级洁净区	22 ± 2	22 ± 2	50 ± 5	50 ± 5	50
C 级洁净区	22 ± 2	22 ± 2	50 ± 5	50 ± 5	30
D 级洁净区	23 ± 3	23 ± 3	50 ± 5	50 ± 5	20
控制区和辅助区	24 ~ 28	18 ~ 22	50 ~ 65	35 ~ 50	8
阴凉库	5 ~ 20		35 ~ 75		12
常温库	15 ~ 25		35 ~ 75		5

注1：热负荷、湿负荷、产尘量大和产生有害气体多的洁净房间，换气次数以计算为准。

注2：设计洁净度为 A 级，垂直层流；操作面风速 0.36 ~ 0.54m/s。

2. 通风系统设计　制剂车间有湿热、气味、粉尘、溶媒等产生的岗位应设置通风、除尘系统。

（1）有余热、余湿、异味产生的生产岗位设排风系统。

（2）有粉尘产生的岗位，在产尘点设置局部除尘措施，产尘房间设整体排风除尘措施。

（3）动力生产区，配电室设定期通风系统。

（4）洁净区内使用有机溶媒的房间按照洁净级别设计换气次数，且不小于 12 次/小时的标准，房间采用全新风模式不回风。

（5）含有致敏性因子的生产岗位设置全面排风系统，排风经过高效过滤并经有效处理后排放。

第三节　车间设计的图纸内容

工程设计文件由文字说明、表格和图纸组成。项目建议书、可行性研究及项目申请报告属于工程咨询阶段，以文字说明为主，图纸较少；初步设计和施工图设计阶段为工程设计阶段，以图纸为主，文字说明为辅。下表列出了施工图阶段设计文件的图纸目录，见表15-11。

表15-11　图纸目录内容

图纸目录					
序号	图纸名称	新制图号	复用图号	图纸规格	备注
1	图纸目录				
2	设计说明				
3	首页图		通用图		
4	设备明细表				
5	总材料明细表				
6	xxx工序工艺管道及仪表流程图				
7	管道特性表				
8	工艺设备布置图ELxxx平面				
9	工艺设备布置1-1剖面图				
10	设备安装材料表				
11	工艺管道布置图ELxxx平面				
12	管段材料明细表				
13	设备隔热材料一览表				
14	管道隔热材料一览表				
15	管道防腐材料一览表				
16	非标设备技术条件图				
17	管架图集		通用图		

一、文字说明部分

施工图阶段的文字说明文件为设计说明，该文件对设计依据、设备的订货要求等进行详细的说明，对设备及管道的安装、施工、验收等提出具体的要求和指导性建议。设计说明的主要内容见表15-12。

表15-12　设计说明

xxx工程	子项名称：xxx车间	设计阶段：施工图	工艺专业2019年
一、设计依据			

一、设计依据

1. 工程设计合同（编号xxxx）。

2. 建设单位提供的工艺包（施工图工艺方案、工艺设备明细表、工艺管道及仪表流程图等）。

3. 会议纪要。

4. 法律、行政法规。

中华人民共和国主席令第四号《中华人民共和国特种设备安全法》（2014.1.1实施）；

国务院令第549号《特种设备安全监察条例》（2009年版）。

5. 部门规章

《特种设备目录》（2014年修订）；

《特种设备生产和充装单位许可规则》（TSG 07—2019）；

《压力管道安全技术监察规程-工业管道》（TSGD 0001—2009）；

续表

xxx 工程	子项名称：xxx 车间	设计阶段：施工图	工艺专业 2019 年

《压力管道规范－工业管道》（GB/T 20801—2006）；

《工业金属管道设计规范》（2008 年版）（GB 50316—2000）；

《药品生产质量管理规范》（2010）。

二、工艺设计说明

1. 车间生产的火灾危险性类别，车间长、宽、高、层数说明，车间生产区域布置说明。

2. 车间使用有毒、易燃易爆介质说明。

3. 公用管线如蒸汽、循环水、压缩空气、氮气以及物料管线与厂区管线接口的说明。

4. 成套设备安装、接管说明。

三、设备安装说明

1. 发酵罐等大型穿楼板设备先就位再施工上层楼板。

2. 冻干机、包装机等大型设备先就位再施工彩钢板隔墙。

四、管道安装说明

1. 管道安装时，工艺管道布置图应和工艺管道及仪表流程图配合施工。

2. 管道、阀门施工的一般性要求。

3. 管道支吊架的施工说明。

4. 液体管道采用水冲洗，不锈钢管道用水冲洗时水中的氯离子含量不得超过 25ppm；气体管道采用无油压缩空气吹扫；蒸汽管道采用蒸汽吹扫。

5. 输送易燃易爆介质的管道要求作静电跨接及静电接地，管道法兰跨接方式、阀门或设备接口法兰跨接方式以及并行管道跨接方式按《化工企业静电接地设计规程》（HG/T 20675—1990）的要求施工。

五、设备及管道的隔热施工说明。

六、施工及验收规范

《机械设备安装工程施工及验收通用规范》（GB 50231—2009）；

《现场设备、工业管道焊接工程施工规范》（GB 50236—2011）；

《现场设备、工业管道焊接工程施工质量验收规范》（GB 50683—2011）；

《工业金属管道工程施工规范》（GB 50235—2010）；

《工业金属管道工程施工质量验收规范》（GB 50184—2011）；

《工业设备及管道防腐蚀工程施工规范》（GB 50726—2011）；

《工业设备及管道防腐蚀工程施工质量验收规范》（GB 50727—2011）；

《工业设备及管道绝热工程施工规范》（GB 50126—2008）；

《工业设备及管道绝热工程施工质量验收规范》（GB 50185—2010）；

《工艺管路的基本识别色、识别符号和安全标志》（GB 7231—2003）。

二、表格部分

施工图表格有图纸目录、设备明细表、材料表、管道特性表；设备安装材料表、设备隔热材料表、管道隔热材料表、管道防腐表等。设备明细表、材料表主要用于设备、管道、阀门等的订货，表格中的名称、型号、规格、材质要表述清楚，数量准确。管道特性表用于压力管道申报、管道的安装、试压、试漏以及施工验收等。下面给出设备明细表（表15-13）、总材料表（表15-14）和管道特性表（表15-15）的实例。

表 15 – 13 设备明细表

序号	设备位号	设备名称	技术规格	容积 (m³)	结构形式	型号或图号	材质	数量	单位	主要介质	工作温度 (℃)	工作压力 (MPa)	单重 (kg)	总重 (kg)	电机	功率 (kw)	备注
1	V1102	硫酸计量罐	DN1000×1500	1.3	立式盆头盆底,支腿	＊＊＊	Q235B	2	台	硫酸	常温	0.3	690	1380			非标设备
2	R1102	羟化罐	DN1750×2730	6.3	立式盆头盆底,支耳	K – 3000	搪玻璃	4	台	混酸	92	0.3	5090	20360	防爆,变频	11	
3	E1101	冷凝器	F = 10m²		碟片式冷凝器,类别 P1		搪玻璃	4	台	甲酸	92	0.3	1240	4960			
4	R1103	一次中和罐	DN1750×2400	5	立式盆头盆底,支耳	F5000L	搪玻璃	4	台	羟化液	92	0.3	4718	18872	防爆,变频	7.5	
5	E1103	碟片冷凝器	F = 10m²		碟片式冷凝器,类别 P1		搪玻璃	4	台	甲酸	92	0.3	1240	4960			
6	P1104	一次中和输送泵	Q = 20m³/h, H = 50m			IH50 – 32 – 200		4	台	中和液	常温		360	1440	防爆	11	
7	E1201	列管换热器	F = 10m²				S30408	2	台				628	1256			

案卷号 ×××   图号 ×   版次 A   第 × 张 共 × 张

358

表 15 – 14　管道材料明细表

序号	名称	技术规格	材料	数量	单位	重量（kg）单重	重量（kg）总重	备注
1	AMM – P18131 – 50 – L6E							
	无缝不锈钢管	φ57×3	S30408	3	m			GB/T14976—2012
	球阀	Q41F – 16P DN25		1	个			
	球阀	Q41F – 16P DN50		3	个			
	不锈钢制对焊无缝弯头	DN50 90E（L，II 系列）	S30408	3	个			GB/T12459—2017
	突面带颈对焊不锈钢制管法兰	WN25（B）PN16 RF	S30408	1	个			HG/T20592—2009
	突面带颈对焊不锈钢制管法兰	WN50（B）PN16 RF	S30408	4	个			HG/T20592—2009
	聚四氟乙烯包覆垫片	PN16 DN25 RF	FKM	1	个			HG/T20607—2009
	聚四氟乙烯包覆垫片	PN16 DN50 RF	FKM	4	个			HG/T20607—2009
	全螺纹螺柱	M12×75	0Cr18Ni9	4	个			HG/T20613—2009
	全螺纹螺柱	M16×85	0Cr18Ni9	16	个			HG/T20613—2009
	2型六角螺母	M12	0Cr18Ni9	8	个			GB/T6175—2000
	2型六角螺母	M16	0Cr18Ni9	32	个			GB/T6175—2000
2	AMM – R1501A ~ B13 – 40 – L6E							
	不锈钢衬塑管	φ45×3	304/PTFE	2	m			HG/T2437—2006
	无缝不锈钢管	φ45×3	S30408	6	m			GB/T14976—2012
	不锈钢衬塑球阀	Q41F46 – 16P DN40		2	个			
	不锈钢衬塑视镜	DN40 PN16	304/PTFE	2	个			
	突面带颈对焊不锈钢制管法兰	WN40（B）PN16 RF	S30408	4	个			HG/T20592—2009
	聚四氟乙烯包覆垫片	PN16 DN40 RF	FKM	4	个			HG/T20607—2009
	全螺纹螺柱	M16X85	0Cr18Ni9	16	个			HG/T20613—2009
	2型六角螺母	M16	0Cr18Ni9	32	个			GB/T6175—2000

表 15 – 15　管道特性表

案卷号 ×× 图号 × 版次 A 第 × 张 共 × 张

管段号	管道规格(mm)	管道等级	压力管道类别级别	介质名称	状态特性	管道起止点 起点	管道起止点 终点	工作参数 表压(MPa)	工作参数 温度(℃)	设计参数 表压(MPa)	设计参数 温度(℃)	焊缝检测 方法/比例	焊缝检测 等级/标准	强度试验 介质	强度试验 压力(MPa)	泄漏试验 介质	泄漏试验 压力(MPa)	清洗 介质	清洗 压力(MPa)	代号	绝热及防腐 厚度(mm)	绝热及防腐 是否防腐
AMM – P18131 – 50 – L6E	φ57X3	L6E		氨水	液体	V1813	P1813	<0.1	常温	0.2	常温	RT/ ≥5%	AB/Ⅲ	水	0.3	空气	0.2	水				
BC – R1501A ~ B12 – 40 – L3H	φ45X3	L3H		苯甲酰氯	液体 丙类	V1503	R1501	0.3	常温	0.4	常温	RT/ ≥5%	AB/Ⅲ	水	0.6	空气	0.4	水				
BWR – 1000 – 100 – L1B – C	φ108X4	L1B		冷冻水 回水	液体	公用 管线	公用 管线	0.3	– 10	0.4	– 10			水	0.6			水		C		是
LS – R11011 – 100 – L1B – C	φ108X4	L1B	GC3	蒸汽	汽体	公用 管线	R1101	0.3	144	0.4	144	RT/ ≥5%	AB/Ⅲ	水	0.6	空气	0.4	水				
ETH – P18132 – 50 – L6E	φ108X4	L6E	GC2	乙醇	液体	P1813	R1801	0.3	常温	0.4	常温	RT/ ≥5%	AB/Ⅲ	水	0.6	空气	0.4	水		C		是

三、图纸部分

图纸部分分为新制图纸和复用图纸两部分。新制图纸有工艺管道及仪表流程图、工艺设备布置图（含设备布置剖视图）、工艺管道布置图（含管线布置剖视图）等，上述图纸是指导设备安装、管道及仪表安装的主要图纸，也是施工图设计阶段耗时最多、图纸量最大的部分；复用图纸是基于对各个工程的归纳、总结而形成的一套共用的图集，复用图能大大降低设计工作量并提高准确性。复用图一般有首页图和管架图册等，首页图见图 15 – 6（书后附页）。

第四节　发酵车间的布置

一、发酵生产工艺流程简介

发酵法是抗生素的主要生产方法，发酵生产工艺如下：一级种子培养→二级种子培养→发酵培养←补料。

种子组制备的种子液接种到种子罐，经一、二级种子罐扩大培养，再接入发酵罐通过菌体的代谢，生产所需的原料药。发酵生产通常为三级发酵，也有的大型发酵罐采用四级发酵，小型发酵罐采用两级发酵的生产工艺。

二、发酵车间生产岗位组成及特点

（一）车间生产岗位组成及功能

发酵车间生产岗位组成及功能见表 15 – 16。

表 15 – 16　车间组成及功能

序号	岗位	功能
1	配料	配制合格的发酵培养基
2	一级种子罐区	对种子组制备的种子液进行培养，合格的一级种子液为二级种子罐接种
3	二级种子罐区	对一级种子罐的种子液进行扩大培养，合格的二级种子液为发酵罐接种
4	发酵罐区	对二级种子罐的种子液进行发酵培养，生产含原料药的发酵液
5	补料罐区	发酵过程根据生产需要补加多种原料，补料罐对原料消毒后，按需要加入发酵罐
6	连消区	对培养基进行连续消毒，大型发酵罐采用连消方式，小型发酵罐采用实消
7	种子组	对试管孢子进行恒温培养，制备一级种子罐接种液
8	霉菌室、生化室	霉菌室对所取发酵液样品的菌丝形态、菌浓、杂菌、有效成分效价、糖氮含量等指标进行分析测定；生化室对样品的效价进行分析、测定
9	变配电室	为车间设备供电
10	控制室	车间生产控制中心
11	其他辅助设施	更衣、淋浴、厕所、机修、值班室等辅助房间

（二）发酵车间的特点

发酵车间火灾危险性不大，发酵液、玉米浆、液糖、淀粉乳等均为不燃液体，一般为戊类生产车间。但是如果配料使用淀粉，且存储区域面积过大，或补料用豆油、玉米油且量大时按丙类车间设计。

发酵车间使用的蒸汽较多，车间湿热，应加强通风，建筑设计时屋面宜设置天窗。

为避免发酵液染菌，发酵车间的设备材质一般选用不锈钢，并且做内抛光；物料管道一般也选用不锈钢材质，需要灭菌的物料管线所选配的阀门采用不锈钢抗生素阀（分抗生素截止阀和抗生素隔膜阀），抗生素阀与普通阀门的区别是在阀体开孔，能对阀体内部消毒。发酵车间有无菌要求的物料管线配管时除了要求管路尽量短捷，还要有利于灭菌，阀门及管件的选择和设置要避免死角与盲管。

三、发酵车间的布置

发酵车间一般为三层框架结构建筑物（发酵罐容积 $60m^3$ 以下的可做二层，$300 \sim 500m^3$ 可做四层）。平面布置按照功能划分，前后工序相邻布置。车间整体划分为配料区、种子及发酵罐区、补料罐区、种子组、霉菌及生测化验室以及其他辅助区域。

发酵罐坐落在车间一层，穿二层和三层楼板；二级种子罐坐落在车间二层，穿三层楼板；一级种子罐悬挂在三层楼板；补料消毒罐根据体积大小，可分别与一级种子罐和二级种子罐一致。所有罐体上封头和操作面在三层。发酵车间各层层高的确定应遵循以下原则。

以发酵罐的高度确定三层楼板的标高，以二级种子罐的高度确定二层楼板的标高，以发酵罐的电机和检修行车高度确定车间的总高。

车间各层高度按原则初步确定后，还要考虑主管廊和大管道的安装，如果层高不合适，可以通过微调发酵罐、种子罐或其他罐体的高径比来调整。发酵车间一般垂直布置示意图见图 15 - 7。

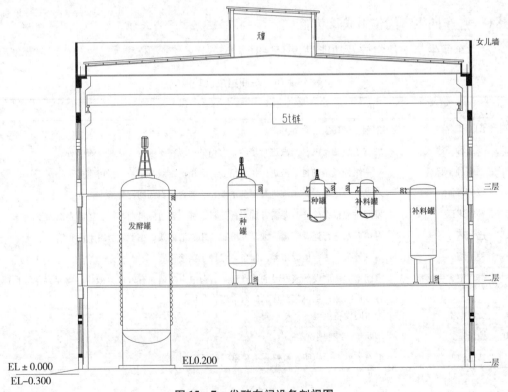

图 15 - 7 发酵车间设备剖视图

发酵车间三层为主要操作面，除设有种子罐、发酵罐和补料消毒罐外，还应设有控制室、变频器室、种子组和值班室等辅助房间。控制室应设在视野开阔的区域，并开设大窗，便于观察生产区的情况。目前较大的发酵罐出于节能和控制的需要都设有变频系统，因此还应设有变频器室。

发酵罐的取样口一般设在车间的二层，因此霉菌室和化验室宜设置在本层。为充分利用空间，配料区布置在一层一级种子罐和二级种子罐的垂直方位下方。

此外，压缩空气系统的总过滤器（有的工程采用分体初效过滤器）、排气系统的旋风分离器等一般布置在车间外部，位于主立面的背面。

种子组是完成种子制备的功能区。种子组主要工艺操作为培养基配制、灭菌、接种和菌种培养。一般包括菌种间、培养基准备间、清洗消毒间、接种间、培养间或恒温室等房间。

按照《药品生产质量管理规范》（GMP）的要求，培养基准备间和清洗消毒间可在一般环境下进行；菌种间（菌种保存在冰箱中，冰箱要求二级负荷配电）单独设置按菌种珍贵程度设置门禁监控；接种间在 C 级洁净环境下设置层流工作台完成接种操作；培养间可在 D 级洁净环境或恒温恒室环境。

四、工程实例

工程实例见本书第十七章第二节发酵车间设计实例。

第五节　合成车间的布置

一、合成车间生产工艺流程简介

化学合成原料药是使用化学原料、医药中间体等在一定条件下进行化学反应，制备具有一定药效的产品，再经过精制工序使其达到药品的各种指标的原料药生产方法。它有非无菌化学合成原料药和无菌化学合成原料药之分。

合成车间的生产工艺流程随产品不同而各不相同，不同品种的工艺流程为各种反应或单元操作的组合。基本流程为：化学反应过程（包括加成、取代、缩合、氢化、氯化、氧化等）→分离纯化过程（萃取、过滤、浓缩、精馏、脱色、离子交换等）→结晶→离心→干燥（双锥、烘箱、沸腾床）→粉碎→混合→内包→外包，一般还有溶媒回收（精馏）工序。

二、合成车间生产岗位组成及特点

（一）车间生产岗位组成及功能

合成车间生产岗位组成及功能见表 15 – 17。

表 15 – 17　车间组成及功能

序号	岗位	功能
1	反应区	化学原料或中间体等经化学反应合成含最终产品或中间体的生产区域，主要设备包括反应罐、计量罐、回流冷凝器等
2	分离纯化区	对反应产物进一步分离、纯化。主要工序有萃取、离子交换、精馏、脱色等
3	精干包区	对反应物料进一步精制、结晶、干燥的过程，一般该区域布置在洁净区
4	包装区	合格的原料药经内包、外包得到最终产品。内包一般在洁净区
5	溶媒回收区	合成过程使用多种有机溶媒，大多通过精馏过程对废溶媒回收利用
6	中转罐区	对间歇生产的合成车间，一般设原料、中间体等的中转罐区，最大储量小于一天的使用量
7	其他辅助设施	空调机房、纯化水制备间、更衣、厕所、消防值班室等辅助房间

需要指出的是，按照《建筑设计防火规范》和《石油化工企业设计防火规范》的要求，生产火灾危险性类别为甲、乙类的合成车间内不得设置配电室、控制室、办公室、会议室、休息室等房间。

（二）合成车间的特点

（1）大多数的合成车间为防爆车间，火灾危险性大。

（2）反应过程复杂，操作工序多，设备台数较多，管道量大。

（3）一般使用大量酸、碱和有机溶媒，存在腐蚀、中毒等危害。

（4）反应过程中常有高温、低温、高压等特殊工艺条件。

（5）涉及重点监管的危险化工工艺的，要严格按照相关规范设计控制系统及防护设施。

（6）生产过程中产生废液、废气、废固且不易处理。

（7）大多数为间歇生产，控制方案复杂。

（三）重点监管的危险化工工艺简介

1. 首批重点监管的危险化工工艺　①光气及光气化工艺；②电解工艺（氯碱）；③氯化工艺；④硝化工艺；⑤合成氨工艺；⑥裂解（裂化）工艺；⑦氟化工艺；⑧加氢工艺；⑨重氮化工艺；⑩氧化工艺；⑪过氧化工艺；⑫氨基化工艺；⑬磺化工艺；⑭聚合工艺；⑮烷基化工艺。

2. 第二批重点监管的危险化工工艺　①新型煤化工工艺；②电石生产工艺；③偶氮化工艺。

针对重点监管的危险化工工艺，原国家安全生产监督管理总局在安监总管三〔2009〕116 号和安监总管三〔2013〕3 号文件中，给出了危险化工工艺安全控制要求、重点监控参数及推荐的控制方案，具体内容可参照相关文件，文件中的要求为基本要求，设计工作中必须严格遵守。

（四）合成车间的布置原则

1. 车间布置应满足生产工艺的要求

（1）顺工艺流程布置，尽量缩短物料运输路线，确保水平方向和垂直方向的连贯性，尽量缩短物料运输路线，节约能源，人物分流，成品与原料分流。

（2）根据工艺流程合理划分生产区域，相同设备或同类设备、性质相似及联系密切的设备相对集中布置，以便于集中管理、统一操作，节约定员，同时利于设计上采取相应的防护措施。

（3）对于车间内精烘包岗位，按 GMP 要求根据不同剂型对原料药的不同洁净等级要求设控制区、洁净区。

（4）适当考虑厂房的扩建和工艺改进，预留一定的空间。

2. 车间布置应满足安全、环保及职业卫生的要求

（1）有毒的生产岗位在车间布置时必须考虑严格的隔离、防护措施，应避开人流较集中的区域，应加强排风，对排出的废气应进行无害化处理。

（2）易燃、易爆的生产岗位，尽量相对集中布置，控制面积并按规范进行泄爆设计。

（3）有爆炸危险的岗位宜布置在厂房的顶层或一端，同时设按规范要求设置安全出口；泄压面的设置应避开人员集中的场所和主要交通道路。

（4）使用腐蚀性介质的岗位，设备基础、周围地面、墙面、柱子应采用相应的防腐材料或涂料做防腐处理。

（5）产生噪声、湿热的等岗位宜邻外墙布置。

（6）合成车间布置必须满足现行有关防火防爆、消防、配电等方面的规范和规定。

三、合成车间的布置

防火、防爆设计是合成车间设计的重点和难点。根据《建筑设计防火规范》的要求，甲、乙类车间的耐火等级应为一级或二级，因此车间应设计为钢筋混凝土框架结构或者钢结构车间。《建筑设计防火规范》建议防爆车间宜布置为单层，发生火灾、爆炸危险时便于扑救和人员疏散。但是由于合成车间各生产工序联系紧密，为方便操作及物料的转运，前后工序垂直布置时，可以充分利用高差实现物料的自流转运，即方节省了动力又方便操作，同时减少了车间的占地面积，因此实践中合成车间布置为多层车间的较多。合成车间一般均由多步化学反应组成，其反应步骤有特定的顺序，反应过程也繁简不同。另外合成车间设备多、管道多，并且生产过程以间歇操作为主，因此在车间布置时应充分考虑上述因素。虽然合成车间生产工艺千差万别，但是各单元操作的布置方式大体相同，下面以反应工序、萃取工序、结晶离心干燥工序、脱色工序和溶媒回收工序为例说明设备布置要点。

（一）反应工序的布置

反应工序一般包括反应釜、计量罐、反应液承接罐和回流冷凝器等。反应过程通过计量罐定量加入反应物，反应过程一般有升温、降温等步骤。对于反应温度较高的反应釜，一般配有回流冷凝器以减少溶媒损失。反应过程典型的垂直布置方式如图 15 - 8。

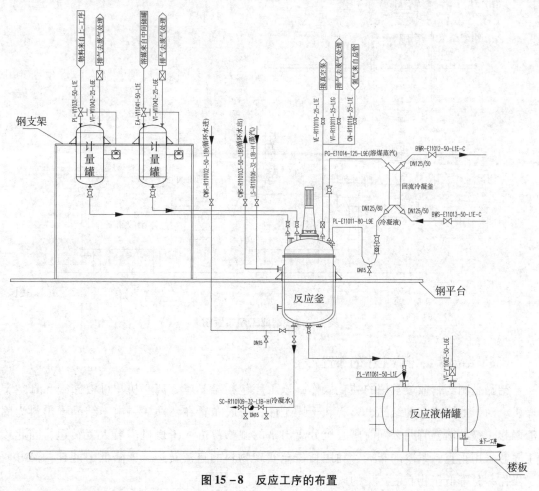

图 15 - 8　反应工序的布置

反应釜支撑在钢平台上，计量罐支撑在钢平台上的钢架上，物料自计量罐自流加入反应釜，回流冷凝器架于钢平台上，冷凝下来的有机溶媒经 U 型液封自流回反应釜。反应釜下出料口距离下面楼板高度一般在 1.8～2m，方便出料阀的操作，反应液承接罐支撑于楼板，反应后的物料自流进入承接罐。这种布置方式操作面相对紧凑，充分利用高差实现物料自流，同时管道里没有存液，从而提高了反应收率。

（二）萃取工序的布置

萃取工序的主要设备包括萃取釜、萃取相储罐和萃余相储罐。布置方式与反应工序相似，萃取釜支撑在钢平台上，萃取完成并静置分层后，经萃取釜底部的视镜将萃取液和萃余液及乳化层分开，分别进入萃取液储罐和萃余液储罐。萃取罐底部距离楼板 2m 左右，视镜高度为 1.6m 左右，便于观察。萃取液和萃余液分离的是否干净是萃取操作的关键，除了影响收率外，对有些合成反应如果萃取液分离不干净（带水），会在后续工序（如 7－ACA 裂解工序）中引起副反应，降低转化率和产品质量。为了保证分离效果，一般萃取釜要高于萃取液和萃余液储罐。萃取工序布置图见图 15－9。

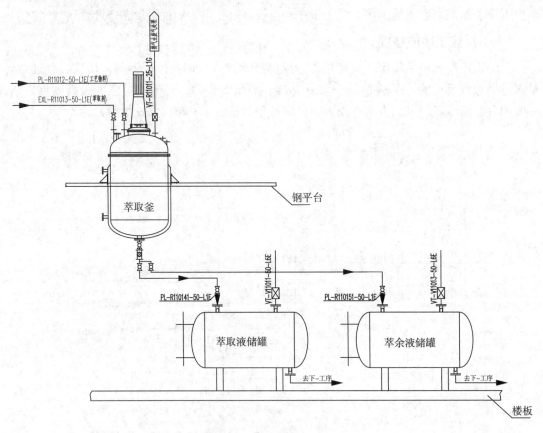

图 15－9　萃取工序布置图

（三）结晶离心干燥工序的布置

结晶是制药行业最常用的纯化操作，该工序包括结晶釜、离心机、母液储罐和真空干燥机。对于最终成品的结晶、离心和干燥工序，一般布置在洁净区。由于结晶罐出料为固液两相，极易堵塞管路，同时离心机分离出来的湿物料进入干燥机需要人工转运，因此该工序常采用垂直、紧凑的布局，利用料位差实现物料的自流转运，即降低了能耗，又方便了操作并且降低了物料受污染的风险。

结晶釜通常布置在二层的钢平台上，结晶釜出料口的高度由离心机进料高度确定，一般为2m左右。离心机由于震动较大，布置在二层楼板。结晶完成的晶浆自流进入离心机进行固液分离，分离后的母液自流至一层的母液储罐，湿晶体通过投料口加入一层的干燥机。干燥后的物料输送至一层的包装工序，结晶离心干燥工序布置图见图15-10。

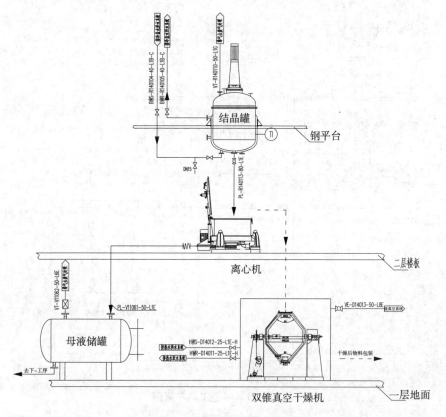

图 15 - 10　结晶离心干燥工序布置图

（四）脱色工序的布置

脱色工序主要由脱色罐、过滤器和脱色液储罐组成。布置该工序时的关注点有两个，第一是过滤器的物料应尽量排净以提高收率；第二要降低废炭运输对环境的影响。脱色罐和过滤器布置在二层楼板上的钢平台，脱色液经压缩空气或泵送入过滤器除去废炭，合格的滤液自流进入一层的脱色液储罐。过滤完毕废炭卸到一层的出炭间，出炭间直接对室外开门，装车运出车间。过滤机所在区域应用墙体和相邻区域分割，以减少对车间生产环境的影响。脱色工序布置图见图15-11。

（五）溶媒回收工序的布置

合成车间使用多种有机溶媒，产生的废溶媒需要经过回收工序精馏至纯度合格循环套用。精馏工艺分为连续精馏和间歇精馏两种。连续精馏能耗低，易于实现自动控制，安全性高。适用于废溶媒中待回收组分浓度稳定，处理量大的工况；间歇精馏在整个操作周期中塔釜温度、塔顶待回收组分的浓度等参数一直处于变化之中，不利于自控，同时由于每批操作都存在进料、出料环节，系统容易进入空气而使安全性降低。间歇精馏适用于每批废溶媒中待回收组分浓度波动大，处理量小的工况。

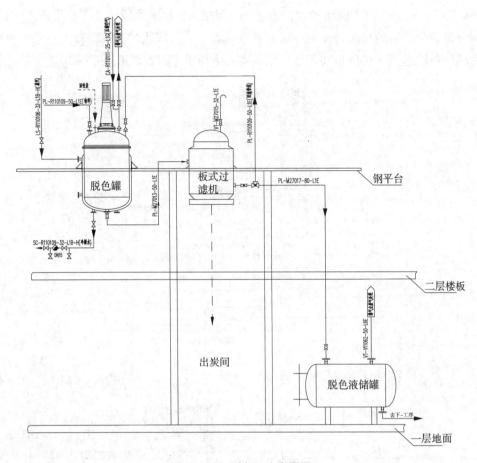

图 15-11　脱色工序布置图

精馏操作的回流方式分为自然回流和强制回流两种。自然回流是利用塔顶冷凝器出口和精馏塔回流口之间的高差（冷凝器出料口至少高于精馏塔回流口 1m）来实现自流回流和采出；强制回流是塔顶冷凝器冷凝液先进入回流罐，再经泵加压后实现物料的回流和采出。强制回流除了增加了回流罐和回流泵外，还需要增加回流罐的液位控制以防止回流罐充满或打空，与自然回流相比控制系统复杂、能耗高，在塔高低于 20m 的情况下，应优先选择自然回流。

图 15-12 为常用的间歇精馏布置。塔釜、精馏塔和成品储罐布置在一层，塔顶冷凝器布置在屋面，采用自然回流的方式实现回流和采出，采出物料经冷却器进一步降温后自流进入二层的待检罐，合格物料进入一层成品罐，不合格物料回到塔釜再次处理。

四、工程实例

某合成车间采用化学合成法生产降血压原料药，主要生产工艺为：

原料→ 缩合 → 粗品过滤 → 精制 → 缩合物结晶 → 离心分离 → 干燥 →

碱解 → 萃取 → 反萃取 → 中和成盐 → 粗品结晶 → 离心分离 → 干燥 →

脱色 → 过滤 → 成品结晶 → 离心分离 → 干燥 → 包装 → 成品

生产中使用多种易燃易爆的有机溶媒，车间生产的火灾危险性类别为甲类。该合成车间设计为钢筋混凝土框架结构，耐火等级达到二级，根据《建筑设计防火规范》（GB 50016—2018），耐火等级为二级的甲类多层厂房，一个防火分区的最大面积为 2000m²，疏散距离 25m。车间每一层的建筑面积为 1405m²，因此将每层作为一个防火分区，共四个防火分区。车间设有三部疏散楼梯（A～B 轴线，4～5 轴线之间的洁净钢梯为操作楼梯，不是疏散楼梯），车间最远点距疏散楼梯的最大疏散距离为 23m，满足疏散要求。车间的泄爆面积的计算方法在本章的第二节已经介绍，此处不再赘述。

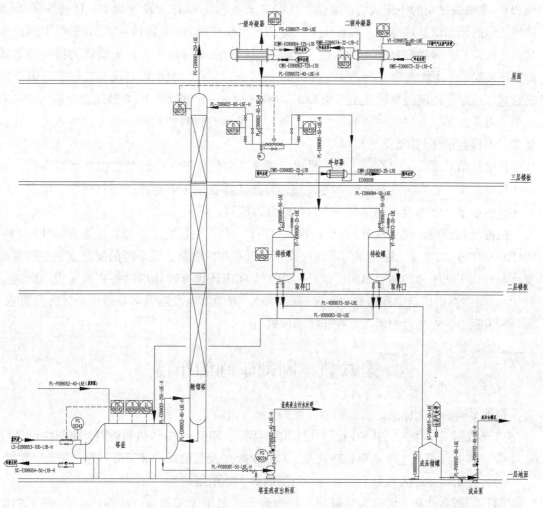

图 15－12　溶媒回收工序布置图

根据工艺计算，车间布置两条相同的生产线，分别布置在走廊的南北两侧，两条生产线的工艺设计流程及工艺设备布置基本相同，下面以走廊北侧的生产线为例进行说明。

该车间设计为四层，分别是 EL±0.000 平面、EL6.500 平面、EL13.000 平面和 EL18.000 平面，四层层高 5.5m，工艺设备布置及洁净区域划分图见图 5－13～16（书后附页）。

固体原料经电梯运至四层为缩合反应釜投料，缩合反应釜布置在车间四层 C～D 轴线和 8～9 轴线之间，反应釜支耳支撑于 EL18.000 平面的楼板上，计量罐布置在缩合反应釜的东西两侧，支撑在钢架上，支耳支撑点标高为 EL19.700，以实现物料自流加入缩合反应釜，回流冷凝器布置在反应釜北侧靠窗的位置。缩合反应后的物料自流至二层 EL6.500 平面 C～D 轴线和 5～7 轴线之间的粗品过滤区，经支撑于 EL9.000 钢平台上的过滤釜过滤后，滤液进入平台下的滤液储罐，然后经泵输送至四层缩合反应釜南侧的精制罐精制处理，物料自流进入三层 EL13.000 平面 C～D 轴线和 8～9 轴线之间的缩合物结晶罐结晶、再自流至二层 EL6.500 平面 C~D 轴线和 7~8 轴线之间的粗品离心区离心，湿物料自流进入离心区下部一层的粗品干燥区干燥，干燥后的物料经电梯输送至四层 C~D 轴线和 9~10 轴线之间的碱解反应区进行碱解，碱解液再自流至三层 EL13.000 平面 C~D 轴线和 9~11 轴线之间的萃取和反萃取区域，进行萃取并完成反萃取过程。合格的萃取液经泵输送到四层 C~D 轴线和 6~7 轴线之间的中和成盐区成盐，物料自流至三层 EL13.000 平面 C~D 轴线和 7~8 轴线之间的粗品结晶罐结晶，再自流至二层 EL6.500 平面 C~D 轴线和 7~8 轴线之间的粗品离心区离心，湿物料自流进入离心区下部一层的粗品干燥区干燥，干燥后的物料经电梯输送至四层 C~D 轴线和 3~5 轴线之间的脱色区进行脱色，脱色液自流至二层脱色罐下方的过滤区过滤，滤液经泵输送至三层 EL13.000 平面 A~B 轴线和 3~6 轴线之间精品结晶罐结晶，再至二层下方同区域离心、一层干燥，干燥后的物料经粉碎、筛分、内包装、外包装等工序得到最终的产品。

从成品结晶开始，离心、干燥、粉碎、筛分、内包装等工序都布置在 D 级洁净区，洁净区设有换鞋、更衣、洗衣、整衣等设施；另外还需设置工具清洗、工具存放、洁具、中间站和中控室（产品及中间体的生产过程的分析控制）等。

根据《建筑设计防火规范》（GB 5001—2018）和《石油化工企业设计防火标准》（GB 50160—2018）的要求，甲类车间不允许设置配电室和控制室，该车间的配电室和控制室设置在与合成车间相邻的动力车间（戊类）内。车间内还设有纯化水制备装置（为洁净区供纯化水）、空调机房、中间体暂存间等辅助房间，劳动卫生设施设有普通生产区人员更衣、厕所和淋浴等，上述设施需布置在非防爆区内。

第六节　制剂车间的布置

根据不同的分类标准，制剂剂型分类如下。

（1）依据《中华人民共和国药典》（2020 年版，四部）0100 制剂通则，制剂共 38 种。

（2）依据《药品生产质量管理规范》（2010 版）及其附录，分无菌制剂、非无菌制剂。

（3）按给药途径大致分为注射剂、口服制剂、外用制剂等。

（4）按药品性状大致分为注射剂（注射液、注射用无菌粉末、注射用浓溶液）、口服制剂（口服固体制剂、口服液）、外用制剂（洗剂、搽剂、贴剂）。

设计中制剂车间有无菌制剂车间（大容量注射剂车间、冻干粉针剂车间、无菌分装粉针车间、小容量注射剂车间等）、口服固体制剂车间（片剂、硬胶囊、颗粒剂）、口服液车间、软胶囊车间等。以上车间主要生产区均在洁净区，习惯称洁净厂房，其通用技术要求及采取措施见第二节。本节以大输液、小容量注射剂、固体制剂为例阐述制剂车间的布置。

一、大输液车间的布置

（一）大输液生产工艺流程简介

大容量注射剂俗称大输液，其产品有玻瓶、塑瓶、软袋，属最终灭菌的无菌制剂，工艺流程如下：

原料→ 称量 → 配液 →过滤→ 灌装 → 灭菌 → 灯检 → 包装 → 成品

固体物料称量后投入配液罐，加入注射用水后溶解，通过钛棒过滤器、膜滤器达到质量控制要求后在灌装机上灌装，灌装后半成品经灭菌、灯检、包装后，成品入库。

（二）大输液车间岗位组成及特点

大输液车间生产岗位组成及功能见表 15 – 18。

表 15 – 18　大输液车间组成及功能

序号	岗位	功能
1	原辅料外清、称量	原辅料外包装的清洁、称量、复核、配料、配料标签管理、已称量原辅料的暂存
2	配液、过滤	用注射用水将原辅料溶解、过滤，最大限度地降低溶液的生物荷载，检测料液的 PH、比重、澄清度等
3	灌装	将合格的料液灌装在符合要求的包装容器中
4	灭菌	用过热水进行水浴灭菌，在规定时间内将产品内的微生物杀死，确保产品无菌
5	灯检	剔除个别有异物的产品
6	包装、入库	产品经装盒、贴标签、装箱后入库待检
7	制水间	用于纯化水、注射用水的制备及分配、检测
8	变配电室	为车间设备供电
9	控制室	车间生产控制中心
10	其他辅助设施	人员更衣设施、物料净化设施、厕所、值班室、空调机房等辅助房间

　　大输液车间洁净区建筑面积和空间体积大，空调运行成本高；生产设备体积大，需要在线清洁和灭菌；物料管路和在线清洁灭菌的管路错综复杂易发生污染和交叉污染；生产周期较其他剂型长，生产过程中易产生微生物污染，产品灭菌前污染潜在风险较大。因此大输液生产质量控制的重点在于无菌控制和微生物污染的控制。

（三）大输液车间的布置原则

　　1. 大输液车间布置应依据产品种类和规格合理划分生产线。

　　2. 确定人物流进出口避免交叉污染。

　　3. 大输液车间物料中转量大，布置时应留有足够的物料中转区域。

（四）大输液车间布置

　　大输液属最终灭菌无菌制剂，其主要生产区的洁净级别为 C 级，灌装区为 C + A 级，一般灌装机都自带层流装置；大输液车间无论在单层厂房或多层厂房内建设，整条生产线尽量布置在一层内，方便生产管理和物料、成品的运输。大输液生产线车间层高一般为 7 ~ 7.8m，洁净区层高依据工艺设备的高度确定为 2.6 ~ 4.5m，一般生产区吊顶高度为 3 ~ 3.5m 或不设吊顶，吊顶内设检修通路，如果层高太低，吊顶内管道难于检修。

　　大输液车间布置时应顺应工艺流程，使原辅料路线最短，同时兼顾参观要求，主要生产线布置在参观走廊一侧，同时将辅助及公用设施布置齐全（如工器具清洗、烘干、洁具间、一般区更衣设施、值班室、水制备间、配电室、空调机房、控制室等）。进入洁净区的人、物均要有各自的净化设施。

（五）工程示例

　　某大输液车间产品为治疗性输液和基础输液，其中布置 1 条玻瓶生产线，产能为 300 ~ 400 瓶/分；1 条塑瓶线，产能为 12000 瓶/时；1 条软袋线，产能为 10000 袋/时。

　　根据产品种类将生产线划分为两条：塑瓶与软袋设置一条生产线，玻瓶单独设置生产线，此种划分最大限度地减少洁净区的面积，方便管理及减少岗位劳动定员，降低运行成本。大输液车间生产的火灾危险性类别为丙类，该车间设计为单层钢筋混凝土框架结构，耐火等级设计为二级，根据《建筑设计防火规范》（GB 50016—2018），丙类单层厂房防火分区面积8000m²，疏散距离为80m。将生产区分两个不同的防火分区，结合灭菌岗位前后分开，将防火墙设在车间的⑦轴线以满足规范要求。

塑瓶软袋生产线布置在③~⑮轴线，B~F轴线间，洁净区布置有物料暂存、称量、调炭各一间，浓配、稀配各两间，制瓶灌装、软袋灌装。灭菌区布置了两台灭菌柜，各自配套后续干燥灯检及包装系统；玻瓶生产线布置在③~⑮轴线，F~H轴线间，洁净区布置同软袋塑瓶线；生产线的辅助区域与生产线贴邻布置，比如PP粒料、内包材、原辅料、专用空调机房、水制备系统、变配电等；生产车间的衣服、鞋子集中清洗，洗衣中心设在局部⑮~⑯轴，A~J轴局部夹层内。

人流路径：所有进入车间的人员由门厅经换鞋、更衣后进入生产区，进入洁净区的人员分别经人净设施进入。

物流路径：原辅料、玻瓶、PP粒料、内包材等由厂区库房运送至车间不同暂存间，成品由输送带自动入立体库暂存。

依据生产工况，将空调系统划分为11个系统，为了保证生产区的洁净度，洁净空调系统换气次数为30次/时以上，洁净空调系统对房间实施温湿度、正压控制（表15-10）。压差具体控制情况如下：洁净区对室外维持不小于15Pa的正压，同一洁净区内产尘和有污染房间对其他房间维持不小于10Pa的负压，不同的洁净级别的相邻房间维持不小于10Pa的压差；洁净空调系统要定期消毒，夏季15天消毒系统一次，冬季30天消毒一次，其他季节依据生产情况确定。

大输液车间工艺设备布置及洁净区域划分图见图15-17（书后附页），大输液车间空调系统划分及压差图见图15-18（书后附页）。

二、小容量（西药）注射剂车间的布置

（一）小容量（西药）注射剂工艺流程简介

小容量注射剂俗称水针剂，其产品有安瓿瓶、西林瓶、PP水针，属无菌制剂。其生产工艺有两种，一种是最终灭菌工艺，一种是非最终灭菌工艺；本文以最终灭菌工艺水针为例，阐述有关水针车间布置相关问题。

工艺流程如下：原辅料经称量后投入配液罐加注射用水溶解，料液经过滤定容后检查，合格后转移至灌装机灌装，可最终灭菌的产品进行灭菌，然后进行检漏、灯检、包装、入库，整条生产线可实现自动连线（图15-19）。

安瓿瓶、西林瓶、胶塞、铝盖经过清洗灭菌后转移至灌装机。

（二）小容量（西药）注射剂岗位组成及特点

以最终灭菌的安瓿瓶水针车间为例，小容量注射剂生产岗位组成及功能见表15-19。

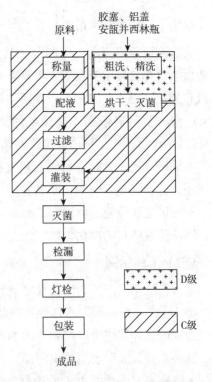

图15-19 小容量（西药）注射剂工艺流程

表 15-19 小容量注射剂车间组成及功能

序号	岗位	功能
1	原辅料外清、称量	原辅料外包装的清洁、称量、复核、已称量原辅料的暂存
2	配液、过滤	用注射用水将原辅料溶解、过滤，检测料液的 PH、含量、澄清度等
3	灌装	将合格的料液灌装在符合要求的包装容器中
4	灭菌、检漏	产品灭菌，并检查密封性，确保产品无菌
5	灯检	剔除个别有异物的产品
6	包装、入库	产品经贴标签、装盒、装箱后入库待检
7	制水间	用于纯化水、注射用水的制备及分配、检测
8	变配电室	为车间设备供电
9	控制室	车间生产控制中心
10	其他辅助设施	人员更衣设施、物料净化设施、厕所、值班室、空调机房等辅助房间

小容量注射剂车间布置应依据产品种类、规格，合理划分生产线，同时生产的品种应避免交叉污染，布置时依据设备性能顺应工艺流程，确保生产过程的无菌。

（三）小容量（西药）注射剂布置

小容量（西药）注射剂车间层高一般为 7~7.5m，洁净区层高依据工艺设备的高度确定为 2.6~3.0m，一般生产区吊顶高度为 3~3.5m 或不设吊顶，吊顶内设检修通路。

小容量（西药）注射剂车间布置时应顺应工艺流程，确保原辅料路线最短，同时兼顾参观要求，把主要生产线布置在参观走廊一侧，同时将辅助及公用设施布置齐全（如工器具清洗烘干、洁具间、一般区更衣设施、值班室、水制备间、配电室、空调机房、控制室等）。进入洁净区的人、物均要有各自的净化设施。

（四）工程示例

某水针车间生产可最终灭菌普药，布置 3 条安瓿生产线，产能为 30000 瓶/时；车间生产的火灾危险性类别为丙类。

因规格相对集中且产能较大，在灌装间同时布置三条联动生产线，同时只能生产一个规格一个品种，这种布局减少了洁净区面积和灌装岗位人员数量，同时该布置将瓶清洗干燥灭菌放在 C 级洁净区，减少一套更衣、洁具等辅助设施，该布置更换品种时要彻底清场并做好验证，避免产品之间的交叉污染。该车间设计为单层钢筋混凝土框架结构，耐火等级设计为二级，根据《建筑设计防火规范》（GB 50016—2018），丙类单层厂房防火分区面积 8000m²，疏散距离为 80m。

①~⑬轴线、Ⓓ~Ⓔ轴线布置车间总更、水制备间、门厅、变配电室；①~②轴线、Ⓔ~Ⓙ轴线布置瓶暂存间、空调机房、氢氧制备间；②~⑫轴线、Ⓔ~Ⓕ轴线布置水针生产线，主要生产岗位有原辅料称量、配液过滤、灌装、灭菌、检漏、灯检、包装及辅助生产区，洁净区洗衣布置在生产区。

空调系统划分 4 个：灌装间、洗瓶烘干、配液系统（原辅料称量、浓稀配及过滤）各为一个洁净空调系统，灯检及包装划分为一个舒适性空调系统，其余岗位设送排风系统。洁净区温湿度及压差控制、消毒与大输液车间类似。

小容量注射剂车间工艺设备布置及洁净区域划分见图 15-20（书后附页），小容量注射剂车间工艺设备布置及洁净区域划分见图 15-21（书后附页）。

三、固体制剂车间的布置

（一）固体制剂工艺流程简介

片剂生产工艺如下：

原辅料→ 称量 → 过筛 → 制粒 → 总混 → 压片 → 包衣 → 内包 → 贴签 → 装箱 → 成品

胶囊剂生产工艺如下：

原辅料→ 称量 → 过筛 → 制粒 → 总混 → 充填 → 抛光 → 内包 → 贴签 → 装箱 → 成品

颗粒剂生产工艺如下：

原辅料→ 称量 → 过筛 → 制粒 → 总混 → 内包 → 装盒 → 贴签 → 装箱 → 成品

以上三种剂型前段工序称量、过筛、制粒、混合均相同；三种剂型所要求的生产洁净级别都是 D 级；后段工序压片、包衣、胶囊填充不同，内外包装工序可集中设置，内外包采用直线形布置流水线操作减少交叉污染风险。通过合并工段相对分区布置，可提高设备使用率减少洁净区面积，从而节约建设资金并降低运行成本。

（二）固体制剂车间岗位组成及特点

固体制剂车间岗位组成（以普药为例）见表 15-20。

表 15-20　固体制剂车间组成及功能

序号	岗位	功能
1	称量、配料	原辅料按工艺处方称量、复核、已称量原辅料的暂存
2	制粒、干燥	将原料、黏合剂混合及切料、整粒，进流化床或烘箱烘干
3	总混	将烘干后的颗粒与辅料装入总混机混合，混合后的物料转运至中间站
4	压片	按照产品剂型要求，从中间站领用的物料送至压片机压片、筛片，素片需要检测片重、硬度、崩解等
5	包衣	将需要包衣的合格素片在包衣机内包衣
6	胶囊充填	按照产品剂型要求，从中间站领用的物料在胶囊填充机内填充，同时进行胶囊抛光。需要检测重量、硬度等
7	颗粒剂内包	按照产品剂型要求，从中间站领用的物料在颗粒分装机分装，同时进行重量、密封性等项目检测，合格产品通过输送带转移到外包
8	制水间	用于纯化水的制备及分配、检测
9	变配电室	为车间设备供电
10	控制室	车间生产控制中心
11	其他辅助设施	人员更衣设施、物料净化设施、厕所、值班室、空调条机房等辅助房间

固体制剂生产过程中易产生大量的粉尘，如处理不当会对药品质量产生较大的影响。发尘量大的工序如称量、过筛、制粒、整粒、压片、充填等工段，设计集中捕尘、除尘装置。产生粉尘的功能房间增加缓冲，降低对相邻房间和洁净走廊的污染。

（三）固体制剂车间布置（以普药为例）

口服固体制剂车间一般都是多品种生产，其 GMP 风险来源于物料和产品的暴露程度；交叉污染的可能性（物料、产品、人）。在车间布置时应充分考虑物料的运输路线、减少粉尘的散发。另外还要根据产品和工艺特性（产品活性、易燃易爆、吸湿等），合理进行生产区域布置和设计空调系统设计。对于口服固体制剂车间一般分五个功能分区，即生产区、物料及中间产品暂存区（中间站）、质量控制区、辅助区（人员更衣、盥洗）、公用系统设施区（配电室、纯化水制备系统、空调机房、空压制备等）。按工艺流程将上述区域有机组合，最大限度减少交叉污染、降低运行成本。

口服固体制剂车间一般层高为 7 ~ 7.8m，洁净区吊顶高度一般去为 3m，洁净区为2.8 ~
4.5m，主要是依据设备运转高度确定，对于防爆岗位比如制粒干燥、包衣严格按规范设计。

工程示例见本书第十七章第三节制剂车间的布置设计实例。

第七节 管道设计

一、管道设计概述

（一）管道设计的作用和目的

管道犹如人体内的血管，在制药车间起着输送物料及辅助介质的重要作用。正确地设
计和安装管道，对减少工厂基本建设投资以及维持正常操作有着十分重要的意义。

（二）管道设计的条件

在进行管道设计时，应具有如下基础资料：①工艺管道及仪表流程图（P&ID）；②设
备平、立面布置图；③设备施工图；④物料衡算和热量衡算；⑤工厂地质情况资料；⑥地
区气候条件资料；⑦其他（如水源、锅炉房蒸汽压力和压缩空气压力等）。

（三）管道设计的内容

在初步设计阶段，设计带控制点工艺流程图时，首先要选择和确定管道、管件及阀件
的规格和材料，并估算管道设计的投资；在施工图设计阶段，还需确定管沟的断面尺寸和
位置，管道的支承间距和方式，管道的热补偿与保温，管道的平、立面位置及施工、安装、
验收的基本要求。

管道设计的成果是管道平、立面布置图，管架图，楼板和墙的穿孔图，管架预埋件位
置图，管道施工说明，管道综合材料表。管道设计的具体内容、深度和方法如下。

1. 管径的计算和选择 由物料衡算和热量衡算，选择各种介质管道的材料；计算管径
和管壁厚度，然后根据管子现有的生产情况和供应情况作出决定。

2. 地沟断面的决定 地沟断面的大小及坡度应按管子的数量、规格和排列方法来决定。

3. 管道的配置 根据施工流程图，结合设备布置图及设备施工图进行管道的配置，应
注明如下内容：①各种管子、管件、阀件材料和规格，管道内介质的名称、介质流动方向
用代号或符号表示；标高以地平面为基准面，或以楼板为基准面；②同一水平面或同一垂
直面上有数种管道，安装时应予注明；③绘出地沟的轮廓线。

4. 提出资料 管道设计中应提出的资料应包括：①将各种断面的地沟长度提给土建专
业设计人员；②将车间上水、下水、冷冻盐水、压缩空气和蒸汽等管道管径及要求（如温
度、压力等条件）提给公用系统专业设计人员；③各种介质管道（包括管子、管件、阀件
等）的材料、规格和数量；④补偿器及管架等材料制作与安装费用；⑤管道投资概算。

5. 编写施工说明书 内容应包括施工中要注意的问题；各种介质的管子及附件的材料；
各种管道的坡度；保温刷漆等要求及安装时采用的不同种类的管件管架的一般指示等问题。

二、管道、阀门和管件及其选择

（一）管道

1. 装管工程的标准化 可使制造单位能进行零件的大量生产，使用单位可降低安装费

用，减少日常的储备量，便利零件的互换，又方便了设计单位的工作。

（1）公称压力　为了使装管工程标准化，首先要有压力标准。压力标准是以公称压力为基准的。公称压力是管子、管件和阀门在规定温度下的最大许用工作压力（表压），其常用符号为 PN 表示，可分为 12 级，它的温度范围是 0～120℃，此时工作压力等于公称压力，如高于这温度范围，工作压力就应低于公称压力。

（2）公称直径　是管子、管件和阀件的名义内直径，其尺寸可用公称直径 DN 表示。一般情况下，公称直径既非外径，亦非内径，而是小于管子外径的并与它相近的整数。管子的公称直径一定，其外径也就确定了，但内径随壁厚而变。某些情况下，如铸铁管的内径等于公称直径。管件和阀件的标准则规定了各种管件和阀件的外廓尺寸和装配尺寸。

2. 管径的计算和确定　管道原始投资费用与动力消耗费用有着直接的联系。管径越大，原始投资费用越大，但动力消耗费用可降低；相反，如果管径减小，则投资费用可减少，但动力消耗费用就增加。

（1）最佳经济管径的求取　制药厂输送的物料种类多，但一般输送量不大，每根管道都用数学计算方法求取很繁琐，可采用如图 15－22 所示算图，用以求取最经济管径，由此求得的管径能使流体处于最经济的流速下运行，见表 15－21。

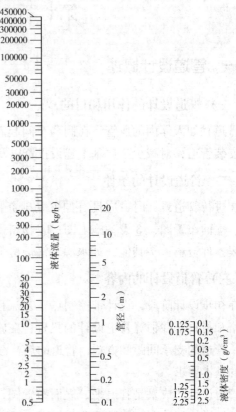

图 15－22　求取最经济管径的算图

表 15－21　不同管径时的最经济流速

单位：m/s

管道的公称直径	滞流状态黏度×10³（Pa·s）						湍流状态密度（g/cm³）				
(in)	0.01	0.1	10	100	1000	0.016	0.16	0.65	0.8	1	1.1
1	11.6	3	0.95	0.3	0.092	3	1.46	1.03	0.95	0.89	0.83
2	12.7	6.4	—	0.46	0.15	3.4	1.53	1.04	0.98	0.92	0.89
4	13.8	7.3	—	0.76	0.25	4	1.8	1.25	1.2	1.1	1.1
8	16.5	8.6	—	1.25	0.4	4.6	2.1	1.37	1.3	1.3	1.2

注：1in = 25.4mm。

（2）利用流体速度计算管径　根据流体在管内的常用速度，可用下式求取管径

$$d = 18.8\sqrt{\frac{Vs}{u}}$$

式中，d 为管子直径，mm；Vs 为通过管道的流量，m³/h；u 为流体的流速，m/s。

不同场合下流速的范围，可查有关工程手册。表 15－22 列出部分流体适宜经济流速的大致范围。

一般说来，对于密度大的流体，流速值应取得小些。对于黏度较小的液体，可选用较大的流速，而对于黏度大的液体，如油类等，则所取流速就应比水及稀溶液低。对含有固体的流体，流速不宜太低，否则易沉积在管内。

（3）蒸汽管管径的求取　蒸汽是一种可压缩性气体，其管径计算十分复杂，为方便使用，通常将计算结果作成表格或算图，如图 15 – 23 和表 15 – 23 所示。在制作表格及算图时，一般从两方面着手：一是选用适宜的压力降；二是取用一定的流速。如过热蒸汽的流速，主管取 40 ~ 60m/s，支管取 35 ~ 40m/s；饱和蒸汽的流速，主管取 30 ~ 40m/s，支管取 20 ~ 30m/s。或按蒸汽压力来选择，如 4×10^5 Pa 以下取 20 ~ 40m/s；8.8×10^5 Pa 以下取 40 ~ 60m/s；3×10^6 Pa 以下取 80m/s。

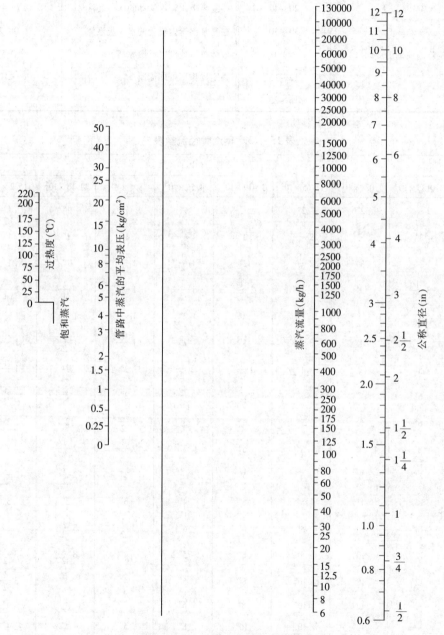

图 15 – 23　求蒸汽管管径的算图

表 15 – 22　流体适宜经济流速

流　　体	流速（m/s）	流　　体	流速（m/s）
自来水（0.3MPa 左右）	1~1.5	一般气体（常压）	10~20
水及低黏度液体（0.1~1MPa）	1.5~3.0	鼓风机吸入管内流动的空气	10~15
高黏度液体（盐类溶液等）	0.5~1.0	鼓风机排出管内流动的空气	15~20
工业供水（0.8MPa 以下）	1.5~3.0	离心泵吸入管内流动的水一类液体	1.5~2.0
锅炉供水（0.8MPa 以下）	>3.0	离心泵排出管内流动的水一类液体	2.5~3.0
饱和蒸汽（0.3MPa 以下）	20~40	往复泵吸入管内流动的水一类液体	0.75~1.0
过热蒸汽	30~50	往复泵出管内流动的水一类液体	1.0~2.0
蛇管、螺旋管内流动的冷却水	<1.0	液体自流速度（冷凝水等）	0.5
低压空气	12~15	真空操作下气体流速	<10
高压空气	15~25		

表 15 – 23　蒸汽管径流量表

流量（kg/h）	压力（Pa）							
	1.0135×10^5	1.084×10^5	1.165×10^5	1.419×10^5	4.56×10^5	8.1×10^5	11.15×10^5	15.2×10^5
45.4	$2\frac{1}{2}''$	$2''$	$2''$	$1\frac{1}{2}''$	$1''$	$1''$	$1''$	$1''$
68	$3''$	$2\frac{1}{2}''$	$2\frac{1}{2}''$	$2''$	$1\frac{1}{4}''$	$1''$	$1''$	$1''$
90	$3''$	$3''$	$2\frac{1}{2}''$	$2''$	$1\frac{1}{4}''$	$1\frac{1}{4}''$	$1''$	$1''$
135	$3\frac{1}{2}''$	$3''$	$3''$	$2\frac{1}{2}''$	$1\frac{1}{2}''$	$1\frac{1}{4}''$	$1\frac{1}{4}''$	$1\frac{1}{4}''$
180	$4''$	$3\frac{1}{2}''$	$3''$	$3''$	$2''$	$1\frac{1}{2}''$	$1\frac{1}{4}''$	$1\frac{1}{4}''$
225	$5''$	$4''$	$3\frac{1}{2}''$	$3''$	$2''$	$1\frac{1}{2}''$	$1\frac{1}{2}''$	$1\frac{1}{4}''$
340	$5''$	$5''$	$4''$	$3\frac{1}{2}''$	$2\frac{1}{2}''$	$2''$	$2''$	$1\frac{1}{2}''$
454	$6''$	$5''$	$5''$	$3\frac{1}{2}''$	$2\frac{1}{2}''$	$2''$	$2''$	$2''$
570	$6''$	$6''$	$5''$	$4''$	$2\frac{1}{2}''$	$2''$	$2''$	$2''$
680	$8''$	$6''$	$5''$	$5''$	$3''$	$2\frac{1}{2}''$	$2\frac{1}{2}''$	$2''$
900	$8''$	$8''$	$6''$	$5''$	$3\frac{1}{2}''$	$3''$	$2\frac{1}{2}''$	$2\frac{1}{2}''$
1360	$10''$	$8''$	$8''$	$6''$	$4''$	$3''$	$3''$	$3''$
1800	$10''$	$10''$	$8''$	$6''$	$4''$	$3\frac{1}{2}''$	$3\frac{1}{2}''$	$3''$
2250	$12''$	$10''$	$8''$	$8''$	$5''$	$4''$	$3\frac{1}{2}''$	$3\frac{1}{2}''$
2750	$12''$	$10''$	$10''$	$8''$	$5''$	$4''$	$4''$	$3\frac{1}{2}''$
3750	—	$12''$	$10''$	$8''$	$6''$	$5''$	$4''$	$4''$
4540	—	$12''$	$10''$	$10''$	$8''$	$5''$	$5''$	$4''$

注：$1'' = 25.4$mm。

　　3. 管壁厚度　根据管径和各种公称压力范围，查阅有关手册可得管壁厚度。常用公称压力下管道壁厚选用表如表 15 – 24、表 15 – 25、表 15 – 26 所示。

表 15－24　无缝碳钢管壁厚

单位：mm

材料	pN (MPa)	DN																			
		10	15	20	25	32	40	50	65	80	100	125	150	200	250	300	350	400	450	500	600
20 12CrMo 15CrMo 12Cr1MoV	≤1.6	2.5	3	3	3	3	3.5	3.5	4	4	4	4	4.5	5	6	7	7	8	8	8	9
	2.5	2.5	3	3	3	3	3.5	3.5	4	4	4	4	4.5	5	6	7	7	8	8	9	10
	4.0	2.5	3	3	3	3	3.5	3.5	4	4	4.5	5	5.5	7	8	9	10	11	12	13	15
	6.4	3	3	3	3.5	3.5	3.5	4	4.5	5	6	7	8	9	11	12	14	16	17	19	22
	10.0	3	3.5	3.5	4	4.5	4.5	5	6	7	8	9	10	13	15	18	20	22			
	16.0	4	4.5	5	5	6	6	7	8	9	11	13	15	19	24	26	30	34			
	20.0	4	4.5	5	6	6	7	8	9	11	13	15	18	22	28	32	36				
	4.0T	3.5	4	4	4.5	5	5	5.5													
10 Cr5Mo	≤1.6	2.5	3	3	3	3	3.5	3.5	4	4.5	4	4	4.5	5.5	7	7	8	8	8	8	9
	2.5	2.5	3	3	3	3	3.5	3.5	4	4.5	4	5	4.5	5.5	7	7	8	9	9	10	12
	4.0	2.5	3	3	3	3	3.5	3.5	4	4.5	5.5	6	8	9	10	11	12	14	15	18	
	6.4	3	3	3	3.5	4	4	4.5	5	6	7	8	9	11	13	14	16	18	20	22	26
	10.0	3	3.5	4	4	4.5	5	5.5	7	8	9	10	12	15	18	22	24	26			
	16.0	4	4.5	5	5	6	7	8	9	10	12	15	18	22	28	32	36	40			
	20.0	4	4.5	5	6	7	8	9	11	12	15	18	22	26	34	38					
	4.0T	3.5	4	4	4.5	5	5	5.5													
16Mn 15MnV	≤1.6	2.5	2.5	2.5	3	3	3	3	3.5	3.5	3.5	3.5	4	4.5	5	5.5	6	6	6	6	7
	2.5	2.5	2.5	2.5	3	3	3	3	3.5	3.5	3.5	3.5	4	4.5	5	5.5	6	7	8	8	9
	4.0	2.5	2.5	2.5	3	3	3	3	3.5	4	4	5	6	7	8	9	10	11	12		
	6.4	2.5	3	3	3	3.5	3.5	3.5	4.5	5	6	7	8	9	11	12	13	14	16	18	
	10.0	3	3	3.5	3.5	4	4	4.5	5	7	8	9	11	13	15	17	19				
	16.0	3.5	3.5	4	4.5	5	5	6	7	8	11	13	16	19	22	25	28				
	20.0	3.5	4	4.5	5	5.5	6	7	8	9	11	13	15	19	24	26	30				

表 15－25　无缝不锈钢管壁厚

单位：mm

材料	pN (MPa)	DN																			
		10	15	20	25	32	40	50	65	80	100	125	150	200	250	300	350	400	450	500	600
1Cr18N19Ti 含 Mo 不锈钢	≤1.0	2	2	2	2.5	2.5	2.5	2.5	2.5	2.5	3	3	3.5	3.5	3.5	4	4	4.5			
	1.6	2	2.5	2.5	2.5	2.5	2.5	3	3	3	3	3.5	3.5	4	4.5	5	5				
	2.5	2	2.5	2.5	2.5	2.5	2.5	3	3	3.5	4	4.5	5	6	7						
	4.0	2	2.5	2.5	2.5	2.5	2.5	3	3	3.5	4	4.5	5	6	7	8	9	10			
	6.4	2.5	2.5	2.5	3	3	3.5	4	4.5	5	6	7	8	10	11	13	14				
	4.0T	3	3.5	3.5	4	4	4	4.5													

表 15-26　焊接钢管壁厚

单位：mm

材料	pN (MPa)	DN															
		200	250	300	350	400	450	500	600	700	800	900	1000	1100	1200	1400	1600
焊接碳钢管 (Q235A20)	0.25	5	5	5	5	5	5	5	6	6	6	6	6	6	7	7	7
	0.6	5	5	6	6	6	6	7	7	7	8	8	8	9	10		
	1.0	5	5	6	6	7	7	8	8	9	9	10	11	11	12		
	1.6	6	6	7	7	8	8	9	10	11	12	13	14	15	16		
	2.5	7	8	8		10	11	12	13	15	16						
焊接不锈钢管	0.25	3	3	3		3.5	3.5	3.5	4	4	4	4.5	4.5				
	0.6	3	3	3.5	3.5	3.5	4	4	4.5	5		6	6				
	1.0	3.5	3.5	4	4.5	5		5.5	6	7	7	8					
	1.6	4	4.5	5	6	7		8	8		10						
	2.5	5	6	7	8	9		9	10	12	13	15					

注：1. 表中 "4.0T" 表示外径加工螺纹的管道，适用于 pN≤4.0 的阀件连接。

2. DN≥ 的 "大腐蚀余量" 的碳钢管的壁厚应按表中数值再增加 3mm。

3. 本表数据按承受内压计算。

4. 计算中采用以下许用应力值：

20、12CrMo、15CrMo、12CrMoV 无缝钢管取 120.0MPa；

10、Cr5Mo 无缝钢管取 100.0MPa；

16Mn、15MnV 无缝碳钢管取 150.0MPa；

无缝不锈钢管及焊接钢管取 120.0MPa。

5. 焊接钢管有用螺旋缝电焊钢管时，最小厚度为 6mm，系列应按产品标准。

6. 本表摘自化工工艺配管设计技术中心站编制的设计规定中的《管道等级及标准选用表》。

4. 管道的选材　制药工业生产用的管子、阀门和管件的材料选择原则主要依据是输送介质的浓度、温度、压力、腐蚀情况、供应来源和价格等因素综合考虑决定。在化工医药生产中，管道压力事故之中，管道材料的设计选择错误往往占到了一定的比例，因此，必须引起高度重视。

管道材料的选择应用最广的方法是查腐蚀数据手册。手册中罗列的大量材料——环境体系的腐蚀数据都是经过长期生产实践检验的。由于介质数量庞大，使用时的温度、浓度情况各不相同，手册中不可能标出每一种介质在所有的温度和浓度下的耐蚀情况。当手册中查不到所需要的介质在某浓度或温度下的数据时，要特别知晓材料腐蚀受介质浓度、温度和介质类型影响的规律。凡是处在温度或浓度的边缘条件（由耐蚀接近或转入不耐蚀）下，宁可不使用这类材料，而选择更优良的材料。因为在实际使用过程中，很可能由于生产条件的波动，或由于贮运过程中季节或地区的温度、湿度的变化以及蒸发、吸水、放空或液面的升降等，引起局部地区浓度、温度的变化，以致很容易达到不耐蚀的浓度或温度极限。同时，两种以上物质组成的混合物，其腐蚀性一般为各组成物腐蚀性的和（假如没有起化学反应），只要查对各组成物的耐蚀性就可以（基准为混合物中稀释后的浓度）。但是有些混合物改变了性质，如硫酸与含有氯离子（如食盐）的化合物混合，产生了盐酸，这就不仅有硫酸的腐蚀性，还有盐酸的腐蚀性。所以查阅混合物时，应先了解各组成物是否已起了变化。

当前制药行业在实行 GMP 管理，设备和管道的选材时似乎都离不开不锈钢，而不锈钢并不一定总是满足 GMP 要求。制药行业在设备与管道的选材时，既要符合 GMP 要求，又要合理与经济的选用，表 15 – 27 就推荐了几种条件下的不锈钢选用原则。

表 15 – 27　制药行业常用不锈钢选用一般原则

使用条件	使用对象（举例）	选材原则	制造与使用要求
连续使用［Cl⁻］等腐蚀介质，且需作定期蒸汽灭菌条件下	注射水管路、纯蒸汽管路	316L（抛光管）	①采用自动氩弧焊，制成后酸洗钝化处理，其他管接头件需固溶处理，内部抛光，当采用手工氩弧焊时，焊后需内部抛光及酸洗钝化
	去离子水管路，洁净气体管路	304（抛光管）	
	无菌液贮罐、配液罐等水针及大输液生产容器	316L，304L	②主材需经固溶处理，焊时用低电流量氩弧焊，与物料接触一侧最后施焊，采用快速冷却法（水激法），焊后需固溶处理，内部抛光后酸洗钝化等措施
连续或间歇在冷却、冻干和蒸汽灭菌变化性条件下	带夹套冷却无菌液容器内胆，在液内冷却盘管等	316L，304L	同①，②
	冻干机的内腔体（换热搁板、冷凝铺冰面管路等）	316L	
与水针、大输液等无菌液直接接触零件	水针、大输液和冻干液灌装的喷针、计量机构等直接接触部分	316L	③内壁或接触表面抛光后酸洗钝化
需用注射水或去离子水清洗设备中与水直接接触零件	洗瓶机的喷水头、水管路、水槽等	316L，304L（视不同要求自动选材）	同①，②
	胶塞清洗机喷水头、清洗转鼓等		
与粉针剂粉料直接接触的零件	分装机的计量螺杆、输粉螺杆、出粉口等直接接触部分	304.1Cr18Ni9Ti	同③
与口服制剂包装直接接触的零件	与口服液包装用灌装头、计量机构等直接接触部分	304L，304	同③
	与口服片剂、胶囊包装的数片机、泡罩机等直接接触部分	1Cr18Ni9Ti	
与片剂、胶囊制造中与物料直接接触的零件	如压片机、胶囊充填机等冲杆、模具、粉斗等与粉剂直接接触部分	1Cr18Ni9Ti 或按特殊要求选定其他材料	
干燥类设备	瓶用隧道烘箱、百级层流烘箱、蒸汽加热烘箱等内腔	304L，304	
	普通电加热箱等内腔	1Cr18Ni9Ti	
造粒、包衣、混粉等前道生产设备	与液体接触部分（如湿混、包衣中喷雾头）等与液体直接接触部分	304L，304	
	与粉剂接触部分（如混粉机、粉碎机等）	304，1Cr18Ni9Ti	

5. 常用管子　制药工业常用管子有金属管和非金属管。常用的金属管有铸铁管、硅铁管、水煤气管、无缝钢管（包括热辗和冷拉无缝钢管）、有色金属管（如铜管、黄铜管、铝管、铅管）、有衬里钢管。金属管常用规格、材料及适用温度见表 15 –28。常用的非金属管有耐酸陶瓷管、玻璃管、硬聚氯乙烯管、软聚氯乙烯管、聚乙烯管、玻璃钢管、有机玻璃管、酚醛塑料管、石棉 –酚醛塑料管、橡胶管和衬里管道（如衬橡胶、搪玻璃管等）。关

于非金属管规格及材料，见化工工艺设计手册。

表 15 – 28　金属管常用规格、材料及适用温度

名称	标准号	常用规格（mm）	常用材料	适用温度/℃
液体输送用无缝钢管	GB 8163—2018	按 CB 17395—2008	20、10、09MnD	−20 ~ 450 −40 ~ 450 −46 ~ 200
中、低压锅炉用无缝钢管	GB 3087—2008	按 CB 17395—2008	20、10、	−20 ~ 450
高压锅炉管	GB 5310—2017	按 GB 17396—2009	20G 20MnG	−20 ~ 450 −46 ~ 450
高压无缝钢管	GB 6479—2013		10MoWVNb 15CrMoG 12Cr2MoG	−20 ~ 400（抗氢） −20 ~ 580 −20 ~ 580
石油裂化管	GB 9948—2013		1Gr5Mo 12CrMoG	−20 ~ 600 −20 ~ 540
不锈钢无缝钢管	GB 14976—2012	按 GB 14976—2012	0Cr18Ni9 00Cr19Ni10 00Cr17Ni14Mo2 0Cr18Ni12Mo2Ti 0Cr18Ni10Ti	−196 ~ 700
不锈钢焊接钢管（EFW）	HG 20537—2009	按 HG 20537		
低压流体输送用焊接钢钢管（ERW）	GB 3091—2015（镀锌） GB 3092—2001	1/2″, 3/4″, 1″, 1 ½″, 1 ½″, 2″, 2 ½″, 3″, 4″, 5″, 6″ 按标准规定外径及壁厚	Q215A Q215AF, Q235AF, Q235A	0 ~ 200
螺旋电焊钢管	GB/T 12721—2008	8″ ~ 24″	Q235AF, Q255A SS400, St523	0 ~ 300
低压流体输送用大直径电焊钢管（ERW）	GB 14980—1994	按 GB17395—1988（ERW）6″ ~ 20″	Q215A Q235A	0 ~ 300
石油天然气工业输送钢管（大直径埋弧焊直缝焊管）	GB 9711.1—1999	按 GB9711.1—1998 中的大直径直缝埋弧焊钢管 18″ ~ 80″（EFW）	L245	−20 ~ 450
铜管	GB 1527—2017 GB 1528—1997	5 × 1, 7 × 1, 10 × 1, 15 × 1, 18 × 1.5, 24 × 1.5, 28 × 1.5, 35 × 1.5, 45 × 1.5, 55 × 1.5, 75 × 2, 85 × 2., 104 × 2, 129 × 2, 156 × 3	T2, T3, T4, TU1, TU2（紫铜）,TP1, TP2	≤250（受压时，≤200）
黄铜管	GB 1529—1997 GB 1530—1997	5 × 1, 7 × 1, 10 × 1, 15 × 1, 15 × 1.5, 18 × 1.5, 24 × 2, 28 × 1.5, 28 × 2, 35 × 1.5, 45 × 1.5, 45 × 2, 55 × 2, 75 × 2.5, 80 × 2, 96 × 3, 100 × 3,	H62, H68（黄铜）HPb50 – 1	≤250（受压时，≤200）
铅和铅合金管	GB 1472—2014	20 × 2, 22 × 2, 31 × 3, 50 × 5, 62 × 6, 94 × 7, 118 × 9	Pb3, PbSb4PbSb6	≤200（受压时，≤140）

续表

名称	标准号	常用规格（mm）	常用材料	适用温度（℃）
铝和铝合金管	GB 6893—2010 挤压管	$\phi25\times6\sim\phi155\times40$ $\phi120\times5\sim\phi200\times7.5$	1050A、1060、1200、3003、5052、5A03、5083、5086、5454、6A02、6061、6063	$-269\sim200$
	GB 4437—2015 拉制管	$\phi6\times0.5\sim\phi120\times3$		
	GB 10571—89	$\phi9.5\times0.5\sim\phi120\times3$		
钛和钛合金管	GB 3624—2010 无缝（冷拔、轧）焊接，焊接－轧制	$\phi3\times0.2\sim\phi110\times4.5$ $\phi16\times0.5\sim\phi63\times2.5$ $\phi6\times0.5\sim\phi30\times2.0$	TA0、TA1、TA2、TA9、TA10	$-269\sim300$

6. 易燃易爆气体管道的安全设计　可以通过以下途径来确保易燃易爆气体管道的安全合理。

（1）选择合理的管径，限定气体的流速。

（2）防止形成爆炸性混合物，具体措施包括：预防装置周围形成爆炸性混合物；设备、管道、管件的各个连接处，应尽量采用焊接连接，减少法兰连接；保持厂房自然通风或强制通风；增设安全检测设施（如增设可燃气体浓度检测报警装置）；预防系统内形成爆炸性混合物要保证系统是正压状态，防止外部空气渗入系统，此外，采取惰性气体保护；在设计时要特别注意可燃气体窜入其他管道系统的可能，防止因设计考虑不周而引发事故。

（3）防止外部明火导入管道内部或在管道内蔓延。

（4）输送易燃易爆物料如醇类、醚类和液体烃类，因在管路中流动时常产生静电，使管路变为导电体。为防止静电积聚，需将管路可靠接地。

（5）采用先进的自动控制技术来增强装置的安全可靠性。

（6）采用其他措施。如在设备的安全放空管上设置安全阀；可燃气体的放空如直接排入大气，则必须引至远离明火或易燃物，且通风良好的地方；排放管须逐段用导线接地以消除静电；必须采用管沟敷设的可燃气体管道，应采取防止气体在管沟内积聚的措施如在管沟内填满砂子，并在进出装置及厂房处密封隔断；可燃气体管道不得穿过与其无关的建筑物，尤其是严禁穿过生活间、办公室等；可燃气体管道与氧气管道共同敷设时，两者应分侧布置，且最小净间距不小于250mm。

（7）当管路穿过防爆区时，管子与隔板间的空间要用水泥、沥青等封固，如不能固定封住，可采用填料函式的结构。

（二）阀门

阀门是医药行业管道系统的重要组成部件，在制药车间生产中起着重要的作用。阀门可以控制流体在管内的流动，其功能有启闭、调节、节流、自控和保证安全等作用。其主要功能具体来说包括：接通和截断介质，防止介质倒流，调节介质压力、流量、分离、混合或分配介质，防止介质压力超过规定数值，以保证设备和管道安全运行等。因此，正确、合理地选用阀门是管道设计中的重要问题。

1. 阀门的型号　由7个单元组成，具体组成见图15-24，各个单元的代号及意义见表15-29至表15-31。

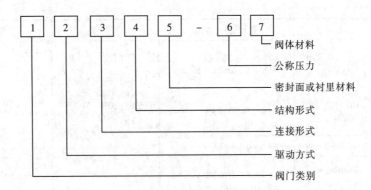

图 15-24　阀门的型号组成

表 15-29　阀件的类型、驱动、连接、结构形式代号

代　号	0	1	2	3	4	5	6	7	8	9
驱动方式	电磁场	电磁液动	电-液动	蜗轮	正齿轮	圆锥齿轮	气动	液动	气-液动	电动
连接形式		内螺纹	外螺纹		法兰		焊接	对夹	卡箍	卡套

结构形式代号（类别代号 / 结构形式）：

类别	代号	结构形式
闸阀	Z	弹性闸板；明杆楔式（单闸板、双闸板）；明杆平行式（单闸板、双闸板）；暗杆楔式（单闸板、双闸板）
截止阀	J	直通式；直角式；直流式；平衡（直通式、直角式）
节流阀	L	直通式；直角式；直流式；平衡（直通式、直角式）
球阀	Q	浮动球（直通式、L形三通式、T形三通式）；固定球（直通式）
蝶阀	D	杠杆式；垂直板式；斜板式
隔膜阀	G	屋脊式；截止式；闸板式
旋塞阀	X	填料式（直通式、T形三通式、四通式）；油封式（直通式、T形三通式）
止回阀	H	升降式（直通式、立式）；旋启式（单瓣、多瓣、双瓣）；蝶形
安全阀	A	弹簧封闭（带散热片全启式、微启式）；弹簧不封闭（全启示）；弹簧封闭带扳手（双弹簧微启式、全启式）；弹簧不封闭带控制机构（微启式）、带扳手（全启式、微启式、全启式）；脉冲式
减压阀	Y	薄膜式；弹簧薄膜式；活塞式；波纹管式；杠杆式
疏水阀	S	浮球式；钟形浮子式；双金属片式；脉冲式；热动力式

表 15 – 30　阀件材料

代　号	阀体材料	代　号	阀体材料	代　号	阀体材料
Z	灰铸铁		1 铬 18 镍 9 钛（1Cr18Ni9Ti）		12 铬 1 钼钒（12Cr1MoV）
K	可锻铸铁	P		V	
Q	球墨铸铁		ZG1 铬 18 镍 9 钛（ZG1Cr18Ni9Ti）		ZG12 铬 1 钼钒（ZG12Cr1MoV）
G	高硅铸铁				
C	碳素钢		铬 18 镍 12 钼 2 钛（Cr18Ni12Mo2Ti）		
T	钢合金	R			
I	铬钼钢		ZG 铬 18 镍 12 钼 2 钛（ZGCr18Ni12Mo2Ti）		

注：对 $pN \le 1.6$ MPa 的灰铸铁阀门，$pN \le 2.5$ MPa 的碳钢阀门，省略本单元。

表 15 – 31　阀件密封面或衬里材料

密封里或衬里材料	代　号	密封里或衬里材料	代　号
钢合金	T	渗氮钢	D
橡胶	X	硬质合金	Y
尼龙塑料	N	衬胶	J
氟塑料	F	衬铅	Q
锡基轴承合金（巴氏合金）	B	搪瓷	C
不锈钢	H	渗硼钢	P

注：1. 由阀体直接加工出来的密封面，用 W 表示。

2. 阀座和阀瓣的密封面材料不同时，用低硬质材料代号表示（隔膜阀除外）。

2. 阀门的选择　正确合理地进行不同类型、结构、性能和材质的阀门选择是管道设计的重点。各种阀门因结构形式与材质的不同，有不同的使用特性、适用场合和安装要求。选用的原则是：①流体特性。如是否有腐蚀性、是否含有固体、黏度大小和流动时是否会产生相态的变化；②功能要求。按工艺要求，明确是切断还是调节流量等；③阀门尺寸。其由流体流量和允许压力降决定；④阻力损失。按工艺允许的压力损失和功能要求选择；⑤温度、压力。由介质的温度和压力决定阀门的温度和压力等级；⑥材质。决定于阀门的温度和压力等级与流体特性。

通过对上述各项指标进行计算，再结合阀门标准，就可以在材料表中列出阀门的型号及技术规格。阀门的选用一般原则见表 15 – 32。

表 15 – 32　阀门的选择

流体名称	管道材料	操作压力（MPa）	垫圈材料	连接方式	阀门形式 支管	阀门形式 主管	推荐阀门型号	保温方式
上水	焊接钢管	0.1～0.3	橡胶	≤2″，螺纹连接；≥2½″，法兰连接	≤2″，截止阀，≥2½″闸阀	闸阀	JHT – 16 Z45T – 10	
清净下水	焊接钢管	0.1～0.3	橡胶	≤2″，螺纹连接；≥2½″，法兰连接	≤2″，截止阀，≥2½″闸阀	闸阀	Z45T – H	
生产污水	焊接钢管，铸铁管	常压	橡胶由污水性质决定	承插，法兰，焊接	旋塞		根据污水性质定	

续表

流体名称	管道材料	操作压力（MPa）	垫圈材料	连接方式	阀门形式 支管	阀门形式 主管	推荐阀门型号	保温方式
回盐水	焊接钢管	0.3～0.5	柔性石墨复合垫	橡胶，焊接	球阀	球阀	Q4IF－16	软木，矿渣棉泡体聚苯乙烯，聚氨酯
酸性下水	陶瓷管，衬胶管，硬聚氯乙烯管	常压	柔性石墨复合垫	承插，法兰	球阀		Q4IF－16	
碱性下水	焊接钢管，铸铁管	常压	柔性石墨复合垫	承插，法兰	球阀		Q4IF－16	
生产物料	按生产性质选择管材							
气体（暂时通过）	橡胶管	＜1						
液体（暂时通过）	橡胶管	＜0.25						
热水	焊接钢管	0.1～0.3	夹布橡胶	法兰，焊接，螺纹	截止阀	闸阀	J11T－16 Z45T－10	膨胀珍珠岩，硅藻土，硅石，岩棉
热回水	焊接钢管	0.1～0.3	夹布橡胶	法兰，焊接，螺纹	截止阀	闸阀	J11T－16 Z45T－10	
自来水	镀锌焊接钢管	0.1～0.3	橡胶	螺纹	截止阀	闸阀	J11T－16 Z45T－10	
冷凝水	焊接钢管	0.1～0.8	柔性石墨复合垫	法兰，焊接	截止阀旋塞		J11T－16 X13W－10T	
蒸馏水	硬聚氯乙烯管，ABS管，玻璃管，不锈钢（有保温要求）	0.1～0.3	橡胶	法兰	球阀		Q41F－16	
蒸汽（0.1MPa表压）	3″以下，焊接钢管；3″以上，无缝钢管	0.1～0.2	柔性石墨复合垫	法兰，焊接	截止阀	闸阀	J11T－16 Z45T－10	膨胀珍珠岩，硅藻土，硅石，岩棉
蒸汽（0.3MPa表压）	3″以下，焊接钢管；3″以上，无缝钢管	0.1～0.4	柔性石墨复合垫	法兰，焊接	截止阀	闸阀	J11T－16 Z45T－10	膨胀珍珠岩，硅藻土，硅石，岩棉
蒸汽（0.5MPa表压）	3″以下，焊接钢管；3″以上，无缝钢管	0.1～0.6	柔性石墨复合垫	法兰，焊接	截止阀	闸阀	J11T－16 Z45T－10	膨胀珍珠岩，硅藻土，硅石，岩棉
压缩空气	＜MPa焊接钢管；＞MPa无缝钢管	0.1～1.6	夹布橡胶	法兰，焊接	球阀	球阀	Q41F－16	
惰性气体	焊接钢管	0.1～1	夹布橡胶	法兰，焊接	球阀	球阀	Q41F－16	
真空	焊接钢管或硬聚氯乙烯管	真空	柔性石墨复合垫	法兰，焊接	球阀	球阀	Q41F－16	

续表

流体名称	管道材料	操作压力（MPa）	垫圈材料	连接方式	阀门形式		推荐阀门型号	保温方式
					支管	主管		
排气	焊接钢管或硬聚氯乙烯管	常压	柔性石墨复合垫	法兰，焊接	球阀	球阀	Q41F－16	
盐水	焊接钢管	0.3～0.5	柔性石墨复合垫	法兰，焊接	球阀	球阀	Q41F－16	软木，矿渣棉，泡沫聚苯乙烯，聚氨酯

注：1. "焊接钢管"系"低压流体输送用焊接钢管"（GB 3092—2008）的简称。

2. 截止阀将逐步由球阀取代，操作温度在100℃以下的蒸馏水、盐水（回盐水）及碱液尽量选用 Q11F－16 或 Q41F－16。

3. 制剂专业用的真空、压缩空气、排气及惰性气体采用镀锌焊接钢管。

4. 垫片材料请参照《化工管路手册》（上册）表13－83 的规定，一般采用 XB200 橡胶石棉板（$PG\leq16$，$T\leq200℃$）。

5. 1 in = 25.4mm。

3. 常用的阀门　常用的阀门见表15－33。

表15－33　常用型式及其应用范围

阀门名称	基本结构与原理	优点	缺点	应用范围
旋塞阀	中间开孔柱锥体作阀芯，靠旋转锥体来控制阀的启闭	结构简单，启动迅速，流体阻力小，可用于输送含晶体和悬浮物的液体管路中	不适于调节流量，磨光旋塞费工时，旋转旋塞较费力，高温时会由于膨胀而旋转不动	120℃以下输送压缩空气、废蒸汽空气混合物；在120℃、10×10^5Pa〔或$(3\sim5)\times10^5Pa$更好〕下输送液体，包括含有结晶及悬浮物的液体，不得使用于蒸汽或高热流体
球阀	利用中心开孔的球体作阀芯，靠旋转球体控制阀的启闭	价格比旋塞阀贵，比闸阀便宜，操作可靠，易密封，易调节流量，体积小零部件少，质量轻。公称压力大于 16×10^5Pa，公称直径大于 76mm。现已取代旋塞阀	流体阻力小，不得用于输送含结晶和悬浮物的液体，不易调节流量	在自来水、蒸汽、压缩空气、真空及各种物料管道中普遍使用。最高工作温度300℃，公称压力为325×10^5Pa
闸阀	阀体内有一平板与介质流动方向垂直，平板升起阀即开启	阻力小，易调节流量，用作大管道的切断阀	价贵，制造和修理较困难，不宜用非金属抗腐蚀材料制造	用于低于120℃低压气体管道，压缩空气、自来水和不含沉淀物介质的管道干线，大直径真空管等。不宜用于带纤维状或固体沉淀物的流体。最高工作温度低于120℃，公称压力低于100×10^5Pa
截止阀（节流阀）	采用装在阀杆下面的阀盘和阀体内的阀座相配合，以控制阀的启闭	价格比旋塞阀贵，比闸阀便宜，操作可靠，易密封，能较精确地调节装置，制造和维修方便	流体阻力大，不宜用于高黏度流体和悬浮液以及结晶性液体，因结晶固体沉积在阀座影响紧密性，且磨损阀盘与阀座接触面，造成泄漏	在自来水、蒸汽、压缩空气、真空及各种物料管道中普遍使用。最高工作温度300℃，公称压力为325$\times10^5Pa$

阀门名称	基本结构与原理	优点	缺点	应用范围
止回阀 (单向阀)	用来使介质只作单一方向的流动，但不能防止渗漏	升降式比旋启式密闭性能好，旋启式阻力小，只要保证摇板旋转轴线的水平，可以任意形式安装	升降式阻力较大，卧式宜装水平管上，立式应装垂直管线上，本阀不宜用于含固体颗粒和黏度较大的介质	适用于清洁介质
疏水阀 (圆盘式)	当蒸汽从阀片下方通过时，因流速高、静压低，阀门关闭；反之，当凝水通过时，因流速低、静压降甚微，阀片重力不足以关闭阀片，冷凝水便连续排出	自动排除设备或管路中的冷凝水、空气及其他不凝性气体，同时又能阻止蒸汽的大量逸出		凡需蒸汽加热的设备以及蒸汽管路等都应安装疏水阀
安全阀	压力超过指定值时即自动开启，使流体外泄，压力回复后即自动关闭以保护设备与管道	杠杆式使用可靠，在高温时只能用杠杆式。弹簧式结构精巧，可装于任何位置	杠杆式体积大，占地大，弹簧式在长期缓热作用下弹性会渐减少。安全阀须定时鉴定检查	直接排放到大气的可选用开启式，易燃易爆和有毒介质选用封闭式，将介质排放总管中去。主要地方要安装双阀
隔膜阀	利用弹性薄膜（橡皮、聚四氟乙烯）作阀的启闭机构	阀杆不与流体接触，不用填料箱，结构简单，便于维修，密封性能好，流体阻力小	不适用于有机溶剂和强氧化剂的介质	用于输送悬浮液或腐蚀性液体
蝶阀	阀的关阀件是一圆盘形	结构简单，尺寸小，质量轻，开阀迅速，有一定调节能力，适用于大口径管道		用于气体、液体及低压蒸汽管道，尤其适合用于较大管径的管路上
减压阀	用以降低蒸汽或压缩空气的压力，使之成为生产所需的稳定的较低压力		常用的活塞式减压阀不能用于液体的减压，而且流体中不能含有固体颗粒，故减压阀前要装管道过滤器	适用于连续调节，间歇调节时不适用

各种阀门的结构如图 15 - 25 至图 15 - 31 所示。

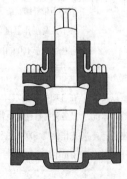

图 15 - 25　旋塞阀

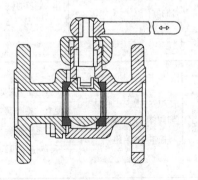

图 15 - 26　球阀

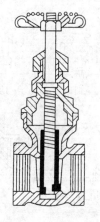

图 15 - 27　闸阀

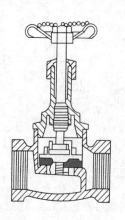

图 15 - 28　截止阀

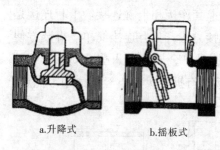

a.升降式　　　b.摇板式

图 15 - 29　止回阀

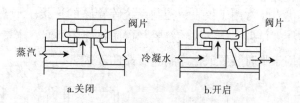

图 15 - 30　圆盘式疏水阀

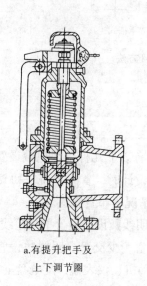

a.有提升把手及
上下调节圈

b.无提升把手,有反冲
盘及下调节面

图 15 - 31　弹簧式安全阀

（三）管件

管件的作用是连接管道与管道、管道与设备、改变流向等，如丝堵、管接口、螺纹短节、视镜、阻火器、漏斗、过滤器、防雨帽等。图 15-32 为常用管件示意图。

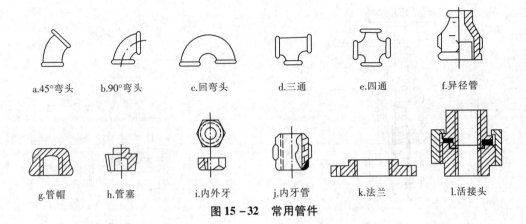

a.45°弯头　　b.90°弯头　　c.回弯头　　d.三通　　e.四通　　f.异径管

g.管帽　　h.管塞　　i.内外牙　　j.内牙管　　k.法兰　　l.活接头

图 15 – 32　常用管件

（四）管道的连接

管道连接的基本方法如图 15 – 33 所示。此外，还有卡套连接和卡箍连接。卡套连接是小直径（≤40mm）管路、阀门及管件之间的一种常用连接方式，具有连接简单、拆装方便等优点，常用于仪表、控制系统等管路的连接。卡箍连接是将金属管插入非金属软管，并在插入口外，用金属箍箍紧，以防止介质外漏。卡箍连接具有拆装灵活、经济耐用等优点，常用于临时装置或洁净物料管路的连接。

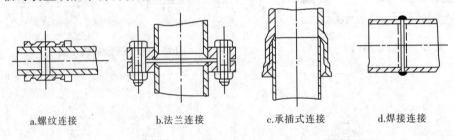

a.螺纹连接　　b.法兰连接　　c.承插式连接　　d.焊接连接

图 15 – 33　管道连接方法

三、管道设计的基本要求

（一）管道布置

1. 管道布置的一般原则　管路的布置类型一般有以下几种：埋地敷设管路；管沟敷设管路；沿地敷设管路；架空敷设管路。在管道布置设计时，首先要统一协调工艺和非工艺管的布置，然后按工艺流程并结合设备布置、土建情况等布置管道。

（1）为便于安装、检修及操作，一般管道多用明线敷设，且价格较暗线便宜。

（2）管道应成列平行敷设，尽量走直线，少拐弯，少交叉。明线敷设管子尽量沿墙或柱安装，应避开门、窗、梁和设备，应避免通过电动机、仪表盘、配电盘上方。

（3）操作阀高度一般为 0.8 ~ 1.5m，取样阀 1m 左右，压力表、温度计 1.6m 左右，安全阀为 2.2m。并列管路上的阀门、管件应错开安装。

（4）管道上应适当配置一些活接头或法兰，以便于安装、检修。管道成直角拐弯时，可用一端堵塞的三通代替，以便清理或添设支管。

（5）按所输送物料性质安排管道。管道应集中敷设，冷热管要隔开布置，在垂直排列时，热介质管在上，冷介质管在下；无腐蚀性介质管在上，有腐蚀性介质管在下；气体管在上，液体管在下；不经常检修管在上，检修频繁管在下；高温管在上，低温管在下；保温管在上，不保温管在下；金属管在上，非金属管在下。水平排列时，粗管靠墙，细管在外；低温管靠墙，热管在外，不耐热管应与热管避开；无支管的管在内，支管多的管在外；不经常检修的管在内，经常检修的管在外；高压管在内，低压管在外。输送有毒或有腐蚀性介质的管道，不得在人行通道上方设置阀件、法兰等，以免渗漏伤人。输送易燃、易爆和剧毒介质的管道，不得敷设在生活间、楼梯间和走廊等处。管道通过防爆区时，墙壁应采取措施封固。蒸汽或气体管道应从主管上部引出支管。

（6）根据物料性质的不同，管道应有一定坡度。其坡度方向一般为顺介质流动方向（蒸汽管相反），坡度大小为：蒸汽管道 0.005、水管道 0.003、冷冻盐水管道 0.003、生产废水管道 0.001、蒸汽冷凝水管道 0.003、压缩空气管道 0.004、清净下水管道 0.005、一般气体与易流动液体管道 0.005、含固体结晶或黏度较大的物料管道 0.01。

（7）管道通过人行道时，离地面高度不少于 2m；通过公路时不小 4.5m；通过工厂主要交通干道时一般应为 5m。长距离输送蒸汽的管道，在一定距离处应安装冷凝水排除装置。长距离输送液化气体的管道，并在一定距离处应安装垂直向上的膨胀器。输送易燃液体或气体时，应可靠接地，防止产生静电。

（8）管道尽可能沿厂房墙壁安装，管与管间及管与墙间的距离以能容纳活接头或法兰，便于检修为度。一般管路的最突出部分距墙不少于 100mm；两管道的最突出部分间距离，对中压管道为 40~60mm，对高压管道为 70~90mm。由于法兰易泄漏，故除与设备或阀门采用法兰连接外，其他应采用对焊连接。但镀锌钢管不允许用焊接，$DN \leqslant 50$ 可用螺纹连接。

2. 洁净厂房内的管道设计

（1）在洁净厂房内，系统的主管应布置在技术夹层、技术夹道或技术竖井中。夹层系统中有空气净化系统管线，这种系统管线的特点是管径大，管道多且广，是洁净厂房技术夹层中起主导作用的管道，管道的走向直接受空调机房位置、送回风方式、系统的划分等三个因素的影响，而管道的布置是否理想又直接影响技术夹层。

这个系统中，工艺管道主要包括水系统蒸气、冷却水和物料系统。这个系统的水平管线大都是布置在技术夹层内。一些需要经常清洗消毒的管道应采用可拆式活接头，并宜明敷。

公用工程管线气体管道中除煤气管道明装外，一般上水、下水、动力、空气、照明、通信、自控、气体等管道均可将水平管道布置在技术夹层中。洁净车间内的电气线路一般宜采用电源桥架敷线方式，这样有利于检修，有利于洁净车间布置的调整。

（2）暗敷管道的常见方式有技术夹层和管道竖井以及技术走廊。

（3）管道材料应根据所输送物料的理化性质和使用工况选用。采用的材料应保证满足工艺要求，使用可靠，不吸附和污染介质，施工和维护方便。引入洁净室（区）的明管材料应采用不锈钢。输送纯化水、注射用水、无菌介质和成品的管道材料、阀门、管件宜采用低碳优质不锈钢（如含碳量分别为 0.08%、0.03% 的 316 钢和 316L 钢），以减少材质对药品和工艺水质的污染。

（4）洁净室（区）内各种管道，在设计和安装时应考虑使用中避免出现不易清洗的部位。管道内壁应光滑、无死角。管道设计要减少支管、管件、阀门和盲管。为便于清洗、灭菌，需要清洗、灭菌的零部件要易于拆装，不便拆装的要设清洗口。无菌室设备、管道要适应灭菌需要。输送无菌介质的管道应采取灭菌措施或采用卫生薄壁可拆卸式管道，管道不得出现无法灭菌的"盲管"。

管道与阀门连接宜采用法兰、螺纹或其他密封性能优良的连接件，采用法兰连接时宜使用不易积液的对接法兰、活套法兰。凡接触物料的法兰和螺纹的密封应采用聚四氟乙烯。药液的输送管路的安装尽量减少连接处，密封垫宜采用硅橡胶等材料。

引入洁净室（区）的支管宜暗敷，各种明设管道不得出现不易清洁的部位。洁净室内的管道应排列整齐，尽量减少洁净室内的阀门、管件和管道支架。各种给水管道宜竖向布置，在靠近用水设备附近横向引入。尽量不在设备上方布置横向管道，防止水在横管上滞留。从竖管上引出支管的距离宜短，一般不宜超过支管直径的6倍。排水竖管不应穿过洁净度要求高的房间，必须穿过时，竖管上不得设置检查口。管道弯曲半径宜大不宜小，弯曲半径小容易积液。

地下管道应在地沟管槽或地下埋设，技术夹层主管上的阀门、法兰和接头不宜设在技术层内，其管道连接应采用焊接。这些主管的放净口、吹扫口等均应布置在技术夹层之外。

穿越洁净室的墙、楼板、硬吊顶的管道应敷设在预埋的金属套管中，管道与套管间应有可靠密封措施。

（5）阀门选用也应考虑不积液的原则，宜使用清洗消毒方便的旋塞、球阀、隔膜阀、卫生蝶阀、卫生截止阀等。

洁净区的排水总管顶部设置排气罩，设备排水口应设水封，地漏均需带水封。

（6）洁净室管道应视其温度及环境条件确定绝热条件。冷保温管道的保温层外壁温度不得低于环境的露点温度。

管道保温层表面必须平整、光洁，不散发颗粒，绝热性能好，材料要易施工，并宜用金属外壳保护。

（7）洁净室（区）内的配电设备的管线应暗敷，进入室内的管线口应严格密封，电源插座宜采用嵌入式。

（8）洁净室及其技术夹层，技术夹道内应设置灭火设施和消防给水系统。

（二）管道的支承

支吊架选型得当，位置布置合理，不仅可使管道整齐美观，而且能改善管系中的应力分布和端点受力（力矩）状况。按管道支吊架的功能，支吊架可分为3大类10小类（表15-34）；从对管道应力的作用考虑可分为支架或支吊架、限位架、导向架、固定支架和减振或隔振支架；按支吊架的力学性能可分为刚性支架、弹性支架和恒力支架。

表15-34 管道支吊架分类表

大 类		小 类	
名称	用途	名称	用途
承重性支架	承受管道重量（包括管道自重、保温层重量和介质重量等）	刚性支架	无垂直位移的场合
		可调刚性支架	无垂直位移，但真求安装误差严格的场合
限制性支架	用于限制、控制和拘束管道在任一方向的变形	可变弹簧架	有少量垂直位移的场合
		圆力弹簧支架	垂直位移较大或要求支吊架的荷载变化不能太大的场合
减振支架	用于限制或缓和往复式机泵进出口管道和由地震、风吹、水击、安全阀排出反力等引起的管道振动	固定架	固定点处不允许有线位移和角位移的场合
		限位架	限制管道任一方向线位移的场合
		轴向限位架	限制点处需要限制管道轴由线位移的场合
		导向架	允许管道有轴向位移，不允许有横向位移的场合
		一般减振架	需要减震的场合
		弹簧减振架	需要弹簧减震的场合

（三）管道的热补偿

管道设计热补偿的目的是保证管道在使用条件下具有足够的柔性，防止管道因热胀冷缩、端点附加位移、管道支承设置不当等原因造成：①管道应力过大引起金属疲劳和（或）管道推力过大造成支架破坏；②管道连接处产生泄漏；③管道推力或力矩过大，使与其连接的设备产生过大的应力或变形，影响设备正常运行。

在国内外直埋式预制高温保温管道应用中，为克服因温差（使用温度和安装温度之差）造成的热力管道胀缩和位移变化，设计上多采用 5 种方式进行补偿：①管道（管件）的预热（预拉伸）：通常在直径小于 500mm 的管道中采用，但不广泛；②自然补偿：设计柔性管件如弯头、L 型或 Z 型弯管进行热补偿，这是采用较多的方式之一；③一次性补偿：设一次性补偿器，在安装试运行后焊死，此法国内外都有采用；④设补偿器：随介质温度变化，管道胀缩，补偿器对应缩伸，吸收应力和位移进行热补偿；⑤选用弹性支吊架。

管道的补偿设计包括：①管道热应力、强度的设计和计算；②补偿单元的设计和选择（包括自然补偿件或补偿器、弹簧支吊架）；③保温结构的综合分析和设计；④安全运行寿命，特别是长期震动下的疲劳寿命问题。

（四）管道的保温

根据不同的施工方法及使用不同的保温材料，保温结构可分为以下几种。

1. 胶泥结构　就是涂抹保温方法。常用的胶泥材料包括硅藻土石棉粉、碳酸镁石棉粉、碳酸钙石棉粉、重质石棉粉等。涂抹式胶泥保温结构见图 15－34。

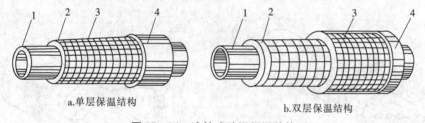

a.单层保温结构　　　　　　　　b.双层保温结构

图 15－34　涂抹式胶泥保温结构
1. 管道；2. 胶泥保温层；3. 镀锌铁丝网；4. 保护层

2. 预制品结构　预制品的保温结构是国内外使用最广泛的一种结构。预制品可根据管径大小在预制加工厂中预制成半圆形管壳、弧形瓦或梯形瓦等。一般 $DN \leqslant 80mm$ 时，采用半圆形管壳，若 $DN \geqslant 100mm$，则采用弧形或梯形瓦，预制品保温结构所用的保温材料主要有泡沫混凝土、石棉、硅藻土、矿渣棉、玻璃棉、膨胀珍珠岩、膨胀蛭石、硅酸钙等。预制品保温结构见图 15－35。

3. 填充结构　是用钢筋或扁钢做个支承环，套在管道上，在支承环外面包上镀锌铁丝网，在中间填充散状保温材料。填充式保温结构见图 15－36。

4. 包扎结构　是利用各种制品毡或布如矿渣棉毡、玻璃棉毡、超细玻璃棉毡、牛羊毛毡以及石棉布等，一层或几层包扎在管道上。包扎式保温结构见图 15－37。

5. 缠绕结构　就是将保温材料如稻草绳、石棉绳等，直接缠绕在管道上。

6. 浇灌结构　浇灌式保温结构主要用于地下无沟敷设。地下无沟敷设是一种很经济的敷设方式。浇灌式保温结构主要是浇灌泡沫混凝土。泡沫混凝土既是保温材料，又是支承结构。因是整体结构，上面的土壤压力为泡沫混凝土所承受。管道和泡沫混凝土之间存在一定间隙，这间隙是在管道安装后，在外表面上涂抹一层重油或沥青，受热之后，重油或沥青挥发所造成的。这样可使管道在泡沫混凝土中自由膨胀与收缩。

各种保温材料的性能具体见表 15 – 35。

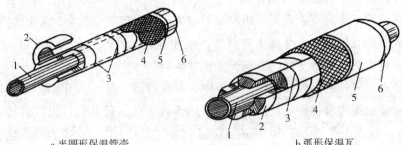

a.半圆形保温管壳　　　　　　　b.弧形保温瓦

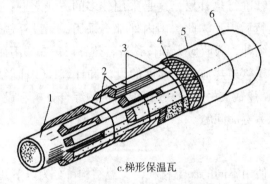

c.梯形保温瓦

图 15 – 35　预制品保温结构

1. 管道；2. 保温层；3. 镀锌铁丝；4. 镀锌铁丝网；5. 保护层；6. 油漆

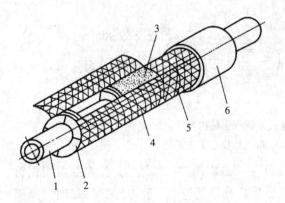　　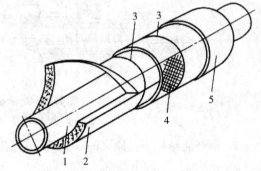

图 15 – 36　填充式保温结构　　　　**图 15 – 37　包扎式保温结构**

1. 管道；2. 支撑环；3. 保温材料；　　　1. 管道；2. 保温毡或布；3. 镀锌铁丝；

4. 镀锌铁丝网；5. 镀锌铁丝网；6. 保护层　　4. 镀锌铁丝网；5. 保护层

表 15 – 35　各种保温材料的性能

类别	品种		导热系数 [kcal/(h·m·℃)]	容重 (kg/m²)	抗压强度 (kg/cm)	最高使 用温度（℃）	备注
膨 胀 珍 珠 岩 类	膨 胀 珍 珠 岩 类	特级	0.0363 + 0.00019t	40 ~ 80		~ 800	容重较小，导热系数低，耐腐蚀，货源丰富， 但吸水性很大
		一级		81 ~ 120		~ 800	
		二级		121 ~ 160		~ 800	
		三级		161 ~ 300		~ 800	
	水泥珍珠岩制品		0.045 + 0.00012t	300 ~ 400	> 3	≤600	导热系数偏大，制品的破碎率很高，可达 50%以上，容重也较高
	水玻璃珍珠岩制品		0.052 + 0.00012t	200 ~ 300	6 ~ 10	≤650	性能同水玻璃珍珠岩制品

续表

类别	品种	导热系数 [kcal/(h·m·℃)]	容重 (kg·m²)	抗压强度 (kg·cm²)	最高使 用温度(℃)	备注
膨胀蛭石类	膨胀蛭石粉	0.04~0.06	80~280		<1000	适用于高温, 强度大, 价格低, 但耐酸性差, 吸水性大
	水泥膨胀蛭石制品	0.0803+0.000215t	430~500	>2.5	<600	同膨胀蛭石粉
	水玻璃膨胀蛭石制品	0.0803+0.000215t	430~480	3.5~6.5	<900	同膨胀蛭石粉
玻璃棉类	酚醛玻璃棉管壳	0.037+0.00015t	120~150		<300	容重轻, 导热系数小, 耐酸抗蚀性好, 吸湿率小, 有弹性, 化学稳定性好, 无毒耐震。价格低, 劳动条件差。适用于管路保温, 来源丰富
	沥青玻璃棉毡	0.037+0.00015t	80~120		<250	
	有碱超细棉原棉	0.028+0.0002t	18~35		<300	容重特轻, 施工方便, 是一较为理想的保温材料, 但吸水性较大, 价格高
	无碱超细棉原棉	0.028+0.0002t	20		<300	同有碱超细棉原棉
矿渣棉类	矿渣棉原棉	0.043+0.00017t	100~150		≤800	容重轻, 导热系小, 耐高温, 不燃, 耐蚀, 化学稳定性好, 劳动条件差
	酚醛矿渣棉管壳	0.04~0.045	150~200		<300	是一种有发展前途的工业保温材料, 在国外已大量生产
岩棉类	岩石棉原棉	0.035~0.043	80~110		<800	保温性良好, 质轻, 防震, 耐腐蚀, 其余同矿渣棉
	水玻璃岩石棉管壳	≤0.1	300~450		<400	
泡沫塑料类	聚氨酯硬质泡沫塑料制品	0.2	40~60		-200~130	容重轻, 吸水性小, 导热系数低, 容易加工成形; 价格贵
	脲甲醛泡沫塑料	0.0119~0.026	13~20	0.25~0.5	-190~1500	容重特轻, 导热系数低, 吸水率为12%, 容易加工

保温层厚度的计算比较复杂。通常, 一般管路的保温层厚度由表15-36确定。

表15-36　一般管路保温层厚度的选择

保温材料的导热系数 [kcal/(h·m·℃)]	流体温度 (℃)	不同管路直径（mm）的保温层厚度（mm）				
		<50	60~100	125~200	225~300	325~400
0.075	100	40	50	60	70	70
0.08	200	50	60	70	80	80
0.09	300	60	70	80	90	90
0.10	400	70	80	90	100	100

四、管道布置图

管道布置设计是在施工图设计阶段中进行的。在管道布置设计中, 一般需绘制管道布置图、管道轴测图、管架图、管件图。

（一）管道布置图

管道布置图是表达车间（或装置）内管道及其管件、阀门、仪表控制点等空间位置的图样。因此, 管道布置图又叫管道安装图或简称配管图。这种图样实际上是在设备布置图上添加管路及其管件、阀门、仪表控制点等图形或者标记而构成的。因此, 它有着与设备布置图大致相同的内容和要求, 不过为了便于看清管线往往采用粗实线或中粗线把管线突出画出,而图样中的厂房建筑和设备的图形仅用细实线画出。

1. 管道布置图的内容

(1) 管道平面布置图　是管道安装施工图中应用最多、最关键的一种图样,通过对管道平面布置图的识读,可以了解和掌握如下内容:①整个厂房各层楼面或平台的平面布置及定位尺寸;②整个厂房或装置的机器设备的平面布置、定位尺寸及设备的编号和名称;③管线的平面布置、定位尺寸、编号、规格和介质流向箭头以及每根管子的坡度和坡向,有时还注出横管的标高等具体数据;④管配件、阀件及仪表控制点等的平面位置及定位尺寸;⑤管架或管墩的平面布置及定位尺寸。

(2) 管道立面图　管道布置在平面图上不能清楚表达的部位,可用剖面图来补充表示。通过对管道立面图的识读,可以了解如下内容:①整个厂房各层楼面或平台的垂直剖面及标高尺寸;②整个厂房或装置的机器设备的立面布置、标高尺寸及设备的编号和名称;③管线的立面布置、标高尺寸以及编号、规格、介质流向;④管件、阀件以及仪表控制点的立面布置和标高尺寸。管道布置图实例见图 15 - 38 和图 15 - 39。

(3) 管道布置图应表达的内容　管道布置图应包括以下内容。

1) 一组视图　画出一组平、立面剖视图,表达整个车间(装置)的设备、建筑物以及管道、管件、阀、仪表控制点等的布置安装情况。

2) 尺寸与标注　注出管道以及有关管件、阀、仪表控制点等的平面位置尺寸和标高,并标注建筑定位轴线编号、设备位号、管段序号、仪表控制点代号等。

3) 方位标　表示管道安装的方位基准。

4) 管口表　注写设备上各管口的有关数据。

5) 标题栏　注写图名、图号、设计阶段等。

(4) 分区索引图　当整个车间(装置)范围较大,管道布置比较复杂时,若装置或主项的管道布置图不能在一张图纸上完成,管道布置图需分区,并绘制分区索引图,以提供车间(装置)分区概况。也可以工段为单位分区绘制管道布置图,此时在图纸的右上方应画出分区简图,分区简图中用细斜线(或两交叉细线)表示该区所在位置,并注明各分区图号。若车间(装置)内管道比较简单,则分区简图可省略。

小区数不得超过 9 个。若超过 9 个,应将装置先分成总数不超过 9 个的大区,每个大区再分为不超过 9 个的小区。只有小区的分区按 1 区、2 区…9 区进行编号。大区与小区结合的分区,大区用一位数,如 1、2…9 编号;小区用两位数编号,其中大区号为十位数,小区号为个位数,如 11、12…19 或 21、22…29。

只有小区的分区索引图,分区界线用粗双点划线表示。大区与小区结合的,大区分界线用粗双点划线,小区分界线以中粗双点划线表示。分区号应写在分区界限的右下角矩形框内。

管道布置图应以小区为基本单位绘制。区域分界线用粗双点划线表示,在线的外侧标注分界线的代号、坐标和与其相邻部分的图号。分界线的代号采用:B. L(装置边界)、M. L(接续线)、COD(接续图)。

2. 管道布置图的视图

(1) 图幅与比例　管道布置图图幅一般采用 A0,比较简单的也可采用 A1 或 A2,同区的图应采用同一种图幅,图幅不宜加长或加宽。作图常用比例为 1:30,也可采用1:25 或1:50。但同区的或各分层的平面图应采用同一比例。

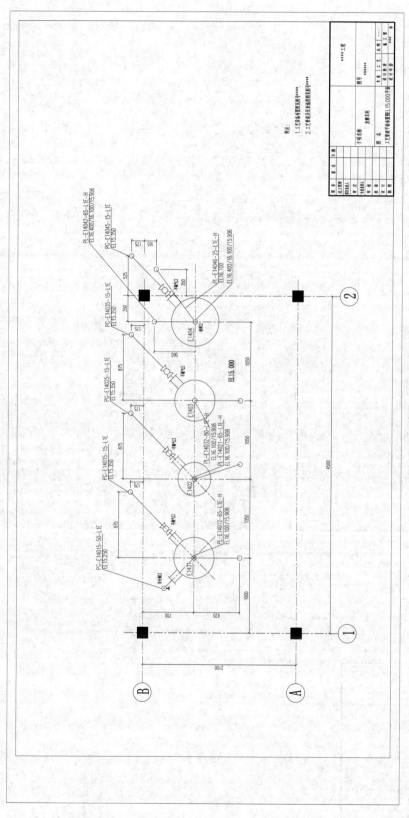

图15—38 管道平面布置图

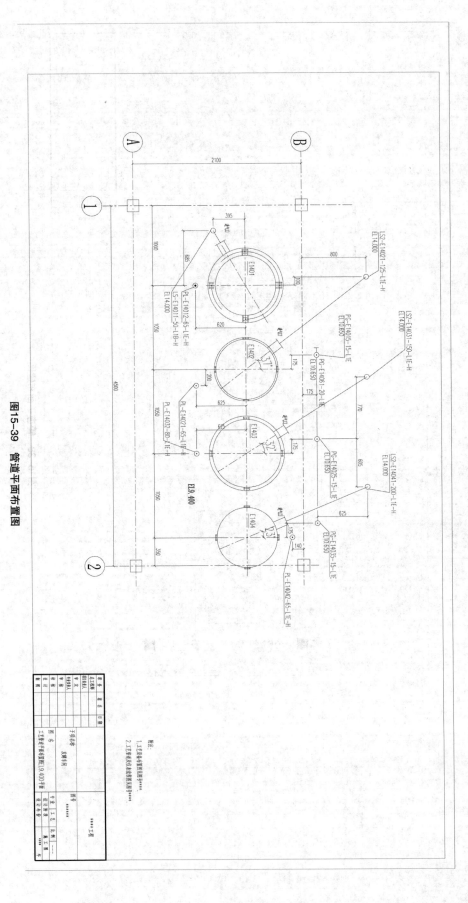

图15-39 管道平面布置图

（2）视图的配置 管道布置图中需表达的内容较多，通常采用平面图、剖视图、向视图、局部放大图等一组视图来表达。

管道平面图布置图是管道图的主图，其配置一般应与设备布置图相同，对多层建（构）筑物按层次绘制。各层管道布置平面图是将楼板（或层顶）以下的建（构）筑物、设备、管道等全部画出。当某层的管道上、下重叠过多，布置较复杂时，可再分上、下两层分别绘制。

管道布置在平面图上不能清楚表达的部分，常采用局部立面剖视图或向视图补充表示。管道布置图中各图形的下方均需注写"±0.00""A—A剖视"等字样。

（3）视图的表示方法

1）建（构）筑物以细实线绘制。

2）设备用细实线按比例画出设备的简略外形和基础、支架。对于泵、鼓风机等定型设备可以只画出设备基础和电机位置。但对设备上有接管的管口和备用管口，必须全部画出。

3）管道是管道布置图的主要内容，管道在图中采用粗实线绘制，当 $DN \geq 400mm$ 或 16in 时，管道画成双线表示，如图中大口径管道不多时，则 $DN \geq 250mm$ 或 10in 的管道用双线表示，绘成双线时，用中实线绘制。

当几套设备的管道布置完全相同时，允许只绘一套设备的管道，其余用方框表示，但在总管上应绘出每套支管的接头位置。

管道的连接形式，如图 15-40a 所示，通常无特殊必要，图中不必表示管道连接形式，只需在有关资料中加以说明即可，若管道只画其中一段时，则应在管道中断处画上断裂符号，如图 15-40b 所示。

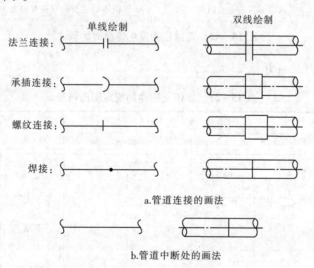

图 15-40 管道连接及中断的画法

管道转折的表示方法如图 15-41 所示。

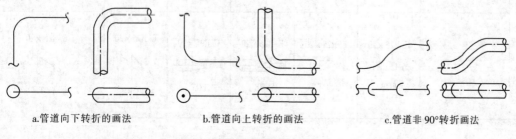

图 15-41 管道转折的画法

管道交叉画法如图 15 –42 所示。

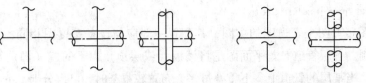

a.管道交叉投影重合画法之一   b.管道交叉投影重合画法之二

图 15 –42　管道交叉的画法

当管道投影发生重叠时，则将可见管道的投影断裂表示，不可见管道的投影画至重影处稍留间隙并断开，如图 15 –43a 所示。当多根管道的投影重叠时，可采用图 15 –43b 的表示方法，图中单线绘制的最上一条管道画以"双重断裂"符号。也可如图 15 –43c 所示在管道投影断开处分别注上 a，a 和 b，b 等小写字母以便辨认。当管道转折后投影发生重叠时，则下面的管道画至重影处稍留间隙断开表示，如图 15 –43d。

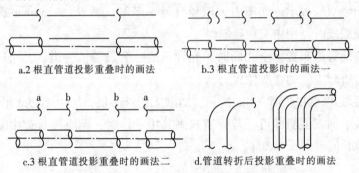

a.2 根直管道投影重叠时的画法   b.3 根直管道投影时的画法一

c.3 根直管道投影重叠时的画法二   d.管道转折后投影重叠时的画法

图 15 –43　管道投影发生重叠时的画法

其他规定画法可参阅表 15 –37。

表 15 –37　管道及附件的规定图形符号

名　称		管道布置图				轴测图	
		单　线		双　线			
阀芯异径管	螺纹或承插焊	E. R25 ×20 FOB	E. R25 ×20 FOT			E. R25 ×20 FOB	E. R25 ×20 FOT
	对焊	E. R25 ×20 FOB	E. R25 ×20 FOT	E. R25 ×20 FOB	E. R25 ×20 FOT	E. R25 ×20 FOB	E. R25 ×20 FOT
	法兰式	E. R25 ×20 FOB	E. R25 ×20 FOT	E. R25 ×20 FOB	E. R25 ×20 FOT	E. R25 ×20 FOB	E. R25 ×20 FOT

续表

名 称		管 道 布 置 图		轴 测 图
		单 线	双 线	
90°弯头	螺纹或承插焊			
	对焊			
	法兰式			
45°弯头	螺纹或承插焊			
	对焊			
	法兰式			
U型弯头	法兰式			
三通	螺纹或承插焊			
	对焊			
	法兰式			

续表

名 称	管 道 布 置 图		轴 测 图
	单 线	双 线	
视 镜			
波纹膨胀节			
爆破片			
阻火器			
对焊式限流孔板	RO	RO	
对夹式限流孔板	RO	RO	
8字盲板			正常通过 正常截止
闸 阀			
截止阀			
球 阀			
角 阀			
弹簧式安全阀			
疏水阀			

4）管件、阀门、仪表控制点　管道上的管件（如弯头、三通异径管、法兰、盲板等）、阀门通常在管道布置图中用简单的图形和符号以细实线画出。

管道上的仪表控制点用细实线按规定符号画出。一般画在能清晰表达其安装位置的视图上，其规定符号与工艺流程图中的画法相同。

5）管道支架　是用来支承和固定管道的，其位置一般在管道布置图的平面图中用符号表示，如图15-44所示。

402

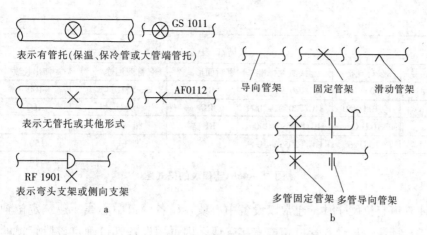

图 15 - 44 管道布置中管道支架的图示方法

目前表示的方法不完全一样，可按图 15 - 44b 所示，按固定与非固定管道支架分别用不同的符号表示。对非标准管道支架应另行提供管道支架图，管道支架配置比较复杂时，也可单独绘制管道支架布置图。

3. 管道布置图的标注 管道布置图上应标注尺寸、位号、代号、编号等内容。

（1）建（构）筑物 在图中应注出建筑物定位轴线的编号和各定位轴线的间距尺寸及地面、楼面、平台面、梁顶面及吊车等的标高，标注方式均与设备布置图相同。

（2）设备和管口表

1）设备 是管道布置的主要定位基准，设备在图中要标注位号，注在设备图形近侧或设备图形内。也可注在设备中心线上方，而在设备中心线下方标注主轴中心线的标高（ϕ + ×.××）或支承点的标高（POS + ×.××）。

在图中还应注出设备的定位尺寸，并用 5mm × 5mm 的方块标注与设备图一致的管口符号，以及由设备中心至管口端面距离的管口定位尺寸，如图 15 - 45 所示，如若填写在管口表上，则图中可不标注。

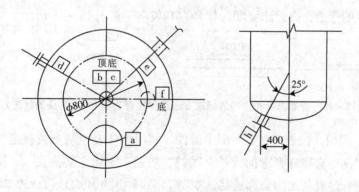

图 15 - 45 设备管口方位标注示例

2）管口表 在管道布置图的右上角，表中填写该管道布置图中的设备管口。管口表的格式如图 15 - 46 所示。

（3）管道 在管道布置图中应注出所有管道的定位尺寸、标高及管段编号。

管道布置图以平面图为主，标注所有管道的定位尺寸及安装标高。如绘制立面剖视图，则管道所有的安装标高应在立面剖视图上表示。与设备布置图相同，图中标高的坐标以米（m）为单位，小数点后取二位数；其余尺寸如定位尺寸以毫米（mm）为单位，只注数字，不注单位。

管口表					
代号	公称规格	连接法兰标准	密封面形式	名称或用途	伸出长度
a	PN10 DN65	HG/T20592–2009	RF	物料进口	100
b	PN10 DN50	HG/T20592–2009	RF	物料进口	100
c	PN10 DN65	HG/T20592–2009	RF	排气口	100
d	PN10 DN65	HG/T20592–2009	RF	排气口	150

图 15 – 46　管口表的格式图

　　在标注管道定位尺寸时，通常以设备中心线、设备管口中心线、建筑定位轴线、墙面等为基准进行标注。与设备管口相连直接管段，因可用设备管口确定该段管道的位置，故不需要再标注定位尺寸。

　　管道安装标高以室内地面标高 0.000m 或 EL100.000m 为基准。管道按管底外表面标注安装高度，其标注形式为"BOP EL××.××"，如按管中心线标注安装高度则为"EL××.××"。标高通常注在平面图管线的下方或右方，如图 15 – 47a 所示，管线的上方或左方则标注与工艺管道仪表流程图一致的管段编号，写不下时可用指引线引至图纸空白处标注，也可将几条管线一起引出标注，此时管道与相应标注都要用数字分别进行编号，如图 15 – 47b 所示。

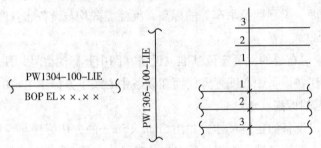

图 15 – 47　管道高度的标注方法

　　对于有坡度的管道，应标注坡度（代号）和坡向，如图 15 – 48 所示。

图 15 – 48　管道坡度和坡向的标注方法及异径管及非 90°角弯头的标注方法

　　（4）管件、阀门、仪表控制点　图中管件、阀门、仪表控制点按规定符号画出后，一般不再标注，对某些有特殊要求的管件、阀门、法兰，应标注某些尺寸、型号或说明，如异径管的下方应标注其两端的公称通径，如图 15 – 48 中的 50/25（DN50/25）。非 90°的弯头和非 90°的支管连接应标出其角度，图 15 – 48 所示的 135°角，对补偿器有时也注出中心线位置尺寸及预拉量。

　　（5）管架　所有管架在平面图中应标注管架编号，管架编号由 5 个部分组成；如图 15 – 49 所示。

　　4. 管道的表示方法　管道图中的管件、阀件和管道的标高及走向可采用表 15 – 38 所示的方法。

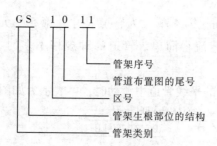

图 15 - 49　管架编号的组成

表 15 - 38　管道的表示方法

管道类型	平　面　图	立　面　图
上下不重合的平行管线	EL+2.40 EL+2.20	EL+2.40 EL+2.20
上下重合的平行管线	EL+2.40 EL+2.20	EL+2.40 EL+2.20
弯头向上（法兰连接）		
弯头向下（法兰连接）		
二通向上（丝扣连接）		
二通向下（丝扣连接）		

（1）管道的标注方法　管道标注为 4 个部分，即管道号（管段号，由 3 个单元组成）、管径、管道等级和隔热或隔声，总称为管道组合号。管道号和管径为一组，用一短横线隔开；管道等级和隔热为另一级，用一短横线隔开，两组间留有适当的空隙，如图 15 - 50 所示。一般标注在管道的上方。

$$\underset{\substack{第\\1\\单\\元}}{PG}\ \underset{\substack{第\\2\\单\\元}}{13}\ \underset{\substack{第\\3\\单\\元}}{10}-\underset{\substack{第\\4\\单\\元}}{300}\ \underset{\substack{第\\5\\单\\元}}{LIE}-\underset{\substack{第\\6\\单\\元}}{H}$$

图 15 - 50　管道的标注方法

第 1 单元为物料代号；第 2 单元为主项编号，按工程规定的主项编号填写，采用两位数字，从 01 开始至 99 为止；第 3 单元为管道顺序号，相同类别的物料在同一主项内以流向先后为序，顺序编号，采用两位数字，从 01 开始，至 99 为止。以上 3 个

405

制药设备与车间设计

单元组成管道号（管段号）。第4单元为管道尺寸，第5单元为管道等级；第6单元为隔热或隔声代号。对于工艺流程简单、管道品种规格不多时，则管道组合号中的第5、6两单元可省略。

物料在两条投影相重合的平线管道中流动时，可表示为如图15-51所示。

图15-51 两条管道投影相重合时的表示方法

管道平面图上两条以上管道相重时，可表示为如图15-52所示。

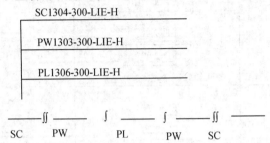

图15-52 两条以上管道投影相重合时的表示方法

（2）主要物料代号　主要物料代号见表15-39。

表15-39 物料代号表示方法

物料	代号	物料	代号	物料	代号
工艺空气	PA	原水、新鲜水	RW	循环冷却水回水	CWR
工艺气体	PG	软水	SW	循环冷却水上水	CWS
气液两相流工艺物料	PGL	生产废水	WW	脱盐水	DNW
气固两相流工艺物料	PGS	冷冻盐水回水	RWR	饮用水、生活用水	DW
工艺液体	PL	冷冻盐水上水	RWS	消防水	FW
液固两相流工艺物料	PLS	排液、导淋	DR	燃料气	FG
工艺固体	PS	惰性气体	IG	气氨	AG
工艺水	PW	低压蒸汽	LS	液氨	AL
空气	AR	低压过热蒸汽	LUS	氟利昂气体	FRG
压缩空气	CA	中压蒸汽	MS	氟利昂液体	FRL
仪表空气	IA	中压过热蒸汽	MUS	蒸馏水	DI
高压蒸汽	HS	蒸汽冷凝水	SC	蒸馏水回水	DIR
高压过热蒸汽	HUS	伴热蒸汽	TS	真空排放气	VE
热水回水	HWR	锅炉给水	BW	真空	VAC
热水上水	HWS	化学污水	CSW	空气	VT

406

（3）管道顺序号 管道顺序号的编制，以从前一主要设备来而进入本设备的管子为第一号，其次按流程图进入本设备的前后顺序编制。编制原则是先进后出，先物料管线后公用管线，本设备上的最后一根工艺出料管线应作为下一设备的第一号管线。

（4）管径的表示 管道尺寸一般标注公称直径，以毫米（mm）为单位，只注数字，不注单位。黑管、镀锌钢管、焊接钢管用英寸表示，如 $2'$、$1'$，前面不加 ϕ；其他管材亦可用 ϕ 外径×壁厚表示，如 $\phi 57 \times 3.5$。

（5）管道等级 管道等级号由下列 3 个单元组成，见图 15 – 53。

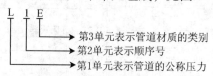

> 第3单元表示管道材质的类别
> 第2单元表示顺序号
> 第1单元表示管道的公称压力

图 15 – 53 管道等级的组成

压力等级代号和管材代号见表 15 – 40 和表 15 – 41。

表 15 – 40 用于国内标准的压力等级代号

压力等级（MPa）	代号	压力等级（MPa）	代号	压力等级（MPa）	代号
1.0	L	6.4	Q	22.0	U
1.6	M	10.0	R	25.0	V
2.5	N	16.0	S	32.0	W
4.0	P	20.0	T		

表 15 – 41 管道的材质代号

代号	材质	代号	材质
A	铸铁	E	不锈钢
B	碳钢	F	有色金属
C	普通低合金钢	G	非金属
D	合金钢	H	衬里及内防腐

（6）管子及其连接的一般代号 管子及其连接的一般代号规定如图 15 – 54 所示。

> ①裸管 ④承插连接
> ②保温管 ⑤螺纹连接
> ③法兰连接 ⑥焊接连接

图 15 – 54 管子连接代号

（7）管件、阀件及常用仪表 管件、阀件及常用仪表的表示方法见表 15 – 42。

表 15 –42　管件、阀件及常用仪表的表示方法

序号	名　称	代号	图　例	序号	名　称	代号	图　例
1	闸阀	Z_w		18	中间盲板		
2	截止阀	J_c		19	孔板		
3	节流阀	L_c		20	大小头		
4	隔膜阀	G_c		21	阻火器		
5	球阀	Q_c		22	视盅		
6	旋塞	X_c		23	视镜		
7	止回阀	H_c		24	转子流量计		
8	蝶阀	D_c		25	玻璃温度计		
9	疏水器	S		26	水表		
10	安全阀(弹簧式)(杠杆式)	A_c		27	肘管（正视）（上弯）（下弯）		
11	消火栓			28	三通（正视）（上通）（下通）		
12	一般管线 $DG \leq 100$ $DG > 100$			29	固体物料线		
13	蒸汽伴管保温管线			30	绝热材料保温线管		
14	蒸汽夹套保温管线			31	气动式隔膜调节阀		
15	软管			32	压力表		ⓟ
16	减压阀	Ye		33	温度计		ⓣ
17	管端盲板						

（二）管段图

　　管段图是表达一个设备至另一个设备（或另一管段）间的一段管线及其所附管件、阀件、仪表控制点等具体配置情况的立体图样。图面上往往只画整个管线系统中的一路管线上的某一段，并用轴测图的形式来表示，使施工人员在密集的管线中能清晰完整地看到每一路管线的具体定向和安装尺寸。这样便于材料分析和制作安装，如图 15 –55 示。图 15 –56 是油泵管路系统 L_4、L_5 管线的管段图。油泵管路系统的管路平面和立面布置图见图 15 –57。

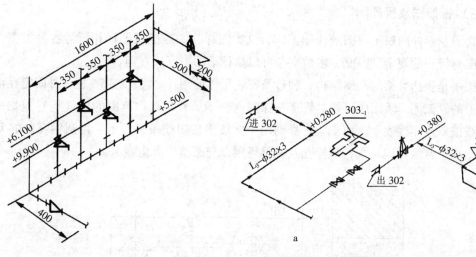

图 15-55　油泵管路系统部分管线的管段图

图 15-56　油泵管路系统 L_4、L_5 管线的管段图

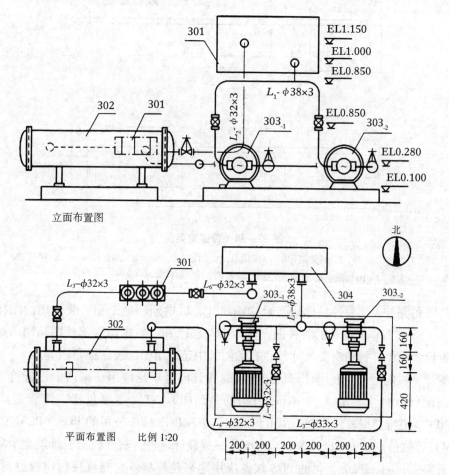

立面布置图

平面布置图　比例 1:20

图 15-57　油泵管路平面和立面布置图

　　设计单位管道图的出图方式基本经历了以下几个阶段：①20 世纪 90 年代以前一直是平面图加立面图；②20 世纪 90 年代后随着和日本公司交流的加强，出图方式逐渐转变为平面图加详图；③在 20 世纪 90 年代后期，随着设计单位总承包项目的增多，出图方式逐渐转变为平面图加管段图。与以往的详图相比，管段图汇料准确，减少了施工单位现场绘制管段图的工作量。便于现场安排施工和材料管理，越来越受到建设和施工单位的青睐。

（三）管架图及管件图

管架图及管件图属工程图的详图范畴，这类图样与一般机械图样相近。各种类型的管道支架图有统一的规定，因此，多数支架可以从标准图中直接查到。

管架图是表达管架的具体结构、制造及安装尺寸的图样。图15-58是一种固定在混凝土柱头上的管架图。从图中可知，管道、保温材料不属管架制作范围的建（构）筑物一般用细实线或双点划线表示，而支架本身则用中实线等较粗线条来显示。用圆钢弯制的U形管卡在图样中常简化成单线，螺栓孔及螺母等则以交叉粗线简化表示。

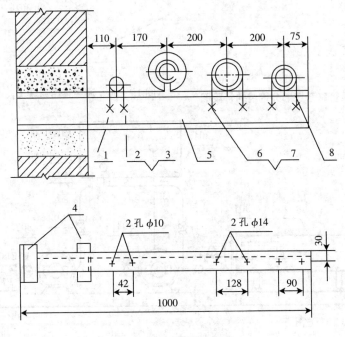

图15-58 管道支架图

1. U形螺形 ϕ8；2. 斜垫圈 ϕ8；3. 螺母M；4. 角钢 L40×40×4.5，l=120mm；5. 槽钢120 ×53×5.5，l=1000mm；6. 螺母M12；7. 斜垫圈 ϕ12；8. U形螺母 ϕ12

管件图是完整表达管件具体构造及详细尺寸，以供预制加工和安装之用的图样。如图15-59是一个衬胶钢三通管的管件图。其内容与画法和一般机械零部件图相同。图样除了按正投影原理绘制并标清有关尺寸外，有的图纸中还写出明细表、标题栏等。

随着计算机的普及，利用计算机进行配管设计已经广泛应用于国内的设计院。目前计算机辅助配管软件主要有美国Rebis公司的AUTOPLANT（主要包括二维管道绘制软件DRAWPIPE、三维模型软件DESIGNER）、美国INTERGRAPH公司的PDS（PLANT DESIGN SYSTEM）等软件。其中DESIGNER、PDS是三维设计软件，软件根据三维模型生成各种材料表。近年来，Intergraph公司的PDS软件应用越来越广泛。它能直接制作管道三维模型，自动生成平面图，自动抽取管段图，自动生成材料表等，成为今后管道设计的发展趋势。但是由于三维设计软件价格较贵，目前仅在一些大设计院应用。各个设计院大部分情况下还是使用AUTOCAD和DRAWPIPE等一些其他软件配合使用进行工程设计。

目前国内软件公司联合设计院也开发了很多配管软件包。例如，PDA微机三维配管工程设计软件包由上海化工设计院于1995年自行开发，它是在AUTOCAD支撑软件上开发的。该软件包是按我国目前采用的工程设计规范和标准进行开发的，它具有较为齐全的管道数据库和生成管道等级表的功能；参数化、智能化和信息化的P&ID功能；高效建立三维设备和管道

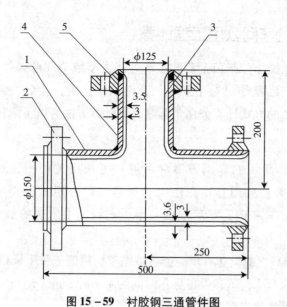

图 15 – 59 衬胶钢三通管件图

1. 短管 $DN150$，$l = 240mm$；2. 平焊法兰 $DN150PN6$；3. 衬里（橡胶）；

4. 短管 $DN125$ $l = 180mm$；5. 平焊法兰 $DN125PN6$

模型的功能；管道之间碰撞检查和管道模型校核功能；自动生成管段轴测图、材料表和综合材料表的功能；半自动生成管道平（立）面布置图功能；还具有高效生成布置用的建筑轮廓图和钢结构三维实体模型的功能；以及可对管道进行两相流流型分析与压降计算的功能。软件能满足工艺及配管工程设计需要，既适用于原有设计体制，又适用于国际通用设计体制，便于实现与国际工程公司接轨。此外，中国科学院计算技术研究所出资成立的中科辅龙公司开发了 PDSOFT（Plant Design Software），即三维工厂设计软件，它包括了三维工厂设计中所涉及的主要专业设计软件，如 PDSOFT 3DPiping（三维配管设计及管理系统软件）、PDSOFT P&ID（工艺流程图设计软件）、PDSOFT Laoyout（工厂总平面图设计软件）等，用于生产工厂安装设计施工图及竣工图，包括 ISO 图（管线空视图）、PLAN（平、立剖面图）、BOM（综合材料表、工艺管段表、保温材料表等）、管道预制管段图及材料表、工厂模型效果图（渲染图、消隐图）等。

第八节 车间公用工程的计算

车间公用工程包括蒸汽、循环水、冷冻水、生产水（一次水）、压缩空气、压缩氮气和导热油等。在本书第十三章中已经介绍了单台设备公用工程消耗的计算方法，车间总的公用工程消耗量要根据设备数量、生产组织方式等进行计算，得出合理的结果，制药项目的公用工程计算方法有以下 3 种。

一、连续操作的车间公用工程计算

连续操作的各设备公用工程耗量为一个稳定值，不随时间变化而变化，如采用连续精馏的溶媒回收车间、发酵车间等。这种情况下，车间总的公用工程耗量为各个设备耗量之和。

二、间歇操作的车间公用工程计算

间歇操作也叫分批操作，制药企业的生产方式大多数为间歇操作，如反应釜、结晶釜等都属于间歇操作。间歇操作时对于某一种公用工程介质，各个设备不一定是同时使用，因此不能采用简单求和的方式计算公用工程量，其计算方法有以下两种。

（一）甘特图法

如果有了车间生产组织的详细方案和数据，可采用甘特图法对车间的公用工程耗量进行较为准确的计算。采用甘特图法时，对某一种公用工程介质将各个设备的用量按照时间顺序填写到 Excel 中，然后求取一个生产周期中出现的最大值，该值即为车间的最大耗量。

[**例**] 某车间使用蒸汽的设备有反应釜、浓缩釜、精馏釜和干燥机，蒸汽的使用量分别为 3t/h、2t/h、4t/h 和 1t/h，每台设备操作时间为 4 小时，进、出料等准备时间 4 小时，每台生产 3 个批次，试计算该车间水蒸气的最大耗量。

该车间使用蒸汽设备的排班情况见表 15–43，生产排班表。

表 15–43　生产排班表

生产批次	设备名称	蒸汽用量（t/h）							
	操作时间顺序	0~4点	4~8点	8~12点	12~16点	16~20点	20~24点	0~4点	4~8点
第一批	反应釜	3							
	浓缩釜		2						
	精馏釜			4					
	双锥干燥机				1				
第二批	反应釜			3					
	浓缩釜				2				
	精馏釜					4			
	双锥干燥机						1		
第三批	反应釜					3			
	浓缩釜						2		
	精馏釜							4	
	双锥干燥机								1
合计		3	2	7	3	7	3	4	1

表中列出了 3 个生产批次的排班情况，由表中数据可见，第一批次反应釜从 0 点开始工作，第 3 批反应结束的时间为 20 点，再加上 4 小时的准备时间，总的操作时长为 24 小时；第一批次双锥干燥机从 12 点开始工作，第 3 批干燥结束的时间为次日的 8 点，再加上 4 小时的准备时间，总的操作时长也为 24 小时。表中的最后一行列出了整个操作周期内各时段的蒸汽用量，由表中可见蒸汽的最大耗量为 7t/h，小于各设备耗汽量的总和 10t/h。

（二）估算法

在没有详细的生产组织排班数据的情况下，可采用估算法估算车间的公用工程消耗量。下面用估算法对上例中车间的蒸汽耗量进行计算（表 15–44）。

表 15 - 44　公用工程的估算表

设备名称	蒸汽用量（t/h）	日生产批次	每批使用时间（h）	天用量（t）
反应釜	3	3	4	36
浓缩釜	2	3	4	24
精馏釜	4	3	4	48
双锥干燥机	1	3	4	12
合计	10			120
天用量/24	5			
估算值	7.5			

表 15 - 43 列出了各个使用蒸汽的设备以及各设备的蒸汽用量、日生产批次、每批的使用时间，以及蒸汽的天用量。表中计算出各台设备的蒸汽用量合计为 10t/h，此数据是考虑各台设备同时使用蒸汽，是理论上的最大值；天用量/24 得出的数值为 5t/h，是理论上的最小值。实际的蒸汽用量应该在上述两个数值中间，估算值取最大值和最小值的平均值即 7.5t/h。应该注意的是，如果平均值小于其中某台设备的蒸汽用量，应该选择该设备的用量作为估算值。

需要指出的是，间歇操作的车间公用工程消耗量并不存在一个固定值，消耗量随着排班组织情况的变化而改变。车间使用某一公用工程介质的设备越多、岗位越多，估算值越接近甘特图法的计算值。

三、同时有间歇操作和连续操作的车间公用工程计算

有些车间既有间歇操作的岗位又有连续操作的岗位，在这种情况下，应将间歇操作的岗位和连续操作的岗位严格分开，利用前述的方法分别计算出间歇操作部分公用工程的耗量和连续操作部分公用工程的耗量，然后将两部分相加即为车间总的公用工程耗量。

思考题

1. 按照《建筑设计防火规范》，生产的火灾危险性分为哪几类？其中甲、乙、丙类液体的闪点范围分别是多少？

2. 根据《建筑设计防火规范》的要求，耐火等级为一级的甲、乙、丙类多层厂房的安全疏散距离分别为多少米？

3. 发酵车间各层层高确定的原则是什么？

4. 《药品生产质量管理规范》将洁净厂房的洁净级别划分为哪几种？每种洁净级别对应的 $\geq 0.5\mu m$ 的静态悬浮粒子最大允许数/m^3 分别为多少？

5. 合成车间的生产特点有哪些？

6. 简述管道设计的任务与内容。

7. 简述管道设计中常用的管子和管道连接方式。

8. 简述阀门的选用步骤。

9. 简述制药生产过程中常用的阀门及其特点。

10. 简述管道布置中常见的技术问题。

11. 简述车间布置和管道布置的尺寸标注以及应该注意的问题。

第十六章　非工艺设计项目

第一节　建筑设计概论

一、工业厂房结构分类与基本组件

工业建筑是指用以从事工业生产的各种房屋，一般称为厂房。

（一）厂房的结构组成

在厂房建筑中，支承各种荷载的构件所组成的骨架，通常称为结构，它关系到整个厂房的坚固、耐久和安全。

各种结构形式的建筑物都是由地基、基础、墙、柱、梁、楼板、屋盖、隔墙、楼梯、门窗等组成的。

1. **地基**　是建筑物的地下土壤部分，它支承建筑物（包括一切设备和材料等重量）的全部重量。

（1）地基的承载力　地基必须具有足够的强度（承载力）和稳定性，才能保证建筑物正常使用和耐久性。若土壤具有足够的强度和稳定性，可直接砌置建筑物，这种地基称为天然地基。反之，须经人工加固后的土壤称为人工地基。人工加固土壤的方法大致有换土法、化学加固、桩基（钢、钢筋混凝土桩）法、水泥灌浆法等。

（2）土壤的冻胀　气温在0℃以下，土壤中的水分在一定深度范围内就会冻结，这个深度叫作土壤的冻结深度。由于水的冻胀和浓缩作用，会使建筑物的各个部分产生不均匀的拱起和沉降，使建筑物遭受破坏。所以在大多数情况下，应将基础埋置在最大冻结深度以下。在砂土、碎石土及岩石土中，基础砌置深度可以不考虑土壤冻结深度。

（3）地下水位　从地面到地下水水面的深度称为地下水的深度。地下水对地基强度和土的冻胀都有影响，若水中含有酸、碱等侵蚀性物质，建筑物位于地下水中的部分要采取相应的防腐蚀措施。

2. **基础**　在建筑工程上，把建筑物与土壤直接接触的部分称为基础，基础承担着厂房结构的全部重量，并将其传到地基中去，起着承上传下的作用。为了防止土壤冻结膨胀对建筑的影响，基础底面应位于冻结深度以下10～20cm。

（1）条形基础　当建筑物上部结构为砖墙承重时，其基础沿墙身设置，做成长条形，称为条形基础。

（2）杯形基础　是在天然地基上浅埋（<2m）的预制钢筋混凝土柱下的单独基础，它是一般单层和多层工业厂房常用的基础形式。基础的上部做成杯口，以便预制钢筋混凝土柱子插入杯口固定。

（3）基础梁　当厂房用钢筋混凝土柱作承重骨架时，其外墙或内墙的基础一般用基础梁代替，墙的重量直接由基础梁来承担。基础梁两端搁置在杯口基础顶上，墙的重量则通过基础梁传到基础上。用基础梁代替一般条形基础，既经济又施工方便，且有利于敷设地下管线。

除此之外，还专门设置设备基础。基础的材料有砖、毛石、混凝土、毛石混凝土和钢筋混凝土。

3. 墙

（1）承重墙　是承受屋顶、楼板和设备等上部的载荷并传递给基础的墙。一般承重墙的厚度是 240mm（一砖厚）、370mm（一砖半厚）、490mm（二砖厚）等几种。墙的厚度主要满足强度要求和保温条件。

（2）填充墙　工业建筑的外墙多为此种墙体，它一般不起承重作用，只起围护、保温和隔音作用，它仅承受自重和风力的影响。为减轻重量常用空心砖或轻质混凝土等轻质材料作填充墙。为保证墙体稳定，防止由于受风力影响使墙体倾倒，墙与柱应该相连接。通常的做法是沿柱的高度方向每 10 匹砖（600mm）伸出 $\phi6$ 钢筋两根，砌墙时要把伸出钢筋砌在砖墙中。

（3）防爆墙和防火墙　易燃易爆生产部分应用防火墙或防爆墙与其他生产部分隔开。防爆墙或防火墙应有自己独立基础，常用 370mm 厚砖墙或 200mm 厚的钢筋混凝土墙。在防爆墙上不允许任意开设门、窗等孔洞。

4. 柱　是厂房的主要承重构件，目前应用最广的是预制钢筋混凝土柱。柱的截面形式有矩形、圆形、工字形等。矩形柱的截面尺寸为 400mm×600mm，工字形柱的截面尺寸为 400mm×600mm、400mm×800mm 等。

5. 梁　是建筑物中水平放置的受力构件，它除承担楼板和设备等载荷外，还起着联系各构件的作用，与柱、承重墙等组成建筑物的空间体系，以增加建筑物的刚度和整体性。梁有屋面梁、楼板梁、平台梁、过梁、联系梁、墙梁、基础梁和吊车梁等。梁的材料一般为钢筋混凝土。可现场浇制亦可工厂或现场预制，预制的钢筋混凝土梁强度大，节省材料。梁的常用截面为高大于宽的矩形或 T 形。

6. 屋顶　厂房屋顶起着围护和承重的双重作用。其承重构件是屋面大梁或屋架，它直接承接屋面荷载并承受安装在屋架上的顶棚，各种管道和工艺设备的重量。此外，它对保证厂房的空间刚度起着重要的作用。工业建筑常用预制的钢筋混凝土平顶，上铺防水层和隔热层，以防雨和隔热。

7. 楼板　就是沿高度将建筑物分成层次的水平间隔。楼板的承重结构由纵向和横向的梁和楼板组成。整体式楼板由现浇钢筋混凝土制，装配式楼板则由预制件装配。楼板应有强度、刚度、最小结构高度、耐火性、耐久性、隔音、隔热、防水及耐腐蚀等功能。

8. 建筑物的变形缝

（1）沉降缝　当建筑物上部荷载不均匀或地基强度不够时，建筑物会发生不均匀的沉降，以致在某些薄弱部位发生错动开裂。因此将建筑物划分成几个不同的段落，以允许各段落间存在沉降差。

（2）伸缩缝　建筑物因气温变化会产生变形，为使建筑物有伸缩余地而设置的缝叫伸缩缝。

（3）抗震缝　是避免建筑物的各部分在发生地震时互相碰撞而设置的缝。设计时可考虑与其他变形缝合并。

9. 门、窗和楼梯

（1）门　为了正确地组织人流、车间运输和设备的进出，保证车间的安全疏散，在设计中要预先合理地布置好门。门的数目和大小取决于建筑物的用途、使用上的要求、人的通过数量和出入货物的性质和尺寸、运输工具的类型以及安全疏散的要求等。

（2）窗　厂房的窗不仅要满足采光和通风的要求，还要根据生产工艺的特点，满足其他一些特殊要求。例如有爆炸危险的车间，窗应有利于泄压；要求恒温恒湿的车间，窗应有足够的保温隔热性能；洁净车间要求窗防尘和密闭等。窗按材料分有木窗、钢窗、铝合金窗、玻璃钢窗等。

（3）楼梯　是多层房屋中垂直方向的通道。按使用性质可分为主要楼梯、辅助楼梯和消防楼梯。多层厂房应设置二个楼梯。楼梯宽度一般不小于1.2 m，不大于2.2m，楼梯坡度一般采用30°左右，辅助楼梯可用45°。

（二）建筑物的结构

建筑物的结构有砖木结构、混合结构、钢筋混凝土结构和钢结构等。

1. 钢筋混凝土结构　根据使用上的要求，需要有较大的跨度和高度时，最常用的就是钢筋混凝土结构形式，一般跨度为12~24m。钢筋混凝土结构的优点是强度高，耐火性好，不必经常进行维护和修理，与钢结构比较可以节约钢材；缺点是自重大，施工比较复杂。制药工厂经常采用钢筋混凝土结构。

2. 钢结构　钢结构房屋的主要承重结构件如屋架、梁柱等都是用钢材制成的。优点是制作简单，施工快；缺点是金属用量多，造价高，并须经常进行维修保养。

3. 混合结构　一般是指用砖砌的承重墙，而屋架和楼盖则用钢筋混凝土制成的建筑物。这种结构造价比较经济，能节约钢材、水泥和木材，适用于一般没有很大荷载的车间，它是制药工厂经常采用的一种结构形式。

4. 砖木结构　是用砖砌的承重墙，而屋架和楼盖用木材制成的建筑物。这种结构消耗木材较多，对易燃易爆有腐蚀的车间不适合，目前在制药工厂已经很少采用。

（三）厂房的定位轴线

厂房定位轴线是划分厂房主要承重构件标志尺寸和确定其相互位置的基准线，也是厂房施工放线和设备定位的依据。在厂房中，为支承屋顶须设柱子。为确定柱子位置，在平面图中需标明柱号和定位轴线。

通常，平行于厂房长度方向的定位轴线称为纵向定位轴线，在厂房建筑平面图中由下向上顺次按Ⓐ、Ⓑ、Ⓒ等进行编号，厂房跨度就是由纵向定位轴线间的尺寸表示。垂直于厂房长度方向的定位轴线称为横向定位轴线，在厂房平面图中由左向右顺次按①②③等进行编号，厂房柱距就是由横向定位轴线间尺寸表示的（图16-1）。在纵横定位轴线相交处设置柱子，其在平面图上构成的网络称为柱网。柱网布置实际上是确定厂房的跨度和柱距。

当厂房跨度在18m或18m以下时，跨度应采用3m的倍数；在18m以上时，尽量采用6m的倍数。所以厂房常用跨度为6、12、15、18、24、30、36m。当工艺布置有明显优越性时，才可采用9、21、27、33m的跨度。以经济指标、材料消耗与施工条件等方面来衡量，厂房柱距应采用6m，必要时也可采用9m。6m柱距在目前采用比较广泛。

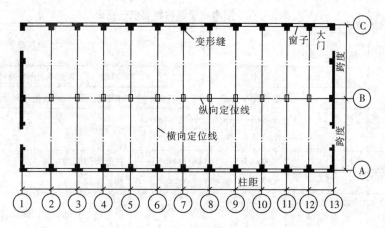

图 16 - 1　柱网示意图

单层厂房的特点是，适应性强，适于工艺过程为水平布置的安排，安装体积较大、较高的设备，它适用大跨度柱网及大空间的主体结构，具有较大的灵活性，适合洁净厂房的平面、空间布局，其结构较多层厂房简单，施工工期较短，便于扩建。常用结构形式有钢筋混凝土柱厂房和钢结构厂房，前者居多，一般柱距 6 ~ 12m，跨度 12 ~ 30m，但占地面积大，在土地有限的城市及开发区受到限制。

（四）洁净厂房的室内装修

1. 基本要求

（1）洁净厂房的主体应在温度变化和震动情况下，不易产生裂纹和缝隙。主体应使用发尘量少、不易黏附尘粒、隔热性能好、吸湿性小的材料。洁净厂房建筑的围护结构和室内装修也都应选气密性良好，且在温、湿度变化下变形小的材料。

（2）墙壁和顶棚表面应光洁、平整、不起尘、不落灰、耐腐蚀、耐冲击、易清洗。在洁净厂房的装修选材上最好选用彩钢板吊顶，墙壁选用仿瓷釉油漆。墙与墙、地面、顶棚相接处应有一定弧度，宜做成半径适宜的弧形。壁面色彩要和谐雅致，有美学意义，并便于识别污染物。

（3）地面应光滑、平整、无缝隙、耐磨、耐腐蚀、耐冲击，不积聚静电，易除尘清洗。

（4）技术夹层的墙面、顶棚应抹灰。需要在技术夹层内更换高效过滤器的，技术夹层的墙面及顶棚也应刷涂料饰面，以减少灰尘。

（5）送风道、回风道、回风地沟的表面装修应与整个送风、回风系统相适应，并易于除尘。

（6）洁净室最后采光需设窗时应设计成固定密封窗，并尽量少留窗扇，不留窗台，把窗台面积限制到最小限度。门窗要密封，与墙面保持平整。充分考虑对空气和水的密封，防止污染粒子从外部渗入。避免由于室内外温差而结露。门窗造型要简单，不易积尘，清扫方便。门框不得设门槛。

2. 洁净室内的装修材料和建筑构件

洁净室内的装修材料应能满足耐清洗、无孔隙裂缝、表面平整光滑、不得有颗粒物质脱落的要求。对选用的材料要考虑到该材料的使用寿命，施工简便与否，价格来源等因素。洁净室内装修材料基本要求见表16 - 1。

表16-1　洁净室装饰材料要求一览表

项目	使用部位			要求	材料举例
	吊顶	墙面	地面		
发尘性	√	√	√	材料本身发尘量少	金属板材、聚酯类表面装修材料、涂料
耐磨性		√	√	磨损量少	水磨石地面、半硬质塑料板
耐水性	√	√	√	受水浸不变形，不变质，可用水清洗	铝合金板材
耐腐蚀性	√	√	√	按不同介质选用对应材料	树脂类耐腐蚀材料
防霉性	√	√	√	不受温度、湿度变化而霉变	防霉涂料
防静电		√	√	电阻值低、不易带电，带电后可迅速衰减	防静电塑料贴面板，嵌金属丝水磨石
耐湿性	√	√		不易吸水变质，材料不易老化	涂料
光滑性	√	√	√	表面光滑，不易附着灰尘	涂料、金属、塑料贴面板
施工	√	√	√	加工、施工方便	
经济性	√	√	√	价格便宜	

（1）地面与地坪　地面必须采用整体性好、平整、不裂、不脆和易于清洗、耐磨、耐撞击、耐腐蚀的无孔材料，地面还应是气密的，以防潮湿和尽量减少尘埃的积累。

1）水泥砂浆地面　这类地面强度较高，耐磨，但易于起尘，可用于无洁净度要求的房间，如原料车间、动力车间、仓库等。

2）水磨石地面　这类地面整体性好，光滑、耐磨、不易起尘，易擦洗清洁，有一定的强度，耐冲击。这种地面要防止开裂和返潮，以免尘土、细菌积聚滋生。防止开裂可采取夯实回填土、加厚地坪、选用优质水泥，对大面积厂房可适当配钢筋（例如120mm厚200～400号混凝土，内配 $\phi12 \times 200$ 双向钢筋网片）等措施。防止返潮可采取加厚混凝土层和碎石层，湿度高的地区增加防水层，如一毡二油（油毛毡、沥青油）或用塑料布。有防腐要求的地面可采用聚酯砂浆整体地坪，由耐腐蚀的不饱和聚酯为黏合剂，以石英砂或重晶砂为填料混合而成，能耐酸碱，有良好的化学稳定性和耐腐性。有防静电要求的可在水磨石地面上镶嵌金属网格（如铜条）并可靠接地。但水磨石存在一个缺点，那就是有一定数量的分隔铜条存在缝隙。目前，水磨石的保养常用打蜡的办法，也可采用水磨石上涂一层密封剂，这种密封剂不宜涂厚，涂上后会被地面吸收即可，不要积聚，密封剂渗入水磨石的孔隙内后能防止起灰，并有一定的光洁度。在尚无特别理想的材料情况下，仍不失为一种好材料。常用于分装车间、针片剂车间、实验室、卫生间、更衣室、结晶工段等，它是洁净车间常用的地面材料。

3）塑料地面　这类地面光滑，略有弹性，不易起尘，易擦洗清洁，耐腐蚀。常用厚的硬质乙烯基塑料地面和PVC塑料地面，它适用于设备荷重轻的岗位，这种饰面材有块状和卷状，采用专用黏接剂黏贴，卷状的比块状的接缝少，接缝采用同质材焊接，也可用黏接剂黏接。缺点是易产生静电，因易老化，不能长期用紫外灯灭菌，可用于会客室、更衣室、包装间、化验室等。由于塑料地板与混凝土基层的伸缩性能不同，故用大面积车间时可能发生起壳现象。

4）耐酸磁板地面　这类地面用耐酸胶泥贴砌，能耐腐蚀，但质较脆，经不起冲击，破碎后降低耐腐蚀性能。这类地面可用于原料车间中有腐蚀介质的区段，也可在可能有腐蚀介质滴漏的范围局部使用。例如：将有腐蚀介质的设备集中布置，然后将这一部分地面用挡水线围起来，挡水线内部用这类材料铺贴地面。

5）玻璃钢地面 具有耐酸磁板地面的优点，且整体性较好。但由于材料的膨胀系数与混凝土基层不同，故也不宜大面积使用。

6）环氧树脂磨石子地面 它是在地面磨平后用环氧树脂（也可用丙烯酸酯、聚氯酯等）罩面，不仅具有水磨石地面的优点，而且比水磨石地面耐磨，强度高，磨损后还可及时修补，但耐磨性不高，宜用于空调机房、配电室、更衣室等。另一种是自流平面层工艺，一般为环氧树脂自流平，涂层厚为 2.5～3mm，它是由环氧树脂、填料、固化剂、颜料依次构成。

（2）墙面与墙体 墙面和地面、天花板一样，应选用表面光滑、光洁、不起尘、避免眩光、耐腐蚀，易于清洗的材料。

1）墙面

①抹灰刷白浆墙面：只能用于无洁净度要求的房间，因表面不平整，不能清洗，有颗粒性物质脱落。

②油漆涂料墙面：常用于有洁净要求的房间，它表面光滑，能清洗，且无颗粒性物质脱落。缺点是施工时若墙基层不干燥，涂上油漆后易起皮。普通房间可用调和漆，洁净度高的房间可用环氧漆，这种漆膜牢固性好，强度高，还有苯丙涂料和仿搪漆。乳胶漆不能用水洗，这种漆可涂于未干透的基层上，不仅透气，而且无颗粒性物质脱落，可用于包装间等无洁净度要求但又要求清洁的区域。喷塑漆成本高，且其挥发物对人体不利。有关各种涂料层的应用可见表 16 - 2。

③白瓷砖墙面：墙面光滑、易清洗，耐腐蚀，不必等基层干燥即可施工，但接缝较多，不易贴砌平整，不宜大面积用，用于洁净级别不高的场所。

④不锈钢板或铝合金材料墙面：耐腐蚀、耐火、无静电、光滑、易清洗，但价格高，用于垂直层流室。

⑤水磨石台面：为防止墙面被撞坏，故采用水磨石台面。由于垂直面上无法用机器磨，只能靠手工磨，施工麻烦不易磨光，故光滑度不够理想，优点是耐撞击。

表 16 - 2 各种涂料层应采用的涂料

涂层名称	应采用的涂料种类
耐酸涂层	聚氨酯、环氧树脂、过氯乙烯、乙烯、酚醛树脂、氯丁橡胶、氯化橡胶等涂料
耐碱涂层	过氯乙烯、乙烯、氯化橡胶、氯丁橡胶、环氧树脂、聚氨酯等涂料
耐油涂层	醇酸、氨基、硝基、缩丁醛、过氯乙烯、醇溶酚醛、环氧树脂等涂料
耐热涂层	醇酸、氨基、有机硅、丙烯酸等涂料
耐水涂层	氯化橡胶、氯丁橡胶、聚氨酯、过氯乙烯、乙烯、环氧树脂、酚醛、沥青、氨基、有机硅等涂料
防潮涂层	乙烯、过氯乙烯、氯化橡胶、氯丁橡胶、聚氯酯、沥青、酚醛树脂、有机硅、环氧树脂等涂料
耐溶剂涂层	聚氨酯、乙烯、环氧树脂等涂料
耐大气涂层	丙烯酸、有机硅、乙烯、天然树脂漆、油性漆、氨基、硝基、过氯乙烯等涂料
保色涂层	丙烯酸、有机硅、氨基、硝基、乙烯、醇酸树脂等涂料
保光涂层	醇酸、丙烯酸、有机硅、乙烯、硝基、乙酸丁酸纤维等涂料
绝缘涂层	油性绝缘漆、酚醛绝缘漆、醇酸绝缘漆、环氧绝缘漆、氨基漆、聚氨酯漆、有机硅漆、沥青绝缘漆等涂料

2）墙体

①砖墙：常用而较为理想的墙体。缺点是自重大，在隔间较多的车间中使用造成自重增加。

②加气砖块墙体：加气砖材料自重仅为硅的35%。缺点是面层施工要求严格，否则墙面粉刷层极易开裂，开裂后易吸潮长菌，故这种材料应避免用于潮湿的房间和要用水冲洗墙面的房间。

③轻质隔断：在薄壁钢骨架上用自攻螺丝固定石膏板或石棉板，外表再涂油漆或贴墙纸，这种隔断自重轻，对结构布置影响较少。常用的有轻钢龙骨泥面石膏板墙、轻钢龙骨爱特板墙、泰柏板墙及彩钢板墙体等，而彩钢板墙又有不同的夹芯材料及不同的构造体系。应该说，在药厂的洁净车间里，以彩钢板作为墙体已经成为目前的一种流行与时尚。目前要解决的问题是板面接缝的处理，即如何避免接缝处因伸缩而引起的面层开裂，常采用贴穿孔带等措施。

④玻璃隔断：用钢门窗的型材加工成大型门扇连续拼装，离地面90cm以上镶以大块玻璃，下部用薄钢板以防侧击。这种隔断也是自重较轻的一种，配以铝合金的型材也很美观实用。

⑤如果是全封闭厂房，其墙体可用空心砖及其他轻质砖，这既保温、隔音又可减轻建筑物的结构荷载。也有为了美观和采光选用空心玻璃（绿、蓝色）做大面积的玻璃幕墙。若靠外墙为车间的辅助功能室或生活设施，可采用大面积固定窗，为了其空间的换气，可置换气扇或安装空调，或在固定窗两边配可启的小型外开窗（应与固定窗外形尺寸相协调）。

（3）天棚及饰面　由于洁净环境要求，各种管道暗设，故设技术隔离（或称技术吊顶）天棚材料要选用硬质、无孔隙、不脱落、无裂缝的材料。天花板与墙面接缝处应用凹圆脚线板盖住。所用材料必须能耐热水、消毒剂，能经常冲洗。天棚分硬吊顶及软吊顶二大类。

1）硬吊顶　即用钢筋混凝土吊顶，这种形式最大优点是在技术夹层内安装、维修等方便，吊顶无变形开裂之变，天棚刷面材料施工后牢度也较高。但缺点是结构自重大；吊顶上开孔不宜过密，施工后工艺变动则原吊顶上开孔无法改变；夹层中结构高度大，因有上翻梁，为了满足大断面风管布置的要求，故夹层高度一般大于软吊顶。

2）软吊顶　又称为悬挂式吊顶。它按一定距离设置拉杆吊顶，结构自重大大减轻，拉杆最大距离可达2m，载荷完全满足安装要求，费用大幅度下降。为提高保温效果，可在中间夹保温材料。这种吊顶的主要形式有以下几种。

①型钢骨架－钢丝网抹灰吊顶：这种吊顶是介于硬吊顶与软吊顶之间的一种形式，此种吊顶强度高，构造处理得好可承载人，而管道安装（特别是风管）都要求在施工吊顶之前先行安装，以免损坏吊顶。但此种吊顶与施工质量极有关系，施工不好会出现许多收缩裂缝，施工时一定要留后筑带，同时，要分段施工，面积小于6m×6m，待砂浆层硬结后再补相邻两块的施工缝，这样可避免或减少砂浆的收缩裂缝。虽然这种吊顶用钢量较大，但能适应风口、灯具孔灵活布置要求，此种吊顶上要按计算另加保温层。

②轻钢龙骨纸面石膏板吊顶：此种吊顶用材较省，应用较广；缺点是检修管道麻烦。接缝处理可采用双层9mm板错缝布置，此种吊顶要加保温层。

③轻钢龙骨爱特板吊顶：其优缺点与墙体相同，接缝处理可采用双层6mm板错缝布置，此种吊顶上要加保温层。

④彩钢板吊顶：这种吊顶在小房间上可作为上人平顶，在大房间中若构造措施好也可上人，且吊顶上无需另加保温材料。

还有高强度塑料吊顶等，下面可用石膏板、石棉石膏板、塑料板、宝丽板、贴塑板封闭。

天棚饰面材料有无洁净度要求的房间可用石灰刷白；洁净度要求高的一般使用油漆，要求同墙面；对轻钢龙骨吊顶要解决板缝伸缩问题，可采用贴墙纸法，因墙纸有一定弹性，不易开裂。

（4）门窗设计

1）门　门在洁净车间设备中有两个主要功能：第一是作为人行通道，第二是作为材料运输通道，不管是用手或手推车运输少量材料，还是用码垛车运输大量材料。这两种操作功能对门都有不同要求。随着洁净级别的增加，为了减少污染负荷，限制移动是非常重要的需要。

员工进出的大门在低级别的车间中，用涂在木门和铁门上的标准漆来区分。这些门是表面上有塑料薄膜，棱上有硬木、金属或塑料薄膜的实心木门。洁净室对门有很高的要求，一般为不锈钢门和玻璃门。

洁净室用的门要求平整、光滑、易清洁、不变形。门要与墙面齐平，与自动启闭器紧密配合在一起。门两端的气塞采用电子连锁控制。门的主要形式如下。

①铝合金门：一般的铝合金门都不理想，使用时间长易变形，接缝多，门肚板处接灰点多，要特制的铝合金门才合适。

②钢板门：国外药厂使用较多，此种门强度高，这是一种较好的门，只是观察玻璃圆圈的积灰死角要做成斜面。

③不锈钢板门：同钢板门，但价格较高。

④中密度板观面贴塑门：此门较重，宜用不锈钢门框或钢板门框。

⑤彩钢板门：强度高，门轻，只是进出物料频繁的门表面极易刮坏漆膜。

无论何种门，在离门底100mm高处应装1.5mm不锈钢护板，以防推车刮伤。

2）窗　多年来，洁净车间处在密封状态不能见到自然光。尽管如此，很多重要的生产还是从使用广泛的玻璃窗中获益。

事实上，玻璃是一种非常适合洁净车间的材料。它坚硬、平滑、密实、易清洗的特性很符合洁净车间的设计标准。它能很好地镶嵌在原有的建筑框架中或是使用较厚的、叠片板来完成整个高度的区分。洁净室窗户必须是固定窗，形式有单层固定窗和双层固定窗，洁净室内的窗要求严密性好，并与室内墙齐平，窗尽量采用大玻璃窗，不仅为操作人员提供敞亮愉快的环境，也便于管理人员通过窗户观察操作情况，同时这样还可减少积灰点，又有利于清洁工作。洁净室内窗若为单层的，窗台应陡峭向下倾斜，内高外低，且外窗台应有不低于30°的角度向下倾斜，以便清洗和减少积尘，并避免向内渗水。双层窗（内抽真空）更适宜于洁净度高的房间，因二层玻璃各与墙面齐平，无积灰点。目前常用材料有铝合金窗和不锈钢窗。

3）门窗设计注意点　洁净级别不同的联系门要密闭，平整，造型简单。门向洁净级别高的方向开启。钢板门强度高、光滑、易清洁，但要求漆膜牢固能耐消毒剂擦洗。蜂窝贴塑门的表面平整光滑，易清洁，造型简单，且面材耐腐蚀。

洁净区要做到窗户密闭。空调区外墙上、空调区与非空调区之间隔墙上的窗要设双层窗，其中一层为固定窗。

无菌洁净区的门窗不宜用木制，因木材遇潮湿易生霉长菌。

凡车间内经常有手推车通过的钢门，应不设门槛。

传递窗的材料以不锈钢的材质较好，也有以砖、混凝土及底板为材料的，表面贴白瓷板，也有用预制水磨石板拼装的。

传递窗有两种开启形式：一为平开钢（铝合金）窗，二为玻璃推拉窗。前者密闭性好，易于清洁，但开启时要占一定的空间。后者密闭性较差；上下槛滑条易积污，尤其滑道内的滑轮组更不便清洁。但开启时不占空间，当双手拿东西时可用手指拨动。

应注意的是，充分利用洁净厂房的外壳和主体结构作为洁净室围护结构的支承物，把洁净室围护结构——顶棚、隔墙、门窗等配件和构造纳入整个结净厂房的内装修而实现装配化，简称内装修装配化。目前，应用最为普遍是以彩钢板作装配式的围护结构，利用铝合金型材作支承，密封材料采用黏结力好、便于仰缝和竖缝施工、不易流淌或下坠、耐寒、耐热、耐日照、不脆裂、不易老化的材料，如硅橡胶、聚氯酯弹性胶及玻璃胶等。围护结构和室内装修应着重考虑气密性良好及其保温性能，对于彩钢板的保温夹层的厚度，在无经验数据时，应通过计算。保温材料应是质轻，高效能、耐火、防腐性能好，尤其泡沫塑料类的保温材料应具有不吸湿、具有自熄性及使用过程或燃烧时不散发对人体有害的气体等。

为防止积尘，对造成不易清洗、消毒的死角，洁净室门、窗、墙壁、顶棚、地（楼）面的构造和施工缝隙，均应采取可靠的密闭措施。凡板面交界处，宜做圆弧过渡，尤其是与地面的交角，必须做密封处理，以免地面水渗入壁板的保温层，造成壁板内的腐蚀。

顶棚也称技术隔层，它承担风口布局（开孔）、照明灯具安装（一般为吸顶洁净灯）、电线敷设（大部分是照明线，也有少数敷设动力线管线）。技术隔层内还用于布设给排水、工艺管线（如物料、工艺用水、蒸汽、工艺用气——压缩净化气体、氯气、氧气、二氧化碳气、煤气等），免不了进行检修，故顶板的强度应比壁板高，其壁厚（即镀锌铁皮）应较墙板厚，若壁板用 0.42 ~ 0.45mm 厚，则顶棚宜用 0.78 ~ 1mm 为宜，由于顶板的开孔率高，面积又较大，开孔后，其强度降低。

二、土建设计条件

土建设计一般分为建筑设计与结构设计。

建筑设计主要是根据建筑标准对化工和制药厂的各类建筑物进行设计。建筑设计应将新建的建筑物的立面处理和内外装修的标准，与建设单位原有的环境进行协调。对墙体、门、窗、地坪、楼面和屋面等主要工程做法加以说明。对有防腐、防爆、防尘、高温、恒温、恒湿、有毒物和粉尘污染等特殊要求，在车间建筑结构上要有相应的处理措施。

结构设计主要包括地基处理方案，厂房的结构形式确定及主要结构构件如地基、柱、楼层梁等的设计，对地区性特殊问题（如地震等）的说明及在设计中采取的措施，以及对施工的特殊要求等。

1. 设计依据

（1）气象、地质、地震等自然条件资料

1）气象资料　对建于新区的工程项目，需列出完整的气象资料；对建于熟悉地区的一般工程项目，可选设计直接需用的气象资料。

2）地质资料　厂区地质土层分布的规律性和均匀性，地基土的工程性质及物理力学指标，软弱土的特性，具有湿陷性、液化可能性、盐渍性、胀缩性的土地的判定和评价。地下水的性质、埋深及变幅，在设计时应以地质勘探报告为依据。

3）地震资料　建厂地区历史上地震情况及特点，场地地震基本烈度及其划定依据，以及专门机关的指令性文件。

（2）地方材料　简要说明可供选用的当地大众建材以及特殊建材（如隔热、防水、耐腐蚀材料）的来源、生产能力、规格质量、供应情况和运输条件及单价等。

（3）施工安装条件　当地建筑施工、运输、吊装的能力，以及生产预制构件的类型、规格和质量情况。

（4）当地建筑结构标准图和技术规定。

2. 设计条件

（1）工艺流程简图　应将车间生产工艺过程加以简要说明。这里所说生产工艺过程是指从原料到成品的每一步操作要点、物料用量、反应特点和注意事项等。

（2）厂房布置及说明　利用工艺设备布置图，并加简要说明，如房屋的高度、层数、地面（或楼面）的材料、坡度及负荷，门窗位置及要求等。

（3）设备一览表　设备表应包括流程位号、设备名称、规格、重量（设备重量、操作物料荷重、保温、填料等）、装卸方法、支承型式等项。

（4）安全生产

1）防火等级　是根据生产工艺特性，按照防火标准确定防火等级。

2）卫生等级　是根据生产工艺特性，按照卫生标准确定其卫生等级。

3）根据生产工艺所产生的毒害程度和生产性质，考虑排除有害烟尘的净化措施。

4）提供有毒气体的最高允许浓度。

5）提供爆炸介质的爆炸范围。

6）特殊要求　如汞蒸气存在的毒害问题。

（5）楼面的承重情况。

（6）楼面、堵面的预留孔和预埋件的条件，地面的地沟，落地设备的基础条件。

（7）安装运输情况

1）工艺设备的安装采取何种方法（人工还是机械），大型设备进入房屋需要预先留下安装门，多层房屋需要安装孔，以便起吊设备至高层安装，每层楼面还应考虑安装负荷等。

2）运输机械采取何种形式（起重机、电动吊车还是吊钩等），起重量为多少，高度为多少，应用面积多大等。同时考虑设备维修或更换时对土建的要求。

（8）人员一览表　包括人员总数、最大班人数、男女工人比例等。

（9）其他

1）在土建专业设计基础上，工艺专业进一步进行管道布置设计，并将管道在厂房建筑上穿孔的预埋件及预留孔条件提交土建专业。

2）《药品生产质量管理规范》（GMP）的要求。包括总体布局、环境要求、厂房、工艺布局、室内装修、净化设施等。

第二节　公用系统

一、工艺用水及其制备

制药工业工艺用水分为饮用水、纯化水（即去离子水、蒸馏水）和注射用水。制药工艺用水质量标准见表16-3。

表16-3 制药工艺用水质量标准

序号	用　途	水质标准	水质类别	备　注
1	原料药配料用水		饮用水	
2	原料药精制用水	≥0.5MΩ·cm*	去离子水	
3	口服制剂用水	≥0.5MΩ·cm*	去离子水	包装容器最终清洗用水水质与制备用水水质相同
		符合《中国药典》	蒸馏水	
4	注射剂配料用水	符合《中国药典》	注射用水	
5	注射剂容器初洗		饮用水	
6	注射剂容器精洗	≥1MΩ·cm*	去离子水	包装容器最终清洗用水采用注射用水
		符合《中国药典》	蒸馏水	
		符合《中国药典》	注射用水	
7	滴眼剂配料用水	符合《中国药典》	注射用水	
8	滴眼剂容器初洗		饮用水	
9	滴眼剂容器精洗	≥1MΩ·cm*	去离子水	包装容器最终清洗用水采用注射用水
		符合《中国药典》	蒸馏水	
		符合《中国药典》	注射用水	
10	外用剂配料用水	符合《中国药典》	蒸馏水	
11	注射剂消毒后冷却用水	≥0.5MΩ·cm*	去离子水	

* 指25℃下的测定值。

（一）水的净化

通常工业用原水为自来水。它是用天然水在水厂经过凝聚沉淀和加氯处理得到的。但用工业标准衡量，其中仍含有不少的杂质，主要包括溶解的无机物和有机物、微细颗粒、胶体和微生物等。①电解质：各类可溶性无机物、有机物以离子状态在水中。因其具有导电性，可通过测量水的电导率反映这类电解质在水中的含量。理想的纯化水（不含杂质）在25℃下的电导率为18.2MΩ·cm（0.055μS/cm）。水的电导率随温度变化，温度越高，电导率越小；②溶解气体：水中的溶解气体包括CO_2、CO、H_2S、Cl_2、O_2、CH_4、N_2等，通常用气相/液相色谱测定其含量；③有机物：有机酸、有机金属化合物等在水中常以阴性或中性状态存在，分子量大，通常用总有机炭（TOC）和化学耗氧量（COD）反映这类物质在水中相对含量；④悬浮颗粒：泥沙、尘埃、微生物、胶化颗粒、有机物等，用颗粒计数器反映这类杂质在水中的含量；⑤微生物：包括细菌、浮游生物、藻类、病毒、热原等。其中，溶解的无机物是纯水处理的主要对象之一。

1. 饮用水　饮用水宜采用城市自来水管网提供的符合国家饮用标准的给水。若当地无符合国家饮用水标准的自来水供给，可采用水质较好的井水、河水为原水，保障供给的原水水质，采用沉淀、过滤、消毒灭菌等处理手段，自行制备符合国家饮用水标准的用水。需定期检测饮用水水质，不应因饮用水水质波动影响药品质量。

2. 纯化水　纯化水的制备是以饮用水作为原水，经逐级提纯水质，使之符合生产要求的过程。纯化水制备系统没有定型模式，要综合权衡多种因素，根据各种纯化手段的特点灵活组合应用。既要受原水性质、用水标准与用水量的制约，又要考虑制水效率的高低、能耗的大小、设备的繁简、管理维护的难易和产品的成本。采用离子交换法、反渗透法、超滤法等非热处理纯化水，称为去离子水。而采用特殊设计的蒸馏器，用蒸馏水制备的纯化水称为蒸馏水。它既符合饮用水的要求，又符合《中国药典》指标要求，菌落数小于100 CFU/ml。

纯化水不含任何附加剂，并应严格控制离子含量，目前制药工业的主要指标是电阻率和细菌、热原，通过控制纯化水电阻率的方法控制离子含量。纯化水的电阻率（25℃）应大于 $0.5M\Omega \cdot cm$。注射剂、滴眼剂容器冲洗用纯化水电阻率（25℃）大于 $1M\Omega \cdot cm$。图 16-2 为纯水制取的典型流程。

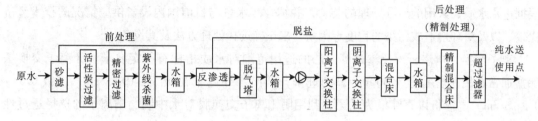

图 16-2　纯水制取流程图

纯化水具有极高的溶解性和不稳定性，极易受到其他物质的污染而降低纯度。为了保证纯水水质稳定，制成后应在系统内不断循环流动，即使暂时不用也仍要返回贮槽重新纯化和净化，再进行循环，不得停滞。制备纯化水设备应采用优质低碳不锈钢或其他经验证不污染水质的材料。并应定期检测纯水水质，定期清洗设备管道，更换膜材或再生离子活性。

3. 注射用水　注射用水是以纯化水作原水，经过特殊设计的蒸馏器蒸馏，冷凝冷却后经膜过滤制备而得的水。其应符合《中国药典》的要求（100ml 不得过 10 个菌落数）。目前一般采用的蒸馏器有多效蒸馏水机和气压式蒸馏水机等。过滤膜的孔径应为 $\leq 0.45\mu m$。注射用水接触的材料必须是优质低碳不锈钢（如 316L 不锈钢）或其他经验证不对水质产生污染的材料。注射用水水质应逐批检测，保证符合《中国药典》标准。注射用水制备装置应定期清洗、消毒灭菌，验证合格方可投入使用。

（二）制药生产用水的水质要求与处理技术、装备

生产工艺过程对水质的不同要求和各地原水水质的差异，要求对原水进行处理。工艺对水质的要求决定制水流程的繁简，而出水量（即生产用量）多少只取决于设备的大小，根据原水中存在杂质的不同，处理方法也不同，杂质颗粒大小与处理方法的关系见表 16-4。

表 16-4　杂质颗粒大小与处理方法选择

粒径/mm	10^{-7}　10^{-6}	10^{-5}	10^{-4}	10^{-3}	10^{-2}	10^{-1}　1　10
分类	溶解物	胶体		悬浮物		
常用处理方法	蒸馏、离子交换 电渗析、反渗透	超滤	精密过滤		自然沉淀过滤	
		混凝、澄清、过滤				

上述方法并非截然分开，如离子交换法，在水处理中主要用于除盐或软化，但通过树脂床层后，一些胶体和悬浮物含量也会有所降低。随着膜分离技术（如微过滤、超滤、反渗透）在水质处理中的应用，可获得高纯度的工业用水，以满足不同工业部门对水质的精度要求。

为达到所规定的水质要求，根据杂质颗粒大小与水处理方法的关系，原水水质所属类别，确定水处理方法和最为经济、合理的水处理流程和设备。

1. 水质预处理及水中溶解物处理 为保证后续处理装备的安全、稳定运行，必须把水中的悬浮物、胶体、微生物、有机物和游离性余氯除去。对于地表水，常采用混凝、澄清的方法使浊度降至10以下，然后用粗滤器、精滤器除去微粒，再通过吸附除去有机物、胶体、微生物、游离氯、臭味和色素。这些杂质常对离子交换、电渗析、反渗透产生不利影响。此外，水中溶解的盐、钙、镁离子及其化合物，需要采用除盐或软化等手段将其除去，以免影响药品质量。除盐软化应用最广泛的方法是离子交换法、电渗析法、超滤、反渗透法、蒸馏法等。现在广泛推广应用的制水关键技术是对环境污染程度低、节能效果好的反渗透技术。总之应根据进水水质、采用的后续处理的装置，并结合产水量与目前国内设备供应情况的技术经济比较，以及对环境造成污染的程度等因素，来正确选择处理方法及其设备。

离子交换、电渗析、反渗透等方法的适用范围对水质指标有一定要求。如离子交换法除盐通常适用于含盐量 <500mg/L 的进水，其出水导电率初级 1~10μS/cm，二级 0.1~0.2μS/cm。电渗析以直流电为动力，利用阴阳离子交换膜对水中阴、阳离子的选择透过性进行除盐的膜分离法，通常适用于含盐量 300~4000mg/L 的进水，不适合除盐 <10mg/L 的出水水质，作为高含盐量进水的预除盐工艺和离子交换联合使用。电渗析法还适用于对含盐量 3000~4000μg/L 以下水的淡化，但因出口淡水的含盐量不宜低于10~50mg/L，故不能用于深度除盐，因对解离度小的盐类和不解离的物质难以除去等因素而限制其应用范围。反渗透是除盐新技术，它以压力为推动力，克服反渗透膜两侧的渗透压差，使水通过反渗透膜，而达到水和盐类分离的除盐目的。此外，它还具有膜的筛分作用，不仅能除去水中的微粒，而且能除去极小的细菌、病毒和热原。各种除盐工艺对进水水质指标的要求见表16-5。

表16-5 各种除盐工艺对进水水质指标的要求

进水水质指标	除盐工艺				
	离子交换	电渗析	反渗透		
			卷式（醋酸纤维膜）	中空纤维式（芳香聚酰胺）	卷式FT-30复合膜
浊度	对流<2度 顺流<2度	1~3度	—	—	<0.5FTU
污染指数（FL SDD）	—	<10	4	<3	<5
水温		5~40℃	15~35℃	15~35℃	<45℃
pH	—	—	5~6	3~11	2~11
COD_{Mn}（以 O_2 计）	<3mg/L	<3mg/L	<1.5mg/L	<1.5mg/L	<1.5mg/L
游离氯（以 Cl_2 计）	<0.3mg/L	<0.3mg/L	0.2~1mg/L	<0.1mg/L	<0.1mg/L
含铁量（以 Fe 计）	<0.3mg/L	<0.3mg/L	<0.05mg/L	<0.05mg/L	<0.05mg/L
含锰量（以 Mn 计）	—	<0.1mg/L			

对于注射用水，水的用量相当大，如何正确地确定工艺用水的水质和用量，不仅涉及产品质量、工程投资及运行费用，亦影响到产品的成本。所以，制水工艺及其设备的选择十分重要。

2. 几种水质处理方法的比较

（1）原水的预处理 原水预处理的目的是去除原水中的悬浮物、胶体、微生物；去除原水中过高的浊度和硬度。主要方法是：物理方法——澄清、砂滤、活性炭；化学方法

——加药杀菌、络合等；电化学方法——电凝聚等。前处理步骤：初滤和多介质过滤器；凝聚或絮凝；脱盐；软化。使用最多的设备是多介质过滤器和活性炭过滤器。

对于地表水，当悬浮物含量 <50mg/L 时，采用接触凝聚过滤方法；悬浮物含量 >50mg/L 时，宜用混凝澄清后过滤。若后续工艺为电渗析或反渗透时，粗滤后以精滤作为保护性措施。当原水中有机物含量较高，又采用加氯凝聚，澄清过滤仍难以满足后续除盐工艺要求，宜采用活性炭过滤，良好的活性炭的比表面积一般在 $1000m^2/g$ 以上，细孔总容积可达 $0.6 \sim 1.8ml/g$，孔径 $10 \sim 105nm$。用于精滤的设备有各种材料烧结滤管过滤器，如滤芯用陶瓷、玻璃砂、合金、塑料（PE、PA 管）等的烧结管。此外，还有蜂房式过滤，它可除去液体中的悬浮物、微粒、铁锈等，精度 $0.8 \sim 100\mu m$，可承受较高压力；叠片式过滤要求进水浊度 <3 度过滤，流量 $40 \sim 120m^3/h$，过滤精度 $20 \sim 50\mu m$，工作压力 0.4MPa，因过滤面积大，故应用很广泛。精滤很适合作反渗透、超滤、微过滤的前处理，防止对后工序产生堵塞中毒等。从滤芯使用寿命看：金属 > 塑料 > 陶瓷，但价格也如此。由于金属烧结管易清洗，不易损伤，寿命长，故得到日益广泛的使用。

（2）除盐软化方法比较与设备选择

1）离子交换法 是应用历史最长、最普遍、最广泛的方法。其具有交换容量大，水流阻力小，机械强度高，化学稳定性好的优点，同时又具有可逆性的交换反应，便于再生，对各种不同离子吸附的选择来达到除盐、提纯的目的。按其交换特性，分强、弱酸性阳离子交换树脂和强、弱碱性阴离子交换树脂，它是利用离子交换的选择性，针对水中盐类阴、阳离子的存在，进行组合来发挥这四类树脂的交换功能。在除盐系统中，阴交换器一般都置于阳交换器之后，阳交换器出水中含有强或弱酸，OH^- 型强碱性阴树脂与其中所有阴离子进行交换。这四类树脂可以组成单床或复床，这应视进水的水质及对出水的质量要求而定。

离子交换法虽然设备投资较省，但占地面积大，运行费用高，使用大量酸、碱再生树脂，对环境造成严重的污染，对设备、厂房腐蚀较严重，在操作中存在劳动保护及安全问题。

2）反渗透法 制得的纯水可用于生产的精制、容器器具的洗涤、注射用容器的首洗涤用水及临床检查仪器的洗净用水。用反渗透法制备注射用水，完全能达到注射用水的标准。

反渗透是渗透的逆过程，是借助渗透压作为推动力，迫使溶液中溶剂组分通过适当的半透膜从而阻留某一溶质组分的过程。常用的半透膜有醋酸纤维素膜（又称 CA 膜）和聚酰胺膜等。反渗透装置主要有管式反渗透装置、板框式反渗透装置、螺旋卷式反渗透装置和中空纤维式反渗透装置。其中中空纤维式反渗透装置应用较广。

使用反渗透装置的脱盐率一般可稳定在 90% 以上，并除去 95% 以上的溶解有机物、98% 以上的微生物及胶体，因而使离子交换树脂的负荷减轻到 1/10，从而减少树脂再生的成本（即减少消耗药品费、人工费、废水处理费），使相应设备小型化；其次，它可以稳定水质，有效地去除细菌等有机微生物、有机物、铁、锰、硅等无机物，既减轻对树脂的污染，又可减轻过滤器负担，延长使用寿命，节省运行费用和投资费用；其三具有设备结构紧凑、占地面积小，单位体积产水量高，能量消耗少等优点。但由于反渗透膜的孔径只有 $\leqslant 10 \times 10^{-10}m$，所以操作压力较大。以单位体积产水量分：中空纤维式 > 卷式 > 板式 > 管式；中空纤维式与卷式具有设备费用低，结构紧凑，占地面积小，单位体积内膜堆面积大等优点，而共同缺点是预处理要求严，否则易堵塞、清洗难。而管式虽进水流动状态好，易清洗，易安装拆换，但单位体积内膜堆面积小，占地面积大；板框式目前用者较少，主要是设备费用高，尤其是老式设备贵，效率低，占地大，易极化，逐渐被淘汰。反渗透法和离子交换法制水工艺的比较见表 16-6。

表 16-6 反渗透法与离子交换法的比较

	二级反渗透法 [C_nC（Ⅱ）-1000 型]	全离子交换法 （C_n-A-1000 型）
终端出水量	1m³/h	1m³/h
总投资	20 万元	10 万元（两组，一开一备）
操作过程	全自动	手动
酸碱耗费	无	30% 盐酸 06.8t/a 40% 氢氧化钠，10.2t/a
电耗	6kW	3kW
占地面积	15m²	20m²
操作环境	好	差（酸碱污染，腐蚀严重）

现有反渗透-离子交换除盐系统，它可降低水源水质剧变所带来的影响，并减少再生频率，提高水处理装置运行的灵活性和可靠性。其组合方式当制备除盐水时，采用反渗透-复床或反渗透-混床除盐系统；若制备高纯水时，则采用反渗透-复床-混床系统。

反渗透法制备注射用水的工艺流程为原水→预处理→一级高压泵→第一级反渗透装置→离子交换树脂→二级高压泵→第二级反渗透装置—纯化水，见图 16-3。

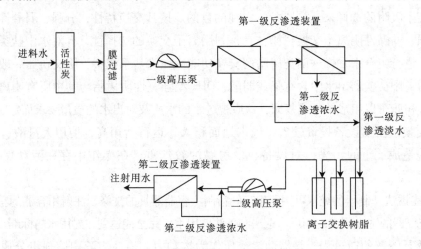

图 16-3 二级反渗透法制备注射用水工艺流程示意图

3）超滤与微滤制备纯水 超滤和微滤都是膜分离过程。超滤用多孔性半透膜为介质，依靠薄膜两侧的压力差作为推动力，以错流方式分离溶液中不同分子量的物质的过程。

超滤膜是超滤技术的关键，大多数超滤膜是非对称性的多孔膜，与料液接触的一面有一层极薄的亚微孔结构的表面，称为有效层，起着分离作用，其厚度仅占总厚度的几百分之一，其余部分则是孔径较大的多孔支撑层。超滤膜的孔径在 2~50nm，大于反渗透膜而小于微孔滤膜。最常用的超滤膜的分子量截留值在 10000~50000（孔径 3~7nm）。用于水的净化膜孔在 0.2~10nm，故能截留溶液中大分子溶质（分子量 1200~2000000），而让较小分子溶质（无机盐）通过。超滤膜对大分子的截留机制主要是筛分作用，决定截留效果的主要是膜的表面活性层上孔的大小与形状。制造超滤膜的材料有醋酸纤维素、聚丙烯腈、聚砜、聚酰胺、聚偏氟乙烯等，其中聚砜的耐热、耐酸碱性能最好。超滤过程是按错流过滤的方式进行，料液从中空纤维膜的中心通道通过，其中溶剂及小分子溶质向膜壁透出，使液中大分子浓度逐渐提高，过程中料液应保持一定压力，同时是流动状态使膜壁附近溶液浓度降低，加快透过速度，避免浓差极化现象。

　　微滤所用膜均为微孔膜，平均孔径 $0.02 \sim 10 \mu m$，能够截留直径 $0.05 \sim 10 \mu m$ 的微粒或分子量大于 10^6 的高分子，所用压差为 $0.01 \sim 0.2 MPa$。微孔对微粒的截留机制是筛分作用，决定膜的分离效果的是膜孔的大小与形状。常用的微滤膜材料有醋酸纤维素、聚酰胺、聚四氟乙烯、聚偏氟乙烯、聚氯乙烯等。微滤技术应用于截留微粒和细菌，属精密过滤，它是属孔径分布较均一的多孔结构的天然或合成的高分子材料，具有过滤精度高、孔隙率高、流速快、吸附少、无介质脱落等优点，但颗粒容量少，易堵塞。

　　超滤（UF）、微滤（MF）和反渗透（RO）都是以压差为推动力使溶剂（水）通过膜的分离过程，它们组成了可以分离溶液中的离子、分子到固体微粒的三级膜分离过程，它们所能分离的物质如图 16-4 所示。由图 16-4 可知料液中要求分离的物质不同，应该选用不同的方法。分离溶液中分子量低于 500 的糖、盐等低分子物质，应该采用反渗透。分离溶液中分子量大于 500 的大分子或极细的胶体粒子可以选超滤，分离溶液中的直径 $0.1 \sim 10 \mu m$ 的粒子应该选用微滤。需要指出反渗透、超滤和微滤的相互间的分界不很严格和明确。超滤膜的小孔径一端及反渗透膜相重叠，而大孔径一端则与微孔滤膜相重叠。反渗透、超滤和微滤的原理与操作性能见表 16-7。

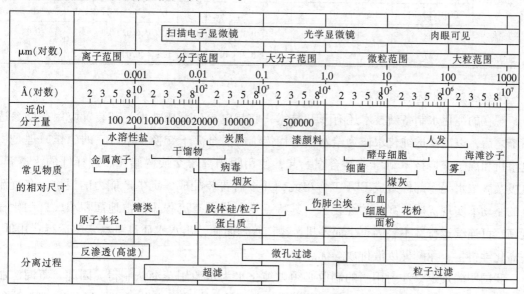

图 16-4　超滤、微滤和反渗透过滤范围

表 16-7　反渗透、超滤和微滤的比较

	反渗透	超滤	微滤
过程用膜	表层致密的非对称性膜，复合膜	非对称性膜，表层有微孔	微孔膜，核孔膜
操作压差(MPa)	$2 \sim 10$	$0.1 \sim 0.5$	$0.01 \sim 0.2$
分离的物质	分子量小于 500 的小分子物质	分子量大于 500 的大分子和小胶体微粒	粒径大于 $0.1 \mu m$ 的粒子
分离机制	非简单筛分，膜物化性能起主要作用	筛分，膜表面的物化性质对分离有一定影响	筛分，膜的物理结构起决定性作用
水的渗透通量	$0.1 \sim 2.5 m^3 \cdot m^{-2} \cdot d^{-1}$	$0.5 \sim 5 m^3/(m^2 \cdot d)$	$20 \sim 2000 m^3/(m^2 \cdot d)$

　　超滤技术的分离范围十分广泛，可从水中分离细菌、大肠埃希菌、热原、病毒、胶体

微粒、大分子有机物质等，其过程不发生相变，能耗低，属节能技术，广泛用于溶液的分离提纯，尤其是在常温下工作，能防止热敏性物质热分解而确保产品质量。由于超滤膜具有水通量大，运转周期长，能较好地除去水中的微粒、细菌等的良好特性，可用于超纯水的终端装置和混床的前级保护装置。如采用截留分子量为 2 万的聚砜中空纤维超滤膜，能除去自来水中 95% 以上的微粒，并除去热原（热原分子量 80～100 万），所制纯水用于安瓿的精洗。表16－8、表16－9 对超滤膜的作用及载留分子量与分子尺寸大小的对应关系进行比较。

表16－8　超滤前后水中微粒变化情况

超滤前进水（个/m）				超滤后出水（个/ml）				总除去率
总数	3μm	1μm	0.5μm	总数	3μm	1μm	0.5μm	（%）
434	15	112	307	22	2	1	19	94.9
431	19	71	341	20	1	2	17	95.4
423	10	79	334	18	0	1	17	95.7

表16－9　超滤终端处理前后水质分析比较

水样	水质指数											
	COD（μg/L）	细菌（个/ml）	Na	K	Ca	Mg	Cu	Fe	Mn	Zn	Al	Ba
超滤前	0.68	>1000	30	—	0.3	0.1	0.06	0.4	<0.02	0.3	4.3	0.03
超滤后	0.42	2	8	—	0.2	0.08	0.04	0.3	<0.02	0.06	0.5	0.02

膜分离新技术还有电渗析等。

现在的纯化水制备新技术还有 EDI 技术，它是电再生混床技术，其装置应用在反渗透系统之后，以反渗透纯化水作为给水，取代传统的混合离子交换技术。它的工作原理是将电渗析和离子交换技术科学地结合在一起，使用阴阳离子交换树脂床、选择性的渗透膜、电极及淡浓水隔室部件组成 EDI 工作单元，并按需要装配成一定生产能力的模块，在直流电的驱动下实现优质、高效的纯化水。其特点是工艺具有流程短，占地面积小，自动化程度高，可连续运行，不会因再生而停机，操作管理简便，出水水质高且稳定，运行费用低，不需化学再生，无酸碱废液排放等优点。

我国明确规定，注射用水的制取必须以纯化水为水源用蒸馏法制得。因此，蒸馏法制备注射用水是我国医药企业普遍采用的方法。典型纯化水系统流程图见图16－5，典型注射水系统流程图见图16－6。

（3）注射用水工艺技术及装备　注射用水实际上是无热源的蒸馏水。蒸馏法至今仍是制备注射用水的优良方法，它能有效地除去水中大于 1mm 的所有不挥发性物质和大部分 0.09～1mm 的水溶性无机盐。而常水中绝大多数杂质是不挥发的有机物和无机物，包括悬浮体、胶体、细菌、病毒、热源。去除热源是本法最大的优点，但不能完全除去挥发性（如氨）的杂质。

1）注射用水生产装备

①塔式蒸馏水器：它是过去最常用的注射用水生产设备，主要包括蒸发锅、隔沫装置和冷凝器 3 部分组成。利用来自锅炉的蒸汽加热，使用时首先从易挥发气体溢出口加入蒸馏水，加热蒸发锅内的蒸馏水，使之汽化，经隔沫装置进入冷凝器被冷凝成蒸馏水。此时，

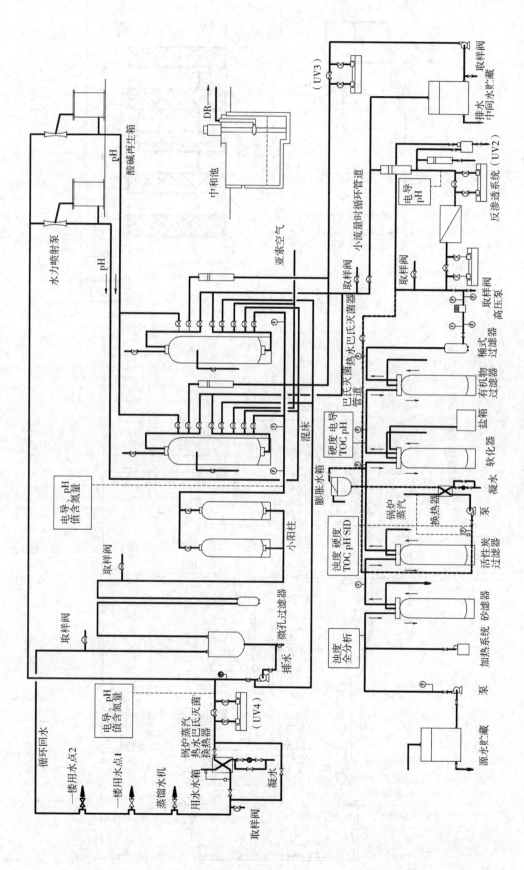

图16-5 典型纯化系统流程图
UV-紫外线灭菌器；P-压力计

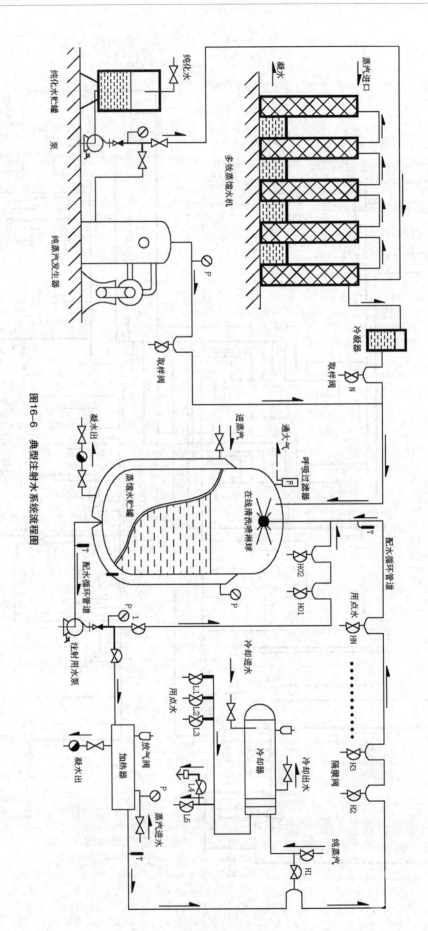

图16-6　典型注射水系统流程图

二氧化碳等易挥发废气随部分水蒸气由易挥发气排出器上的小孔排出，而部分蒸汽被冷凝成蒸馏水流入蒸发锅内，补充蒸馏锅内的水量。塔式蒸馏水器的缺点是：结构不合理，热效率低，能耗高和产生大量的冷却水，且常出现 pH 和氨、氯离子、重金属不合格现象，这种装置现已被淘汰。

②ZC-1 型蒸馏水器：它是塔式蒸馏水器的改进型产品。其冷凝器由立式改为卧式，并倾斜一定角度，提高热交换率，防止锅垢沉积。同时增加一个除氨器，直接接在蒸发器侧面，由蒸发锅蛇形管出来的水汽，通过一个专设的冷凝器液化成蒸馏水后，从除氨器侧面上部流到除氨器内。经阳离子交换树脂除氨，再从除氨器下部经管道流回蒸发锅内，补充蒸发锅内的蒸馏水。附设有蒸馏水贮罐、空气过滤除菌装置等，使蒸馏水从制备到贮存都是在密闭无菌条件下进行。

③热压式蒸馏水器：它是利用压缩气体能增加其温度的物理现象，将饮用水或软化水经热交换器、除雾器等装置，在热交换器和蒸发冷却器内循环进行热交换，只需补充少量的辅助热量就能维持系统内的热量平衡。该机主要优点是充分利用热交换和回收热能，约有90%的能量返回系统内。整个生产过程不需要冷却水和蒸汽锅炉，进水质量要求低，产量大，能达到无菌、无热源要求。缺点是耗电量大，运转噪声大，占地面积也相对较大，使用寿命较短。

④多效蒸馏水机：近年来，蒸馏水机有很大进步，主要体现在结构上改进，材料上革新，操作上自动化，性能上提高。如多效蒸馏水机系由单效蒸发器的串联，使各效产生蒸汽及相变时吸收或放出的能量充分利用，达到纯化和节能之目的，多效出水温度高达95℃以上，符合注射用水80℃以上保温贮存的要求。现将几种类型的蒸馏水机的有关技术参数作一比较，见表16-10。

表16-10 各种类蒸馏水器技术参数、耗能指标、成本对比

项 目	单 位	单塔式	多效（四）式	气压式
进水电阻率	$\Omega \cdot cm$	$(20 \sim 30) \times 10^5$	7.2×10^5	7.1×10^5
出水电阻率	$\Omega \cdot cm$	$(20 \sim 50) \times 10^5$	7.1×10^5	7.1×10^5
进纯水量	m^3/m^3蒸馏水	1.2	1.15	1.15 ~ 1.2
蒸汽量	kg/m^3蒸馏水	1100	340	20
冷却水量	m^3/m^3蒸馏水	18	0.88	—
动力电	kW/m^3蒸馏水	—	3	27.5
成本	元/m^3蒸汽	56.4	21.54	13.7
成本对比		4.2	1.57	—
价格	万元	$1.2 \times 5^*$	16 ~ 23	31.5

*每台能力为200kg，生产能力1t，则需5台。

2）四级截留制备注射用水

①原水的预处理-过滤器除杂质——一级截留：水源不同，污染情况和所含杂质也不同，其预处理方法也随之改变。如天然水、悬浮物较多的湖水、河水，可用砂滤、碳滤除去不溶性杂质，对水中的有机物、无机物、微生物等可加入适当的凝集剂、软化剂、氧化剂、杀菌剂等处理，常用的有碱式氧化铝、硫酸铝、明矾、高锰酸钾、漂白粉、过氧化氢等。

②电渗析法-离子迁移——二级截留：电渗析是在外电场的作用下，利用阴、阳离子

交换器对溶液中阴、阳离子的选择透过性，即阳离子膜只允许阳离子通过而排斥阴离子，反之亦然，这种方法是使物质分离、浓缩、纯化、回收或复分解的一种物理化学过程。在电渗析器中，交替排列阴、阳离子交换膜，并在这些膜组的两端配置一对阴、阳电极，整个装置隔成若干室。如在各隔室内通过原水，并在两电极上加上直流电压时，水中的阴（如 Cl^-）、阳（Na^+）离子分别向阳、阴极迁移，但由于离子交换膜的选择透过性致使一部分隔室电解离子只能出不能进，结果电解质浓度降低，成为淡化室；而另一部分隔室电解质离子能进不能出，结果电解质浓度提高，成为浓缩室。如此不断通入原水，不断从淡化室得到去离子水，这就是电渗析法制备去离子水的基本原理。电渗析器由离子交换膜、隔板、电极、极框等主要部件和整流器、水泵、过滤器、流量计及仪表等辅助部件组成。离子交换膜是电渗析器的关键部分，它是具有连续的离子交换基团的薄片，含有基本骨架和活性基团两部分，目前所使用的主要是具有磺酸基团的阳离子交换膜和具有季铵基团的阴离子交换膜。

③离子交换－化学复分解（吸附与解吸）——三级截留：树脂具有除热原作用，苯乙烯强碱性阴离子交换树脂有较强的吸附热原作用。离子交换生产工艺的主要构成为：树脂床的组合；树脂的老化与再生；树脂再生液的配制；单树脂的再生方法，混合床的再生方法；树脂的毒化与处理。

④热运动－脱气与蒸馏——四级截留：以三效蒸发蒸馏水器为例，它是由三节并流连结的蒸发器和冷凝器组成，经树脂等处理过的料水，首先进入冷凝器内经热交换预热以后约三等分地经过球阀送入各节蒸发器。蒸发器是一种列管式自然回流循环蒸发装置。外来蒸汽从底部进入第一蒸发器，进入的料水在此受蒸汽加热蒸发成蒸汽，蒸汽进入第二节蒸发器并在此冷凝放出热量，将进入这一节的料水在 120℃蒸发成蒸汽，蒸汽又进入第三节蒸发器，在第三节蒸发器内以 110℃重复前面的过程，最后产生的蒸汽进入冷凝器，经冷却后得到质量较高的蒸馏水。在各节蒸发器上部装有一层柱面环填料以防蒸发的气体夹带水滴和粒子进入上一节蒸发器与冷凝器中。第三节蒸发器的蒸汽进入冷凝器时与料水进行热交换，被冷却成蒸馏水，同时加以冷却水辅助冷却到 95℃，以约 0.05MPa 的压力排出器外。

多效式蒸馏水器的性能取决于加热蒸汽的压力和效数，压力愈大则蒸馏水产量愈大，效数愈多，热利用率愈高。其特点是产水量大，纯度高，且水质稳定，水温度达 97℃以上，能有效杀灭一般微生物。电阻率最高可达 12MΩ·cm；耗能少，能重复使用热能，使蒸汽的潜能得到充分利用；耗水少，在多效蒸馏水器中，进入冷却器的蒸汽一部分用来预热原料水，最后一节的蒸汽被外来的冷却水冷凝，所以冷却水用量很少。

3. 工艺用水储存和保护 纯化水储罐宜采用不锈钢材料或经验证无毒、耐腐蚀不渗出污染离子的其他材料制成。储罐通气口应安装不脱落纤维的疏水性除菌滤器。储罐内壁应光滑，接受口和焊缝不形成死角或砂眼。不宜采用可能滞水污染的液位计和温度表。纯化水储存周期不宜大于 24 小时。

注射用水储罐应采用优质低碳不锈钢或其他经验证合格的材料制作。储罐宜采用保温夹套，保证注射用水在 80℃以上存放。无菌制剂用注射用水宜采用氮气保护。不用氮气保护的注射用水储罐的通气口应安装不脱纤维的疏水性除菌滤器。储罐宜采用球形或圆柱形，内壁应光滑，接管和焊缝不应有死角的砂眼。应采用不会形成滞水污染的显示液面、温度、压力等参数的传感器。注射用水储存周期不宜大于 12 小时。

4. 工艺用水输送 纯化水宜采用循环管道输送。管路设计应简洁，应避免盲管和死角。管路应采用不锈钢或经验证无毒、耐腐蚀、不渗出污染离子的其他管材，阀门宜采用无死角的隔膜阀。

注射用水应采用循环管路输送。管路应保温，注射用水在循环中应控制温度不低于65℃（美国、欧盟 GMP 规定不低于 70℃）。管路设计应简洁，应避免盲管和死角，从供水主干线的中心线为起点，不宜具有长于 6 倍直径的死终端。管路应采用优质低碳不锈钢钢管，阀门宜采用无死角隔膜阀。

纯化水和注射用水宜采用易拆卸清洗、消毒的不锈钢泵输送。在需用压缩空气或氮气压送纯化水和注射用水的场合，压缩空气和氮气必须净化处理。输送管道、输送泵应定期清洗、消毒灭菌、验证合格投入使用。

二、供水与排水

在医药化工企业中，用水量是很大的，它包括了生产用水（工艺用水和冷却用水）、辅助生产用水（清洗设备及清洗工作环境用水）、生活用水和消防用水等，所以供排水设计是医药化工厂设计中一个不可缺少的组成部分。

1. 供水的水源

一般是天然水源，有地下水（深井水）和地表水（河水、湖水等）。规模比较大的工厂，可在河道或湖泊等水源地建立给水基地。当附近无河道、湖泊或水库时，可凿深井取水，而规模小的工厂且又靠近城市时，亦可直接使用城市自来水作为水源。

一般来说，地面水经净化即能在生产上使用，而地下水往往含钙、镁盐较多，须经处理才能使用。

设计上在选择水源时，必须充分考虑工厂的生产特点、生产规模和用水量的情况。从基建投资、维护管理费用等方面对各水源进行研究对比，然后做出决定。

2. 供水系统 根据用水的要求不同，各种用水都有它的单独系统，如生产用水系统、生活用水系统和消防用水系统。目前大多数生活用水和消防用水合并为一个供水系统。

厂内多为环形供水，其优点是当任何一段供水管道发生故障时，仍能不断供应各部分用水。

3. 冷却水的循环使用 在制药化工厂中，冷却用水占了工业用水的主要部分。由于冷却用水对水质有一定的要求，因此，从水源取来的原水一般都要经过必要的处理（如沉淀、混凝和过滤）以除去悬浮物，必要时还需经过软化处理，以降低硬度才能使用。为了节约水源以及减少水处理的费用，大量使用冷却水的制药化工厂应该循环使用冷却水，即把经过换热设备的热水送入冷却塔或喷水池降温（玻璃钢风冷塔使用较多见），在冷却塔中，热水自上向下喷淋，空气自下而上与热水逆流接触，一部分水蒸发，使其余为冷却水。水在冷却塔中降温约 5~10℃，经水质稳定处理后再用作冷却水，如此不断循环。其循环既节约水源，又由于循环水水质好且水质稳定，终年操作不产生结垢，从而符合大工厂长期连续稳定操作的需求。

4. 排水 工业企业污水的来源大体为 3 个方面：生活污水（来自厕所、浴室及厨房等排出的污水）、生产污水（生产过程中排出的废水和污水，包括设备及容器洗涤用水、冷却用水等）和大气降水（雨水、雪水等）。一般来说，生活污水和大气污水污染的有害程度均小于生产污水。生产污水根据工艺生产的不同有很大差别，制药化工厂生产污水中往往含有大量的酸、碱、盐和各种有害物质，要经过净化达到国家规定的排放标准才能排入河道，否则将严重影响下游用水单位和农业、渔业等的生产，这是国家法律所不允许的，所以，废水处理是制药企业规划设计中必须认真考虑的重要问题。

污水的排除方法有两类：合流系统和分流系统。在合流系统中是将所有的污水通过一个共同的水管集中到净化池处理后再引入河道。分流系统是将生活污水和大气污水与生产污水分开排除，或生产污水和生活污水合流而大气污水分流。

5. 洁净区域排水系统的要求 洁净区域的排水采用分流制，生活污水、生产废水及雨水分别设置管道排出去。排水系统除须遵守我国的给水、排水设计规范外，还须遵守 GMP 的有关规定，采取的措施如下。

（1）B 级的洁净室内不宜设置水斗和地漏，C 级的洁净室应避免安装水斗和地漏，在其他级别的洁净室中应把水斗和地漏的数量减少到最低程度。

（2）洁净室内与下水管道连接的设备、清洁器具和排水设备的排出口以下部位必须设置水弯或水封装置。

（3）设在洁净室的地漏，要求材质不易腐蚀（内表面光洁，如不锈钢材料），不易结垢，有密封盖，开启方便，能防止废水废气倒灌，允许冲洗地面时临时开盖，不用时盖死，必要时还应根据产品工艺要求，灌以消毒剂消毒灭菌，从而可以较好地防止污染。

（4）在排水立管上设置辅助通气管或专用通气管，使室内外排水管道中散发的有害气体能排到大气中去，并使水流畅通，防止水封被破坏。

（5）蒸汽冷凝水应返回锅炉房，若是直接排放，则应设置单独的管道，以防止疏水器后的蒸汽背压将残余汽水通过下水道及地漏冲到其他房间，造成污染。

（6）生产产生的酸碱废水应设置专用管道，并采用 PVC 塑料管或 ABS 工程塑料管，引至酸碱处理装置。

（7）排水主管不应穿过洁净度高的房间，排水主管应尽量靠柱、墙角敷设，并用钢丝网、水泥粉光。

总之，洁净区域应尽量避免安装水斗和下水道，而无菌操作区应绝对避免。如需安装的，设计应考虑其位置便于维护、清洗，使微生物污染降低到最低程度。

6. 给排水设计条件 制药工艺设计人员应向给排水专业设计人员提供下述条件。

（1）供水条件

1）生产用水 工艺设备布置图，并标明用水设备的名称；最大和平均用水量；需要的水温；水质；水压；用水情况（连续或间断）；进口标高及位置（标示在布置图上）。

2）生活消防用水 工艺设备布置图，并标明厕所、淋浴室、洗涤间的位置；工作室；总人数和最大班人数；生产特性；根据生产特性提供消防要求，如采用何种灭火剂等。

3）化验室用水。

（2）排水条件

1）生产下水 工艺设备布置图，并标明排水设备名称；水量，水管直径；水温；成分；余压；排水情况（连续或间断）；出口标高及位置（标示在布置图上）。生产下水分为两部分：一部分是生产过程中所产生的污水，达排放标准的直接排入下水道，未达到排放标准的经处理后达标再排入下水道；另一部分是洁净下水（如冷却用水），则直接回收循环使用。

2）生活、粪便下水 工艺设备布置图，并标明厕所、淋浴室、洗涤间位置；总人数、使用淋浴总人数、最大班人数、最大班使用淋浴人数；排水情况。

三、供电

（一）车间供电系统

车间用电通常由工厂变电所或由供电网直接供电。输电网输送的都是高压电，一般为10、35、60、110、154、220、330kV，而车间用电一般最高为6000V，中小型电机只有380V。所以车间用电必须变压后才能使用。通常在车间附近或在车间内部设置变电室，将电压降低后再分配给各用电设备使用。

1. 车间供电电压　车间供电电压由供电系统与车间需要决定，一般高压为6000V或3000V，低压为380V。高压为6000V时，150kW以上电机选用6000V；150kW以下电机用380V。高压为3000kV时，100kW以上电机选用3000V，100kW以下电机使用380V。

医药工业洁净厂房内的配电线路应按照不同空气洁净度等级划分的区域设置配电回路。分设在不同空气洁净度等级区域内的设备一般不宜由同一配电回路供电。进入洁净区的每一配电线路均应设置切断装置，并应设在洁净区内便于操作管理的地方。若切断装置设在非洁净区，则其操作应采用遥控方式，遥控装置应设在洁净区内。洁净区内的电气管线宜暗敷，管材应采用非燃烧材料。

2. 用电负荷等级　根据用电设备对供电可靠性的要求，将电力负荷分成三级。

（1）一级负荷　设备要求连续运转，突然停电将造成着火、爆炸或重大设备损毁、人身伤亡或巨大的经济损失时，称一级负荷。一级负荷应有二个独立电源供电，按工艺允许的断电时间间隔，考虑自动或手动投入备用电源。

（2）二级负荷　突然停电将产生大量废品、大量原料报废、大减产或将发生重大设备损坏事故，但采用适当措施能够避免时，称为二级负荷。对二级负荷供电允许使用一条架空线供电，用电缆供电时，也可用一条线路供电，但至少要分成二根电缆，并接上单独的隔离开关。

（3）三级负荷　一、二级负荷以外的分为三级负荷。三级负荷允许供电部门为检修更换供电系统的故障元件而停电。

3. 人工照明　照明所用光源一般为白炽灯和荧光灯。照明方式如下。

（1）一般照明　在整个场所或场所的某部分照度基本上均匀的照明。对光照方面无特殊要求，或工艺上不适宜装备局部照明的场所，宜单独使用一般照明。

（2）局部照明　局限于工作部位的固定或移动的照明。对局部点需要高照明度并对照射方向有要求时，宜使用单独照明。

（3）混合照明　一般照明和局部照明共同组成的照明。

照明的照度按以下系列分级：2500、1500、1000、750、500、300、200、150、100、75、50、30、20、10、5、3、2、1、0.5、0.2lx。

（二）洁净厂房的人工照明

1. 洁净厂房照明特点　洁净厂房通常是大面积密闭无窗厂房，由于厂房面积较大，对操作岗位只能依靠人工照明。无窗厂房有利于保持室内稳定的温、湿度和照明度，又确保了外墙的气密性，有利于保证室内生产要求的空气洁净度，但从对工人生理、心理及卫生学上考虑，也有些设计在密闭洁净厂房时还在某些部位开设一些密闭外窗，使工人能在视觉上与大自然相通，减少工人心理上的压抑感，有利于提高工人效率。

2. 照度标准   为了稳定室内气流以及节约冷量，故选用光源上都采用气体放电的光源而不采用热光源。国外洁净车间的照度标准较高，为 800～1000lx。我国洁净厂房照度标准为 300lx，一般车间、辅助工作室、走廊、气闸室、人员净化和物料净化用室可低于 300lx，如为 150lx。

3. 灯具及布置   洁净厂房使用的灯具如下。

（1）照明灯   洁净区内的照明灯具宜明装，但不宜悬吊。照明应无影，均匀。灯具常用安装形式有嵌入式、吸顶式二种。嵌入式灯具的优点是室内吊顶平整美观，无积灰点，但平顶构造复杂，当风口与灯具配合不好时，极易形成缝隙，故应可靠密封缝隙，其灯具结构应便于清扫，更换方便。吸顶灯安装简单，当车间布置变动时灯具改动方便，平顶整体性好。现又有组成光带式，可提高光效，并可处理好吊顶内外的隔离，如有缝隙可用硅胶密封。现国内一般做法是 C 级区用嵌入式，大于 C 级区可用吸顶式，光源宜用荧光灯。

（2）蓄电池自动转换灯   洁净厂房内有很多区域无自然采光，如停电，人员疏散就需采用蓄电池自动转换灯，它能自动转换应急，作善后处理，或做成标志灯，供疏散用，且应有自动充电与自动接通措施。

（3）电击杀虫灯   洁净厂房入口处，须装电击杀虫灯，以保证厂房内无昆虫飞入。

（4）紫外光灯   紫外线杀菌灯用在洁净厂房的无菌室、准备室或其他需要消毒的地方，安装后作消毒杀菌用。紫外线波长为 136～390nm，按相对湿度 60% 的基准设计。

紫外光灯在设计中可采用 3 种安装形式：①吊装式，紫外线向下反射，供上下班前后无人时消毒用，其杀菌效果最高；②侧装式，紫外灯光向上反射，对上部空气消毒，然后靠室内空气循环，达到全部消毒，用于边消毒边有人操作情况，以避免直接照射在人的眼睛和皮肤上；③移动式，可根据生产需要灵活设置。

洁净室灯具开关应设在洁净室外，室内宜配备比第一次使用数为多的插座，以免临时增添造成施工困难。不论插座或开关应有密封的、抗大气影响的不锈钢（或经阳极氧化表面的铝材）盖子，并装于隐蔽处。线路均应穿管暗设。

（三）电气设计条件

电气工程包括电动、照明、避雷、弱电、变电、配电等，它们与制药生产车间有密切关系。制药工艺设计人员应向电气工程设计人员提供如下设计条件。

1. 电动条件   工艺设备布置图，并标明电动设备位置；生产特性；负荷等级；安装环境；电动设备型号、功率、转数；电动设备台数、备品数；运转情况；开关位置，并表示在布置图上；特殊要求，如防爆、连锁、切断；其他用电，如化验室、车间机修、自控用电等。

2. 照明、避雷条件   工艺设备布置图，并标明灯具位置；防爆等级；避雷等级；照明地区的面积和体积；照度；特殊要求，如事故照明、检修照明、接地等。

3. 弱电条件   工艺设备布置图，并标明弱电设备位置；火警信号；警卫信号；行政电话；调度电话；扬声器、电视监视器等。

四、冷冻

常见的供冷方式一般为两种：一种是采用集中的冷冻机房，用冷冻机房提供 5～10℃ 的冷冻水作为空调系统的冷源；另一种是不设冷冻机房而是选用冷风机，它的工作原理是采用直接蒸发式的表冷器，直接用制冷剂来冷却空气。

这两种方式各有优缺点，前者系统稍复杂，配套设备多，占地面积也大，但冷量调节灵活，适用范围广。例如，冷冻盐水，包括氯化钙水溶液、丙二醇水溶液和乙二醇水溶液等（氯化钙水溶液对碳钢管道有腐蚀而逐渐被淘汰）。后者系统简单，运行也方便。但适用范围较窄。一般只适用新风比较小的系统。例如 $10000\mathrm{m}^3/\mathrm{h}$ 风量的冷风机，额定冷量只有 $5\times10^5\mathrm{kJ}$。固体制剂车间一般新风比都比较大，同样是 $10000\mathrm{m}^3/\mathrm{h}$ 风量的系统，可能需要 $8\times10^5\mathrm{kJ}$ 的冷量，甚至更多，很显然，冷风机满足不了要求。因此，对于固体制剂车间等新风比较大的空调系统来讲，宜选用集中冷冻站的供冷方式。

五、采暖通风

（一）采暖

采暖是指在冬季调节生产车间及生活场所的室内温度，从而达到生产工艺及人体生理的要求，实现医药生产的正常进行。一般原则如下：①设计集中采暖时，生产厂房工作地点的温度和辅助用室的室温应按现行的《工业企业设计卫生标准》执行；在非工作时间内，如生产厂房的室温必须保持在0℃以上时，一般按5℃考虑值班采暖，当生产对室温有特殊要求时，应按生产要求确定；②设置集中采暖的车间，如生产对室温没有要求，且每名工人占用的建筑面积超过100m²时，不宜设置全面采暖系统，但应在固定工作地点和休息地点设局部采暖装置；③设置全面采暖的建筑物时，围护结构的热阻应根据技术经济比较结果确定，并应保证室内空气中水分在围护结构内表面不发生结露现象；④采暖热媒的选择应根据厂区供热情况和生产要求等条件，经技术经济比较后确定，并应最大限度地利用废热。当厂区只有采暖用热为主时，一般采用高温热水为热媒；当厂区供热以工艺用蒸汽为主，在不违反卫生、技术和节能要求的条件下，也可采用蒸汽作热媒；⑤全年日平均温度稳定低于或等于5℃的日数大于或等于90天的地区，宜采用集中采暖。

采暖系统可以分为局部采暖和集中采暖两类，这里仅介绍制药化工厂中常用的集中采暖形式（包括热水式、蒸汽式、热风式及混合式几种）。

1. 热水采暖系统　包括低温热水采暖系统（水温<100℃）和高温热水采暖系统（水温>100℃）。热水采暖系统按循环动力的不同，又分为重力循环系统和机械循环系统；按供回水方式不同分为单管和双管两种系统。

2. 蒸汽采暖系统　包括低压蒸汽采暖系统（气压≤70kPa）和高压蒸汽采暖系统（气压>70kPa）。

3. 热风式采暖系统　是把空气经加热器加热到不高于70℃，然后用热风道传送到需要的场所。这种采暖系统用于室内要求通风换气次数多或生产过程不允许采用热水式或蒸汽式采暖的情况，例如有些气体（如乙醚、二硫化碳等低燃点物质的蒸气）和粉尘与热管道或散热器表面接触会自燃，就不能采用热风式采暖系统。热风式采暖的优点是易于局部供热，易于调节温度，在制药化工厂中较为常用，一般都与室内通风系统相结合。

4. 混合式采暖系统　应用于生产过程中要求恒温恒湿情况下（如制剂车间）。为达到恒温恒湿的要求，一面向车间里送热风（也可能是冷风），同时在自动控制下，喷出水汽控制空气湿度。

（二）通风

车间通风的目的在于排除车间或房间内余热、余湿、有害气体或蒸汽、粉尘等，使车间内作业地带的空气保持适宜的温度、湿度和卫生要求，以保证劳动者的正常环境卫生条件。

1. 自然通风 设计中指的是有组织的自然通风，即可以调节和管理的自然通风。自然通风的主要成因，就是由室内外温差所形成的热压和室外四周风速差所造成的风压。利用室内外空气温差引起的相对密度差和风压进行自然换气。通过房屋的窗、天窗和通风孔，根据不同的风向、风力，调节窗的启闭方向来达到通风要求。在制药工业中，无洁净度要求的一般生产车间及辅助车间均利用有组织的自然通风来改善工作区的劳动条件。只有当自然通风不能满足要求时，才考虑设置其他通风装置。

2. 机械通风

（1）局部通风　所谓通风，即在局部区域把不符合卫生标准的污浊空气排至室外，把新鲜空气或经过处理的空气送入室内。前者称为局部排风，后者称为局部送风。局部排风所需的风量小、排风效果好，故应优先考虑。

如车间内局部区域产生有害气体或粉尘时，为防止气体及粉尘的散发，可用局部排风办法（比如局部吸风罩），在不妨碍操作与检修情况下，最好采用密封式吸（排）风罩。对需局部采暖（或降温），或必须考虑的事故排风的场所，均应采用局部通风方式。

在散发有害物（有害蒸气、气体、粉层）场合，为了防止有害物污染室内空气，首先从工艺设备和生产操作等方面采取综合性措施；然后再根据作业地带的具体情况，考虑是否采用局部排风措施。

在排风系统中，以装设局部排风最为有效、最为经济。局部排风应根据工艺生产设备的具体情况及使用条件，并视所产生有毒物的特性，来确定有组织的自然排风或机械排风。

在有可能突然产生大量有毒气体，易燃、易爆气体的场所，应考虑必要的事故排风。

（2）全面通风和事故通风　全面通风用于不能采用局部排风或采用局部排风后室内有害物浓度仍超过卫生标准的场合。采用全面通风时，要不断向室内供给新鲜空气，同时从室内排除污染空气，使空气中有害物浓度降低到允许浓度以下。

全面通风所需的风量是根据室内所散发的有害物质量（如有毒物质、易燃易爆物质、余热、余湿等）计算而定。

对在生产中发生事故时有可能突然散发大量有毒有害或易燃易爆气体的车间，应设置事故排风。事故排风所必需的换气量应由事故排风系统和经常使用的排风系统共同保证。

当发生事故时，所排出的有毒、有害物质通常来不及进行净化或其他处理，应将它们排到10m以上的大气中，排气口也须设在相应的高度上。

事故排风需设在可能发散有害物质的地点，排风的开关应同时设在室内和室外便于开启的地点。

生产要求较清洁的房间，当其所处室外环境较差时，送入空气应经预过滤，并应保持室内正压，室内有害气体和粉尘有可能污染相邻房间时，则应保持负压。

送风方式，进入的新鲜空气，一般应送至作业地带或操作人员经常停留的工作地点。当有害气体能用局部排风排除，同时又无大量余热的车间可送至上部地带。

排风方式，采用全面排风排出有害气体和蒸气时，应由室内有害气体浓度最大的区域排出。其排风方式应符合下列要求：放散的气体较空气轻时，宜从上部排出；放散的气体较空气重时，宜从上、下部同时排出，但气体温度较高或受车间散热影响产生上升气流时，宜从上部排出；当挥发性物质蒸发后，周围空气冷却下沉或经常有挥发性物质洒落地面时，应从上、下部同时排出。

（3）有毒气体的净化和高空排放 为保护周围大气环境，对浓度较高的有害废气，应先经过净化，然后通过排毒筒排入高空，并利用风力使其分散稀释。对浓度较低的有害废气，可不经净化直接排放，但必须由一定高度的排毒筒排放，以免未经大气稀释沉降到地面危害人体和生物。

根据具体情况填写采暖通风与空调、局部通风设计条件如表 16-11 所示。

表 16-11 采暖通风与空调、局部通风设计条件

工程名称		工程代号	采暖通风与空调、局部通风设计条件		审核	设计阶段
项目（或工段）名称					校核	投资日期
					编制	编号

| 采暖通风与空调 | | | | | | | | | 局部通风 | | | | | | | |

序号	房间名称	防爆等级	生产类别	室温		湿度		有害气体或粉尘		事故排风设备位号	其他要求		备注	序号	设备位号及名称	有害物及粉尘		密闭设备		敞开设备		要求通风方式	特殊要求（风量、风压、温湿度等）	备注
				冬季	夏季	冬季	夏季	名称	数量(mg/m³)		正（负）压 (Pa)	洁净级别			名称	数量	操作面积 (m²)	排气温度	有害物质	温度	通风或排风	间断或连续	

第三节 劳动安全

一、防火防爆的基本概念

医药企业为创造安全生产的条件，必须采取各种措施防止火灾与爆炸的发生。

1. **燃点** 某一物质与火源接触而能着火，火源移去后，仍能继续燃烧的最低温度，称为它的燃点或着火点。

2. **自燃点** 某一物质不需火源即自行着火，并能继续燃烧的最低温度，称为它的自燃点或自行着火点。同一种物质的自燃点随条件的变化而不同。压力对自燃点有很大影响，压力越高，自燃点越低。因为自燃点是氧化反应速度的函数，而系统压力是影响氧化速度的因素之一。可燃气体与空气混合物的自燃点，随其组成改变而不同。大体上是，混合物组成符合等当量反应计算量时，自燃点最低；空气中氧的浓度提高，自燃点亦降低。

3. **闪点** 液体挥发出的蒸气与空气形成混合物，遇火源能够闪燃的最低温度，称为该液体的闪点。液体达到闪点时，仅仅是它所放出的蒸气足以燃烧，并不是液体本身能燃烧，故火源移去后，燃烧便停止。

两种可燃液体混合物的闪点，一般介于原来两种液体的闪点之间，但常常并不等于由这两组分的分子分数而求得的平均值，通常要比平均值低 1~11℃。具有最低沸点或最高沸点的二元混合液体，亦具有最低闪点或最高闪点。

燃点与闪点的关系：易燃液体的燃点高于闪点 1~5℃，而闪点越低，二者差距越小。可燃液体的闪点在 100℃ 以上者，燃点与闪点相差可达 30℃ 或更高，而苯、乙醚、丙酮等的闪点都低于 0℃，二者相差只有 1℃ 左右。因此，对于易燃液体，因为燃点接近于闪点，所以在估计这类易燃液体的火灾危险性时，可以只考虑闪点而不考虑其燃点。

4. 爆炸　物系自一种状态迅速地转变成另一种状态，并在瞬息间以机械功的形式放出大量能量的现象，称为爆炸。爆炸亦可视为气体或蒸气在瞬息间剧烈膨胀的现象。

5. 爆炸的分类　根据爆炸的定义，爆炸可分为物理性爆炸和化学性爆炸两大类。

（1）物理性爆炸　是由于设备内部压力超过了设备所能承受的强度而引起的爆炸，其间没有化学反应。

（2）化学性爆炸　分为简单分解的爆炸物爆炸、复杂分解的爆炸物爆炸、爆炸性混合物爆炸等3类。

6. 爆炸极限　可燃气体或蒸气在空气中刚足以使火焰蔓延的最低浓度，称为该气体或蒸气的爆炸下限。可以使火焰蔓延的最高浓度，称为爆炸上限。在下限以下及上限以上的浓度，不会爆炸。爆炸极限用可燃气体或蒸气在混合物中的体积百分数或质量浓度（kg/m^3）表示。每种物质的爆炸极限并不是固定的，而是随一系列条件变化而变化。混合物的初始温度愈高，则爆炸极限的范围愈大，即下限愈低，而上限愈高；当混合物压力在0.1MPa以上时，爆炸极限范围随压力的增加而扩大（CO除外）。当压力在0.1MPa以下时，随着初始压力的减少，爆炸极限的范围也缩小，到压力降到某一数值时，下限与上限结成一点时，压力再降低，混合物即变成不可爆炸。这一最低压力，称为爆炸的临界压力。临界压力的存在，表明在密闭的设备中进行减压操作，可以避免爆炸的危险。若把惰性气体，如 N_2 或 CO_2 等加到可燃气体混合物中，则爆炸极限范围可以缩小。

二、洁净厂房的防火与安全

制药工业有洁净度要求的厂房，在建筑设计上均考虑密闭（包括无窗厂房或有窗密闭操作的厂房）空调，所以更应重视防火和安全问题。

（一）洁净厂房的特点

（1）空间密闭　一旦火灾发生后，烟量特别大，对于疏散和扑救极为不利，同时由于热量无处泄漏，火源的热辐射经四壁反射，室内迅速升温，使室内各部门材料缩短达到燃点的时间。当厂房为无窗厂房时，一旦发生火灾不易被外界发现，故消防问题更显突出。

（2）平面布置曲折　增加了疏散路线上的障碍，延长了安全疏散的距离和时间。

（3）若干洁净室通过风管彼此相通，火灾发生时，特别是火灾刚起尚未发现而仍继续送回风时，风管将成为火及烟的主要扩散通道。

（二）洁净厂房的防火与安全措施

根据生产中所使用原料及生产性质，严格按"防火规范"中的生产的火灾危险性分类定位，一般洁净厂房（无论是单层或多层）均采用钢筋混凝土框架结构，耐火等级为一、二级，内装饰围护结构的材料选用既符合表面平整、不吸湿、不透湿，又符合隔热、保温、阻燃、无毒的要求。顶棚、壁板（含夹心材料）应为不燃体，不得采用有机复合材料。

为便于生产管理和人流的安全疏散，应根据火灾危险性分类、建筑物的耐火等级决定厂房的防火间距。按厂房结构特点（分层或单层大面积厂房）和性质（如火灾危险性、洁净等级、工序要求等）进行防火分区，配置相应的消防设施。

根据洁净厂房的特点，结合有关防火规范，洁净厂房的安全与防火措施的重点是以下几点。

（1）洁净厂房的耐火等级不应低于二级，一般钢筋混凝土框架结构均满足二级耐火等级的构造要求。

（2）甲乙类生产的洁净厂房，宜采用单层厂房，按二级耐火等级考虑，其防火墙间最大允许占地面积，单层厂房应为3000m²，多层厂房应为2000m²。丙类生产的洁净厂房，按二级耐火等级考虑，其防火墙间最大允许占地面积，单层厂房应为8000m²，多层厂房应为4000m²。甲乙类生产区域应采用防爆墙和防爆门斗与其他区域分隔，并应设置足够的泄压面积。

（3）为了防止火灾的蔓延，在一个防火区内的综合性厂房，其洁净生产与一般生产区域之间应设置非燃烧体防火墙封闭到顶。穿过隔墙的管线周围空隙应采用非燃烧材料紧密填塞。防火墙耐火极限要达4小时。

（4）电气井、管道井、技术竖井的井壁应为非燃烧体，其耐火极限不应低于1小时，12cm厚砖墙可满足要求。井壁口检查门的耐火极限不应低于0.6小时。竖井中各层或间隔应采用耐火极限不低于1小时的不燃烧体。穿过井壁的管线周围应采用非燃烧材料紧密填塞。

（5）由于火灾时燃烧物分解的大量灼热气体在室内形成向上的高温气床，紧贴屋内上层结构流动，火焰随气体方向流动、扩散、引燃，因此提高顶棚抗燃烧性能有利于延缓顶棚燃烧倒塌或向外蔓延。甲、乙类生产厂房的顶棚应为非燃烧体，其耐火极限不宜小于0.25小时，丙类生产厂房的顶棚应为非燃烧体或难燃烧体。

（6）洁净厂房每一生产层，每一防火分区或每一洁净区段的安全出口均不应少于两个。安全出口应分散均匀布置，从生产地点至安全出口（外部出口或楼梯）不得经过曲折的人员净化路线。安全疏散门应向疏散方向开启，且不得采用吊门、转门、推拉门及电动自控门。

（7）无窗厂房应在适当部位设门或窗，以备消防人员进入。当门窗口间距大于80m时，应在该段外墙的适当部位设置专用消防口，其宽度不应小于750mm，高度不应小于1800mm，并有明显标志。

根据火灾实验的温度–时间曲线，通常火灾初起时半小时温升极快，不燃结构的持续时间在5~20分钟，起火点尚在局部燃烧，火势不稳定，因而这段时间对于人员疏散，抢救物资、消防灭火是极为重要的时间，故疏散时间与距离以此进行计算，一般制剂厂房为丙类生产，个别岗位有使用易燃介质，因此，在车间布置时均将其安排在车间外围，有利疏散。

通常，人群在平地上行走速度约为16m/min，楼梯上为10m/min，考虑到途中附加的障碍，若控制疏散距离为50m，可在3~4分钟疏散完毕。此时一般尚处于火灾初起阶段，当然疏散还需有明显的引导标志和紧急照明为前提。

防火规范规定，对于一或二级耐火建筑物中乙类生产用室的疏散距离是：单层厂房75m，多层厂房50m，故确定50m为疏散距离是合适的。

在设计中，对安全疏散有两种误区，一种是强调生产使用面积，因而安全出口只借用人员净化路线或穿越生产岗位设出口，缺少疏散路线指示标志；另一种是不顾防火分区面积，不考虑同一时间生产人员的人数和火灾危险性的类别，强调安全疏散的重要性。如丙类生产厂房套用甲类的设防标准，如丙类厂房生产人数（同时间）不超过5人，面积仅不超过150m²的防火分区内，设两个直通安全出口，又设外环走廊（用于生产的物流运输仅 5m)，非生产面积占去 40%（通道）。应指出的是两个内廊的安全门均可直通楼梯口，防火分区周围的环形通道是多余的，作为设计者，在符合"防火规范"的条件下，应设法提高生产使用面积，以有效地节约工程投资费用。

制剂过程按生产类别绝大部分属丙类，甚至有些可属丁、戊类（如常规输液、口服液），极个别属甲、乙类（如不溶于水而溶于有机溶媒的冻干类产品），故在防火分区中应严格按"建筑防火规范"规定设置安全出口。以丙类厂房为例，面积超过 $500m^2$，同一时间生产人员在 30 人左右，宜设 2~3 个安全出口，其位置应与室外出口或楼梯靠近，避免疏散路线迂回曲折，其路线从最远点至外部出口（或楼梯）的疏散距离，单层厂房为 80m，多层厂房为 60m。洁净区的安全出口安装封闭式安全玻璃，并在疏散路线安装疏散指示灯，楼梯间设防火门。此外，洁净厂房疏散走廊，应设置机械防排烟设施，其系统宜与通风、净化空调系统合用，但必须有可靠的防火安全措施。为及时灭火，还宜设置建立烟岗报警和自动喷淋灭火系统。

有时常把人流入口当作安全出入口来安排，但由于人流路线复杂、曲折，常会有逆向行走的可能。故人流入口不要作为疏散口或不要作为唯一疏散口，要增设短捷的安全出口通向室外或楼梯间。

三、静电的消除

静电现象是指物体中正或负电荷过剩，当两个物体接触和分离所引起摩擦、剥离、按压、拉伸、弯曲、破碎、滚转等情况都会产生静电现象。在静电产生过程中，若材料导电率大且接地，不会积累电荷。但若材料导电率小，物体就呈带电状态，且导电率越小就越容易带电。目前洁净室所用的装饰材料（如醇酸树脂、环氧树脂、尼龙聚氯乙烯、聚苯乙烯等）大都为静电的非导体。物体带静电后，产生力学、放电和感应 3 个方面物理现象。静电的主要危害表现为：在生产上影响效率和成品率，在卫生上涉及个人劳动保护，安全上可能引起火灾、爆炸等事故。

洁净室消除静电应从消除起电的原因、降低起电的程度和防止积累的静电对器件放电等方面入手综合解决。

1. 消除起电原因　最有效方法之一是采用高导电率的材料来制作洁净室的地坪、各种面层和操作人员的衣鞋。为了使人体服装的静电尽快地通过鞋及工作地面泄漏于大地，工作地面的导电性能起着很重要的作用，因此，对地面抗静电性能提出一定要求，即抗静电地板对静电来说是良导体。而对 220V、380V 交流工频电压则是绝缘体。这样既可以让静电泄漏，又可在人体不慎误触 220V、380V 电源时，保证人身安全。

2. 减少起电程度　加速电荷的泄漏以减少起电程度可通过各种物理和化学方法来实现。

（1）物理方法　接地是消除静电的一种有效方法。接地既可将物体直接与地相接，也可以通过一定的电阻与地相接，直接接地法用于设备、插座板、夹具等导电部分的接地，对此需用金属导体以保证与地可靠接触。

（2）调节湿度法　控制生产车间的相对湿度在 40%~60%，可以有效地降低起电程度，减少静电发生，提高相对湿度可以使衣服纤维材料的起电性能降低，当相对湿度超过65% 时，材料中所含水分足以保证积聚的电荷全部泄漏掉。

（3）化学方法　化学处理是减少电气材料上产生静电的有效方法之一。它是在材料的表面镀覆特殊的表面膜层和采用抗静电物质。为了保证电荷可靠地从介质膜上泄漏掉，必须保证导电膜与接地金属导线之间具有可靠的电接触。

第四节　工程经济

一、制药工程项目技术经济评价的评价原则

对工程项目进行技术经济评价，必须遵循以下几个主要原则。

1. 要正确处理政治、经济、技术、社会等各方面的关系　对一个技术方案进行评价，不只是单纯的技术问题，往往同时涉及社会、环境、资源等方面的问题，甚至有时还涉及政治、国防、生态等问题。所以考察和评价一个技术方案，在政治上，必须符合国家经济建设的方针、政策和有关法规等；在经济上，应用较少的投入获得较多较好的产出；在技术上，应尽可能采用先进、安全、可靠的技术；在社会上，应当符合社会发展规划、有利于社会、文化发展和就业的要求；在环境保护方面，应当符合环境保护法和维持生态平衡的要求。对一个技术方案的取舍，决定于上述几个方面综合评价的结果。

2. 要正确处理好宏观经济效果与微观经济效果之间的关系　对技术方案进行经济评价，由于出发点不同，可以分为国民经济评价和财务评价。国民经济评价就是从国民经济综合平衡的角度分析、计算，得出该方案对于国民经济所产生的宏观经济效果。所谓财务评价，指在国家现行的财务税收制度和价格条件下，分析技术方案经济上的可行性，即是微观经济效果。显然，技术方案的经济评价应以国民经济评价为主，特别是当两者发生矛盾时，应局部利益服从整体利益，这是技术经济评价中的一项重要的原则。

3. 在技术方案比较中必须坚持可比原则　为了完成某项任务，实现某一项目标，常需要拟定几个不同的技术方案进行分析、比较，从中筛选出最优方案。但在比较时，必须使方案与方案之间具有共同的比较基础和可比性，可比原则主要有以下几点。

（1）满足需要方面的可比性　任何技术方案的主要目标是为了满足一定的需要，如筹建某一新厂，制定两个方案，对甲方案和乙方案进行比较，从技术经济观点来看，两个方案都必须满足相同的社会需要，如在产品数量、品种、质量等方面均能达到目标规定的标准，两个方案相互具有替代性，否则对两个方案进行比较就失去了可比性意义。

（2）消耗费用方面的可比性　每个技术方案都有各自的技术特点，为了达到目标的要求，所消耗的各项费用和费用的结构也有所不同，当分析、计算投资等消耗费用时，不能只考虑技术方案涉及部门的消耗，还应考虑为了实现本技术方案所引起的其他相关部门（如原材料、燃料、动力、生产及运输等部门）的投资和费用。

（3）价格方面的可比性　在评价经济效益时，各项支出的消耗和产出的收入都应按其价值来计算，由于社会产品的价值（社会必要劳动时间）很难计算，因此实际上都是按照它们的货币形态即价格来计算的。一般来说，在财务评价中采用现行价格，在国民经济评价中采用影子价格。

（4）时间方面的可比性　应该采用相等的计算期作为比较的基础，国家一般都有规定。

另外，不同技术方案在进行经济比较时，还要考虑资金投入的时间和资金发挥效益的时间，为使方案在时间上可比，应当采用共同的基准时间点为基础，然后把不同时间上的资金投入或所得的效益都折算到基准点进行比较。显然，早占用、早消耗意味着对国家的

资金耗费比迟占用、迟消耗来得大，而早生产比晚生产能早发挥效益，为社会早创造、多创造财富。

二、工程项目的设计概算

概算是指大概计算车间的投资，其作为上级机关对基本建设单位拨款的依据，同时也作为基本建设单位与施工单位签订合同付款及基本建设单位编制年度基本建设计划的依据。由于扩大初步设计，没有详细的施工图纸，因此，对于每个车间的费用，尤其是一些零星的费用，不可能很详细地编制出来。概算主要提供有关车间建筑、设备及安装工程费用的基本情况。

预算是在施工阶段编制的，预算是预备计算车间的投资，作为国家对基本建设单位正式拨款的依据，同时也为基本建设单位与施工单位进行工程竣工后结算的依据。由于有了施工图，因此，有条件编制得详细和完整，预算应包括车间内部的全部费用。

概（预）算是国家对基本建设工作进行财政监督的一项重要措施。为了体现技术上的先进性和经济上的合理性，概、预算应由设计单位编制。设计人员应对设计工程所编制的概、预算负责。

一个生产车间的概、预算包括土建工程、给排水、采暖通风、特殊构筑物、电气照明、工艺设备及安装、工艺管道、电气设备及安装和器械、工具及生产用家具购置等工程的概、预算。工程预算是根据各工程数量乘工程单价，采用表 16 – 12 的格式编制的。整个车间的综合概（预）算汇总采用表 16 – 12 的格式。

表 16 – 12   ×××预算书格式

建设单位名称：

预算：　　元（其中包括设备费、安装费和购置费）

技术经济指标：　　（单位、数量）

预算书编号：

工程名称：

工程项目：

根据_____图纸、设备明细表及××××年价格和定额编制。

序号	项目名称和项目编号	设备及安装工程名称	数量及单位	重量（t）		预算价值（元）					
				单位重量	总重量	单位价值			总价值		
						设备	安装工程		设备	安装工程	
							总计	其中工资		总计	其中工资

编制人：　　　　　　　　审核人：　　　　　　　　　　　　负责人：

×年×月×日　编制

表 16 – 13   综合概预算汇总

顺序号	概（预）算书编号	工程和费用名称	概、预算价值（元）						技术经济指标		
			建筑工程	设备	安装工程	器械、工具及生产用家具购置	其他费用	总值	单位	数量	单位价值（元）

（一）工程概算费用的分类

1. 设备购置费　应包括设备原价及运杂费用。包括需要安装及不需要安装的所有设备、工器具及生产家具（用于生产的柜、台、架等）购置费；备品备件（设备、机械中较易损坏的重要零部件材料）购置费；作为生产工具设备使用的化工原料和化学药品以及一次性填充物的购置费；贵重材料（如铂、金、银等）及其制品等购置费。

2. **安装工程费** 包括主要生产、辅助生产、公用工程项目中需要安装的工艺、电气、自控、机运、机修、电修、仪修、通风空调、供热等定型设备、非标准设备及现场制设备的安装工程费；工艺、供热、供排水、通风空调、净化及除尘等各种管道的安装工程费；电气、自控及其他管线、电线等材料的安装工程费；现场进行的设备内部充填、内衬、设备及管道防腐、保温（冷）等工程费；为生产服务的室内供排水、煤气管道、照明及避雷、采暖通风等的安装工程费等。

3. **建筑工程费** 主要指土建工程费用，即主要生产、辅助生产、公用工程等的厂房、库房、行政及生活福利设施等建筑工程费；构筑物工程，即各种设备基础、操作平台、栈桥、管架管廊、烟囱、地沟、冷却塔、水池、码头、铁路专用线、公路、道路、围墙、厂门及防洪设施等工程费；大型土石方、场地平整以及厂区绿化等工程费；与生活用建筑配套的室内供排水、煤气管道、照明及避雷、采暖通风等安装工程费。

4. **其他费用** 是指工程费用以外的建设项目必须支出的费用。

（1）建设单位管理费 建设项目从立项、筹建、建设、联合试运转及后评估等全过程管理所需费用，其项目如下。

1）建设单位开办费 指新建项目为保证筹建和建设期间工作正常进行所需办公设备、生活家具、用具、交通工具等购置费用。

2）建设单位经费 指建设单位管理人员的基本工资、工资性补贴、劳动保险费、职工福利费、劳动保护费、待出保险费、办公费、差旅交通费、工会经费、职工教育经费、固定资产使用费、工具用具使用费、标准定额使用费、技术图书资料费、生产工人招募费、工程招标费、工程质量监督检测费、合同契约公证费、咨询费、审计费、法律顾问费、业务招待费、排污费、绿化费、竣工交付使用清理及竣工验收费、后评估等费用。

（2）临时设施费 指建设单位在建设期间所用临时设施的搭设、维修、摊销费用或租赁费用。

（3）研究试验费 指为本建设项目提供或验证设计参数、数据资料等进行必要的研究试验及按设计规定在施工中必须进行试验、验证所需费用，以及支付科技成果、先进技术等的一次性技术转让费。

（4）生产准备费 指新建企业或新增生产能力的企业，为保证竣工交付使用进行必要生产准备所发生的费用，其费用内容如下。

1）生产人员培训费 指自行培训、委托其他单位培训的人员工资、工资性补贴、职工福利费、差旅交通费、学习培训费、劳动保护费。

2）生产单位提前进厂费 指生产单位人员提前进厂参加施工、设备安装、调试等以及熟悉工艺流程和设备性能等相应费用。

（5）土地使用费 指建设项目取得土地使用权所需支付的土地征用及迁移补偿或土地使用权出让金。其费用内容包括：

1）土地征用及迁移补偿费 包括土地补偿费，即征用耕地补偿费、被征用土地地上地下附着物及青苗补偿费；征用城市郊区菜地缴纳的菜地开发建设基金、耕地占用税金或城镇土地使用税、土地登记费及征地管理费；征用土地安置补助费，即征用耕地需安置农业人口的补助费；征地动迁费，即征用土地上房屋及附属构筑物、城市公用设施等拆除、迁建补偿费、搬迁运输费、企业单位因搬迁造成的减产停产损失补偿费、拆迁管理费等。

2）土地使用权出让金　建筑项目通过土地使用权出让方式，取得有限期的土地使用权，依照国家有关城镇国有土地使用权出让和转让规定支付的土地使用权出让金。

（6）勘察设计费　指为本建设项目提供项目建议书、可行性研究报告及设计文件所需费用（含工程咨询、评价等）。

（7）生产用办公与生活家具购置费　指新建项目为保证初期正常生产、生活和管理所必须的或改扩建项目新补充的办公、生活家具、用具等费用。

（8）化工装置联合试运转费　新建企业或新增生产能力的扩建企业，按设计规定标准，对整个生产线或车间进行预试车和制药投料试车所发生的费用支出大于试运转收入的差额部分费用。

（9）供电补贴费　建设项目申请用电或增加用电容量时，应交纳的由供电部门规划建设的110kV及以下各级电压的外部供电工程费用。

（10）工程保险费　为建设项目对在建设期间付出施工工程实施保险部分的费用。

（11）工程建设监理费　指建设单位委托工程监理单位，按规范要求，对设计及施工单位实施监理与管理所发生的费用。

（12）施工机构迁移费　为施工企业因建设任务的需要，由原基地（或施工点）调往另一施工地承担任务而发生的迁移费用。

（13）总承包管理费　总承包单位在组织从项目立项开始直到工程试车竣工等全过程中的管理费用。

（14）引进技术和进口设备所需的其他费用。

（15）固定资产投资方向调节税　国家为贯彻产业政策调整投资结构、加强重点建设而收缴的税金。

（16）财务费用　为筹集建设项目资金所发生的贷款利息、企业债券发行费、国外借款手续费与承诺资、汇兑净损失及调整外汇手续费、金融机构手续费，以及筹措建设资金发生的其他财务费用。

（17）预备费　包括基本预备费（指在初步设计及概算内难以预料的工程和费用）与工程造价调整预备费两部分。

（18）经营项目铺底流动资金　经营性建设项目为保证生产经营正常进行，按规定列入建设项目总资金的铺底流动资金。

（二）工程概算的划分

在工程设计中，对概算项目的划分是按工程性质的类别进行的，我国设计概算项目划分为4个部分。

1. 工程费用　指直接构成固定资产项目的费用。它由主要生产项目、辅助生产项目、公用工程（供排水；供电及电讯；供汽；总图运输，厂区之内的外管）、服务性工程项目、生活福利工程项目及厂外工程项目6个项目组成。

2. 其他费用　指工程费用以外的建设项目必须支付的费用。具体为上述工程概算费用分类中第4部分其他费用中的（1）至（11）款、第（13）款以及城市基础设施配套费等项目。

3. 总预备费　包括基本预备费和涨价预备费两项。前者系指在初步设计及其设计概算中未可预见的工程费用；后者系指在工程建设过程中由于价格上涨、汇率变动和税费调整而引起的投资增加需预留的费用。

4. 专项费用

（1）投资方向调节税　有时国家在特定期间可停征收此项税费。

（2）建设期贷款利息　指银行利用信用手段筹措资金对建设项目发放的贷款，在建设期间根据贷款年利率计算的贷款利息金额。

（3）铺底流动资金　按规定以流动资金（年）的30%作为铺底流动资金，列入总概算表。注意该项目不构成建设项目总造价（即总概算价值），只是将该资金在工程竣工投产后，计入生产流动资产。

三、项目投资

（一）总投资构成

建设项目总投资是指为保证项目建设和生产经营活动正常进行而发生的资金总投入量，它包括项目固定资产投资及伴随着固定资产投资而发生的流动资产方面的投资，见图16－7。

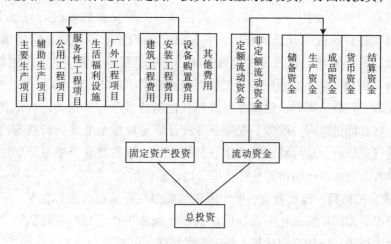

图16－7　项目投资构成图

固定资产投资一般包括建筑工程费、设备购置费（含工具及生产用具购置费）、安装工程费及其他费用四大类。

流动资产投资包括定额流动资金和非定额流动资金两部分。定额流动资金包括储备资金、生产资金和成品资金。这三部分资金是企业流动资金的主要组成部分，其占用量最多。应实行严格酌情定额管理，故称为定额流动资金；非定额流动资金包括货币资金和结算资金，这两部分资金由于影响变化的因素较多，需用量变化无常，很难事先确定一个确切的数额。虽然项目总投资中固定资产投资所占比重较大，但流动资金也是维持项目生产和经营所必不可少的。

建设项目总投资的计算公式为：

不包括建设期投资贷款利息的总投资

$$总投资 = 固定资产投资 + 流动资金$$

包括建设期投资贷款利息的总投资

$$总投资 = 固定资产投资 + 固定资产投资贷款建设期利息 + 流动资金$$

这两种计算各有其用途，前者主要用于经济评价中的静态分析，后者用于动态分析。

可见，建设项目总投资由基本建设投资和生产经营所需要的流动资金以及建设期贷款利息部分构成。

（二）投资估算方法

1. 基本建设投资估算　基本建设投资估算的精确度视具体情况要求而定，有的项目刚开始设想，只需要有一个粗略的数据，这时可采用简捷方法或用经验公式粗略地估算投资额。但当项目进入到最后决策阶段要求投资估算和初步设计概算时，其出入不得大于10%，这就要求精确的估算数据。

基本建设投资是指拟建项目从筹建起到建筑、安装工程完成及试车投产的全部建设费，它是由单项工程综合估算、工程建设其他费用项目估算和预备费三部分组成。

（1）单项工程综合估算　指按某个工程分解成若干个单项工程进行估算，如把一个车间分解为若干个装置，然后对若干个装置逐个进行估算。汇总所有的单项工程估算即为单项工程综合估算。它包括主要生产项目、辅助生产项目、公用工程项目、服务性工程项目、生活福利设施和厂外等工程项目的费用，是直接构成固定资产的项目费用。计算通常由建筑工程费用、设备购置费和安装工程费用组成。

（2）工程项目其他费用　指一切未包括在单项工程投资估算内而与整个建设有关、按国家规定可在建设投资中开支的费用。它包括土地购置及租赁费、赔偿费、建设单位管理费、交通工具购置费、临时工程设施费等。按照工程综合费用的一定比例计算。

（3）预备费　指一切不能预见的与工程相关的费用。在进行估算时，要把每一项工程，按照设备购置费、安装工程费、建筑工程费和其他基建费等分门别类进行估算。由于要求精确、严格，估算都是以有关政策、规范、各种计算定额标准及现行价格等为依据。在各项费用估算进行完毕后，最后将工程费用、其他费用、预备费各个项目分别汇总列入总估算表。采用这种方法所得出的投资估算结果是比较精确的。

2. 流动资金的估算　流动资金一般参照现有类似生产企业的指标估算。根据项目特点和资料掌握情况，采用产值资金率法、固定资金比例法等扩大指标粗略估算方法，也可按照流动资金的主要项目分别详细估算，如定额估算法。

（1）产值资金率法　按照每百元产值占用的流动资金数额乘以拟建项目的年产值来估算流动资金。一般加工工业项目多采用此法进行流动资金估算。

$$流动资金额 = 拟建项目产值 \times 类似企业产值资金率$$

（2）固定资金比例法　按照流动资金与固定资金的比例来估算流动资金额，亦即按固定资金投资的一定百分比来估算。

$$流动资金额 = 拟建项目固定资产价值总额 \times 类似企业固定资产价值资金率$$

式中，类似企业固定资产价值资金率是指流动资金占固定资产价值总额的百分比。

（3）定额估算法　根据流动资金的具体内容，按照正常的占用水平分别估算其资金需要量，汇总后即为项目的流动资金。这种估算方法比较准确，但计算繁琐，需要具备较多的数据资料，且一般需估算产品成本。在经济评价和可行性研究中，常把流动资金分为储备资金、生产资金和成品资金。各部分的估算方法如下。

1）储备资金估算　它包括必要的原料库存和备品备件两部分所需要的资金。原料库存资金用下式估算：

$$原材料费（每吨产品费用）\times 生产能力（吨）\times 60/(365 \times 0.9)$$

备品备件资金一般可取基本建设投资的5%。

2）生产资金估算　它包括工艺过程所需催化剂、在制品及半成品的所需资金。一般估算如下：

在制品的车间成本（每吨半成品成本）×生产能力（吨）×存储天数/（365×0.9）

3）成品资金估算　成品的库存日期一般取10天，加运输及销售条件差可适当增加资金。可按下式估算：

产品的工厂成本（每吨产品成本）×生产能力（吨）×存储天数/（365×0.9）

在缺乏足够数据时，流动资金也可按固定资金的12%~20%估计。

汇总基本建设投资和流动资金及建设期贷款利息之和即为工程项目建设的总投资。

四、成本估算

（一）产品成本的构成及其分类

1. 产品成本的构成　指工业企业用于生产和经营销售产品所消耗的全部费用，包括耗用的原料及主要材料、辅助材料费、动力费、工资及福利费、固定资产折旧费，低值易耗品摊销及销售费用等。通常把生产总成本划分为制造成本、行政管理费、销售与分销费用、财务费用和折旧费五大类，前三类成本的总和称为经营成本，其关系见图16-8。

由图16-8可见，经营成本的概念在编制项目计算期内的现金流量表和方案比较中是十分重要的。

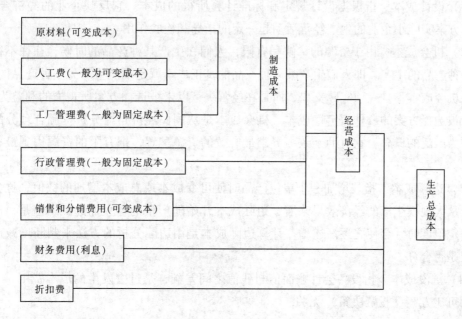

图16-8　生产总成本构成

2. 产品成本的分类　产品成本根据不同的需要，通常将全部生产费用按费用要素和成本计算项目两种方法分类。前者为要素成本，后者为项目成本。为便于分析和控制各个生产环节上的生产耗资，产品成本常以项目成本计算。它是按生产费用的经济用途和发生地点来汇集的，见图16-9。

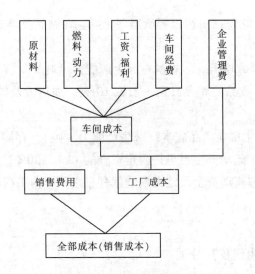

图 16-9 项目成本构成

在投资项目的经济评价中，还要求将产品成本划分为可变成本与固定成本。可变成本指在产品总成本中随着产量增减而增减的费用，如生产中的原材料费用、人工工资（计件）等。固定成本是指在产品的总成本中，在一定的生产能力范围内，不随产量的增减而变动的费用，如固定资产折旧费、行政管理费及人工工资（计时工资）等。技术经济分析和项目经济评价中的成本概念如下。

（1）设计成本　指根据设计规定和标准计算所得的成本。它反映企业的经济合理性，对技术方案实施小企业的生产经营活动起一定的指导和检验作用。

（2）机会成本　由于资源的稀缺和有限，人们在生产某种产品的时候，往往不得不放弃另一种产品的生产。即人们生产某一种产品的真正成本就是不能生产另一种产品的代价。可见，机会成本不是一项实际支出，而是在经营决策以未被选择方案所丧失的利益为尺度，来评价被选择方案的一种假定性成本。机会成本是从国民经济角度分析资源合理分配和利用的更为广泛的概念，它有助于致力寻求最有效的资源配置，把有限的资源用到最有利的投资机会上。

（3）边际成本　指凡增加一个单位产品时使可变成本或总成本增加的数值，称为边际成本。从大规模生产的经济效果来看，边际成本开始随产量的增大而递减，但是，产品增加到一定限度时，会使之逐渐递增。计算边际成本是用边际分析的方法来判断增减产量在经济上是否合算。

（4）沉没成本　指设备会计账面值与残值之间差额，是过去发生的成本费用。与当前考虑的可比方案（投资决策）无关。

（二）产品成本估算

年产品成本估算是在掌握有关定额、费率及同类企业成本水平等资料的基础上，按产品成本的基本构成，分别估算产品总成本及单位成本。为此先要估算以下费用。

1. 原材料费　指构成产品主要实体的原料及主要材料和有助于产品形成的辅助材料所需的费用。

单位产品原材料成本 = 单位产品原材料消耗定额 × 原材料价格

2. 工资及福利费　指直接参加生产的工人工资和按规定提取的福利基金。工资部分按设计直接生产工人定员人数和同行业实际平均工资水平计算；福利基金按工资总额的一定百分比计算。

3. 燃料和动力费　指直接用于工艺过程的燃料和直接供给生产产品所用的水、电、蒸汽、压缩空气等费用（亦称公用工程费用），分别根据单位产品消耗定额乘单价计算。

4. 车间经费　指为管理和组织车间生产而发生的各种费用。一种方法是根据车间经费的主要构成内容分别计算折旧费、维修费和管理费；另一种方法则是按照车间成本的前3项（图16-9）之和的一定百分比计算。

原材料费、工资及福利费、燃料和动力费、车间经费之和构成车间成本。

5. 企业管理费　指为组织和管理全厂生产而发生的各项费用。企业管理费的估算一种方法是分别计算厂部的折旧费、维修费和管理费；另一种方法是按车间成本或直接费用的一定百分比计算。

6. 销售费用　指在产品销售过程中发生的运输、包装、广告、展览等费用。销售费用与工厂成本两者之和构成销售成本，即总成本或全部成本。

7. 经营成本　经营成本的估算计算公式为：

$$经营成本 = 总成本 - 折旧 - 流动资金利息$$

投产期各年的经营成本按下式估算：

$$经营成本 = 单位可变经营成本 \times 当年产量 + 固定总经营成本$$

在制药生产过程中，往往在生产某一产品的同时，还生产一定数量的副产品。这部分副产品应按规定的价格计算其产值，并从上述工厂成本中扣除。

此外，有时还有营业外的损益，即非生产性的费用支出和收入。如停工损失、三废污染、超期赔偿、科技服务收入、产品价格补贴等，都应计入成本或从成本中扣除。

（三）折旧费的计算方法

折旧是固定资产折旧的简称。折旧是将固定资产的机械磨损和精神磨损的价值转移到产品的成本中去。折旧费是这部分转移价值的货币表现，折旧基金就是对上述两种磨损的补偿。

折旧费的计算是产品成本、经营成本估算的一个重要内容。常用的折旧费计算方法以下几种。

1. 直线折旧法　亦称平均年限法。指按一定的标准将固定资产的价值平均转移为各期费用，即在固定资产折旧年限内，平均地分摊其磨损的价值。其特点是在固定资产服务年限内的各年的折旧费相等。年折旧率为折旧年限的倒数。折旧费分摊的标准有使用年限、工作时间、生产产量等，计算公式为

$$固定资产年折旧费 = \frac{固定资产原始价值 - 预计残值 + 预计清理费}{预计使用年限}$$

2. 曲线折旧法　在固定资产使用前后期不等额分摊折旧费的方法。它特别考虑了固定资产的无形损耗和时间价值因素。

（1）余额递减折旧法　以某期固定资产价值减去该期折旧额后的余额，依次作为下期计算折旧的基数，然后乘以某个固定的折旧率。此为定率递减法。计算公式为：

$$年折旧费 = 年初折余价值 \times 折旧率$$

$$年初折余价值 = 固定资产原始价值 - 累计折旧费$$

$$折旧率 = 1 - (固定资产净残值 / 固定资产原始价值) 1/n$$

式中，n 为使用年限。

（2）双倍余额递减法　先按直线法折旧率的双倍，不考虑残值，按固定资产原始价值计算第一年折旧费，然后按第一年的折余价值为基数，以同样的折旧率依次计算下一年的折旧费。由于双倍余额递减法折旧，不可能把折旧费总额分摊完（即固定资产的账面价值永远不会等于零），因此到一定年度后。要改用直线法折旧。双倍余额递减法的计算公式如下：

$$年折旧费 = 年折余价值 × 折旧率$$

式中，年折余价值 = 固定资产原始价值 – 累计折旧费。

年折旧率为直线法折旧率的 2 倍，用使用年限法时

$$折旧率 = 2/预计使用年限$$

（3）年数合计折旧法　又称变率递减法，即通过折旧率变动而折旧基数不变的办法来确定各年的折旧费。折旧率的计算方法是：将固定资产的使用年限总和为分母，分子是固定资产尚可使用的年限，两者的比率即依次为每年的折旧率。如果使用年限为 5 年，则第 1 年至第 5 年的折旧率依次为 5/5、4/5、3/5、2/5、1/5。年数合计折旧法的计算公式为：

$$年折旧费 = （固定资产原始价值 – 净残值）× 年折旧率$$

（4）偿债基金折旧法　把各年应计提的折旧费按复利计算本利之和。其特点是考虑了利息因素，后期分摊的折旧费大于前期。计算公式为：

$$年折旧费 = （固定资产原始价值 – 净残值）× i/ [（1 + i)^n – 1]$$

式中，i 为年利率；n 为使用年限。

上述不同的折旧费计算方法对项目财务的影响见表 16 – 14。

从表 16 – 14 可以看出，运用不同的折旧费计算方法，5 年的折旧费总额都是一样的（18445 元）。但加速折旧法前几年分摊折旧费多，后几年分摊折旧费少，因而前几年抵消应税收益多，少交税金；后几年抵消应税收益少，多交税金。实质上是将前几年少交的税金推迟到后几年补足。而偿还基金法的情况正好与加速折旧法相反。直线折旧法则对税款计算没有影响。

表 16 – 14　不同的折旧费计算方法对项目财务的影响

年份	折现系数 (i=10%)	使用年限法		余额递减法		双倍余额递减法		年数合计法		偿债基金法	
		年折旧费	现值	年折旧费	现值	年折旧费	现值	年折旧费	现值	年折旧费	现值
1	0.0909	3689	3354	8000	7272	8000	7272	6148	5589	3021.29	2746
2	0.826	3689	3047	4800	3965	4800	3965	4919	4063	3323.42	2745
3	0.751	3689	2770	2880	2163	2880	2163	3689	2770	3655.76	2745
4	0.683	3689	2521	1728	1180	1728	1180	2459	1679	4021.34	2747
5	0.624	3689	2291	1037	644	1037	644	1230	764	4423.19	2747
合计		18445	13983	18445	15224	18445	15224	18445	14865	18445	13730

注：固定资产原始价值为 20000 元，预计使用年限为 5 年，预计净残值为 1555 元，银行年利率为 10%。

因此，尽管不同的折旧费计算方法所得 5 年的折旧费总额都是一样的，但考虑到利息因素，加速折旧法对项目财务有利。表 16 – 14 中余额递减法和双倍余额递减法较为可取。

在项目经济要素的估算过程中，折旧费的具体计算应根据拟建项目的实际情况，我国绝大部分固定资产是按直线法计提折旧，折旧率采用国家根据行业实际情况统一规定的综合折旧率。项目综合折旧费的计算公式如下：

$$年折旧费 = \frac{固定资产投资 \times 固定资产形成率 + 建设期利息 - 净残值}{折旧年限}$$

五、工程项目的财务评价

项目财务评价是指在现行财税制度和价格条件下，从企业财务角度分析计算项目的直接效益和直接费用以及项目的盈利状况、借款偿还能力、外汇利用效果等，以考察项目的财务可行性。

根据是否考虑资金的时间价值，可把评价指标分成静态评价指标和动态评价指标两大类。因项目的财务评价是以进行动态分析为主，辅以必要的静态分析，所以财务评价所用的主要评价指标是财务净现值、财务净现值比率、财务内部收益期、动态投资回收期等动态评价指标，必要时才加用某些静态评价指标如静态投资回收期、投资利润率、投资利税率和静态借款偿还期等。

1. 静态投资回收期 投资回收期又称还本期（payout time），即还本年限，是指项目通过项目净收益（利润和折旧）回收总投资（包括固定资产投资和流动资金）所需的时间，以年表示。

当各年利润接近可取平均值时，有如下关系：

$$P_t = I/R$$

式中，P_t 为静态投资回收期；I 为总投资额；R 为年净收益。

当各年的净收益不同时，其计算式为：

$$\sum_{t=0}^{P_t} R_t - I = 0$$

式中，R_t 为第 t 年的净收益。

静态投资回收期 P_t 的值可用财务现金流量表（全部投资）上的累计净现金流量值由负值转为正值的相邻年份通过内插法求得，累计净现金流量为零的那个点所对应的年份就是静态投资回收期，在图 16-10 中就是 E 点所对应的年份值。

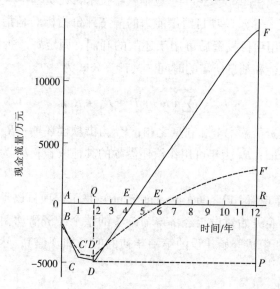

图 16-10 累计现金流量和累计折现现金流量

求得的静态投资回收期 P_t 与部门或行业的基准投资回收期 P_c 比较，当 $P_t \leqslant P_c$ 时，可认为项目在投资回收上是令人满意的。

中国很重视项目的资金回收能力，故比较重视投资回收期这个指标。但由于静态投资回收期没有考虑资金的时间价值，也没有考虑回收投资后在寿命期内的若干年内的效益，所以不能用于评价项目在整个寿命期内的总收益和获利能力，它只能作为评价项目的辅助指标。

2. 投资利润率　指项目达到设计生产能力后的一个正常生产年份的年利润总额与项目总投资的比率。对生产期内各年的利润总额变化幅度较大的项目应计算生产期年平均利润总额与总投资的比率。它反映单位投资每年获得利润的能力，其计算公式为：

$$投资利润率 = R/I \times 100\%$$

式中，R 为年利润总额；I 为总投资额。

年利润总额 R 的计算公式为：

$$年利润总额 = 年产品销售收入 - 年总成本 - 年销售税金 -$$
$$年资源税 - 年营业外净支出$$

总投资额 I 的计算公式为：

$$总投资额 = 固定资产总投资（不含生产期更新改造投资）+$$
$$建设期利息 + 流动资金$$

评价判据是当投资利润率 > 基准投资利润率时，项目可取。

基准投资利润率是衡量投资项目可取性的定量标准或界限。在西方国家，是由各公司自行规定，称为最低允许收益率。

3. 投资利税率　是一个静态的评价指标。它指项目达到设计生产能力后正常生产年份的年利税总额或项目生产期内年平均利税总额与总投资的比率。其计算公式如下：

投资利税率的计算公式为

$$投资利税率 = [年利税总额（或年平均利税总额）/总投资额] \times 100\%$$

年利税总额的计算公式为

$$年利税总额 = 年销售收入 - 年总成本 - 年技术转让费 - 年营业外净支出$$

4. 借款偿还期　是一个反映项目清偿能力的静态评价指标。是指在项目的具体财务条件和国家财税制度下，用项目投资后可用于还款的利润、固定资产折旧费和其他收益来付清固定资产投资借款本金和利息所需的时间。其计算公式为：

$$I_d = \sum_{t=0}^{P_d} (R_p + D + R_0 + R_r)$$

式中，I_d 为固定资产投资借款本金和利息之和；P_d 为借款偿还期；R_p 为年利润总额；D 为年可用作偿还借款的折旧；R_0 为年可用作偿还借款的其他收益；R_r 为还款期间的年企业留成利润。

5. 财务净现值　净现值 NPV（net present value）是工程项目逐年净现金流量的现值的代数和，是将拟建项目自开始建设至经济寿命终了的整个经济活动期内，逐年的净现金流量都按标准折现率 i_n^* 折算成开始建设的第一年初的值（即现值），然后求其代数和。财务净现值的计算公式为：

$$FNPV = \sum_{t=0}^{n} (CI - CO)_t \left[\frac{1}{(1 + i_n^*)^t} \right]$$

式中，FNPV 为财务净现值；$(CI - CO)_t$ 为第 t 年的净年现金流量；i_n^* 为标准折现率，又称标准投资收益率，取自行业或部门的基准投资收益率；n 为工程项目的服务寿命；t 为年份。

项目服务寿命期内现金流量的数值，如折现率用标准投资收益率（标准折现率）的定义，寿命期内最后一年的累计折现现金流量就是财务净现值。显然，它是一个动态的评价指标。

标准折现率（或称标准投资收益率）i_n^* 是由投资决策部门决定的一个重要决策参数，标准折现率如定得过高，则可能使许多经济效益好的方案被拒绝。如果定得过低，则可能接受过多的方案，标准折现率可按部门或行业来确定。

6. 财务净现值率　在投资额相同的各方案比较时，可以直接用净现值（NPV）作为评价指标，且 NPV 越大的方案越好。但是，对投资额不同的方案作比较情况就复杂一些。有的方案 NPV 虽大一些，但其投资额却增大很多，对这种情况，NPV 大的方案就不是最好的。因此，单位投资现值所能得到的净现值，即净现值率 NPVR（net present value ratio）就成为投资额不同时的互斥方案择优的有效判据。

财务净现值率用 FNPVR 表示，它的计算公式为：

$$FNPVR = FNPV/I_p$$

$$I_p = \sum_{t=0}^{n} I_i \left(1 + i_n^*\right)^{-t}$$

式中，I_p 为投资总额的现值；n 为服务寿命；I_t 为第 t 年的投资额；i_n^* 为标准折算率。

用财务净现值率作为评价指标时的决策标准为：FNPVR < 0 时，方案不可取；FNPVR ≥0 时，方案可取。

进行多方案比较时，按 FNPVR 值的大小排优劣次序。

7. 财务内部收益率　内部收益率（internal rate of return）是使工程项目净现值等于零的折现率，指能使项目在计算期内各年净现金流量的现值累计为零的折现率。财务内部收益率简写为 FIRR。

由内部收益率的定义可知，内部收益率是满足下式的 i_n：

$$\sum_{t=0}^{n} \frac{(CI - CO)_t}{\left(1 + i_n\right)^t} = 0$$

FIRR 可由上式用试差法或图解法求出。

财务内部收益率表示的是总投资的实际利润率，当全部投资均系借贷资金时，只有当借贷利率等于内部收益率时，该项目才能既不盈也不亏，正好保本，所以又将内部收益率称为保本收益率。显然，它也是项目筹款所能支付的最高利率。由于内部收益率考虑了资金的时间价值和项目整个寿命期的效益，近年中国也把财务内部收益率用作财务评价的一个主要评价指标。

用内部收益率作为评价指标时，对于相互独立的方案的决策准则是：i_n（即 IRR）≥i_n^* 时，方案可取；$i_n < i_n^*$ 时，方案不可取。

上式中 i_n^* 是标准内部收益率（标准投资收益率）。

对于投资额相同且均属可取的互斥方案进行比较选优的决策准则是：i_n 值最大者为优。

8. 动态投资回收期　它是项目从投资开始起到累计折现现金流量为零时所得的时间，它可以根据全部投资财务现金流量表求出，在折现现金流量值由负值转为正值的相邻年份通过内插便可得到累计折现现金流量值为零的那个点，所对应的年份就是动态投资回收期。

动态投资回收期的求算公式为：

$$\sum_{t=0}^{P_t'} (CI - CO)_t \left[\frac{1}{(1 + i_n^*)^t} \right] = 0$$

式中，$(CI - C_0)_t$ 为第 t 年净现金流量；i_n^* 为标准折现率；P_t' 为动态投资回收期。

在图 16－10 中，E' 点所对应的那个时间就是动态投资回收期。

动态投资回收期考虑了资金的时间价值，能较好地反映资金的真实回收时间，所以比较合理。很明显，动态投资回收期大于静态投资回收期。

过去多用静态投资回收期作为评价指标，各行业、部门已制定了静态标准投资回收期作为对比标准，目前还没有动态标准投资回收期作为对比标准，限制了动态投资回收期这一评价指标的使用。

在投资回收期不长或折现率较低的情况下，静态和动态的投资回收期差别不大。但若投资回收期较长或折现率较高，则除了使用静态投资回收期作为评价指标外，还应当计算项目的动态投资回收期，以了解真实的资金回收时间。

思考题

1. 简述工业厂房的结构组成。

2. 简述洁净厂房的室内装修的基本要求。

3. 简述厂房定位轴线、横向定位轴线、纵向定位轴线的含义，并表述在车间平面布置图上如何表示定位轴线。

4. 简述工业厂房常用的耐水涂层可采用的涂料。

5. 简述制药工业工艺用水的分类和各类的具体要求。

6. 简述制药工业工艺用纯化水的常用制备方法和工业设备流程。

7. 简述制药工业工艺用注射用水的常用制备方法和工业设备流程。

8. 简述洁净区域对供、排水系统的要求。

9. 简述闪点、燃点等概念以及闪点和燃点的相互关系与区别。

10. 简述制药工业生产的火灾危险性分类和厂房耐火等级。

11. 简述厂房的防火防爆设计的技术和确定车间防爆级别依据以及可以采用的措施。

12. 简述洁净厂房的防火防爆要求。

13. 简述静电的危害和常用的防静电措施。

14. 简述项目投资和药品成本的组成与估算。

第十七章 车间设计案例

第一节 化学制药车间设计实例

一、设计依据与产品方案

（一）设计依据

1. 文件依据 本设计依据设计委托书要求进行。

2. 技术依据 本设计的技术依据是芬布芬中试研究报告的工艺。

3. 设计指导思想

（1）厂区一次规划，满足滚动发展的原则，实施分期实施。

（2）生产车间区域布置符合 GMP 规范要求。

（3）厂区按功能分为生产、辅助和办公及预留区域，各区域要求分区明确。

4. 设计原则

（1）严格执行 GMP 及其他有关规范的各项规定与要求。

（2）本项目建设实行统一规范，分期实施的原则。

（3）环保、消防、职业安全卫生和节能与工程设计同步进行，做到同步设计、同步施工、同步投产使用。

（二）产品方案及设计规模

1. 产品方案 原料药：芬布芬，每桶20kg。

2. 设计规模

（1）本设计为年产200吨芬布芬车间工艺设计，要求产品符合《中国药典》(2020 版) 标准。

（2）技术指标 芬布芬的含量为99%，总收率为92.51%，缩合 – 水解工段收率为93.25%，精制率为94.94%，单程收率为88.53%，回收率为4.3%。

（3）生产制度与日操作班次 芬布芬生产年工作日330天，间歇式操作，三班制，班有效工作时间7.0小时。

二、生产工艺确定与工艺流程设计

（一）生产工艺的确定

本设计项目的产品生产工艺资料来自中试研究报告。工艺资料主要包括各步反应化学方程式、原辅料配比、操作条件、操作周期、各步收率及原辅料、中间体、成品等物化性质和质量标准等。

1. 生产方法 芬布芬生产采用化学合成法，以联苯作为起始原料，经过缩合、水解、精制等化学、物理过程生产芬布芬产品。

2. 化学反应方程式

3. 工艺过程及工序划分 本产品生产过程分两个工段。第一工段为芬布芬粗品的制备，它以联苯作为起始原料，经过缩合、水解两步反应而制得；第二工段为芬布芬的精制干燥包装工艺。

（二）工艺流程框图

本工艺设计的流程主要包括联苯和丁二酸酐为原料经缩合水解反应制得芬布芬和三废处理所需的单元反应及单元操作。根据制备工艺设计的工艺流程框图如图17-1所示。

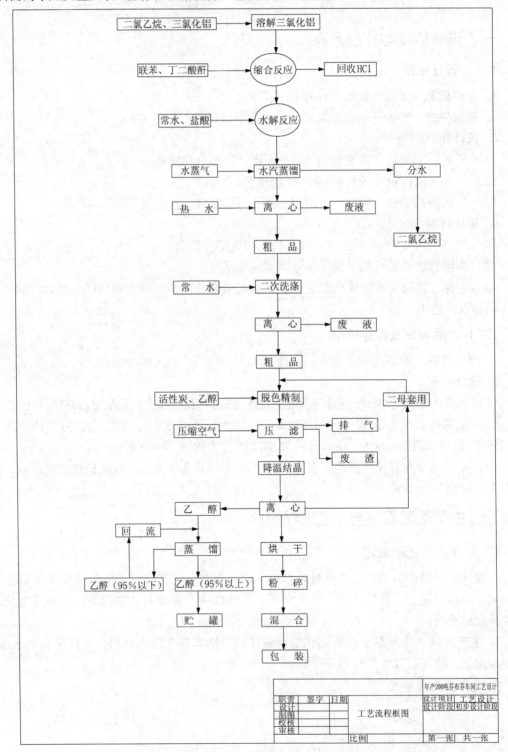

图17-1 芬布芬工艺流程框图

（三）生产工艺过程叙述

本设计的生产工艺以芬布芬中试研究报告的生产工艺为设计依据，按照工艺要求，本设计将工艺分缩合－水解工段和精制工段两段实施，现就其生产工艺叙述如下。

1. 缩合－水解工段

（1）工艺过程

1）投料　打开二氯乙烷计量罐放料阀门，向反应罐中加入二氯乙烷，然后打开夹套的盐水冷却系统，使反应罐内温度降至10℃以下，并开搅拌，加入三氯化铝，并使其溶解。

2）缩合　待三氯化铝完全溶解后，分批加入联苯和丁二酸酐混合物，温度严格控制在10℃以下，每隔3~5min观察一次，待物料全部投入后，在10~12℃范围内反应3小时。

3）水解　打开水解罐夹套冷水阀门冷却，同时向罐内加入常水和30%盐酸，搅拌降温，待缩合反应完，打开水解罐真空阀门，将反应好的缩合料液抽入水解罐中进行水解反应，温度控制在30℃以下，搅拌10分钟。

4）水蒸气蒸馏　水解完毕后，关闭搅拌，打开二氯乙烷回收系统阀门，开夹套进汽阀及直接蒸汽阀进行水蒸气蒸馏，罐内温度达到95℃以上，至蒸出清液且无油味时，停止蒸馏，搅拌15分钟，甩滤，整个水蒸气蒸馏约需1.5小时。

5）离心　铺好滤袋，打开水解罐底阀，趁热放料，母液甩尽后，用60~70℃热水洗涤至中性（检测离心机出口水直至pH=7），甩干取料。

6）二次洗涤　在水解罐中加入常水，将甩干的粗品重新投入水解罐中，开启搅拌升温，使粗品溶解洗涤，温度升至95℃，放料离心甩干。

7）蒸馏出二氯乙烷分尽水层，抽入计量罐在下次生产中回收套用。

（2）操作控制要点

1）傅克反应严格忌水，在投入三氯化铝前，一定要仔细观察二氯乙烷是否带水，如果液面浮有水珠，一定要抽尽后才能投三氯化铝；若投后，系统有非正常升温，说明系统有水致使部分三氯化铝分解，应补投三氯化铝。

2）水解加水，酸要充分溶解。否则，甩滤时夹带在滤饼中，影响质量。

3）水解温度不宜太高（一般<30℃），温度太高，则粗品外观易发黄。

4）水蒸气蒸馏温度必须达到95℃以上，且应严格依据温度的变化采取相应措施，以免冲料。操作至料液中无油珠，否则物料发黏，不易甩滤。

5）严格检查二氯乙烷是否无水，坚持在线水分测定，确认无误投料。

6）加入三氯化铝时，若产生大量烟雾，应立即停止投料，说明二氯乙烷带水，应更换新的二氯乙烷，重新计量，分水并补足三氯化铝。

7）回流过程中应防止冲料。若冲料发生，应及时关闭气阀，待冷凝器内乙醇回到罐内，再升温回流。

2. 脱色压滤工段

（1）脱色压滤过程

1）加溶剂及粗品　将乙醇从乙醇储罐抽入乙醇计量罐，然后打开计量罐的放料阀，将95%乙醇加入脱色罐，开动搅拌，将粗品加入脱色罐。

2）升温保温　打开蒸汽加热，升温至回流，保持20分钟，然后降温，使温度降到50~60℃后，再加入活性炭，加毕，打开蒸汽加热，使乙醇在78~80℃回流60分钟。

3）压滤　回流毕，停止搅拌。打开压缩空气进口阀，使压滤罐内压力为0.25~

0.30MPa，并加热，使罐内温度保持在 78～80℃，趁热保温压滤约 40 分钟后全部至结晶岗位。

（2）结晶过程

1）接料　打开结晶罐进料阀，使压滤出的滤液压至结晶罐，同时开启结晶罐的搅拌器，并打开夹套常水进行降温，待罐内温度降至 30℃后，停止常水降温。

2）降温结晶　开启盐水冷却系统，将罐内温度从 30℃降至 18℃后，停止盐水降温。

3）离心甩料　打开结晶罐放料阀，使料液进入离心机，边放料边离心，约 40 分钟放料毕，继续离心，待母液甩尽后，加一定量乙醇分 3 次洗涤离心物料，并甩干物料。

4）取料　停止离心，取出物料交干燥岗位。

（3）干燥过程

1）投料　将待干燥物平铺在盘子里，并将盘子放入烘箱内，关闭进料孔盖。

2）烘料　开启真空泵，进行减压真空干燥（80～100kPa）。调节干燥机内温度为 70～80℃，蒸气压力为 0.15～0.20MPa，干燥 4 小时，干燥完后交至粉碎岗位。

（4）粉碎过程　打开抽风机，将烘干物料加入粉碎机中进行粉碎，然后装桶、称重、填写标签。

（5）混料过程　粉碎的物料经化验合格后，根据市场要求，称取所需的重量物料，投入二维运动混合机中进行混合，混匀后，待化验。

（6）包装　芬布芬经化验合格后，按每桶 20kg 标准进行称重包装。

（7）清场　每完成一个生产批号，都要对现场进行清场，并作好清场记录。

（8）操作控制要点

1）溶解、回流过程中加热蒸汽流量不宜开得过大，以免回流剧烈引起冲料。

2）物料离心时，母液必须甩尽，然后用新鲜乙醇洗涤滤饼并甩干。若母液没有甩尽，杂质夹带在滤饼中，影响质量。

3）干燥、包装工序按要求在洁净区完成，进入洁净区人员必须保持个人卫生，烘干、包装间应定期清洗、定期消毒。

（四）带控制点工艺流程图设计

根据所确定的芬布芬工艺过程和初步工艺流程框图的思路，进行带控制点工艺流程图的设计，具体的带控制点工艺流程图如图 17－2 所示。

三、物料衡算与能量衡算

（一）概述

物料衡算是制药工艺设计中最先进行并完成的一个计算项目，其结果为后续的制药热量衡算、工艺设备设计与选型、确定原材料消耗定额、进行车间布置设计和化工管路设计等设计提供的依据。因此，物料衡算结果的正确与否将直接关系到制药工艺设计的可靠程度。

（二）物料衡算数据与资料

（1）化学反应　包括主反应、收率等。

（2）原料、中间体和成品的质量标准、规格和理化性质。

（3）工艺设计技术指标　本工艺设计是年产 200 吨芬布芬车间工艺设计，要求成品中芬布芬的含量为 99%，总收率为 92.51%，缩合－水解工段收率为 93.25%，精制率为 94.94%，单程收率为 88.53%，回收率为 4.3%。根据芬布芬工艺过程，确定年工作日为 330 天。

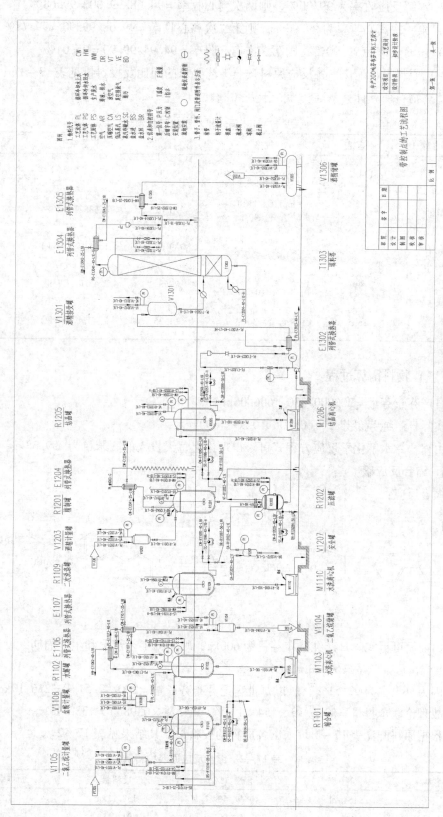

图17-2 芬布芬原料药带控制点工艺流程图

1）缩合反应收率为94.50%，则水解工段收率=93.25/94.50=98.68%；

2）水解反应收率为99.00%，则两次离心收率=98.68/99.00=99.68%；

3）第一次离心收率为99.90%，则第二次离心收率=99.68/99.90=99.78%；

4）压滤收率为99.90%，则第三次离心收率=94.94/99.90=95.04%。

（4）原料投料配比　各反应原料按照工艺要求的配比及投料量见表17-1。

（5）物料衡算计算基准　天、千克（kg）。

表17-1　原料投料配比及投料量

原料名称	分子量	规格	投料量/kg	重量比	备注
联苯	154.21	mp69~70℃ 水分≤0.5%	399.33	1	
丁二酸酐	100	mp116~118℃ 含量≥99%	273.62	0.6852（W/W）	
三氯化铝	133.5	含量≥99% 水分≤5%	739.52	1.8519（W/W）	
二氯乙烷	99	bp83.7℃ 水分≤0.2%	2958	7.4074（V/W）	
盐酸	36.5	含量≥30%	961.35	2.4074（W/W）	

（三）物料衡算过程

日产芬布芬量=200000/330=606.06kg。

实际日产纯芬布芬量=606.06×0.99=600kg。

由缩合-水解化学反应方程式可求得理论上每天投入的联苯量为399.33kg。

1. 缩合反应罐

缩合反应：

联苯　　　　　　丁二酸酐　　　　　　　　　　　　缩合物

由前面可得实际日产纯芬布芬量为600kg，则依据工艺情况和生产周期，设定一天进行3批生产，每批产量=600/3=200kg。

因为总收率为92.51%，所以每批理论芬布芬产量=200/92.51%=216.19kg。

故理论联苯投量=（216.19×154.21）/（254.28×0.985）=133.11kg。

根据原料配比表17-1可求出各原料的投料量，其结果见表17-2。

表17-2　缩合反应原料投料量

原料名称	分子量	含量（%）	投料量	折纯量（kg）
联苯	154.21	98.50	133.11kg	131.11
丁二酸酐	100	99.00	91.21kg	90.3
三氯化铝	133.5	99.00	246.51kg	244.04
二氯乙烷	99	99.80	986L	1232.10

依据缩合反应：

$$154.21 \qquad 100 \qquad 267 \qquad\qquad\qquad 484.50 \qquad 36.5$$

缩合物的理论得量 $=(131.11 \times 484.5)/154.21 =411.92\text{kg}$；

又因为缩合反应收率为 94.50%；

所以缩合物的实际得量 $=411.92 \times 0.945 =389.27\text{kg}$。

故实际消耗的各种原料量应为：

联苯量 $=389.27 \times 154.21/484.5 =123.90\text{kg}$；

丁二酸酐量 $=389.27 \times 100/484.50 =80.34\text{kg}$；

三氯化铝量 $=389.27 \times 267/484.50 =214.52\text{kg}$；

生成氯化氢量 $=389.27 \times 36.5/484.50 =29.33\text{kg}$。

所以剩下各原料量如下：

联苯量 $=131.11 -123.90 =7.21\text{kg}$；

丁二酸酐量 $=90.30 -80.34 =9.96\text{kg}$；

三氯化铝量 $=244.04 -214.52 =29.52\text{kg}$。

综上所述，可得缩合罐中的物料输入、输出平衡情况见表 17 - 3 和表 17 - 4。

表 17 - 3 缩合反应罐输入平衡情况

序号	物料名称	组成（%）	数量（kg）
1	二氯乙烷	—	1234.57
(1)	二氯乙烷	99.8	1232.10
(2)	水	0.2	2.47
2	三氯化铝	—	246.51
(1)	三氯化铝	99.0	244.04
(2)	杂质	1.0	2.47
3	联苯	—	133.11
(1)	联苯	98.5	131.11
(2)	水	0.5	0.67
(3)	杂质	1.0	1.33
4	丁二酸酐	—	91.21
(1)	丁二酸酐	99.0	90.30
(2)	杂质	1.0	0.91
	合计	—	1705.40

表 17 - 4 缩合反应罐输出平衡情况

序号	物料名称	组成（%）	数量（kg）
1	缩合物	—	389.27
2	二氯乙烷	—	1234.57
(1)	二氯乙烷	99.8	1232.10
(2)	水	0.2	2.47

序号	物料名称	组成（%）	数量（kg）
3	盐酸（回收）	—	29.33
4	联苯	—	7.21
5	丁二酸酐	—	9.96
6	三氯化铝	—	29.52
7	杂质	—	4.97
8	水	—	0.67
	合计	—	1705.40

2. 水解反应罐　依据水解反应：

分子量　　　484.50　　　　　　　　36.5　108.12　　　　　　　　254.28　　　　　　156　219

由上步反应可知：缩合物的实际得量 = 389.27kg；

芬布芬的理论得量 = 389.27 × 254.28/484.50 = 204.30kg。

因为水解反应收率为 99.00%，所以芬布芬的实际得量 = 204.30 × 0.99 = 202.26kg；

故缩合物的实际消耗量 = 202.26 × 484.5/254.28 = 385.38kg；

剩余缩合物的量 = 389.27 − 385.38 = 3.89kg；

消耗盐酸的量 = 385.38 × 36.5/484.5 = 86.00kg；

生成氢氧化铝的量 = 385.38 × 156/484.50 = 124.09kg；

所以水解完后罐中三氯化铝的量 = 212.38 + 29.52 = 241.90kg。

根据配料比表可求出各反应原料的投料量，其结果见表 17 − 5。

表 17 − 5　水解罐原料投料量

物料名称	分子量	规格	投料量（kg）	折纯量（kg）
缩合物	454.80	—	389.27	389.27
常水	18	—	2875	2875
盐酸	36.5	32.2%	320.45	103.25

由于水解反应生成的氯化氢量刚好等于氢氧化铝与氯化氢发生酸碱中和时消耗的氯化氢的量。又因为投入纯氯化氢量为 103.25kg，所以所剩氯化氢 = 103.25 − 29.03 = 74.22kg。

根据设计经验数据和工艺情况可知：每批投料可生产 36kg 芬布芬，所用二氯乙烷 200L，即 250kg。

采用水蒸气蒸馏法回收二氯乙烷可得 230kg，即二氯乙烷回收率 = 230/250 = 92%。

本次设计按投料比计算所得二氯乙烷的投料量为 1234.57kg，

则回收量 = 1234.57 × 0.92 = 1135.80kg；

消耗量 = 1234.57 − 1135.80 = 98.77kg。

又因为回收的含水二氯乙烷中：二氯乙烷含量为 80%，水含量为 20%。

所以蒸出的二氯乙烷与水混合物的总量 = 1135.8/0.8 = 1419.75kg；

含水量 = 总量 − 二氯乙烷的量 = 1419.75 − 1135.80 = 283.95kg。

所以罐内剩余水量 = 2875 + 211.47 + 2.47 − 283.95 = 2804.99kg。

由以上计算可得出水解反应罐的物料输入输出平衡表，见表 17 – 6 和表 17 – 7。

表 17 – 6 水解反应罐物料输入平衡情况

序号	物料名称	组成（%）	数量（kg）
1	常水	—	2875.00
2	盐酸	—	312.00
(1)	盐酸	32.22	100.53
(2)	水	67.78	211.47
3	缩合物	—	389.27
4	二氯乙烷	—	1234.57
(1)	二氯乙烷	99.8	1232.10
(2)	水	0.2	2.47
5	联苯	—	7.21
6	丁二酸酐	—	9.96
7	三氯化铝	—	29.52
8	杂质	—	5.54
	合计		4863.07

表 17 – 7 水解反应罐物料输出平衡情况

序号	物料名称	组成（%）	数量（kg）
1	芬布芬	—	202.26
2	二氯乙烷（回收）	—	1381.07
(1)	二氯乙烷	80	1104.86
(2)	盐酸	6	82.86
(3)	水	4	193.35
3	二氯乙烷（消耗）	—	95.73
4	联苯	—	7.21
5	丁二酸酐	—	9.96
6	盐酸	—	17.67
7	水	—	2895.59
8	杂质	—	253.58
	合计		4863.07

3. 离心机 1

已知第一次离心收率为 99.9%。

所以粗品 1 中所含芬布芬的量 = 202.26 × 0.999 = 202.06kg；

而废液中所含芬布芬的量 = 202.26 – 202.06 = 0.2kg。

离心过程中向离心机加入 1442kg 洗涤用水，表 17 – 8 是离心后所得两大组成。

表 17 – 8 一次离心输出物料情况

废液		粗品 1	
组成	重量（kg）	组成	重量（kg）
芬布芬	0.2	芬布芬	202.06
二氯乙烷	95.73	氯化氢	5.50
氯化氢	10.0	杂质	53.0
杂质	200.58	水	200.00
联苯	5.21	联苯	2.0
丁二酸酐	9.00	丁二酸酐	0.96
水	4097.59		

综上所述，水解离心机的物料输入、输出平衡表见表 17 – 9 与表 17 – 10。

表 17-9　离心机物料输入平衡情况

序号	物料名称	组成（%）	数量（kg）
1	芬布芬	—	202.06
2	二氯乙烷	—	95.73
3	联苯	—	7.21
4	丁二酸酐	—	9.96
5	氯化氢	—	17.67
6	水	—	2895.59
7	杂质	—	253.38
8	洗涤用水	—	1442.00
	合计		4924.00

表 17-10　离心机物料输出平衡情况

序号	物料名称	组成（%）	数量（kg）
1	粗品（1）	—	463.52
（1）	芬布芬	43.59	202.06
（2）	氯化氢	1.19	5.5
（3）	水	43.15	200
（4）	杂质	11.43	53
（5）	联苯	0.43	2.0
（6）	丁二酸酐	0.21	0.96
2	废液	—	4458.31
（1）	芬布芬	—	0.2
（2）	二氯乙烷	—	95.73
（3）	氯化氢	—	10
（4）	杂质	—	200.58
（5）	联苯	—	5.21
（6）	丁二酸酐	—	9.0
（7）	水	—	4137.59
3	氯化氢（挥发）		2.17
	合计		4924

4. 二次洗涤罐及离心机 2

向罐内投入粗品，并加入常水 3842kg 洗涤，洗涤完毕，放料到离心机 2 离心。

已知离心收率为 99.78%。

所以粗品 2 中所含芬布芬的量 = 202.06 × 0.9978 = 201.62kg；

废液中所含芬布芬的量 = 202.06 − 201.62 = 0.44kg。

物料输入输出平衡情况见表 17-11 与表 17-12。

表 17 – 11 二次洗涤罐及离心机 2 物料输入平衡情况

序号	物料名称	组成（%）	数量（kg）
1	粗品（1）	—	463.52
(1)	芬布芬	43.59	202.06
(2)	氯化氢	1.19	5.50
(3)	水	43.15	200.00
(4)	杂质	11.43	53.00
(5)	联苯	0.43	2.00
(6)	丁二酸酐	0.21	0.96
2	常水		3842.00
	合计	—	4305.52

表 17 – 12 二次洗涤罐及离心机 2 物料输出平衡情况

序号	物料名称	组成（%）	数量（kg）
1	粗品（2）	—	454.62
(1)	芬布芬	—	201.62
(2)	杂质	—	23.00
(3)	水	—	230.00
2	废液		3850.90
(1)	芬布芬	—	0.44
(2)	氯化氢	—	5.50
(3)	联苯	—	2.00
(4)	丁二酸酐	—	0.96
(5)	杂质	—	30.00
(6)	水	—	3812.00
	合计	—	4305.52

5. 脱色压滤罐

已知压滤收率为 99.90%。

所以压滤液中含芬布芬的量 $= 201.62 \times 0.999 = 201.42$ kg；

废液中含芬布芬的量 $= 201.62 - 201.42 = 0.2$ kg；

根据工厂实际和设计的经验物料衡算数据，每 5kg 活性炭排出废渣量为 19.6kg。

每 50kg 粗品量加 640kg 乙醇作溶剂，所以按比例加入的乙醇、活性炭数量如下：

乙醇数量 $= 385.38 \times 640/50 = 4932.86$ kg；

活性炭数量 $= 385.38 \times 5/50 = 38.54$ kg；

废渣数量 $= 385.38 \times 19.6/50 = 151.08$ kg。

根据上述衡算数据可列出：脱色压滤罐的物料输入输出平衡情况见表 17 – 13 与表 17 – 14。

表 17 – 13　脱色压滤罐物料输入平衡情况

序号	物料名称	组成（%）	数量（kg）
1	乙醇	—	4932.86
(1)	乙醇	95	4686.22
(2)	水	5	246.64
2	活性炭	—	38.54
3	粗品（2）	—	454.62
(1)	芬布芬	44.35	201.62
(2)	杂质	5.06	23.00
(3)	水	50.59	230.00
	合计		5426.02

表 17 – 14　脱色压滤罐物料输出平衡情况

序号	物料名称	组成（%）	数量（kg）
1	母液	—	5113.86
(1)	芬布芬	—	201.42
(2)	杂质	—	4.07
(3)	水	—	456.64
(4)	乙醇	—	4451.73
2	乙醇（挥发）	—	10.00
3	废渣	—	151.08
(1)	芬布芬	—	0.20
(2)	杂质	—	18.93
(3)	水	—	20.00
(4)	乙醇	—	73.41
(5)	废炭	—	38.54
	合计		5426.02

6. 结晶离心　设结晶率为100%，则第三次离心收率为95.04%。

所以，精品中含芬布芬的量 = 201.42 × 95.04% = 191.43kg，即

离心母液中含芬布芬的量 = 201.42 – 191.43 = 9.99kg

根据工厂实际操作的经验数据：每投入640kg乙醇，回收584kg乙醇，所以

乙醇回收率 = 584/640 = 91.25%

故每批投入乙醇量为4686.22kg，则

回收量 = 4686.22 × 91.25% = 4276.18kg

另外，生产过程在第三次离心时每次用20L 95%乙醇（即16.32kg）洗涤芬布芬滤饼，所以本次用127.06kg乙醇洗料。

综上所述，结晶离心的物料输入输出平衡表见表 17 - 15 与表 17 - 16。

表 17 - 15　结晶离心的物料输入平衡情况

序号	物料名称	组成（%）	数量（kg）
1	母液	—	5113.86
(1)	芬布芬	—	201.42
(2)	杂质	—	4.07
(3)	水	—	456.64
(4)	乙醇	—	4451.73
2	洗涤乙醇	—	127.06
(1)	乙醇	95	120.71
(2)	水	5	6.35
	合计		5240.92

表 17 - 16　结晶离心的物料输出平衡情况

序号	物料名称	组成（%）	数量（kg）
1	精品		383.36
(1)	芬布芬	49.93	191.43
(2)	乙醇	46.95	180.00
(3)	水	2.61	10.00
(4)	杂质	0.51	1.93
2	乙醇（损失）		40.45
3	母液		4811.53
(1)	乙醇		4351.94
(2)	芬布芬		9.99
(3)	水		447.46
(4)	杂质		2.14
	合计		5240.92

（四）热量衡算

当物料衡算完成后，对于没有传热要求的设备，可以由物料处理量、物料的性质及工艺要求进行设备的工艺设计，以确定设备的型式、台数、容积及主要尺寸；对于有传热要求的设备，则必须通过热量衡算，才能确定设备的主要工艺尺寸。合成药物芬布芬的生产中，无论是进行物理过程的设备，或是进行化学过程的设备，多数伴有能量传递过程，所以，必须进行热量衡算。

1. 概述　热量衡算的主要目的是为了确定设备的热负荷。根据设备热负荷的大小，所处理物料的性质及工艺要求，再选择传热面的型式，计算传热面积，确定设备的主要工艺尺寸。进行热量衡算是为了合理地用能。

热量衡算的主要依据是能量守恒定律。它是以车间物料衡算的结果为基础而进行的。此外，必须收集有关物料的热力学数据。

2. 缩合反应罐 对于芬布芬工艺设计中的能量衡算可简化为热量衡算。在进行热量衡算时应先确定计算基准，并按反应系统内的温度变化进行分段热量衡算。

（1）缩合反应过程 缩合反应过程的温度 – 时间关系见图17 – 3。

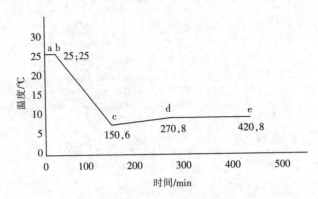

图17 – 3 缩合反应温度 – 时间示意图

各段曲线所进行的操作如下：

a ~ b 段：向罐内加入1234.57kg含量为99.8%二氯乙烷，温度为25℃。

b ~ c 段：开冷冻盐水，使罐内温度从25℃降到6℃，加入含量为99%三氯化铝246.51kg，溶解三氯化铝，溶解降温时间为2小时。

c ~ d 段：加入含量为98.5%联苯133.11kg和含量为99.0%丁二酸酐91.21kg混料，分批加料，所用时间为120分钟，且温度控制在8℃左右。

d ~ e 段：罐内进行缩合反应，时间为180分钟。

（2）缩合反应物质的物化性质

1）有关物质的比热容计算公式为

$$C = \sum nC_a/M$$

式中，M 为化合物的分子量；n 为分子中同种元素原子数；C_a 为元素的原子比热容 kJ/（kg·℃）。

元素原子的比热容见表17 – 17。

表17 – 17 元素原子的比热容

元素	C_a [kJ/(kg·℃)]	元素	C_a [kJ/(kg·℃)]
碳 C	7.535	氟 F	20.93
氢 H	9.628	硫 S	22.604
硼 P	11.302	磷 P	22.604
硅 Si	15.907	其他元素	25.953
氧 O	16.74		

二氯乙烷：

进口：$T_m =$ （25 + 0）/2 = 12.5℃，查得 $C_{p进} = 0.3$kcal/（kg·℃）= 1.256kJ/（kg·℃）

出口：$T_m =$ （8 + 0）/2 = 4℃，查得 $C_{p出} = 0.26$kcal/（kg·℃）= 1.089kJ/（kg·℃）

三氯化铝 $AlCl_3$：$M = 133.5$

$$C_p = （25.953 + 25.953 \times 3）/133.5 = 0.78\text{kJ/（kg·℃）}$$

联苯 $C_{12}H_{10}$：$M = 154.21$

$$C_p = (7.535 \times 12 + 9.628 \times 10)/154.21 = 1.21 kJ/(kg \cdot ℃)$$

丁二酸酐 $C_4H_4O_3$：$M = 100$

$$C_p = (7.535 \times 4 + 9.628 \times 4 + 16.74 \times 3)/100 = 1.19 kJ/(kg \cdot ℃)$$

缩合物 $C_{16}H_{13}O_3Al_2Cl_5$：$M = 484.50$

$$C_p = (7.535 \times 16 + 9.628 \times 13 + 16.74 \times 3 + 25.953 \times 2$$
$$+ 25.953 \times 5)/484.50$$
$$= 0.986 kJ/(kg \cdot ℃)$$

盐酸：$C_p = 0.6 kcal/(kg \cdot ℃) = 0.6 \times 4.1868 = 2.512 kJ/(kg \cdot ℃)$。

2）有关物质的溶解热　对于溶质再溶解过程中不发生解析作用，溶剂与溶质之间发生作用形成溶剂化物的形成，则气态溶质的溶解热可取蒸发潜热，固态溶质可取其熔融热的数值。

元素：$q_F = (8.4 \sim 12.6) T_F$

无机化合物：$q_F = (20.9 \sim 29.3) T_F$

有机化合物：$q_F = (37.7 \sim 46) T_F$

式中，q_F 为熔融热，J/mol；T_F 为熔点，K。

丁二酸酐：丁二酸酐的熔点为 119.3 ~ 119.6℃，取 119.5℃，则 119.5 + 273.15 = 392.65K；

因为丁二酸酐为有机物，所以 $q_F = 46 \times 392.65 = 180.62 kJ/kg$。

联苯：联苯的熔点为 69.2℃ = 69.2 + 273.15 = 342.35K；

因为联苯为有机物，所以 $q_F = 46 \times 342.35 = 102.12 kJ/kg$。

三氯化铝：三氯化铝的熔点为 192.5℃，即 192.5 + 273.15 = 475.65K；

因为三氯化铝为无机物，所以 $q_F = 29.3 \times 475.65 = 102.20 kJ/kg$。

3）有关物质的标准生成热（q_f°）的收集或计算

氯化氢：$\Delta H_f^{\circ} = -92.31 kJ/mol$，$q_f^{\circ} = -\Delta H_f^{\circ} = 92.31 kJ/mol$。

三氯化铝：$\Delta H_f^{\circ} = -695.4 kJ/mol$，$q_f^{\circ} = -\Delta H_f^{\circ} = 695.41 kJ/mol$。

联苯：在《化工工艺设计手册》第三版（上）2 - 839 页查得：$\Delta H_f^{\circ} = -24.53 kcal/mol$，$q_f^{\circ} = -\Delta H_f^{\circ} = 24.53 kcal/mol = 24.53 \times 4.1868 = 102.70 kJ/mol$。

丁二酸酐：在《化工工艺设计手册》第三版（上）2 - 814 页查得：$\Delta H_c^{\circ} = -369.0 kcal/mol$，$q_c^{\circ} = -\Delta H_c^{\circ} = 369.0 kcal/mol = 369.0 \times 4.1868 = 1544.53 kJ/mol$。

因为

$$q_f^{\circ} + q_c^{\circ} = \sum nq_{ce}^{\circ} \tag{17-1}$$

式中，q_f° 为标准生成热，kJ/mol；q_c° 为标准燃烧热，kJ/mol；n 为化合物中同种元素的原子数；q_{ce}° 为元素标准燃烧热，kJ/gatm，其值见表 17 - 18。

丁二酸酐的元素燃烧热：

$$\sum nq_{ce}^{\circ} = 395.15 \times 4 + 143.15 \times 4 = 2153.2 kJ/mol$$

由式（17 - 1）得

$$q_f^{\circ} = \sum nq_{ce}^{\circ} - q_c^{\circ} = 2153.2 - 1544.93 = 608.27 kJ/mol$$

表 17 – 18 元素的燃烧热

元素燃烧过程	元素燃烧热 (kJ/gatm)	元素燃烧过程	元素燃烧热 (kJ/gatm)
C→CO$_2$（气）	395.15	Br→HBr（溶液）	119.32
H→1/2H$_2$O（液）	143.15	I→I（固）	0
F→HF（溶液）	316.52	N→HNO$_3$（溶液）	205.57
Cl→1/2Cl$_2$（气）	0	S→SO$_2$（气）	290.15
Cl→HCl（溶液）	165.80	S→H$_2$SO$_4$（溶液）	886.8
Br→1/2Br$_2$（液）	0	P→P$_2$O$_5$（固）	765.8
Br→1/2Br$_2$（气）	–15.37	N→1/2N$_2$（气）	0

* gatm 为每克原子。

缩合物：由于此为络合物，在数据库中查不到相关的数据，所以将其拆分为一分子芬布芬和两分子三氯化铝的热代数和来处理。

用理查德法计算化合物的标准燃烧值：有机化合物的标准燃烧热与该化合物完全燃烧时所需的氧原子数成直线关系，即

$$q_c = \sum a + x \sum b \qquad (17-2)$$

式中，a，b 为常数，与化合物结构有关，其值见表 17 – 19；x 为化合物完全燃烧（产物为等）时所需的氧原子数。

表 17 – 19 基数值

相态	a	b
液态	23.86	218.05
气态	23.06	219.72

先计算芬布芬的燃烧值：

$$C_{16}H_{14}O_3 + 18O_2 \longrightarrow 16CO_2 + 7H_2O$$

所以 $x = 36$。芬布芬的各基团值如表 17 – 20 所示。

表 17 – 20 芬布芬的各基团值

	a	b
正烷烃基数 1（液）	23.86	218.05
联苯 1（液）	–129.79	+1.55
酮 1（液）	+23.03	–0.80
酸 1（液）	–19.68	+0.29
	$\sum a = -102.58$	$\sum b = 219.09$

由表 17 – 20 得：$q_c = -102.58 + 36 \times 219.09 = 7784.66 \text{kJ/mol}$。

再按照式（17 – 1）：$q°_f + q°_c = \sum nq°_{ce}$ 换成 $q°_f$，

因为芬布芬的元素燃烧热 $\sum nq°_{ce} = 395.15 \times 16 + 143.15 \times 14 = 8326.5 \text{kJ/mol}$；

所以 $q°_f = \sum nq°_{ce} - q°_c = 8326.5 - 7784.66 = 541.84 \text{kJ/mol}$。

又因为三氯化铝的 $q^\circ_f = 695.4 kJ/mol$，

所以缩合物的 $q^\circ_f = 541.84 + 2 \times 695.4 = 1932.64 kJ/mol$。

（3）分段热量衡算

1）a～b段 向罐内加入含量为 99.8% 二氯乙烷 1234.57kg 和含量为 99.0% 三氯化铝 246.51kg，根据进料温度为 25℃，以 0℃ 为基准，取平均温度 $t_m = (25 + 0)/2 = 12.5℃$。

由计算可得三氯化铝的比热容 $C_p = 0.78 kJ/(kg \cdot ℃)$。

查《化工工艺设计手册》第三版（上）2～738 页图 21～43 可得

$$二氯乙烷在 12.5℃ 下的比热容 C_p = 0.3 kcal/(kg \cdot ℃)$$
$$= 0.3 \times 4.1868 = 1.256 kJ/(kg \cdot ℃)$$

综上所述，可归纳出二氯乙烷与水的物性数据见表 17－21。

表 17－21 相关物质物性数据

物料名称	分子量	质量（kg）	比热容 [kJ/(kg·℃)]	含量（%）
二氯乙烷	99	1234.57	1.256	99.8
三氯化铝	133.5	246.56	0.78	99

所以 $Q_{ab} = 1234.57 \times 1.256 \times 25 + 246.56 \times 0.78 \times 25$
$$= 43573.42 kJ$$

2）b～c段 溶解三氯化铝，并使罐内温度从 25℃ 降到 6℃，设在此过程中散失的热量为 Q_{bc}。

令 $Q_{bc} = q_1 + q_2$

式中，q_1 为三氯化铝的溶解热；q_2 为罐内从 25℃ 降到 6℃ 所释放的热量。

由 $t_m = (25 + 6)/2 = 15.5℃$，查《化工工艺设计手册》第三版（上）2～738 页得
$$C_p = 0.295 kcal/(kg \cdot ℃) = 0.295 \times 4.1868 = 1.235 kJ/(kg \cdot ℃)$$

由上计算，可归纳出二氯乙烷与水的物性数据表 17－22。

表 17－22 相关物质的物性参数

物料名称	分子量	质量（kg）	比热容 [kJ/(kg·℃)]	溶解热（kJ/kg）
二氯乙烷	99	1234.57	1.256	—
三氯化铝	133.5	246.56	0.78	102.20

所以 $\quad\quad\quad q_1 = 102.20 \times 246.56 = 5198.43 kJ$

$\quad\quad q_2 = (1.235 \times 1234.57 + 0.78 \times 246.56) \times (6 - 25)$

$\quad\quad\quad = -32623.20 kJ$

$\quad\quad\quad Q_{bc} = q_1 + q_2 = 5198.43 - 32623.20 = -27424.77 kJ$

3）c～d段 向罐内加入含量为 98.5% 联苯 133.11kg 和含量为 99.0% 丁二酸酐 91.21kg 的混料，设 q_3 为联苯和丁二酸酐带入体系的热量，q_4 为联苯和丁二酸酐溶解热，q_5 为罐内物料温度从 6℃ 上升到 8℃ 时所需的热量。

由上计算，可知

联苯的比热容 $C_p = 1.21 kJ/(kg \cdot ℃)$；

丁二酸酐的比热容 $C_p = 1.19 kJ/(kg \cdot ℃)$；

联苯的溶解热 $= 102.12 kJ/(kg \cdot ℃)$；

丁二酸酐的溶解热 = 180. 62kJ/(kg · ℃)。

各物料的物性参数归纳成表 17 - 23。

表 17 - 23　各物料的物性参数

物料名称	分子量	质量（kg）	比热容 [kJ/(kg·℃)]	溶解热（kJ/kg）
联苯	145.21	133.11	1.21	102.12
丁二酸酐	100	91.21	1.19	180.62
二氯乙烷	99	1234.57	1.21	—
三氯化铝	133.5	246.51	0.78	—

注：其比热容为平均温度 $t_m = (8+6) /2 = 7℃$ 下的比热容。

查《化工工艺设计手册》第三版（上）2~738 页图 21~43，得

二氯乙烷的比热容 $C_p = 0.29$ kcal/(kg · ℃) $= 0.29 \times 4.1868 = 1.21$ [kJ/(kg · ℃)]。

所以 $q_3 = 133.11 \times 1.21 \times 25 + 91.21 \times 1.19 \times 25 = 6740.075$ kJ；

$q_4 = 102.12 \times 133.11 + 180.62 \times 91.21 = 30067.543$ kJ；

$q_5 = (1.21 \times 133.11 + 1.19 \times 91.21 + 1.21 \times 1234.57 + 0.78 \times 246.51) \times (8-6)$

　　$= 3911.42$ kJ。

4）d~e 段　罐内进行缩合反应

缩合反应：

$$C_{12}H_{10} + C_4H_4O_3 + 2AlCl_3 \xrightarrow[5~10℃]{ClCH_2CH_2Cl} C_{16}H_{13}O_3Al_2Cl_5 + HCl$$

综上所述，各物质的 q_f° 总结如表 17 - 24。

表 17 - 24　各物质的标准生成热

物料名称	q_f°(kJ/mol)	物料名称	q_f°(kJ/mol)
联苯	102.70	缩合物	1932.64
丁二酸酐	608.27	氯化氢	92.31
三氯化铝	695.4		

因为

$$q_r^\circ = - \sum \sigma q_f^\circ$$

式中，σ 为反应过程中各物质的化学计量系数，反应物为负，生成物为正；q_f° 为标准生成热，kJ/mol。

所以 $q_r^\circ = -(-102.7 - 608.27 - 2 \times 695.4 + 1932.64 + 92.31)$

　　　　$= 76.82$ kJ/mol

若反应恒定在 t ℃下进行，而且反应物及生成物在 $(23-t)$ ℃范围内均无相变化，

则反应热 q_r^t 可按下式计算

$$q_r^t = q_r^\circ - (t - 25)(\sum \sigma C_p)$$

式中，σ 为反应过程中各物质的化学计量系数，反应物为负，生成物为正；q_r° 为标准反应热，kJ/mol；C_p 为反应物或生成物在 $(23-t)$ ℃范围内的平均比热容，kJ/(kg · ℃)；t

为反应温度,℃。

反应物和生成物在 (23 - 8)℃范围内的平均比热容为

$t_m =$ (25 + 8) /2 = 16.5℃下各物质的比热容,如表 17 - 25 所示。

表 17 - 25　各物质的比热容

反应物	C_p [kJ/(kg·℃)]	生成物	C_p [kJ/(kg·℃)]
联苯	1.21	缩合物	0.986
丁二酸酐	1.19	氯化氢	2.512
三氯化铝	0.78		

所以

$q_r^t = q_r^\circ -$ (8 - 25) × (- 1.21 × 154.21 - 1.19 × 100 - 0.78 × 2 × 133.5 + 0.986 × 484.5 ×

36.5) × 10^{-3}

$= 76.82 - 17 × 55.56 × 10^{-3}$

$= 75.88 \text{kJ/mol}$

又因为联苯的投入量为 133.11kg,所以

$$Q_{fg} = q_r^t n = 75.88 × 133.11 × 1000/154.21 = 65497.61 \text{kJ}$$

设物料在 8℃时输出系统时所带出的热量为 Q_4。$t_m =$ (0 + 8) /2 = 4℃下各物质的物性参数如表 17 - 26 所示。

表 17 - 26　输出物料的各物性参数

物料名称	缩合物	二氯乙烷	氯化氢	联苯	丁二酸酐	三氯化铝
分子量	484.50	99	36.5	154.21	100	133.5
质量	389.27	1234.57	29.33	7.21	9.96	29.52
4℃时比热容 C_p [kJ/(kg·℃)]	0.986	1.089	2.512	1.21	1.19	0.78

根据式
$$Q_4 = \sum mct \quad \text{kJ} \tag{17 - 3}$$

式中,m 为输出设备的物料质量,kg;c 为物料的平均比热容,kJ/(kg·℃);t 为物料温度,℃。

所以 $Q_4 =$ (389.27 × 0.986 + 1234.57 × 1.089 + 29.33 × 2.512 + 7.21 × 1.21 + 9.96 ×

1.19 + 29.52 × 0.78) × 8

$= 14764.37 \text{kJ}$

综合以上计算:

物料带入系统的热量 $Q_1 = Q_{ab} + q_3$

$= 43573.42 + 6740.08$

$= 50313.50 \text{kJ}$

过程热效应 $Q_3 = q_1 + q_4 + Q_{de}$

$= 25198.432 + 30067.543 + 65497.61$

$= 120763.58 \text{kJ}$

又因为 $Q_5 + Q_6 = 10\% ×$ ($Q_4 + Q_5 + Q_6$)

所以 $Q_5 + Q_6 =$ (0.1 × Q_4)/0.9 = (0.1 × 14764.37) /0.9 = 1640.486kJ

$Q_2 = Q_4 + Q_5 + Q_6 - Q_1 - Q_3$

$$= 14764.37 + 1640.486 - 50313.50 - 120763.58$$

$$= -154672.22kJ$$

即需用冷冻盐水降温，且冷冻盐水带走的热量为 154672.22kJ。

此外，在此段，还需冷冻盐水使罐内温度从 25℃ 降至 6℃，冷冻盐水在此过程带走的热量为

$$154672.22 + 731698.46 = 886370.68kJ$$

四、工艺设备选择

（一）缩合反应罐

1. 缩合反应罐的选择

（1）根据缩合反应物系的物理化学性质和反应工艺条件，反应器的类型和材料可确定选择为搪玻璃间歇式搅拌反应釜。

（2）计算所投物料的总体积　由物料衡算数据可得缩合反应釜的总体积，见表 17 - 27。

表 17 - 27　缩合反应罐中各料的投料量与物料系数

物料名称	含量（%）	投料量（kg）	密度（kg/L）	体积（L）
二氯乙烷	99.8	1234.57	1.2521	986
三氯化铝	99.0	246.51	2.44	101.03
联苯	98.5	133.11	1.041	127.86
丁二酸酐	99.0	2.61	2.61	34.95

注：1. 投料量按物料衡算中数据，此数据为批生产量。

　　2. 体积 = 投料量/密度，总体积初步以体积和代替，忽略混合物料体积的变动。

$$总体积 = 二氯乙烷体积 + 三氯化铝体积 + 联苯体积 + 丁二酸酐体积$$

$$= 986 + 101.03 + 127.87 + 34.95$$

$$= 1249.85L$$

（3）根据工艺和工厂设计经验数据，缩合反应每批生产周期为 330 分钟，其中反应时间为 120 分钟，辅助时间为 210 分钟，每批产量为 36kg。

$$辅助时间 = 备料与投三氯化铝时间 + 溶解降温时间 + 投联苯丁二酸酐时间$$

$$= 0.5 + 2.0 + 1.0$$

$$= 3.5 \text{ 小时}$$

而本次设计批产量为 200kg，经估算：每批生产周期应为 420 分钟，其中反应时间为 150 分钟，辅助时间为 270 分钟。

$$辅助时间 = 备料与投三氯化铝时间 + 溶解降温时间 + 投联苯丁二酸酐时间$$

$$= 0.5 + 2 + 2$$

$$= 4.5 \text{ 小时}$$

因为生产周期为 420 分钟，设一天工作时间为 24 小时，每天操作 3 批，所以每个设备每天操作批数 $\beta = 24 \times 60/420 = 3.43$。由上可知，每批投料量为 1249.85L，一天 3 批，则一天投料量 $V_T = 1249.85 \times 3 = 3749.55L$。

因为缩合反应过程中不发生泡沫，不沸腾，所以取装料系数 φ 为 0.8，则

$$V_d = 3749.55/0.8 = 4686.94L$$

（4）查《化工工艺设计手册》第三版（下）5～282 页，按搪玻璃开式搅拌容器（HG/T2371—1992）选用叶轮式搅拌器，选用公称容积 $V_N = 1500L$，计算容积 $V_J = 1714L$ 的搪玻璃开式搅拌器一台，则需用的搅拌器个数

$$n = V_d / (\beta \times V_J)$$
$$= 4686.94 / (3.43 \times 1714)$$
$$= 0.80$$

所以需用一个缩合罐，则后备系数 $\zeta = 1/0.80 = 1.37$。

（5）搅拌器型式选择　在固 - 液悬浮操作中，轴向流叶轮的悬浮效率明显高于径向流叶轮，达到相同的均匀度，盘式直叶涡轮所消耗的功率是轴向流叶轮的 4 倍。固体颗粒通过下循环流体流动被托起，而上循环流只能起维持颗粒的悬浮作用。可见叶轮的排出流量只有一半对升举颗粒是起作用的，这是径向流不如轴向流叶轮有效的主要原因。因此，本次设计选用轴向流叶轮。按搪玻璃开式搅拌容器（HG/T 2371—1992）选用叶轮式搅拌器。

选用公称容积 = 1500L，计算容积 = 1714L 的搪玻璃开式搅拌器一台，其各技术参数如表 17 - 28。

表 17 - 28　缩合反应罐技术参数表

参数	数据
公称容积 V_N（L）	1500
公称直径 DN（mm）（S 系列）	1300
计算容积 V_J（L）	1714
容积系数 VN/VJ	0.88
套管换热面积（m²）	5.2
公称压力 PN	容器内：0.25、0.6，1.0MPa
	夹套内：0.6MPa
介质温度及容器材料	0～200℃（材料为 Q235 - A，Q233 - B）
	或高于 - 20～200℃（材料为 20R）
搅拌轴公称直径 DN（mm）	80
电动机功率（kW）（叶轮式）	4.0
电动机型式	YB 型系列（同步转速 1500r/min）
搅拌轴公称转速	125r/min
传动装置（机型 II）	减速机型号为 BLD - 3
悬挂式支座	A3 × 4
支承式支座	2.5t × 4
参考质量（kg）	2250

注：1. 参考质量中不包括电传装置质量及搪玻璃层质量。

　　2. 悬挂式支座均为 A 型（$VN > 1000L$ 时带垫）。

2. 校核

（1）批操作周期　因为一天操作 3 批，所需的时间 = $3 \times 420 = 1260$ 分钟，一天时间 = $24 \times 60 = 1440$ 分钟，即一天 3 批时间小于一天时间，故符合要求。

（2）装料系数　经上面计算可知：批投入物料的总体积 = 1249.85L，公称容积为1500L，则装料系数 $\varphi = 1249.85/1500 = 0.83$，装料系数的大小根据经验来选定，对不发生泡沫不沸腾的液体，装料系数可取 0.7～0.85。而缩合反应在不发生泡沫不沸腾下进行，装

479

料系数 φ = 8.3 在 0.7 ~ 0.85 范围内，故符合要求。

（3）传热面积　根据缩合反应温度 – 时间关系图（图 17 – 3）可知：缩合反应过程都在 10℃以下进行。

1）a ~ b 段　向罐内加入 1234.57kg 含量为 99.8% 二氯乙烷和 246.51kg 三氯化铝，温度为 25℃，此段不用进行传热面积校对。

2）b ~ c 段　开冷冻盐水系统使罐内温度从 25℃降到 6℃，所散失的热量为 q_1，所用时间为 120 分钟，即 2 小时。

物料初末温度分别为 25℃、6℃；冷冻盐水（25% 氯化钙）的进出口温度分别为 – 10℃、0℃；则

$$平均推动力 \Delta t_m = [(25+10) - (6-0)]/\ln[(25+10)/(6-0)]$$
$$= 16.44℃$$

根据 $Q = KAt\Delta t_m$，推出 $A = Q/Kt\Delta t_m$。

设过程中设备自身储存的热量和散出的热量 q_2 为总热量的 5%，则 $Q = 1/19 q_1$，所以

$$总热量 = (1 + 1/19) q_1$$
$$= (20/19) \times 28969.185$$
$$= 30493.88kJ$$

查《化学工程手册》第二版（上卷）6 ~ 56 页，当夹套内为盐水，釜内为有机物时，总传热系数 K 属为于 115 ~ 340W/(m² · K)，现取总传热系数 $K = 250W/(m^{-2} · K)$，所以

$$A = Q/Kt\Delta t_m = 30493.88/(250 \times 2 \times 16.44 \times 4.186) = 1.16m^2$$

所选反应罐的换热面积为 5.8 m²，因为

$$(1 + 15\%) A = 1.15 \times 1.16 = 1.34m^2 < 5.8m^2$$

所以符合要求。

3）c ~ d 段　为联苯和丁二酸酐带入系统的热量与两组分的溶解热之和

$$q_1 = 6740.08 + 30067.54 = 36807.62kJ$$

整个过程所用时间为 2 小时，因为物料的初末温度分别为 6℃、8℃、冷冻盐水的进出口温度分别为 – 10℃、2℃，所以

$$平均推动力 \Delta t_m = [(6+10)-(8-2)]/\ln[(6+10)/(8-2)] = 10.20℃$$

同上，设过程中设备自身储存的热量和散出的热量为总热量的 5%，所以

$$总热量 = 20 \times Q/19 = 20 \times 36807.02/19 = 38744.86kJ$$
$$反应釜的总传热系数 K = 250 W/(m^2 · ℃)$$

此过程持续时间为 2 小时，所以

$$A = Q/Kt\Delta t_m = 38744.86/(250 \times 4.186 \times 2 \div 10.20) = 1.82m^2$$

因为所选反应罐的换热面积为 5.8m²，且 5.8 > (1 + 15%) A，所以符合要求。

4）d ~ e 段　进行缩合反应，持续时间为 2.5 小时，令缩合反应中放出的热量为 q_1 = 65497.61kJ，物料温度保持不变，温度为 8℃，冷冻盐水进出口温度分别为 – 10℃、2℃，所以

$$平均推动力 \Delta t_m = [(8+10)-(8-2)]/\ln[(8+10)/(8-2)] = 10.92℃$$

同上，设过程中设备自身储存的热量和散出的热量为总热量的 5%，所以

$$总热量 = (1 + 1/19) \times q_1 = 20 \times 65497.61/19 = 68944.85kJ$$

反应釜的总传热系数 $K = 250 W/(m^2 · K)$，所以

$$A = Q/Kt\Delta t_{\mathrm{m}} = 38744.86/(250 \times 4.186 \times 2 \times 10.92) = 2.41\mathrm{m}^2$$

因为所选反应罐的换热面积为 $5.8\mathrm{m}^2$，且 $5.8 > (1 + 15\%)A$，所以符合要求。

五、车间设备布置设计

本车间设计主要考虑以下原则。

（1）主要生产车间采用单层式布置，合成一般生产区和"精烘包"洁净生产区分开，"精烘包"应布置在上风区，一般生产区布置在下风区。而生产过程中以联苯为原料，带有一定的毒性，应置于一般生产区布置的下风侧。

（2）在本车间中使用大量乙醇等易燃易爆原料，故本车间按照甲级防爆车间、厂房耐火等级按一级要求设计。要设置防火墙、导流墙或导流沟等设施。

（3）设备布置按照三层式布置，车间内部搭建操作平台。

芬布芬车间平立面布置见图 17 - 4、图 17 - 5。

六、车间管道设计

本设计在管道布置设计时主要遵循以下原则。

（1）管道布置应满足生产工艺的要求，力求短捷，方便施工和维修便利。

（2）合成管线宜直线明敷，并与道路、建筑物的轴线以及相邻管线平行。

（3）"精烘包"洁净生产区除满足上述要求外，还要满足洁净生产的要求，利用夹层和夹墙技术，管道尽可能暗敷。

（4）所有管道的布置设计要符合本车间为甲级防爆车间的特征进行设计。

芬布芬车间典型设备局部配管图见图 17 - 6。

（注：因篇幅所限，对设计从目录、条文和内容作了大量删减。同时，本例属于教学设计，与医药设计院设计是有区别的，如本例中就将设计计算书的内容并入设计说明书中叙述。本例不妥和错误之处，请予指正。）

第二节　发酵车间设计实例

本例以泰乐菌素的生产为例对发酵车间的设计过程进行介绍。作为设计输入的产品规模、工艺包（工艺流程、工艺参数等）由建设单位提供，设计单位以此为依据，进行物料平衡计算、设备选型、公用工程的计算、PID 图纸的绘制、非标图纸的绘制、工艺设备布置、工艺管道布置。完成上述工作后，还要进行管道材料的统计、设备及管道隔热材料和防腐材料、安装材料的统计，编写设计说明、管道特性表等。

一、设计输入

（一）建设规模

年产 500 吨泰乐菌素。

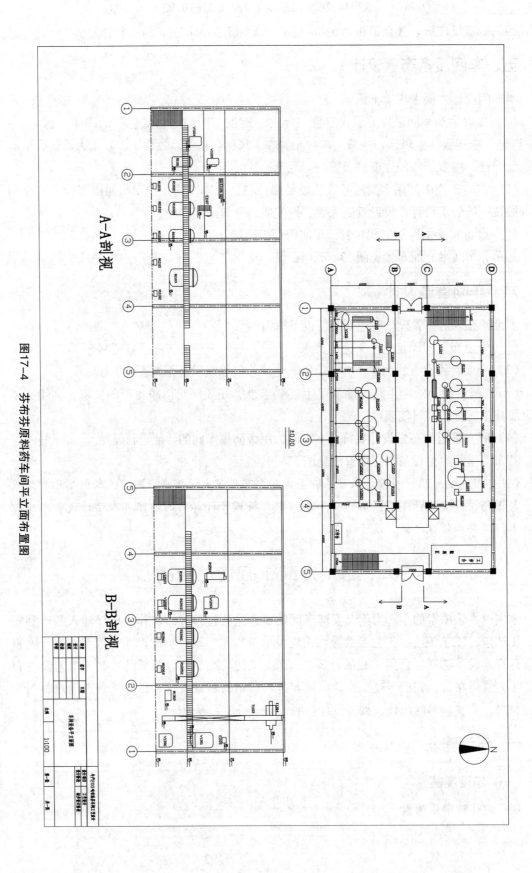

图17-4　芬布芬原料药车间平立面布置图

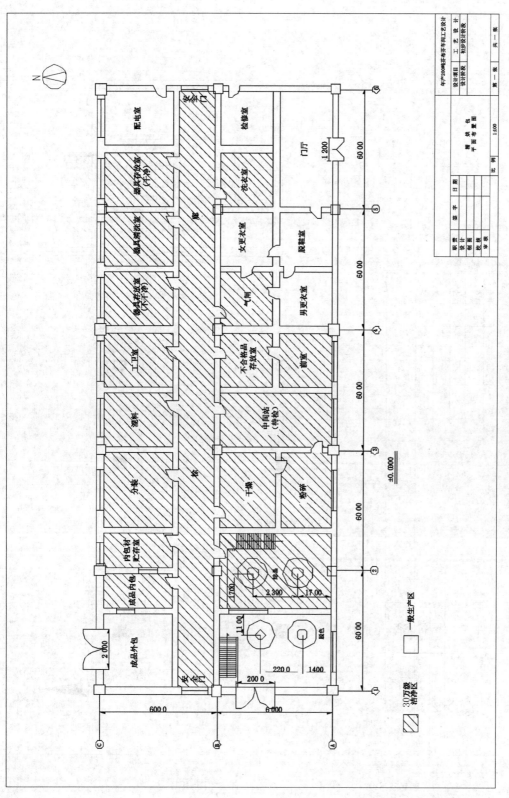

图17-5　芬布芬原料药"精烘包"车间平面布置图

483

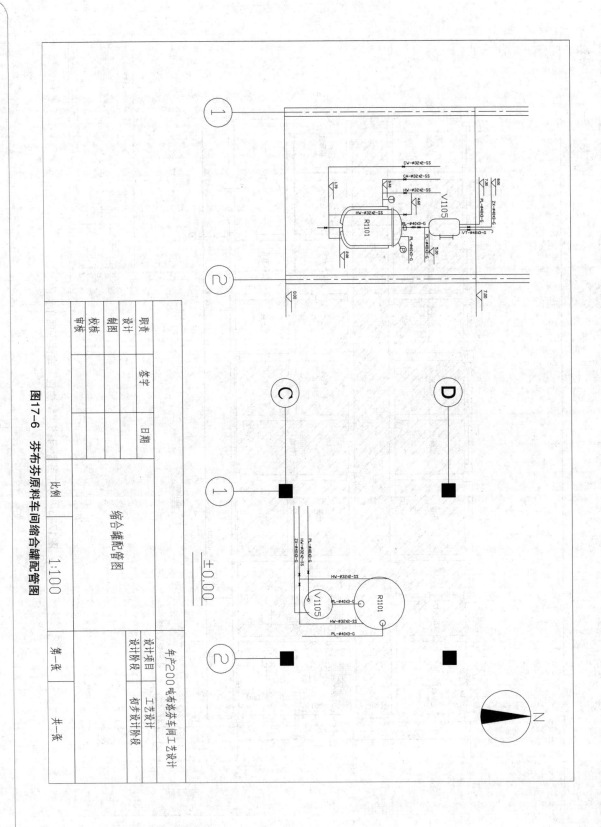

图17-6 芬布芬原料车间缩合罐配管图

（二）质量标准

（1）产品名称 泰乐菌素。

（2）英文名 Tylosin。

（3）分子式：$(C_{46}H_{77}NO_{17})_2C_4H_6$。

（4）分子量：1982.37。

（5）化学结构式

Name	MOlFormula	R_1	R_2	R_3
tylosinA			OCH_3	CHO
tylosinC			OH	CHO
tylosinD			OCH_3	CH_2OH
tylosinB			OCH_3	CHO

（6）性状 白色或浅黄色叶非结晶性粉末。

（7）含量 840μ/mg。

（8）干燥失重 不大于 5.0%。

（9）重金属 不大于 0.002%。

（10）砷盐 不大于 0.004%。

（11）酪胺 不高于 0.35%。

（12）硫酸灰分 不高于 5.0%。

（三）包装方式

两层塑料袋、一层牛皮纸袋、外加纸板桶，15kg 或 25kg/桶。

（四）工艺参数

泰乐菌素采用 3 级发酵，年工作 330 天。

1. 一级种子罐

（1）培养周期 36 小时。

（2）辅助时间 12 小时。

（3）培养温度 29℃；

（4）通气比 0.2～0.5（单位体积发酵液每分钟通入压缩空气的折标体积数）。

（5）消毒方式 实消。

（6）消毒温度 121℃。

（7）罐压 0.05MPa。

（8）装料系数 0.5。

2. 二级种子罐

(1) 培养周期　36 小时。

(2) 辅助时间　12 小时。

(3) 培养温度　29℃。

(4) 通气比　0.3~0.6。

(5) 接种比　0.05。

(6) 消毒方式　实消。

(7) 消毒温度　121℃。

(8) 罐压　0.05MPa。

(9) 装料系数　0.6。

3. 发酵罐

(1) 培养周期　180 小时。

(2) 辅助时间　12 小时。

(3) 培养温度　30℃。

(4) 通气比　0.8~1。

(5) 接种比　0.15。

(6) 消毒方式　连消。

(7) 消毒温度　121℃。

(8) 罐压　0.05MPa。

(9) 装料系数　0.75。

(10) 发酵热　16800kJ/m³/h。

4. 培养基配料表　略。

二、发酵罐及种子罐容积的计算

(一) 发酵罐容积计算

$$V_1 = \frac{1000G \cdot U_p \cdot \lambda_1}{U_m \cdot (1-\lambda) \cdot y \cdot A \cdot \eta_1 \cdot n} \tag{17-4}$$

式中，V_1 为发酵罐公称容积（m³）；G 为生产规模（t/a），取 500 t/a；U_p 为成品效价（u/mg），取 840 u/mg；U_m 为发酵单位（u/ml），取 11000 u/ml；λ 为染菌率（%），取 1%；λ_1 为产品纯度（%），取 98%；y 为提炼重量收率（%），取 85%；A 为年工作日（d/a），取 330d/a；η_1 为发酵罐装料系数（%），取 75%；n 为每天放罐数量（台/d），取 1 台/d。

经计算，得出发酵罐公称容积为：

$$V_1 = \frac{1000 \times 500 \times 840 \times 0.98}{11000 \times (1-0.01) \times 0.85 \times 330 \times 0.75 \times 1} = 179.7$$

发酵罐容积取 180m³。

高径比取 2.7，经计算发酵罐外形尺寸定为 $DN4200 \times 11500$。

$$n_1 = \frac{n \cdot t_1}{24} \tag{17-5}$$

式中，n_1 为发酵罐数量（台）；n 为每天放罐数量（台/d），取 1 台/d；t_1 为发酵生产周期（小时），取 192 小时。

经计算，得出满足年产量所需发酵罐数量为：$n_1 = 8$ 台。

泰妙发酵罐数量设计 8 台。

（二）二级种子罐容积计算

$$V_2 = \frac{\alpha_1 \cdot \eta_1 \cdot V_1}{\eta_2 \cdot (1 + \alpha_1)} \qquad (17-6)$$

式中，V_2 为二级种子罐公称容积（m^3）；α_1 为发酵罐接种比（%），取 15%；V_1 为发酵罐公称容积（m^3），取 180 m^3；η_1 为发酵罐装料系数（%），取 75%；η_2 为二级种子罐装料系数（%），取 60%。

经计算，得出二级种子罐容积为：$V_2 = 29.3 m^3$。

二种罐体积取 30 m^3，高径比取 2.1，经计算二级种子罐外形尺寸定为 $DN2600 \times 5400$。

$$n_2 = \frac{n_1 \cdot t_2}{t_1} \qquad (17-7)$$

式中，n_2 为二级种子罐数量（台）；t_1 为发酵生产周期（小时），取 280 小时；n_1 为发酵罐数量（台），取 8 台；t_2 为二级种子生产周期（小时），取 48 小时。

经计算，得出满足年产量所需二级种子罐数量为：

$n_2 = 1.4$ 台。

2 台即可满足生产要求，考虑到检修、备用以及车间布置等因素，二级种子罐数量设计 3 台。

（三）一级种子罐容积计算

$$V_3 = \frac{\alpha_2 \cdot \eta_2 \cdot V_2}{\eta_3 \cdot (1 + \alpha_2)} \qquad (17-8)$$

式中，V_3 为一级种子罐公称容积（m^3）；α_2 为二级种子罐接种比（%），取 5%；V_2 为二级种子罐公称容积（m^3），取 30 m^3；η_2 为二级种子罐装料系数（%），取 60%；η_3 为一级种子罐装料系数（%），取 50%。

经计算，得出一级种子罐公称容积为：$V_3 = 1.7 m^3$

一种罐体积取 2 m^3，高径比取 2.4。经计算一级种子罐外形尺寸定为 $DN1000 \times 2400$。

$$n_3 = \frac{n_2 \cdot t_3}{t_2} \qquad (17-9)$$

式中，n_3 为一级种子罐数量（台）；n_2 为二级种子罐数量（工作台数），取 2 台；t_2 为二级种子生产周期（小时），取 48 小时；t_3 为一级种子生产周期（小时），取 48 小时。

经计算，得出一级种子罐数量为：$n_3 = 2$ 台。

2 台即可满足生产要求，考虑到检修、备用以及车间布置等因素，一级种子罐数量设计 3 台。

三、物料平衡计算

发酵过程是菌体在培养基中的繁殖代谢过程，虽然菌体代谢过程一般会吸收氧气，产生二氧化碳或氢气而排出系统外，但是其占整个发酵液的质量份额微乎其微，因此工程上都把发酵过程作为质量恒定体系处理。在确定了种子罐和发酵罐的容积后，根据装料系数可以确定种子罐和发酵罐的放罐体积。在消毒过程中，由于通入了蒸汽，导致培养基的质量增加，同时接入种子液，也导致种子罐和发酵罐的物料质量增加。消前质量即为配料培养基的质量，消后质量为培养基质量加上消毒蒸汽的质量，放罐质量是消后质量与接种量之和，亦即罐体容积和装料系数的乘积。

（一）一级种子罐物料平衡计算

1. 一级种子罐（简称一种罐）消后质量

接种比是接种量和消毒后物料量的比，故有：

$$W + WX = \rho V_0 \eta \tag{17-10}$$

$$W = \rho V_0 \eta / (1 + X) \tag{17-11}$$

式中，W 为消后质量，kg；ρ 为物料密度，1000kg/m³；V_0 为一种罐体积；2m³；η 为一种罐装料系数，0.5；X 为一种罐接种比，0。

$$W = \frac{1000 \times 2 \times 0.5}{1 + 0} = 1000 \text{kg}$$

2. 一种罐消前质量

一种罐的消前质量和消后质量利用质量平衡和能量平衡进行计算，即消后物料量等于消前物料量与消毒蒸汽量的和；消后物料的焓等于消前物料的焓与消毒蒸汽带入焓的和，故有下式：

$$W = W_0 + W_S \tag{17-12}$$

$$W_0 C_P T_1 + W_S H_S = W C_P T_2 \tag{17-13}$$

式中，W_0 为消前质量，kg；C_P 为物料比热，4.2kJ/(kg·℃)；T_1 为物料初始温度，25℃；T_2 为物料灭菌终温，121℃；H_S 为灭菌蒸汽的焓，2742kJ/kg；W_S 为蒸汽耗量，kg。

经推到有下式：

$$W_0 = \frac{H_S - C_P T_2}{H_S - C_P T_1} W \tag{17-14}$$

$$W_S = \frac{C_P T_2 - C_P T_1}{H_S - C_P T_1} W \tag{17-15}$$

故：

$$W_0 = \frac{2742 - 4.2 \times 121}{2742 - 4.2 \times 25} \times 1000 = 847 \text{kg}$$

一种罐实消蒸汽耗量：

$$W_S = W - W_0$$

$$W_S = 1000 - 847 = 153 \text{kg}$$

放罐质量：$1000 \times 2 \times 0.5 = 1000 \text{kg}$

（二）二级种子罐物料平衡计算

1. 二级种子罐（简称二种罐）消后质量

（1）ρ　物料密度，$1000kg/m^3$。

（2）V_0　二种罐体积；$30m^3$。

（3）η　二种罐装料系数，0.6。

（4）X　二种罐接种比，0.05。

将二种罐参数带入式 17 - 11 得：

二种罐消后质量为：

$$W = \frac{1000 \times 30 \times 0.6}{1 + 0.05} = 17143kg$$

2. 二种罐消前质量

（1）C_P　物料比热，$4.2kJ/(kg \cdot ℃)$。

（2）T_1　物料初始温度，25℃。

（3）T_2　物料灭菌终温，121℃。

（4）H_S　灭菌蒸汽的焓，$2742kJ/kg$。

将二种罐参数带入式 17 - 14 得二种罐消前质量为：

$$W_0 = \frac{2742 - 4.2 \times 121}{2742 - 4.2 \times 25} \times 17143 = 14526kg$$

二种罐实消蒸汽耗量：

$$W_S = W - W_0$$

$$W_S = 17143 - 14526 = 2617kg$$

放罐质量：$1000 \times 30 \times 0.6 = 18000kg$

（三）发酵罐物料平衡计算

发酵罐培养基采用连续消毒，即培养基和蒸汽同时进入连消喷射器，料液被加热到135℃，然后进入维持罐停留 5~8 分钟完成灭菌，高温物料与常温的培养基在预热器换热后，再经冷却器冷却至培养温度进入发酵罐而完成连续消毒过程。连续消毒由于回收了部分热量，与实消比节约蒸汽和冷却水。连续消毒工艺流程图见图 17 - 7。

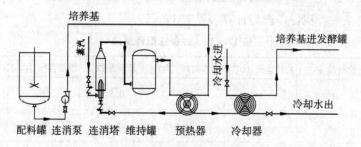

图 17 - 7　连续消毒工艺流程图

1. 发酵罐消后质量

(1) ρ　物料密度，1000kg/m³。

(2) V_0　发酵罐体积；180m³。

(3) η　发酵罐装料系数，0.75。

(4) X　发酵罐接种比，0.15。

将发酵罐参数带入式（17 - 11），得发酵罐的消后质量为：

$$W = \frac{1000 \times 180 \times 0.75}{1 + 0.15} = 117391 \text{kg}。$$

2. 发酵罐消前质量

$$W_0 = \frac{H_S - C_P T_2}{H_S - C_P T_1} W \qquad\qquad (17 - 16)$$

式中，W_0 为消前质量，kg；C_P 为物料比热，4.2kJ/(kg·℃)；T_1 为物料初始温度，经与消毒后高温物料换热后温度为100℃；T_2 为物料灭菌终温，135℃；H_S 为灭菌蒸汽的焓，2761kJ/kg。

发酵罐消前质量为：

$$W_0 = \frac{2761 - 4.2 \times 135}{2761 - 4.2 \times 100} \times 117391 = 110020 \text{kg}$$

发酵罐实消蒸汽耗量：

$$W_S = W - W_0$$

式中，W_S 为蒸汽耗量，kg。

$$W_S = 117391 - 110020 = 7370 \text{kg}$$

放罐质量：$1000 \times 180 \times 0.75 = 135000 \text{kg}$

（四）物料平衡图

发酵车间的物料平衡计算比较简单，根据工艺包提供的培养基配方、补料方案，再结合前述计算的种子罐和发酵罐的消前和消后体积、蒸汽耗量、水耗量等，同时考虑培养过程中通气带走的水分，整理为物料平衡图。

四、设备选型

物料平衡图（图17 - 8）是设备选型的基础，种子罐、发酵罐和补料罐等均是以物料平衡体积来确定设备容积设备选型计算表见表17 - 29。

表17 - 29　设备选型计算表

工序名称	物料量（t）	物料体积（m³）	操作时间（h）	装料系数	设备容积（m³）	说明
一级种子罐	1	1	36	0.5	1	选3台2用1备
二级种子罐	18	18	36	0.6	30	选3台2用1备
发酵罐	135	135	180	0.75	180	选8台
豆油补料罐	5	5	24	0.8	6.5	选2台1用1备
补水罐	24	24	24	0.8	30	选2台1用1备

工序名称	物料量（t）	物料体积（m³）	操作时间（h）	装料系数	设备容积（m³）	说明
补碱罐	0.32	0.32	24	0.8	0.4	选2台1用1备
补硝酸铵罐	0.32	0.32	24	0.8	0.4	选2台一用一备

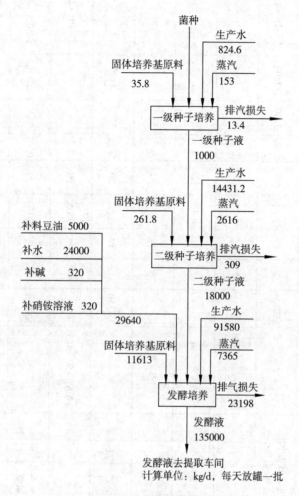

图 17－8　物料平衡图

　　过滤器是根据通气量选型。如发酵罐发酵液体积为 135m³，最大通气比为1，则所需的最大通气量为 135Nm³/min，查相关资料选用过滤能力为 150 Nm³/min 的过滤器。过滤器选型时应适当放大，否则除了会使压缩空气压力降增大外，还会增大过滤器内的气体流速，从而使噪音增大；连消装置的处理量为103m³/批（连消物料量为固体培养基原料和生产水之和），设计 2 小时消毒完毕，连消装置的处理量为 50m³/h；泵类的选择也是根据物料量和操作时间来确定，如发酵液每批 135m³ 需输送到提取车间，输送泵选用 120m³/h，扬程 50m 的离心泵，输送时间为 1.1 小时左右。本车间设备明细表见表 17－30。

制药设备与车间设计

表17-30 设备明细表

序号	设备位号	设备名称	技术规格	容积(m³)	结构形式	型号或图号	材质	数量	单位	主要介质	工作温度(℃)	工作压力(MPa)	单重(kg)	总重(kg)	电机 型号	电机 功率(kW)	备注
1	R1101	一级种子罐	DN1100×1800	2	立式盆头盆底、支耳,带外半管	***	S30408	3	台	种子液	29	0.05	2250	13500	Y132S-4	5.5	
2	X1101	空气中效过滤器	DN219×990			YUD-Z-B-10		2	台	空气	30	0.3					
3	X1102	蒸汽过滤器	DN90×390			JLS-F-080		2	台	水蒸气	121	0.1					
4	X1103	空气高效过滤器	DN90×565			JPF-2		3	台	空气	30	0.3					
5	V1101	热水罐	DN1600×2000	4.5	立式,平底平盖	***	Q235B	1	台	水	90	常压	1130	1130			
6	P1101	热水泵	$Q=25m^3/h$, $H=20m$			ISR65-50-125		2	台	热水	90	0.3			Y100L-2	3	
7	R1201	二级种子罐	DN2600×5400	30	立式盆头盆底、裙座,带外半管	***	S30408	3	台	种子液	29	0.05	9270	27810	Y250M-4	55	
8	X1201	空气中效过滤器	DN254×1270			YUD-Z-B-30		3	台	空气	30	0.3					
9	X1202	蒸汽过滤器	DN90×390			JLS-F-1.5		3	台	水蒸气	121	0.1					
10	X1203	空气高效过滤器	DN254×1080			JPF-30		3	台	空气	30	0.3					
11	R1301	发酵罐	DN4500×11200	180	立式盆头盆底、裙座,带外半管和内蛇管	***	S30408	8	台	发酵液	30	0.05	62000	496000	DM³55L4-315	315	
12	F1301	管道过滤器	DN500×600			ZSBL-Ⅲ		1	台	培养基	常温	常压					

案卷号 ××× 图号 × 版次 A 第×张 共×张

续表

第×张　共×张　案卷号×××　图号×

设　备　明　细　表

序号	设备位号	设备名称	技术规格	容积(m³)	结构形式	型号或图号	材质	数量	单位	主要介质	工作温度(℃)	工作压力(MPa)	单重(kg)	总重(kg)	版次	电机	功率(kW)	备注
13	P1301	发酵液输送泵	Q=120m³/h, H=50m			IH150-125-200		2	台	发酵液	30	0.5				Y200L-4	30	
14	X1301	空气中效过滤器	DN456×2010 (接口N300)			YUD-Z-B-150		8	台	空气	30	0.3						
15	X1302	蒸汽过滤器	DN219×435			JLS-F-5		8	台	水蒸气	121	0.1						
16	X1303	空气高效过滤器	DN506×1510 (接口N300)			JPF-150		8	台	空气	30	0.3						
17	R1302	补水罐	DN2600×5400	30	立式盆头盆底, 支耳, 带夹套	***	S30408	3	台	水	常温	0.3	9270	27810		Y250M-4	55	
18	X1304	空气中效过滤器	DN254×1270			YUD-Z-B-30		3	台	空气	30	0.3						
19	X1305	蒸汽过滤器	DN90×390			JLS-F-1.5		3	台	水蒸气	121	0.1						
20	X1306	空气高效过滤器	DN254×1080			JPF-30		3	台	空气	30	0.3						
21	X1307	空气中效过滤器	DN90×565			YUD-Z-B-3		2	台	空气	30	0.3						
22	X1308	蒸汽过滤器	DN65×224			JLS-F-1.5		2	台	水蒸气	121	0.1						
23	R1303	豆油消毒罐	DN1600×3000	6.5	立式盆头盆底, 支耳, 带夹套	***	S30408	2	台	豆油	121	0.3	3700	7400				
24	X1309	空气高效过滤器	DN90×565			JPF-2		2	台	空气	30	0.3						
25	R1304	碱消毒罐	DN700×1000	0.4	立式盆头盆底, 支耳, 带夹套	***	S30408	2	台	液碱	121	0.3	5000	10000				
26	X1310	空气高效过滤器	DN90×325			JPF-05		2	台	空气	30	0.3						
27	V1301	酸计量罐	DN500×800	0.17	立式盆头盆底, 支腿	***	PP	2	台	浓硫酸	常温	常压	175	350				

续表

序号	设备位号	设备名称	技术规格	容积（m³）	结构形式	型号或图号	材质	数量	单位	主要介质	工作温度（℃）	工作压力（MPa）	单重（kg）	总重（kg）	电机	功率（kW）	备注
28	X1311	空气高效过滤器	DN90×325			JPF-05		2	台	空气	30	0.3					
29	R1305	硝酸铵消毒罐	DN700×1000	0.4	立式盆头盆底，支耳，带夹套	＊＊＊	S30408	2	台	硝酸铵溶液	121	0.3	405	810			
30	X1312	空气高效过滤器	DN90×325			JPF-05		2	台	空气	30	0.3					
31	R1306	配料地池	DN2200×2100	10	立式，平底平盖	＊＊＊	砼构筑物	2	台	培养基	常温	常压				11	
32	F1302	管道过滤器	DN500×600			ZSBL-Ⅲ		2	台	培养基	常温	常压					
33	P1302	料液输送泵	$Q=50\text{m}^3/\text{h}$，$H=20\text{m}$			IH80-65-125		2	台	培养基	常温	0.3			Y132S1-2	5.5	
34	R1307	培养基预顶热罐	DN4000×5000	70	立式盆头盆底，裙座	＊＊＊	S30408	2	台	培养基	90	常压	17100	34200	Y315M1-6	75	
35	F1303	管道过滤器	DN500×600			ZSBL-Ⅲ		1	台	培养基	常温	常压					
36	P1303	培养基输送泵	$Q=100\text{m}^3/\text{h}$，$H=32\text{m}$			IH100-80-160		2	台	培养基	常温	0.3			Y160M²-2	15	
37	E1301	连续消毒系统	$Q=50\text{m}^3/\text{h}$					1	套								
38	V1302	豆油计量罐	DN1600×2800	6	立式盆头盆底，支腿	＊＊＊	Q235B	1	台	豆油	常温	常压	1150	1150			
39	V1401	豆油贮罐	DN2800×3200	22	立式盆头盆底，支腿	＊＊＊	Q235B	2	台	豆油	常温	常压	3630	7260			
40	P1401	豆油输送泵	$Q=5\text{m}^3/\text{h}$，$H=33\text{m}$			KCBB3.3		2	台	豆油	常温	0.3				2.2	
41	V1402	碱贮罐	DN1200×1800	2	立式盆头盆底，支腿	＊＊＊	Q235B	1	台	液碱	常温	常压	620	620			
42	P1402	碱输送泵	$Q=7.5\text{m}^3/\text{h}$，$H=34.5\text{m}$			IH50-32-160		2	台	液碱	常温	0.3			Y100L-2	3	

设备明细表　　案卷号 ×××　图号 ×　版次 ×　A　第×张　共×张

续表

设 备 明 细 表　　案卷号 ×××　　图号 ×　　第 ×张　共 ×张

序号	设备位号	设备名称	技术规格	容积(m³)	结构形式	型号或图号	材质	数量	单位	主要介质	工作温度(℃)	工作压力(MPa)	单重(kg)	总重(kg)	版次	电机 功率(kW)	备注
43	V1403	酸贮罐	DN1800×2400	7	立式盆头盆底,支腿	***	PP	1	台	浓硫酸	常温	常压	1530	1530			
44	P1403	酸输送泵	Q=10m³/h,H=50m			40FSB-50L		2	台	浓硫酸	常温	0.3				5.5	
45	V1404	蒸汽分配缸	DN500×2900	0.6	卧式,鞍座	***	Q235B	1	台	水蒸气	165	0.6	620	620			
46	X1401	电动葫芦				CD3-20D		1	台							4.5+0.4	
47	X1402	手动单轨小车				SG3		4	台								
48	X1403	手拉葫芦				HS3		4	台								
49	X1404	手动单轨小车				SG2		4	台								
50	X1405	手拉葫芦				HS2		4	台								
51	X1406	手动单轨小车				SG1		1	台								
52	X1407	手拉葫芦				HS1		1	台								
53		种子组、生化室、霉菌室设备															
54	X1501	种子组超净工作台				CJ-820		2	台							0.8	
55	X1503	生化组超净工作台				CJ-820		1	台							0.8	
56	D1501	干燥箱	450×550×550			101-2		2	台							3.3	
57	M1501	摇瓶机				C25-KC		4	台							1	

续表

案卷号 ×××　图号 ×　版次　A

第×张
共×张

设备明细表

序号	设备位号	设备名称	技术规格	容积(m³)	结构形式	型号或图号	材质	数量	单位	主要介质	工作温度(℃)	工作压力(MPa)	单重(kg)	总重(kg)	电机功率(kW)	备注
58	P1501	真空泵				2X-2		1	台	空气	常温	-0.1			0.37	
59	X1504	种子组冰箱				1.51LA		2	台						1	
60	M1502	灭菌柜				YXQ.WF32(单扉)		1	台				700	700		
61	M1503	灭菌柜				YXQ.WF32(单扉)		1	台				700	700		
62	D1502	干燥箱	500×600×750			FGF150		1	台						5.9	
63	X1505	通风柜						1	台						0.25+0.03	
64	X1506	传递窗				SAT-500A		3	台						0.03	
65	X1507	传递窗				SAT-500		2	台							
66	X1508	中央试验台				TRS-420A		1	台						0.03	
67	X1509	中央试验台				TRS-420A		1	台						0.03	
68	X1510	中央试验台				TRS-420A		1	台						0.03	
69	W1501	多量程电子称				KA32S		1	台							

五、公用工程计算

发酵车间使用的公用工程如下。

（1）水蒸气　用于培养基消毒，管路系统消毒。

（2）0.3MPa 压缩空气　用于种子罐及发酵罐的培养。

（3）0.7MPa 压缩空气　用于自动化仪表气源。

（4）循环水　用于发酵过程降温及灭菌后高温物料降温。

（5）制冷水（7℃/12℃）　用于发酵培养过程降温，仅在夏季循环水温度无法满足发酵罐降温要求时使用。

（6）生产水　用于培养基配制。

发酵车间的公用工程既有连续使用的工况，也有间歇使用的工况，发酵培养过程降温用循环水、0.3MPa 和 0.7MPa 压缩空气为连续使用；消毒降温时循环水为间歇使用；配料用生产水、消毒用蒸汽为间歇使用。

（一）0.3MPa 压缩空气用量的计算

根据建设单位提供的设计输入条件，种子罐和发酵罐在整个培养周期的通气比不同，发酵前期耗气量小，到中期最大，发酵末期又有所降低，见表 17-31。

表 17-31　种子罐、发酵罐通气比

岗位	通气比							
培养天数（第几天）	1	2	3	4	5	6	7	8
一级种子罐	0.2	0.5						
二级种子罐	0.3	0.6						
发酵罐	0.8	0.8	0.9	0.9	1	1	0.9	0.8

发酵罐中发酵液体积为 $135m^3$，和通气比的乘积即为通气量，用甘特图法计算发酵罐的用气量。

由 17-31 可见，发酵罐最大通气量为 $958.5Nm^3/min$，由于是连续操作，再加上一级种子罐（2 台工作）用气量 $0.7 Nm^3/min$ 和二级种子罐（2 台工作）$16.9 Nm^3/min$，车间总用气量为 $975.4 Nm^3/min$。

（二）0.7MPa 压缩空气用量的计算

0.7MPa 压缩空气用于自动调节阀和气动开关阀的气源，也是连续使用。其用量与调节阀和开关阀的数量有关。1 个 *DN*50 的气动调节阀用气量为 $1Nm^3/min$，1 个 *DN*50 的气动开关阀开关一次耗气量为 $0.002Nm^3/次$，根据车间调节阀的数量和开关阀的数量及动作次数，可以计算出 0.7MPa 压缩空气的用量。经计算本车间 0.7MPa 压缩空气的用量为 $3Nm^3/min$。

表 17-32　发酵罐通气量

发酵罐	通气量（m³/min）														
培养天数	1	2	3	4	5	6	7	8	9	10	11	12	13	14	15
发酵罐 1	108	108	121.5	121.5	135	135	121.5	108							
发酵罐 2		108	108	121.5	121.5	135	135	121.5	108						
发酵罐 3			108	108	121.5	121.5	135	135	121.5	108					

发酵罐	通气量（m³/min）														
发酵罐4			108	108	121.5	121.5	135	135	121.5	108				
发酵罐5				108	108	121.5	121.5	135	135	121.5	108			
发酵罐6					108	108	121.5	121.5	135	135	121.5	108		
发酵罐7						108	108	121.5	121.5	135	135	121.5	108	
发酵罐8							108	108	121.5	121.5	135	135	121.5	108
合计	108	216	337.5	459	594	729	850.5	958.5	850.5	742.5	621	499.5	364.5	229.5	108

（三）蒸汽用量的计算

一级种子罐、二级种子罐发酵罐每天消毒一批物料，蒸汽属于间歇用汽。由于高温对培养基养分的破坏较大，一般控制消毒时物料从 80℃ 升温到 121℃ 时的时间不超过 0.5 小时，以此计算实消蒸汽的最大耗量。

1. 一级种子罐蒸汽耗量　前面章节进行一级种子罐物料衡算时，已经推导出物料自 T_1 升温至 T_2 时的蒸汽耗量（式 17–15），故可以计算出物料从 80℃ 升温到 121℃ 时的蒸汽耗量：

$$W_s = \frac{1000 \times 4.2 \times (121 - 80)}{2742 - 4.2 \times 80} = 72\text{kg}$$

一级种子罐消毒的蒸汽小时用量为：

$$72 \div 0.5 = 144\text{kg/h}$$

2. 二级种子罐蒸汽耗量　同理二级种子罐物料从 80℃ 升温到 121℃ 时的蒸汽耗量：

$$W_s = \frac{17143 \times 4.2 \times (121 - 80)}{2742 - 4.2 \times 80} = 1227\text{kg}$$

二级种子罐消毒的蒸汽小时用量为：

$$1227 \div 0.5 = 2454\text{kg/h}$$

3. 发酵罐蒸汽耗量　发酵罐培养基消毒蒸汽耗量与一、二级种子罐的实消灭菌方式不同，发酵培养基采用连消灭菌方式，根据物料衡算，发酵消毒用蒸汽 7370kg，2 小时消毒完毕，

发酵罐培养基消毒的蒸汽小时用量为：

$$7370 \div 2 = 3685 \text{ kg/h}$$

发酵罐空消蒸汽耗量：

对于培养基采用连消工艺的发酵罐还需要进行空罐消毒（简称空消），空消用蒸汽量采用下面的经验公式计算：

$$W = 5\rho v_0 \tag{17-17}$$

式中，W 为空消用蒸汽量，kg；ρ 为消毒罐压下蒸汽的密度，kg/m³；V_0 为罐体积。

空消温度为 121℃，罐压 0.1MPa，蒸汽密度 $\rho = 1.1$kg/m³。

$W = 5 \times 1.1 \times 180 = 990$kg/批。

空消时蒸汽置换及升温 0.5 小时，保压 0.5 小时。

空消时蒸汽耗量：$990 \div 0.5 = 1980$kg/h。

空消应在连消前完成，一次用蒸汽与连消不同时使用。

种子罐、发酵罐消毒时蒸汽均为错开使用，由上面的计算可知，最大蒸汽耗量为发酵培养基连消用汽 3685kg/h，天用汽量为：153 + 2616 + 7370 + 990 = 11129kg/d。

4. 循环水、制冷水（7℃/12℃）用量的计算　种子罐、发酵罐培养降温用循环水为连续使用，消毒降温用循环水为间歇使用，按照前述的公用工程计算方法，连续用水和间歇用水应分别计算。

（1）一级种子罐循环水用量

1）培养用循环水量

根据工艺包资料，泰乐菌素发酵热为 16800kJ/（h·m³）。根据物料衡算一种罐发酵液的质量为 1000kg，查设备表搅拌功率为 5.5kW。

培养时循环水的温升取 5℃。

一种罐培养降温用循环水量为：

$$\frac{1000 \times 16800 + 5.5 \times 3600}{4200 \times 5 \times 1000} = 0.8 \mathrm{m^3/h}$$

2）消毒用循环水量

如前所述，为了降低高温对培养基养分的破坏，要求培养基温度自 121℃ 降低到 80℃ 所用时间不超过 0.5 小时，一级种子罐培养基消后质量为 1000kg，消毒时循环水的温升取 20℃，则循环水耗量为：

$$\frac{1000 \times 4200 \times (121 - 80)}{4200 \times 20 \times 1000 \times 0.5} = 4.1 \mathrm{m^3/h}$$

（2）二级种子罐循环水用量

1）培养用循环水量

根据物料衡算二种罐发酵液的质量为 18000kg，查设备表搅拌功率为 55kW。

一种罐培养降温用循环水量为：

$$\frac{18000 \times 16800 + 55 \times 3600}{4200 \times 5 \times 1000} = 14.4 \mathrm{m^3/h}$$

2）消毒用循环水量

二级种子罐培养基消后质量为 17143kg 则循环水耗量为：

$$\frac{17143 \times 4200 \times (121 - 80)}{4200 \times 20 \times 1000 \times 0.5} = 70 \mathrm{m^3/h}$$

（3）发酵罐循环水用量

1）培养用循环水量

根据物料衡算发酵罐发酵液的质量为 135000kg，查设备表搅拌功率为 315kW。

一种罐培养降温用循环水量为：

$$\frac{135000 \times 16800 + 315 \times 3600}{4200 \times 5 \times 1000} = 108 \mathrm{m^3/h}$$

2）消毒用循环水量

发酵罐培养基采用连消方式，经预热器后，待消毒物料温度自 25℃ 升高至 100℃，消毒后物料温度自 135℃ 降低至 60℃，消毒后物料再经冷却器冷却至 30℃。查设备表连消装置的处理量为 50m³/h，循环水温升取 5℃，则循环水耗量为：

$$\frac{50000 \times 4200 \times (60 - 30)}{4200 \times 5 \times 1000} = 300 m^3/h$$

种子罐、发酵罐培养降温为连续使用循环水，总量为：

$$0.8 \times 2 + 14.4 \times 2 + 108 \times 8 = 894 \ m^3/h$$

循环水的最大耗量为连消使用的循环水量与间歇使用的最大循环水量之和：

$$894 + 300 = 1194 \ m^3/h$$

制冷水（7℃/12℃）是在夏季循环水温度较高，无法满足降温需要时替代循环水使用，制冷水的用水量也是894m³/h。

5. 生产水用量的计算　根据物料衡算，一级种子罐生产水耗量为0.8m³/d，二级种子罐生产水耗量为14.4m³/d，发酵罐生产水耗量为91.6m³/d。配料用水不同时使用，发酵配料与连消同步进行，2小时完成，最大小时用水量为：

$$91.6 \div 2 = 45.8 \ m^3/h$$

天用量：生产水的天用量处理生产用水外，还要考虑洗罐用水、冲洗水，本车间每天洗罐用水、冲洗水用量为15m³/d。

$$0.8 + 14.4 + 91.6 + 15 = 121.8 m^3/d。$$

6. 公用工程量汇总　对本车间使用的压缩空气、蒸汽、循环水、生产水进行汇总，提交相关专业作为公用动力车间设计依据。

（1）公用系统规格

1）0.3MPa发酵压缩空气　①压力：0.3MPa；②相对湿度：<60%；③最大粒子尺寸：≤1.0μm；④最大含油量：≤0.01mg/m³；⑤温度：40℃。

2）0.7MPa压缩空气（仪表用）　①压力露点温度：≤－40℃；②最大粒子尺寸：≤3.0μm；③最大含油量：≤1mg/m³；④温度：≤40℃。

3）蒸汽　①压力：0.6MPa（表）；②质量标准：饱和水蒸气，无杂质。

4）循环冷却水　①冬季：进口平均温度15℃；出口平均温度20℃；压力0.4MPa。②夏季：进口平均温度30℃；出口平均温度35℃；压力0.4MPa。

5）制冷水　①进口温度：7℃；②出口温度：12℃；③压力：0.4Mpa。

6）生产水　①温度：常温；②压力：0.4MPa；③水质：符合国家规定饮用水标准。

（2）公用工程消耗量汇总　见表17-33。

表17-33　公用工程消耗量汇总

序号	公用工程介质名称	最大用量	日用量	备注
1	0.3MPa压缩空气	975.4Nm³/min	—	连续使用
2	0.7MPa压缩空气	3Nm³/min	—	连续使用
3	蒸汽	3685kg/h	11129kg/d	间歇使用
4	循环水	1194m³/h	—	连续+间歇使用
5	制冷水（7℃/12℃）	894m³/h	—	夏季使用
6	生产水	45.8m³/h	121.8m³/d	间歇使用

六、工艺管线及仪表流程图

在完成了物料平衡计算、设备选型、公用工程计算等基础工作后，可以根据工艺包绘制工艺管线及仪表流程图，确定物料及公用工程的管径、仪表控制方案。工艺管线及仪表流程图除了要满足主物料流程的要求外，还应充分考虑开、停车，非正常情况下的副线流程，对发酵车间而言最重要的是如何实现消毒及保持无菌。工艺管线及仪表流程图的绘制需要设计者有丰富的工程经验，同时还应与建设单位的工艺人员密切沟通、交流，合作完成图纸的绘制。

发酵罐工艺管线及仪表流程图见图 17-9（书后附页）。

七、工艺设备布置图

由物料衡算可知，发酵车间生产中使用较大量的豆油，同时固体培养基使用玉米粉、豆饼等丙类物料，车间生产的火灾危险性类别为丙类。该发酵车间设计为钢筋混凝土框架结构，耐火等级达到二级，根据《建筑设计防火规范》（GB 50016—2018），丙类多层厂房防火分区面积为4000m²，疏散距离60m。将每层作为一个防火分区，建筑面积为1936m²，满足《建规》要求。分别在车间的 1~2 轴线和 11~12 轴线设计两部疏散楼梯，车间内任一点至最近安全出口的距离为39m，满足疏散要求。

依据前文所述的确定层高的方法，该车间设计为三层，分别是 EL±0.000 平面、EL6.500 平面和 EL13.500 平面，三层层高7m，发酵车间工艺设备布置图详见图 17-10~12（书后附图）。

车间 EL13.500 平面（三层）12~14 轴线布置种子组，包括储藏室（存放菌种）、洗消间（培养基灭菌）、无菌室（接种操作在无菌室超净工作台内完成）、摇瓶间（菌种培养）等功能房间，另配置了更衣、洁具等辅助房间；11~12 轴线布置了变频器室，放置发酵罐搅拌装置的变频柜；6~10 轴线为发酵罐主操作面，压空、缺水等的控制、调节等主要操作在本层完成；1~6 轴线布置了一级种子罐区、二级种子罐区、补料罐区和控制室，控制室为整个发酵车间的主控制室，一般设计为 DCS 系统，各生产岗位的重要参数传至主控室，实现显示、记录、调节等功能及操作。

车间 EL6.500 平面（二层）11~14 轴线布置了霉菌室和生化室。发酵罐的取样口一般设置在车间二层，在霉菌室生化室分析样品的菌丝形态、菌浓、杂菌、有效成分效价、糖氮含量等指标。霉菌区包括准备间、清洗消毒间、半无菌室（接种用）、28℃恒温室（用于霉菌的培养）、37℃恒温室（用于细菌的培养）；化验区包括生测室、仪器室、天平室等。其余区域为发酵罐、二种罐、一种罐等，2~5 轴线，A~B 轴线布置有更衣、厕所、淋浴等生活辅助设施。

车间 EL±0.000 平面（一层）12~14 轴线布置了变配电室，引自厂区的 10kV 高压电源在变配电室变压至380V，经配电柜分配到各用电设备。6~10 轴线布置为发酵罐区，发酵罐坐落在一层，穿二、三层楼板。2~4，A~B 轴线布置为液体原料中间储罐区，主要为配料、补料需要的液体原料豆油和液碱。4~6，C~E 轴线布置为固体原料中转区，相邻的左侧区域为称量配料区，用于发酵培养基的配制；4~6，A~B 轴线还布置了车间维修间，承担本车间日常简单的维修工作，一层室外北侧布置了压缩空气总过滤器以及旋风分离器（分离种子罐、发酵罐排气中夹带的液滴）。

八、其他图纸及说明

完成了工艺管线及仪表流程图和工艺设备布置图后，可进行工艺管道布置图的绘制。

工艺管道布置的设计工作繁琐、工作量大，但是技术要求相对较低。后续还需完成设计说明、管道特性表等的编制，各种材料的统计工作，包括管道材料、设备安装材料、隔热材料、防腐材料等，最后完成图纸目录。限于篇幅，此处不再赘述。

第三节　固体制剂车间设计实例

本例以普药片剂、胶囊剂的生产为例，对固体制剂车间的设计过程进行介绍。

一、设计输入

（一）产品方案、技术规格、质量标准及包装形式

见表17－34。

17－34　产品方案、技术规格、质量标准及包装方式表

序号	产品名称	生产规模	技术规格	质量标准	包装方式
1	片剂	45亿片/a（以300mg/片计）	各种规格	中国药典	100片/瓶，24瓶/箱；
2	胶囊剂	5亿粒/a（以300mg/粒计）	00～5号	中国药典	14粒/板，2板/盒，100盒/箱

本设计以环丙沙星片，阿昔洛韦胶囊为代表产品。

（二）工作制度

（1）非工作天数和节假日　65天；

（2）更换品种及设备维护天数　50天；

（3）有效工作天数　250天；

（4）每天工作班次　2班/天；

（5）每班工作时间　12小时；

（6）清洗、改变品种及维修时间　4小时；

（7）每班有效工作时间　8小时。

（三）工艺流程简述

口服固体制剂是常用剂型，其工艺过程如下。

1. 按处方及批量要求，将检验合格的原辅料及内包材运输到固体制剂车间，去除外包装后，送入相应的原辅料暂存室和内包材贮存室暂存。物料经称量过筛后，视工艺要求由液压车运输到相应功能房间。

2. 混合直压或装囊产品，物料转移至总混室，总混后物料送质检部门进行中间体检验，检验合格后进入压片室或胶囊室进行压片或胶囊充填，中间品在中间站暂存。

3. 需要制粒产品则转移至制粒间，进行制粒。制粒所需的黏合剂（水、稀乙醇或者稀异丙醇）在配浆室现场制备，由输送泵喷入高速制粒机。合格的湿粒再经干燥和整粒，干颗粒转移至总混室，与所需的外加辅料经混合机混合后运至中间站暂存。

4. 混合后的颗粒送质检部门进行中间体检验，检验合格的物料进入压片室或胶囊室进行压片或胶囊充填，中间品在中间站暂存。

5. 需要包衣产品的素片装入专用桶中，等待检验。检验合格的素片转移至包衣间包衣，包衣片装入专用桶中，等待检验。检验合格的中间品转移至内包间，采用全自动包装生产线包装、待检，合格后送库房暂存。工艺流程框图见图 17 – 13。

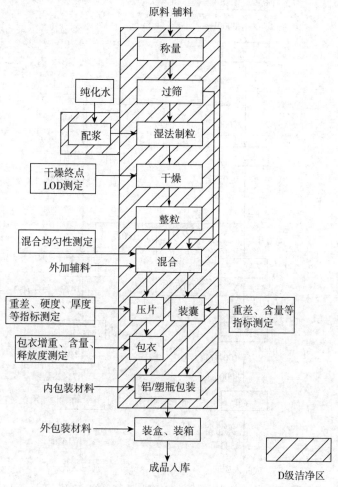

图 17 – 13 固体制剂工艺流程图

二、物料衡算

计算依据：

片剂生产规模：45 亿片/a（以 300mg/片计）；胶囊剂生产规模：5 亿粒/a（以 300mg/粒计）。

物料衡算详见图 17 – 14。

片剂每班生产 900 万片，其中有 500 万片素片，400 万片包衣片；片剂和胶囊剂均有瓶装和铝塑包装，有 200 万片（粒）用于铝塑包装，800 万片（粒）用于瓶装。

三、工艺设备选择

设备选型充分考虑间断生产、单批连续的特点，同时适当扩大设备产能，以满足多品种生产的需要。主要设备选择的基础数据见表 17 – 35。

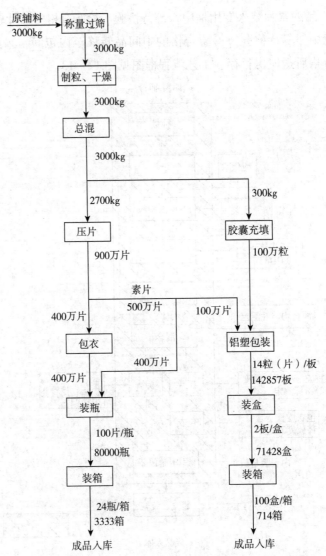

图 17 - 14　物料衡算图（以班为计算单位，2 班/天）

表 17 - 35　　主要设备选择的基础数据

剂型	年产量	天产量	班产量
片剂	45 亿片（以 300mg/片计）	1800 万片	900 万片
胶囊剂	5 亿粒（以 300mg/粒计）	200 万粒	100 万粒
瓶包装	40 亿片（粒）	1600 万片（粒）	800 万片（粒）
铝塑包装	10 亿片（粒）	400 万片（粒）	200 万片（粒）

（一）筛分

考虑两种物料同时筛分，选振荡筛 2 台，单台生产能力为 180 ~ 2000kg/h，12 ~ 200 目。

（二）制粒、干燥

固体制剂的湿法制粒周期一般在 2 小时左右，每班可制粒 4 批，每班处理量为 3000kg。

600L 湿法混合制粒机处理能力 150kg/批，3000 kg/班 ÷ 4 批/班 ÷ 150kg/批/台 = 5 台；选用 5 台 600L 湿法混合制粒机可满足生产要求，其中防爆型选 3 台。选 200kg/批沸腾干燥流化床 5 台，防爆型选 3 台。

（三）总混

自动提升料斗混合机规格一般为 100 ~ 2000L，每班处理量为 3000kg，分三批处理，料斗总混 500kg/批。

$$3000 \text{ kg/班} \div 3 \text{ 批/班} \div 500\text{kg/批} = 2 \text{ 台}$$

物料堆比重按 0.5 计算，选用 1500L 自动提升料斗混合机 2 台。

（四）压片

每班生产片剂 900 万片。每班有效工作时间 8 小时，每小时压片量为：

$$900 \text{ 万片/班} \div 8\text{h/班} = 112.5 \text{ 万片/时}$$

按 65 冲高速压片机单台平均生产能力为 35 万片/时、49 冲高速压片机单台平均生产能力为 25 万片/时计，考虑本项目产品规格较多及异形片的不确定性，选用 3 台 65 冲高速压片机、2 台 49 冲高速压片机可满足生产要求。

（五）包衣

每班生产包衣片剂 400 万片，合计 1200kg。

600 型高效包衣机实际生产能力 600kg/批。选择 2 台 600 型防爆型高效包衣机可满足生产要求。

（六）胶囊充填

每班需生产胶囊 100 万粒，每班有效工作时间 8 小时，每小时胶囊充填量为：

$$100 \text{ 万粒/班} \div 8\text{h/班} = 12.5 \text{ 万粒/时} = 2083 \text{ 粒/分}$$

选择 1 台生产能力为 3200 粒/分的全自动胶囊填充机，可满足生产要求。

（七）瓶装自动数粒包装线

每班瓶包装量 800 万片（粒），每瓶 100 片（粒）。每班有效包装时间 8 小时，每小时包装量为：

$$800 \text{ 万片/班} \div 100 \text{ 片/瓶} \div 8 \text{ 时/班} = 1 \text{ 万瓶/时} = 167 \text{ 瓶/分}$$

瓶装自动数粒包装线，生产能力 240 瓶/分，生产线的效率按 60% 计，2 条 240 瓶/分瓶装联动线即可满足生产要求。但是，考虑到联动线设备检修、本项目产品实际包装规格的多样性以及产能增加的可能性，选择 3 条 240 瓶/分瓶装联动线。

（八）铝塑泡罩包装线

每班铝塑包装量 200 万粒，14 粒/板。每班有效包装时间 8 小时，每小时包装量为：

$$200 \text{ 万粒/班} \div 14 \text{ 粒/板} \div 8 \text{ 时/班} = 1.79 \text{ 万板/时} = 298 \text{ 板/分}$$

选择 1 条生产能力为 400 板/分铝塑泡罩包装线，可满足生产要求。

本车间设备明细表见表 17 - 36。

表 17-36　固体制剂车间工艺设备明细表

序号	设备位号	设备名称	技术规格	型号或图号	材质	数量	单位	重量(kg) 单重	重量(kg) 总重	电机型号	功率	备注
1	W2101	电子秤	量程:150kg;精度:20g			2	台				(220V)	
2	W2102	电子秤	量程:30kg;精度:2g			2	台				(220V)	
3	W2103	电子秤	量程:2.5kg;精度:0.2g			2	台				(220V)	
4	W2104	电子天平	量程:500g;精度:0.02g			2	台				(220V)	
5	X2101	负压称量罩		WBH-22		2	台				5.5	
6	L2101	移动伸缩式提升加料机	最大装载量:100kg	NTS-150		2	台				2	
7	M2101	振荡筛	$Q=180-2000kg/h,12\sim200$ 目	ZS-650		2	台	250	500		1.5	
8	V2201	配浆锅				1	台				6	
9	V2202	配浆锅				3	台				6	
10	M2201	湿法混合制粒机(配真空上料机)	$V=600L,200kg/$批	HLSG600		3	台	2500	7500		45+11+5.5	
11	M2202	移动提升湿法整粒机		ZLT-1000		3	台	450	1350		5.5	
12	D2201	高效沸腾干燥机(配在线清洗系统)	$Q=200kg/$批	FLB-200		3	台	2000	6000		25	
13	M2203	固定提升整粒转料机	最大载荷:1000kg	NTFZ-800		3	台	1800	5400		9.25	
14	V2203	配浆锅				2	台				6	
15	M2204	湿法混合制粒机(配真空上料机)	$V=600L,200kg/$批	HLSG600		2	台	2500	5000	防爆	45+11+5.5	
16	M2205	移动提升湿法整粒机		ZLT-1000		2	台	450	900	防爆	5.5	
17	D2202	高效沸腾干燥机(配在线清洗系统)	$Q=200kg/$批	FLB-200		2	台	2000	4000	防爆	25	
18	M2206	固定提升整粒转料机	最大载荷:1000kg	NTFZ-800		2	台	1800	3600	防爆	9.25	
19	M2207	自动提升料斗混合机	$V=1500L$	HZD-1500		2	台	3600	7200	防爆	10.5	
20	V2204	混合料斗	$V=1500L$	LDZ-1500		30	台	312	9360	防爆	13.2	
21	M2301-1	双出料高速压片机(配筛片机,金属检测仪,吸尘仪,硬度仪,电子天平、脆碎度仪)	65冲,最高产量35万片/时	GZPL-620-PG45		3	台	3140	####			
	M2301-2	压片机(配筛片机,金属检测仪,电子天平,吸尘机)	49冲,最高产量25万片/时			2	台	2980			11.5	

续表

序号	设备位号	设备名称	技术规格	型号或图号	材质	数量	单位	重量（kg）单重	重量（kg）总重	电机型号	功率	备注
22	L2301	料斗提升加料机	提升1500L，混合料斗	NTD-1500		5	台	1100	5500		3	
23	M2302	全自动硬胶囊充填机（配胶囊抛光机、金属检测仪、吸尘机、单粒在线称重）	Q=3200粒/分	NJP3200		1	台	3000	3000		10	
24	L2302	料斗提升加料机	提升1500L，混合料斗	NTD-1500		1	台	1100	1100		3	
25	V2301	中转料桶		LT150		120	台					
26	V2402	配浆锅（配电子天平、地秤）				2	台			防爆	3	
27	M2402	高效包衣机（配供风、排风、喷雾、供液、出料、在线清洗等系统）	Q=600kg/批	BGB-600D		2	套	2500	5000	防爆	~30	
28	L2402	移动伸缩式提升加料机	最大装载量:100kg	NTS-150		2	台			防爆	2	
29	M2501	自动数粒包装线	240瓶/分，100粒/瓶			3	套				~30	
	-1	自动理瓶机										
	-2	电子自动数粒孔										
	-3	袋装干燥剂投入机										
	-4	塞纸机										
	-5	塞棉机										
	-6	对冲平台										
	-7	旋转式旋盖机										
	-8	电磁感应封口机										
	-9	对冲平台										
	-10	立式圆瓶贴标机										
	-11	同歇式装盒机										

续表

序号	设备位号	设备名称	技术规格	型号或图号	材质	数量	单位	重量(kg)		电机型号	功率	备注
								单重	总重			
	-12	称重机										
	-13	三维裹包机										
	-14	装箱机										
30	L2501	移动伸缩式提升加料机	最大装载量:100kg	NTS-150		3	台				2	
31	M2502	铝塑泡罩包装线		DPH300		1	套				~25	
	-1	铝塑泡罩包装机										
	-2	枕袋包装机										
	-3	装盒机										
	-4	自动检重秤										
	-5	全自动捆扎机										
	-6	装箱机										
32	L2502	移动伸缩式提升加料机	最大装载量:100kg	NTS-150		1	台				2	
33	X2501	箱输送系统				1	套	300kg/m			30	
34	L2504	托盘输送机				1	台	500	500		8	
35	M2601	料斗清洗机(配纯化水罐、饮用水罐、热水罐、泵站、空气处理系统等)	清洗1500L混合料斗	QD1500		1	套	4300	4300		18	
36	X2601	超净洗衣机	30kg,蒸汽加热	XGQ-30F		1	台	1550	1550		4	
37	X2602	烘手器				2	台				1.5(220V)	
38	X2603	手消毒器				2	台				0.1(220V)	
39	X2604	双筒超净洗衣机	30kg,蒸汽加热	N2030S		2	台	1550	3100		5.5	
40	X2605	超净干衣机	30kg,蒸汽加热	GZZ-30CJN		1	台	650	650		2.6	
41	X2606	传递窗	600×500			2	台				0.3(220V)	
42	X2607	超净烘鞋机	38双,蒸汽加热	HX-38D-S		1	台				0.55	
43	X2608	传递柜	2000×500			2	台				0.3(220V)	
44	E2601	板式换热器	$F=10m^2$		不锈钢	1	台					

续表

序号	设备位号	设备名称	技术规格	型号或图号	材质	数量	单位	重量（kg）单重	重量（kg）总重	电机型号	功率	备注
45	V2601	热水罐	$DN1500 \times 1500$, $V=3m^3$		不锈钢	1	台	1500	1500			平头盆底
46	P2601	热水泵	$Q=12.5m^3/h$, $H=50m$	ISR50-32-200		2	台				5.5	1用1备
47	X2609	料斗清洗机辅助设备										
	-1	纯化水罐系统										
	-2	饮用水罐系统										
	-3	热水罐系统										
	-4	空气处理系统										
48	P2602	单级油旋片真空泵	$Q=500m^3/h$，极限真空0.1mbar	R5-0502B		2	台				11	
49	X2701	烘手器				1	台				1.5（220V）	
50	X2702	手消毒器		WBH-22		1	台				0.1（220V）	
51	X2703	负压称量罩				1	台				5.5	
52	X2704	货位	2400×1000×3750（3层横梁）			375	货位					
53	X2705	托盘	1200×1000×150			375	货位					
54	X2706	货位	2400×1000×3750（3层横梁）			390	货位					
55	X2707	托盘	1200×1000×150			390	货位					
56	L2701	托盘提升机	承载能力1000kg			1	台					
57	X2708	电动叉车	承载能力1600kg	E16C		3	台	2995	8985		5kW	

四、公用工程计算

固体制剂生产为间断生产，公用系统消耗依据设备使用时间、公用工程消耗量综合确定。固体制剂车间使用的公用工程有：①蒸气：用于制粒干燥、包衣、工器具干燥、洁净空调机组加热、加湿；②0.7MPa压缩空气：为设备、仪表供气；③制冷水（7℃/12℃）：洁净空调机组除湿；④生产水：用于纯化水制备。

（一）公用系统规格

1. 生产水

（1）温度　常温。

（2）压力　0.4MPa。

（3）水质　符合国家饮用水标准。

2. 蒸汽

（1）压力　0.4MPa。

（2）质量要求　水蒸气，无杂质。

3. 压缩空气

（1）温度　常温。

（2）压力　0.5~0.8 MPa。

（3）质量　最大含油$0.01mg/m^3$，最大压力露点$-20℃$，最大粒子尺寸$0.1\mu m$。

4. 制冷水

（1）压力　0.4Mpa。

（2）供水温度　7℃。

（3）回水温度　12℃。

（二）公用工程汇总

公用工程总消耗量见表17-37。

表17-37　公用工程总消耗量

序号	名称	规格	单位	消耗量	日用量	备注
1	生产水	0.3MPa	t/h	100	270t	
2	蒸汽	0.4MPa	t/h	4	17t	
3	压缩空气	0.7MPa	Nm^3/min	19	4300 Nm^3	

五、工艺管线及仪表流程图

在完成了物料平衡计算、设备选型、公用工程计算等基础工作后，可以根据工艺过程绘制工艺管线及仪表流程图，以设备提供接口的管径为基础确定公用工程的管径、仪表控制方案。工艺管线及仪表流程图的绘制需要设计者与建设单位的工艺人员密切沟通、了解实际操作过程最终完成图纸的绘制。

固体制剂车间工艺管线及仪表流程图参见发酵车间的绘制形式。

六、工艺设备布置图

依据《药品生产质量管理规范》（2010年修订）及其附录，口服固体制剂生产洁净区的空气洁净度为 D 级；外包装区域和库房区域设计为舒适性空调。

由工艺流程可知，口服固体制剂车间制粒过程中使用乙醇，其余原辅料均为丙类物料，该口服固体制剂车间设计为单层钢筋混凝土框架结构，车间长 160m，宽 64.6m，层高 7.5m，耐火等级设计为一级，建筑面积为 10336m²，其中使用乙醇岗位面积约 340m²（占车间建筑面积 3.29%），根据《建筑设计防火规范》（GB 50016—2018）3.1.2 规定，"火灾危险性大的生产区域，占本层或本防火分区建筑面积的比例小于 5%，其火灾危险性按较小的部分确定。"因此该车间生产的火灾危险性类别确定为丙类；丙类单层厂房耐火等级为一级时，防火分区面积不限，疏散距离为 80m。将整个车间作为一个防火分区，满足《建筑设计防火规范》要求。本车间为单层厂房，对外设计足够的出口，以满足疏散距离小于80m 的要求。详见图 17 - 15（书后附页），口服固体制剂车间工艺设备布置及洁净区域划分图。

车间布置分三大区域：（1）车间中间库①~⑧轴线，Ⓑ~Ⓗ轴线布置了原辅料中间库、成品中间库、胶囊壳暂存库；（2）主要生产区②~㉓轴线，B~H 轴布置了主要生产区；（3）生产辅助设施①~㉓轴线，Ⓐ~Ⓑ轴线、Ⓗ~Ⓙ轴线布置了生产辅助设施，主要有：门厅、人员更衣、洗衣中心、空调机房、值班室、取样间、维修间、备品备件、叉车充电区、纯化水制备间、空调控制室、辅机间、配电室等。空调机房布置与其服务区域相邻，布置了 4 个空调机房，分别用于洁净生产区非防爆区域、洁净生产区防爆区域、外包装及舒适性空调区域和车间中间库。

口服固体制剂生产区分六大区域：①原辅料称量、过筛；②制粒干燥（含防爆区）、总混；③压片、胶囊充填；④中间站、清洗站；⑤内包装（瓶装、铝塑包装）；⑥外包装（装箱、码托盘）。部分制粒区域防爆，靠近外墙布置便于泄爆，整条生产线呈 U 字形分布。

人流途径：生产人员经更衣、换鞋后分别进入各自生产区，进入洁净区的人员，需分别经过各自的人净设施进入不同生产线的洁净区。

物流途径：生产用原辅料经外清、气锁进入生产区称量备料，配好的物料去一步制粒或干法制粒，制好的颗粒经总混机总混后去颗粒暂存间暂存，检验合格的颗粒去胶囊充填、压片、包衣或颗粒剂包装，胶囊或片剂经铝塑泡罩包装线进行内包、外包，或经瓶装线进行内包、外包，颗粒剂经人工装盒、装箱，成品运至库房贮存。

依据生产工况将口服固体制剂车间划分为 10 个空调系统，洁净区域换气次数 ≥25 次/时，洁净走廊的压差最高为 30Pa，其余房间与洁净走廊控制 10Pa 压差，确保粉尘不溢出。口服固体制剂车间空调系统划分及压差图见图 17 - 16（书后附页）。

主 要 符 号 表

符号	意义	法定单位
C_a	元素的原子比热容	kJ/（kg·℃）
C	物质的比热容	kJ/（kg·℃）
q_F	熔融热	J/mol 或 kJ/mol

符　号	意　义	法定单位
T_F	熔点	K
q_f^o	标准生成热	J/mol 或 kJ/mol
q_c^o	标准燃烧热	J/mol 或 kJ/mol
n	化合物中同种元素的原子数	
q_{ce}^o	元素标准燃烧热	J/mol 或 kJ/mol
H_f^o	标准生成焓	J/mol 或 kJ/mol
H_c^o	标准燃烧焓	J/mol 或 kJ/mol
σ	反应过程中各物质的化学计量数，反应物为负，生成物为正	
q_r^o	标准反应热	J/mol 或 kJ/mol
C_p	比热容	kJ/（kg·℃）
t	反应温度	℃
β	设备每天操作批数	
t_m	传热平均推动力	℃
K	总传热系数	W/（m²·K）
A	传热面积	m²
V_1	发酵罐公称容积	m³
G	生产规模	t/a
Up	成品效价	u/mg
Um	发酵单位	u/mL
λ	染菌率	%
λ_1	产品纯度	%
y	提炼重量收率	%
η	发酵罐装料系数	%
n	每天放罐数量	台/天
t_1	发酵生产周期	h
α	发酵罐接种比	%
W	消后质量	kg
W_S	蒸汽耗量	kg
W_o	消前质量	kg
H_S	灭菌蒸汽的焓	kJ/kg

参考文献

［1］王志祥. 制药工程学. 第 3 版. 北京化学工业出版社，2015.

［2］蒋作良. 药厂反应设备及车间工艺设计. 北京：中国医药科技出版社，2015.

［3］娄爱娟，吴志泉，吴叙美. 化工设计. 上海：华东理工大学出版社，2002.

［4］陈声容，马新起，姚志刚，等. 化工设计. 第 2 版. 北京：化学工业出版社，2008.

［5］王静康. 化工设计. 北京：化学工业出版社，1995.

［6］吴思方，绍国壮，梁世中，等. 发酵工厂工艺设计概括. 北京：中国轻工业出版社，2006.

［7］王静康. 化工过程设计. 第 2 版. 北京：化学工业出版社，2016.

［8］王志祥. 制药化工过程及设备. 第 2 版. 北京：科学出版社，2018.

［9］刘落宪，邢黎明，姚淑娟，高文军，等. 制药工程制图. 第 2 版. 北京：中国标准出版社，2013.

［10］中国石化集团上海工程有限公司. 化工工艺设计手册. 第 5 版. 北京：化学工业出版社，2018.

［11］马瑞兰，金铃. 化工制图. 上海：上海科学技术文献出版社，2005.

［12］朱盛山. 药物制剂工程. 第 2 版. 北京：化学工业出版社，2009.

［13］计志忠. 化学制药工艺学. 北京：中国医学科技出版社，2009.

［14］邝生鲁. 化学工程师技术全书（上下册）. 北京：化学工业出版社 2004.